Adams动力学分析标准教程

贾长治 汤涤军 编著

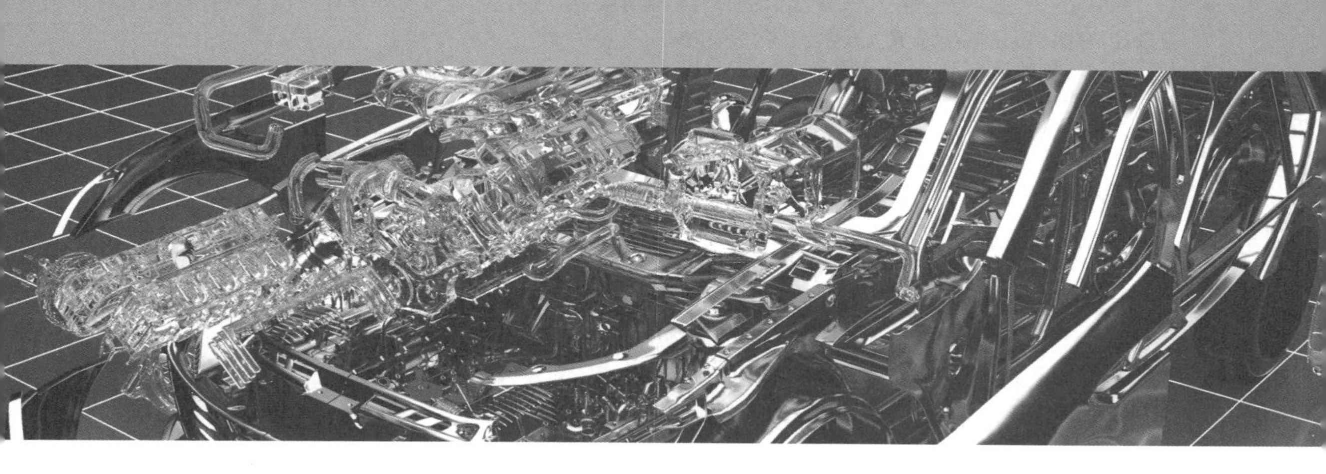

人民邮电出版社
北京

图书在版编目（CIP）数据

Adams动力学分析标准教程 / 贾长治，汤涤军编著
. -- 北京 : 人民邮电出版社，2024.8
ISBN 978-7-115-59701-4

Ⅰ. ①A… Ⅱ. ①贾… ②汤… Ⅲ. ①机械动力学－计算机仿真－高等学校－教材 Ⅳ. ①TH113

中国版本图书馆CIP数据核字(2022)第123259号

内 容 提 要

本书系统地介绍了 Adams 2020 的基本功能和机械工程开发中常用的专业模块。全书分为 3 篇，共 16 章。第一篇为基础知识篇，主要介绍 Adams View 基础、创建模型、创建约束和驱动、创建载荷条件、仿真计算与结果后处理、参数化设计与参数化分析等知识；第二篇为专业模块篇，主要介绍试验优化设计、刚柔耦合分析、一体化疲劳分析、控制仿真分析、振动仿真分析、汽车悬架与整车系统仿真分析六大常用专业模块；第三篇为工具箱篇，主要介绍高级齿轮工具箱、钢板弹簧工具箱、履带工具箱、机械工具箱四大常用工具箱。

本书适合作为各类院校相关专业学生的自学辅导教材，也适合作为机械设计、汽车设计、航空航天设计等相关科研院所研究人员的科研参考资料。

◆ 编　　著　贾长治　汤涤军
　责任编辑　蒋　艳
　责任印制　王　郁　胡　南

◆ 人民邮电出版社出版发行　　北京市丰台区成寿寺路 11 号
　邮编　100164　　电子邮件　315@ptpress.com.cn
　网址　https://www.ptpress.com.cn
　北京隆昌伟业印刷有限公司印刷

◆ 开本：787×1092　1/16
　印张：27.5　　　　2024 年 8 月第 1 版
　字数：756 千字　　2024 年 8 月北京第 1 次印刷

定价：119.80 元

读者服务热线：(010) 81055410　印装质量热线：(010) 81055316
反盗版热线：(010) 81055315
广告经营许可证：京东市监广登字 20170147 号

前　言

PREFACE

随着计算机技术日臻成熟，在对机械系统进行分析时，出现了数字样机技术。数字样机技术（Digital Prototype Technology，又称虚拟样机技术）是一项新生的工程技术。它采用计算机仿真与虚拟技术，在计算机上通过CAD/CAM/CAE等技术把产品的资料集成到一个可视化的环境中，实现产品的仿真、分析。使用数字样机技术可以在设计的初级阶段对整个系统进行完整的分析，观察并试验各组成部件的运动情况。使用系统仿真软件可以在各种虚拟环境中真实地模拟系统的运动，在计算机上方便地处理设计缺陷，仿真试验不同的设计方案，对整个系统不断改进，直至获得最优设计方案以做出物理样机。

机械系统动态仿真软件Adams（Automatic dynamic analysis of mechanical systems）是目前世界上有高权威性、使用范围广泛的机械系统动力学分析软件之一。Adams广泛应用于航空航天、汽车工程、铁路车辆及装备、工业机械、工程机械等领域。国外的一些著名大学已开设介绍Adams的课程，将三维CAD软件、有限元软件和数字样机软件视为机械专业学生必须了解的工具软件。一方面，Adams是机械系统动态仿真的应用软件，用户可以运用该软件非常方便地对数字样机进行静力学、运动学和动力学分析；另一方面，Adams是机械系统动态仿真分析开发工具，其凭借开放性的程序结构和多种接口，可以成为特殊行业用户进行特殊类型机械系统动态仿真分析的二次开发工具。Adams与CAD软件（如UG、Pro/E）以及CAE软件（如ANSYS）可以通过文件格式的相互转换保持数据的一致性。Adams支持并行工程环境，有利于节省大量的时间和经费。利用Adams建立参数化模型可以进行设计研究、试验设计和优化分析，便于高效实现系统参数优化。

本书由海克斯康提供技术指导，并被推荐为官方培训指导教材，由中国人民解放军陆军工程大学石家庄校区的贾长治教授和MSC Software华东区技术经理汤涤军任主编。考虑到动力学分析和工程设计的复杂性，编写时对书中的实例进行了一定简化，尽量做到深入浅出。另外，胡仁喜、井晓翠等对本书的出版也提供了大量的帮助，在此表示感谢。

由于编者水平有限，书中难免有不足之处，恳请各位读者批评指正。欢迎广大读者加入QQ群604021251或者发邮件至714491436@qq.com进行沟通交流。

编　者

2022年7月

资源与支持

资源获取

本书提供如下资源：

- 配套源文件；
- 视频讲解文件；
- 本书思维导图。

要获得以上资源，扫描下方二维码，根据指引领取。

提交勘误

作者和编辑尽最大努力来确保书中内容的准确性，但难免会存在疏漏。欢迎您将发现的问题反馈给我们，帮助我们提升图书的质量。

当您发现错误时，请登录异步社区（https://www.epubit.com/），按书名搜索，进入本书页面，点击“发表勘误”，输入错误相关信息，点击“提交勘误”按钮即可（见下图）。本书的作者和编辑会对您提交的勘误进行审核，确认并接受后，您将获赠异步社区的 100 积分。积分可用于在异步社区兑换优惠券、样书或奖品。

与我们联系

我们的联系邮箱是 contact@epubit.com.cn。

如果您对本书有任何疑问或建议，请您发邮件给我们，并请在邮件标题中注明本书书名，以便我们更高效地做出反馈。

如果您有兴趣出版图书、录制教学视频，或者参与图书翻译、技术审校等工作，可以发邮件给我们。

如果您所在的学校、培训机构或企业，想批量购买本书或异步社区出版的其他图书，也可以发邮件给我们。

如果您在网上发现有针对异步社区出品图书的各种形式的盗版行为，包括对图书全部或部分内容的非授权传播，请您将怀疑有侵权行为的链接发邮件给我们。您的这一举动是对作者权益的保护，也是我们持续为您提供有价值的内容的动力之源。

关于异步社区和异步图书

“异步社区”(www.epubit.com) 是由人民邮电出版社创办的 IT 专业图书社区，于 2015 年 8 月上线运营，致力于优质内容的出版和分享，为读者提供高品质的学习内容，为作译者提供专业的出版服务，实现作者与读者在线交流互动，以及传统出版与数字出版的融合发展。

“异步图书”是异步社区策划出版的精品 IT 图书的品牌，依托于人民邮电出版社在计算机图书领域 40 余年的发展与积淀。异步图书面向 IT 行业以及各行业使用 IT 技术的用户。

目录
CONTENTS

第一篇 基础知识篇

第二篇　专业模块篇

第 10 章 控制仿真分析........212

第 11 章 振动仿真分析....... 233

第 12 章 汽车悬架与整车系统仿真分析..............251

第三篇　工具箱篇

第一篇

基础知识篇

本篇主要介绍 Adams 2020 的一些基础知识，包括 Adams View 基础、创建模型、创建约束和驱动、创建载荷条件、仿真计算与结果后处理、参数化设计与参数化分析等。

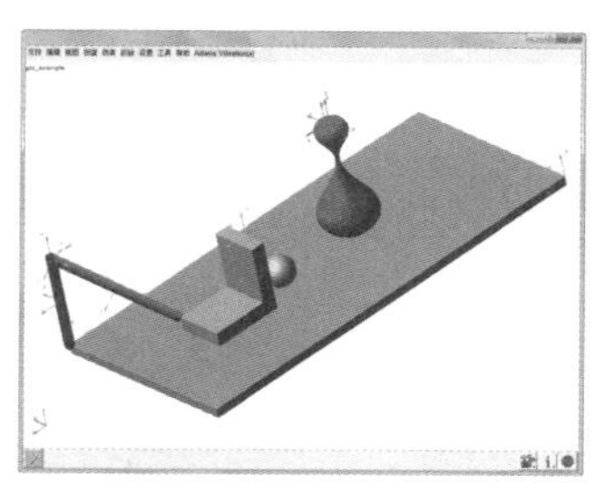

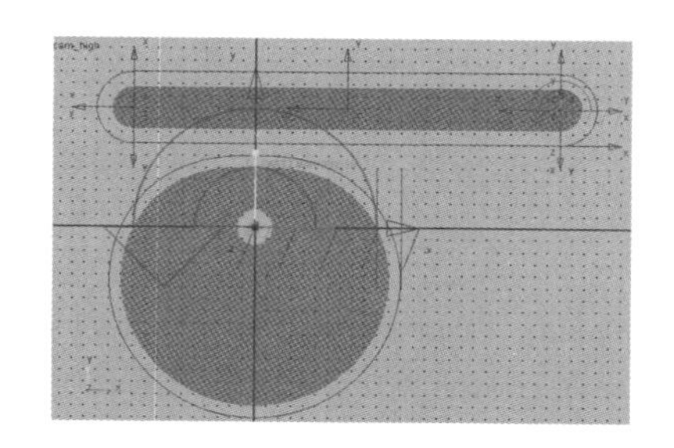

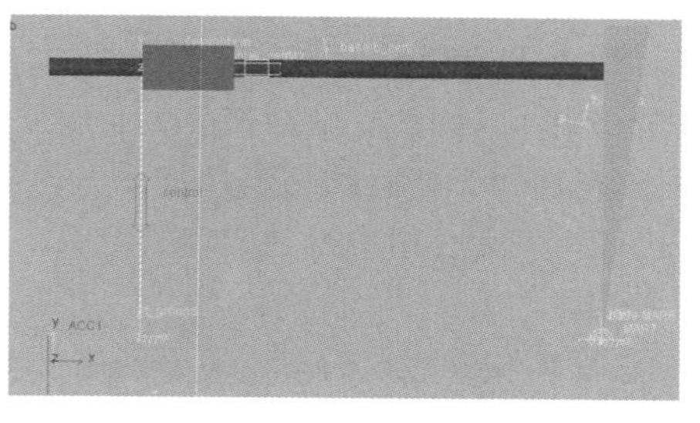

第 1 章 Adams View 基础

【内容指南】

本章首先介绍Adams及其特点，其次介绍Adams的常用模块，使读者对Adams有初步的认识。

本章将重点介绍Adams View的启动方式、欢迎对话框和Adams View的操作界面，使读者能够熟悉界面的菜单命令及工具按钮，为今后的熟练应用打好基础。同时，本章会详细介绍Adams View中的工作环境设置，让读者对Adams View的设置有进一步的了解。

【知识重点】

- Adams View 界面。
- Adams View 工作环境设置。
- Adams 简介。
- Adams 的常用模块。

1.1 Adams 及其特点

海克斯康开发的Adams（Automatic dynamic analysis of mechanical systems）是世界上有高权威性、使用范围广泛的机械系统运动学和动力学分析软件之一。用户使用Adams，可以自动生成包括机-电-液一体化的、任意复杂系统的运动学和多体动力学数字样机模型。Adams能为用户提供从产品概念设计、方案论证、详细设计到产品方案修改、优化、试验规划甚至故障诊断各阶段、全方位、高精度的仿真计算分析结果，从而达到缩短产品生命周期、降低开发成本、提高产品质量及竞争力的目的。由于Adams具有通用、精确的仿真功能，方便而友好的用户界面和强大的图形和动画显示能力，因此该软件已在很多大公司中得到成功的应用。

Adams具有以下特点。

- 利用交互式图形环境和零件、约束、力库创建机械系统三维参数化模型。
- 分析类型包括运动学分析、静力学分析和准静力学分析，以及线性和非线性动力学分析，包含刚体和柔性体分析。

- 具有先进的数值分析技术和强有力的求解器，使求解快速、准确。
- 具有组装、分析和动态显示不同模型或同一模型在某一过程中的变化的能力，提供多种数字样机方案。
- 具有强大的函数库供用户自定义力和运动发生器。
- 具有开放式结构，允许用户集成自己的子程序。
- 自动输出位移、速度、加速度和反作用力，仿真结果显示为动画或曲线图形。
- 可预测机械系统的性能、运动范围、碰撞、包装、峰值载荷和计算有限元的输入载荷。
- 支持同大多数 CAD（Computer-Aided Design，计算机辅助设计）、FEA（Finite Element Analysis，有限元分析）和控制设计软件之间的双向通信。

1.2 Adams 的常用模块

Adams 的功能模块可分为基本模块、拓展模块、专用模块、专用工具和工具箱，以及第三方模块等。下面对常用模块进行简单介绍。

1.2.1 基本模块

Adams 基本模块构成了一个集成的虚拟样机建模及分析环境，可以完成通用机械系统动力学性能分析。基本模块是所有 Adams 模块配置方案的基础。Adams 基本模块包括用户界面模块（Adams View）、求解器模块（Adams Solver）、后处理模块（Adams PostProcessor）等。

1. 用户界面模块

Adams View 是使用 Adams 建立机械系统功能化数字样机的可视化前处理环境，通过它可以很方便地采用人机交互的方式建立模型中的相关对象，如定义运动部件、定义部件之间的约束关系或力的连接关系、施加强制驱动或外部载荷激励。Adams View 中的大部分建模工具，如工具箱、按钮、菜单等均可以重新定制，以满足用户的个性化配置需求。利用 Adams View 的内嵌式集成 Adams Solver 解算的功能，用户可以直接进行仿真并且在仿真过程中直接观察机械系统的运动情况，以及所关注的重要数据随时间的变化情况，使得用户可以迅速地将注意力集中到产品需要完善的地方。Adams View 可以在设计的早期就开始使用，从而快速发现并纠正设计中的错误。

2. 求解器模块

Adams Solver 是 Adams 的求解器，包括稳定、可靠的 Fortran 求解器和功能更为强大、丰富的 C++ 求解器。该模块可以集成在 Adams 的前处理模块下使用，也可以从外部直接调用。该模块可以执行交互方式的解算过程，也可以执行批处理方式的解算过程。求解器先导入模型并自动校验模型，进行初始条件分析，再执行后续的各种解算过程。使用其独特的调试功能，可以输出求解器解算过程中重要数据的变化情况，方便把控及定位模型中深层次的问题。Adams Solver 同时提供用于进行机械系统的固有频率（特征值）和振型（特征矢量）的线性化专用分析工具。

3. 后处理模块

Adams PostProcessor 是显示 Adams 仿真结果的可视化图形界面。改进的界面除了主窗口外，还有一个树形目录窗口、一个属性编辑窗口和一个数据选取窗口。主窗口可同时显示仿真的结果动画以及数据曲线，可以方便地叠加显示多次仿真的结果以便比较。后处理的结果既可以显示为动画，也可以显示为数据曲线（对于振动的分析结果，可以显示为 3D 数据曲线），还可以显示为报告文档。主窗口既可以在一个页面显示一个窗口的数据曲线，也可以在同一页面显示最多 6 个分窗口的数据曲线。相关页面的设置以及数据曲线的设置都可以保存起来，对于新的分析结果，可以使用已保存的后处理配置文件（.plt 文件），快速完成数据的后处理，既有利于节省时间也有利于报告格式的标准化。Adams PostProcessor 既可以在 Adams View 中运行，也可以独立运行。独立运行 Adams PostProcessor 时可以加快软件启动速度，也可以节约系统资源。

1.2.2 拓展模块

拓展模块提供了进一步的多学科解决方案，主要包括机 - 电 - 液一体化解决方案的控制模块（Adams Controls）和机电一体化模块（Adams Mechatronics），刚柔耦合及疲劳一体化解决方案的刚柔耦合分析模块（Adams Flex）、自动柔性体生成模块（Adams ViewFlex）和耐久性分析模块（Adams Durability），系统振动性能分析解决方案的振动分析模块（Adams Vibration）。同时，这个模块还包括直接的 CAD 数据接口模块（Adams Geometry Translators）、优化 / 试验设计模块（Adams Insight）等。

1. 控制模块

Adams Controls 可以将控制系统与机械系统集成在一起进行联合仿真，以实现一体化仿真。主要的集成方式有两种：一种是将 Adams 建立的机械系统模型集成到控制系统仿真环境中，组成完整的机 - 电 - 气 - 液耦合系统模型进行联合仿真；另一种是将控制软件中建立的控制系统导出到 Adams 的模型中，利用 Adams 求解器进行机 - 电 - 气 - 液耦合系统的仿真分析。

2. 机电一体化模块

使用 Adams Mechatronics 可以将控制系统更方便地集成到用户的机械系统模型中。该模块提供建模元素，实现与虚拟控制系统之间进行信息的传递，这就意味着完整的系统级优化将更容易实现，尤其对于一些复杂问题更为适用，如车辆设计中扭矩协调控制策略问题或重载机械中液压系统的性能优化等。

3. 刚柔耦合分析模块

零部件的弹性形变对机械系统的性能有多大的影响？是否有破坏性的碰撞？是否会造成系统自锁和过早失效？控制系统是否能按照预定的要求运行？ Adams Flex 使工程师能够研究在整个机械系统中部件的弹性形变的作用和影响。

使用模态综合法，将有限元软件分析结果融入整个系统的仿真中。应用这种方法可以去除影响不大的模态，进而大大提高仿真的速度。运动部件的应力、应变的可视化效果，使用户能够快速地识别和记录过载发生的时刻。仿真的结果如零部件应变、载荷时间历程以及振动频率等都可以用于应力、疲劳、噪声和振动等后续分析中。

4. 自动柔性体生成模块

Adams ViewFlex 是集成在 Adams View 中的自动柔性体生成工具，它使用户不必离开 Adams View 即可创建柔性体，并且不需要借助任何有限元软件，这个模块让有关柔性体的仿真分析比传统方式更流畅、更高效。

5. 耐久性分析模块

Adams Durability 可用于生成子系统或零部件的载荷时间历程，驱动疲劳分析的工具（如 MTS 设备或疲劳分析软件），并且可用于在 Adams 中对部件进行概念性疲劳强度方面的研究。

疲劳试验是产品开发过程中很重要的一个方面。优良的疲劳性往往可能与产品的其他性能相矛盾，如走行性能、操控性能或 NVH〔Noise（噪声）、Vibration（振动）、Harshness（声振粗糙度）〕性能。找到一个各方面都满足性能要求的平衡点非常有必要，但传统的实物疲劳试验的方法可能导致开发时间延长。使用 Adams Durability，用户可以利用已有的 Adams 的模型结果来驱动疲劳分析的工具，如 MTS 设备或疲劳分析软件。

海克斯康与 MTS 公司和 nCode 公司进行合作，以保证 Adams Durability 可以解决疲劳试验问题。MTS 的虚拟实验室（Vritual Test Laboratory，VTL）技术与 Adams Durability 进行数据交换，以提供标准机械试验系统所用的动力学模型。Adams Durability 同时提供方便的接口给 MSC.Fatigue 和 nCode 的 FE-Fatigue 软件包完成零部件的疲劳寿命预测。常用的试验数据格式，如 DAC 和 RPC 格式，可以双向地输入和输出。使用 Adams Durability，可以在 Adams View 中进行概念性的应力应变研究，以及在 MSC.Nastran 中做更详细的应力应变分析。Adams Durability 也扩展了 Adams PostProcessor 的功能，可以动态显示柔性部件的应力应变情况，也可以绘制被测节点随时间变化的应力应变情况，如合成应力、最大剪切应力、主应力或应力应变的单个分量。

6. 振动分析模块

Adams Vibration 用于机械系统在频域的强迫振动分析。Adams Vibration 首先对系统进行线性化分析，然后计算特征值、特征向量以及在强迫激励作用下的传递函数和功率谱密度函数等频域特性，这一过程非常快捷，可以得到频域的精确解。同时可以考虑系统中的液压和控制对整个系统的影响。

在实验室或场地中进行的振动试验是既费时又昂贵的，而且一般只能在设计的后期进行。使用 Adams Vibration，用户能在设计的前期就进行振动性能方面的试验，可以进行减振、隔振设计及振动性能优化，并且可以根据根轨迹图进行稳定性分析，得到的输出数据可以用来进行 NVH 研究。NVH 性能参数在很多机械系统设计中都是极为重要的考察因素，诸如汽车、飞机、铁道车辆和卫星系统设计。但设计最合适的 NVH 性能参数会导致很多其他问题，如系统中某个部件受到一个激励就会影响到系统中的其他部件。

7. CAD 数据接口模块

Adams Geometry Translators 是全新的 CAD 数据直接接口模块，借助这个模块，Adams 与 CAD 软件之间进行数据的导入、导出不必转换成中间格式，可直接读取 CAD 装配体到 Adams 中并生成 Adams 运动部件，几何定义更加精确。Adams Geometry Translators 支持的软件有 CATIA、Pro/E、SOLIDWORKS、UG、Inventor、ACIS 和 VDA 等。

8. 优化 / 试验设计模块

设计越复杂，影响设计的因素也就越多。由于各个参数之间可能是相互影响的，因此在每次只改变一个参数的情况下很难判断设计是否更优。如果同时改变多个参数，那将需要进行指数级的仿真计算，并且将产生庞大的仿真数据，而且对仿真数据的处理也很困难，很难判断到底哪些参数是主要的，哪些参数是次要的。

利用 Adams Insight，工程师可以对功能化数字样机进行系统的研究和深入的分析，并且可以与整个团队分享自己的研究成果。研究策略可以应用于部件或子系统，或者扩展到评估多层次问题中，实现跨部门的设计方案优化。Adams Insight 鼓励设计团队在各个层次进行协同，甚至将供应商包括在内，通过网页或者数据表格实现数据交换，从而使设计人员、研究人员以及项目管理人员能够直接参与"What-if"的研究，而不需要接触到实际的仿真模型。通过分享这些研究成果，可以使整个团队加强交流并加速决策。

Adams Insight 的分析结果基于网页技术的公示，工程师可以方便地将仿真试验结果置于 Intranet 或 Extranet 网页上。不同部门的人员（如设计工程师、试验工程师、企业决策人员等）可以共享分析成果，推进决策进程，最大限度地降低决策的风险。Adams Insight 是一个选装模块，既可以在 Adams View、Adams Car 中运行，也可以脱离 Adams 单独运行。

应用 Adams Insight，工程师可以规划和完成一系列仿真优化试验，从而精确地预测所设计的复杂机械系统在各种工作条件下的性能。使用 Adams Insight 提供的对试验结果进行各种专业化的统计分析工具，通过试验方案设计，可以更好地理解和掌握复杂机械系统的性能及其相关知识。利用 Adams Insight，可以有效地区分关键参数和非关键参数，观察其对产品性能的影响，帮助工程师更好地了解产品的性能。在产品制造出来之前，可以综合考虑各种制造因素的影响（如配合公差、装配误差、加工精度等），大大地提高产品的可靠性。

1.2.3 专用模块

Adams 专用模块主要包括汽车（Adams Car）模块、机械（Adams Machinery）模块、实时仿真（Adams Real Time）模块等。

1. 汽车模块

数字样机技术是缩短车辆研发周期、降低开发成本、提高产品设计和制造质量的重要手段。为了降低产品开发风险，在样车制造出来之前，利用数字样机对车辆的动力学性能进行计算机仿真并优化其参数显得十分有必要。

Adams Car 是海克斯康与 Audi、BMW、Renault、Volvo 等公司合作开发的整车设计软件包，集成了它们在汽车设计、开发方面的经验，能够帮助工程师快速建造高精度的整车数字样机。整车数字样机包括车身、悬架、传动系统、发动机、转向机构、制动系统等。工程师可以通过高速动画直观地再现在各种试验情况（如天气、道路状况、驾驶员经验等）下整车的动力学响应，并且可以输出关于操纵稳定性、制动性、乘坐舒适性和安全性的特征参数，减少对物理样机的依赖，而使用 Adams Car 仿真花费的时间只是进行物理样机试验的几分之一。

Adams Car 采用的用户化界面是根据汽车工程师的习惯而专门设计的，工程师不必经过任何专业培训就可以应用该软件包开展卓有成效的开发工作。Adams Car 中包括整车动力学模块（Vehicle Dynamics），对应生成的模型示例如图 1-1 所示，还有悬架设计模块（Suspension Design），对应生成的模型示例如图 1-2 所示。其仿真工况包括方向盘角阶跃、斜坡和脉冲输入、蛇行穿越试验、漂移试验、加速试验、制动试验、稳态转向试验等，还可以设定试验过程中的节气门开度、变速器挡位等条件。

2. 机械模块

Adams Machinery 是完全集成于 Adams 的工具模块，该模块提供一种全新的、能够实现对包括机器人、传送机等农业设备和工业机械的常见机械部件进行高保真建模与仿真模拟自动化的多功能虚拟模型仿真及多体动力学解决方案，以便为工程师在机械系统的虚拟测试与数字样机仿真中提供帮助，图 1-3 所示为机械模块中的齿轮、皮带、链条传动仿真。

图 1-1 整车动力学模块

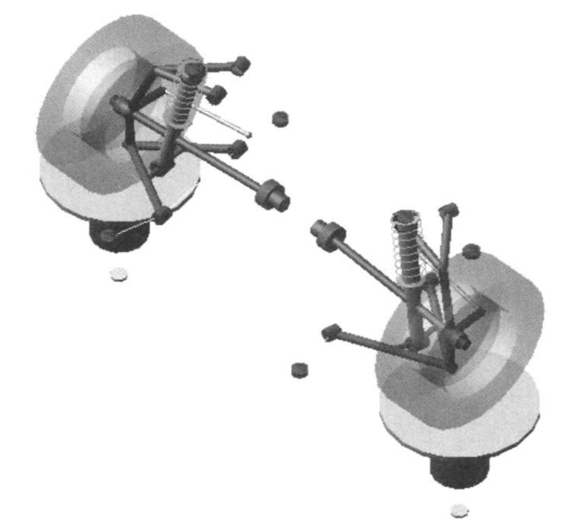

图 1-2 悬架设计模块

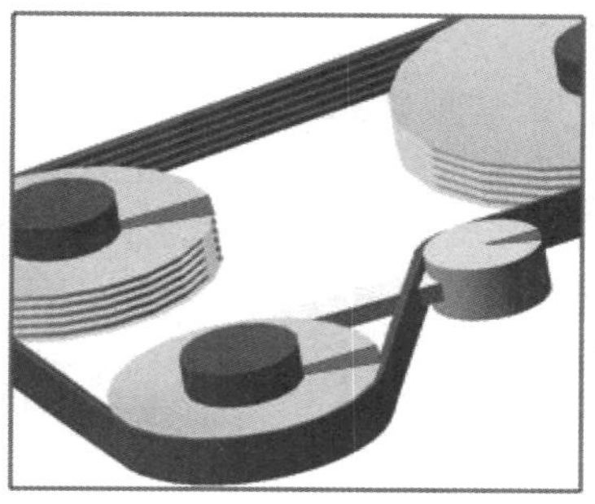

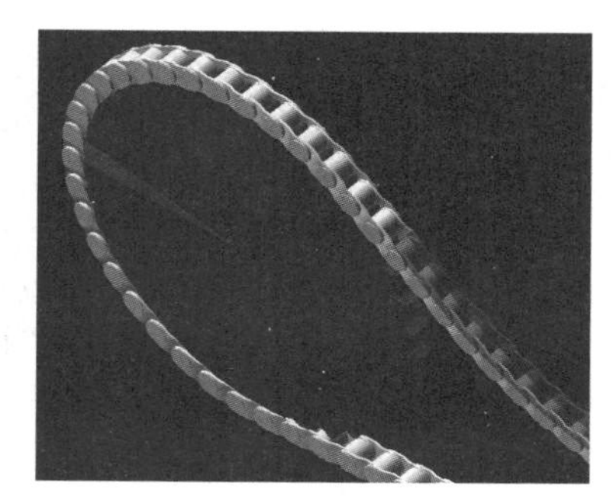

图 1-3 齿轮、皮带、链条传动仿真

3. 实时仿真模块

Adams Real Time 拓展了 Adams 多体动力学仿真解决方案，实现实时仿真经常需要用到 Adams Real Time 的两个功能。

（1）Adams 固定步长（Adams Solver Fixed Step）求解器。

确保在给定时间内完成固定数量的工作是实时仿真的要求，为此，Adams 求解器支持固定步长积分选项，用户规定积分步长和每个积分步长的迭代次数，以确保运行实时的软件在环（Software In-the-Loop，SIL）或硬件在环（Hardware In-the-Loop，HIL）情形时在精度和速度上有一个合理的平衡。固定步长积分器能够在 Adams 支持的任何版本上运行 Adams 模型。

（2）Adams 实时仿真（Adams Solver Real-Time）。

Adams 实时仿真可以定义为 Adams 模型以等于或快于物理系统实际运行时间对应的频率完成计算，Adams 实时仿真能够实现硬件在环和一些软件在环的工作流程。目前 Adams 支持 Concurrent 公司基于 RedHawk Linux 操作系统的 SIMulation Workbench（简称 SimWB）实时仿真环境，它是通过扩展 Adams 对功能模型接口（Functional Mock-up Interface，FMI）的支持实现的，即从 Adams View 或 Adams Car 中通过 Adams Controls 或 Adams Mechatronics 导出功能模型单元（Functional Mockup Unit，FMU），然后导入 SimWB 进行联合仿真。Adams 实时仿真系统允许用户通过 SimWB 将 Adams 模型与硬件控制器或驾驶模拟器进行集成，因此对于 Adams Car 用户，Adams Real Time 可以用于硬件在环、驾驶模拟器和高级驾驶员辅助系统等的实时仿真。

1.2.4 专用工具和工具箱

Adams专用工具和工具箱主要包括履带（Adams Tracked Vehide，ATV）工具箱、钢板弹簧（Adams LeafSpring）工具箱、齿轮传动（Adams Gear Generator）工具箱、高级齿轮（Adams Gear AT）工具箱、高级轴承（Adams Bearing AT）工具箱、风机（Adams AdWiMo）工具箱、绳索（Adams Cable）工具箱等。

1. 履带工具箱

履带工具箱是Adams用于履带式车辆动力学性能分析的专用工具，是分析军用或商用履带式车辆各种动力学性能的理想工具。通过履带工具箱，可快速建立履带式车辆的子系统到总装配模型。工具箱提供了多种悬挂模式和履带模式，方便用户建立各种复杂的车辆模型。通过改进的高效积分算法，可快速给出计算结果，研究车辆在各种不同的路面（如软土、硬土）、车速和使用条件（如直行、转向）下的动力学性能，并进行方案优化设计。

2. 钢板弹簧工具箱

钢板弹簧是车辆上应用十分广泛的悬架形式之一。海克斯康开发的钢板弹簧工具箱采用离散梁单元法为工程师提供高质量的钢板弹簧建模环境，已经成功通过数十家企业用户的上千次验证。该工具箱具有使用方便、计算结果可靠的突出优点。工程师可以快速建立钢板弹簧的数字样机，研究设计方案是否合理，并且可以将该悬架模型与通过Adams View或Adams Car等建立的整车模型进行装配，从而节约数周乃至数月的时间。

3. 齿轮传动工具箱

使用齿轮传动工具箱可以快速地计算齿轮之间的传动特性，捕捉齿轮在啮合前、后的动力学行为；可以在一个模型中研究直齿、斜齿、锥齿及其摩擦的动力学性能；方便、快捷地对轮系（包括行星轮系）进行仿真。

4. 高级齿轮工具箱

Adams Gear AT是海克斯康推出的高级齿轮工具箱，作为Adams的一个插件与其集成为一体，用户使用高级齿轮工具箱可以在Adams的动力学仿真环境中完成完整的齿轮传动系设计和高保真的齿轮系统仿真，并且其中可以包括详细的齿轮和轴承的建模及优化。通过Adams Gear AT创建齿轮传动系统的示例如图1-4所示。

图1-4　Adams Gear AT创建齿轮传动系统的示例

用户可以使用Adams Gear AT，并结合静态和动态的分析方法，完成传动系统的仿真分析。设计人员利用Adams Gear AT与MSC.Nastran的无缝集成功能，可以设计出性能最优的传动系统，便捷地处理柔性齿轮，实现刚柔耦合仿真分析，观察相关动态效果，比如在齿轮啮合的同时，还可以同步接收并考虑齿轮和轴承上的位移、形变和应力的信息。

5. 高级轴承工具箱

Adams Bearing AT是海克斯康推出的高级轴承分析工具，作为Adams的一个插件与其集成为一体，方便用户进行滚动轴承的数值仿真分析，并可和柔性体兼容。

Adams BearingAT 是定制化的轴承设计专用工具，它集成了机构运动学和结构有限元方法，形成了一套既可满足精度要求又可实现快速设计的全新实用方法。使用这个工具箱，设计人员可以完成组件添加和整个系统的动力学高精度仿真分析，如图 1-5 所示。

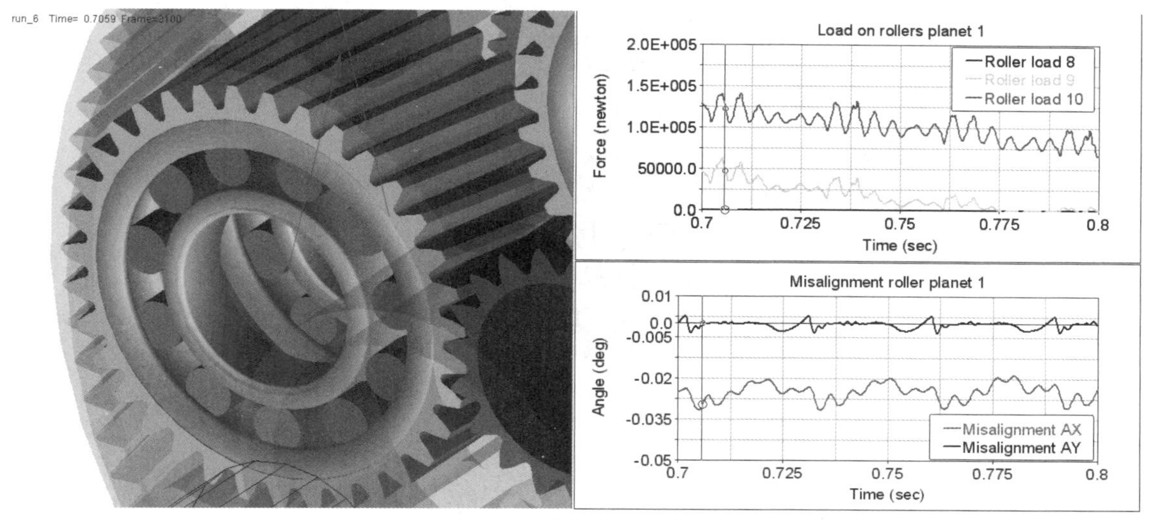

图 1-5　高级轴承仿真

6. 风机工具箱

Adams AdWiMo，即 Adams Advanced Wind turbine Modeling，是 Adams 针对风力发电机建模及仿真的专业模块，利用该模块可帮助用户快速、准确地建立包含叶片、主轴、齿轮、轴承、塔筒、控制系统和机舱等子系统的完整风力发电机模型，基于 Adams 对多刚体 / 柔体系统的精确计算能力，为用户提供最实用的风力发电机系统动力学数值仿真计算功能，如图 1-6 所示。

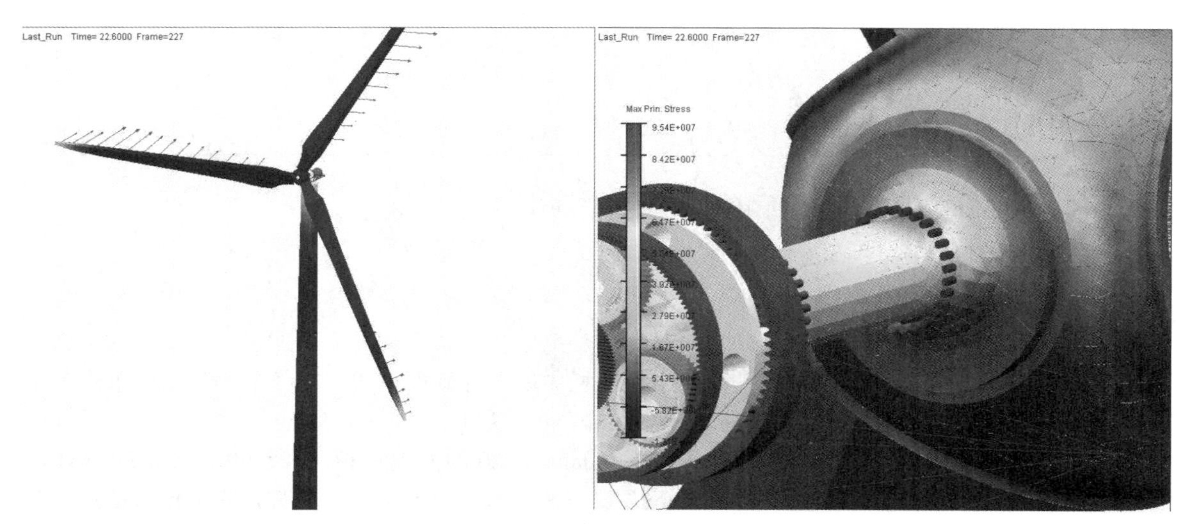

图 1-6　风力发电机系统动力学数值仿真计算

7. 绳索工具箱

Adams Cable 是快速建立滑轮和吊装系统的绳索、皮带、滑轮和带轮装置的专用工具箱，可以广泛用于吊装、电梯、缆车等仿真领域。绳索模拟如图 1-7 所示。

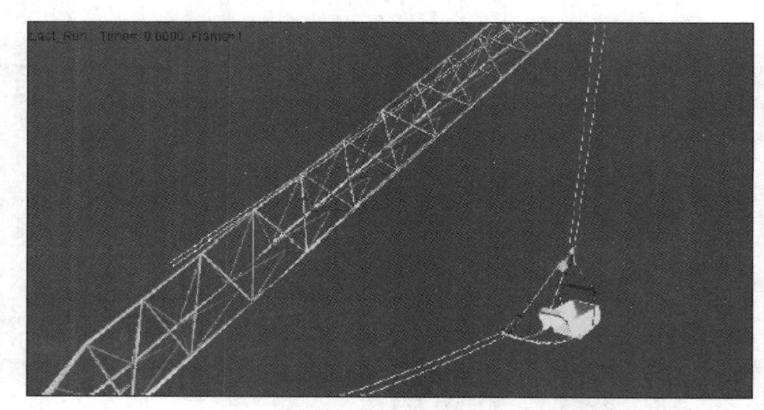

图 1-7　绳索模拟

8. MATLAB 数据接口

MATLAB 是一款非常流行的矩阵运算工具。Adams MatLink 作为 Adams 与 MATLAB 的数据接口，可以帮助用户从 MATLAB 强大的编程、矩阵运算、信号处理、控制系统设计、系统辨识等功能中获益，实现 Adams 与 MATLAB 的双向数据交流，同时可以借助它们能够相互调用对方命令的功能，建立耦合脚本或宏。

1.3　Adams View 界面

本节简单讲述 Adams View 的打开方式，并对 Adams View 界面进行介绍，帮助读者初步了解 Adams View 的操作界面。

1.3.1　启动 Adams View

下面简单介绍 Adams View 的启动方式和欢迎对话框。

1. 启动方式

启动 Adams View 有以下 3 种方式。

（1）双击桌面上的“Adams View 2020”快捷方式启动。

（2）通过 Windows 开始菜单启动。单击任务栏中的“开始”按钮，在弹出的菜单中单击“所有程序”→“Adams 2020”→“Adams View”命令，就可以启动 Adams View。

（3）通过命令提示符窗口启动。首先进入 Adams 2020 的安装目录（如 C:\Program Files\MSC Software\Adams\2020\common），在“common”文件夹中双击“mdi.bat”文件，弹出窗口信息；在窗口中输入“aview”，按 <Enter> 键，出现窗口信息；输入“ru-standard”，按 <Enter> 键，出现提示：“Would you like to run in Interactive or Batch mode? Enter i, b or EXIT(<CR=i>):”，直接按 <Enter> 键，

即可启动 Adams View。

通过以上任意方式启动 Adams View 后，会弹出图 1-8 所示的 Adams View 启动界面，启动界面消失后会进入 Adams View 初始界面。

2. “Welcome to Adams...”对话框

Adams View 启动之后，初始界面会出现“Welcome to Adams...”（欢迎）对话框，如图 1-9 所示。

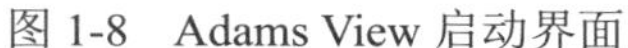
图 1-8　Adams View 启动界面

图 1-9　“Welcome to Adams...”对话框

“Welcome to Adams...”对话框中包括 3 个按钮，分别如下。

- 新建模型：创建一个新的模型文件。
- 现有模型：打开一个已经存在的模型文件。
- 退出：退出 Adams View 建模环境。

（1）创建新的模型文件。在“Welcome to Adams...”对话框中，单击“新建模型”按钮，将创建一个新的模型文件。此时弹出“Create New Model”（创建新模型）对话框，如图 1-10 所示。可以对新建的模型进行设置，在“模型名称”文本框中输入新创建模型的名称，在“重力”列表框中设置建模环境的重力加速度，在“单位”列表框中设置建模的单位，在“工作路径”中设置工作目录。

其中，重力加速度的设置有 3 个可选项。

- 正常重力（“- 全局 Y 轴”）：设置重力加速度大小为 g，方向为 $-Y$ 轴方向。
- 无重力：不设置重力加速度。
- 其他：根据具体情况自定义设置重力加速度。

此时，单击“Create New Model”对话框中的“确定”按钮 确定 后，将显示“Gravity Settings”（重力设置）对话框。

其中，单位有 4 种预定设置可以选择。

- MKS：m, kg, N, s, deg。
- MMKS：mm, kg, N, s, deg。
- CGS：cm, g, dyne, s, deg。

- IPS：inch, lbm, lbf, s, deg。

在工作目录指定区域单击“浏览”按钮可选择工作目录，以后所有操作都将默认为在此指定工作目录下进行。

如果不对上述各选项进行设置，Adams View 将使用默认的模型名称、默认重力加速度和单位。

（2）打开一个已经存在的模型文件。在“Welcome to Adams...”对话框中，单击“现有模型”按钮，可以打开指定路径下的模型文件，如图 1-11 所示。

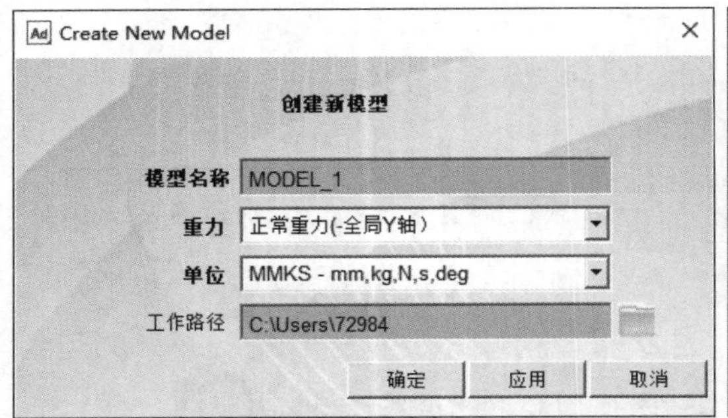

图 1-10 “Create New Model”对话框

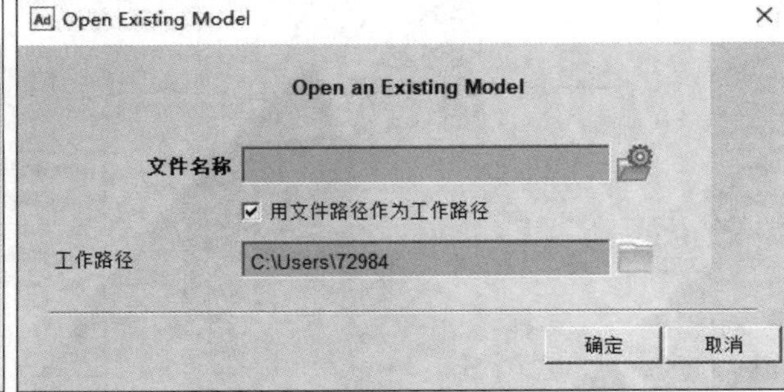

图 1-11 “Open Existing Model”对话框

单击“浏览”按钮，弹出“Select File”（选择文件）对话框，如图 1-12 所示。选择要打开的模型文件后，Adams View 将自动加载该模型及其相关的设置。

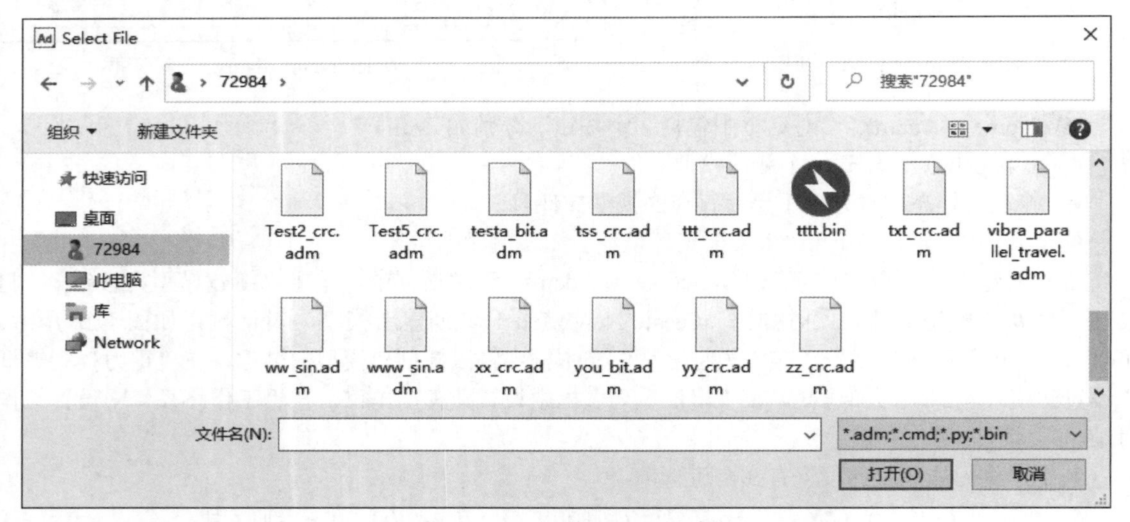

图 1-12 “Select File”对话框

1.3.2 Adams View 操作界面

从 Adams 2012 开始，Adams 采用全新的 Adams View 用户界面。图 1-13 所示为 Adams View Adams 2020 界面，其全新的模型树大大提高了工作效率，便于读者更直观地了解分析仿真过程。界面中各部分的功能如下。

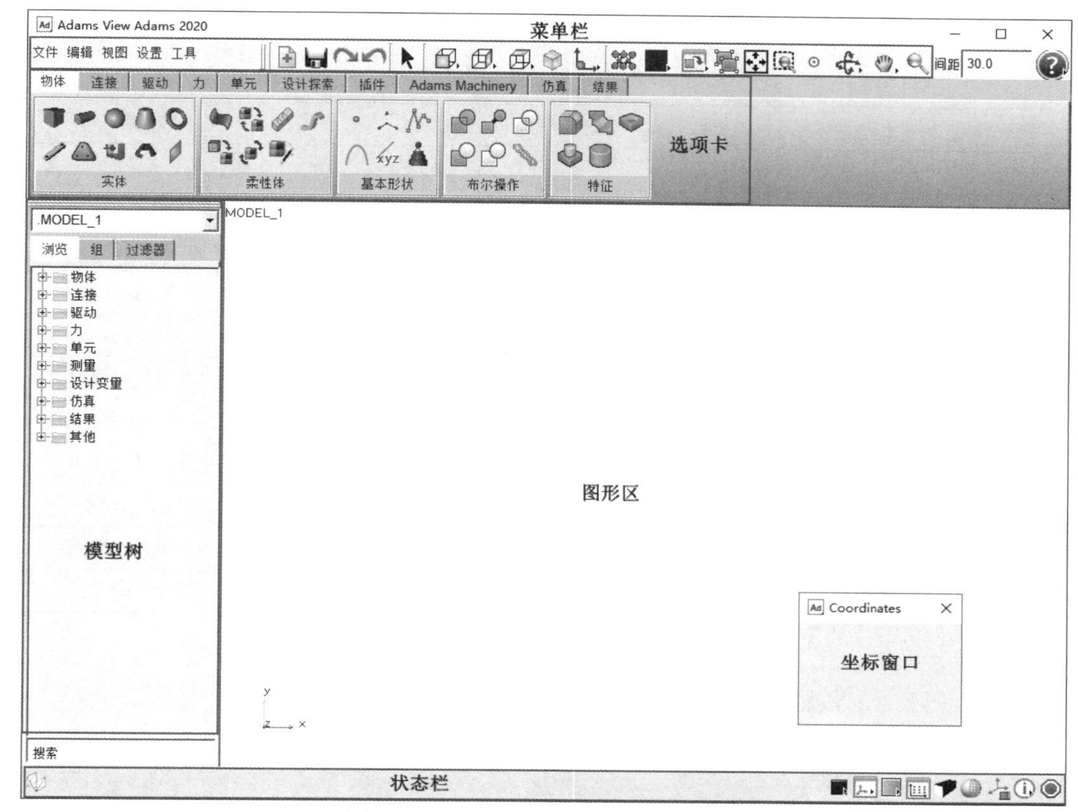

图 1-13　Adams View Adams 2020 界面

（1）选项卡：用于展示各种常用的命令按钮，包括物体、连接、驱动、力、单元、设计探索、插件、Adams Machinery、仿真、结果等。

（2）菜单栏：采用 Windows 风格的菜单，菜单中包括 Adams View 程序的全部命令，例如文件、编辑、视图、设置、工具、创建新的模型、保存数据、设置视图方向等。

（3）图形区：显示数字样机模型。

（4）状态栏：显示操作过程中的各种信息和提示。

（5）坐标窗口：显示当前光标在三维坐标中的位置，按 <F4> 键可以切换坐标窗口的显示与隐藏。

（6）模型树：模型树界面默认在界面的左侧，主要用于模型中元素的修改、改名、显示、测量、信息查看、失效、刚柔转换等编辑操作，可直观地观察到模型的拓扑。进行编辑操作时，选中要编辑的元素，右击即可显示可进行操作的项。

在实际使用中，仍有一部分用户习惯经典界面的应用操作模式，如果需要从默认界面转换到经典界面，可以单击菜单栏中的“设置”→“界面风格”→“经典”命令，将默认界面切换为经典界面，如图 1-14 所示。

如果需要保存界面修改设置，可以通过菜单栏中的“设置”菜单，在对操作界面执行修改操作后，单击菜单栏中的“设置”→“保存设置”命令，对修改后的界面进行保存。在需要恢复设置时，单击菜单栏中的“设置”→“恢复设置”命令，即可恢复已保存的设置。

Adams 中的操作，可以采取用鼠标选择命令的操作来执行命令，也可以通过按键盘上的快捷键来执行命令。因此，在正式学习 Adams 操作前，读者需要了解鼠标和快捷键的应用，方便快速入门，表 1-1 列出了常用的快捷键。

表 1-1　常用的快捷键

快捷键	功能	快捷键	功能
F1	打开相应的帮助	S+ 鼠标左键	沿着垂直于屏幕的轴线旋转
F2	打开读取命令文件的对话框	T+ 鼠标左键	平移模型
F3	打开命令输入窗口	V	切换图标的隐藏和显示
F4	打开坐标窗口	W+ 鼠标左键	将屏幕局部放大
F8	进入后处理模块	Z+ 鼠标左键	动态缩放
C+ 鼠标左键	定制旋转中心	Shift+F	设置模型主视图
ESC	结束当前操作	Shift+I	设置模型轴测视图
M	打开信息窗口	Shift+R	设置模型右视图
F 或 Ctrl+F	以最大比例全面显示模型	Shift+S	设置模型显示模式
G	切换工作格栅的隐藏与显示	Shift+T	设置模型俯视图
R+ 鼠标左键	旋转模型	Shift+B	设置模型仰视图

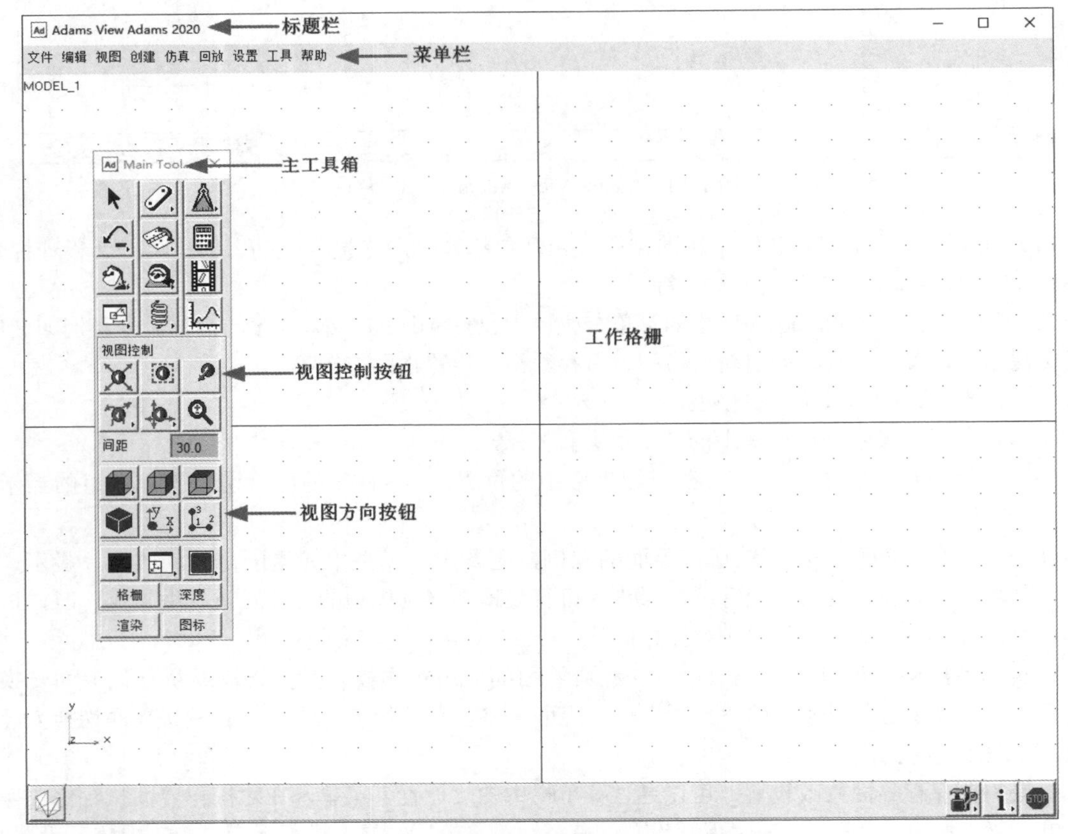

图 1-14　主窗口经典界面

Adams 中，鼠标的应用有两种方式——使用鼠标左键和使用鼠标右键。使用鼠标左键，可以选择模型中的各种对象，也可以选择菜单栏中的命令和对话框中的选项等。在 Adams 中，鼠标右键也是非常有用的，在不同的位置右击会有不同作用，使用鼠标右键的场合主要有以下几种。

（1）显示各种对象的快捷菜单，例如部件、标记、约束、运动和力等。

（2）在各种对话框中的参数文本框，显示输入参数的快捷菜单。

（3）在后处理过程中，显示曲线图中各种对象的快捷菜单，例如曲线、标题、坐标、符号标记等。

在右击打开快捷菜单以后，按住鼠标右键不放，移动鼠标指针至有关命令时释放鼠标右键，可以打开下一层快捷菜单或选择命令。

1.4 设置工作环境

在启动 Adams View 的同时，可以通过选择预定义单位制和重力加速度来定义建模环境。当然，在使用 Adams View 的任何时候都可以重新设置建模环境。

1.4.1 设置坐标系

启动 Adams View 后，工作窗口的左下角会显示一个代表建模全局坐标系类型和方向的坐标系图标。另外，在每个刚体的质心处，系统会固定一个坐标系，称为局部坐标系，通过描述局部坐标系在全局坐标系中的方位，就可以描述刚体在全局坐标系中的方位。在立体几何中，一般有 3 种坐标系，分别为笛卡儿坐标系、圆柱坐标系和球坐标系，如图 1-15 所示。

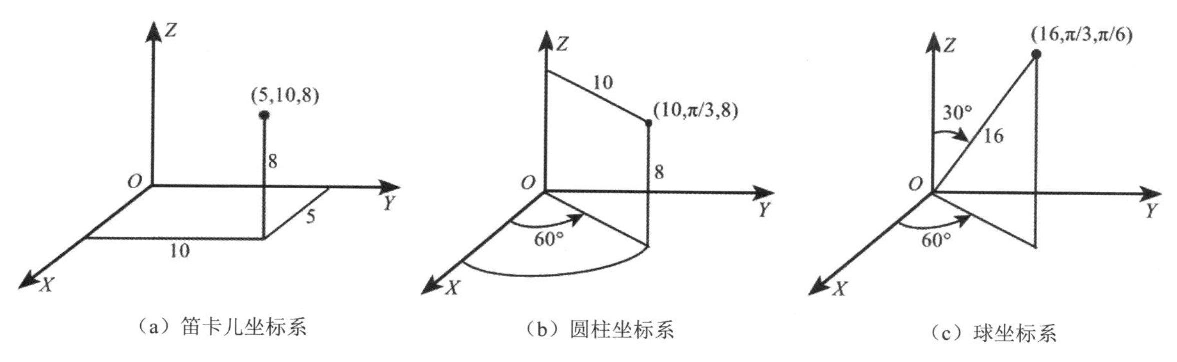

（a）笛卡儿坐标系　（b）圆柱坐标系　（c）球坐标系

图 1-15　Adams View 中的坐标系

Adams 采用了两种直角坐标系：全局坐标系和局部坐标系，它们通过关联矩阵相互转换。全局坐标系是固定坐标系，不随任何机构的运动而运动，它是用来确定部件的位移、速度、加速度等的参考系。局部坐标系固定在部件上，随部件一起运动，部件在空间内运动时，共运动的线物理量（如线位移、线速度、线加速度等）和角物理量（如角位移、角速度、角加速度等）都可由局部坐标系相对于全局坐标系移动或转动时的相应物理量确定。约束方程的表达式均由相连接的两部件的局部坐标系的坐标描述。

机构的自由度（Degree of Freedom，DoF）是机构所具有的、可能的独立运动状态的数目。在 Adams 中，机构的自由度决定了该机构的分析类型：运动学分析或动力学分析。当自由度为零时，对机构进行运动学分析，即仅考虑系统的运动规律，而不考虑产生运动的外力。在运动学分析中，当某些部件的运动状态确定后，其余部件的位移、速度和加速度随时间变化的规律，不是根据牛顿运动定律来确定的，而是完全由机构内部件间的约束关系来确定的，通过位移的非线性代数方程与速度、加速度的线性代数方程迭代运算解出。当自由度大于零时，对机构进行动力学分析，即分析其运动是否是由于保守力和非保守力的作用而引起的，并且要求部件运动不仅要满足约束关系，而且要满足给定的运动规律。动力学分析包括静力学分析、准静力学分析和瞬态动力学分析。当自由度小于零时，属于超静定问题，Adams 无法解决。

Adams View 采用 3 个方向角确定对象在建模空间绕坐标系轴的旋转方式，其旋转方式有如下两个选项。

- 物体固定：相对于对象的局部坐标系的相应坐标轴绕对象的定位点旋转。
- 空间固定：相对于全局坐标系的相应坐标轴绕对象的定位点旋转。

在 Adams View 中采用 1、2 和 3 分别代表 *X* 轴、*Y* 轴和 *Z* 轴。例如 312 的旋转顺序代表对象产生围绕 *Z* 轴、*X* 轴和 *Y* 轴的旋转。Adams View 共提供了 12 种不同的旋转顺序。在默认状态下，Adams View 采用的是 313 旋转顺序。

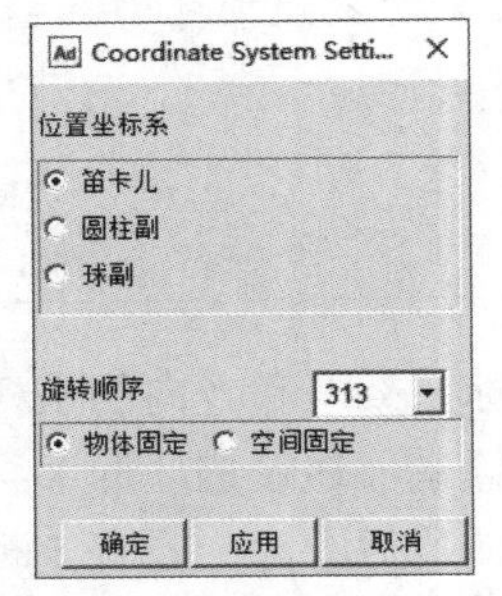

图 1-16 “Coordinate System Settings”对话框

单击菜单栏中的“设置”→“坐标系”命令，打开如图 1-16 所示的“Coordinate System Settings”（坐标系设置）对话框。

在“位置坐标系”中有 3 种坐标系类型，分别为笛卡儿、圆柱副、球副。在设置坐标系的过程中一般选择“笛卡儿”。

在“旋转顺序”下拉列表中有多种旋转顺序选项，例如 313、323、312 等，一般默认旋转顺序为“313”。

方向坐标类型可通过选择“物体固定”或“空间固定”单选按钮来确定。

1.4.2 设置单位

Adams View 的应用中需要注意单位的设置，在每一次工作前应首先设置系统的单位制以避免不必要的重复工作。

Adams View 一共提供了 6 个基本量纲的度量单位，分别是长度、质量、力、时间、角（度）、频率。另外，程序中预设了 4 个度量单位系统，分别为 MMKS、MKS、CGS 和 IPS。单击菜单栏中的“设置”→“单位”命令后，系统弹出“Units Settings”（单位设置）对话框，如图 1-17 所示。

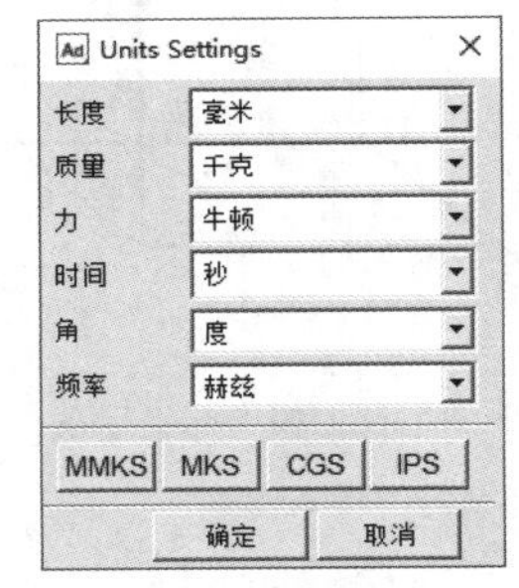

图 1-17 “Units Settings”对话框

1.4.3 设置重力加速度

在默认状态，Adams View 设置大小为 *g*，方向竖直向下（−*Y* 方向）的重力加速度，根据设置的重力加速度，所用部件会被自动施加重力。可以关闭或打开所有重力，也可以重新设置重力加速度，具体操作方法如下。

（1）单击菜单栏中的“设置”→“重力加速度”命令，系统弹出“Gravity Settings”对话框，如图 1-18 所示。

（2）如果需要重新设置重力加速度，可以在 *X*、*Y*、*Z* 文本框中分别输入 *X*、*Y*、*Z* 方向的重力加速度分量。重力加速度方向与坐标轴方向相同时为正，反之为负。

（3）如果需要设置或清除重力加速度，勾选或取消勾选“重力”复选框即可。

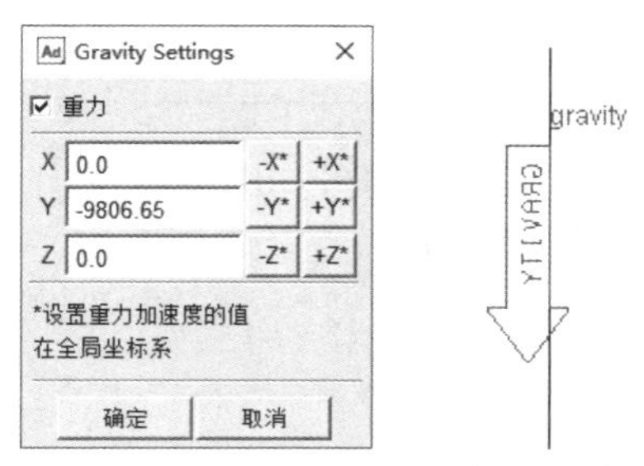

图 1-18　“Gravity Settings”对话框及重力显示图标

1.4.4　设置图标

当第一次以基于模板的方式启动 Adams 时，它会显示屏幕图标，如坐标系、载荷、重力加速度等。但是若将对象添加到模型中，这些显示的图标可能会打乱模型视图。要使窗口显示清晰，可以关闭图标，具体操作如下。

单击菜单栏中的“设置”→“图标”命令，打开如图 1-19 所示的“Icon Settings”（图标设置）对话框。单击“可见性”选项组中的“打开”或“关闭”单选按钮，可改变图标的显示或隐藏。其他参数读者可以按图 1-19 对应设置。

1.4.5　设置颜色和背景色

单击菜单栏中的“设置”→“颜色”命令，打开如图 1-20 所示的“Edit Color”（编辑颜色）对话框，可以设置颜色。

单击菜单栏中的“设置”→“背景颜色”命令，打开如图 1-21 所示的“Edit Background Color”（编辑背景颜色）对话框，可以设置背景颜色。

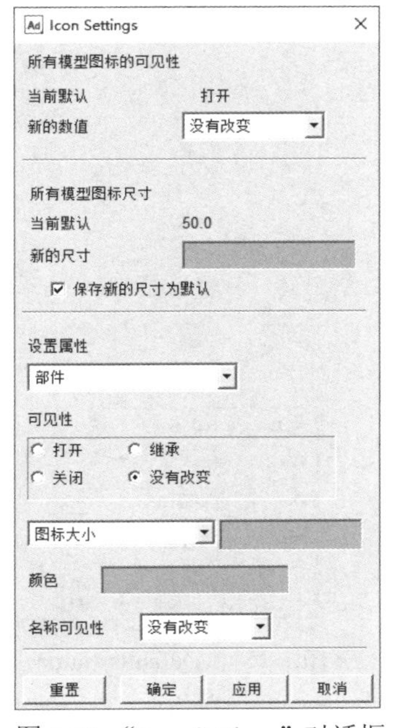

图 1-19　“Icon Settings”对话框

图 1-20　“Edit Color”对话框

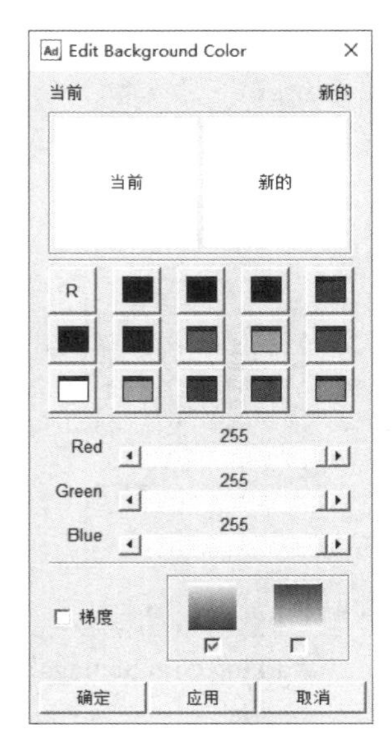

图 1-21　“Edit Background Color”对话框

1.4.6 设置灯光

单击菜单栏中的“设置”→“灯光”命令，打开如图 1-22 所示的“Lighting Settings”（灯光设置）对话框，设置灯光的相关参数。

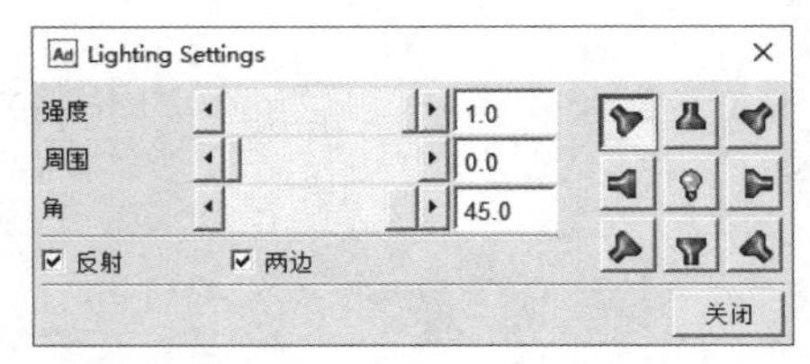

图 1-22 “Lighting Settings”对话框

1.4.7 设置工作格栅

格栅相当于均匀分布的特殊位置点连成的格子。一般情况下，Adams View 显示工作格栅平面，在此平面上进行基本的数字样机建模。此外，在绘制、移动和修改几何形体时，几何形体的定位点将自动拾取格栅点。

单击菜单栏中的“设置”→“工作格栅”命令，打开如图 1-23 所示的“Working Grid Settings”（工作格栅设置）对话框，可以设置相关参数。

1.4.8 设置字体

单击菜单栏中的“设置”→“字体”命令，打开如图 1-24 所示“Fonts”（字体）对话框，可以设置字体。

1.4.9 设置模型名称

在创建模型时，系统会自动为模型元素赋予一个名称和编号，可以通过设置不同的名称来表示不同的模型元素，也可以通过编号来表示模型元素。可以对元素的名称和编号进行修改，但是一般只赋予元素一个有意义的名称，而不改变元素的编号。在 Adams 中，通常分为父元素和子元素，长格式和短格式。单击菜单栏中的“设置”→“名称”命令，打开如图 1-25 所示的“Defaults Names”（默认名称）对话框，可以设置模型元素的名称和编号。

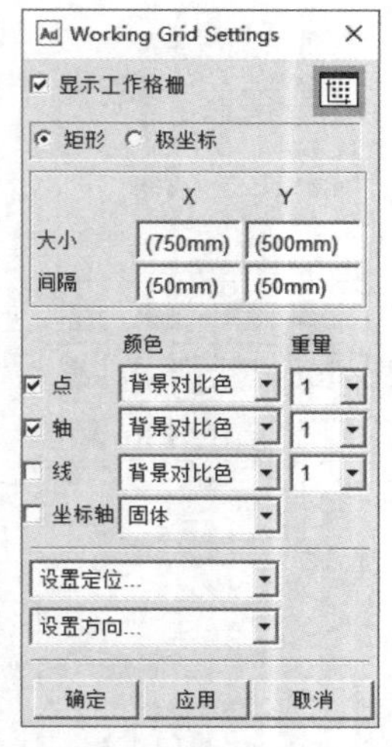

图 1-23 “Working Grid Settings”对话框

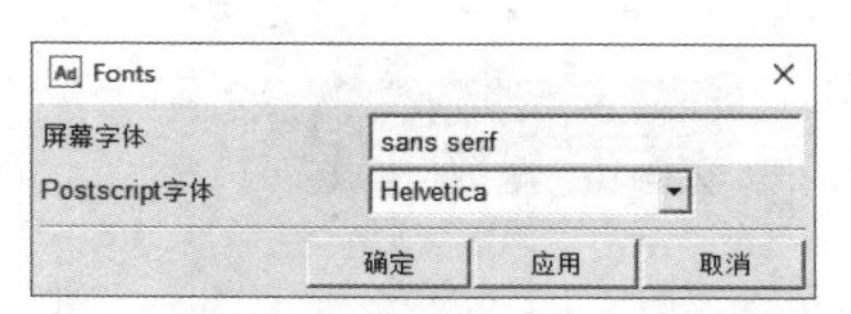

图 1-24 “Fonts”对话框

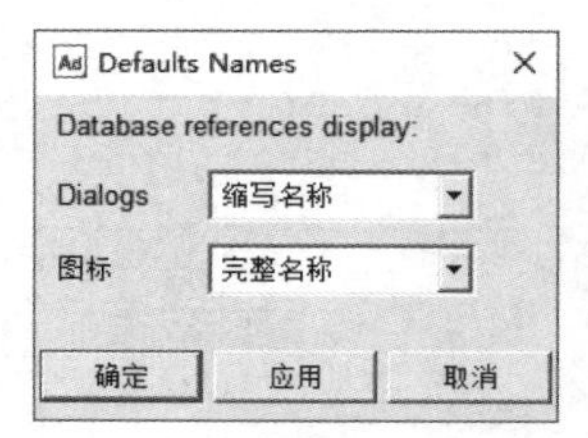

图 1-25 “Defaults Names”对话框

第 2 章 创建模型

【内容指南】

本章主要介绍在 Adams View 中创建几何模型的方法，一种方法是利用 Adams View 提供的建模工具，直接创建几何模型；另一种方法是通过 Adams 与其他 CAD 软件的数据接口，导入使用 CAD 软件创建的几何模型，适当地编辑后将其转化成 Adams View 中的几何模型。其次介绍在 Adams View 对已创建部件特性的编辑。最后，本章通过实例详细讲解两种创建几何模型的方法，让读者通过实际操作来掌握这两种方法。

【知识重点】

- 创建几何模型。
- 创建特征。
- 编辑部件特性。

2.1 几何建模

在 Adams View 中，一个或几个几何模型可以构成一个部件（也称构件、零件、物体），绘制部件几何形状的过程称为几何建模。几何模型（也可简称为模型）是由基本形状（如点、曲线、坐标标记等）和实体（如立方体、圆柱、球、圆环等）组成的。一些形状简单的几何模型，可以直接在 Adams View 中通过创建基本形状、创建实体、布尔操作、特征修改等步骤来构建，而一些形状比较复杂的模型或要求视觉效果逼真的模型，则可以先在其他 CAD 软件中创建几何模型，然后导入到 Adams View 中。

在正式开始几何建模之前，读者需要了解一些几何建模的基础知识。

2.1.1 几何建模基础知识

在 Adams View 中可创建 4 种类型的几何模型。

（1）刚体（Solids）。这类几何模型具有质量特性和转动惯量特性，其几何形状在任何时候都不发生改变。它是 Adams View 中最常用的一类几何模型，默认创建的几何模型都为刚体。

（2）柔性体（Flexible Bodies）。这类几何模型也具有质量特性和转动惯量特性，它们在受力的情况下会发生形变。

（3）点质量（Point Mass）。这类几何模型只具有质量特性，因为没有几何外形，所以没有转动惯量特性。

（4）大地（Ground）。这类几何模型没有质量和速度，并且其自由度为零。大地是静止的几何模型。在创建模型之初，Adams View 会自动创建一个大地，当然，也可以自定义一个新的大地或指定已经存在的几何模型为大地。

2.1.2 创建基本形状

Adams View 中的基本形状包括设计点（Point）、标记点（Marker）、圆弧（Arc）和圆（Circle）、直线（Line）和多段线（Polyline）、样条曲线（Spline）。这些基本形状没有质量，主要用于定义其他几何形状和几何模型。其中设计点和标记点是最常用的几何建模辅助工具。单击“物体”(Bodies)选项卡中“基本形状”（Construction）面板上的工具按钮，即可使用创建基本形状的各种工具。“物体”选项卡如图 2-1 所示。

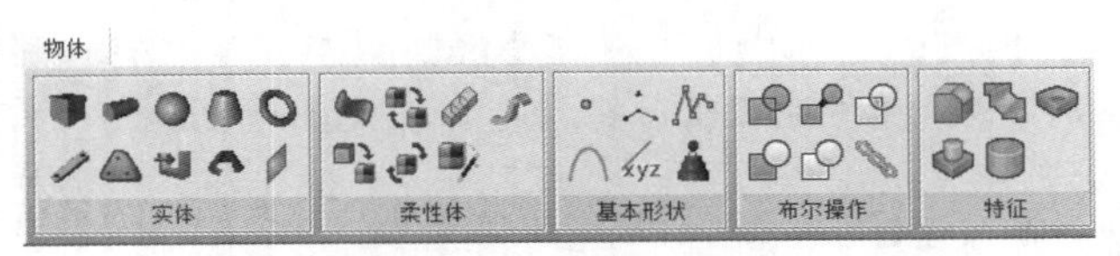

图 2-1 “物体”选项卡

下面介绍如何利用 Adams View“基本形状”面板上的工具按钮创建基本形状。

1. 创建设计点

几何建模时，通过预先设置的若干个三维空间设计点，可以确定不同部件的连接点和位置。此外，对点坐标进行参数化处理是进行参数化仿真分析的基础。

设计点不能定义方向，只能定义位置。当创建设计点时，用户可以将它创建在地面上或其他部件上。此外，还可以指定设计点附近的其他部件是否附着在这个设计点上。如果其他部件附着在这个设计点上，这些部件的位置就由这个设计点的位置决定。当改变这个设计点的位置时，附着在这个设计点上的所有部件的位置都会改变。

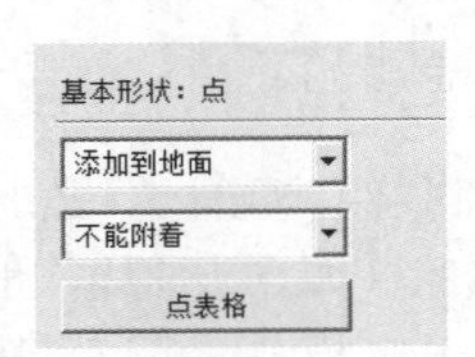

图 2-2 “基本形状：点”属性栏

创建设计点的步骤如下。

（1）单击“物体”选项卡“基本形状”面板中的“基本形状：设计点”按钮。

（2）模型树上方出现“基本形状：点”的属性栏，如图 2-2 所示，可以设置下列参数。

- 选择设计点是“添加到地面”（Add to Ground）还是“添加到现有部件”（Add to Part）。
- 选择是否要将附近的对象同设计点关联，“不能附着”（Don′t Attach）参数表示不关联，“临近附着”（Attach Near）参数表示关联。

（3）单击属性栏中的“点表格”（Point Table）按钮 点表格，弹出图 2-3 所示的“Table Editor for Points in .MODEL_1”（点表格编辑器）对话框，可单击对话框右下角的“创建”按钮 创建来快速创建设计点。默认坐标值为 (0, 0, 0)，可以根据实际修改坐标值。还可以参数化坐标值，选中需要参数化的坐标分量，在对话框顶部的文本框内右击，在弹出的快捷菜单中选择“参数化”（Parameterize）→“创建设计变量”（Create Design Variable）命令，直接创建设计变量，如图 2-4 所示，或选择“参考设计变量”（Reference Design Variable）来选择已经创建好的设计变量。

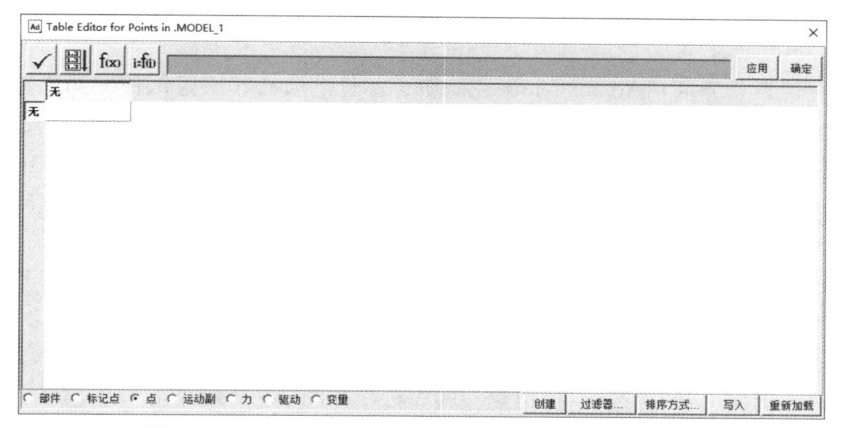

图 2-3 “Table Editor for Points in .MODEL_1”对话框

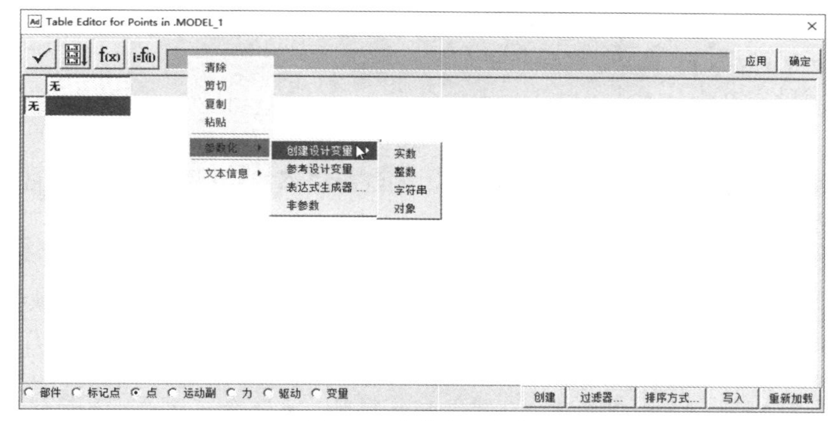

图 2-4　参数化坐标值

（4）此时状态栏显示“点：请选择点的位置”。根据状态栏提示，移动鼠标指针，在图形区中希望放置设计点的位置单击，完成设计点的创建。

提示

- 不能将部件的质心标记点加到设计点上。如果将质心标记点加到设计点上，Adams View 会时刻计算部件的质心位置，除非用户事先定义好了部件的质量特性。
- 如果用户需要将设计点放置在另一个部件的位置上，可以在那个部件附近区域右击，Adams View 会显示鼠标指针附近部件的列表，供用户选择需要放置设计点的部件。
- 如果用户需要指定设计点精确的坐标，应离开部件，右击，此时会弹出一个输入设置设计点位置的对话框。
- 后面讲述的每个几何模型都可以通过鼠标右键的快捷菜单进行修改，此处不进行赘述。

2. 创建标记点

在 Adams View 中将坐标系分为全局坐标系和局部坐标系两种。其中全局坐标系是固定的、静止不动的坐标系，可以在全局坐标系中创建模型。局部坐标系则是为了建立约束方程和施加载荷而在任何对象（如柔性体、刚体、曲线或地面等）上建立的，其随着刚体或柔性体一起运动或静止。Adams View 图形区左下角的坐标系仅表示全局坐标系的方向。局部坐标系可通过标记点的创建而产生。

标记点具有位置和方向，Adams View 会在所有部件的质心和决定部件空间位置的区域自动创建标记点。例如一个连杆有 3 个标记点：两个位于其端点，一个位于其质心。当为部件施加约束条件时（如在部件间加铰链），Adams View 也会自动创建标记点。用户要通过指定标记点的位置和方向来创建标记点。可以使标记点的方向与全局坐标系、当前视图坐标系或用户自定义的坐标系对齐。

创建标记点的步骤如下。

（1）单击“物体”选项卡“基本形状”面板中的“基本形状：标记点”（Marker）按钮。

（2）模型树上出现“基本形状：标记点”属性栏，如图 2-5 所示，可以设置下列参数。

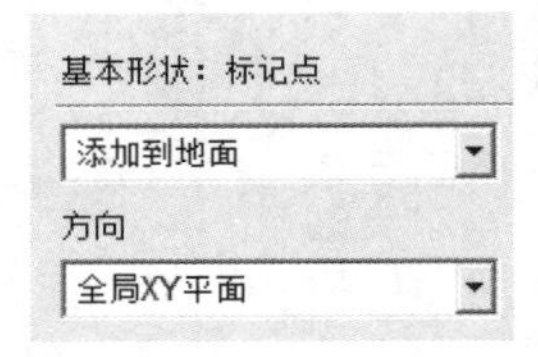

图 2-5 “基本形状：标记点”属性栏

- 选择标记点是“添加到地面”（Add to Ground），“添加到现有部件”（Add to Part），还是“添加到曲线”（Add to Curve），“添加有限元部件”（Add to FE Part）。
- 定义标记点方向的方法。从“方向”（Orientation）下拉列表中选择一种定义方向的方法。

（3）如果需要将标记点放置到一个部件上，则选择“添加到现有部件”（Add to Part）选项，并在图形区选择该部件。

（4）在图形区将鼠标指针移动到希望放置标记点的位置，单击即可完成标记点的创建。

（5）如果用户需要利用除全局坐标系或视图坐标系之外的参数来定义标记点的方向，则选择标记点坐标轴应对齐的方向（每个坐标轴都要指定对齐的方向），完成标记点的创建。

提示

在 Adams View 中创建刚体类几何模型时，系统会在质心处自动创建一个局部坐标系，称为质心坐标系，其会随着刚体一起运动，并与刚体固定在一起。计算刚体的惯性矩时要用质心坐标系，来表示刚体的位置和方向。刚体上其他局部坐标系在全局中的位置和方向可利用全局坐标系来计算得出。在 Adams View 的图形区中，表示质心坐标系的是“.cm”标识，表示其他局部坐标系的是“.Marker”标识，如图 2-6 所示。

3. 创建圆弧和圆

用户可以建立以某个位置为圆心的圆弧或圆。创建圆弧时，要指定圆弧的起始角和终止角、圆心位置、圆弧半径和 X 轴的方向。Adams View 以与用户指定的 X 轴按逆时针方向所成的角来确定圆弧的起始角和终止角。

用户创建圆弧或圆时，可以创建一个由它组成的新部件或将它放置到一个已经存在的部件或大地上。当用户创建一个新部件时，由于新部件由线组成，故没有质量。用户也可以将圆拉伸成具有质量的实体。

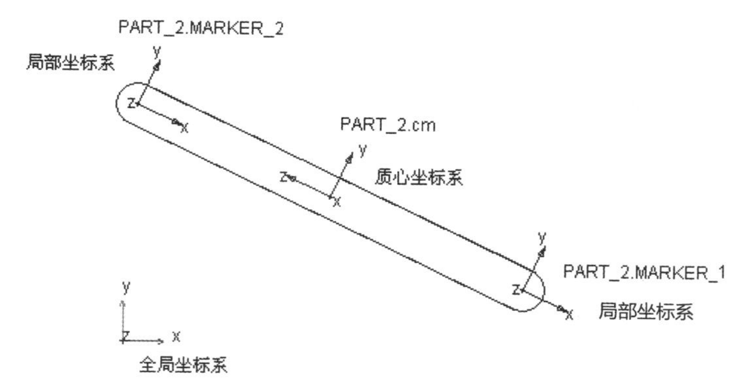

图 2-6　全局坐标系与局部坐标系

（1）创建圆弧。

创建圆弧的步骤如下。

1）单击“物体”选项卡“基本形状”面板中的“基本形状：圆弧 / 圆环”（Arc/Circle）按钮∩。

2）模型树上出现“基本形状：圆弧”属性栏，如图 2-7 所示，可以设置下列参数。

- 选择是创建一个由圆弧组成的“新建部件”（New Part），还是将它放置“在地面上”（On Ground）或“添加到现有部件”（Add to Part）。默认为创建一个新部件。
- 用户可以设定圆弧“半径”（Radius）。
- 设定圆弧的“起始角度”（Start Angle）和“终止角度”（End Angle）。默认为创建一个起始角度为 0°，终止角度为 90°的圆弧。

3）在图形区将鼠标指针移动到需要放置圆心的位置，单击即可确定圆弧的圆心，然后移动鼠标指针到需要的 *X* 轴方向和半径处，单击即可完成圆弧的创建。Adams View 会在图形区显示一条线段和圆弧的预览图形来辅助用户确定即将创建圆弧的 *X* 轴方向和半径大小。如果用户在属性栏里设定了圆弧的半径，Adams View 会采用这个半径的设定值，拖动鼠标只会改变 *X* 轴的方向。

（2）创建圆。

创建圆的步骤如下。

1）单击“物体”选项卡“基本形状”面板中的“基本形状：圆弧 / 圆环”按钮∩。

2）模型树上出现“基本形状：圆弧”属性栏，单击勾选“圆”（Circle）复选框，变为“几何形状：圆”属性栏，如图 2-8 所示，可以设置下列参数。

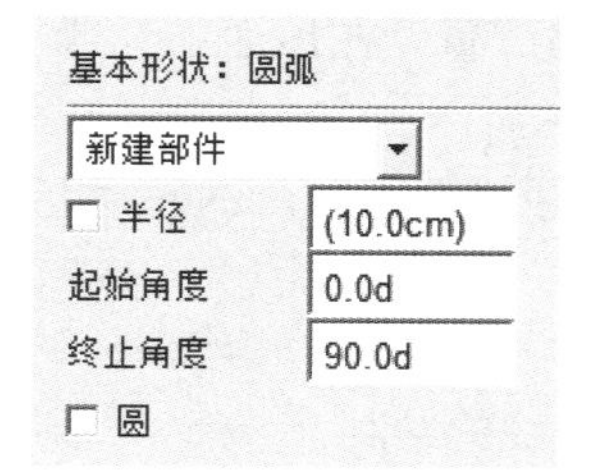

图 2-7　“基本形状：圆弧”属性栏

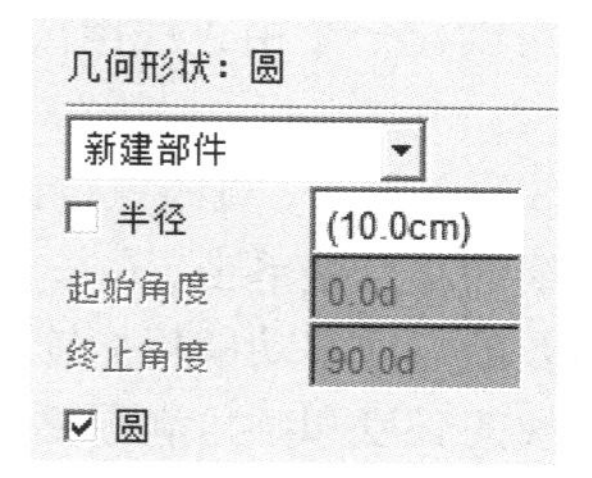

图 2-8　“几何形状：圆”属性栏

- 选择是创建一个由圆组成的“新建部件”，还是将它放置“在地面上”或“添加到现有部件”。默认为创建一个新部件。

- 用户可以设定圆的“半径”。

3）在图形区将鼠标指针移动到需要放置圆心的位置，单击即可确定圆的圆心，然后移动鼠标指针到一定的位置，单击即可完成圆的创建。如果用户在属性栏里设定了圆的半径，确定圆的圆心后，即可完成圆的创建。

4. 创建直线和多段线

用户可以创建一段直线或多段线。多段线可以是开口的，也可以是封闭的（多边形）。图 2-9 所示为用户在 Adams View 中创建的直线、开口多段线和封闭多段线。

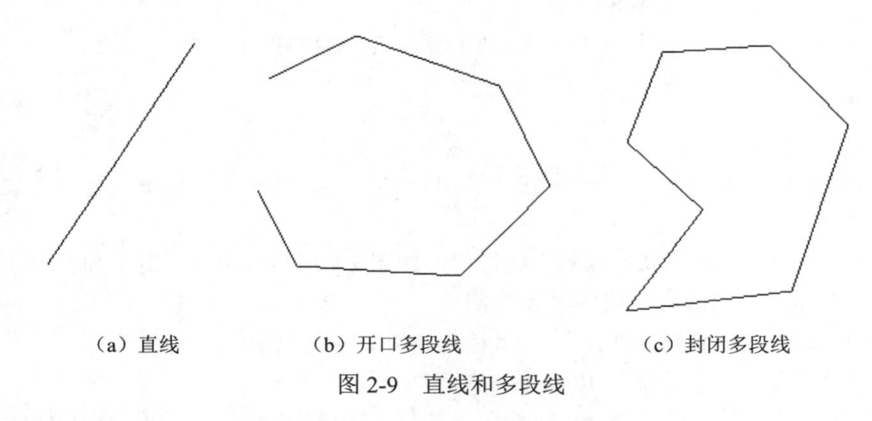

（a）直线　（b）开口多段线　（c）封闭多段线

图 2-9　直线和多段线

在创建直线或多段线之前，用户可以指定直线或多段线每段线段的长度，这样就可以更快地创建确定尺寸的线段和多段线。创建直线时，用户可以设定直线的倾角，这个倾角为直线与全局坐标系或工作格栅的 X 轴所成的角度。

在创建直线时，可以创建由直线组成的新部件或将直线放置到一个已经存在的部件或大地上。当创建一个新部件时，由于新部件由直线组成，故没有质量。

Adams View 在创建的多段线的每段线段的端点设置了热点。用户可以通过拖动这些热点，方便地改变几何图形的形状。如果用户创建的是一个封闭的多段线（多边形），无论如何拖拽热点，该多边形仍保持封闭。

（1）创建直线。

创建直线的步骤如下。

1）单击“物体”选项卡“基本形状”面板中的“基本形状：多段线”（Polyline）按钮。

2）模型树上出现“基本形状：多段线”属性栏，如图 2-10 所示，可以设置下列参数。

- 选择是创建一个由直线组成的“新建部件”，还是将它放置“在地面上”或“添加到现有部件”。
- 设置线段类型为“直线”（One Line），同时可以设置直线的“长度”（Length）和“角”（Angle）。
- 在直线的起点处单击。
- 向需要的方向移动鼠标指针。
- 当直线的长度和倾角满足要求时，再次单击即可完成直线的绘制。

（2）创建多段线。

创建多段线的步骤如下。

1）单击“物体”选项卡“基本形状”面板中的“基本形状：多段线”按钮。

2）模型树上出现“基本形状：多段线”属性栏，如图2-10所示，可以设置下列参数。

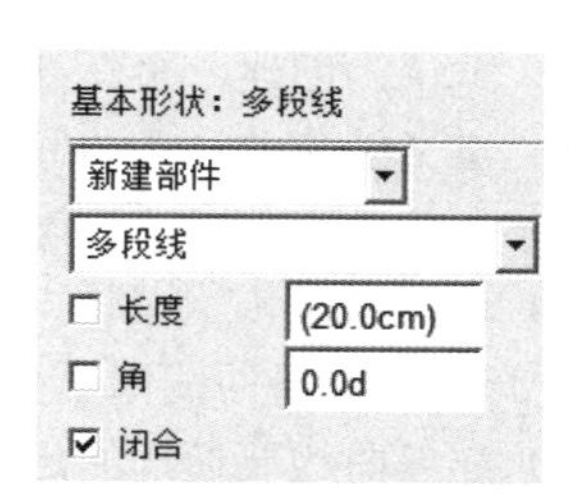

图2-10 “基本形状：多段线”属性栏

- 选择是创建一个由直线组成的“新建部件”，还是将它放置“在地面上”或“添加到现有部件”。
- 设置线段类型为“多段线”，同时可以设置每条线段的长度。
- 在多段线的起点处单击。
- 移动鼠标指针，单击即可确定线段的另一个端点，完成第一条线段的创建。
- 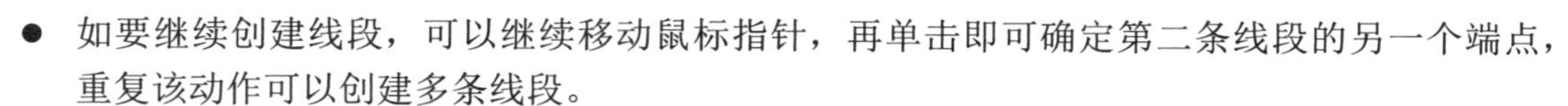如要继续创建线段，可以继续移动鼠标指针，再单击即可确定第二条线段的另一个端点，重复该动作可以创建多条线段。
- 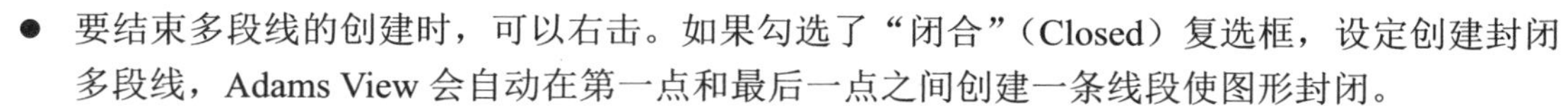要结束多段线的创建时，可以右击。如果勾选了“闭合”（Closed）复选框，设定创建封闭多段线，Adams View会自动在第一点和最后一点之间创建一条线段使图形封闭。

提示

- 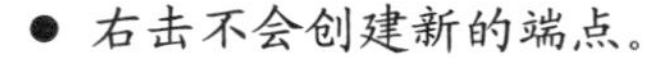右击不会创建新的端点。
- 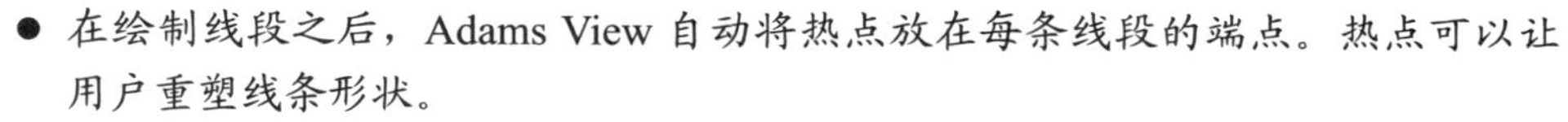在绘制线段之后，Adams View自动将热点放在每条线段的端点。热点可以让用户重塑线条形状。
- 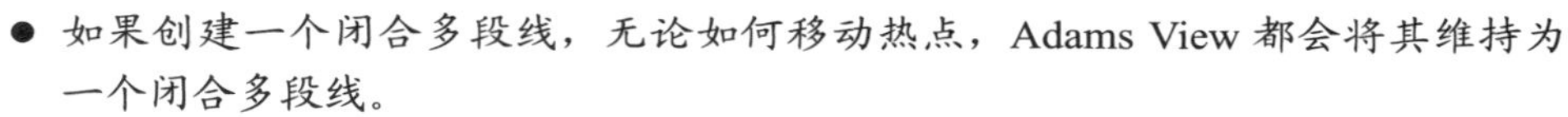如果创建一个闭合多段线，无论如何移动热点，Adams View都会将其维持为一个闭合多段线。
- 用户可以使用“线或折线修改”对话框精确地放置组成线段或折线的端点，还可以读取位置点。

5. 创建样条曲线

样条曲线是通过一系列位置坐标的光滑曲线。样条曲线可以是开口的，也可以是封闭的。在Adams View中，创建一条封闭的样条曲线至少要指定8个点，而创建一条开口的样条曲线则至少要指定4个点。

创建样条曲线时，可以创建由样条曲线组成的新部件或将样条曲线放置到一个已经存在的部件或大地上。当用户选择了创建一个新部件时，由于新部件由样条曲线组成，故没有质量。用户可以将封闭的样条曲线拉伸成具有质量的几何实体。

Adams View在创建的样条曲线的点位置上设置了热点，用户可以通过拖动这些热点，方便地改变样条曲线所形成的几何图形的形状。

用户可以通过定义样条曲线所通过的点的坐标来创建样条曲线，或者选择一条已经存在的曲线，并指定用于定义样条曲线的点的个数。下面进行详细说明。

（1）通过在屏幕上选择点来定义样条曲线。

1）单击“物体”选项卡“基本形状”面板中的“基本形状：样条曲线”按钮。

2）模型树上出现“基本形状：样条曲线”属性栏，如图2-11所示，可以设置下列参数。

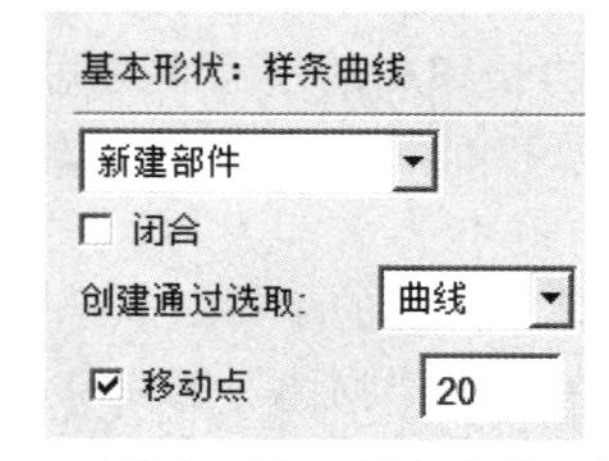

图2-11 “基本形状：样条曲线”属性栏

- 选择是创建一个由样条曲线组成“新建部件”，还是将它放置“在地面上”或“添加到现有部件”。

默认为创建一个新部件。

- 定义创建的样条曲线为封闭的或开口的。

3）在起始点单击即可确定样条曲线的第一个点。

4）在图形区依次单击即可选择样条曲线要通过的其他点。对封闭的样条曲线至少要指定 8 个点，对开口的样条曲线则至少要指定 4 个点。

5）样条曲线要通过的点选择结束后，右击，完成样条曲线的创建。

（2）通过选择一条已经存在的曲线来创建样条曲线。

1）单击“物体”选项卡“基本形状”面板中的“基本形状：样条曲线”按钮。

2）模型树上出现“基本形状：样条曲线”属性栏，可以设置如下参数。

- 选择是创建一个“新建部件”，还是将它放置“在地面上”或“添加到现有部件上”。默认为创建一个新部件。
- 定义创建的样条曲线为封闭的或开口的。
- 在“创建通过选取”下列列表中选择“曲线”（Curve）的选项创建样条曲线。
- 在“移动点”（Spread Point）文本框中设置点的个数，或者取消对“移动点”（Spread Point）复选框的勾选，Adams View 会计算所要的点的个数。

3）在图形区选择曲线，即可完成样条曲线的创建。

提示

- 当用户指定样条曲线通过的点时，如果用户发现定义有错误，可以以创建时相反的顺序在点上单击来删除错误的点。
- 用户完成样条曲线的创建后，有时屏幕上只显示一些热点，而不能显示光滑的样条曲线。此时，用户可以用鼠标左键轻轻拖动任意热点，屏幕上将显示出样条曲线。
- 用户可以通过编辑点的坐标来创建精确的样条曲线。

2.1.3 创建实体

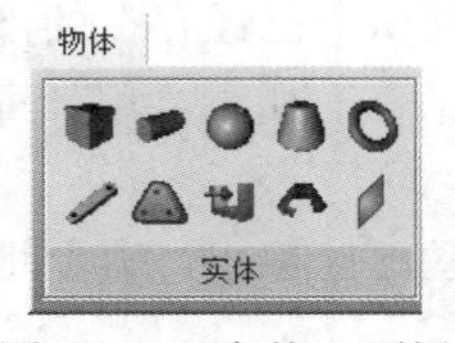

图 2-12 “实体”面板

实体几何模型（简称实体）是三维部件的几何形状。用户可以利用 Adams View 的实体建模库创建实体几何模型或将封闭的曲线拉伸成实体几何模型。在默认界面下，通过选择“物体”选项卡“实体”（Solids）面板中的部分工具来实现实体几何模型的创建，如图 2-12 所示。

下面介绍如何利用 Adams View 的实体建模工具创建实体。

1. 创建立方体

用户在图形区中绘制出立方体的长和高，Adams View 会创建一个三维实体立方体，其深度为矩形的长和高的尺寸中最短尺寸的两倍。用户也可以预先设定好矩形的长度（Length）、高度（Depth）和深度（Height）。立方体的尺寸在屏幕中的坐标上，向上为高度，向左为长度，向外为深度。

创建立方体的步骤如下。

（1）单击“物体”选项卡“实体”面板中的“刚体：创建立方体”按钮。

（2）模型树上出现“几何体：立方体”属性栏，如图 2-13 所示，指定下列参数。

- 选择是创建一个“新建部件”，还是将几何体放置“在地面上”或“添加到现有部件”。默认为创建一个新部件。

- 可以设置立方体的长度、高度、深度。

（3）在图形区需要的点处单击，指定矩形的一个顶点，并移动鼠标指针。

（4）当矩形的大小满足要求时，单击即可完成立方体的创建。如果用户已经指定了立方体的长度、高度、深度，则 Adams View 按照设定值创建立方体。

2. 创建圆柱体

圆柱体是截面形状为圆形的实体。默认情况下，只要画出圆柱体的中心线，Adams View 会创建半径为中心线长度的 1/8 的圆柱体。当然，用户也可以事先指定圆柱体的长度和截面半径。

圆柱体有两个热点，一个控制圆柱体的长度，另一个控制圆柱体的截面半径。

创建圆柱体的步骤如下。

（1）单击“物体”选项卡“实体”面板中的“刚体：创建圆柱体”按钮。

（2）模型树上出现“几何形状：圆柱”属性栏，如图 2-14 所示，可以设置如下参数。

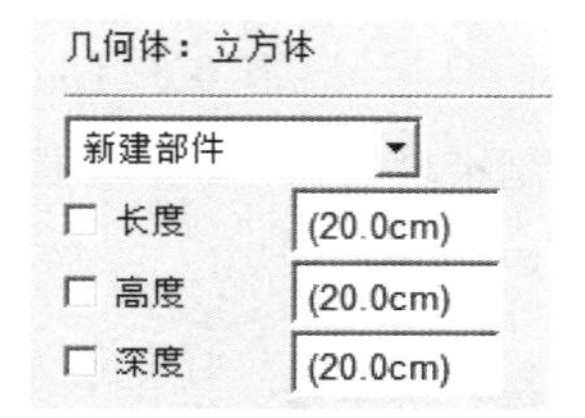

图 2-13 “几何体：立方体”属性栏

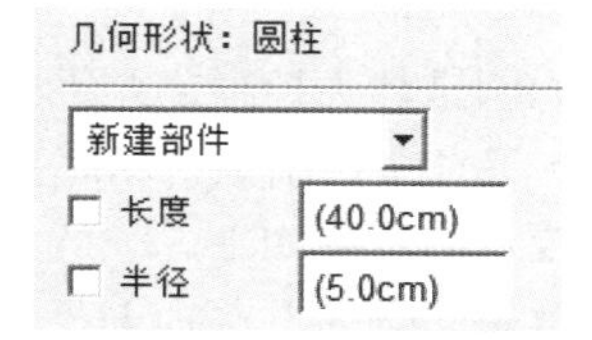

图 2-14 “几何形状：圆柱”属性栏

- 选择是创建一个“新建部件”，还是将几何体放置“在地面上”或“添加到现有部件”。
- 可以设置圆柱体的“长度”和截面“半径”。

（3）在图形区需要的点处单击，指定圆柱体底部的圆心，并移动鼠标指针。

（4）当圆柱体的长度尺寸满足要求时，单击即可完成圆柱体的创建。如果用户指定了圆柱体的长度和截面半径，则 Adams View 按照设定值创建圆柱体。

3. 创建球体

用户可以通过指定球体的球心和半径来创建球体。球体有 3 个热点，分别控制球体 *XYZ* 三个方向半轴的大小。用户可以通过拖动不同的热点改变球体的形状，用这种方法可以创建椭球体。

创建球体的步骤如下。

（1）单击“物体”选项卡“实体”面板中的“刚体：创建球体”按钮。

（2）模型树上出现“几何形状：球”属性栏，如图 2-15 所示，可以设置如下参数。

- 选择是创建一个“新建部件”，还是将几何体放置“在地面上”或“添加到现有部件”。
- 可以设置球的“半径”。

（3）在图形区需要的点处单击，指定球的球心，并移动鼠标指针。

（4）当预览的尺寸满足要求时，再次单击即可完成球体的创建。如果用户指定了球体的球心和半径后，Adams View 会按照设定值创建球体。

提示

- 与圆柱体类似，创建球体时，球心位置会自动创建一个计算创建部件质量信息的局部坐标系和确定球体位置与方向的质心坐标系，如图 2-16 所示。

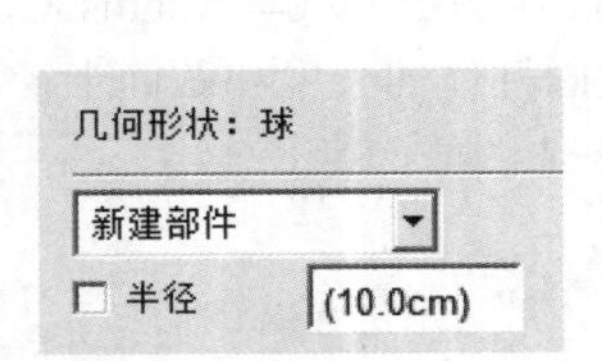

图 2-15 “几何形状：球”属性栏

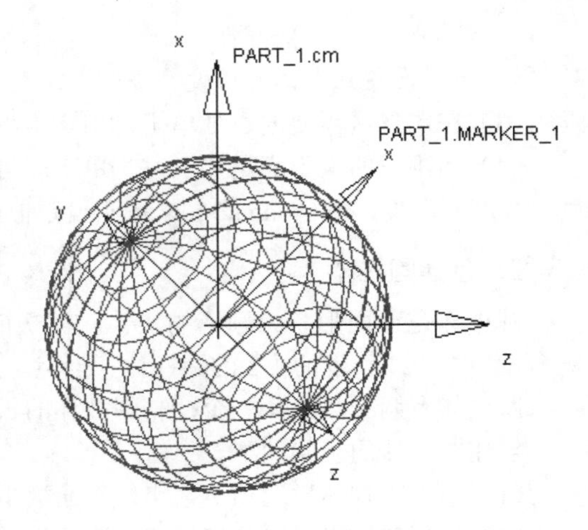

图 2-16 球体的坐标系

4. 创建锥台

锥台为圆锥体去掉顶部剩下的部分。锥台有 3 个热点，一个控制锥台的长度，一个控制锥台的顶部半径，另一个控制锥台的底部半径。

创建锥台的步骤如下。

（1）单击“物体”选项卡“实体”面板中的“刚体：创建锥台体”按钮。

（2）模型树上出现“几何形状：锥台”属性栏，如图 2-17 所示，可以设置如下参数。

- 选择是创建一个“新建部件”，还是将几何体放置“在地面上”或“添加到现有部件”。
- 可以设定锥台的“长度”（即高度）“底部半径”（Bottom Radius）和“顶部半径”（Top Radius）。顶部半径设置为 0，即圆锥体。

（3）在图形区需要的点处单击，指定锥台底部的圆心位置，并移动鼠标指针。

（4）当尺寸满足要求时，单击即可指定锥台顶部的圆心位置，完成锥台的创建。如果用户指定了锥台的高度、底部和顶部的半径，Adams View 会按照设定值创建锥台。

提示

在创建新部件时，系统会在锥台的质心位置创建一个质心坐标系，新部件的质量信息会根据这个坐标系由系统自动计算出来，因此一般不需要修改该坐标系的位置和方向，并且该坐标系的位置和方向会随着部件几何元素的改变而改变。另外，在锥台的底端还会创建一个局部坐标系，通过修改该坐标系的原点和坐标轴的方向，可以移动或旋转锥台，如图 2-18 所示。

5. 创建圆环体

圆环体的位置和大小由圆心和主半径决定，主半径为圆环圆形截面的圆心到圆环圆心的距离。默认情况下，Adams View 按照圆环体的次半径（即圆环圆形截面的半径）为主半径的 1/3 创建圆环。圆环体有两个热点，一个控制圆环体圆形截面的中心线，另一个控制圆环体的圆形截面半径。

创建圆环体的步骤如下。

（1）单击“物体”选项卡“实体”面板中的“刚体：创建圆环体”按钮。

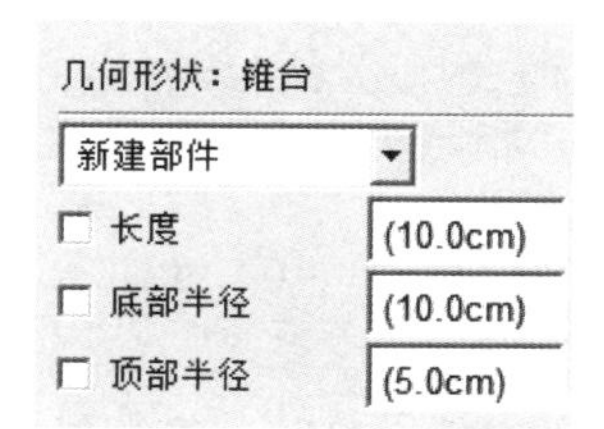

图 2-17　“几何形状：锥台”属性栏

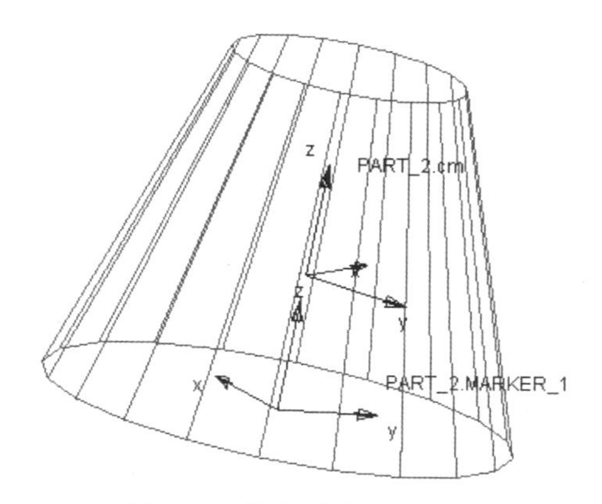

图 2-18　锥台的坐标系

（2）在模型树上出现“几何形状：圆环”属性栏，如图 2-19 所示，可以设置如下参数。

- 选择是创建一个“新建部件”，还是将几何体放置“在地面上”或“添加到现有部件”。
- 可以指定圆环体的“截面半径”（Major Radius，即主半径）和“中心半径”（Minor Radius，即次半径）。

（3）在图形区需要的点处单击，指定圆环圆心并移动鼠标指针。

（4）当图形区中预览的尺寸满足要求时，再次单击即可完成圆环体的创建。如果用户指定了圆环的主半径、次半径，则 Adams View 按照设定值创建圆环。

提示

圆环体的局部坐标系和质心坐标系的功能与球体的类似，如图 2-20 所示。

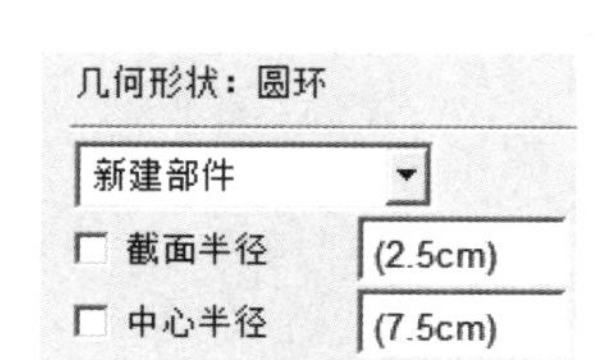

图 2-19　“几何形状：圆环”属性栏

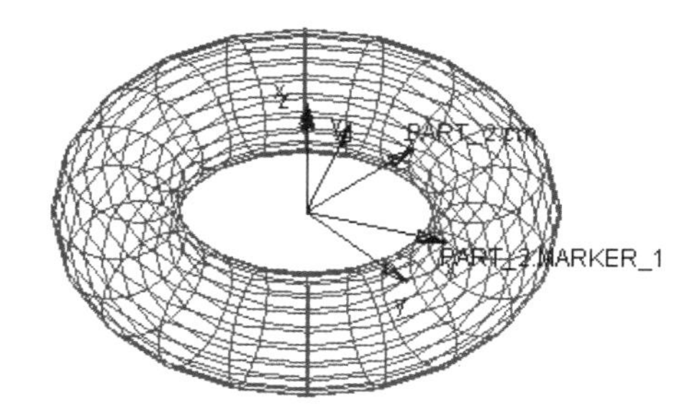

图 2-20　圆环体的坐标系

6. 创建多边形板

在 Adams View 中，多边形板是具有圆角且经过拉伸而成的多边形实体。用户可以通过定义各拐角的位置来创建多边形板，且至少需指定 3 个拐角。定义的第一个拐角位置作为一个固定点来定义多边形板在空间中的位置和方向。Adams View 会在每个拐角位置设置标记点。默认情况下，Adams View 设定多边形板的厚度和拐角处的圆角半径为当前长度单位的一个单位值。用户也可以事先指定多边形板的厚度和拐角处的圆角半径。

创建多边形板的步骤如下。

（1）单击“物体”选项卡“实体”面板中的“刚体：创建多边形板体”按钮。

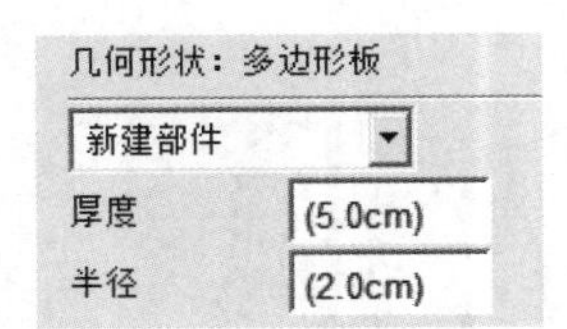

图 2-21 “几何形状：多边形板”属性栏

（2）模型树上出现“几何形状：多边形板”属性栏，如图 2-21 所示，可以设置如下参数。

- 选择是创建一个“新建部件”，还是将几何体放置“在地面上”或“添加到现有部件”。
- 可以指定多边形板的“厚度”（Thickness）和拐角处的圆角“半径”。

（3）在图形区需要的点处单击，指定第一个拐角的位置。

（4）依次单击，指定其他拐角的位置。

（5）指定最后一个拐角后，右击，即可完成多边形板的创建。

提示

- 如果两相邻拐角间的距离小于拐角半径的 2 倍，Adams View 不能创建此多边形板。
- 在创建新部件时，系统会在多边形板的质心位置创建一个质心坐标系，在多边形板的每个拐角创建一个局部坐标系，如图 2-22 所示。

7. 创建连杆

Adams View 允许用户通过指定一条描述连杆长度的直线来创建连杆。默认情况下，Adams View 指定连杆的宽度为长度的 10%，深度为长度的 5%，端部半径为宽度的一半。用户也可以设定连杆的长度、宽度和深度。

创建连杆的步骤如下。

（1）单击“物体”选项卡“实体”面板中的“刚体：创建连杆”（Link）按钮。

（2）模型树上出现“几何形状：连杆”属性栏，如图 2-23 所示，可以设置如下参数。

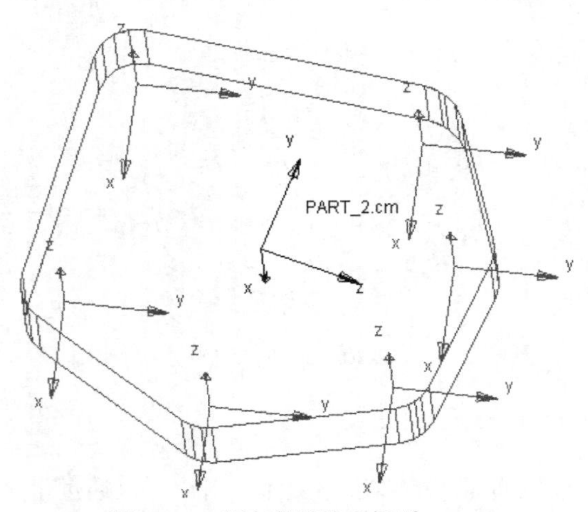

图 2-22 多边形板的坐标系

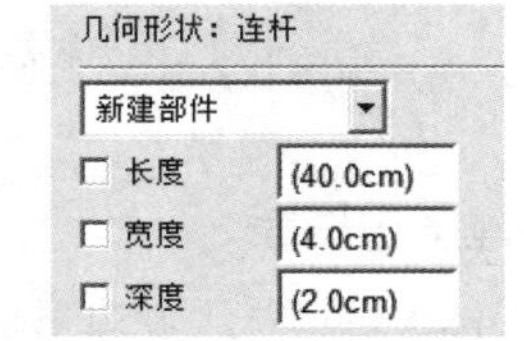

图 2-23 “几何形状：连杆”属性栏

- 选择是创建一个“新建部件”，还是将几何体放置“在地面上”或“添加到现有部件上”。
- 可以指定连杆的“长度”“宽度”和“深度”。

（3）在图形区需要的点处单击，指定连杆的起点并移动鼠标指针。

（4）当尺寸满足要求时，释放鼠标左键。如果用户指定了连杆的长度、宽度和深度，Adams View 会按照设定值创建连杆。

提示

- 在创建新部件时，系统会在连杆的质心位置创建一个质心坐标系，并根据这个坐标系自动计算出新部件的质量信息，因此一般不需要修改该坐标系的位置和方向，并且该坐标系的位置和方向会随着部件几何元素的改变而改变。另外，还会在连杆的两端圆弧的圆心创建两个坐标系，起始端的坐标系称为 MARKER_1，终止端的坐标系称为 MARKER_2，并且要求这两个坐标系的 *X* 平面和 *Y* 平面平行，如图 2-24 所示。坐标系 MARKER_1 和坐标系 MARKER_2 的位置决定连杆的长度。
- 连杆是通过两个热点来控制其长度、宽度和深度的，拖动热点可以改变相关参数。

8. 创建拉伸体

拉伸是通过定义拉伸剖面和拉伸长度而创建几何体的一种方法。拉伸体由拉伸轮廓、拉伸路径和拉伸长度构成。拉伸体绘制实例如图 2-25 所示。要创建拉伸体，首先要定义拉伸剖面的形状，然后，Adams View 将根据设置的拉伸路径来拉伸剖面。

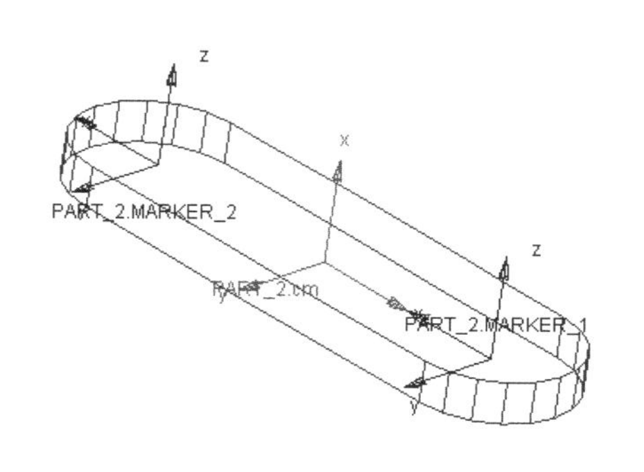

图 2-24　连杆的坐标系

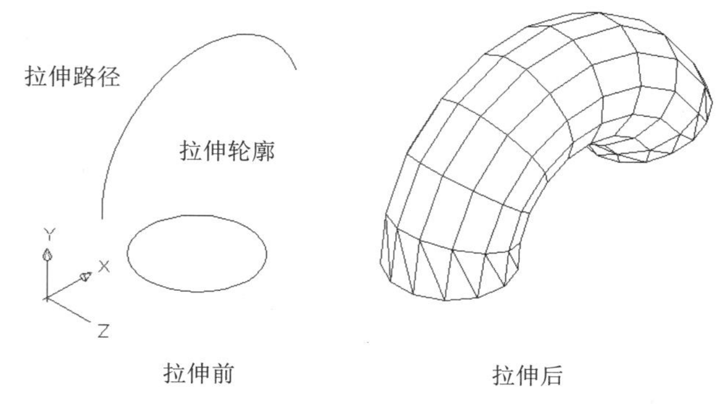

图 2-25　拉伸体绘制实例

拉伸前可以进行如下设定。

- 当通过选择点来创建拉伸剖面时，可以指定为“闭合”(Closed)。如果为封闭的剖面，Adams View 拉伸生成一个实体；如果为开口的剖面，Adams View 拉伸生成一个没有质量的曲面。
- 设定拉伸体的长度。
- 设定剖面相对于全局坐标系或工作格栅拉伸的路径方向，可以按下列方式之一进行设置。
  - ✧ 向前：沿 *Z* 轴正向拉伸。
  - ✧ 圆心：沿 *Z* 轴正向和负向分别拉伸，且每个方向的拉伸长度为总拉伸长度的一半。
  - ✧ 后退：沿 *Z* 轴负向拉伸。

提示

用户也可以选择“沿路径”方式拉伸。这种方式可以让用户利用拉伸工具使拉伸剖面沿线性几何方向拉伸。拉伸后，Adams View 会在截面中的每个顶点处设置热点（顶点热点），并在截面定义拉伸剖面的第一个点的相反方向处设置热点（反向热点）。顶点热点用来控制剖面的形状，反向热点用来控制拉伸的长度。

根据拉伸剖面的生成方式，拉伸可以分为两种：通过选择点创建拉伸体和由已经存在的曲线创

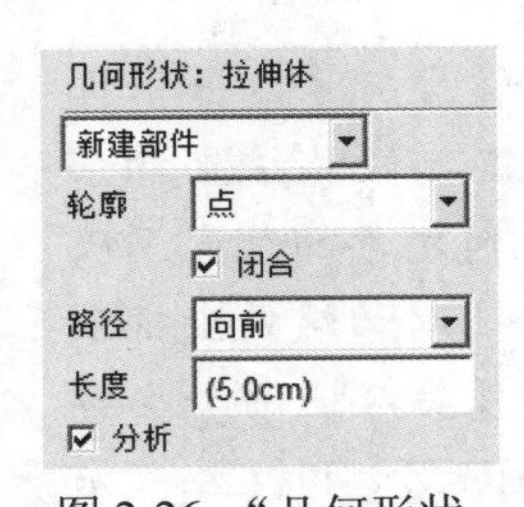

图 2-26 “几何形状：拉伸体”属性栏

建拉伸体。下面对两种拉伸方式分别予以介绍。

（1）通过选择点创建拉伸体。

通过选择点创建拉伸的步骤如下。

1）单击“物体”选项卡“实体”面板中的“刚体：创建拉伸体”（Extrusion）按钮。

2）模型树上出现“几何形状：拉伸体”属性栏，如图 2-26 所示，可以设置如下参数。

- 选择是创建一个“新建部件”，还是将几何体放置“在地面上”或“添加到现有部件”。
- 从“轮廓”下拉列表中选择“点”选项。
- 指定是否生成“闭合”的拉伸。
- 指定拉伸“路径”方向。
- 可以设定拉伸“长度”。

3）在图形区需要的点处单击，指定拉伸剖面轮廓的起点。

4）依次单击，指定拉伸剖面的其他轮廓点。

5）指定最后一个轮廓点后，右击，完成拉伸体的创建。

（2）由已经存在的曲线创建拉伸体。

由已经存在的曲线创建拉伸的步骤如下。

1）单击“物体”选项卡“实体”面板中的“刚体：创建拉伸体”按钮。

2）模型树上出现“几何形状：拉伸体”属性栏，如图 2-26 所示，可以设置如下参数。

- 选择是创建一个“新建部件”，还是将几何体放置“在地面上”或“添加到现有部件”。
- 从“轮廓”下拉列表中选择“曲线”选项。
- 可以设置拉伸的“长度”。
- 指定拉伸的“路径”方向。

3）在图形区选择已经存在的曲线，完成拉伸体的创建。

提示

拉伸体的质心处有一个质心坐标系，拉伸剖面轮廓的中心处有一个局部坐标系，通过这些坐标系可以旋转拉伸体。

9. 创建旋转体

旋转体是通过剖面的旋转而生成的几何体。用户要指定旋转剖面和旋转轴，旋转剖面不能是已经存在的实体。Adams View 设定旋转剖面按逆时针（右手定则）方向绕旋转轴旋转。旋转剖面可以为开口的，也可以为闭合的。如果选择了“闭合”的形式，Adams View 将用一条线段将旋转剖面的起点和终点连接起来，形成闭合的剖面，并且利用此闭合剖面生成实体旋转体。如果为开口的，Adams View 会创建一个没有质量的曲面。Adams View 会在旋转剖面的每个顶点设置热点，通过这些热点可以改变剖面的形状和尺寸。

创建旋转体的步骤如下。

（1）单击“物体”选项卡“实体”面板中的“刚体：创建旋转体”按钮。

（2）模型树上出现“几何形状：旋转体”属性栏，如图 2-27 所示，可以设置如下参数。

- 选择是创建一个“新建部件”，还是将几何体放置“在地面上”或“添加到现有部件”。

- 指定是否创建“闭合”的旋转体。

（3）在图形区中通过两次单击，选择两个点来定义旋转轴。

（4）在图形区中通过依次选择剖面点，最后右击结束剖面点的选取，完成旋转体的创建。

提示

- 不能使旋转剖面和旋转轴相交。
- 旋转体的质心处有一个质心坐标系，旋转轴的起始点处有一个局部坐标系，拖动该坐标系可以改变旋转体的形状，如图 2-28 所示。

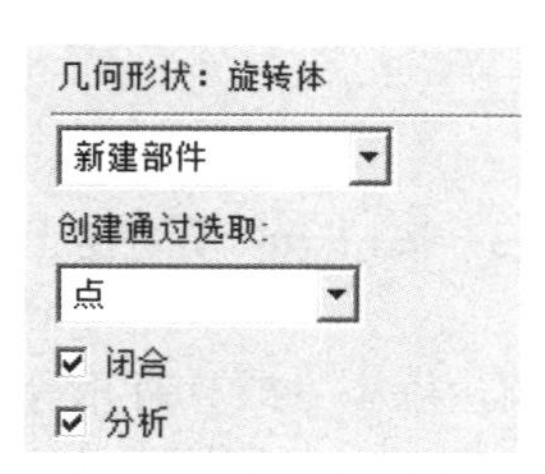

图 2-27 “几何形状：旋转体”属性栏

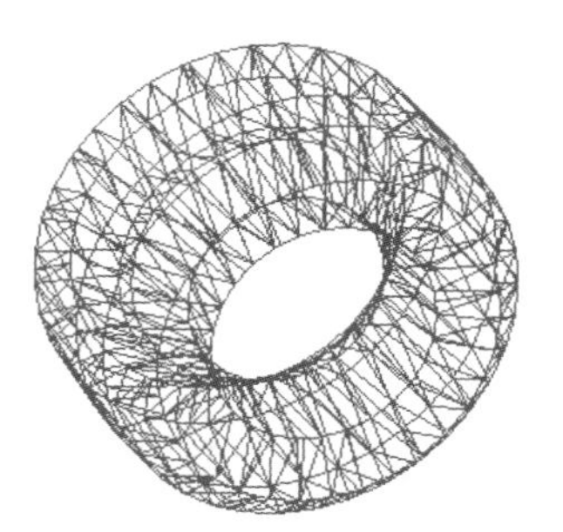

图 2-28 绘制的旋转体

10. 创建二维平面

在 Adams View 中，二维平面用一个矩形表示。用户可以在图形区中画出矩形。在定义物体间的碰撞力时，平面非常有用。表示平面的矩形只由线框组成，没有质量，可以用来定义接触，以便在两个部件接近时，使两个部件产生碰撞。表示平面的矩形具有两个热点，通过拖动热点，可以改变矩形的长和宽。

单击“物体”选项卡“实体”面板中的“刚体：创建一个二维平面”按钮，模型树上出现如图 2-29 所示的“几何形状：平面”属性栏，选择是创建一个“新建部件”，还是将几何体放置“在地面上”或“添加到现有部件”。然后在图形区需要的位置单击，确定矩形的一个顶点，再移动鼠标指针，到矩形对角点的位置单击，即可完成二维平面的创建。

几何形状：平面

新建部件

图 2-29 “几何形状：平面”属性栏

2.1.4 创建特征

除了上一节介绍的创建实体几何模型的工具外，Adams View 还提供一些对创建完成的实体进行局部修饰的几何建模工具，帮助用户创建一些形状复杂的几何模型。在默认界面下，可以通过“物体”选项卡“特征”面板来调用这些工具，如图 2-30 所示。

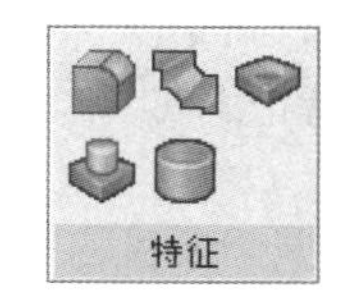

图 2-30 “特征”面板

下面介绍如何在 Adams View 中进行倒角、倒圆、圆凸、钻孔、抽壳特征的创建。

1. 倒角

单击“物体”选项卡“特征”(Features）面板中的“倒角”(Chamfer an edge）按钮，模型树上出现“特征：倒角”属性栏，如图 2-31 所示。

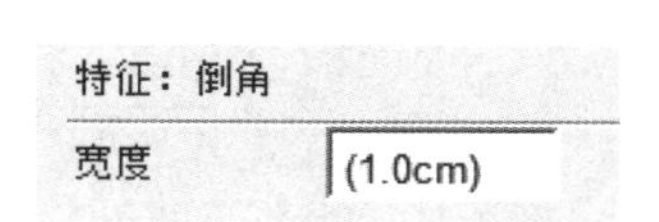

图 2-31 “特征：倒角”属性栏

设置倒角的“宽度”，然后在图形区按顺序单击，选择实体的一条或多条边，再右击，完成倒角特征的创建。图 2-32 所示是对长方体创建倒角特征的实例。

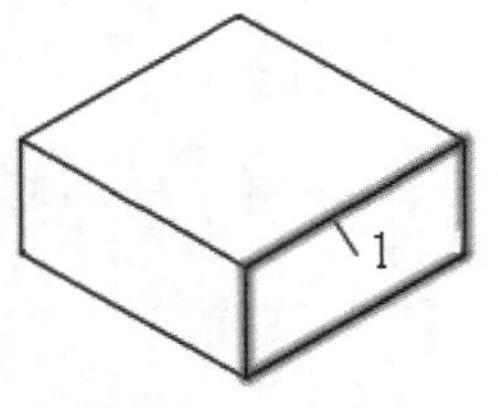

（a）选择倒角边“1”

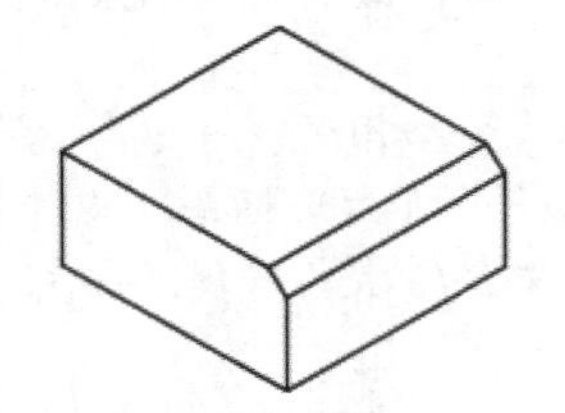
（b）选择一条边倒角结果

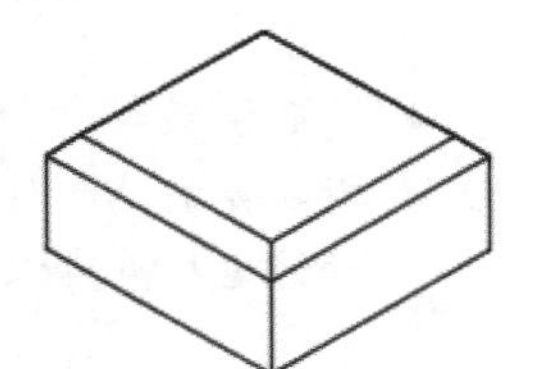
（c）选择多条边倒角结果

图 2-32　创建倒角特征实例

2. 倒圆

单击“物体”选项卡“特征”面板中的“倒圆”（Fillet an edge）按钮，模型树上出现“特征：倒圆”属性栏，如图 2-33 所示。

在 Adams View 中可以创建两种倒圆特征：一种是等半径倒圆，用于生成具有相等半径的倒圆；另一种是不等半径倒圆，用于在同一条边线上生成变半径数值的倒圆。设置圆角半径和终端半径（如果创建等半径倒圆，只设置“半径”的大小即可；如果需要创建不等半径倒圆，需要单击勾选“终端半径”复选框，此时“半径”文本框内的数值为不等半径倒圆起始半径的大小），然后在图形区选择实体的一条边或多条边。当设置了创建不等半径倒圆时，带“+”标识的一端表示起始半径，右击后，就可以创建倒圆特征。图 2-34 所示是对长方体创建倒圆特征的实例。

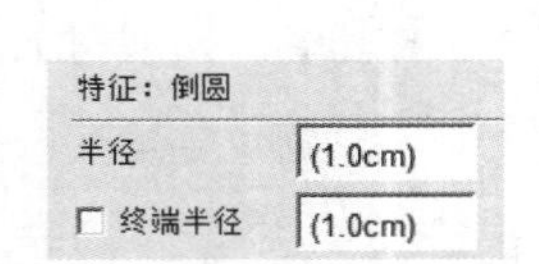

图 2-33　“特征：倒圆”属性栏

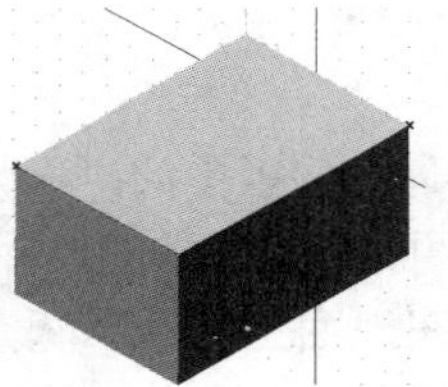

图 2-34　创建倒圆特征实例

3. 圆凸

单击“物体”选项卡“特征”面板中的“增加圆凸”（Add a boss）按钮，模型树上出现“特征：圆凸”属性栏，如图 2-35 所示。

设置圆凸的“半径”和“高度”，然后在图形区选择实体和实体的某个面后，右击，就可以创建圆凸特征。如图 2-36 所示是对长方体进行圆凸特征创建的实例。

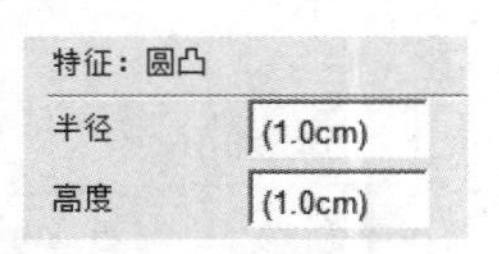

图 2-35　“特征：圆凸”属性栏

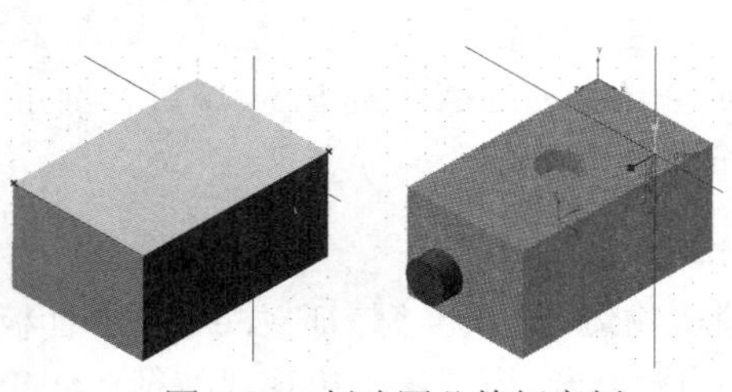
图 2-36　创建圆凸特征实例

4. 钻孔

单击“物体”选项卡“特征”面板中的“钻孔”（Add a hole）按钮，模型树上出现“特征：钻孔”属性栏，如图 2-37 所示。

首先在如图 2-37 所示的对话框中设置钻孔的“半径”和“深度”，然后在图形区通过选择实体和实体的某个面后，右击就可以创建钻孔特征。图 2-38 所示是对长方体进行钻孔特征创建的实例。

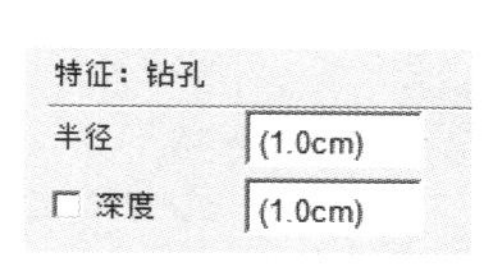

图 2-37　“特征：钻孔”属性栏

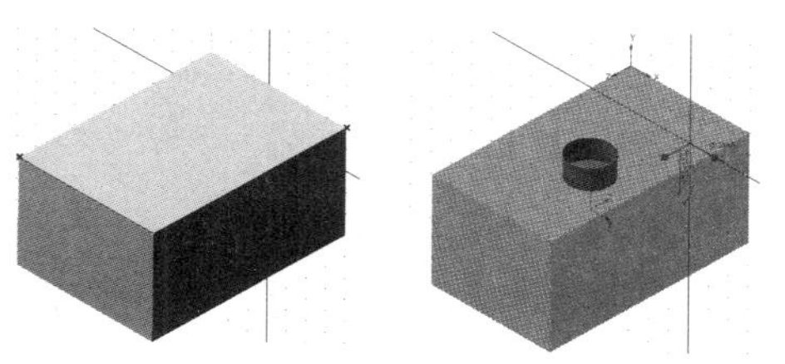

图 2-38　创建钻孔特征实例

提示

当不选择深度时，钻孔特征会穿透整个部件。

5. 抽壳

单击“物体”选项卡“特征”面板中的“抽壳”（Hollow out a solid）按钮，模型树上出现“特征：抽壳”属性栏，如图 2-39 所示。

设置抽壳的“厚度”，然后在图形区通过选择实体和实体的某个面或多个面后，右击即可创建抽壳特征。在创建抽壳特征时，通过“内部”复选框，可以选择向外或向内抽壳，默认为向外抽壳。图 2-40 所示为对长方体进行抽壳特征创建的实例。

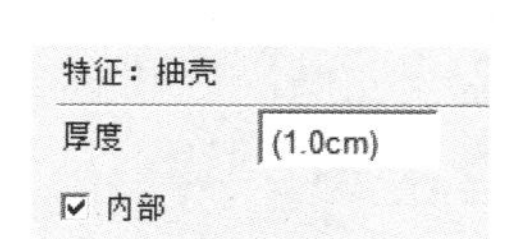

图 2-39　“特征：抽壳”属性栏

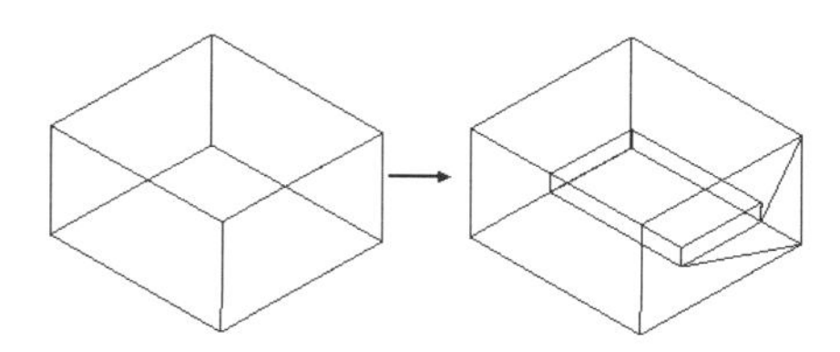

图 2-40　创建抽壳特征实例

2.1.5　创建柔性体

当考虑系统中部件的柔性变形对分析结果的影响时，需要使用柔性体来代替刚体。在 Adams View 中可以通过导入其他有限元软件创建的模态中性文件（Modal Neutral File，MNF）来直接创建柔性体、将已有刚体转换为柔性体、将已有柔性体转换为另一柔性体、生成离散梁单元连杆来创建柔性体，也可以对柔性体部件进行移动、旋转和镜像等操作。“柔性体”面板如图 2-41 所示。

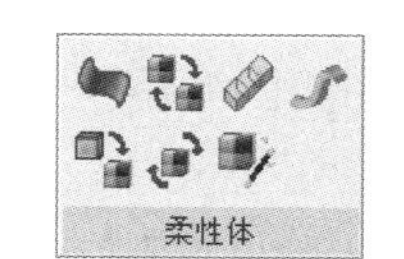

图 2-41　“柔性体”面板

下面介绍如何利用 Adams View 的柔性体建模工具创建柔性体。

1. 创建柔性体

单击“物体”选项卡“柔性体”(Flexible Bodies)面板中的“Adams Flex：创建柔性体”(Adams Flex: Create a Flexible Body)按钮，系统弹出“Create a Flexible Body”(创建柔性体)对话框，如图 2-42 所示。

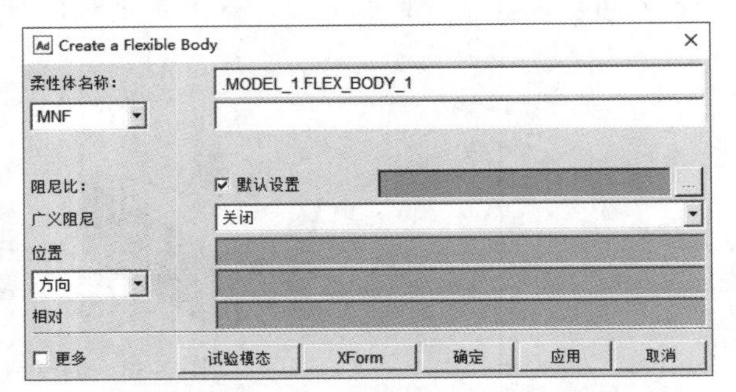

图 2-42 “Create a Flexible Body”对话框

在“柔性体名称”文本框中输入要创建的柔性体名称。

在“MNF”后面的文本框内，可输入 MNF 文件、MDDB 文件或 BDF 文件的名称。

在“阻尼比”文本框中可设置阻尼比：1% 为频率小于 100Hz 的模态衰减；10% 为频率在 100 ~ 1000Hz 的模态衰减；100% 为频率大于 1000Hz 的模态衰减。

在“广义阻尼”中设置使用何种阻尼衰减类型，在“位置”中输入起始坐标位置，方向可选择“方向”“沿轴”“在平面内”。单击“试验模态”按钮 试验模态 以显示“Translate Test Modal Model to Modal Neutral File”(测试模态模型转换为中性文件)对话框，如图 2-43 所示。

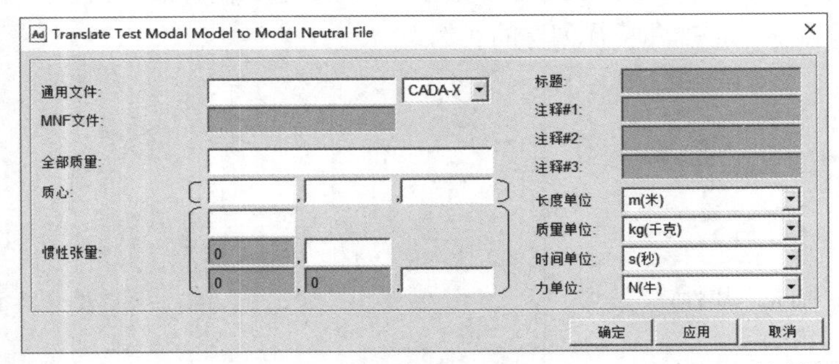

图 2-43 “Translate Test Modal Model to Modal Neutral File”对话框

2. 柔性体替换柔性体

单击“物体”选项卡“柔性体”面板中的“柔性体替换柔性体”(Flex to Flex)按钮，系统弹出“Swap a flexible body for another flexible body”(柔性体替换柔性体)对话框，如图 2-44 所示。

(1)“对齐”选项卡。

在“柔性体”文本框中输入要更换的柔性体名称。

在“MNF”后面的文本框中，可输入 MNF 文件、MDDB 文件或 BDF 文件名称。

“柔性体位置”列表如下。

1)“把柔性体质心和当前部件质心对齐”选项：通过比较两个物体的质心张量和惯性张量来选择对齐柔性体。

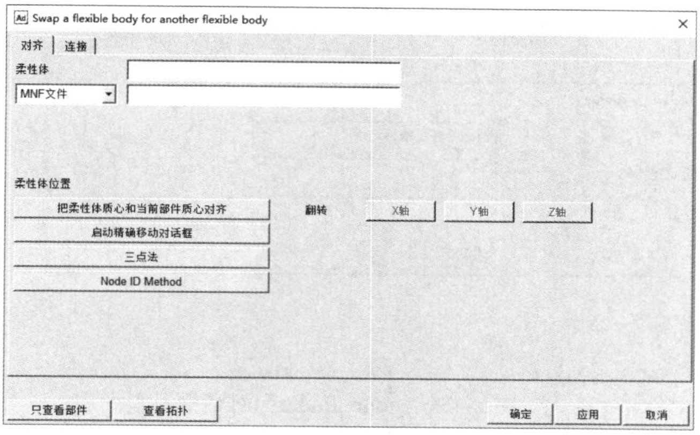

（a）“对齐”选项卡

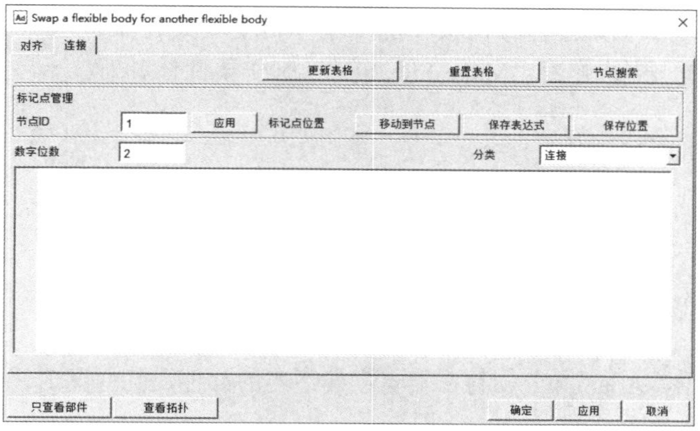

（b）“连接”选项卡

图 2-44 “Swap a flexible body for another flexible body”对话框

2）“启动精确移动对话框”选项：显示“精确移动”对话框，从中可以按照增量或精确坐标移动对象。

3）“三点法”选项：指定 3 个点以定义柔性体的位置和方向。

4）“Node ID Method”选项：选择此方法可根据在原始实体和交换实体中指定的具有相同节点 ID 的 3 个标记的位置自动对齐柔性体。

（2）“连接”选项卡。

1）更新表格：更新“标记点”和“节点”列表。

2）重置表格：将“标记点”和“节点”列表重置为原始连接。

3）节点搜索：单击此按钮以显示“node_finder”（节点查找器）对话框并搜索节点，如图 2-45 所示。

4）节点 ID/ 应用：输入节点 ID，然后选择“应用”以将“标记点”和“节点”表选定行中的节点的 ID 替换为输入的节点 ID。

5）移动到节点：可将“标记点”和“节点”表的选定行中的标记移动到指定节点的位置。

6）保存表达式：可将“标记点”和“节点”表的选定行中的标记和节点的参数化表达式保存。

7）保存位置：可将“标记点”和“节点”表的选定行中的标记和节点的位置保存。

8）数字位数：在“标记点”和“节点”表中，输入小数点右侧显示的位数。

9）分类：根据列标题对“标记点”和“节点”表排序。

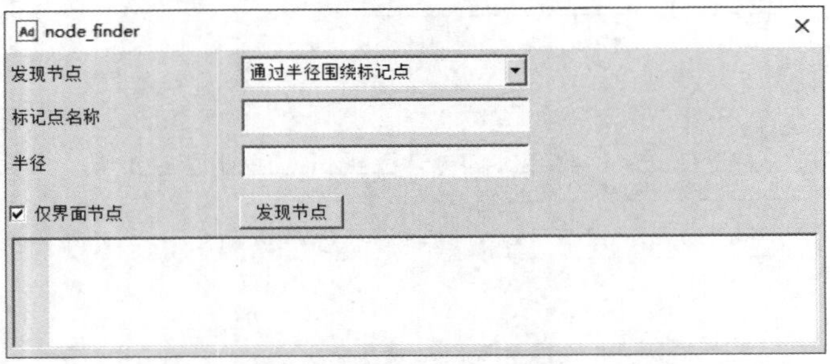

图 2-45 “node_finder”对话框

3. 柔性体替换刚体

单击“物体”选项卡“柔性体”面板中的“刚体转变成柔性体”（Rigid to Flex）按钮，系统弹出“Make Flexible”（制作柔性体）对话框，如图 2-46 所示。

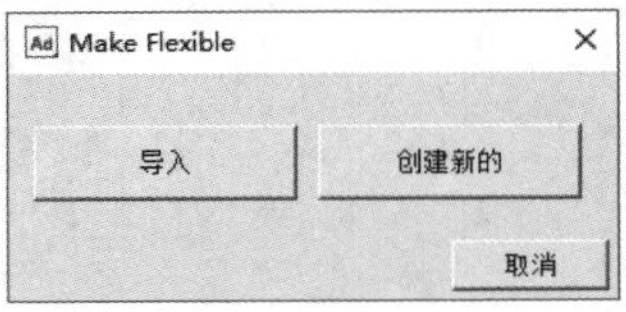

（1）导入：导入创建完成的柔性体。

（2）创建新的：创建新的柔性体。

图 2-46 “Make Flexible”对话框

4. 离散柔性连杆

创建由两个或多个由梁元素连接的刚体组成的离散柔性连杆，如图 2-47 所示。

在离散柔性连杆中，Adams View 将在端点创建适当的部件、几何图形、力、约束，如下。

- 连杆的终结点。
- 部件数量和材料类型。
- 梁的特性。
- 端点附着类型（柔性、刚性或自由）。

单击“物体”选项卡“柔性体”面板中的“离散柔性连杆”（Discrete Flexible Link）按钮。系统弹出“Discrete Flexible Link”（离散柔性连杆）对话框，如图 2-48 所示。

（1）名称：输入含有字母和数字的文本字符串。Adams View 将制定的文本字符串前置到它创建的每个对象的名称。

（2）材料：输入刚体和梁的材质类型。

（3）段数：输入连杆中的刚体数。

（4）阻尼系数：设置阻尼比。

（5）颜色：输入柔性连杆中截断面几何图形的颜色。

（6）标记 1：输入定义连杆开始的标记点。

（7）连接方式：选择定义连杆的连接方式。

- 自由：结束是不相连的。
- 刚性：在标记 1 的父对象和离散柔性连杆的第一部分之间创建固定关节。
- 柔性：连杆具有离散的灵活性，一直到端点。

（8）标记 2：输入定义连杆结尾的标记点。

（9）断面：可定义连杆截断面的几何图形类型，或指定柔性连杆截断面的面积和面积惯性矩。

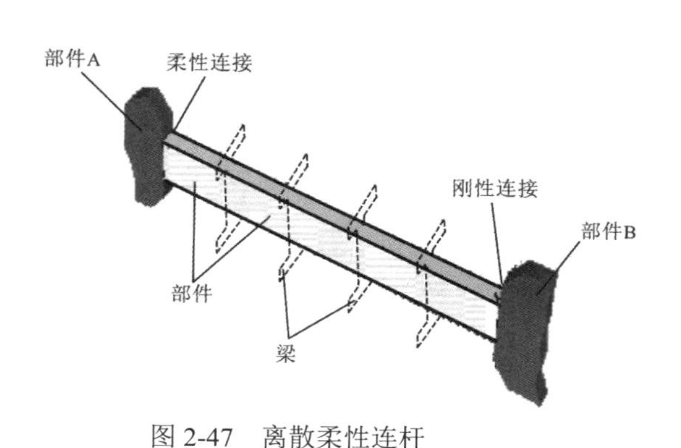

图 2-47　离散柔性连杆

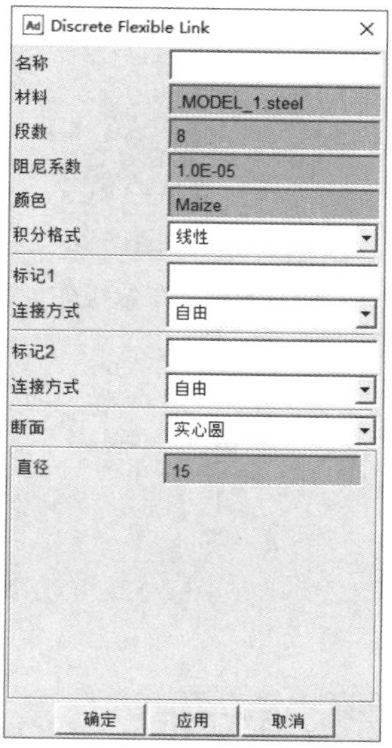

图 2-48　“Discreate Flexible Link”对话框

5. 不使用 MNF 导入方式创建柔性体

不使用 MNF 导入方式创建柔性体是指利用嵌入式有限元分析将刚体转换为基于 MNF 的柔性体，在该分析中，将执行啮合步骤和线性模式分析。

单击“物体”选项卡“柔性体”面板中的“ViewFlex：不使用 MNF 导入方式创建柔性体”按钮，系统弹出“ViewFlex-Create”（不使用 MNF 导入方式创建柔性体）对话框，如图 2-49 所示。

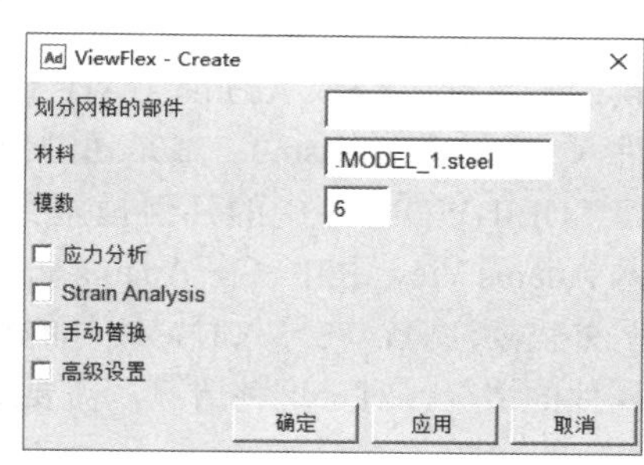

图 2-49　“ViewFlex-Create”对话框

（1）划分网格的部件：选择要划分网格的部件。

（2）材料：浏览并选择要用于柔性体的材料。

（3）模数：输入柔性体的模式数。

（4）应力分析：检查是否希望使用柔性体生成应力信息。

（5）手动替换：仅生成柔性体，而不自动替换选中的部件。

（6）高级设置：可以控制创建柔性体的详细信息。

2.1.6　布尔操作

布尔操作是在模型创建中进行已有几何模型之间组合的一种快捷的方法，利用它可以完成很多建模工作。Adams View 中的布尔操作包括合并两个相交的实体（布尔加）、联合两个不相交的实体（布尔和）、相交两个实体（布尔交）、用一个实体切割另一个实体（布尔减）、还原被布尔操作的实体（布尔分）和将首尾相连的构造线连成一条线（布尔链）6 种，“布尔操作”面板如图 2-50 所示。其中布尔加、布尔减、布尔交的示意图分别如图 2-51、图 2-52、图 2-53 所示。其他 3 种操作的含义如下。

（1）布尔和：将两个互不相交的部件合并为一个，而不需要对部件执行其他任何布尔操作，生成的部件体积为两个部件的体积之和。部件可以包含任何类型的几何体，如实体、线等。

（2）布尔分：将使用其他布尔工具创建的实体（通常称为 CSG）拆分回其原始实体。Adams View 为拆分操作产生的每个实体各创建一个部件。

（3）布尔链：将首尾相连的单个图线对象合并成一个完整的图线对象。

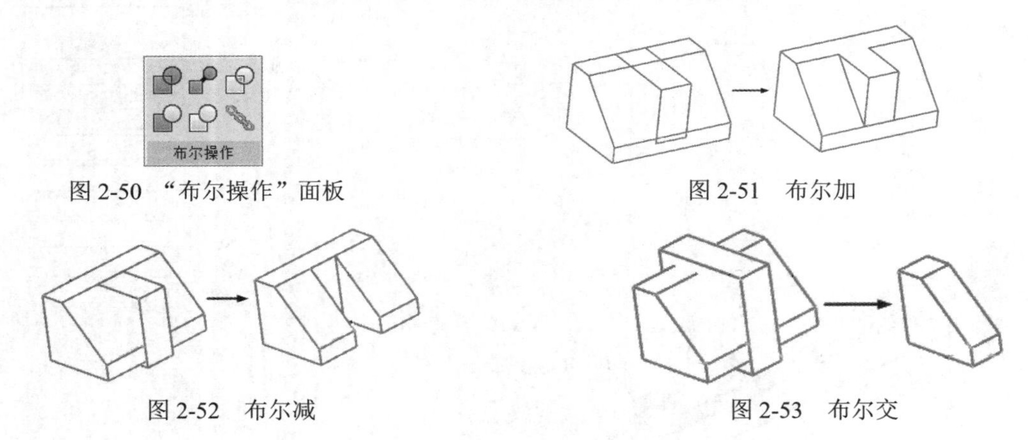

图 2-50 “布尔操作”面板　　图 2-51 布尔加

图 2-52 布尔减　　图 2-53 布尔交

2.2 数据交换

Adams 是一种对复杂机械系统进行计算机仿真的工程软件，但是这种软件的实体建模能力不够强大。因此，人们常用 Pro/E、UG 和 SOLIDWORKS 等 CAD 软件进行建模，然后采用 Adams 进行机械系统的模拟，于是二者之间的接口问题引起了人们的关注。

以 Adams 与 SOLIDWORKS 之间的接口为例，可以通过以下 3 种方式实现两者之间的数据交换：一是通过获取 Adams_CAD_Translators 许可证，Adams View 可直接读取 SOLIDWORKS 的文件（.sldprt 和 .sldasm）；二是通过使用 Dynamic Designer with Shells（v2000）进行数据交换；三是将 SOLIDWORKS 中的几何模型另存为 Parasolid、Stereolithography 或 IGES 格式的文件，然后导入 Adams View 之中。在 Adams View 的菜单栏中选择“文件”→“导入”命令，就可以将文件导入。另外需要注意，在导入时，文件的路径不能出现中文。最后，导入的文件经常会出现模型缺少质量属性的情况，对于这种情况，需要用户进行手动添加。

2.2.1 输入 CAD 模型

单击菜单栏中的“文件”→“导入”命令，打开“File Import”（文件导入）对话框，如图 2-54 所示。在下拉列表中选择合适的“文件类型”，然后在“读取文件”文本框内右击，弹出快捷菜单，选择“浏览”命令，找到相应的文件即可。

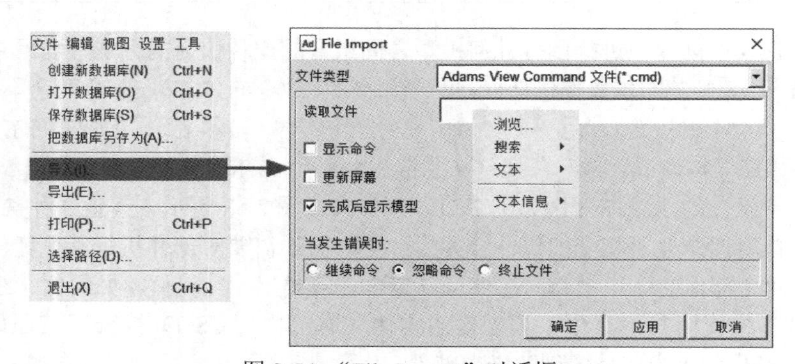

图 2-54 “File Import”对话框

2.2.2　实例——连杆机构模型数据输入

本实例介绍如何导入在三维 CAD 软件中绘制的模型，以及导入模型后在 Adams View 中的编辑操作。导入模型后，可以进行布尔操作，可以直接计算各部件的质量信息，也可以捕捉到模型的几何特征，如圆心、顶点等信息。这些操作对于后面章节中介绍的创建运动副、柔性连接等都是很有用的。

本例导入从其他三维 CAD 软件中绘制的连杆机构模型，如图 2-55 所示。该模型文件为 Parasolid 格式，文件名为“link_example_1.bin”，在本书附带资源文件的 yuanwenjian\ch_02\example 目录下。

图 2-55　连杆机构模型

下面介绍导入模型并对部件进行编辑的详细过程。在开始之前，读者可先将 link_example_1 文件复制到 Adams View 的工作路径下，工作路径可以通过单击如图 2-56（b）所示“Create New Model”对话框中“工作路径”文本框后面的“浏览”按钮来进行设置，本实例的操作是将该文件复制到“D:\jing\ADAMS\yuanwenjian\ch_02\example”目录下，具体操作步骤如下。

（a）欢迎界面

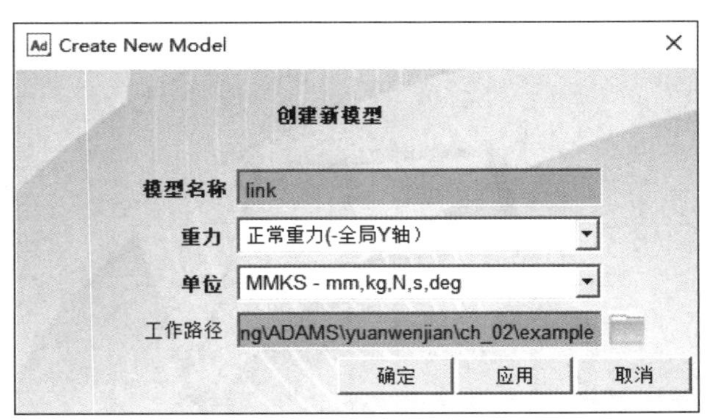

（b）设置参数

图 2-56　新建模型

（1）启动 Adams View 后，在“Welcome to Adams...”对话框中单击“新建模型”按钮，将模型取名为“link”，按图 2-56（b）所示设置参数后，单击“确定”按钮。

（2）导入模型。单击菜单栏中的“文件”→“导入”命令，系统弹出“File Import”（文件导入）对话框，如图 2-57 所示。将“文件类型”设置为“Parasolid(*.xmt_txt, *.x_t, *.xmt_bin, *.x_b)”，然后在“读取文件”文本框中右击，在弹出的快捷菜单中单击“浏览”命令，弹出“Select File”对话框，找到“link_example_1”文件。在“模型名称”后的文本框中右击，在弹出的快捷菜单中单击“模型”→“推测”→“连杆”命令，最后单击“File Import”对话框中的“确定”按钮 确定，即可将模型导入 Adams View 中，导入的模型如图 2-58 所示。

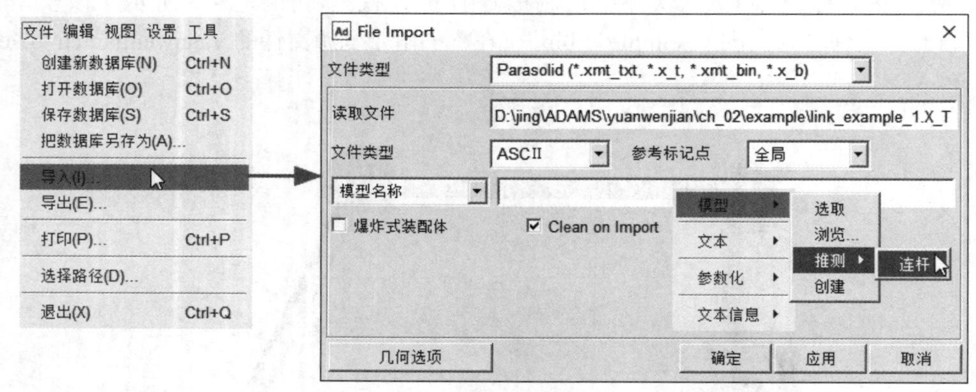

图 2-57　导入模型

（3）修改第一个部件的材料属性。图 2-59 所示为，在第一个部件上右击，在弹出的快捷菜单中单击“Part:__3”→“修改”命令，系统弹出“Modify Body”（修改部件）对话框。按图 2-60 所示设置参数，在“材料类型”文本框中右击，在弹出的快捷菜单中单击“材料”→“推测”→“steel”命令，然后单击“确定”按钮 确定，第一个部件的材料属性定义结束，该部件上将自动产生一个质心坐标系。

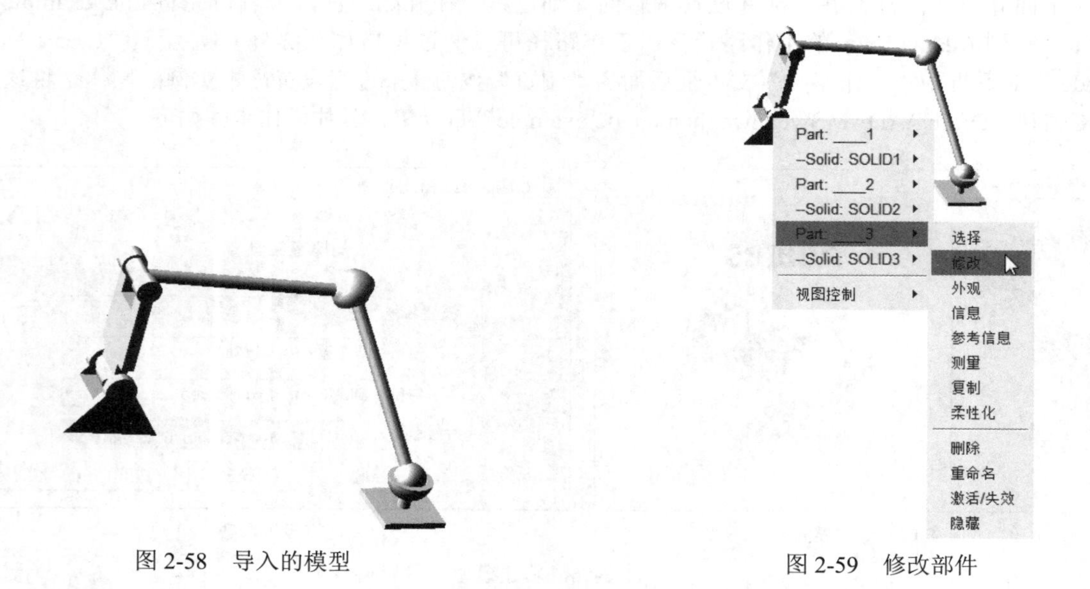

图 2-58　导入的模型　　　图 2-59　修改部件

（4）修改第一个部件的颜色。图 2-61 所示为，在第一个部件上右击，在弹出的快捷菜单中单击“--Solid:SOLID2”→“外观”命令，系统弹出“Edit Appearance”（编辑外观）对话框。按图 2-62

所示设置参数，在“颜色”文本框中右击，在弹出的快捷菜单中单击“颜色”→“推测”→“RED”命令或其他颜色的命令。然后，单击“确定”按钮 确定 ，第一个部件的颜色即可设置成红色或其他颜色。

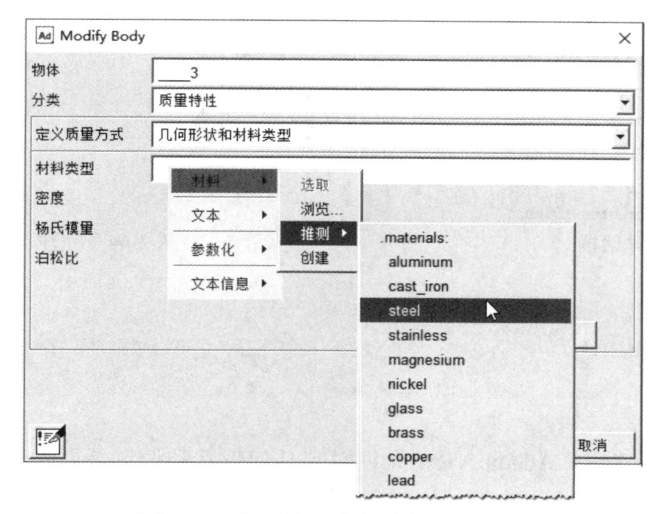

图 2-60 修改第一个部件的材料属性

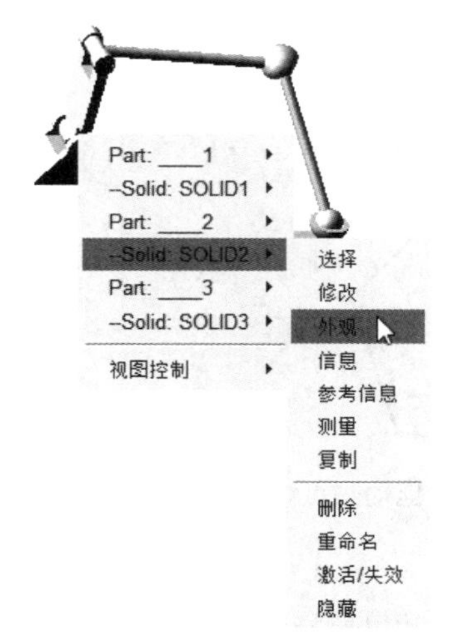

图 2-61 修改部件元素的快捷菜单

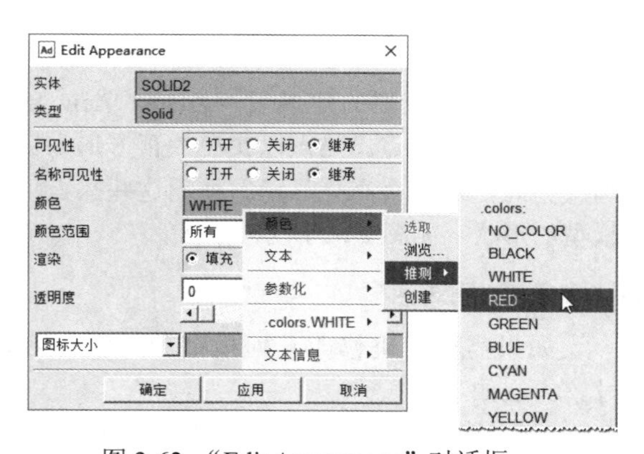

图 2-62 “Edit Appearance”对话框

（5）按照步骤（3）、步骤（4）的方法修改其他部件的材料属性和颜色。另外，可以把每个部件的名称修改成一个便于记忆的名字，其方法是在如图 2-61 所示的快捷菜单中单击“重命名”命令，弹出“Rename”对话框，在“新名称”文本框中输入修改后的名称，如图 2-63 所示。

（6）验证模型。对于一个大的模型，往往会出现操作过程中忘记给某个部件赋予材料属性的情况，要验证模型的正确性，只需进行一次仿真即可，其方法是单击主功能区“仿真”选项卡“仿真分析”面板中的“运行交互仿真”按钮，将“分析类型”设置为“默认”选项，再单击“开始仿真”按钮。如果所有的部件都已经修改过质量信息，整个模型在重力的作用下会“掉落”下来，如果还有部件没有修改，则会弹出错误信息，显示那个部件有问题，然后修改相应的部件即可。修改完成的模型如图 2-64 所示。

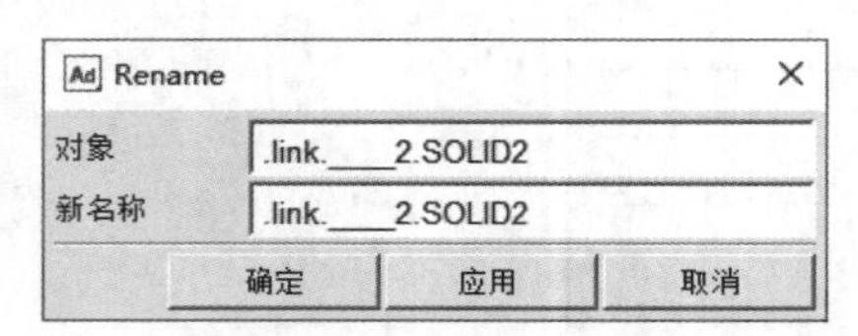

图 2-63 “Rename”对话框

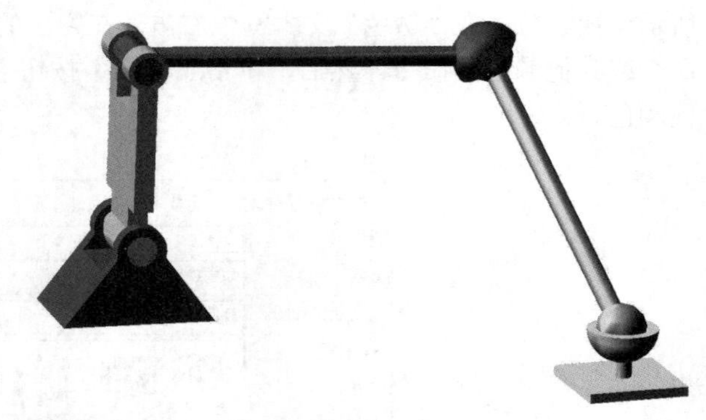

图 2-64 完成的模型

2.3 编辑模型

完成几何模型的创建后，Adams View 允许对其几何形状和位置等属性进行修改，也可以修改其对应的材料、颜色等属性。

2.3.1 修改几何模型

在 Adams View 中修改几何模型有 3 种方法：拖动热点、利用对话框和表格编辑器。

1. 拖动热点

完成几何模型的建模后，Adams View 会在所绘几何模型上设置若干热点。热点以实心的正方形为标志，当选中几何模型时，热点会高亮显示。拖动这些热点，可以修改几何模型的形状，如图 2-65 所示。

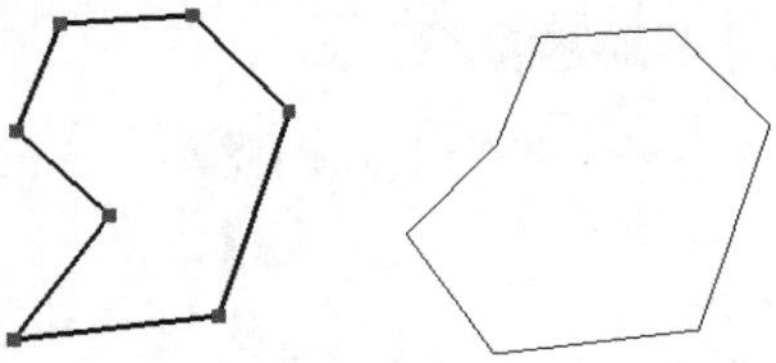

图 2-65 拖动热点修改几何模型的形状

2. 利用对话框

如果需要精确修改几何模型，可以利用对话框输入尺寸，方法如下。

（1）将鼠标指针移到要修改的几何模型上，右击打开快捷菜单，移动鼠标指针选择需要修改的几何模型对象，在展开的子菜单中选择“修改”命令。快捷菜单中列出了鼠标指针附近的全部对象列表，所显示的对象按数据库结构排列。对于部件，一般首先列出部件的名称，然后在部件的下方列出属于该部件的对象，包括几何模型、坐标标记等。例如对于名称为“Part_2”的部件的对象立方体“Box_1”，可以在快捷菜单的对象列表中选择对应的立方体。

（2）根据修改对话框的提示修改或输入有关参数。

（3）单击“确定”按钮 确定，完成修改。

图 2-66 选择编辑点命令

例如在图形区的某个点上右击，在弹出的快捷菜单中单击“--Point:POINT_1”→“修改”命令，如图 2-66 所示，系统弹出“Table

Editor for Points in .MODEL_1”对话框，可以直接修改该点的 X、Y 和 Z 坐标值，如图 2-67 所示。

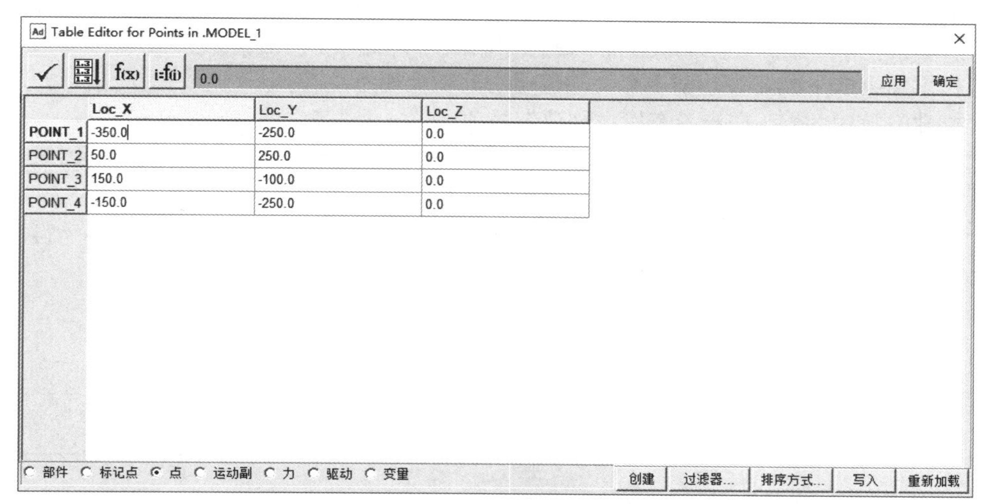

图 2-67　“table editor for points in .MODEL_1”对话框

3. 表格编辑器

通过表格编辑器可以非常方便地修改部件、标记点、设计点、运动副、力、驱动和变量。单击菜单栏中的“工具”（Tools）→“表格编辑器”（Table Editor）命令，弹出图 2-68 所示的表格编辑器。在表格编辑器的下面可以选择编辑对象的类型。选中不同的类型，表格将显示相关的项目。其操作方法如下。

（1）用鼠标选择表格中的单元格，可以输入或修改单元格的值。

（2）用 <Tab>、<Shift+Tab>、<↑>、<↓> 键可以分别向后、向前、向上、向下移动所选单元格。

（3）按住 <Shift> 或 <Ctrl> 键，拖动鼠标可以同时选择多个单元格。

（4）选择行或列的标题，可以选择一行或一列。

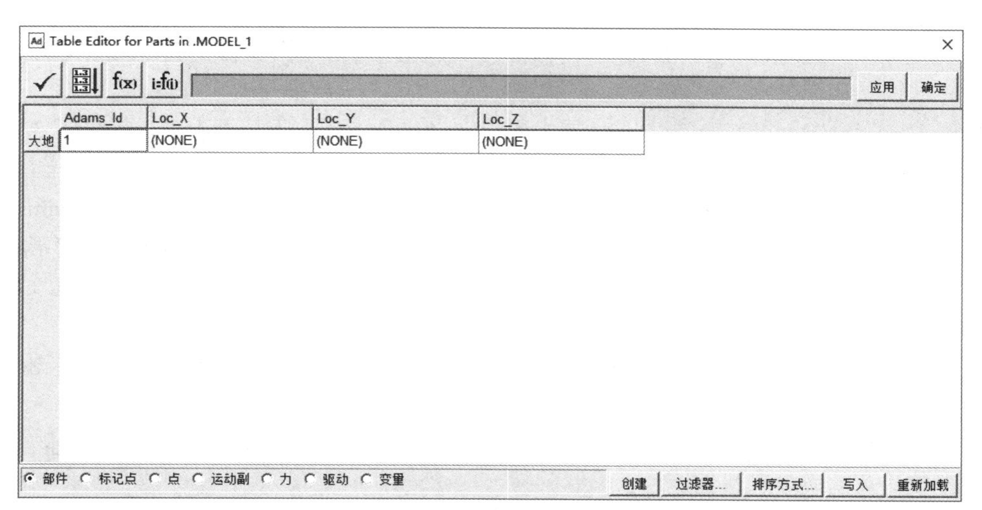

图 2-68　表格编辑器

（5）在选择的单元格中，右击弹出快捷菜单，可以从中选择剪切、复制和粘贴单元格的值的命令。

（6）如果希望在多个单元格内同时输入某个相同的值，将单元格选中，然后在文本框中输入参数值，最后单击“请将输入栏中的文本插入到多个选定单元格”按钮。

在表格编辑器的下面还有一些很有用的按钮，其功能如下。

- “创建”按钮创建：在当前表格中创建新的项。
- “过滤器”按钮过滤器...：确定表格显示项目的范围。可以选择显示整个模型、某个部件等的相关项目。
- “排序方式”按钮排序方式...：设置表格中项目的分类方式。单击此按钮弹出“分类方式设置”对话框。
- “写入”按钮写入：将表格中的位置数据输出到一个ASCII文件中。
- “重新加载”按钮重新加载：重新加载文件。

2.3.2 编辑部件特性

除了部件的几何形状外，进行仿真分析时所需的部件特性还包括质量、转动惯量和惯性矩、初始速度、初始位置和方向等，这些特性在分析中往往比几何形状更加重要。Adams View进行几何建模时，程序根据设置的默认值自动确定部件的有关特性，如果需要修改部件特性，可以通过“Modify Body”对话框进行，如图2-69所示。有以下两种方式打开“Modify Body”对话框。

（1）在要修改的部件上右击，弹出快捷菜单，选择需修改的部件，再选择子菜单中的“修改”命令。

（2）在菜单栏中选择“编辑”菜单中的“修改”命令。如果选择“修改”命令时已经选择了部件，程序将直接显示该部件的“Modify Body”对话框。否则程序将显示数据库浏览器，可以在数据库浏览器中选择修改的对象。

打开本书附带网盘中的ch02/link_example_1.bin文件，下面以此模型为例讲解各种部件特性修改方法。

1. 修改部件质量、转动惯量和惯性矩

在几何建模时，Adams View会自动计算部件的体积并根据体积和材料的密度自动计算出部件的质量、转动惯量和惯性矩。

Adams View在“Modify Body”对话框中的“定义质量方式”下拉列表中，提供了3种修改部件质量和惯性矩的方法。

（1）选择“几何形状和材料类型”选项。此时程序要求输入部件材料的名称，Adams View根据输入的材料名称自动到材料数据库中查找该材料的密度，然后根据材料的密度和几何形状计算质量和惯性矩。可以在“材料类型”文本框右击，弹出快捷菜单，选择“材料”→“浏览”命令，显示材料数据库浏览器，从中选择材料。

（2）选择“几何形状和密度”选项。此时程序要求输入材料密度，Adams View根据输入的密度和部件的几何形状计算质量和惯性矩。

当选择以上两个选项时，参数设置好后，选择“显示惯性矩”按钮显示惯性矩...，可以显示根据设定参数计算的质量和惯性矩。

（3）选择“用户输入”选项。此时用户直接输入部件的质量和惯性矩。

当选择“用户输入”选项时，除了要输入部件的质量和惯性矩外，还要输入部件的质心标记

点和惯性参考标记点。惯性参考标记点定义了计算惯性矩时的参考坐标。如果不输入惯性参考标记点，Adams View 将使用质心标记点作为部件的惯性参考标记点。

应该注意不能将部件的质量设置为零，零质量的可运动部件将导致分析失败，因为根据牛顿运动定律公式 $a=F/m$，零质量将导致加速度无穷大。因此，建议为所有的运动部件设置一定的质量和惯性矩，可以将它们设置为一个非常小的值。

2. 修改初始速度

几何建模时，Adams View 会根据相邻部件的情况，自动计算出部件的初始速度，如果不满足要求可以进行修改。

在“Modify Body”对话框的“分类”下拉列表中选择“速度初始条件”选项后，显示初始速度设置，如图 2-70 所示。根据对话框中的各项提示，设置部件的初始“平移速度”和“角速度”。

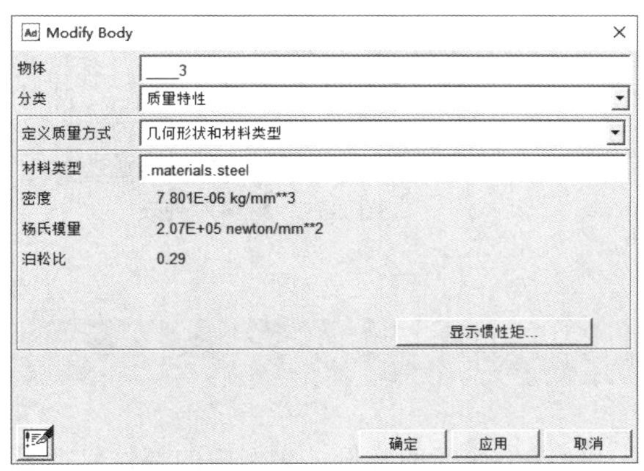
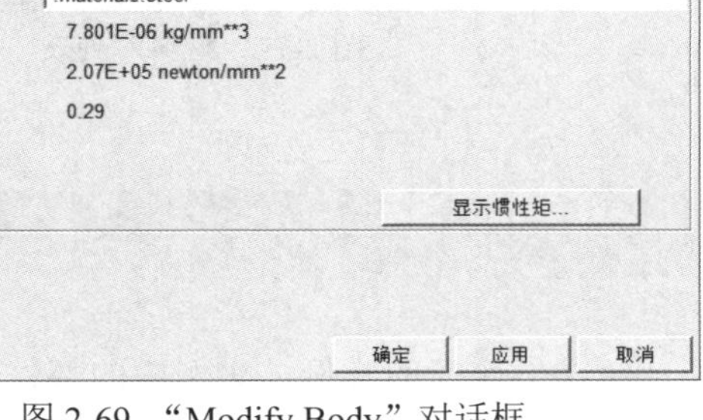

图 2-69　“Modify Body”对话框

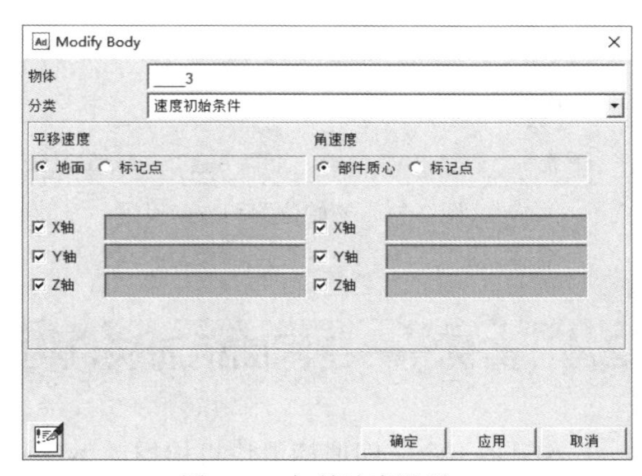

图 2-70　初始速度设置

初始平移速度和初始角速度的设置包括 3 项内容：参考坐标系和 X 轴、Y 轴、Z 轴的速度分量。

这里定义的初始平移速度为部件质心的平移速度，定义的初始角速度为对于质心标记坐标的旋转速度。

3. 修改初始位置和方向

在“Modify Body”对话框的“分类”下拉列表中选择“位置初始条件”选项，显示初始位置和方向设置，如图 2-71 所示。根据对话框中的各项提示，设置部件的初始“装配时固定位置”和“装配时固定方向”。

4. 修改材料属性

Adams View 有一个材料库，包括了常用材料。材料库中数据包括材料的摩擦系数、弹性模量、泊松比和密度等。在默认状态下，部件材料设置为钢。可以在材料库中选择其他材料，也可以自行设置材料的特性。

建立或设置材料物理特性的方法如下。

（1）在菜单栏中选择“编辑”（Edit）菜单中的“修改”（Modify）命令。

（2）弹出“Database Navigator”对话框，在材料库列表中选择需要修改的材料，如图 2-72 所示。

（3）单击“确定”按钮 确定 或双击材料名称，系统弹出“Modify Material”（修改材料）对话框，在该对话框中修改材料的名称、杨氏模量、泊松比和密度，完成材料的修改或创建。

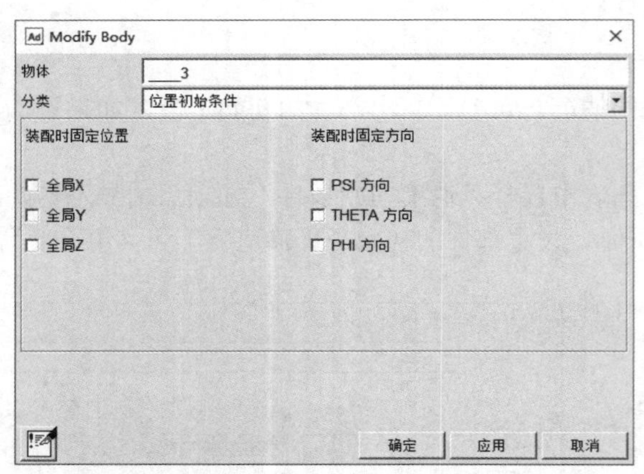

图 2-71　初始位置和方向设置

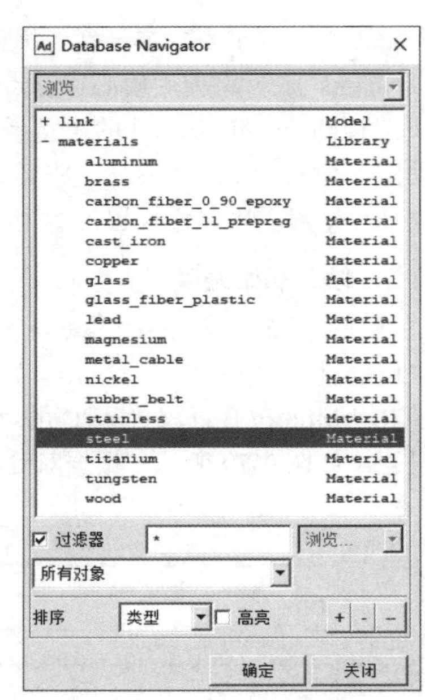

图 2-72　材料库列表

2.4　实例——空间曲柄滑块机构

本例是一个空间曲柄滑块机构推动小球使之与球瓶发生碰撞的实例，实例中的部件包括平台、曲柄、连杆、滑块、小球和球瓶，如图 2-73 所示。该模型文件为 BIN 格式，文件名为“glo_example,bin”，在本书附带网盘文件的 yuanwenjian\ch_02\example 目录下，具体建模步骤如下。

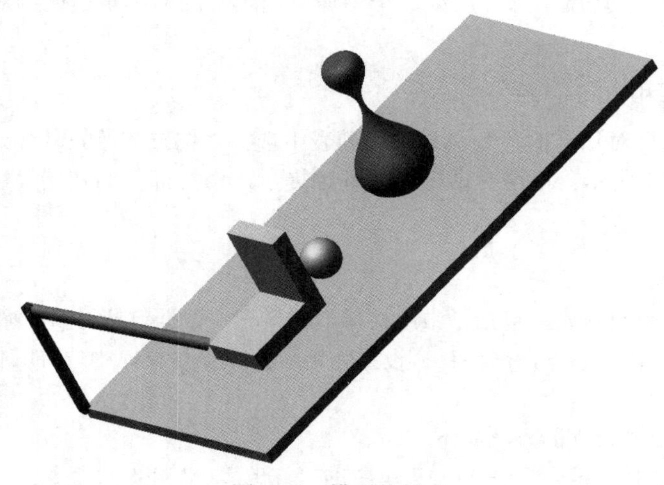

图 2-73　模型的组成

1. 平台建模

在本例中，用于作为机架的平台是一个立方体，其建模过程如下。

（1）设置工作格栅间距。为了交互式建模自动捕捉数据更准确，按图 2-74 所示设置参数，将 Adams View 工作格栅的 X 和 Y 方向间距从默认值 50mm 改为 10mm。

（2）单击“物体”选项卡“实体”面板中的“刚体：创建立方体”按钮。模型树上出现“几何体：立方体”属性栏，按图 2-75 所示设置参数。

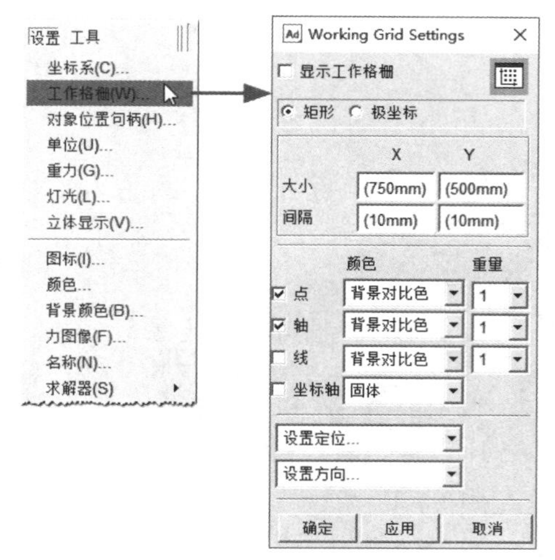

图 2-74 设置工作格栅间距

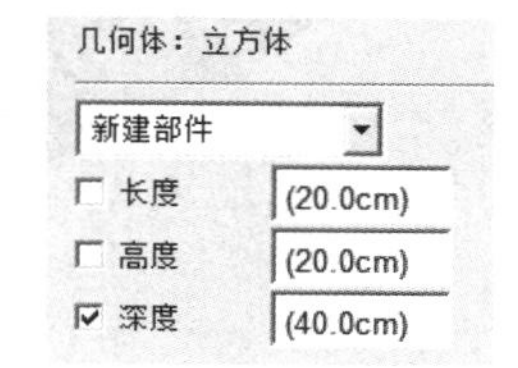

图 2-75 设定立方体参数

（3）单击菜单栏中的“视图”（View）→“坐标窗口”（Coordinate Window）命令打开坐标窗口，然后在图形区的格栅坐标为 (–650, 0, 0) 的点附近右击，出现坐标输入窗口，在其中输入坐标“–650, 0, –200”，单击“应用”（Apply）按钮 应用 ，确定立方体左下角顶点；继续在图形区的格栅坐标为 (300, –20, 0) 的点附近右击，在弹出的坐标输入窗口中输入坐标“300, –20, –200”，单击“应用”按钮 应用 ，确定立方体右上角顶点，完成立方体的创建，结果如图 2-76 所示。在本例中，此立方体模型将作为机架支撑平台。

图 2-76 平台模型

2. 小球建模

（1）单击“物体”选项卡“实体”面板中的“刚体：创建球体”按钮。模型树上出现“几何形状：球”属性栏，然后在图形区格栅坐标点 (–70, 30, 0) 处按住鼠标左键并移动鼠标指针至坐标点 (–70, 0, 0) 处释放鼠标左键，创建的小球模型如图 2-77 所示。

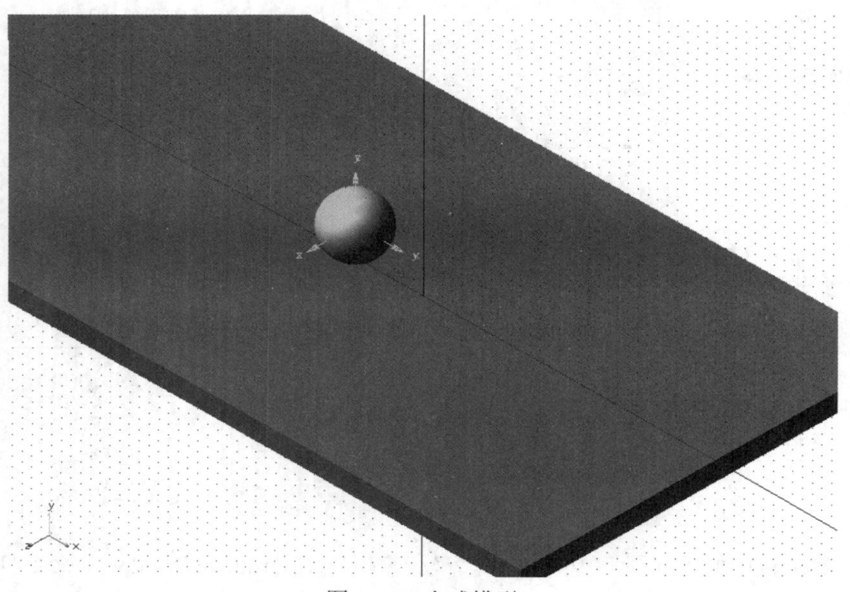

图 2-77　小球模型

（2）调整小球质量。在 Adams View 中，默认情况下物体的质量是根据物体几何实体的体积计算出来的，密度设置为钢材的密度，但有时为了仿真计算的需要，也可以人为指定物体的质量。

在本例中，调整小球质量为 5kg，具体操作步骤如下。

首先，将鼠标指针移至小球位置右击，在弹出的快捷菜单中单击“Part:PART_3”→“修改”命令，弹出“Modify Body”对话框，按图 2-78 所示设置参数，单击“确定”按钮，完成对小球质量的修改。

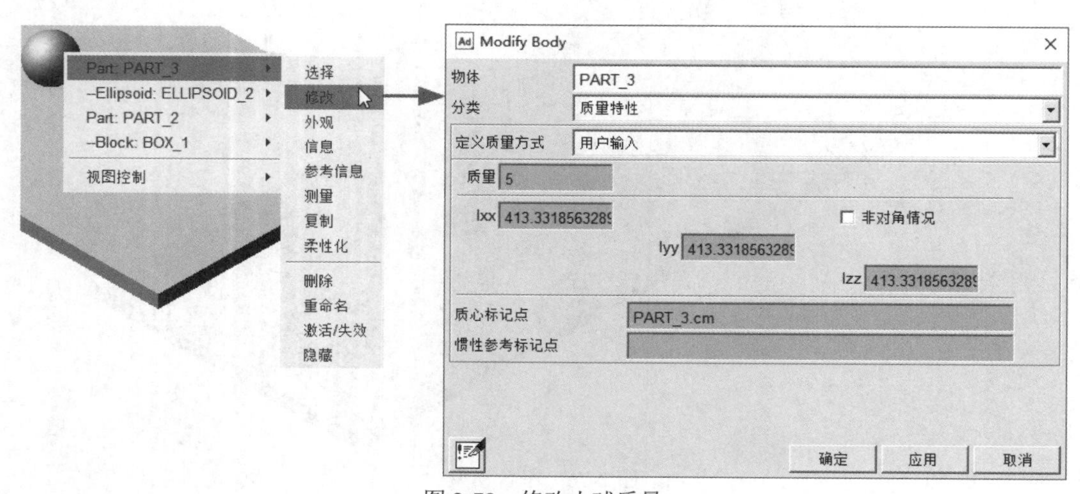

图 2-78　修改小球质量

3. 滑块建模

在本例中，滑块作为一个拉伸体，其建模过程如下。

（1）单击“物体”选项卡“实体”面板中的“刚体：创建拉伸体”按钮。模型树上出现“几何形状：拉伸体”属性栏，按图 2-79 所示设置参数。

（2）确保完成以上设置后，在图形区格栅上通过单击依次选取坐标点 (0, 150, 0)、(30, 150, 0)、(30, 30, 0)、(150, 30, 0)、(150, 0, 0)、(0, 0, 0)。选取完最后一个点后，右击，Adams View 将自动完成拉伸体的建模，结果如图 2-80 所示。

几何形状：拉伸体
新建部件
轮廓 点
☑ 闭合
路径 圆心
长度 (10.0cm)
☑ 分析

图 2-79 “几何形状：拉伸体”属性栏

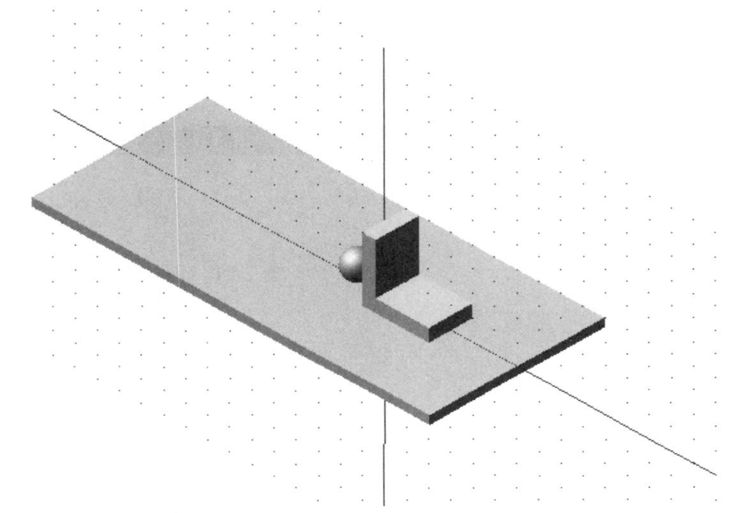

图 2-80 滑块建模

4. 球瓶建模

在本例中，球瓶是由曲边多边形旋转而成的形状复杂实体，其相应的曲边多边形是由一条样条曲线和一条多段线组成的封闭多边形，其建模过程如下。

（1）创建样条曲线。单击“物体”选项卡“基本形状”面板中的“基本形状：样条曲线”按钮。在模型树上出现的“基本形状：样条曲线”属性栏中取消对“闭合”复选框的勾选，然后通过单击依次选取坐标点 (–250, 250, 0)、(–240, 250, 0)、(–230, 240, 0)、(–240, 200, 0)、(–230, 100, 0)、(–200, 50, 0)、(–230, 0, 0)。选取完最后一个坐标点后右击，完成创建样条曲线，Adams View 创建的样条曲线如图 2-81 所示。这时 Adams View 会弹出消息窗口给出警告，提示所创建的物体不具有质量，关闭消息窗口忽略警告即可。

（2）创建多段线。单击“物体”选项卡“基本形状”面板中的“基本形状：多段线”按钮。在模型树上出现的“基本形状：多段线”属性栏中取消对“闭合”复选框的勾选，一定注意选择“添加到现有部件”以确保多段线和样条曲线属于同一个部件。完成以上设置后，将鼠标指针移到图形区，这时窗口下的提示栏提示“多段线：选择物体”，将鼠标指针移动到样条曲线上，选择与样条曲线相同的“物体”(PART_5)，然后依次选取坐标点 (–250, 250, 0)、(–260, 250, 0)、(–260, 0, 0)、(–230, 0, 0)。选取完最后一个坐标点后右击，完成多段线的创建，Adams View 创建的多段线如图 2-82 所示。这时 Adams View 也会弹出消息窗口给出警告，提示所创建的物体不具有质量，关闭消息窗口忽略警告即可。

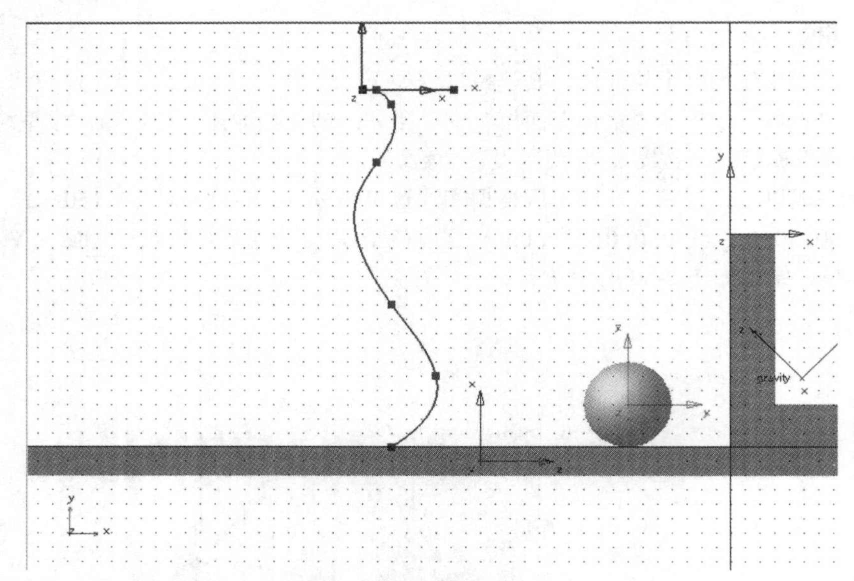

图 2-81　创建的样条曲线

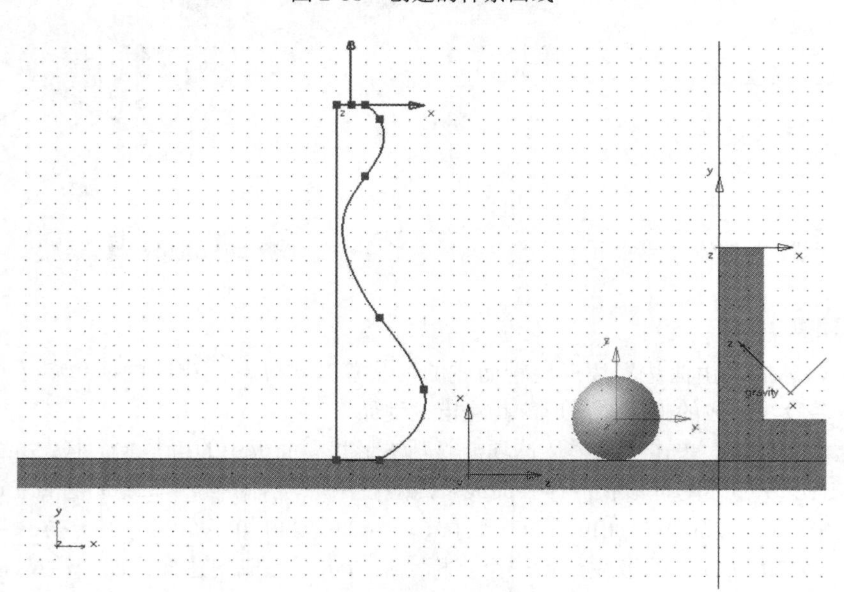

图 2-82　创建的多段线

（3）创建旋转坐标。球瓶是一个旋转体，必须为其创建一个旋转坐标。单击“物体”选项卡“基本形状”面板中的“基本形状：标记点”按钮，模型树上出现“基本形状：标记点”属性栏，选择“添加到现有部件”选项和“Z 轴”选项，即创建坐标系时指定 Z 轴方向。完成以上设置后，在图形区选择曲边多边形所在物体（PART_5），在坐标点 (–260, 250, 0) 处创建旋转坐标，Z 轴方向竖直向上，如图 2-83 所示。

（4）生成旋转体。球瓶是由曲多边形绕其上坐标系的 Z 轴旋转而成，具体创建过程为如下。

单击菜单栏中的“工具”→“命令浏览器”（Command Navigator）命令，弹出“Command Navigator”对话框，如图 2-84 所示，依次双击“geometry > create > shape”前的“+”标识展开命令集，然后双击“revolution”命令，弹出“Geometry Create Shape Revolution”对话框。在“参考

标记点”文本框中右击，在弹出的快捷菜单中单击“标记点”→“选取”（Pick）命令，在图形区单击旋转坐标；在“轮廓曲线”后面的文本框中右击，在弹出的快捷菜单中单击“线型几何体”（Wire_ Geometry）→“选取”命令，在图形区选择样条曲线和多段线；在“相对”文本框中右击，在弹出的快捷菜单中单击“参考坐标系”（Reference_ Frame）→“选取”命令，在图形区单击旋转坐标；按图 2-85 所示设置其余参数。完成以上操作后，单击“确定”按钮 确定 ，Adams View 自动生成球瓶旋转体，如图 2-86 所示。

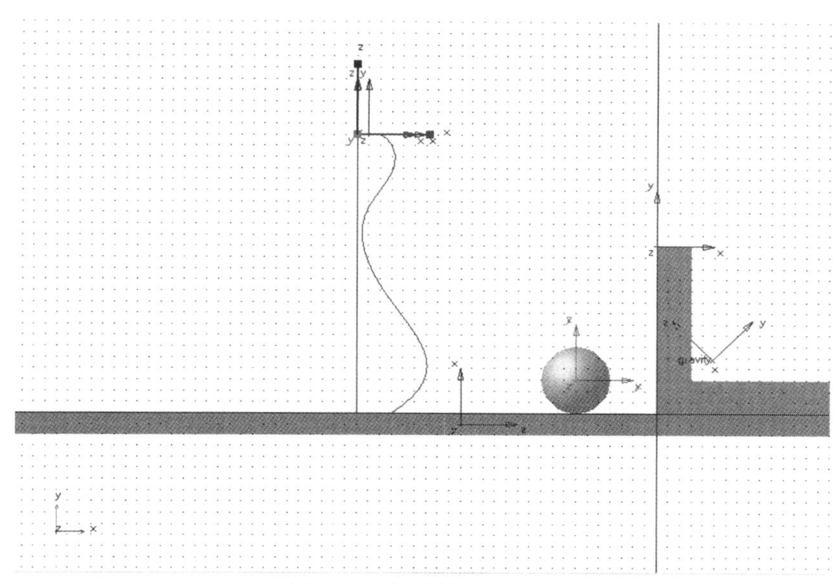

图 2-83　创建的旋转坐标

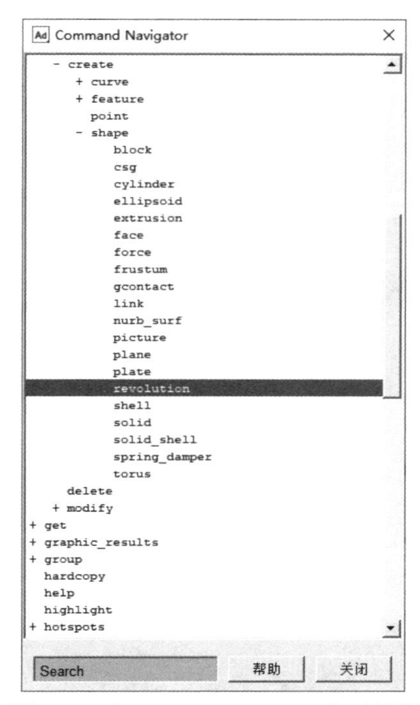

图 2-84　“Command Navigator”对话框

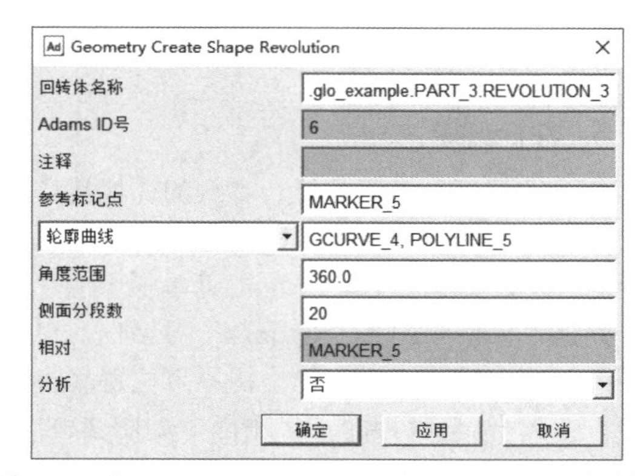

图 2-85　“Geometry Create Shape Revolution”对话框

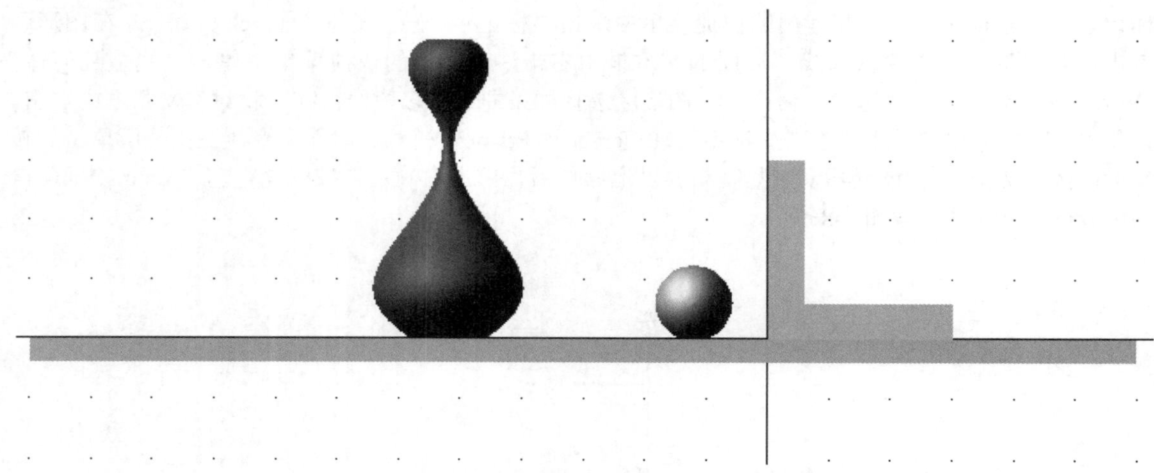

图 2-86　生成球瓶旋转体

（5）调整球瓶位置。在本例中，要想使小球和球瓶发生斜碰，需要将球瓶沿 *Z* 轴正向移动 2cm。在图形区空白处右击，在弹出的快捷菜单中单击“右面 <R>”命令，将当前视图转换为右视图，在球瓶上单击选中它，然后在菜单栏中单击“位置”按钮，在“距离”文本框中输入“2cm”，单击“向左移动”按钮，将球瓶向左（*Z* 轴正向）移动 2cm，如图 2-87 所示。

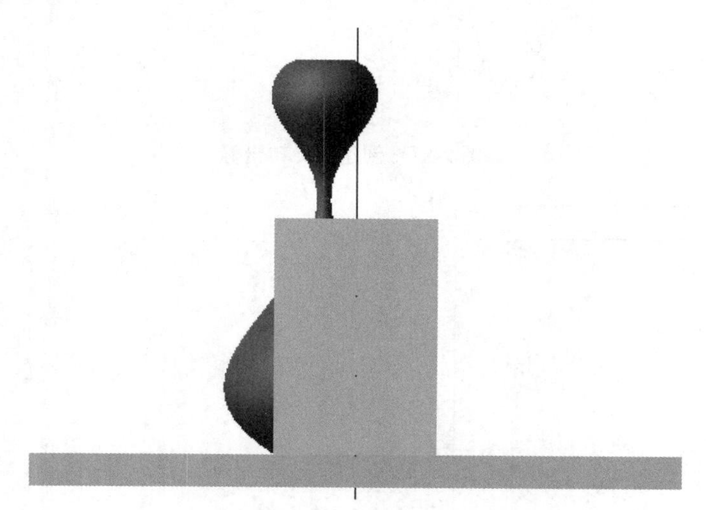

图 2-87　球瓶移动后的位置

5. 曲柄建模

（1）调整工作格栅方位。本例的曲柄滑块机构是一个空间机构，曲柄转动平面与滑块滑动方向垂直，也与当前工作格栅平面垂直。为了方便交互式建模，必须先改变工作格栅方位。为此，首先将当前视图还原为主视图，单击菜单栏中的“设置”（Settings）→“工作格栅”（Working Grid）命令，弹出“Working Grid Settings”对话框，对话框下部有两个下拉列表框，分别为“设置定位”和“设置方向”，用于设定工作格栅原点位置和格栅平面方位，调整格栅原点到坐标点 (300, 0, 200) 处，调整方位到全局坐标系的 *YZ* 平面，如图 2-88 所示。

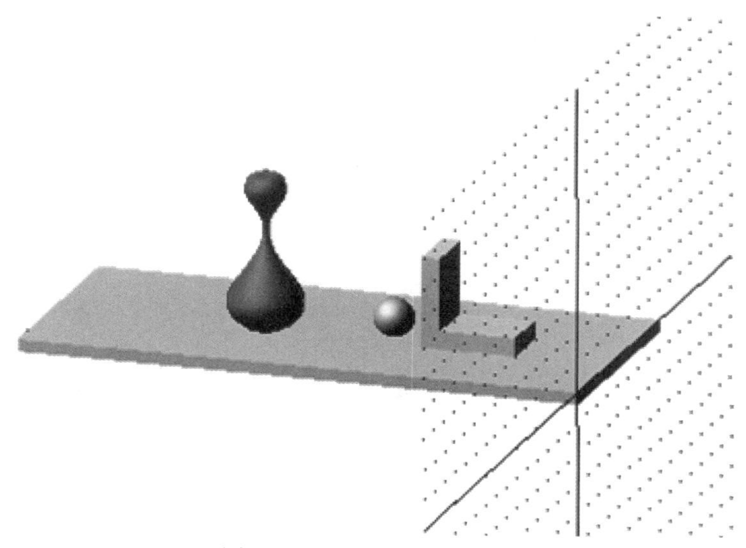

图 2-88 调整后的工作格栅位置

（2）创建曲柄。将当前视图转换为右视图，单击“物体”选项卡“实体”面板中的“刚体：创建连杆”按钮。模型树上出现“几何形状：连杆”属性栏，然后在图形区的格栅原点按住鼠标左键并移动鼠标指针至坐标点 (0, 200, 0) 处释放鼠标，创建的曲柄如图 2-89 所示。

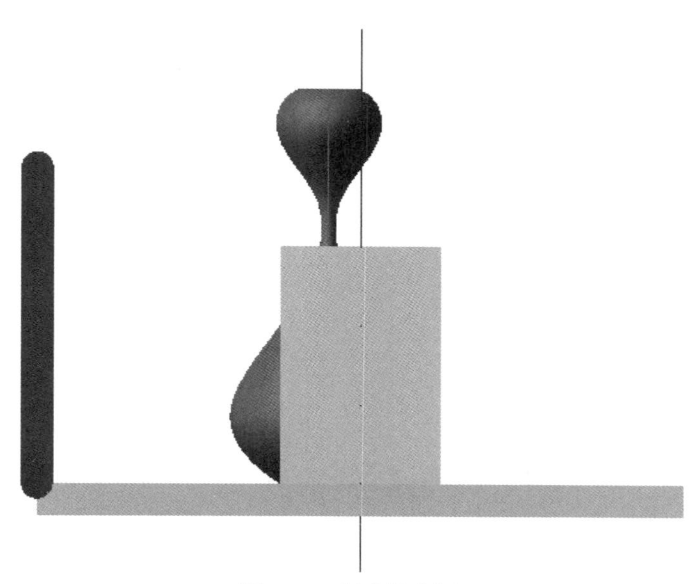

图 2-89 创建的曲柄

6. 连杆建模

适当调整视图方向，如图 2-90 所示，单击“物体”选项卡“实体”面板中的“刚体：创建圆柱体”按钮，模型树上出现“几何形状：圆柱”属性栏，勾选“半径”复选框，并输入半径值“1.0cm”，然后在图形区中曲柄上端的坐标点处单击并移动鼠标指针至滑块的顶点处再次单击，完成连杆的建模，如图 2-90 所示。

至此，本例中的部件全部创建完成，每个部件的几何和物理信息都被储存到数据库中，但部件是彼此分离的，还必须建立相互的约束关系，才能构成一个完整的机构。

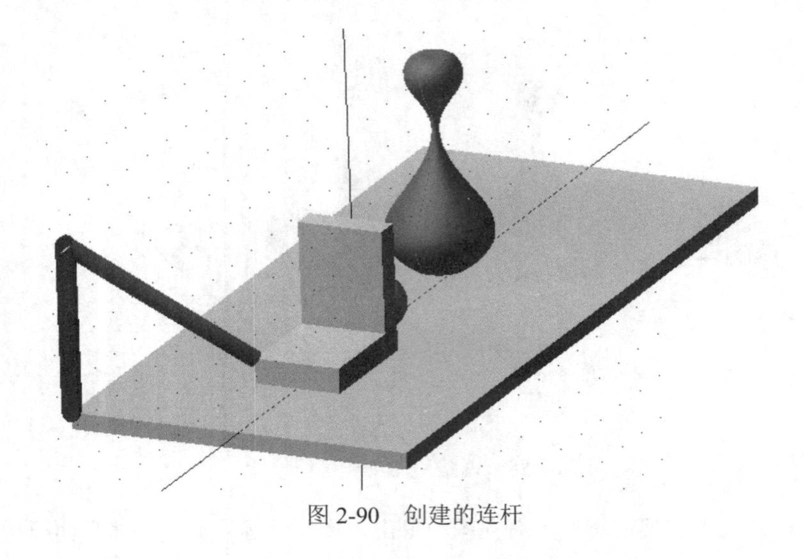

图 2-90　创建的连杆

第 3 章 创建约束和驱动

【内容指南】

本章主要对 Adams View 中提供的约束进行详细的介绍。先对约束类型，以及约束和自由度之间的关系进行说明；然后按照 Adams View 的设置分类介绍常用约束和特殊约束，并对其在模型中的创建进行具体介绍；还介绍机构中的驱动的定义，并对驱动的分类和创建进行详细的说明；最后，通过具体实例演示如何在模型中创建各种约束，并对机构定义各种驱动，使机构达到可以仿真计算的目的。

【知识重点】

- 约束的定义。
- 驱动的定义。

3.1 约束与自由度

3.1.1 约束类型

约束是对系统中的一个或多个部件的运动做出的限制。Adams View 为每个约束列出一个或多个代数约束方程（方程的数目与其限制的自由度数目相同）。Adams View 提供了多种约束，包括时变约束、时不变约束、完整约束、非完整约束、特殊约束、低副约束，用户也可通过子程序来定义约束。

建模时，可以通过各种约束限制部件之间的某些相对运动，并依次将不同部件连接起来组成一个机械系统。Adams View 可以处理以下 4 种类型的约束。

（1）常用运动副约束，如旋转副、平移副等。

（2）指定方向约束，即限制某个部件的运动方向，如限制一个部件总是沿着平行于一条直线的方向运动。

（3）接触约束，定义两部件在运动中发生接触时，各自之间的相互约束。

（4）运动约束，如规定一个部件遵循某个时间函数按指定的轨迹规律运动。

在创建约束时，Adams View 根据约束类型和当前模型中这类约束的数量，自动为约束生成一个名称，例如对常用运动副约束以“JOINT”加下划线“_”加约束号命名。

3.1.2 自由度

Adams 中自由度（DOF）的计算公式为

$$DOF = 6(n-1) - \sum p_i$$

式中 n——系统的部件数目（包括地面）；

p_i——系统内各约束所限制的自由度数目。

Adams 中包括一般约束库和基础约束库，一般约束库包括机械系统常见的约束，基础约束库则包括一些抽象的约束。一般约束限制的自由度如表 3-1 所示。

表 3-1　一般约束限制的自由度

平动	转动			
	0	1	2	3
0	固定副	旋转副	万向副	球面副
1	平移副	圆柱副	—	—
2	—	平面副	—	—

3.1.3 约束工具

Adams View 提供了多种常用约束工具，用来表示具有相互作用的物理运动副，分为运动副、基本运动约束、耦合副、特殊约束。约束工具可以通过如图 3-1 所示的“连接”（Connectors）选项卡来使用。约束工具连接的两个部件可以是刚体、柔性体和质点。

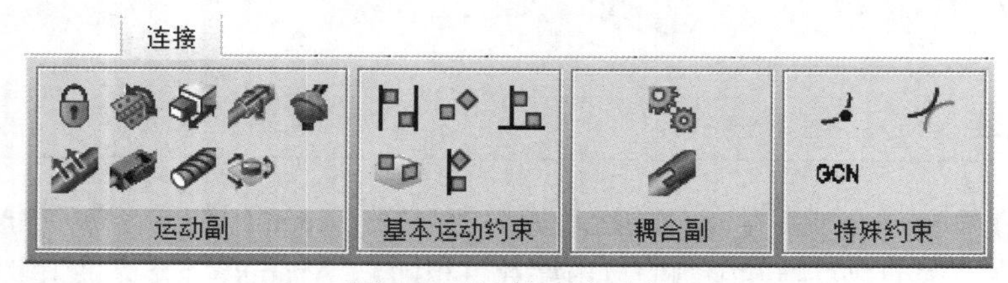

图 3-1　“连接”选项卡

3.2 常用运动副工具

在 Adams View“连接”选项卡中提供的常用运动副工具如表 3-2 所示。通过这些运动副，可以将两个部件连接起来。

表3-2　常用运动副工具

序号	名称	按钮	图示	约束说明
1	旋转副			约束两个部件的3个平动和2个转动自由度
2	平移副			约束两个部件的2个平动和3个转动自由度
3	圆柱副			约束两个部件的2个平动和2个转动自由度
4	球副			约束两部件的3个平动自由度
5	平面副			约束两部件的1个平动和2个转动自由度
6	等速副			创建一个等速约束，该约束允许一个部件相对于另一个部件进行两次旋转，同时保持重合并通过旋转轴保持恒定速度
7	虎克副、万向副			约束两部件之间的3个平动和1个转动自由度
8	螺旋副			约束两部件之间的2个平动和2个转动自由度
9	齿轮副			齿轮副约束2个旋转副或平移副的自由度成一定比例，属于耦合幅
10	耦合副			耦合副约束2个或3个旋转副或平移副的自由度成一定的比例
11	固定副			将两个部件固定在一起，无相对运动

3.2.1 理想约束

对于表 3-2 中的理想约束（即除了齿轮副和耦合副之外的其他常用运动副），其创建方法如下。

（1）单击主功能区中的“连接”选项卡“运动副”（Joints）面板中的工具按钮。

（2）在属性栏选择连接部件时，有以下 3 种情况。

- 1 个位置 - 物体暗指：需要选择部件的一个连接位置，由 Adams View 确定连接的部件。此时，Adams View 自动选择最靠近所选连接位置的部件进行连接，如果所选连接点附近只有一个部件，则将该部件同地面连接。使用这种方法不能指定与旋转副关联的两部件的先后顺序。
- 2 个物体 -1 个位置：选择需连接的两个部件和一个连接位置。此时，连接件固定在部件 1（先选择的部件）上，部件 1 相对于部件 2 运动。
- 2 个物体 -2 个位置：选择需连接的两个部件以及两个部件上的约束连接位置，其中一个部件可以为大地。这里，部件 1 相对于部件 2 运动。

提示

使用该方法定义旋转副时，如果两个部件的位置处于欠定义状态，那么进行仿真计算时，系统会根据需要自动移动这两个部件，使这两个部件的位置点重合。

（3）在选择连接方向时，有以下两种方法。

- 垂直格栅：当显示工作格栅时，连接方向垂直于格栅平面，否则连接方向垂直于屏幕。
- 选取几何特性：用手动的方式确定旋转轴的方向，当鼠标指针在屏幕上移动时，会出现一个带箭头的方向用于确定旋转轴，当预览中出现需要的方向时，单击即可确定连接方向。

（4）根据屏幕底部状态栏的提示，依次选择相互连接的部件 1、部件 2、连接位置、连接方向等。创建旋转副选项如图 3-2 所示。

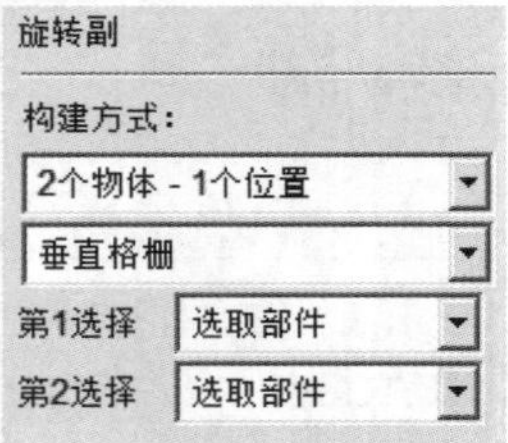

旋转副
构建方式：
2个物体 - 1个位置
垂直格栅
第1选择 选取部件
第2选择 选取部件

图 3-2　创建旋转副选项

关于理想约束，有以下几点需要说明。

（1）在创建了运动副以后，对应关联的两个部件上会分别固定一个坐标系，运动副的两个坐标系的原点就是运动副在两个部件上的作用点，称为铰点。部件 1 的坐标系称为 I-Marker，部件 2 的坐标系称为 J-Marker，运动副的约束方程和运动副关联的两个部件的相对运动关系（包括相对位移、速度、加速度，以及这两个部件上作用的力或力矩等）都是通过这两个坐标系建立和计算的。删除这两个坐标系，则相应的运动副也被删除。

提示

在创建螺旋副的时候，如果选择“选取几何特性”选项，则在手动定义方向时，两个方向必须是同向平行或反向平行。

（2）万向副和虎克副都使用“创建虎克副”（Create a Screw Joint）按钮进行创建，但是两者是有区别的，主要表现为旋转轴的不同，如图 3-3 所示。

（3）等速副平时用得比较少，它与虎克副有些类似，但有以下区别。

- 在虎克副中，主动件匀速转动，而从动件一般非匀速转动。在等速副中，从动件与主动件的转速始终是相同的。

- 在等速副的定义过程中，需要选择两个部件和两个转动方向，同时在作用点处，等速副会设置 I-Marker 的 Z_I 轴与第一个方向平行，J-Marker 的 Z_J 轴与第二个方向平行。此外还要求 I-Marker 的 X_I 轴与 J-Marker 的 Y_J 轴之间的夹角要和 I-Marker 的 Y_I 轴与 J-Marker 的 X_J 轴之间的夹角相等。

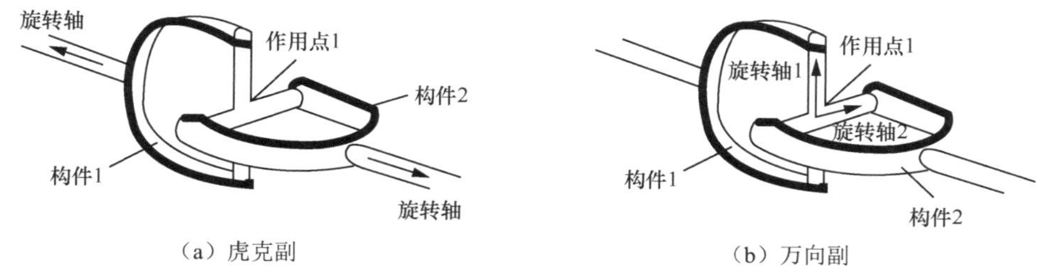

（a）虎克副　　（b）万向副

图 3-3　虎克副和万向副

3.2.2　基本运动约束

我们知道，如果一个系统完全用低副和特殊约束来约束，往往会造成过约束。解决这种问题的一个办法是采用一定数量的基本运动约束代替低副。

可以通过应用这些基本运动约束组成不同的约束，从而自定义一些新的运动副，或者组合不同的运动副，实现更复杂的运动约束。基本运动约束及其约束关系如表 3-3 所示。

表 3-3　基本运动约束及其约束关系

序号	名称	按钮	约束的自由度	约束说明
1	平行（Parallel）		2 个转动	部件 1 的 Z 轴始终平行于部件 2 的 Z 轴
2	垂直（Perpendicular）		1 个转动	部件 1 的 Z 轴始终垂直于部件 2 的 Z 轴
3	方向（Orientation）		3 个转动	约束两个部件的相互转动
4	平面（Inplane）		1 个平动	一个部件的一个点只能在另一个部件的某个平面上运动
5	共线（Inline）		2 个平动	部件 1 连接点只能沿部件 2 连接点标记 Z 轴运动

基本运动约束的创建过程与低副的创建过程基本相同，一般在选择部件 1 和部件 2 后，选择一个作用点及一个方向或两个方向，根据基本运动约束的物理意义就可以知道如何创建基本运动约束。创建基本运动约束的方法如下。

（1）单击主功能区中的“连接”选项卡“基本运动约束”（Primitives）面板中的工具按钮，选择有关约束工具。

（2）选择连接部件的方法与创建运动副时相同，此处不进行赘述。

（3）选择连接方向，一般有以下两种方式。

- 垂直格栅（Normal to Grid）：当显示工作格栅时，连接方向垂直于格栅平面，否则连接方向垂直于屏幕。
- 选取几何特性（Pick Geometry Feature）：通过一个在格栅或屏幕平面内的方向矢量确定连接方向。

（4）根据屏幕底部状态栏的提示，选择一个或两个部件。

（5）确定连接点的位置。

（6）如果前面选择了“选取几何特性”选项，可以用鼠标指针环绕对象移动，此时会显示表示连接方向的箭头。在合适的位置单击，完成基本运动约束设置。

3.2.3　耦合约束

Adams View 中提供了齿轮副和耦合副两种创建耦合约束的工具。

（1）齿轮副的创建。

齿轮副由两个齿轮、一个连接支架和两个连接组成，如图 3-4 所示。在两个齿轮（连接件）的触点设置一个坐标系标记，称为速度标记，两个连接部件都以速度标记坐标系为自己的定位坐标系。速度标记到两个连接的距离决定了齿轮的传动比，速度标记坐标系的 Z 轴定义了齿轮啮合点的速度和啮合力的方向。齿轮副中的连接可以是旋转副、平移副或圆柱副，用户可以选择不同类型的连接，模拟不同的齿轮连接形式，例如直齿圆柱齿轮、斜齿轮、行星齿轮、锥形齿轮、齿条齿轮等。

创建齿轮副的步骤如下。

1）按之前介绍的运动副设置方法，分别设置齿轮副的两个连接。在设置时，应注意首先选择齿轮，然后选择连接支架。

2）单击“物体”选项卡“基本形状”面板中的“基本形状：标记点”按钮，设置速度标记，即定义齿轮啮合点。注意，速度标记坐标系的 Z 轴的方向，应该指向齿轮啮合点的运动方向。

3）单击主功能区中的“连接”选项卡“耦合副”（Couplers）面板中的“运动副（附加约束）：齿轮副”（Gear）按钮，打开如图 3-5 所示的“Constraint Create Complex Joint Gear”（创建齿轮副）对话框。

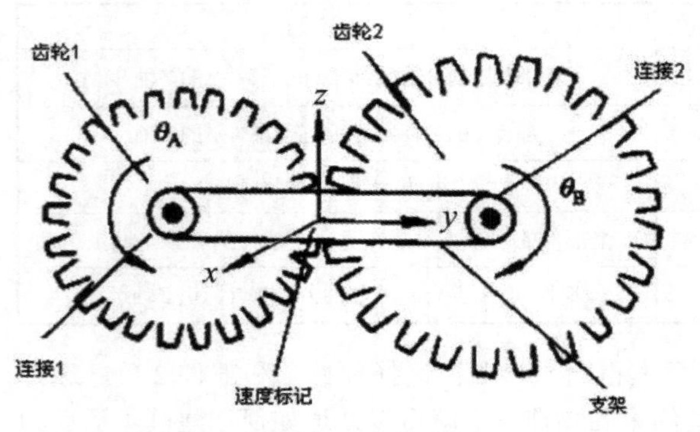

图 3-4　齿轮副

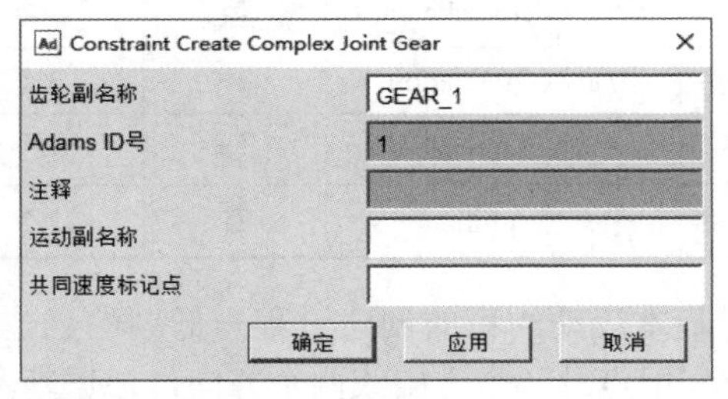

图 3-5　“Constraint Create Complex Joint Gear”对话框

4）在“齿轮副名称”文本框中输入或修改齿轮副名称。

5）在“Adams ID 号”文本框中输入齿轮副的整数标识号。在 Adams View 数据库中使用齿轮副的标识号确定齿轮副。如果标识号输入“0”，则 Adams View 自动为齿轮副设置一个标识号。

6）在“注释”文本框中输入有助于管理的任何注释内容。

7）在“运动副名称”文本框中输入齿轮副两个连接的名称，Adams View 自动在两个名称之间添加一个“,”。也可以在文本框中右击，在打开的快捷菜单中单击“运动副”→“选取”命令，然后在图形区选择两个旋转副，或者用“浏览”和“推测”命令进行选择。

8）在“共同速度标记点”文本框中输入齿轮副的速度标记名称。如果以前没有产生过齿轮副的速度标记，通过在文本框中右击，在打开的快捷菜单中单击“标记点”→“创建”命令，就可以产生一个新的标记点。

（2）耦合副的创建。

耦合副通常用于皮带传递、链齿轮传递等机构中，通常关联 2 个或 3 个旋转副或平移副，如图 3-6 所示。

创建耦合副的步骤如下。

1）单击主功能区中的“连接”选项卡“耦合副”面板中的“运动副（附加约束）：耦合副”按钮。

2）先选择主动运动副，然后选择从动运动副，完成第一步设置。

3）打开“Modify Coupler”（修改耦合副）对话框，进一步完成有关设置。

① 在打开菜单中，选择按上述步骤创建的耦合副，再选择“修改”命令，打开“Modify Coupler”对话框，如图 3-7 所示。

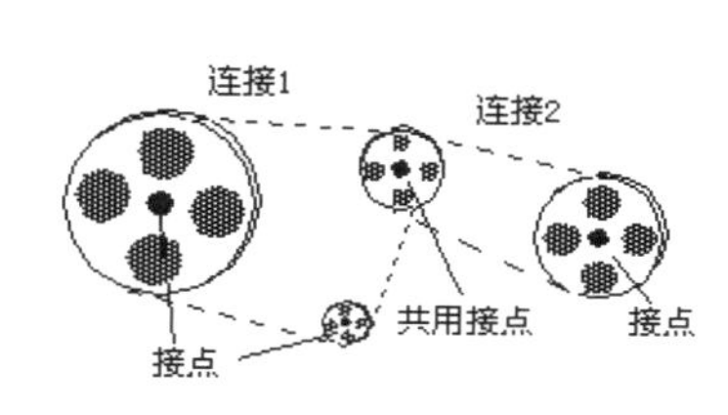

图 3-6　耦合副

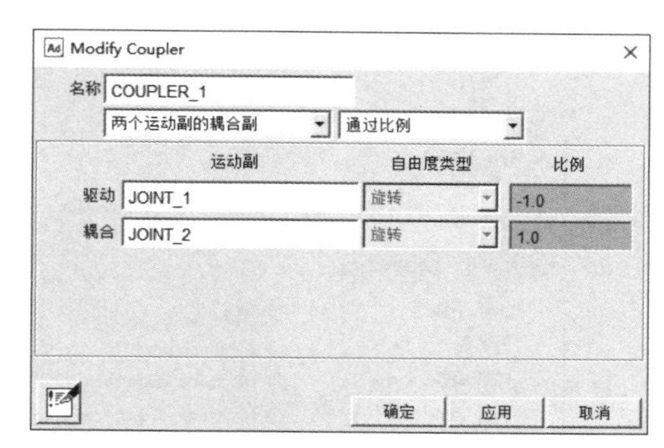

图 3-7　“Modify Coupler”对话框

② 如果需要可以在“名称”文本框中输入或修改耦合副的名称。

③ 选择连接数量是“三个运动副的耦合副”或“两个运动副的耦合副”。

④ 在“驱动”和“耦合”文本框中修改或输入主动和从动运动副的名称及其类型。圆柱副连接需要在“自由度类型”下拉列表中选择连接处是直线运动还是旋转运动。

⑤ 选择连接关系是“通过比例”或“通过位移”。

⑥ 在“比例”文本框中输入连接系数。

3.3　运动副创建实例

本书以创建旋转副、平移副、球副和虎克副为例，介绍创建运动副的方法。本节实例操作中所需的源文件可从本书附带电子资源的“yuanwenjian\ch_03”目录下复制。

3.3.1　创建旋转副

创建旋转副的具体操作步骤如下。

（1）启动 Adams View，在“欢迎”对话框中单击“现有模型”（Existing Model）按钮，在弹出的“Open Existing Model”对话框中单击“文件名称”文本框后面的“浏览”按钮，如图 3-8 所示。

（2）打开“Select File”对话框，如图 3-9 所示，在文件列表中选择“3-1.bin”文件，单击“打开”按钮 打开(O)，返回“Open Exciting Model”对话框，单击“确定”按钮 确定，进入 Adams View

界面，如图 3-10 所示。

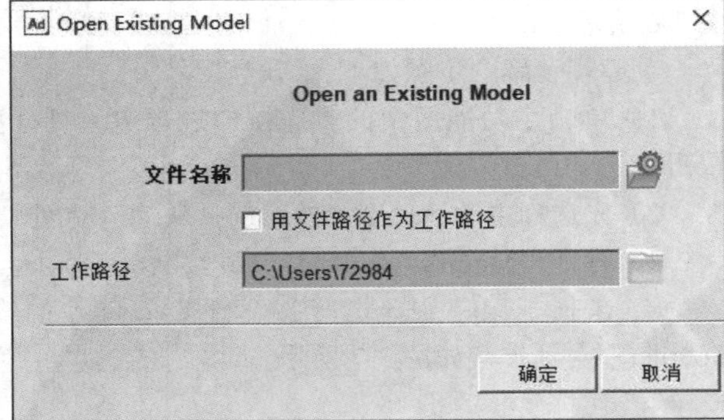

图 3-8 启动 Adams View

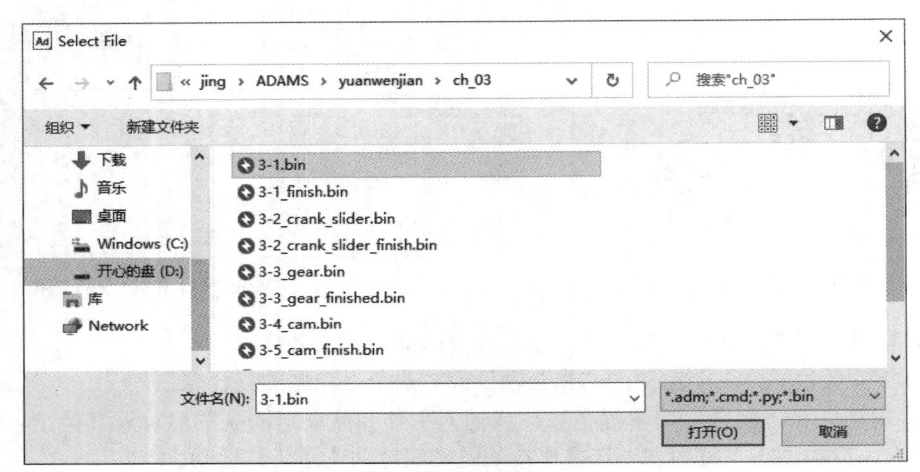

图 3-9 “Select File”对话框

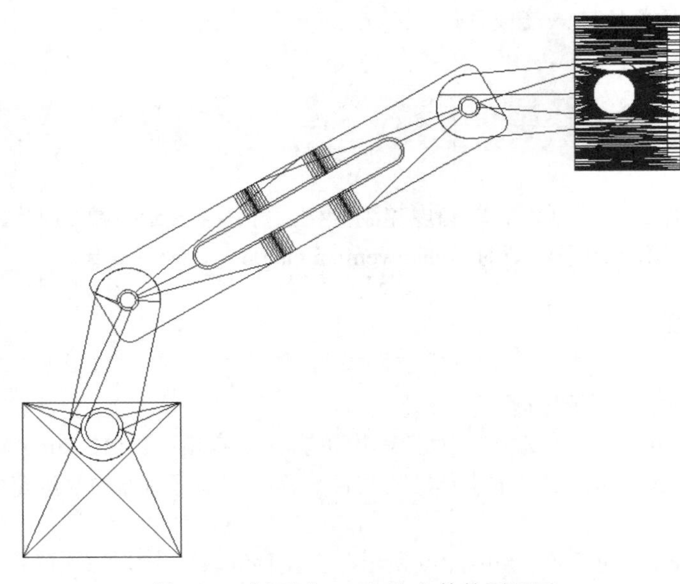

图 3-10 打开“3-1.bin”文件的图形区

（3）显示工作格栅。单击状态栏中的“格栅”按钮或按 <G> 键显示工作格栅，可以用此方法切换工作格栅的显示与隐藏，如图 3-11 所示。

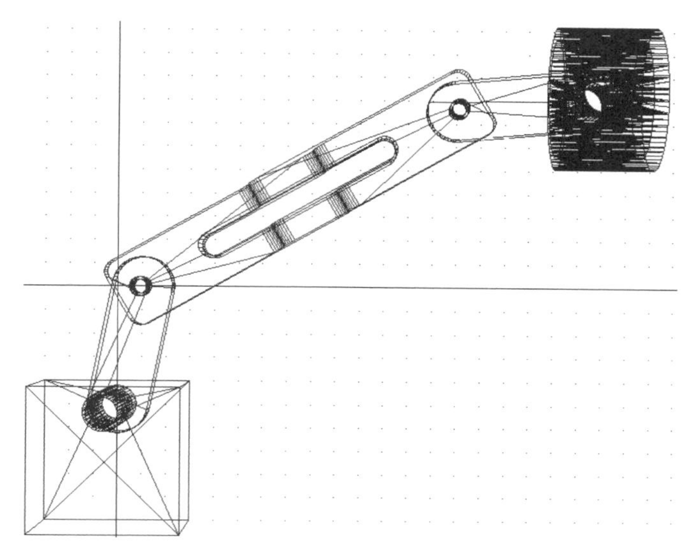

图 3-11　显示工作格栅

（4）创建固定副。单击主功能区中的“连接”选项卡“运动副”面板中的“创建固定副”（Create a Fixed Joint）按钮。模型树中弹出“固定副”属性栏，按图 3-12 所示设置参数，然后在图形区部件“PART_7”上单击，将其固定在大地上，如图 3-13 所示。

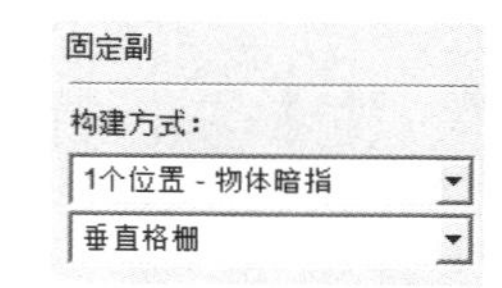

图 3-12　“固定副”属性栏

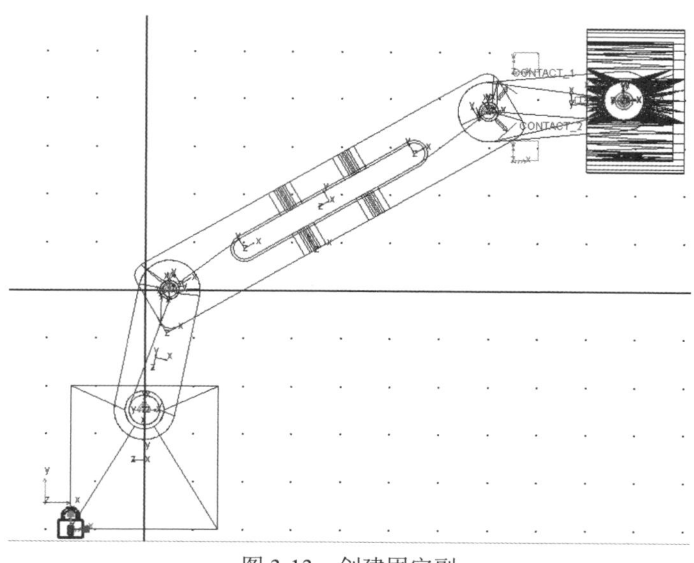

图 3-13　创建固定副

（5）创建旋转副。单击主功能区中的“连接”选项卡“运动副”面板中的“创建旋转副”（Create a Revolute Joint）按钮。模型树中弹出“旋转副”属性栏，按图 3-14 所示设置参数，然后在图

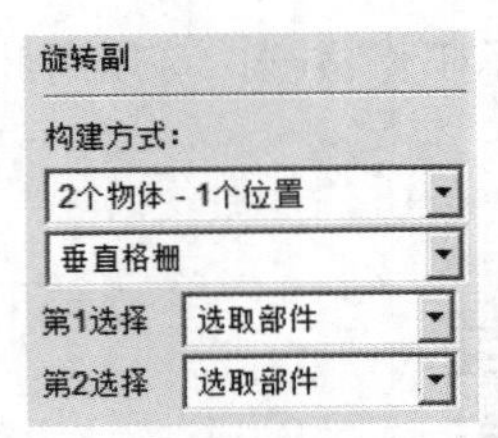

图 3-14 “旋转副”属性栏

形区单击第一个部件“crank”和第二个部件“rod”，随后选择一个作用点，将光标移动到部件“crank”和“rod”的关联圆孔附近，当出现“center”信息时（图 3-15 所示显示信息为“crank.CSG_34.E15 (center)”），单击即可创建旋转副。创建的旋转副会高亮显示，旋转副的方向垂直于工作格栅，如图 3-16 所示。

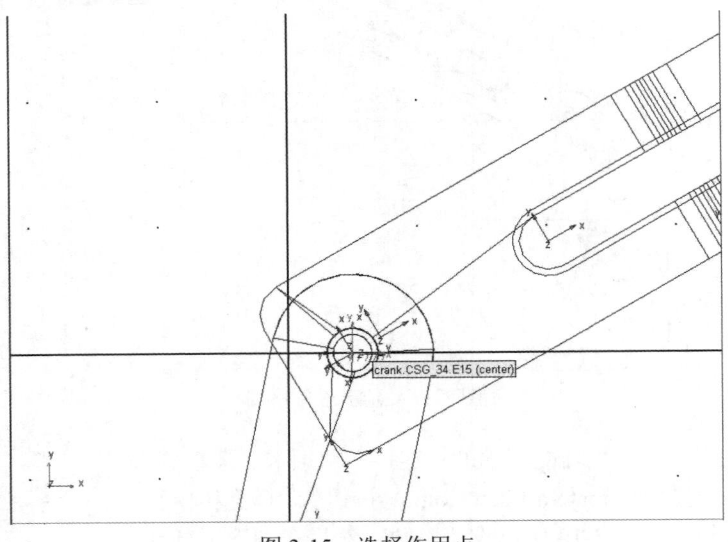

图 3-15　选择作用点

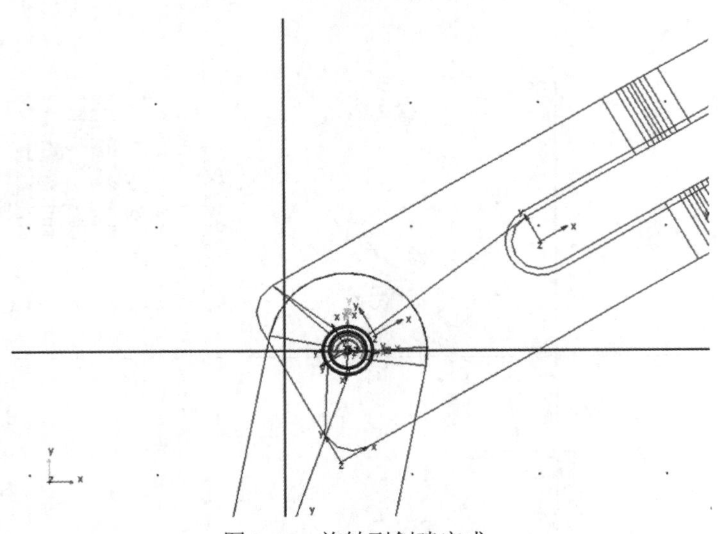

图 3-16　旋转副创建完成

（6）按照步骤（5）的操作过程，完成其他旋转副的创建，创建完成的结果如图 3-17 所示。

提示

在选择部件或作用点的时候，如果不易选取，可以放大模型后选取，也可以在部件上右击，然后在快捷菜单中选择需要的部件。

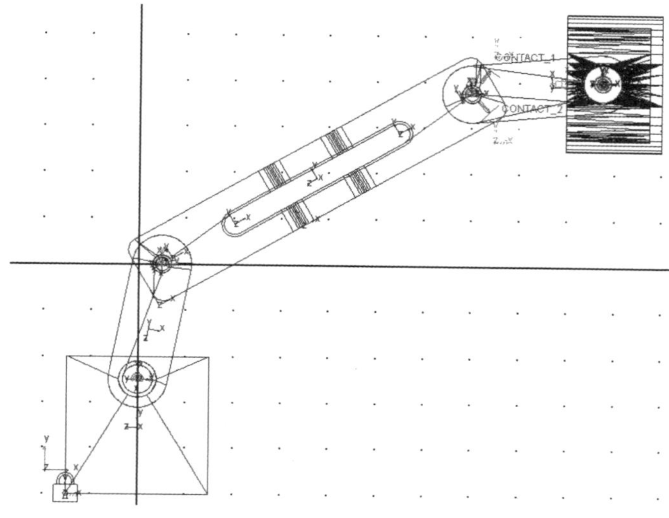

图 3-17　创建其他旋转副

3.3.2　创建平移副

创建平移副的具体操作步骤如下。

（1）启动 Adams View，在“Welcome to Adams...”对话框中单击“现有模型”按钮，在打开的“Open Existing Model”对话框中，单击“文件名称”文本框后面的“浏览”按钮。打开“Select File”对话框，在文件列表中选择“3-2_crank_slider.bin”文件，然后单击“打开”按钮 打开(O) ，返回“Open Existing Model”对话框，如图 3-18 所示，最后单击“确定”按钮 确定 ，进入 Adams View 界面。

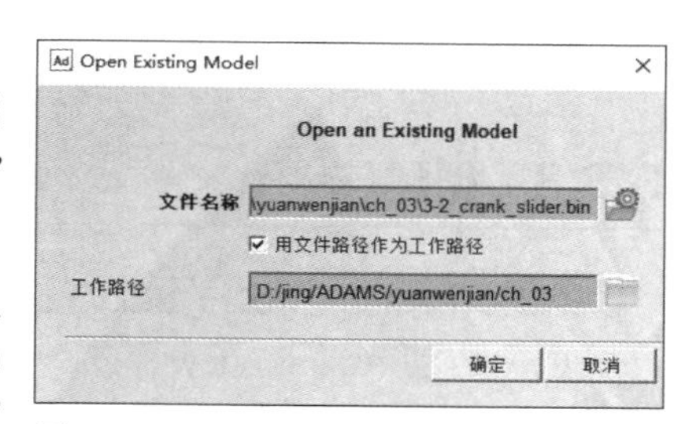

图 3-18　“Open Existing Model”对话框

（2）设置工作格栅的方向。单击菜单栏中的“设置”→“工作格栅”命令，弹出“Working Grid Settings”对话框，在“设置方向”下拉列表中选择“全局 YZ”选项，如图 3-19 所示，然后单击“确定”按钮 确定 ，使图形区的工作格栅与全局坐标系的 *YZ* 平面平行，如图 3-20 所示。

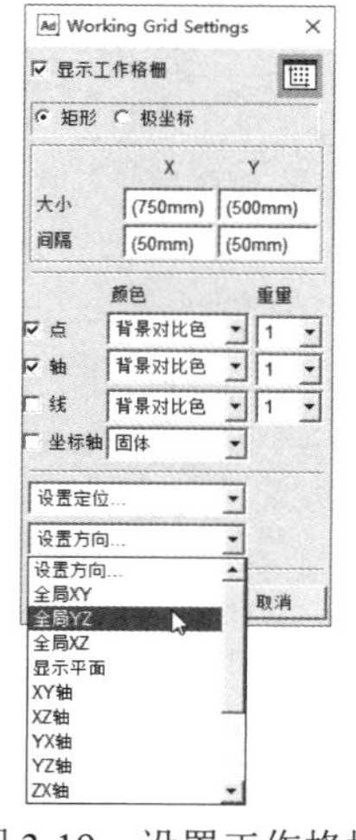

图 3-19　设置工作格栅

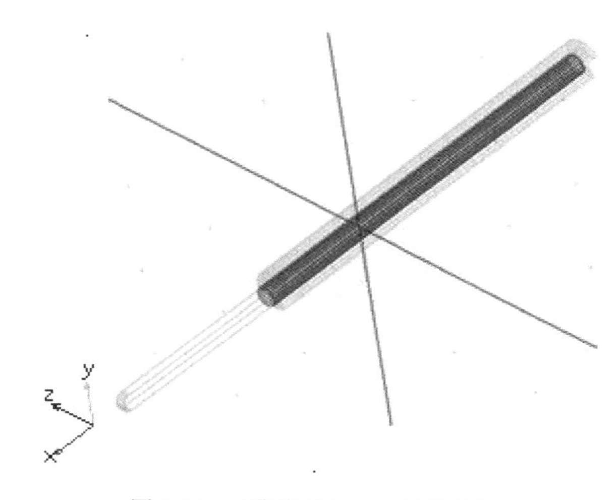

图 3-20　工作格栅与 *YZ* 平面平行

（3）创建平移副。单击主功能区中的“连接”选项卡“运动副”面板中的“创建平移副”（Create a Translational Joint）按钮。模型树中弹出“平移副”属性栏，按图 3-21 所示设置参数，然后在图形区通过选择第一个部件“REVOLUTION_1”和第二个部件“CYLINDER_1”，随后选择一个作用点即可创建平移副，如图 3-22 所示。

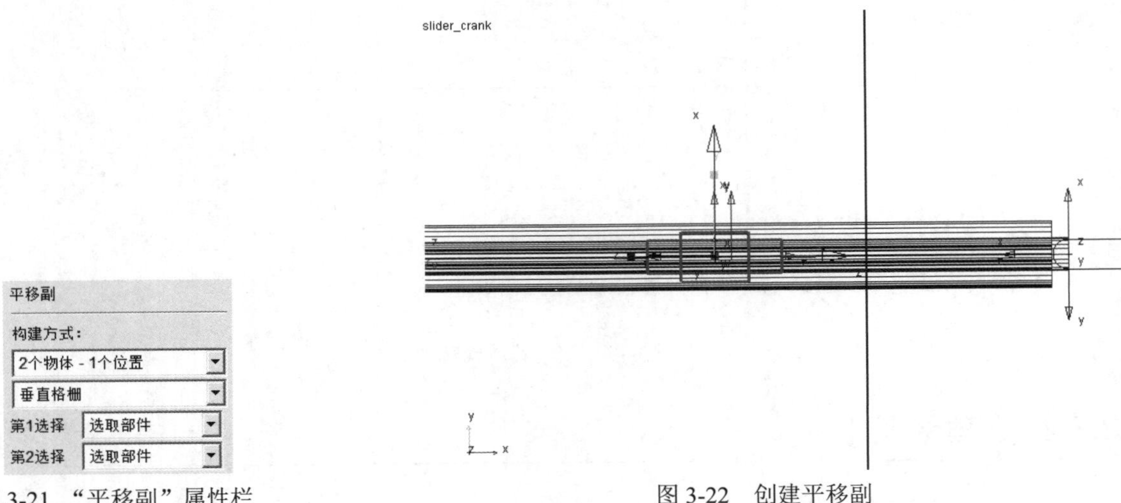

图 3-21 “平移副”属性栏

图 3-22 创建平移副

3.3.3 创建球副

创建球副的具体操作步骤如下。

（1）启动 Adams View，在“Welcome to Adams...”对话框中单击“现有模型”按钮，在打开的“Open Existing Model”对话框中，单击“文件名称”文本框后面的“浏览”按钮。打开“Select File”对话框，选择在 3.3.2 节中添加完平移副的“3-2_crank_slider_finish.bin”文件，然后单击“打开”按钮 打开(O)，返回“Open Existing Model”对话框，最后单击“确定”按钮 确定，进入 Adams View 界面，调整视图方向后如图 3-23 所示。

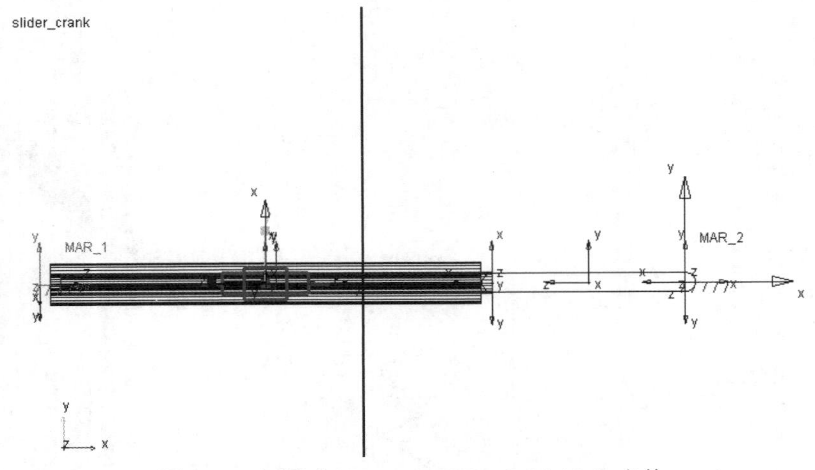

图 3-23 打开“3-2_crank_slider_finish.bin”文件

（2）创建球副。单击主功能区中的“连接”选项卡“运动副”面板中的“创建球副”（Create a Spherical Joint）按钮。模型树中弹出“球副”属性栏，按图 3-24 所示设置参数，然后在图形区单击，选择第一个部件“REVOLUTION_1”，选择第二个部件为地面“slider_crank.ground”，选择一个作用点即可创建球副，结果如图 3-25 所示。

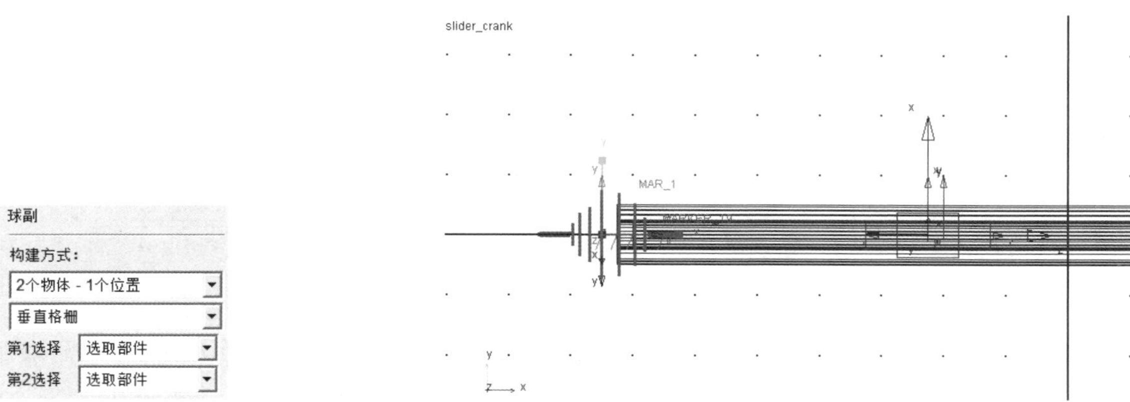

图 3-24　“球副”属性栏　　　　图 3-25　创建球副

（3）创建标记点。单击“物体”选项卡“基本形状”面板中的“基本形状：标记点”按钮。模型树中弹出“基本形状：标记点”属性栏，按图 3-26 所示设置参数。然后单击选择第一个部件“REVOLUTION_1”和地面上的一点，创建一个标记点，如图 3-27 所示。

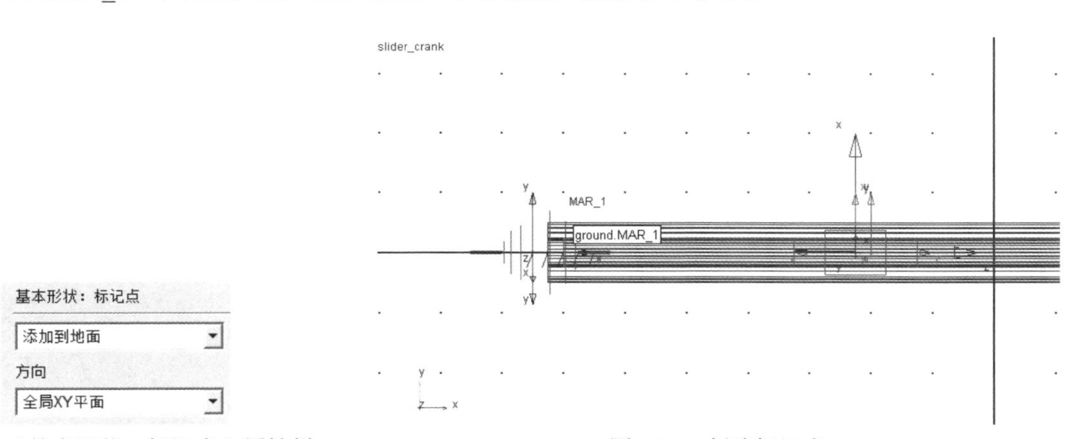

图 3-26　“基本形状：标记点”属性栏　　　　图 3-27　创建标记点

3.3.4　创建虎克副

创建虎克副的具体操作步骤如下。

（1）启动 Adams View，在“Welcome to Adams...”对话框中单击“现有模型”按钮，在打开的“Open Existing Model”对话框中，单击“文件名称”文本框后面的“浏览”按钮。打开“Select File”对话框，在文件列表中选择“3-2_crank_slider.bin”文件，然后单击“打开”按钮 打开(O)，返回“Open Existing Model”对话框，最后单击“确定”按钮 确定，进入 Adams View 界面。

（2）创建虎克副。单击主功能区中的“连接”选项卡“运动副”面板中的“创建虎克副”（Create a Screw Joint）按钮。模型树中弹出“虎克副”属性栏，按图 3-28 所示设置参数，然后在要创建虎克副的部件处右击，打开如图 3-29 所示的“Select”对话框，选择第一个部件“LINK_1”和第二个部件“CYLINDER_1”，然后在两部件的连接处选择一个作用点。

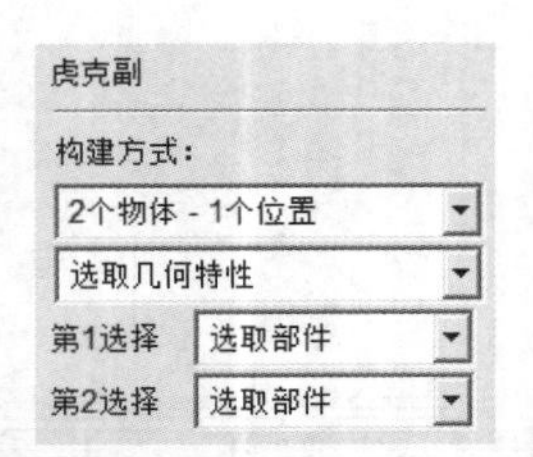

图 3-28 “虎克副”属性栏

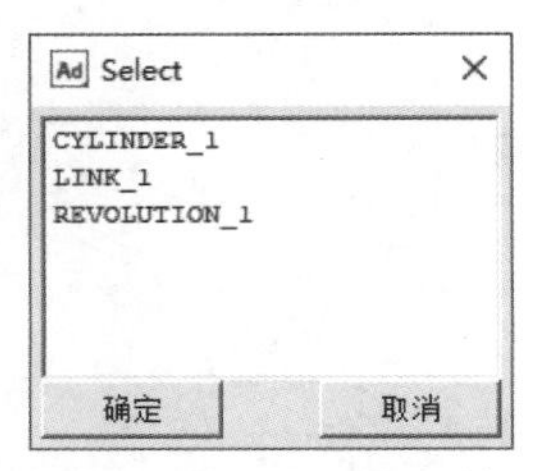

图 3-29 “Select”对话框

（3）手动选择方向。在选择完作用点之后，状态栏提示用户选择第一个方向，在作用点左侧单击使方向箭头向左；再选择第二个方向，在作用点右侧单击使方向箭头向右，如图 3-30 所示。选取方向后，虎克副创建完成，如图 3-31 所示。

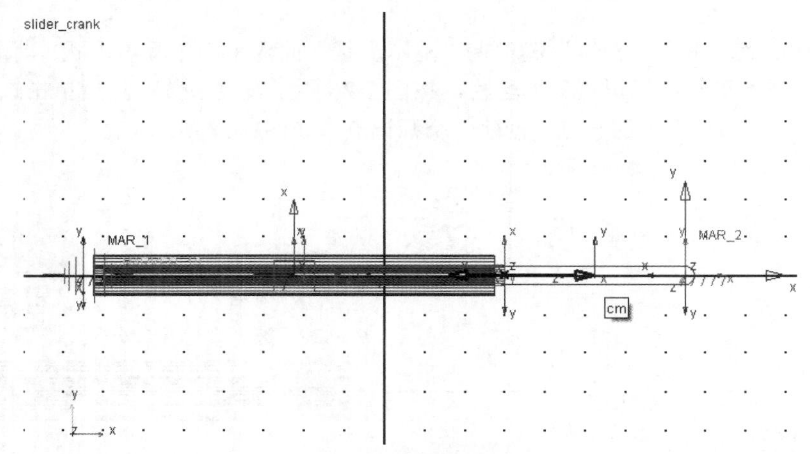

图 3-30 虎克副方向的选取

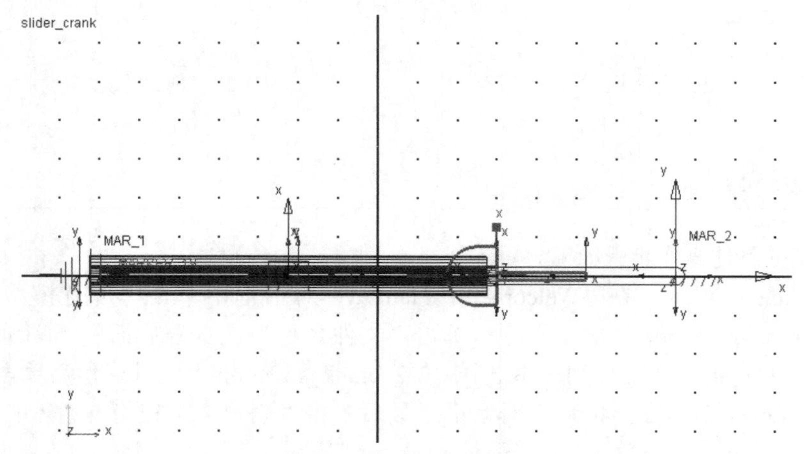

图 3-31 虎克副创建完成

3.4　特殊约束

Adams View 提供了两种特殊约束，一种是“点 - 线约束（不脱离）”，即柱销 - 滑槽副；另一种是“2D 线 - 线约束（不脱离）”，也叫曲底凸轮机构，即凸轮 - 从动件副。点 - 线约束约束一个部件上的一个点在另一个部件上的一条曲线上移动，两者不能脱离。曲线可以是平面曲线或者空间曲线，可以封闭，也可以不封闭。点 - 线约束约束了两个平动自由度，其模型如图 3-32 所示。

2D 线 - 线约束约束一个部件上的一条线与另一个部件上的一条线始终接触。曲线必须是平面曲线，且两曲线必须在同一平面内。2D 线 - 线约束约束了两个平动自由度和两个转动自由度，其模型如图 3-33 所示。

点 - 线约束的定义过程是先选择一个部件上的某点，再选择另一个部件上的某条曲线或实体的边。2D 线 - 线约束的定义过程是先选择一个部件上的某条曲线或实体的边，再选择另一个部件上的某条曲线或实体边。通过特殊约束和其他低副的组合就可以实现凸轮机构。

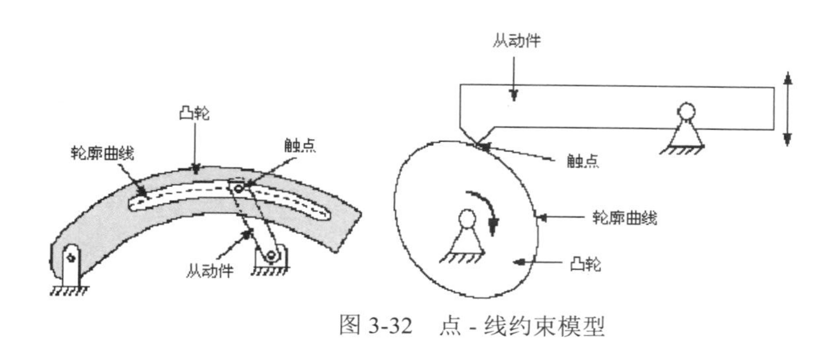

图 3-32　点 - 线约束模型

图 3-33　2D 线 - 线约束模型

3.4.1　创建特殊约束

1. 创建特殊约束

创建特殊约束的具体操作方法如下。

（1）单击主功能区中的“连接”选项卡“特殊约束”面板中的“点 - 线约束”（Point-Curve Constraint）按钮或“2D 线 - 线约束”（2D Curve-Curve Constraint）按钮。

（2）创建点 - 线约束时选择从动件上的触点，创建 2D 线 - 线约束时选择从动件上的曲线。

（3）选择对应的轮廓曲线。

完成设置特殊约束以后，可以在对话框中修改两种凸轮的触点或曲线，并且可以设置凸轮机构的初始条件，例如初始速度、初始触点位置等。

设置特殊约束时应注意以下方面。

- 使用足够多的点来定义曲线。
- 尽可能使用封闭曲线。
- 所定义的曲线应该包括凸轮运动的全部范围。
- 避免将初始触点定义在曲线的节点附近。
- 避免产生一个以上的触点。
- 可以使用一条曲线定义多个特殊约束。

2. 修改特殊约束

修改特殊约束的具体操作方法如下。

（1）选中需要修改的特殊约束，右击，在打开的快捷菜单中单击“修改”命令，或者单击菜单栏中的“编辑”→“修改”命令，打开如图 3-34 所示的“Constraint Modify Higher Pair Contact Point Curve”（点 - 线约束修改）对话框或如图 3-35 所示“Constraint Modify Higher Pair Contact Curve Curve”（2D 线 - 线约束修改）对话框。

（2）如果需要，可以改变点曲线或 2D 线 - 线约束的名称和标识号。

（3）在“注释”文本框中输入特殊约束的注释。

（4）根据参数设置项，修改和输入凸轮的基本参数。

（5）修改和设置初始条件。

（6）单击“确定”按钮 确定 ，完成设置。

Constraint Modify Higher Pair Contact Point Curve

点曲线名称	.cam_high.PTCV_1
新的点曲线名称	
Adams ID号	1
注释	
曲线名称	CURVE_1
I标记点名称	MARKER_33
J浮动标记点名称	FMARKER_34
参考标记点名称	PART2.MARKER_12
初始位移	
初始速度	
初始参考标记点名称	

确定 应用 取消

图 3-34 “Constraint Modify Higher Pair Contact Point Curve”对话框

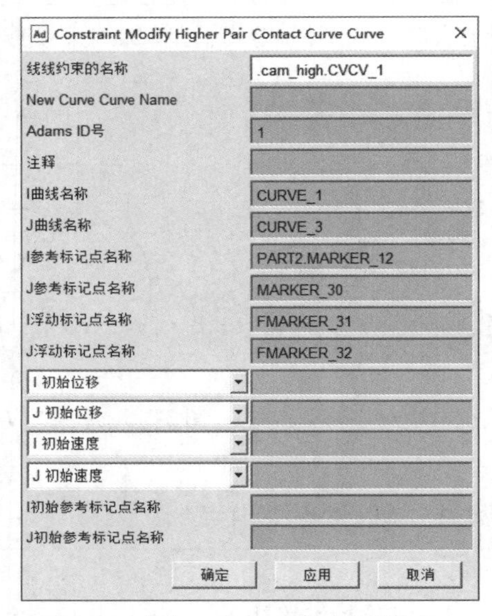

图 3-35 “Constraint Modify Higher Pair Contact Curve Curve”对话框

3. 设置特殊约束基本参数

特殊约束的基本参数包括曲线名称、标记点名称、参考标记点名称等。

（1）点 - 线约束的基本参数如下。

- 曲线名称：定义凸轮的曲线名称，尖底将沿该曲线运动。
- I 标记点名称：定义动件的尖底的标记点名称。
- J 浮动标记点名称：定义浮动标记点名称，浮动标记点位于运动过程中的触点，其 Y 轴指向触点处凸轮的法向，X 轴指向触点处凸轮的切向，Z 轴指向触点处凸轮的次法向。
- 参考标记点名称：凸轮机架参考坐标的名称。

（2）2D 线 - 线约束的基本参数如下。

- I 曲线名称：定义从动件曲线的名称。
- J 曲线名称：定义凸轮曲线的名称。
- I 参考标记点名称：定义从动件曲线参考坐标的名称。
- J 参考标记点名称：定义凸轮机架参考坐标的名称。

- I 浮动标记点名称：定义从动件浮动标记点名称。该标记点位于从动件的触点，其 Y 轴指向触点处从动件曲线的法向，X 轴指向触点处从动件曲线的切向，Z 轴指向触点处从动件曲线的次法向。
- J 浮动标记点名称：凸轮浮动标记点名称，该标记点位于凸轮的触点，其 Y 轴指向触点处凸轮曲线的法向，X 轴指向触点处凸轮曲线的切向，Z 轴指向触点处凸轮曲线的次法向。

4. 设置凸轮机构的初始条件

凸轮机构的初始条件包括初始位移、初始速度等。

（1）点 - 线约束的初始条件如下。

- 初始位移或无初始位移：设置或不设置在凸轮上的初始触点，如果初始触点不在凸轮曲线上，Adams View 将使用凸轮曲线上距离初始触点最近的一点作为触点。
- 初始速度或无初始速度：设置或不设置接触的初始速度。
- 初始参考标记点名称：初始触点的参考坐标名称，如果不设置该坐标，Adams View 将取凸轮曲线的参考坐标。

（2）2D 线 - 线约束的初始条件如下。

- I 初始位移或无 I 初始位移：设置或不设置在从动件曲线上的初始触点。
- J 初始位移或无 J 初始位移：设置或不设置在凸轮曲线上的初始触点。
- I 初始速度或无 I 初始速度：设置或不设置触点沿从动件曲线的初始速度。
- J 初始速度或无 J 初始速度：设置或不设置触点沿凸轮曲线的初始速度。
- I 初始参考标记点名称：从动件曲线上初始触点的参考坐标名称。
- J 初始参考标记点名称：凸轮曲线上初始触点的参考坐标名称。

3.4.2 实例——创建特殊约束

下面以曲底凸轮的定义过程为例来介绍特殊约束的创建方法。

（1）启动 Adams View，在“Welcome to Adams...”对话框中单击“现有模型”按钮，在打开的“Open Existing Model”对话框中，单击“文件名称”文本框后面的“浏览”按钮。打开“Select File”对话框，在文件列表中选择“3-4_cam.bin”文件，然后单击“打开”按钮打开(O)，返回“Open Existing Model”对话框，最后单击“确定”按钮确定，进入 Adams View 界面，打开如图 3-36 所示的曲底凸轮模型。

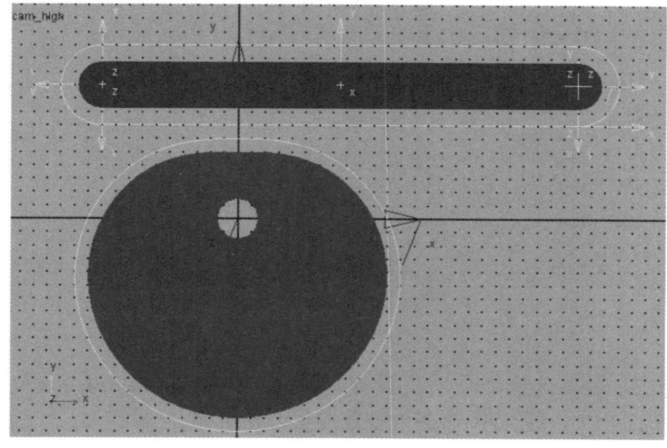

图 3-36　曲底凸轮模型

（2）创建旋转副。单击主功能区中的“连接”选项卡“运动副”面板中的“创建旋转副”（Create a Revolute Joint）按钮，将创建旋转副的选项设置为“2 个物体 -1 个位置”和“垂直格栅”。选择第一个部件“PART_4”，选择第二个部件为地面“slider_crank.ground”，再选择“ground.Point_15”为作用点，旋转副 1 即可创建完成。用同样的方法为凸轮转轴创建旋转副，创建的旋转副如图 3-37 所示。

（3）创建曲底凸轮机构。单击主功能区中的“连接”选项卡“特殊约束”面板中的“2D 线 - 线约束”按钮。模型树中弹出“2D 线线约束”属性栏，按图 3-38 所示设置参数，然后单击第一个部件“Part2”上的曲线“GCURVE_4”，再单击第二个部件“PART_4”上的曲线“POLYLINE_15”，曲底凸轮机构即可创建完成，如图 3-39 所示。

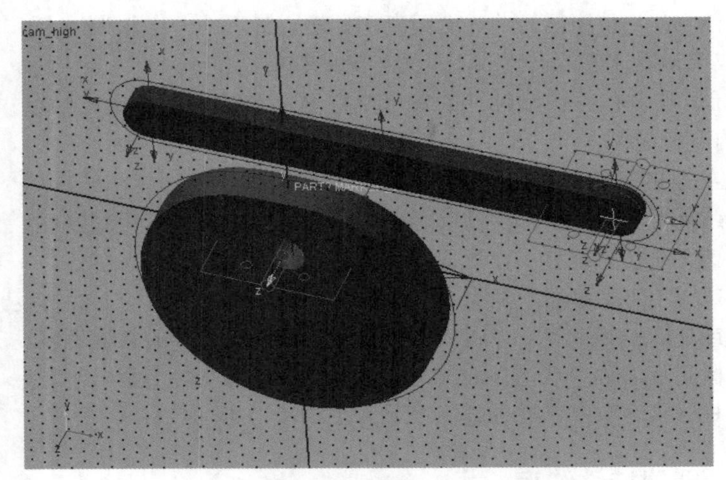

图 3-37　创建旋转副

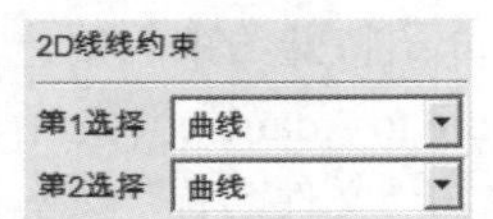

图 3-38　“2D 线线约束”属性栏

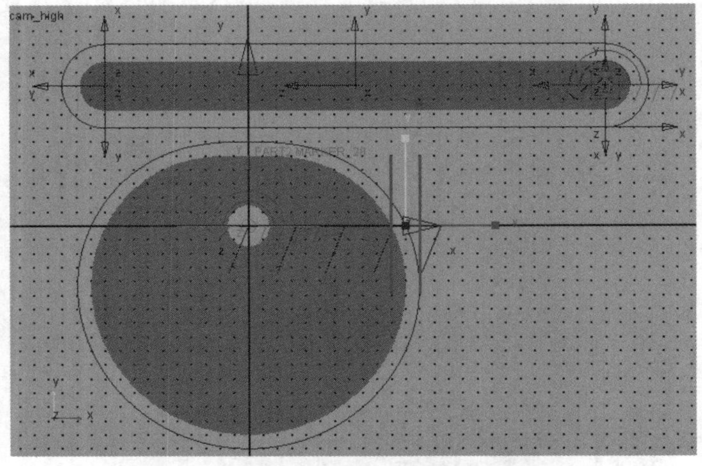

图 3-39　创建曲底凸轮机构

3.5 定义机构的驱动

驱动机构是用于将凸轮的旋转运动转换为气门或喷油泵的往复运动的部件。Adams View 中常用的驱动有运动副驱动、一般驱动。

3.5.1 机构驱动类型

Adams View 为用户提供了以下两种类型的驱动。

（1）运动副驱动：运动副驱动定义平移副、旋转副和圆柱副的转动和移动，每一个运动副驱动约束一个自由度。

（2）一般驱动：一般驱动定义两点之间的驱动规律。定义点驱动的规律时，还需指明驱动的方向。点驱动可以应用于任何典型的驱动副，例如圆柱副、球面副等。通过定义点驱动可以在不增加额外约束或部件的情况下，构造复杂的运动。

驱动可以是与时间有关的位移、速度和加速度。在默认状态下，驱动的速度定义为常量，用户可以通过以下 3 种方法自定义驱动幅值。

- 输入移动或旋转的速度值。在默认状态下，输入的转速单位为度 / 秒，输入的移动速度单位为长度单位 / 秒。
- 使用函数表达式。Adams View 提供了很多时间函数，用户可以利用这些时间函数来定义驱动幅值。
- 输入自编子程序传递参数。用户还可以自编一个子程序来定义非常复杂的驱动幅值，此时，在参数栏输入的是传递给子程序的有关参数。

提示

- 对于任何已经定义驱动的运动副，不要设置所定义的驱动的方向的初始条件。
- 可以定义驱动幅值为零，此时等价于将两个部件固定起来。
- 如果定义的驱动导致部件产生非零的初始加速度，Adams Solver 在动力学仿真的最初 2 ～ 3 步积分分析中，可能会得出不可靠的加速度和速度，Adams Solver 在输出时，会自动纠正这些错误。但是如果用户设置了同初始加速度有关联的加速度或力传感器，则可能会发生错误，此时应该修改初始条件，使初始加速度为零。
- 如果使用速度和加速度来定义驱动，则在动力学仿真分析时，不能使用 ABAM（Adams-Bashforth and Adams-Moulton）法积分。

3.5.2 创建运动副驱动

在 Adams View 中有两种运动副驱动，即“移动驱动”和“转动驱动”。运动副驱动的创建方法如下。

（1）单击主功能区中的“驱动”（Motions）选项卡“运动副驱动”（Joint Motions）面板中的“移动驱动”（Translational Joint Motion）按钮或“转动驱动”（Rotational Joint Motion）按钮。

（2）在属性栏中的文本框内输入速度值，Adams View 具有默认的速度值，平移速度为 10.0mm/s，旋转速度为 30.0° /s，如图 3-40 所示。

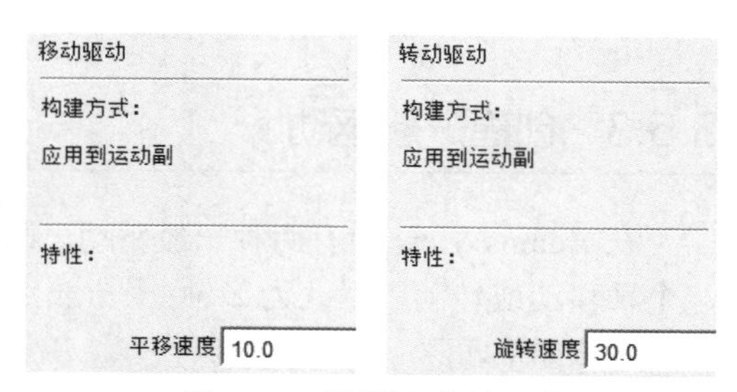

图 3-40 设置运动副驱动

（3）如果希望用函数表达式或自编子程序表示驱动，可以将鼠标指针放在“平移速度”或“旋转速度”文本框内右击，在打开的快捷菜单中单击“参数化”（Parameterize）→“表达式生成器”（Expression Builder）命令，此时打开“Function Builder”（函数构造器）对话框，如图 3-41 所示。利用“Function Builder”对话框可以设置各种数学函数。

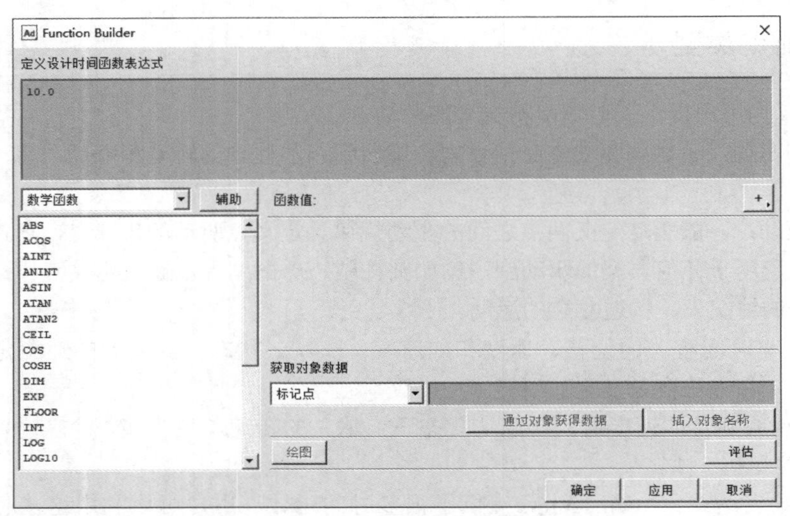

图 3-41 “Function Builder”对话框

（4）用鼠标左键选择要施加驱动的运动副，完成运动副驱动的创建。

Adams View 允许对创建的运动副驱动进行修改。选中要修改的运动副，右击弹出快捷菜单，选择“修改”命令，弹出“Joint Motion”对话框。以转动驱动为例，“Joint Motion”对话框如图 3-42 所示。

可以修改运动副驱动的以下特性。

- 在“名称”栏可以修改运动名称。
- 在“运动副”栏可以修改驱动作用的运动副，此时“运动副类型”也随“运动副”的变化而变化。
- 在“方向”栏可以修改运动的方向，包括旋转或平移。
- 在“定义使用”栏可以修改驱动幅值的输入方法。
- 在“函数（时间）”栏输入驱动幅值。
- 在“类型”栏选择定义驱动幅值的方法。
- 在“初始位移”栏输入初始位移，或在“初始速度”栏输入初始速度。

单击“确定”按钮 确定，完成运动副驱动的修改。

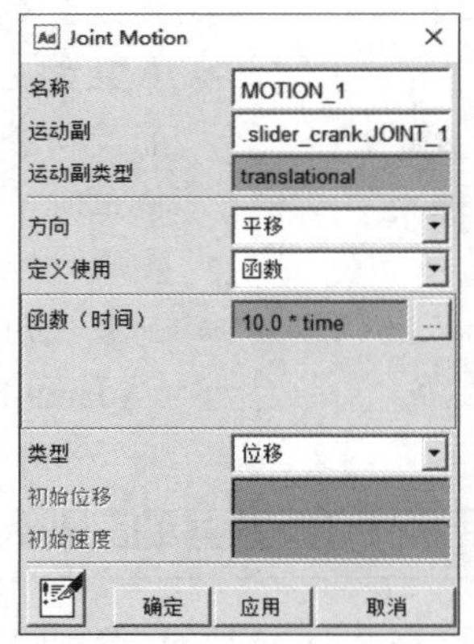

图 3-42 “Joint Motion”对话框

3.5.3 创建一般驱动

在 Adams View 中有两种一般驱动，即“点驱动”和“一般点驱动”。“点驱动”指两部件沿着一个轴移动或转动，默认为 Z 轴；“一般点驱动”指两个部件沿着 3 个轴移动或转动。一般驱动的创建方法如下。

（1）单击主功能区中的“驱动”选项卡“一般驱动”面板中的“点驱动”（Point Motion）按钮

或“一般点驱动”（General Point Motion）按钮。

（2）选择驱动部件的方法。

（3）选择部件、驱动位置、方向等。

3.5.4　实例——创建驱动

（1）启动 Adams View，在“Welcome to Adams...”对话框中单击“现有模型”按钮，在打开的“Open Existing Model”对话框中，单击“文件名称”文本框后面的“浏览”按钮。打开“Select File”对话框，在文件列表中选择“3-5_cam_h.bin”文件，然后单击“打开”按钮 打开(O) ，返回“Open Existing Model”对话框，最后单击“确定”按钮 确定 ，进入 Adams View 界面。

（2）单击主功能区中的“驱动”选项卡“运动副驱动”面板中的“转动驱动”（Rotational Joint Motion）按钮，模型树上弹出“转动驱动”属性栏。按图 3-43 所示设置参数，然后在图形区单击旋转副 2（JOINT_2），在旋转副 2 上创建转动驱动，如图 3-44 所示。

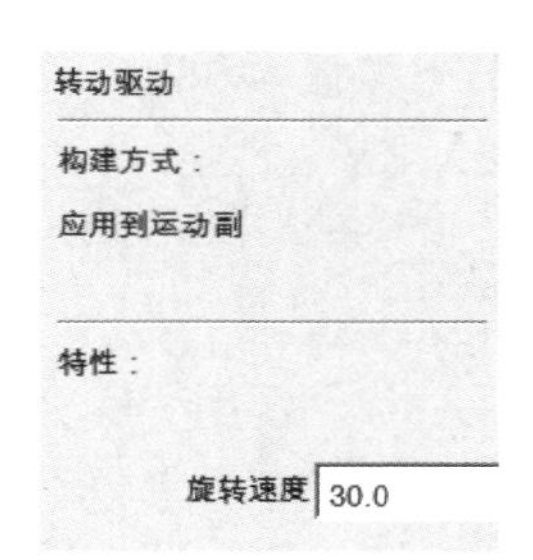

图 3-43　“转动驱动”属性栏

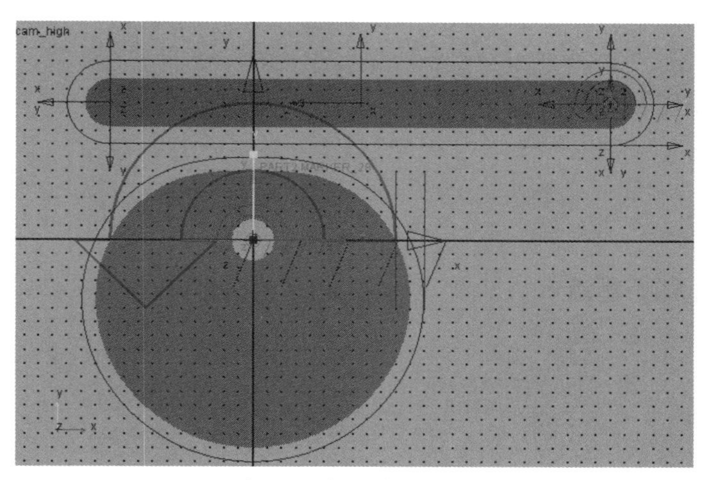

图 3-44　创建转动驱动

（3）运行仿真计算。单击主功能区中的“仿真”选项卡“仿真分析”（Simulate）面板中的“运行交互仿真”按钮，弹出“Simulation Control”（仿真控制）对话框。按图 3-45 所示设置参数，然后单击“开始仿真”（Start Simulation）按钮即可进行仿真计算，在仿真过程中可以设置不同的参数进行观察。

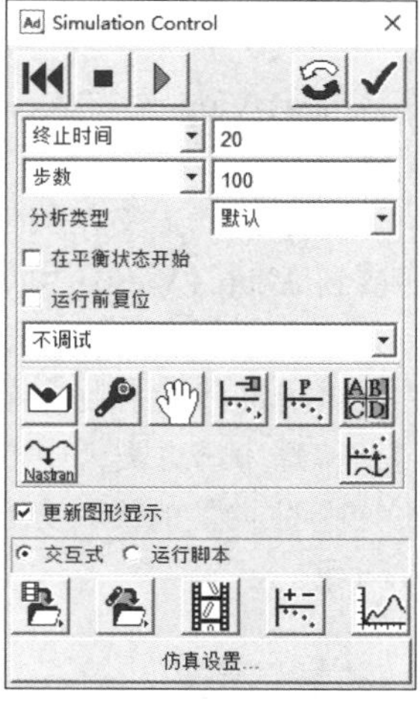

图 3-45　“Simulation Control”对话框

第 4 章 创建载荷条件

【内容指南】

作为一个完整的动力学模型，部件受力往往是不可缺少的。在本章中，主要介绍怎样为部件施加载荷。本章首先介绍各种类型的载荷的概念，其次介绍如何使用主功能区的工具为部件施加和编辑载荷，最后以实例的方式给读者提供一个实际操作的机会，使读者能更好地掌握本章内容。

【知识重点】

- 作用力。
- 柔性连接。
- 接触力。

4.1 基本概念

在 Adams View 中有 3 种类型的载荷，它们不会增加或减少系统的自由度，这 3 类载荷的说明如下。

（1）作用力：定义在部件上的外载荷。定义作用力时，必须用常量、Adams View 的函数表达式或连接到 Adams View 中的用户编写的参数化子程序来说明。

（2）柔性连接力：可以抵消驱动力的作用。柔性连接力比作用力使用起来更简单，因为定义该类力时只需指定常量系数。弹簧阻尼器、梁、轴套、场力等可以产生这类力。

（3）特殊力：这类力中常见的有接触力、摩擦力、重力等。

不论哪种类型的力，在定义力时，需要说明是力还是力矩、力作用的部件和作用点、力的大小和方向等。

4.1.1 力的定义

力的 3 要素是力的作用点、力的大小和力的方向。在 Adams View 中选择力的作用点很方便，力的大小和方向的定义相对来说要复杂一些。

（1）定义力的大小的方式有以下 3 种。

- 直接输入数值：对作用力来说，可直接输入力或力矩的大小；对柔性连接力来说，可直接输入刚度系数 k、阻尼系数 c、扭转刚度系数 kT、扭转阻尼系数 cT 等。
- 输入 Adams View 提供的函数表达式：位移函数、速度函数和加速度函数，用于建立力和各种运动之间的函数关系；力函数，可以建立各种不同力之间的关系，如正压力和摩擦力的关系；数学运算函数，如正弦、余弦、指数、对数、多项式等函数；样条函数，可以用数据表插值的方法获得力值。
- 输入子程序的传递参数：用户可以用 Fortran、C 或 C++ 语言编写子程序，定义力或力矩。用户只需输入子程序的传递参数，通过传递参数同用户自编子程序进行数据交流。

（2）定义力的方向的方式有以下两种。

- 沿两点连线方向定义。
- 沿标架的一个或多个轴的方向定义。

4.1.2　创建施加力

在 Adams View 可以创建 3 种类型的力：作用力、柔性连接力、特殊力，如图 4-1 所示。单击主功能区中的“力”选项卡以显示图 4-1 中的各面板。

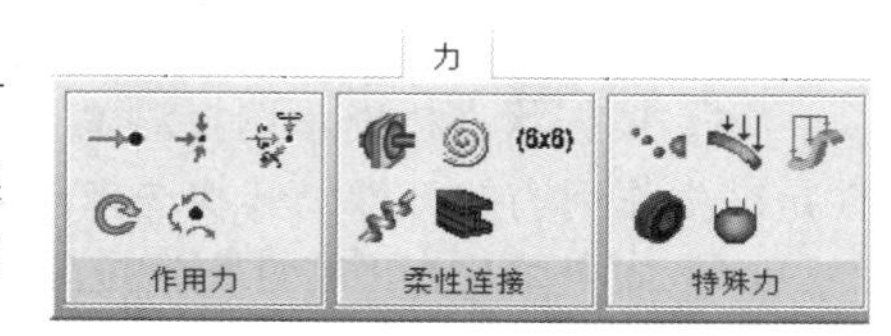

图 4-1　Adams View 中的力类型

4.2　作用力

力是物体对物体的作用，所以力都是成对出现的。有力就有施力物体和受力物体。两物体通过不同的形式发生相互作用，如相对运动、形变等而产生的力叫作用力。

在 Adams View 中有 3 种类型的作用力，分别是单分量力或力矩、三分量力或力矩、六分量力或力矩。

4.2.1　Adams View 中作用力的类型

在 Adams View 中有以下 3 种类型的作用力。

- 单分量力或力矩：只能定义 1 个方向的力或力矩。
- 三分量力或力矩：可以定义 3 个方向的分量力或力矩。
- 六分量力或力矩：可以定义 6 个方向的分量力和力矩。

在定义作用力时，必须指明是力还是力矩。可以定义力作用在一对部件上，构成作用力和反作用力；也可以定义一个力作用在部件和大地之间，此时反作用力作用在大地上，对部件没有影响。

下面介绍如何利用 Adams View 主功能区“力”（Forces）选项卡“作用力”（Applied Forces）面板创建各种类型的作用力。

4.2.2　创建单分量力或力矩

（1）单击主功能区中的“力”选项卡“作用力”面板中的“创建作用力（单向）”按钮→或“创

建作用力矩（单向）”按钮，模型树中显示属性栏，如图 4-2 所示。

（2）在“运行方向”中设置仿真运行时，力的方向特征下拉列表中有 3 个选项。

- 空间固定：在部件运动的时候，力的方向不随部件的运动而改变，力的反作用力作用在大地上，在分析时将不考虑和输出反作用力。
- 物体运动：表示力的方向随部件的运动而改变，但是相对于指定的部件参考坐标始终没有变化。
- 两个物体：表示力的方向为部件上两作用点的连线方向，随两部件的运动而变化。

（3）在“构建方式”中设置力的方向的构建方式，下拉列表中有 2 个选项。

- 垂直于格栅：定义力在工作格栅平面内，如果工作格栅没有打开，则垂直于屏幕。
- 选取特征：利用方向矢量定义力的方向。

（4）在“特性”中设置定义力的大小的方式，下拉列表中有 3 个选项。

- 常数：选择该选项则下方会出现“力”文本框，可以直接输入一个常数。
- K 和 C：选择该选项则下方会出现“K”和“C”两个文本框，可以选择输入刚度系数和阻尼系数，此选项只有选择了“两个物体”选项后才会出现。
- 定制：采用用户定义的函数来表示力的大小。

（5）根据状态栏提示选择对象。注意，如果选择了“两个物体”的力作用方式，首先选择的部件是产生作用力的部件，其次选择的部件是产生反作用力的部件。

（6）如果用户在“特性”下拉列表中选择了“定制”选项，那么在选择好作用对象和作用点后，会弹出“Modify Force”（修改力特性）对话框，如图 4-3 所示。可以利用“Modify Force”对话框，输入自定义函数或自定义子程序的传递参数，其中各个选项说明如下。

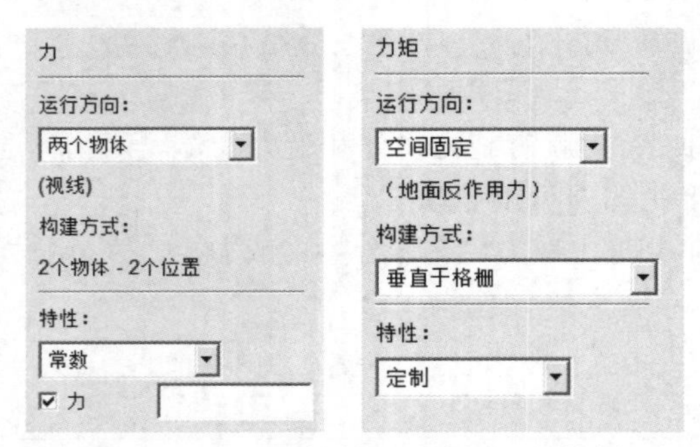

图 4-2 “力”属性栏和“力矩”属性栏

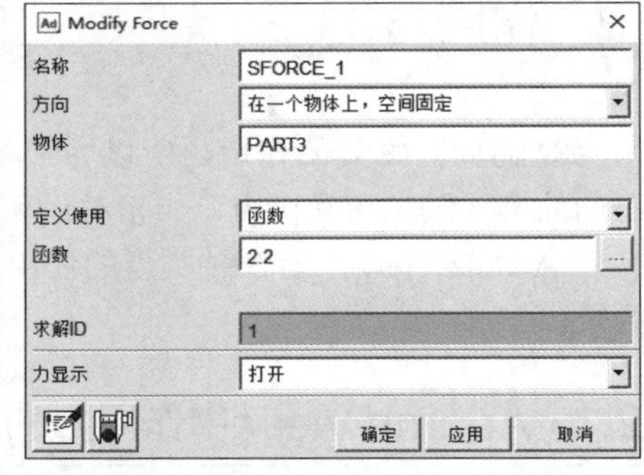

图 4-3 “Modify Force”对话框

- 方向：这个下拉列表是不可选的。
- 物体：可以修改相互作用的部件。
- 定义使用：选择利用用户子程序或利用系统提供的函数。
- 函数：输入函数。
- 力显示：选择力是否显示，以及显示在哪个部件上。

4.2.3 创建多分量力或力矩

创建三分量力或力矩的过程同创建六分量力或力矩的过程基本相同，具体操作步骤如下。

（1）单击主功能区中的“力”选项卡“作用力”面板中的“创建作用力矢量（三个方向力）”按钮或“创建作用力矩矢量（三个方向力矩）”按钮或“创建一般力矢量（三个方向力和三个

方向力矩）”按钮，模型树中显示属性栏，如图 4-4 所示。

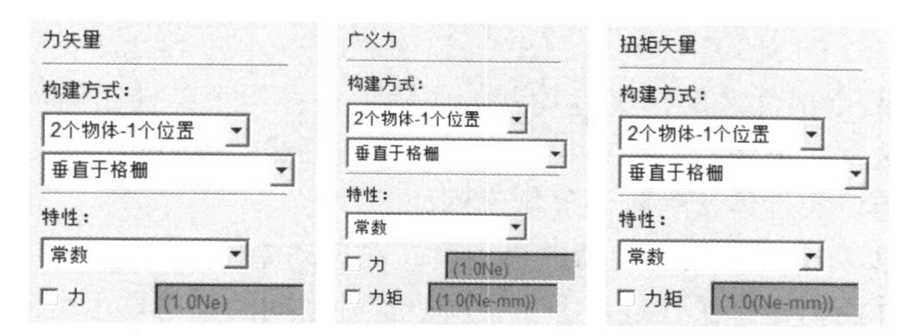

图 4-4 “力矢量”属性栏、“广义力”属性栏和“扭矩矢量”属性栏

（2）“构建方式”选项组中有 2 个下拉列表，其中各选项含义如表 4-1 所示。“特性”下拉列表中有 3 个选项，含义分别如下。

- 常数：选择该选项则下方会出现“力”文本框或“力矩”文本框，可以直接输入一个常数。
- 等效轴套：选择该选项则下方会出现“K”和“C”两个文本框，可以选择输入刚度系数和阻尼系数。
- 定制：采用用户定义的函数来表示力的大小。

表 4-1　创建力设置项的含义

第一个下拉列表	1 个位置	选择一个点来定位铰点
	2 个物体 -1 个位置	选择约束的两个部件和一个点来定位
	2 个物体 -2 个位置	选择约束的两个部件和两个点来定位
第二个下拉列表	垂直于格栅	表示约束的 Z 轴为与系统工作平面垂直的轴
	选取特征	表示约束 Z 轴需要用户选择一点来确定

（3）在图形区根据状态栏提示选择对象。注意，如果选择了 2 个物体的力的作用方式，首先选择的部件是产生作用力的部件，其次选择的部件是产生反作用力的部件。

（4）如果在“特性”下拉列表中选择了“定制”选项，在选择好作用对象和作用点后会弹出“Modify Force Vector”（修改力矢量特性）对话框，如图 4-5 所示。可以利用此对话框，输入自定义函数或自定义子程序的传递参数。

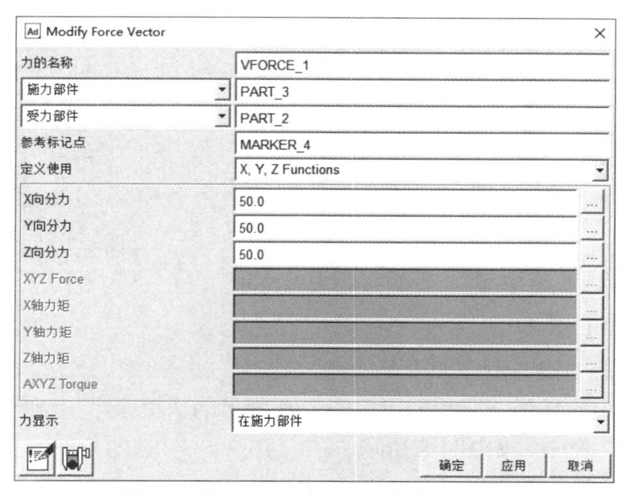

图 4-5 “Modify Force Vector”对话框

4.3 柔性连接

第 3 章介绍的在两个部件之间定义运动副，实际上是在两个部件之间添加刚性连接。除了刚性连接外，两个部件之间可能还有柔性连接。柔性连接包括线性弹簧阻尼器、扭转弹簧阻尼器、轴套、无质量梁、力场等。柔性连接与刚性连接区别如下。

（1）刚性连接减少两个部件相对运动的自由度，在运动副约束的自由度上不能产生相对运动，但可以产生作用力和作用力矩。柔性连接并不会减少部件之间的相对自由度，只是在两个部件产生相对位移和相对速度时，产生一对与相对位移大小成反比、方向相反的弹性力或力矩，以及与相对速度大小成正比、方向相反的阻尼力。作用力和作用力矩一起阻碍两部件的相对运动。

（2）刚性连接同时考虑作用力和力矩以及质量。柔性连接只考虑作用力和力矩，不考虑质量。

下面介绍如何利用 Adams View 主功能区“力”选项卡中的“柔性连接”面板创建各种类型的柔性连接。

4.3.1 拉压弹簧阻尼器

拉压弹簧阻尼器用于定义在一定距离上沿特定方向作用于两个部件之间的力，下面进行具体介绍。

1. 拉压弹簧阻尼器介绍

拉压弹簧阻尼器作用在有一定距离的两个部件上，选择第一个部件为作用部件，第二个部件为反作用部件，施加在两个部件上的力分别为作用力和反作用力，两者大小相等，方向相反。拉压弹簧阻尼器的力学模型如图 4-6 所示。

2. 创建拉压弹簧阻尼器

创建拉压弹簧阻尼器的操作步骤如下。

单击主功能区中的“力”选项卡“柔性连接”面板中的“创建拉压弹簧阻尼器”（Create a Translational Spring-Damper）按钮，模型树中显示属性栏，如图 4-7 所示。

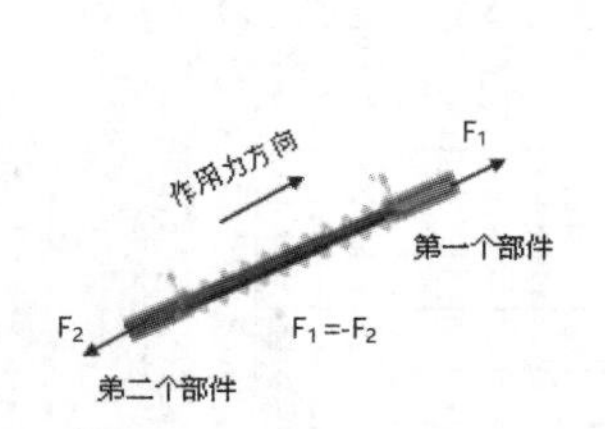

图 4-6　拉压弹簧阻尼器的力学模型

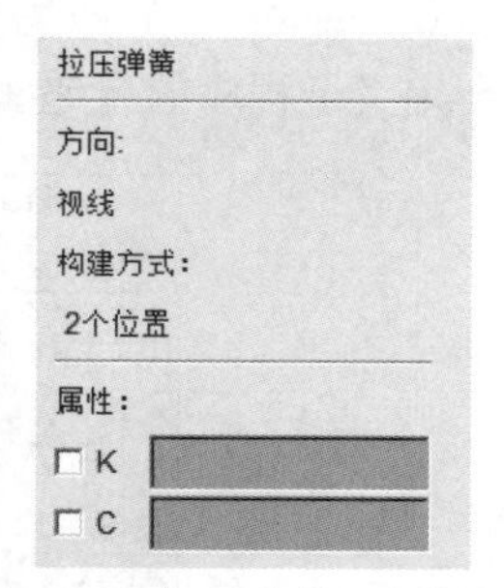

图 4-7　“拉压弹簧”属性栏

3. 修改拉压弹簧阻尼器

修改拉压弹簧阻尼器的操作步骤如下。

（1）将鼠标指针移至拉压弹簧阻尼器上右击，在弹出的快捷菜单中选择需要修改的弹簧名，在其子菜单中单击“修改”命令，如图 4-8 所示。

（2）系统弹出图 4-9 所示的“Modify a Spring-Damper Force”对话框，其中各部分说明如下。

- 名称：名字文本框。在此可以修改名字。
- 主动物体：作用力部件。为选择的第一个部件，在此可以修改为其他部件。
- 被动物体：反作用力部件。为选择的第二个部件，在此可以修改为其他部件。
- 刚度和阻尼：弹簧刚度和阻尼系数选择。在刚度系数和阻尼系数两个下拉列表中各有 3 个选项，含义基本相同。无刚度（无阻尼）即没有刚度（阻尼），刚度（阻尼）系数即输入刚度（阻尼）系数，样条函数为 $F = f(\text{defo})$（样条函数为 $F = f(\text{velo})$），即通过样条函数来定义刚度（阻尼）系数。
- 预载荷：弹簧的预载荷，在其下面的下拉列表中有两个选项：第一个是“默认长度”，表示弹簧的长度为创建拉压弹簧阻尼器时的自然长度；第二个是“预载荷时长度”，表示弹簧的长度是在预载荷下的长度，用户可以输入长度值。
- 弹簧（阻尼）图示：弹簧（阻尼）图形显示，其下拉列表中有 3 个选项。“总是打开”，表示图形总是显示出来；“总是关闭”，表示图形不显示；“打开，如果设置刚度（阻尼）”，表示假如定义了刚度（阻尼）就显示。
- 力显示：力图形显示，其下拉列表中有 4 个选项。“无”，表示不显示图形；“在主动物体上”，只显示作用在第一个部件上的力；“在被动物体上”，只显示作用在第二个部件上的力；“二者都”，表示显示作用在两个部件上的力。

单击“注释”按钮，可以为弹簧添加注释；单击“改变位置”按钮，可以修改弹簧位置；单击“测量”按钮，可以为弹簧定义测量。

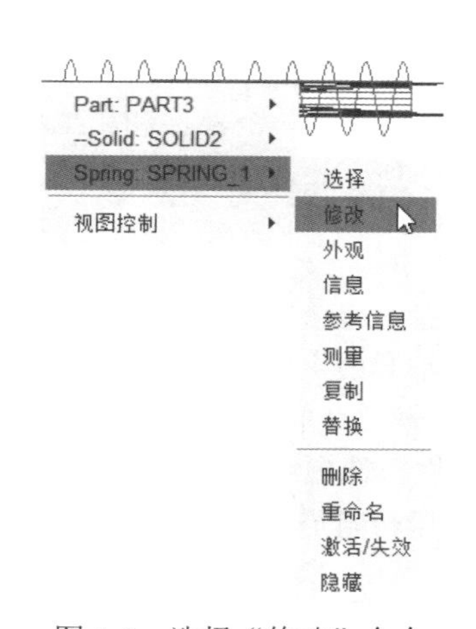

图 4-8　选择“修改”命令

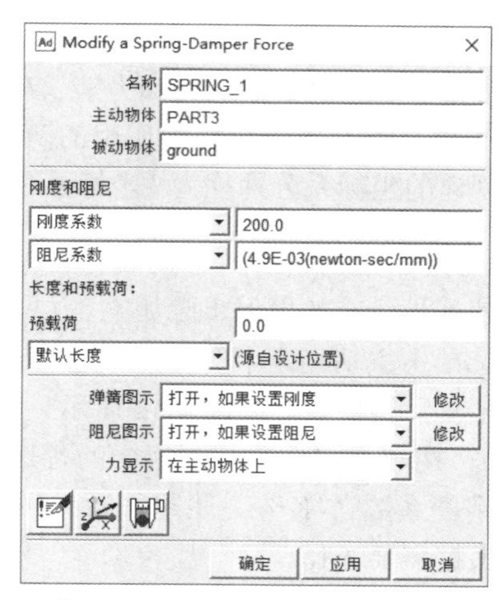

图 4-9　“Modify a Spring-Damper Force”对话框

4.3.2　扭转弹簧阻尼器

扭转弹簧阻尼器对两个部件施加一个大小相等、方向相反的转矩，根据右手定则确定力矩的方向。扭转弹簧阻尼器的力学模型与拉压弹簧阻尼器相同，只是将其中的力换为力矩。

创建扭转弹簧阻尼器的步骤如下。

（1）单击主功能区中的“力”选项卡“柔性连接”面板中的“创建扭转弹簧阻尼器”（Torsion Spring Tool）按钮，模型树中显示属性栏，如图 4-10 所示。

（2）“扭转弹簧”属性栏各部分介绍如下。

1）力矩的定义方式：“1 个位置”。用户只需选择一个力的作用点，Adams View 会自动选择该

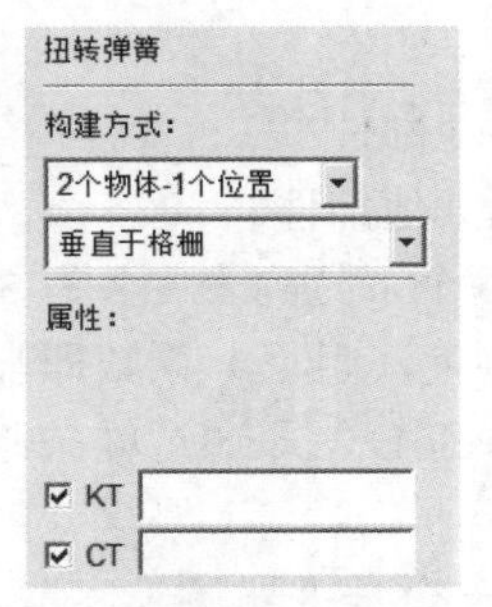

图 4-10 “扭转弹簧”属性栏

作用点附近的部件作为力作用的部件，如果在选择的力的作用点附近只有一个部件，这时，力作用于该部件和大地之间；“2 个物体 -1 个位置”，用户需要先后选择两个部件和一个力的作用点；“2 个物体 -2 个位置”方法，用户需要先后选择两个部件和两个不同的力的作用点，如果两个力的作用点的坐标标记不重合，在仿真开始时，可能会出现作用力和反作用力不平衡的现象。

2）力矩方向的定义方法：有“垂直于格栅”和“选取特征”两个选项。当选择“垂直于格栅”选项时，力或力矩矢量的分量分别取工作格栅或屏幕的坐标轴方向。

3）输入扭转弹簧的阻尼系数“CT”和弹簧刚性系数“KT”。

（3）根据状态栏的提示，选择力矩和反作用力矩作用的部件、力矩的作用点和力矩的方向，完成扭转弹簧阻尼器的创建。

类似于拉压弹簧阻尼器，可以利用“Modify a Torsion Spring”（修改扭转弹簧）对话框修改有关设置。

4.3.3 线性轴套

1. 线性轴套简介

线性轴套在柔性连接中是一个非常重要的元素。轴套连接两个部件并对这两个部件施加线性力。通过定义 3 个分量上的力和力矩（F_x、F_y、F_z、T_x、T_y、T_z）的方式来定义轴套。

定义轴套时，需要在相互作用的两个部件作用点上创建两个坐标系，在第一个部件和第二个部件上创建的坐标系分别称为 I 坐标系和 J 坐标系，其力学模型如图 4-11 所示。

2. 创建线性轴套

创建线性轴套的操作步骤如下。

（1）单击主功能区中的“力”选项卡“柔性连接”面板中的“创建轴套力”按钮，模型树中显示“轴套”属性栏，如图 4-12 所示。

（2）“构建方式”下拉列表中的各选项含义如表 4-1 所示。在“属性”选项组中可以为线性轴套定义刚度系数（“K”）、阻尼系数（“C”）、扭转刚度系数（“KT”）、扭转阻尼系数（“CT”），用户可以根据需要选择。

（3）根据 Adams View 的状态栏提示，选择部件和定位方向、定位点，注意第一个部件和第二个部件的顺序。

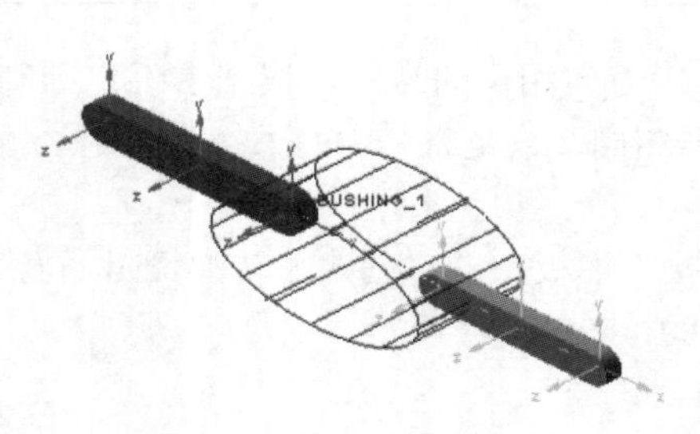

图 4-11 轴套的力学模型

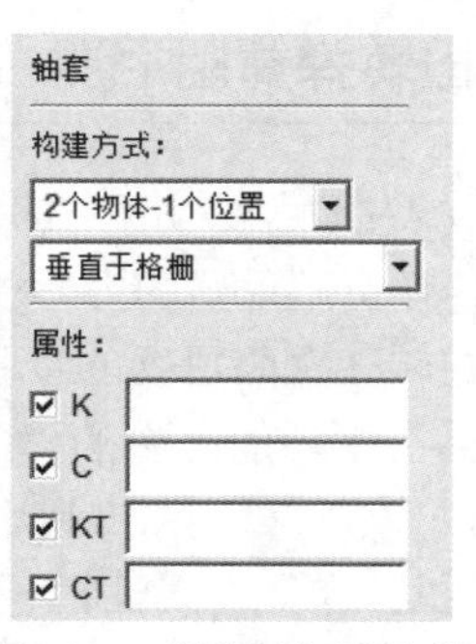

图 4-12 “轴套”属性栏

3. 修改线性轴套

将鼠标指针移至轴套上右击，在弹出的快捷菜单中选择需要修改的轴套名，在其子菜单中单击“修改”命令，系统弹出图 4-13 所示的“Modify Bushing...”（修改轴套）对话框。

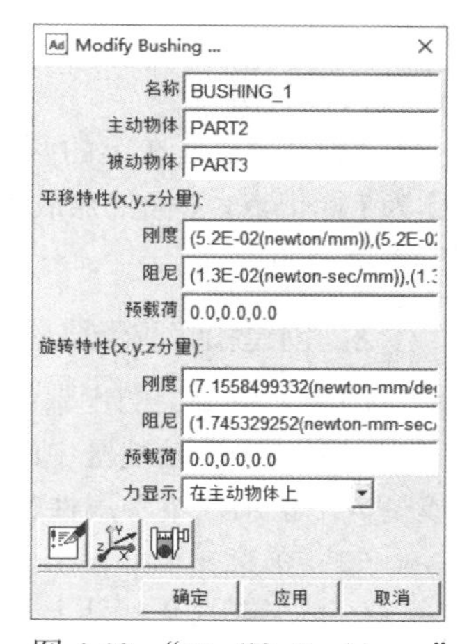

图 4-13　“Modify Bushing...”对话框

“Modify Bushing...”对话框中各项设置简要介绍如下。

- 名称：轴套名输入文本框。在此可以修改轴套名。
- 主动物体：作用力部件。此为选择的第一个部件，在此可以修改其他部件。
- 被动物体：反作用力部件。此为选择的第二个部件，在此可以修改为其他部件。
- 平移特性（*x*、*y*、*z* 分量）：输入轴套的线性刚度（“刚度”）、线性阻尼（“阻尼”）、线性预载荷（“预载荷”）3 个分量上的值。
- 旋转特性（*x*、*y*、*z* 分量）：输入轴套的扭转刚度、扭转阻尼、扭转预载荷 3 个分量上的值。
- 力显示：力图形显示，其下拉列表有 4 个选项，“无”，不显示图形；“在主动物体上”，只显示作用在第一个部件上的力；“在被动物体上”，只显示作用在第二个部件上的力；“二者都”，显示作用在两个部件上的力。

单击“改变位置”按钮，可以修改轴套位置；可以单击“测量”按钮，可以为轴套定义测量。

4.3.4　无质量梁

1. 梁理论简介

在 Adams View 中，可以使用无质量的等截面梁定义两个部件之间的作用力，无质量梁的连接要比阻尼器复杂一些。Adams Solver 根据输入的梁的物理特性，按照铁摩辛柯梁理论求解梁中的各种力。如图 4-14 所示，在梁的两个端点之间有线性的拉伸力和扭转力，具体包括如下。

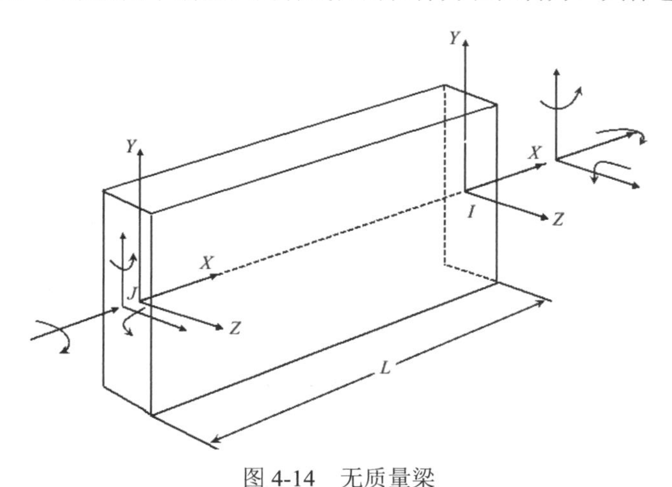

图 4-14　无质量梁

（1）轴向力。

（2）*Y* 轴和 *Z* 轴方向的弯矩。

（3）*X* 轴方向的转矩。

（4）剪切力。

Adams View 在梁的两个端点，各产生一个标记点，并且规定在建模过程中首先产生的标记点称为 I 标记点，I 标记点放置在作用力的部件上；其次产生的标记点称为 J 标记点，J 标记点放置在反作用力的部件上。

2. 创建和修改无质量梁。

创建无质量梁的步骤如下。

（1）单击主功能区中的“力”选项卡“柔性连接”面板中的“创建无质量梁”（Beam）按钮，模型树中显示“梁”属性栏，如图 4-15 所示。

（2）在第一个部件上，选择梁的端点位置，第一个部件是作用力作用的部件。

（3）在第二个部件上，选择梁的端点位置，第二个部件是反作用力作用的部件。

（4）选择梁截面的向上方向（*Y* 方向）。

若要修改无质量梁参数，可将鼠标指针移动至梁上，右击，在弹出的快捷菜单中选择需要修改的梁的名称，在其子菜单中选择“修改”命令，弹出图 4-16 所示的“Force Modify Element Like Beam”对话框。可以修改无质量梁的刚度系数和阻尼系数的值、梁的长度和截面面积等。

图 4-15 “梁”属性栏

图 4-16 “Force Modify Element Like Beam”对话框

4.3.5 力场

力场工具提供一种施加一般情况的作用力和反作用力的工具，也提供定义最一般力的方法，因此可以利用力场工具来定义一般情况下的梁，例如可以定义变截面的梁或是使用非线性材料的梁。

单击主功能区中的“力”选项卡“柔性连接”面板中的“创建力场”按钮，模型树中显示属性栏，修改力场的方法同创建轴套力的相似，如图 4-17 所示，这里不进行赘述。

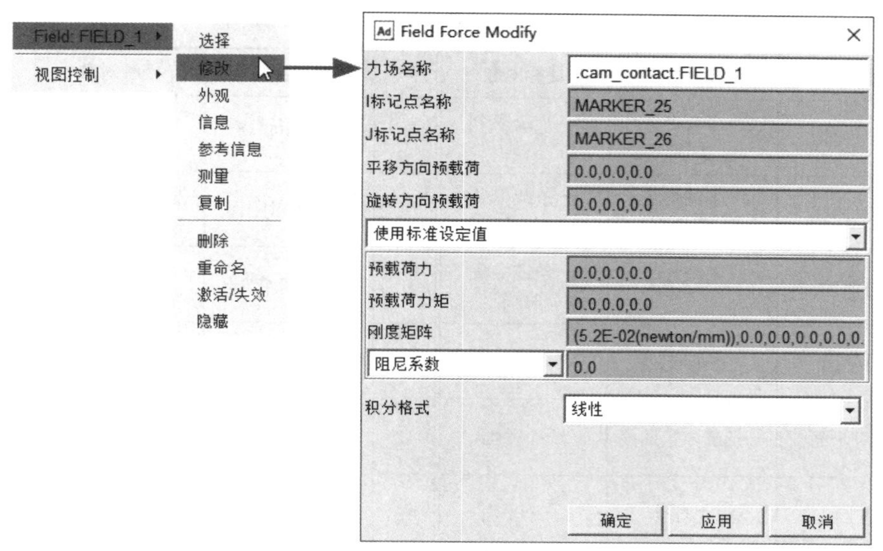

图 4-17　修改力场

4.4　特殊力

Adams View 主功能区中“力”选项卡的“特殊力”面板提供了创建接触力、模态力、FE 载荷、轮胎、重力等工具。

下面介绍 Adams View 中 3 种常见的特殊力：接触力、摩擦力、重力。

4.4.1　接触力

接触力是一种作用在部件上的特殊力，当两个部件相互接触发生形变时产生接触力，接触力的大小与形变的大小和速度有关。如果两个部件相互分开不接触，则接触力为零。

接触力是一种特殊的力，接触分为时断时续的接触和连续的接触两种。接触又可以分为平面接触和三维接触两种类型。

Adams View 允许圆弧、圆、曲线、作用点、平面等几何体间发生平面接触；允许球体、圆柱体、圆锥体、立方体、一般三维实体（包括拉伸实体和旋转实体）和壳体（具有封闭体积）等几何体间发生三维接触。

Adams Solver 采用两种方法计算接触力（法向力）：回归法（Restitution）和冲击（IMPACT）函数法。回归法要定义惩罚系数和回归系数两个参数。惩罚系数起加强几何体接触中单边约束的作用，惩罚系数越大，部件进入另一个部件的体积就越小，接触刚度就越大；而回归系数起控制接触过程中能量消耗的作用。当采用冲击函数法计算接触力时，接触力实际上相当于一个弹簧阻尼器产生的力，其包含的两个部分分别为通过两个部件之间的相互切入而产生的弹性力和由相对速度产生的阻尼力。

Adams View 为用户提供了 13 种类型的接触类型，如表 4-2 所示。用户可以通过这些基本接触的不同组合，仿真复杂的接触情况。

表 4-2　不同的接触类型

序号	接触类型	接触对象	目标对象	序号	接触类型	接触对象	目标对象
1	实体对实体	一个或多个实体	一个或多个实体	8	圆柱到圆柱	一个圆柱	一个圆柱
2	曲线对曲线	一条或多条曲线	一条或多条曲线	9	柔性体对刚体	一个柔性体	一个刚体
3	点对曲线	一个标记点	一条或多条曲线	10	柔性体和柔性体	一个柔性体	一个柔性体
4	点对平面	一个标记点	一个平面	11	柔性体边对曲线	柔性体的一条边线	一条曲线
5	曲线对平面	一条或多条曲线	一个平面	12	柔性体边对柔性体边	第一个柔性体的一条边线	第二个柔性体的一条边线
6	球对平面	一个球体	一个平面	13	柔性体边对平面	柔性体的一条边线	一个平面
7	球对球	一个球体	一个球体				

单击主功能区中的“力”选项卡“特殊力”（Special Forces）面板中的“创建接触”按钮，系统弹出图 4-18 所示的“Create Contact”（创建接触）对话框，对话框中各选项介绍如下。

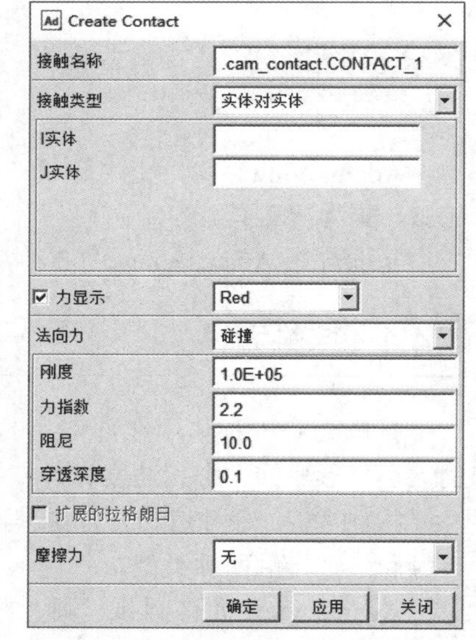

图 4-18　“创建接触”对话框

- 接触类型：选择接触类型，包括实体对实体、曲线对曲线、点对曲线、点对平面、曲线对平面和球对平面等。
- I 实体、J 实体：分别输入第一个几何体和第二个几何体的名称，用户也可以通过弹出的菜单来选择相互接触的几何体，方法为在文本框中右击，在弹出的快捷菜单中选择“接触体”命令下的“选取”命令，然后在屏幕上选择用户已经创建好的接触几何体。也可以利用“浏览”命令，显示数据库浏览器，从中选择几何体。还可以用“推测”命令直接选择相互接触的几何体的名称。
- 力显示：设置是否在仿真过程中显示接触力，若选中则显示接触力，否则不显示。
- 法向力：确定接触力的方法，包括恢复系数、碰撞以及用户定义 3 种。当选择“恢复系数”时，用户要输入惩罚系数和恢复系数，还可以选择拉格朗日扩张法。当选择“碰撞”时，用户要输入刚度系数、力指数、阻尼、穿透深度。其中，穿透深度决定了阻尼何时达到最大值。
- 摩擦力：确定摩擦力的计算方法，包括“库伦”“无”“用户定义”3 种。当选择“库伦”时，需要设定静态系数 μ_s、动态系数 μ_d、静平移速度 v_s 和摩擦平移速度 μ_d。

4.4.2　创建接触力实例——球-球碰撞

本实例中的球-球碰撞接触，仿真两个球的相互碰撞，沿两个球的球心连线施加一个大小相同、方向相反的接触力，即作用力和反作用力。Adams View 根据球的体积来确定冲击力和冲击速度，使用两球之间的距离来确定碰撞发生的时间。两球之间的接触力有两个分量，即刚性力和阻尼力。刚性力与球的刚性系数值和球碰撞时的变形量有关。阻尼力是碰撞时两球变形速度的函数，其值同球的变形速度成正比。本章节实例操作中所需的源文件可从本书附带网盘文件的“yuanwenjian\ch_04\example”目录下进行复制。

Adams View 用接触函数 IMPACT 定义两球的接触状况。施加球-球接触约束的方法如下。

1. 打开球模型

启动 Adams View，在“Welcome to Adams...”对话框中单击“现有模型”按钮，在打开的“Open Existing Model”对话框中单击“文件名称”文本框后面的“浏览”按钮。打开“Select File”对话框，在文件列表中选择“qiu_1.bin”文件，然后单击“打开”按钮 打开(O)，返回“Open Existing Model”对话框，最后单击“确定”按钮 确定，进入 Adams View 界面。

2. 设置接触约束

（1）单击主功能区中的“力”选项卡“特殊力”面板中的“创建接触”按钮，系统弹出“Create Contact”（创建接触）对话框，按图 4-19 所示设置参数。

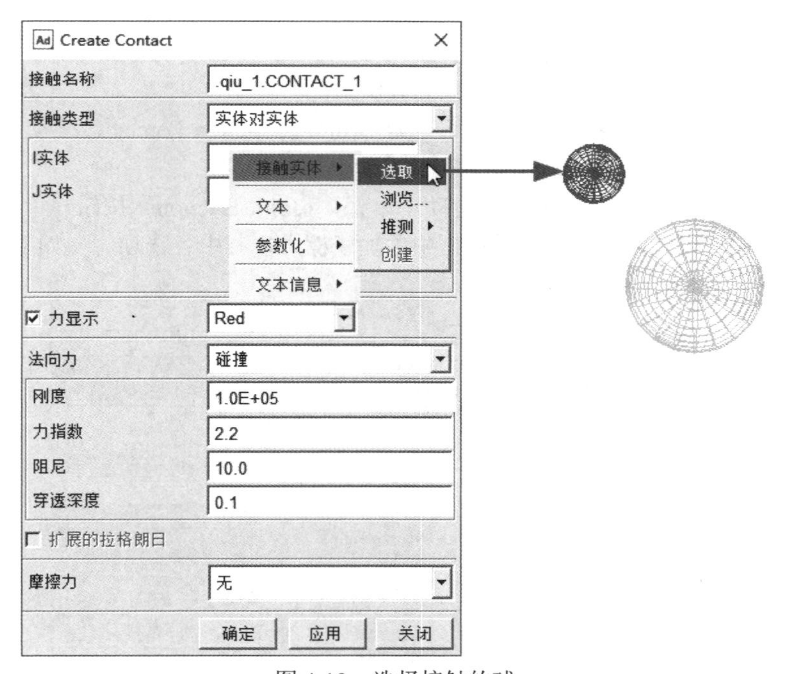

图 4-19　选择接触的球

（2）选择相互接触的球，首先选择产生作用力的球，再选择产生反作用力的球，完成球 - 球接触约束设置，如图 4-20 所示。

（3）一般情况下，根据实际需要，可以通过“Modify Contact”（修改接触）对话框，修改有关设置和碰撞函数，按图 4-21 所示设置参数，然后单击“确定”按钮 确定。

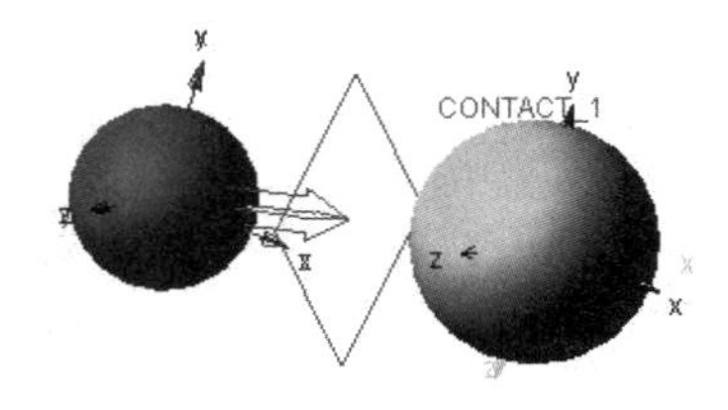

图 4-20　完成球 - 球接触约束设置

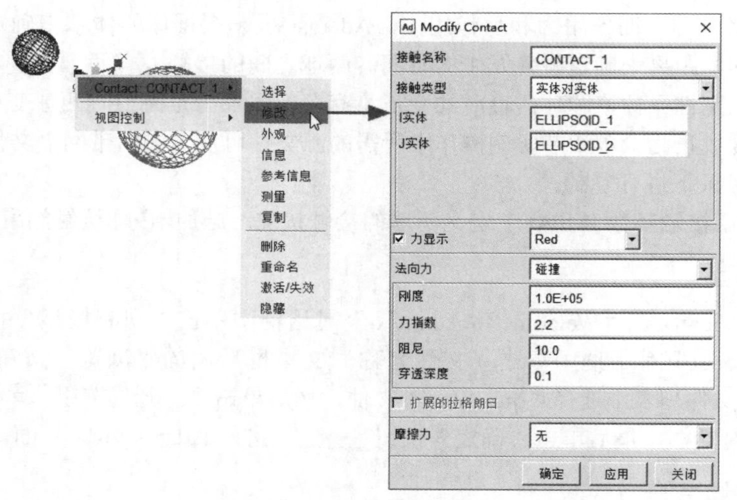

图 4-21　修改设置

4.4.3　摩擦力

运动副一般只限制两个部件的部分自由度，在没有限制自由度的方向上，两个部件可以相对运动，需要定义摩擦力，以使动力学仿真更接近真实情况。

在机械运动当中常见的摩擦力有滑动摩擦力（Sliding friction Force）、滚动摩擦力（Force of Rolling Friction）、静摩擦力（Static Friction Force）等。

在“Modify Joint”对话框中，单击“运动副摩擦”（Joint Friction）按钮，弹出图 4-22 所示的“Create Friction ...”对话框，可在该对话框中添加摩擦力，其中各选项含义如下。

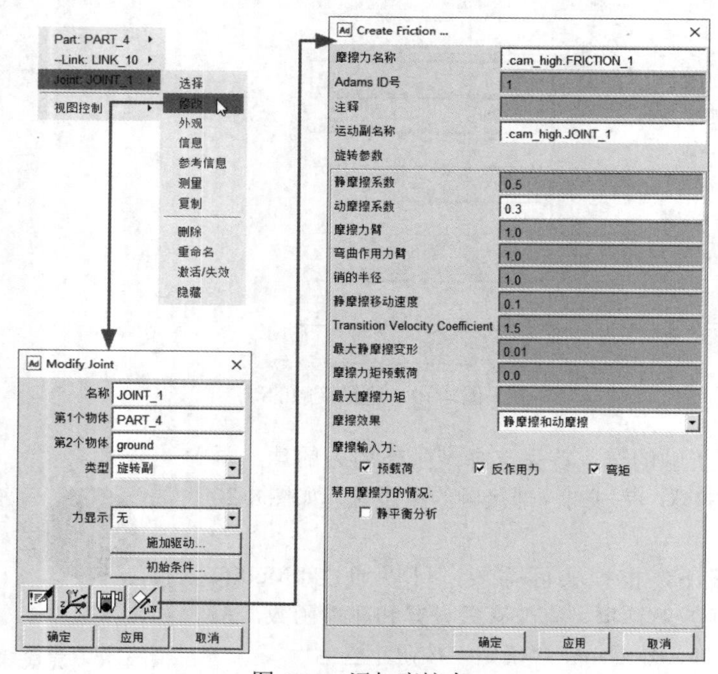

图 4-22　添加摩擦力

- 静摩擦系数：μ_s，其乘以法向力就是静摩擦力。
- 动摩擦系数：μ_d，其乘以法向力就是动摩擦力。
- 反作用力臂：其乘以等效压力就是等效扭转力矩。
- 静摩擦移动速度：在处于静摩擦状态时，运动副最大相对速度的绝对值。
- 最大静摩擦形变：当运动副进入静摩擦状态时，滑动副可能产生最大位移。
- 预压摩擦：静摩擦预载荷，这通常是由运动副装配过程中的机械干扰引起的。
- 摩擦效果：确定在仿真时是否考虑摩擦力的作用。其中包括“静摩擦和动摩擦”（在静摩擦和动摩擦阶段都需要考虑摩擦力）、“仅静摩擦”（只在静摩擦阶段考虑摩擦力）和“仅动摩擦”（只在动摩擦阶段考虑摩擦力）3 个选项。
- 摩擦输入力：定义摩擦力模型的输入力，包括预载荷、反作用力、弯矩、扭矩 4 个选项。
- 禁用摩擦力的情况：指定在静态平衡或准静态模拟期间是否计算摩擦力。

4.4.4　重力

在 Adams View 中可以让部件在重力场中受到重力的作用，单击主功能区中的“力”选项卡“特殊力”面板中的“创建重力（默认有重力）”按钮，弹出“Gravity Settings”对话框，如图 4-23 所示。只需输入重力加速度在大地坐标系中 3 个坐标轴的数值即可。设置了重力加速度之后，模型中所有的部件都会受到重力的作用。

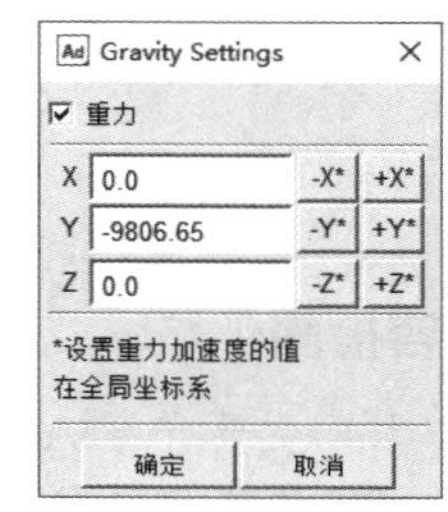

图 4-23　“Gravity Settings”对话框

第 5 章 仿真计算与结果后处理

【内容指南】

本章主要介绍 Adams 的仿真计算与结果后处理。首先详细介绍仿真计算类型、验证模型、仿真控制、传感器及仿真分析的参数设置与仿真显示等内容；其次介绍仿真结果后处理，包括后处理程序、常用后处理命令、参数特性编辑等相关知识；另外对绘制仿真结果曲线，尤其是仿真结果曲线的创建、编辑与运算进行介绍；最后，本章通过实例详细说明从创建模型到仿真分析的全过程。

【知识重点】

- 仿真计算。
- 仿真结果后处理。

5.1 仿真计算

本节重点介绍仿真计算，首先通过介绍计算类型使读者对仿真计算有一个宏观的认识。然后，通过验证模型、仿真控制等详细介绍仿真计算的操作过程。

5.1.1 计算类型

Adams 包括以下几种常见的计算类型。

（1）装配分析。在创建部件时，部件之间的位置并不是实际的装配位置，可以利用运动副的约束关系，将两个部件放置在正确位置。

（2）运动学分析。它是指在不考虑力、质量、惯量的情况下，对包括运动副的相对位移、速度、加速度，以及任意标记点的位移、速度、加速度等运动学参数进行计算。

（3）动力学分析。它是指在考虑外力作用的情况下，对机构的相对位移、速度、加速度、约束力和约束载荷，以及任意标记点的位移、速度、加速度等动力学参数进行计算。

（4）静力学分析。静力学分析用于分析机构处于某一形态时，为保证其静平衡所需施加的外力。一个系统有多个静力平衡位置，Adams 可以计算出系统的静平衡位置。

提示

如果在静平衡位置开始动力学计算，系统会始终静止。

（5）线性化计算。将非线性的系统动力学方程在某个特殊状态点上进行线性化计算，得到系统的特征值与特征向量，以便于系统的固有频率和模态振型的可视化处理，与实验数据或有限元分析结果进行比较。

5.1.2 验证模型

完成样机建模和输出设置，在开始仿真分析之前，应该对样机模型进行最后的检验，排除建模过程中隐含的错误，保证仿真分析顺利进行。验证模型时可以考虑选择以下检验内容。

（1）利用模型自检工具，检查不恰当的连接和约束、没有约束的部件、无质量部件、样机的自由度等。

（2）进行装配分析，检查所有的约束是否被破坏或被错误定义，装配分析有助于纠正错误的约束。

（3）在进行动力学分析之前，先进行静态分析，排除系统在启动状态下的一些瞬态响应。

Adams View 提供了一个功能强大的样机模型自检工具，单击菜单栏中的“工具”→“模型拓扑”命令，可以启动样机模型自检工具，完成自检后，程序显示自检结果信息，如图 5-1 所示。

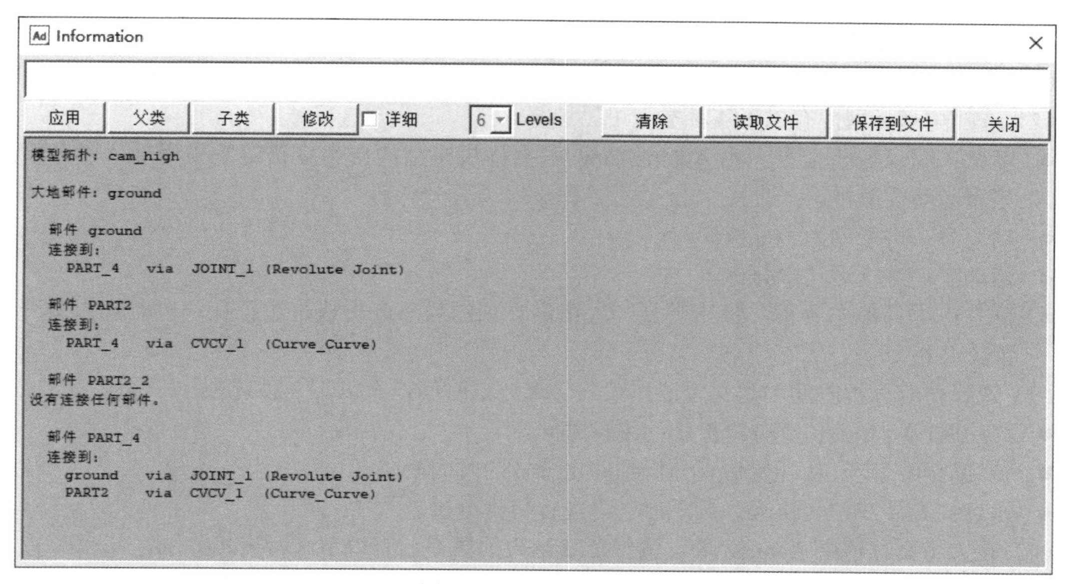

图 5-1 自检结果信息

5.1.3 仿真控制

仿真控制是指对仿真计算的类型、仿真时间、仿真步数和仿真步长等信息进行设置和控制，包括交互式仿真和脚本式仿真两种。交互式仿真是通过在相关对话框中设置仿真控制参数进行控制，十分常用，可以完成一般的仿真。脚本式仿真是指利用事先编制好的脚本文件去自动控制仿真的过程，这种方式具有更高的智能性和灵活性，如在仿真过程中修改一些元素的参数或改变积分参数等。

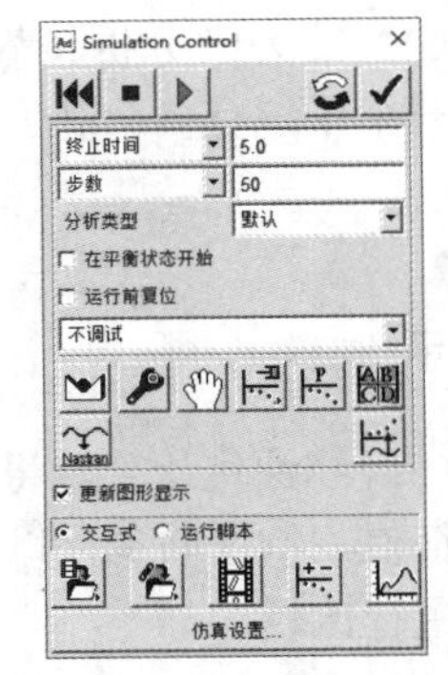

图 5-2 “Simulation Control”对话框（交互式仿真）

1. 交互式仿真

单击主功能区中的“仿真”选项卡，单击“仿真分析”面板中的“运行交互仿真”(Run an Interactive Simulation）按钮，弹出的“Simulation Control”（仿真控制）对话框，如图 5-2 所示。对话框中的部分仿真控制按钮的作用如表 5-1 所示。

表 5-1 仿真控制按钮

按钮	作用	按钮	作用
	重新设置仿真		装配分析
	停止仿真分析		拖动分析
	开始仿真分析		保存或删除分析结果
	重现仿真过程		保存仿真分析模型
	样机模型验证工具		切换到动画控件
	进行零秒时的静态力平衡分析		进入后处理界面

进行交互式仿真的步骤如下。

（1）单击主功能区中的“仿真”选项卡，单击“仿真分析”面板中的“运行交互仿真”按钮。

（2）选择仿真类型，有以下 4 种类型可以选择。

- 默认：默认分析类型，由 Adams View 根据样机模型的自由度决定是采用动力学分析还是采用运动学分析。
- 动力学：进行动力学分析。
- 运动学：进行运动学分析。
- 静态：进行静态分析，包括进行一次指定时刻的静态分析或是进行在一段时间内的一系列静态分析。

（3）选择仿真分析时间的定义方法，输入仿真分析时间，有以下 3 种选项。

- 终止时间：定义仿真分析停止的绝对时间。
- 持续时间：定义从开始仿真分析到停止分析的时间间隔。
- 永远：在用户停止仿真分析之前一直进行仿真分析。

（4）设置仿真过程中 Adams View 输出仿真结果的频率，有以下 2 种表示方法。

- 步长：前后两步输出的时间间隔，即输出的时间步长。在使用时应注意系统使用的时间单位，例如当使用 s 时，“0.01”表示 1s 输出 100 次。
- 步数：表示在整个分析过程中总共输出的步数，例如对于一个总共 10s 的分析过程，如果定义 200 步输出，则每隔 0.05s 输出一次仿真结果。

（5）完成以上设置后，单击“开始仿真”按钮开始仿真分析。在仿真分析过程中，计算机可以实时显示样机的运动状况。

（6）如果仿真分析运行顺利，计算机将一直进行仿真分析到设定的停止时间。如果要中途停止分析，单击“停止仿真”按钮即可。

（7）结束仿真分析后，单击“重播最后的仿真”按钮来重现仿真过程。

在进行仿真分析和试验时，应注意以下问题。

（1）如果在仿真分析中途停止分析，再单击“开始仿真”按钮开始仿真分析，Adams View 将从上一次停止的位置继续分析。如果希望从头开始仿真分析，应该单击“重置并输入配置”按钮，使仿真指针返回到初始位置。

（2）如果希望从上一次分析结束的位置继续分析，采用“持续时间”定义仿真分析时间较为方便，因为“持续时间”定义的是时间增量而不是绝对时间，它可以是任何值。

（3）在设置输出步长时应该注意，步长太大将不能反映样机的高频响应，步长过小会大大增长仿真分析时间，同时使得输出的文件很大。一般每个响应循环应该至少有 5 ～ 10 步输出，可以利用线性分析确定系统自然频率，然后设置合适的输出步长。

2. 脚本式仿真

脚本式仿真命令是基于 Adams Solver 的命令。Adams Solver 的命令可以让用户进行复杂的仿真，例如在仿真过程中改变模型的参数，在不同的仿真间隔内使用不同的输出步长，在不同的仿真间隔内使用不同的仿真参数（如收敛误差等）。

单击主功能区中的“仿真”选项卡，“单击仿真分析”面板中的“运行脚本仿真”按钮，弹出“Simulation Control”对话框，如图 5-3 所示。

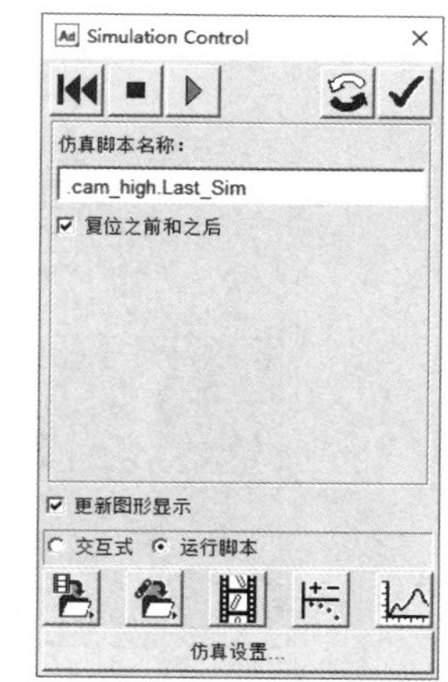

图 5-3 “Simulation Control”对话框（脚本式仿真）

在脚本式仿真分析之前，需要创建脚本控制命令，然后在“Simulation Control”对话框的“仿真脚本名称”文本框中输入或右击创建好的脚本控制命令。Adams 中可以进行两种脚本仿真，下面分别介绍。

（1）创新的脚本仿真。

1）单击主功能区中的“仿真”选项卡，单击“仿真脚本”面板中的“创建新的仿真脚本”按钮，弹出图 5-4 所示的“Create Simulation Script...”（创建仿真脚本）对话框。

2）在“脚本类型”下拉列表中选择脚本类型，有“简单运行”“Adams View 命令”“Adams Solver 命令”可供选择。

3）输入脚本内容，不同类型的脚本的内容栏有所不同，具体介绍如下。

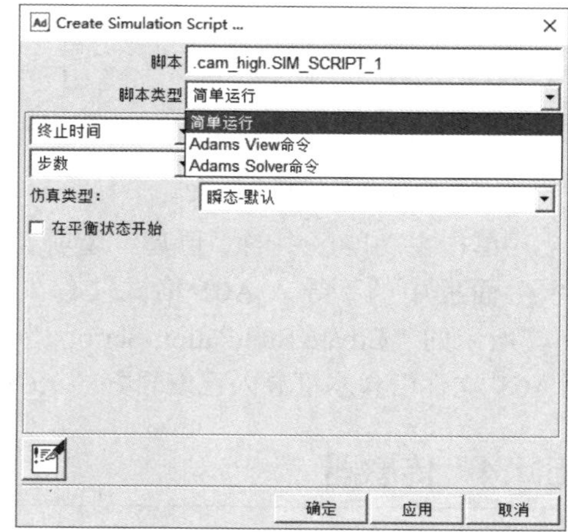

图 5-4 “Create Simulation Script...”对话框

- 简单运行：简单的脚本控制方式，直接在“创建仿真脚本”对话框中输入仿真时间、步长，选择仿真类型即可。
- Adams View 命令：采用 Adams View 命令方式，用户可以直接以 Adams View 命令语法格式输入命令，也可以单击“添加运行命令”按钮，在弹出的新对话框中输入仿真类型和仿真参数，单击“确定”按钮，程序会自动将仿真命令添加到命令编辑区，如图 5-5 所示。
- Adams Solver 命令：采用求解器命令方式，用户可以在命令编辑区直接编辑命令和仿真参数，也可以在“添加 ACF 命令 ...”下拉列表中选择仿真控制命令，如图 5-6 所示，在弹出的对话框中输入仿真参数，单击“确定”按钮 确定 ，程序会自动将仿真命令添加到命令编辑区。

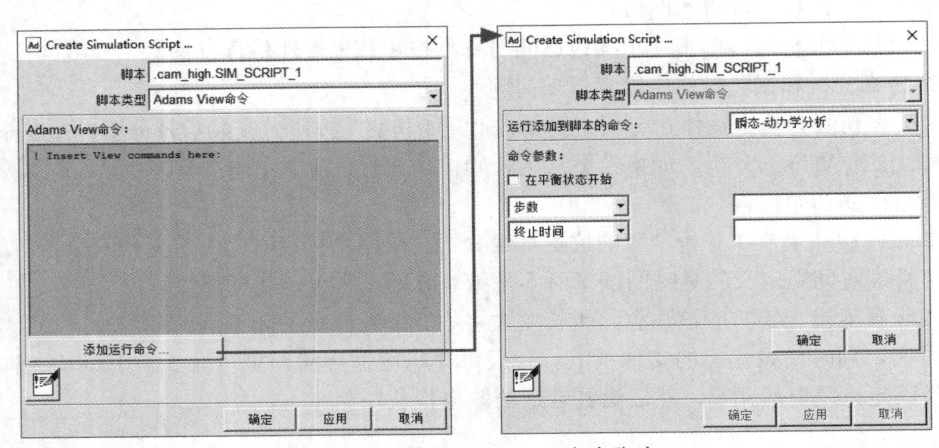

图 5-5　设置 Adams View 命令脚本

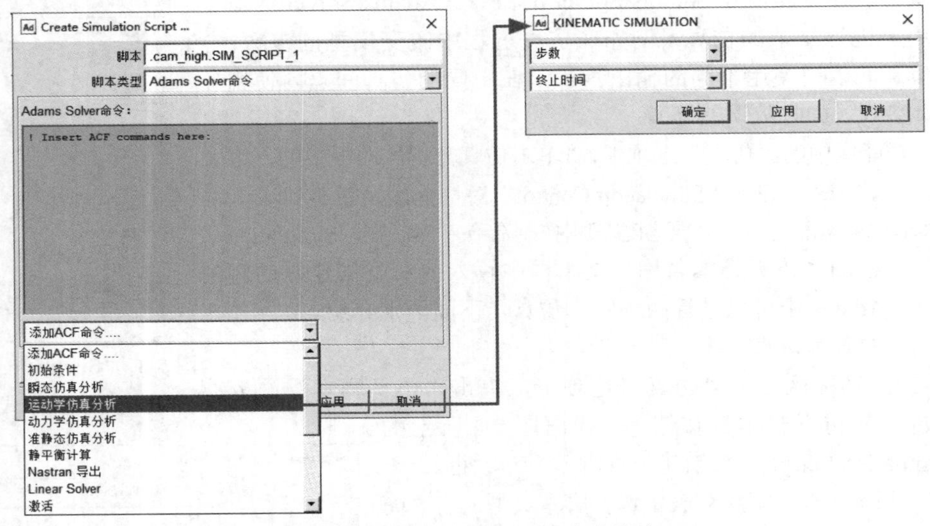

图 5-6　设置 Adams Solver 命令脚本

（2）导入 ACF 格式文件。

单击主功能区中的“仿真”选项卡，单击“仿真脚本”面板中的“导入 ACF 格式文件”按钮，弹出图 5-7 所示的“Create Simulation Script...”对话框。可右击“ACF 文件”文本框导入已编辑好的 ACF 格式文件。

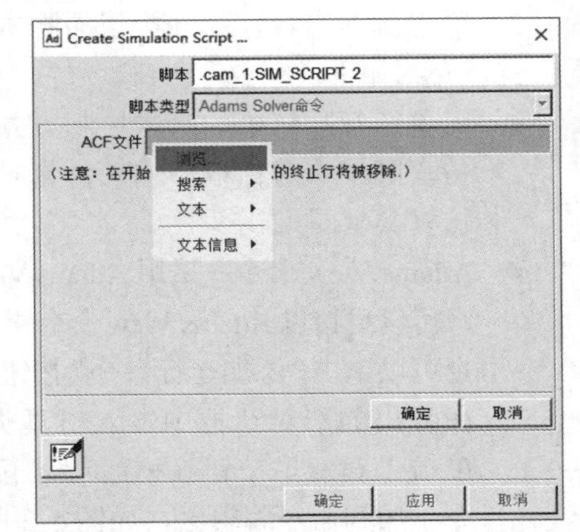

图 5-7　“Create Simulation Script...”对话框（导入 ACF 格式文件）

5.1.4　传感器

传感器与仿真控制密切相关，利用传感器可以对系统的状态进行监测和控制。系统的状态可以表示为系统模型与元素之间的函数，也可以表示为系统模型与时间的函数，如两个标记点之间的位置、速度、加速度等。

需要通过定义传感器感知状态事件，以及通过事件发生后系统要执行的动作来定义传感器。

单击主功能区中的“设计探索”选项卡，单击“测量对象”面板中的“创建新的传感器”按钮，弹出图 5-8 所示的“Create sensor...”（创建传感器）对话框。

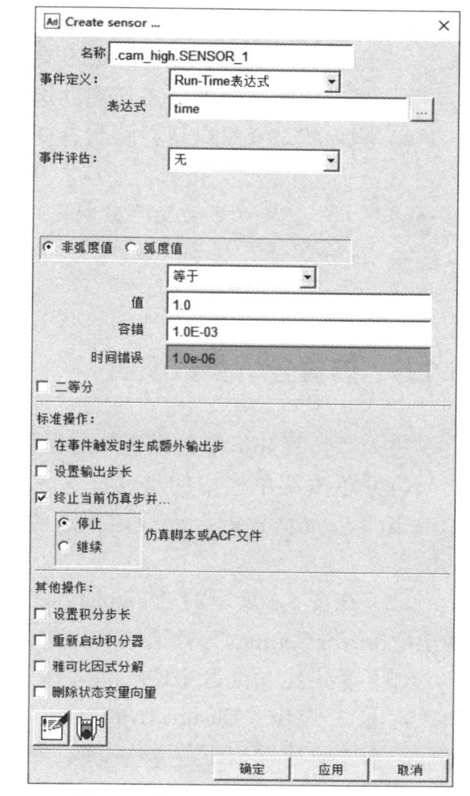

图 5-8　“Create sensor...”对话框

1. 创建传感器

对“Create sensor...”对话框中的各选项简单介绍如下。

（1）事件定义：用于定义传感器感知的事件，通常用函数表达式来表示。事件可以选择用“Run-Time 表达式”或“用户子程序”来表示。

（2）表达式：用于输入具体的函数表达式，可以单击“函数构造器”按钮，弹出“Function Builder”（函数构造器）对话框，在其中创建复杂的函数表达式。

（3）事件评估：用于定义传感器的值，表示传感器的返回值。

（4）值：用于输入触发事件的目标值。

（5）时间错误：用于输入目标值与实际测量值之间允许误差的绝对值。

由于求解是在一定的步长范围内进行的，所以事件的值不可能与事件发生的值完全匹配。在这里设置一个临界值范围，只要事件的值在临界值范围内，就可以认为事件的值满足事件发生的值，其判断条件有“等于”“大于或等于”“小于或等于”3 种可供选择。

提示

- 如果事件是角度值，还需要选中“弧度值”单选按钮。
- 当判断条件是“等于”的时候，如果仿真步长过大，事件的值就有可能跨越事件发生的范围，传感器就感知不到事件发生了，在这种情况下需要减少仿真的步长。

2. 定义传感器控制的操作

当事件满足传感器设置的条件时，传感器控制会执行一定的操作，改变求解器的求解方向，这种操作分为“标准操作”和“其他操作”，下面分别予以介绍。

“标准操作”又分为以下 3 种。

- 在事件触发时生成额外输出步：满足条件时，再多计算一步。
- 设置输出步长：输入新值，重新设置计算步长。
- 终止当前仿真步并 ...：在使用交互式仿真控制时，如果选中“停止”单选按钮，则终止当前的仿真，如果选中“继续”单选按钮，则继续进行仿真；在使用脚本式仿真控制时，如果选中“停止”单选按钮，则终止当前的仿真命令，如果选中“继续”单选按钮，则继续当前的仿真命令，并执行下一个仿真命令。

“其他操作”又分为以下 4 种。

- 设置积分步长：为了提高下一步的计算精度，设置下一步的积分步长。

- 重新启动积分器：重新调整积分阶次。如果在“设置积分步长”中设置了计算精度，则使用该精度进行计算，如果没有则重新调整积分阶次。
- 雅可比因式分解：重新启动矩阵分解。
- 删除状态变量向量：将状态变量的值写到工作目录下的文件中。

提示　重新启动矩阵分解可以提高计算精度。在计算不能收敛的情况下，重新启动矩阵分解还有利于收敛。

5.1.5 仿真分析参数设置

进入“仿真分析参数设置”对话框有3种方法，具体介绍如下。

（1）单击菜单栏中的“设置”→“求解器”命令，在子菜单中选择需要设置的控制类型，例如单击“动力学分析”命令，系统弹出图5-9所示的“Solver Settings”（仿真分析参数设置）对话框。

（2）在图5-3所示的“Simulation Control”对话框中，单击“仿真设置”按钮 仿真设置... ，弹出“Solver Settings”对话框，在其中的“分类”下拉列表中选择控制类型。

（3）单击主功能区中的“设计探索”选项卡，单击“设计评价”面板中的“设计评价工具”按钮，系统弹出“Design Evaluation Tools”（设计评价工具）对话框，然后单击“显示”按钮 显示... 、“输出”按钮 输出... 或“优化器”（Optimizer）按钮 优化器... 。

通过相关对话框，可以对所有预先设定的控制和管理仿真参数进行重新设置，以便获得更理想的仿真效果和输出。根据所选设置类型不同，参数设置栏的内容也有所不同。

5.1.6 仿真参数设置

在图5-9所示的“Solver Settings”对话框顶部的“分类”下拉列表中选择“显示”选项，对话框参数设置区域的内容会随之改变，如图5-10所示。根据对话框中的参数设置内容，选择、输入有关参数值，单击“关闭”按钮 关闭 完成设置。

与仿真显示有关的主要参数如下。

- 显示信息：选择在仿真过程中是否显示系统生成的信息窗口。
- 更新图像：选择在更新显示样机时是否提示。
- 图标：选择是否显示各种模型对象的图标。
- 时间延迟：选择在更新显示样机以后，是否要暂停几秒，以便观察。
- 提示：选择在仿真过程中，是否显示更新信息提示。

5.1.7 仿真求解设置

对于装配分析、静态分析、运动学分析和动力学分析，均使用插值法求解方程。在插值求解过程中，需要指定允许的误差，误差过大会导致仿真分析失败或出现错误的仿真结果。过高的仿真精度要求，会大大增加仿真分析的时间和成本。Adams View对各种分析过程设置了一个默认的插值允许误差。如果仿真分析失败或出现错误的仿真结果，可以调整允许误差值，以获得满意的分析结果。

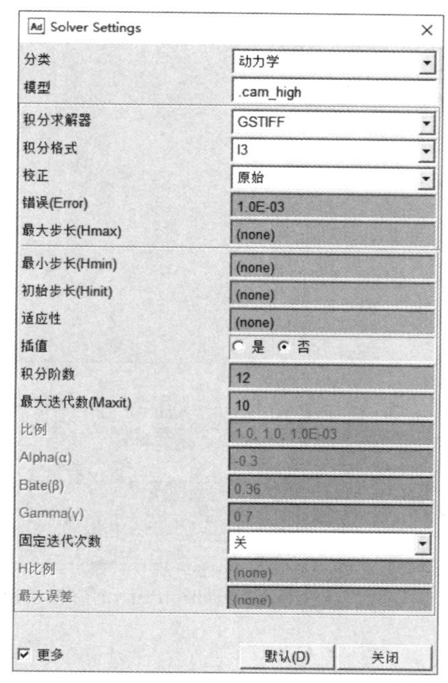

图 5-9 “Solver Settings”对话框

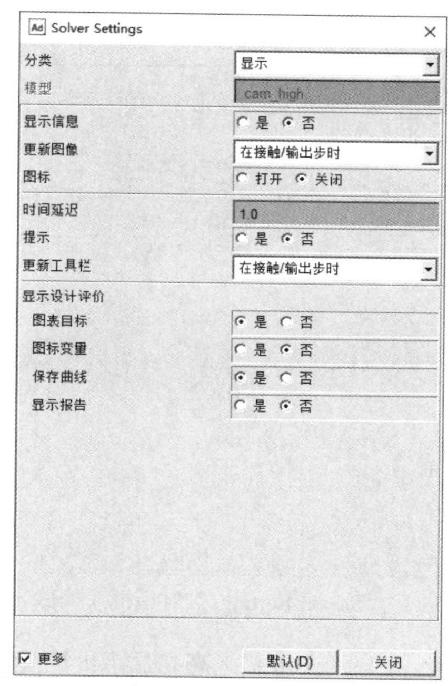

图 5-10 刷新后的“Solver Settings”对话框

“Solver Settings”对话框中的主要设置参数如下。

- 积分求解器：选择数字积分方法，在动力学分析中需要使用数值分析法求解微分方程和代数方程。
- 积分格式：为积分方法选择求解方程。
- 校正：为已经选择的积分方法选择修正算法。
- 错误（Error）：输入每一步积分的相对误差或绝对误差。
- 最大步长（Hmax）：表示允许在积分过程中采用的最大步长。
- 最小步长（Hmin）：为满足精度要求可以采用的最小积分步长。

5.1.8 交互式仿真过程样机调试

Adams View 提供了一个仿真调试程序，该仿真调试程序可以通过信息反馈表和图，反映 Adams Solver 的求解进程和出现的问题。例如在表格中显示出现最大问题的对象、在屏幕上高亮显示出现问题的区域等。运行仿真调试程序的方法如下。

（1）单击菜单栏中的“设置”→“求解器”→“调试”命令，系统弹出“Solver Settings”对话框，如图 5-11 所示。

（2）在“调试”选项组中选中“打开”单选按钮，设置启动仿真调试程序。

（3）在“显示”下拉列表中选择显示信息对象，共有以下 4 个选项。

- 无：不显示任何信息。
- 表格：显示调试信息表。选择该选项时，将弹出“Maximum Equation Error”对话框，如图 5-12 所示。

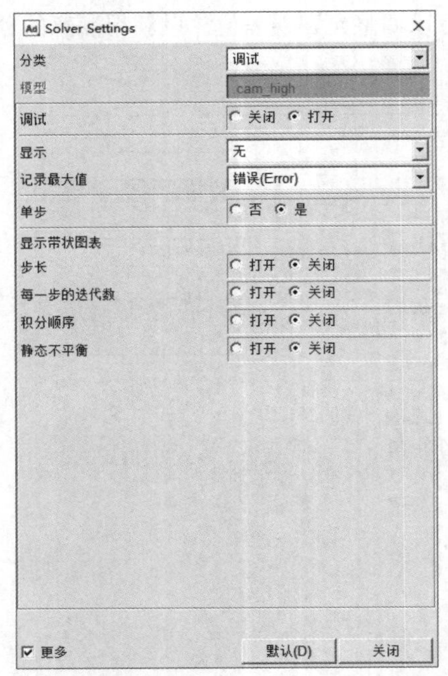

图 5-11 “Solver Settings”对话框（调试）

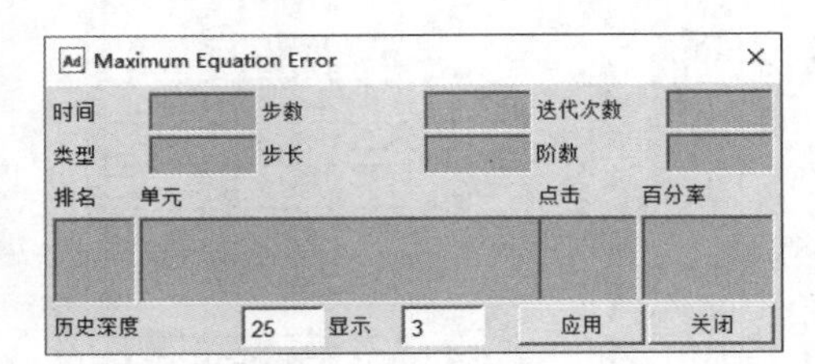

图 5-12 “Maximum Eqation Error”对话框

- 高亮：在屏幕上高亮显示出现问题最大的对象。
- 表格和高亮：在显示调试信息表的同时高亮显示出现问题最大的对象。

（4）在“记录最大值”下拉列表中设置跟踪选项，共有以下 4 个选项。

- 错误（Error）：跟踪最有可能出错的对象，根据可能出错对象数量的多少，来判断求解是否顺利。在正常情况下，可能出错对象的数量应该逐步减少。
- 改变：跟踪发生最大变化的变量。
- 力：跟踪产生最大力的对象，包括各种力和约束。
- 加速度：跟踪产生最大加速度的对象。

（5）如果要一步步地仿真，可以在“单步”选项组中选中“是”单选按钮。此时，每仿真一步，计算机就会自动停下来，以便观看和检查仿真结果，同时弹出图 5-13 所示的对话框。单击“继续”按钮 继续 继续下一步仿真，单击“取消”按钮 取消 停止分析。不需要一步步地仿真时，则在“单步”选项组中选中“否”单选按钮。

（6）选择图 5-11 所示对话框中的“显示带状图表”列表下的选项，显示 Adams Solver 设置的仿真跟踪轨迹图。在交互式仿真过程中，有下面 4 种仿真跟踪轨迹图可以帮助跟踪仿真过程，其中，前 3 种可以用于各种情况，第 4 种用于静态平衡分析。

- 步长：显示单位时间内的积分步长，积分步长提供了求解过程中非常有用的信息，因为当动态性能迅速发生变化时，或者求解接近产生错误时，求解程序的积分步长会自动调整到很小。
- 每一步的迭代数：显示在仿真过程中，Adams Solver 每进行一步成功的求解，所用的迭代次数。通过迭代次数图可以提供以下 3 种信息。

① 如果在仿真过程中，所用的迭代次数非常少，说明样机的仿真分析非常容易。这时，可以提高仿真要求，或通过增加允许的最大时间步长来提高仿真速度。

② 如果在仿真过程中，Adams Solver 在一段时间内每进行一步仿真分析都需要许多次迭代求解，这说明样机正遇到一个动态变化非常大的过程。

③ 如果发现 Adams Solver 在最初的仿真中需要进行许多次迭代求解，可能是由于迭代步长太大，这时选择更小一些的步长，可以获得更好的性能。

图 5-13　询问是否继续的对话框

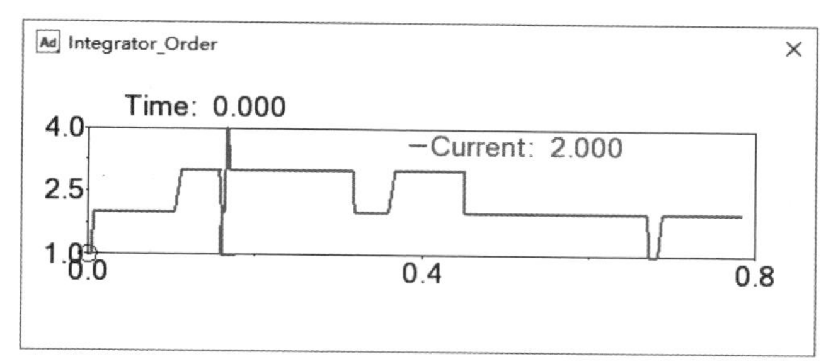

图 5-14　显示积分顺序信息

- 积分顺序：显示 Adams Solver 在估计积分时，采用的多项式阶次，显示结果如图 5-14 所示。通常，复杂、困难的仿真分析采用较低阶次的多项式。同迭代次数类似，如果在仿真过程中，始终使用较高阶次的多项式，例如三阶或更高阶次的多项式，这说明仿真分析非常容易，可以提高仿真要求，或者通过增加允许的最大时间步长来提高仿真速度；如果 Adams Solver 始终或阶段性地使用较低阶次的多项式，这说明仿真分析遇到了问题，例如样机的一个动态变化非常大或步长设置得过大。
- 静态不平衡：显示在静态平衡状况分析过程中，Adams Solver 每进行一步平衡迭代求解，距离完全平衡的接近程度。

5.1.9　再现仿真结果

在完成样机仿真分析以后，可以利用 Adams View 的仿真功能，重现 Adams Solver 的仿真过程，以便进一步地观察和研究数字样机的运行状况。

单击主功能区中的“结果”选项卡，单击“查看结果”面板中的“显示动画控制对话框”按钮。系统弹出“Animation Controls”（动画控制）对话框，如图 5-15 所示。

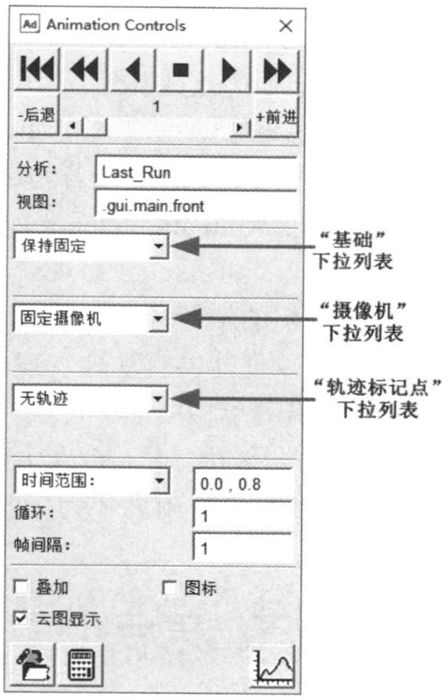

图 5-15　“Animation Controls”对话框

“Animation Controls”对话框中有关仿真分析工具按钮的功能如表 5-2 所示。

表 5-2　仿真分析工具按钮

图标	功能	图标	功能
	开始向前回放		停止回放
	开始向后回放		向后回放一步
	开始向前快速回放		向前回放一步
	开始向后快速回放	-后退	向后回放一步
	回到起始位置	+前进	向前回放一步

"Animation Controls"对话框中的设置项说明如下。

（1）"分析"文本框：用于输入已经保存的计算结果名称。在默认条件下，Adams View 回放最后一次仿真分析的结果。如果想回放其他的仿真结果，可以在"分析"文本框输入已经保存的计算结果名称，也可以在"分析"文本框内右击，在弹出的快捷菜单中浏览选择所需的计算结果。

（2）"视图"文本框：设置选择回放的窗口。通常，Adams View 在当前的活动窗口，回放仿真结果。如果需要选择回放窗口或在多个窗口中同时回放仿真结果，可以在"视图"文本框中输入回放窗口名称，或者利用快捷菜单选择所需窗口。

（3）"基础"下拉列表、"摄像机"下拉列表：分别用于设置在回放过程中观察者所处的位置和观察的对象。通过"基础"和"摄像机"的不同组合，可以设置观察仿真过程的方式，这一功能对于回放观察有较大运动量的样机非常有用。例如通过设置可以在回放过程中始终观察一个高速运动的物体。几种有效的组合分别如下。

- "保持固定"与"固定摄像机"组合，表示采用默认的观察方式和角度来观察。
- "基于标记点"或"基于部件"与"固定摄像机"组合，表示在一个静止的位置观察一个运动的点或部件。
- "保持固定"与"摄像机标记点"组合，表示在一个运动的点观察一个静止的点。
- "基于标记点"或"基于部件"与"摄像机标记点"组合，表示在一个运动的位置观察一个运动的点或部件。

（4）"轨迹标记点"下拉列表：用于设置在回放过程中显示样机模型中若干点的运动轨迹。

（5）"图标"复选框：若勾选该复选框，则表示选择在回放过程中显示对象的图标。

（6）在"Animation Controls"对话框中选择"轨迹标记点""基于标记点""基于部件"和"摄像机标记点"选项后，会出现一个要求输入对象的文本框，可以在文本框直接输入对象名称，或者利用右击显示的快捷菜单，选择"浏览"命令再浏览选择所需对象。在回放过程中，可以选择显示作用力图，以便能够直观地观察作用力的大小和方向的变化，其具体操作方法如下。

- 单击菜单栏中的"设置"→"力图像"命令，弹出"作用力图设置"对话框。
- 在"力的比例"和"力矩的比例"文本框中输入力和力矩的比例系数，默认值均为 1.0。
- 若要显示作用力和力矩的数值，则勾选"显示数值"复选框。

5.2 仿真结果后处理

当一个模型仿真分析设置完成后，通过后处理程序能够更加直观、清晰地观察仿真结果处理。

5.2.1 后处理程序

Adams 仿真分析结果的后处理通过调用后处理模块 Adams PostProcessor 来完成。利用 Adams PostProcessor 可以使用户更清晰地观察其他 Adams 模块（如 Adams View、Adams Car）的仿真结果，也可将所得到的结果转化为动画、表格或 HTML 等形式，能够更确切地反映模型的特性，便于用户对仿真计算的结果进行观察和分析。Adams PostProcessor 在模型的整个设计周期中都发挥着重要的作用，其用途主要如下。

（1）模型调试。

在 Adams PostProcessor 中，用户可选择最佳的观察视角来观察模型的运动，也可向前、向后播放动画，有助于对模型进行调试，也可从模型中分离出单独的柔性部件，以确定模型的形变。

（2）试验验证。

如果需要验证模型的有效性，可输入测试数据并以坐标曲线图的形式表达出来，然后将其与 Adams 仿真结果绘于同一坐标曲线图中进行比较并在曲线图上进行数学操作和统计分析。

（3）设计方案改进。

在 Adams PostProcessor 中，可在图表上比较两种以上的仿真结果，从中选择更合理的设计方案。另外，可通过单击操作更新绘图结果。如果要加速仿真结果的可视化过程，可以对模型进行多种变化，也可以进行干涉检验，生成一份关于每帧动画中部件之间最短距离的报告，帮助改进设计。

（4）结果显示。

Adams PostProcessor 可显示运用 Adams 进行仿真计算和分析研究的结果。为增强结果图形的可读性，可以改变坐标曲线图的表达方式，或者在图中增加标题和附注，或者以图表的形式来表达结果。为增加动画的逼真性，可将 CAD 几何模型输入动画中，也可将动画制作成小电影的形式，最终在曲线图的基础上得到与之同步的三维几何仿真动画。

Adams PostProcessor 可单独启动，也可从其他模块（如 Adams View、Adams Car）中启动。下面介绍如何单独启动 Adams PostProcessor 并介绍如何退出 Adams PostProcessor。

直接启动 Adams PostProcessor。在 Windows 操作系统中，单击 Windows 开始菜单，在弹出的菜单中依次单击“开始”→“所有程序”→“Adams 2020”→“Adams PostProcessor”命令，就可直接启动 Adams PostProcessor。

在 Adams View 中启动 Adams PostProcessor。单击主功能区中的“结果”选项卡“后处理”面板中的“Opens Adams PostProcessor”按钮或按 <F8> 键。在其他 Adams 模块中启动 Adams PostProcessor 的方法可参考该模块的使用手册。

退出 Adams PostProcessor。Adams PostProcessor 的退出方法有多种，具体介绍如下。

- 单击菜单栏中的“文件”→“关闭绘图窗口”命令。
- 如需从 Adams PostProcessor 返回到 Adams View 程序，可按 <F8> 键。
- 单击 Adams PostProcessor 窗口右上角的“关闭”按钮 关闭 。
- 单击 Adams PostProcessor 窗口工具栏右侧的“关闭 Adams PostProcessor 窗口”按钮返回 Adams View 程序。

5.2.2 后处理程序窗口

启动 Adams PostProcessor 后进入 Adams PostProcessor 窗口，如图 5-16 所示。

Adams PostProcessor 窗口中各部分的功能如下。

（1）视图区：显示当前页面，每页最多可分为 6 个视图，可同时显示不同的曲线、动画和报告。

（2）菜单栏：包含 6 个下拉菜单，用来完成后处理的操作。

（3）工具栏：包含常用后处理功能的按钮，可自行设置需显示哪些工具按钮。

（4）对象结构目录树：显示模型或页面等级的树形结构。

（5）参数特性编辑：改变所选对象的特性。

（6）状态栏：在操作过程中显示相关的信息。

（7）控制面板：对结果曲线和动画进行控制。

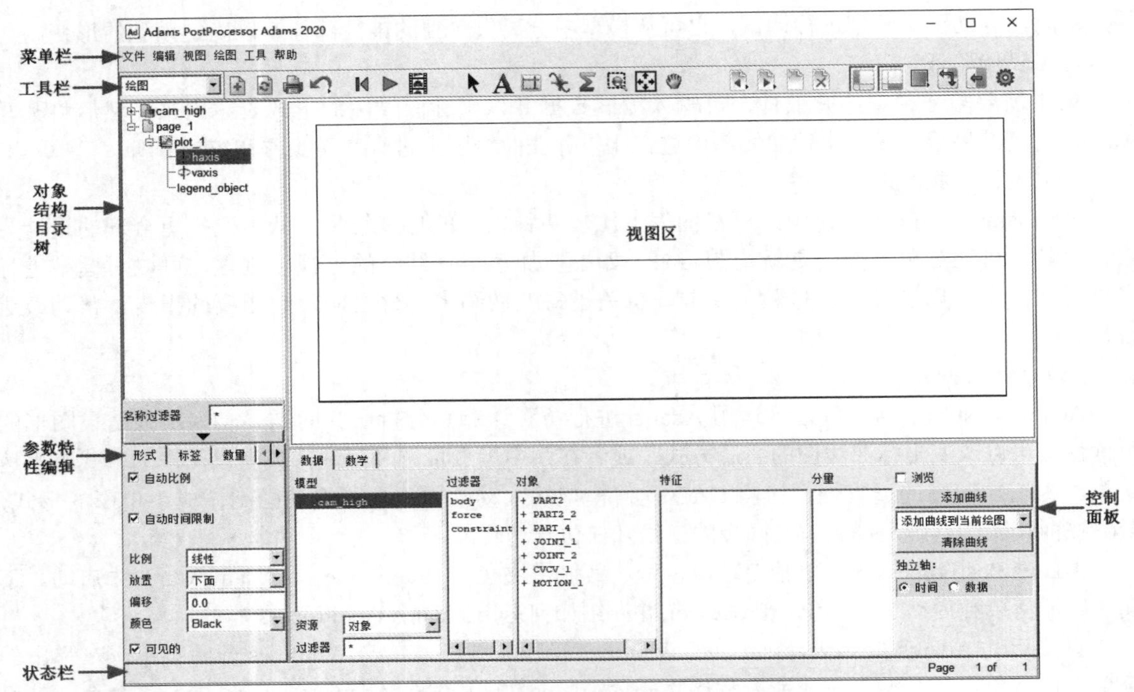

图 5-16 Adams PostProcessor Adams 2020 窗口

5.2.3 创建任务与添加数据

从其他模块中启动 Adams PostProcessor 后就创建了一个新任务，称为“记录”。要把仿真结果导入记录中，需要先输入相应的结果数据。如果采用直接启动 Adams PostProcessor 的方式，当对仿真结果进行操作之后，可保存记录并输出数据以供其他程序使用。

每次单独启动 Adams PostProcessor 时，自动创建一个新任务以进行工作，用户也可以随时创建新的任务。

（1）创建新任务。单击工具栏中的“创建一个新的页面”按钮。

（2）添加数据。通过不同形式的文件格式输入数据到 Adams PostProcessor 中以生成动画、曲线图和报告。输入的数据出现在对象结构目录树的顶端。不同文件格式的输入数据形式如表 5-3 所示。

表 5-3 不同文件格式的输入数据形式

文件格式	说明
命令文件（*.cmd）	一套 Adams View 的命令，包含模型信息，用它调入分析文件
Adams 数据集（*.adm）	用 Adams Solver 数据语言描述模型信息
求解分析（*.req，*.gra，*.res）	有以下 3 种求解分析文件。 ● Request：包含使 Adams PostProcessor 产生仿真结果曲线的信息，也包含基于用户自定义信息的输出数据。 ● Graphics：包含来自仿真的图形输出，也包含能描述模型中各部件位置和方向的时间序列数据，可使 Adams PostProcessor 生成模型动画。 ● Result：包含在仿真过程中 Adams PostProcessor 计算得出的一套基本状态变量信息，可导入整套或者单个数据文件

续表

文件格式	说明
数值数据（*.*）	按列编排 ASCII 文件，包含其他应用程序输出的数据
Wavefront（*.obj）， Stereolithgraphy（*.stl）， Render（*.slp）， shell（*.shl）	曲面
Report（*.htm*，*.txt，*.dat，*.svc，*.sum）	以 HTML 或 ASCII 文件格式表示的报告数据

5.2.4 常用后处理命令

Adams PostProcessor 包含若干工具栏，工具栏位于菜单栏下方。选择特定工具栏能完成相关的操作，达到特定的功能，简单介绍如下。

（1）主工具栏。主工具栏中的工具按钮如表 5-4 所示。

表 5-4 主工具栏中的工具按钮

图标	功能	图标	功能
	输入文件		撤销上次操作
	重新载入更新的仿真结果以及最新的数据报告		重置动画到第一帧（仅在动画模式）
	显示打印对话框以便打印该页面		播放动画（仅在动画模式）

（2）页面与视窗工具栏。页面与视窗工具栏中的工具按钮如表 5-5 所示。

表 5-5 页面与视窗工具栏中的工具按钮

图标	功能	图标	功能
	显示前页或第一页		打开或关闭控制面板
	显示下一页或最后一页		从 12 个标准页面布局中选择一个新的布局
	以当前布局创建新页		将所选择的视图扩展至覆盖整个页面
	删除显示页		将当前视窗的数据交换到其他数据窗口
	打开或关闭对象结构目录树		

（3）动画工具栏。动画工具栏中的工具按钮如表 5-6 所示。

表 5-6 动画工具栏中的工具按钮

图标	功能	图标	功能
	选择模式		将整个动画缩放到适应整个窗口的大小
	旋转视图		设置动画视图方位
	移动视图并设置比例		线框模式与实体模式的切换开关
	将模型放到中间位置		鼠标指针默认显示的切换开关
	缩放视图		

（4）图表工具栏。图表工具栏中的工具按钮如表 5-7 所示。

表 5-7　图表工具栏中的工具按钮

图标	功能	图标	功能
	选择模式		显示“曲线编辑”工具栏
	增加文本		放大曲线图的一部分
	显示曲线数据的统计值，包括曲线上数据点的最大值、最小值和平均值		将曲线图以合适的大小放置在视窗内

工具栏可以设置是否显示，也可以设置工具栏的位置，还可以打开或关闭控制面板和对象结构目录树。默认情况是显示控制面板和对象结构目录树，主工具栏显示在窗口的顶端，“曲线编辑”和“统计”工具栏是关闭的，状态栏显示在窗口底部。

单击菜单栏中的“视图”→“工具栏”命令，通过单击来切换需要打开或关闭的工具栏，可以打开或关闭该工具栏。

单击菜单栏中的“视图”→“工具栏”→“设置”命令，弹出“工具栏设置”对话框。在该对话框中可以选择工具按钮的可见性及工具栏的位置。

（5）工具栏的展开。在主工具栏中有些工具有下拉式的工具栏，出现在顶部的是默认的工具或最近用过的工具，在这样的工具的右下角有一个小三角形标记。要选择下拉式的工具栏中的工具可以在出现于顶部的工具上右击，然后在展开的工具栏中选择需要采用的工具。

5.2.5　页面操作

Adams PostProcessor 中的页相当于机械制图中的一幅图，页是可以在同一个屏幕上观察的最大视图。Adams PostProcessor 可以绘制多页不同的数据曲线或仿真图。

在所有页中，只有当前页是活动的，窗口底部状态栏的右边显示了当前页的位置。

主工具栏列出了页管理的各种命令，利用主工具栏的有关按钮，可以非常方便地进行各种页的操作，例如产生新的一页、删除当前页、向前或向后浏览各页等。也可以单击菜单栏中的“视图”→“页”命令，在弹出的子菜单中选择各种页操作命令。

5.2.6　视窗操作

Adams PostProcessor 最多允许在同一页中布置 6 个视窗，视窗的有关操作如下。

（1）在主工具栏布置视窗。鼠标右键单击主工具栏中的“页面布局”按钮，出现一个包含 12 种不同页面布置方案的弹出式工具集，从中选择所需的视窗布置。

（2）选择视窗。在一个多视窗的页面中，只有一个视窗是活动的，可以用鼠标直接选取活动视窗。

（3）放大视窗。如果希望将当前的视窗扩大到整个视图，单击主工具栏中的“展开视图布局”按钮，如果要返回显示整个页，再单击一次此按钮即可。

（4）转移视窗。将一个视窗中的内容转移到另一个视窗中，可以按以下方法操作。

1）激活要转移的视窗。

2）在主工具栏上单击“交换视图”按钮。

3）用鼠标选择要转移到的视窗，完成视窗转移。

5.2.7　参数特性编辑

Adams PostProcessor 窗口的左侧，显示了各种后处理参数相互关系的关系结构树。在关系结构树的最上层有仿真结果和页，仿真结果包括部件、运动副、坐标标记等内容。在页的下层，有视窗、曲线、曲线坐标轴等，如图 5-17 所示，可以实现以下操作。

- 对象结构关系操作：显示或关闭显示下层对象。
- 过滤选择对象。
- 按类型显示对象等。

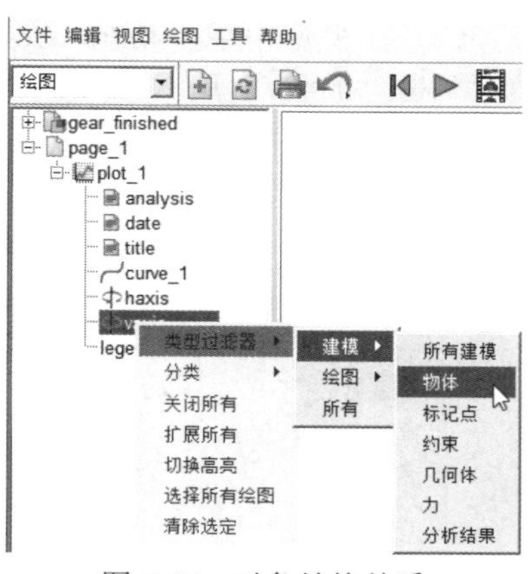

图 5-17　对象结构关系

5.2.8　控制仿真重现过程

Adams PostProcessor 的动画功能可以将在其他 Adams 产品中通过仿真计算得出的动画画面进行重新播放，有助于用户更直观地了解整个物理系统的运动特性。当加载动画，或者将 Adams PostProcessor 设置为动画模式时，Adams PostProcessor 界面改变为允许对动画进行播放和控制。

1. 动画类型

Adams PostProcessor 可以加载时域动画和频域动画（在 Adams Vibration 中的一种正则模态动画）两种类型的动画。

（1）时域动画。在 Adams 产品中以时间为单位进行仿真时，如在 Adams View、Adams Solver 中进行动力学仿真分析，分析引擎将对仿真的每一个输出步创建一帧动画。画面随输出时间步长而依次生成，称为时域动画。如果在 0.0s 到 10.0s 的时间内完成仿真，以 0.1s 作为输出的步长，Adams Solver 将记录 101 步或帧的数据，它在 10s 中的每 0.1s 创建一帧动画。

（2）频域动画。使用 Adams PostProcessor 时，可观察到模型以其固有频率中的某个频率进行振动。它以特征值中的某个固有频率为操作点，将模型的变形动画循环地表现出来。在动画中可以看到柔性体中阻尼的影响并显示特征值的列表。当对模型进行线性化仿真时，Adams Solver 在指定工作点对模型进行线性化并计算特征值和特征向量。Adams PostProcessor 利用这些信息来显示通过特征解预测的变形动画。通过在正的最大变形量和负的最大变形量之间进行插值，来生成一系列动画。动画循环地显示柔性体的变形过程，它与频域参数有关，称为频域动画。

2. 动画载入

在单独启动的 Adams PostProcessor 中演示动画，必须导入一些相应的文件，或者打开已存在的记录文件（.bin），然后导入动画。如果在使用其他 Adams 产品（如 Adams View 等）的时候使用 Adams PostProcessor，已经运行了交互式的仿真分析，所需的文件在 Adams PostProcessor 中就是可用的了，则只需直接导入动画即可。

对于时域动画，必须导入包含动画的图形文件（.gra）。该图形文件可由其他 Adams 产品（如 Adams View 和 Adams Solver）创建；对于频域动画，必须导入 Adams Solver 模型定义文件（.adm）和仿真结果文件（.res）。

（1）导入动画。单击菜单栏中的“文件”→“导入”→“命令文件”（Command File）命令，弹出“File Import”（文件导入）对话框，在该对话框中输入相关的文件名称，如图 5-18 所示。

（2）在视窗中载入动画。在视窗背景下右击，弹出载入动画的快捷菜单，如图 5-19 所示。然后单击“加载动画”命令载入时域仿真动画，或者单击“加载模态动画”命令载入频域仿真动画。

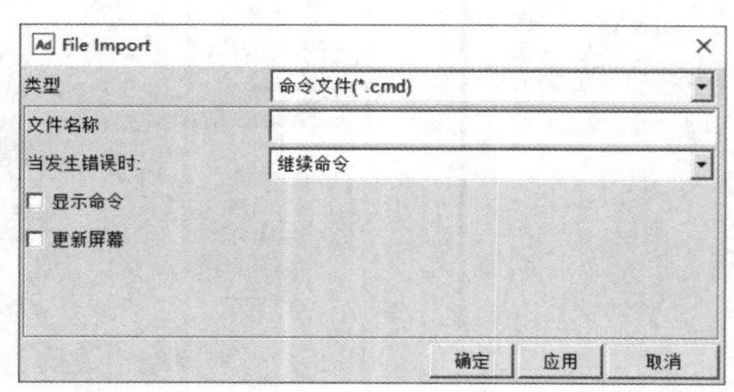

图 5-18 “File Import”对话框

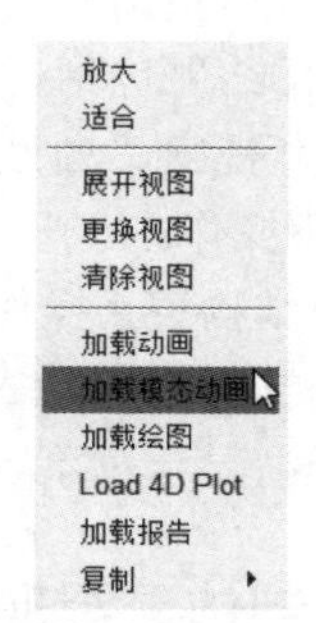

图 5-19 视窗载入动画

3. 时域动画控制

（1）播放部分时域动画。默认情况下 Adams PostProcessor 采用基于时间的动画画面。可以选择跳过一定数量的帧，仅播放特定时间或帧数范围内的一部分动画，相关设置如下。

1）在控制面板上选择“动画”（Animation）选项，在帧增加栏“帧增量”文本框中输入要跳过的帧数，然后播放动画。

2）在控制面板上选择“动画”选项，选择“显示单位”为“帧”或“时间”，在“开始”文本框中输入开始的帧数或时间并在“结束”文本框中输入结束的帧数或时间，然后播放动画。

（2）设置动画速度。可以通过改变时域动画中每帧动画之间的时间延迟来改变动画速度，通过使用控制面板上的滑动杆来引入时间延迟。默认情况下，向右移动滑动杆时即将动画尽可能快地播放；向左移动滑动杆即引入时间延迟，最大可达到 1s。需要设置动画速度时，在控制面板上选择“动画”选项，单击并拖动“速度控制”滑动杆达到所需的时间延迟。

（3）演示特定动画帧。Adams PostProcessor 提供了播放特定动画帧的几个选项。可以一次播放一帧，或者播放某特定时间的一帧。此外，还可用动画帧表示模型输入（表示模型仿真前的状态，不表示模型部件的初始条件和静态解）、静平衡状态、部件之间的接触。

1）在动画中演示某一帧：在控制面板上选择“动画”选项，然后执行以下任意一项操作。

- 单击并拖动最上端的滑动条到要演示的帧数或时间。
- 在滑动条右端的文本框里，输入要演示的帧数或时间。

2）演示代表模型输入的帧：在控制面板上选择“动画”选项，然后单击“模型输入”按钮 模型输入 。

3）演示代表静平衡状态的帧：在控制面板上选择“动画”选项，然后勾选“包括静分析”复选框，继续单击“下一静态”按钮 下一静态 ，查看所有的静平衡状态位置。

4）演示代表接触的帧：在控制面板上选择“动画”选项，然后勾选“包括接触”复选框，继续单击“下一接触”按钮 下一接触 ，查看部件之间的所有接触。

（4）追踪点的轨迹。在基于时间的动画过程中，可以在屏幕上描绘代表模型运动轨迹的点。这有助于设计某些具有特殊运动规律的机械系统，了解机构是否按预期的方式运动。追踪点的轨迹对于包络线（面）的研究也非常有用，可以检查机械系统在完成一个典型工作循环的过程中是否有部件运动到特定的工作包络线（面）之外。在屏幕上勾画点的轨迹，需要定义一个以上的标记点来生成轨迹，Adams PostProcessor 勾勒出通过标记点轨迹的曲线。要在动画中追踪点的轨迹，首先在控制面板上选择“动画”选项，然后在“轨迹标记点”文本框中输入要追踪轨迹的标记点的名字。如果要在视窗内选择一个标记点，在文本框内右击，然后从弹出的快捷菜单中选择合适的命令。

（5）重叠动画帧。可以将基于时间的连续动画帧重叠起来。当“叠加”复选框被勾选时，Adams PostProcessor 将各动画帧重叠显示。在控制面板上选择“动画”选项，然后单击勾选“叠加”复选框即可。

4. 频域动画控制

（1）显示特定模态和频率。可以在动画中显示特定的模态和频率。

1）选择观察模态和频率：在控制面板上选择“模态动画”选项，然后在“Select mode by mode number or by frequency”下列列表框中选择“模数”或“频率”，“模数”需要输入要显示的模态数字；“频率”需要输入要显示的模态频率。如果指定的是输入频率，Adams PostProcessor 将使用最接近该频率的模态；如果既没有指定模态也没有指定频率，Adams PostProcessor 将使用模型变形的第一阶模态。

2）使用滑动条演示特定动画帧：在控制面板上选择“模态动画”选项，然后单击并拖动最上端的滑动条到指定模态和频率或在滑动条右端的文本框中输入数值来指定模态和频率。

（2）控制每次循环的动画帧数目。对于线性化模态形状动画，可以控制每次循环动画帧的数目。在控制面板上选择“模态动画”选项，在“每周期帧数”文本框中填入每次循环将演示的帧数，然后演示动画即可。

（3）设置线性化模态形状的显示。当演示频域动画时，可以设置部件从未变形位置平移或旋转至变形比例最大值位置，可以显示变形幅值是否随时间衰减，可以将一个模态重叠到另一个模态，还可以显示未变形的模型。在设置频域动画控制参数时，在控制面板上选择“模态动画”选项，然后按需要选择如下选项。

- 设置部件从未变形位置平移或旋转至变形比例的最大值位置：在“最大平移”文本框中输入所需参数。
- 显示时间衰减：选择“显示时间衰减”选项。
- 重叠模式：选择“叠加”选项。

（4）查看特征值。可以在一个信息窗口中显示预测特征解的所有特征值的信息。一旦在信息窗口中显示了该信息，就可以将其以文件的形式保存。这些信息包括模态数——预测特征解的模态序号数；频率——相应于模态的自然频率；阻尼——模态的阻尼比；特征值——列出特征值的实部和虚部。为查看特征值，在控制面板上选择“特征值表”选项，出现信息窗口，在查看了信息之后，单击“关闭”按钮 关闭 。

5. 记录仿真过程

将仿真过程以图形的形式存放在一个图形文件中，以便在其他场合中使用，其具体操作方法如下。

（1）在控制面板上选择“录像”选项。

（2）选择图形文件的格式，例如 TIFF、JPG、BMP 或 XPM 等。

（3）在“文件名称”文本框中输入保存图形文件的前缀，Adams PostProcessor 以该前缀加序号作为每一个图形文件的文件名，例如 frame_001.tif、frame_002.tif、frame_003.tif 等。

（4）在控制面板中单击“记录仿真”按钮并单击“播放”按钮。

5.3 绘制仿真结果曲线

将仿真结果用曲线图的形式表达出来能够使人更深刻地了解模型的特性。Adams PostProcessor 能够绘制自动生成的仿真结果曲线图，包括间隙检查等，还能够将结果以用户定义的量度单位或需求绘制出来，也能够将输入进来的测试数据绘制成曲线图。

5.3.1 仿真数据类型

Adams 提供了几种由不同类型仿真结果绘制曲线图的功能。在如图 5-20 所示的绘制曲线模式下的控制面板的“资源”下拉列表中可以选择仿真数据类型，各选项具体介绍如下。

- 对象：模型中物体的特性，如某个部件的质心位置等。如果要查看物体的特性曲线图，必须先运行 Adams View 再进入 Adams PostProcessor，或者导入一个命令文件（扩展名为 .cmd）。

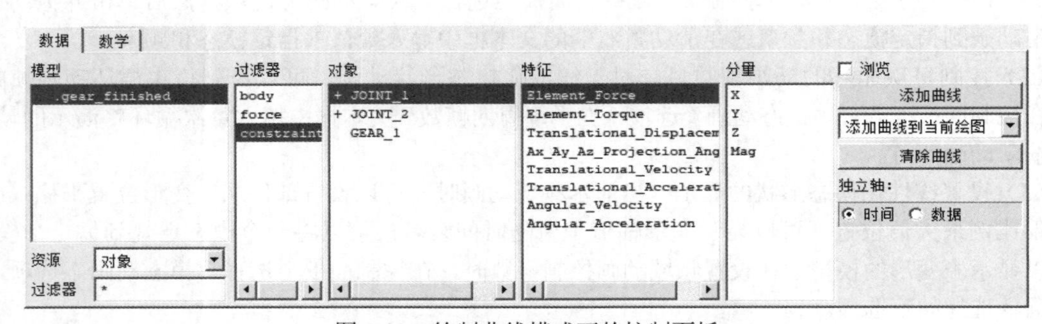

图 5-20　绘制曲线模式下的控制面板

- 测量：模型中可计量对象的特性，如施加在弹簧阻尼器上的力或物体之间的相互作用。也可以直接在 Adams 产品中创建量度，或者导入测试数据作为量度。要查看量度，需要先运行 Adams View 再运行 Adams PostProcessor，或者导入一个模型和结果文件（扩展名为 .res）。
- 结果集：Adams 在仿真过程中计算出的一套基本状态变量。Adams 在每个仿真输出步长上输出数据。一个结果通常是以时间为横坐标的特定量（例如部件在 X 方向的位移或铰链在 Y 方向的力矩）。

在控制面板上，根据所选数据类型的不同，显示若干个不同的列表框。Adams PostProcessor 对后处理数据采取自上到下的树状关联显示方式，不同层次的数据分别列于不同的列表框内。最左边的列表框中显示的是最上层的对象，其中列出已经输入的程序和符合所选数据类型的全部数据名。

当选定上一层后，下一层的列表框将显示同上一层相关的所有内容，如图 5-20 所示。通过控制面板的列表框可以选择进行后处理的各种数据。例如，如果选择数据类型是“对象”选项，在列表框内，自左向右可以依次选择绘图的样机仿真过程“模型”、数据类型“过滤器”、绘图分析的“对象”、有关变量“特征”和“分量”等。

5.3.2　创建曲线图

（1）绘制物体特性曲线。

物体特性曲线可以直接绘制，而不必重新创建量度，并且可选择同时显示一条以上的特性曲线。绘制特性曲线，必须在运行 Adams View 后进入 Adams PostProcessor 或导入模型和结果文件。

绘制物体特性数据曲线，在控制面板上设置“资源”为“对象”选项，控制面板会显示所有绘制曲线图时可用的结果。再选择要绘制特性曲线的模型，从“对象”列表中选择要绘制特性的物体，“对象”列表中包含了模型中所有的部件。从“特征”列表中选择要绘制曲线的特性，从“分量”列表中选择一种或多种需要绘制特性的分量。单击“添加曲线”按钮 添加曲线，将数据曲线添加到当前曲线图上。

（2）绘制量度曲线。

在控制面板上设置“资源”为“测量”选项，控制面板会显示所有绘制曲线图时可用的量度。从“仿真”列表中选择一次仿真结果，该列表中包含了所有可以绘制成曲线的数据资源，当调入额外的仿真结果时也会添加到“仿真”列表中。选择想要绘制的量度并在控制面板上单击“添加曲线”按钮 添加曲线，将曲线添加到当前曲线图。

（3）绘制请求或结果曲线。

在控制面板上设置“资源”为“结果集”选项（绘制来自仿真结果的分量），控制面板会显示所有绘制曲线图时可用的结果。然后从“结果集”列表中选择一个结果，再从“分量”列表中选择要绘制的分量，单击“添加曲线”按钮 添加曲线，将数据曲线添加到当前曲线图。

（4）快速浏览仿真结果。

可以快速地浏览仿真结果而不用创建大量的曲线图页面。勾选控制面板右上角的“浏览”复选框，然后选择想要绘制曲线的仿真结果，在做出选择后 Adams PostProcessor 能够在当前页面上自动清除当前曲线并显示新的仿真结果。继续选择仿真结果就可以在同一页面上陆续绘制不同的曲线，而不用不断生成新的页面。

（5）在曲线图页面上添加多条曲线。

可以在一个曲线图页面上添加多条曲线，也可以选择在每次添加曲线时创建一个新的曲线图页面，或者对每个不同的物体、请求和结果创建不同的曲线图页面。Adams PostProcessor 允许将一个物体的速度、加速度和位移自动地绘制在一个曲线图页面上，当针对不同的物体绘制曲线时可以设置 Adams PostProcessor 自动为这些数据创建新的曲线图页面。

如果选择在当前曲线图页面上添加多条曲线，Adams PostProcessor 将为每条新曲线分配不同的颜色和线型以便将不同曲线区分开来。对于所定义的颜色、线型和符号可以通过改变默认定义的属性来进行更改。

Adams PostProcessor 为每种单元类型创建一个纵坐标轴。例如在同一个曲线图内绘制位移和速度两条曲线，Adams PostProcessor 将自动地显示两个纵坐标轴（一个对应位移，一个对应速度）。

添加曲线时首先要选择需要绘制的结果，然后从“添加曲线”按钮 添加曲线 下面的下拉列表中选择希望采用的添加曲线方式，有以下 3 种选项。

- 添加曲线到当前绘图：添加曲线到当前曲线图页面。
- 每个绘图一个曲线：在一个新页面上创建曲线。
- 每个结果集一个绘图：针对一个特定的物体、请求或结果（对于量度不可用）创建一条新曲线。

（6）使用除时间值外的横坐标轴。

曲线图中横坐标轴的默认数据是仿真时间。可以选择除仿真时间外的其他数据作为横坐标轴，在控制面板右端“独立轴”选项组中选中“数据”单选按钮，出现 Independent Axis Browser（坐标轴浏览器），如图 5-21 所示，选择想要作为横坐标轴的数据后，单击“确定”按钮 确定。

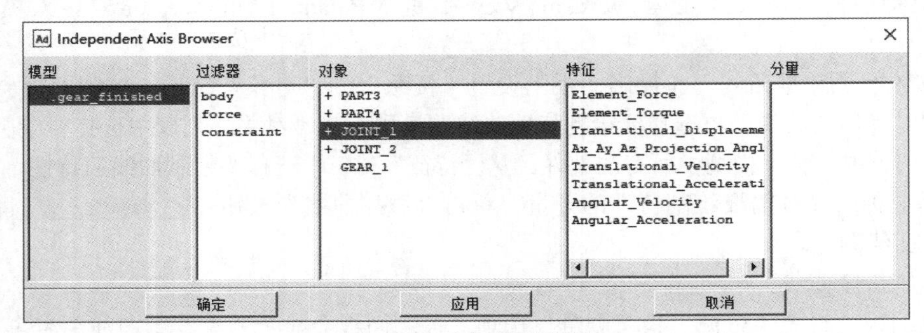

图 5-21　坐标轴浏览器

5.3.3　仿真结果曲线的编辑与运算

Adams PostProcessor 提供了许多利用仿真结果曲线进行进一步运算的工具，单击菜单栏中的“视图”→“工具栏”→“曲线编辑工具栏”命令，弹出“曲线编辑和运算”工具栏，如图 5-22 所示。

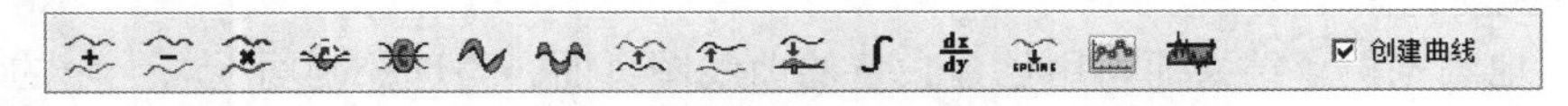

图 5-22　“曲线编辑和运算”工具栏

1. 曲线数据的简单数学运算

通过在曲线上进行简单的数学计算可以对曲线进行修改，可以使用包含在另一条曲线中的值或重新指定一个值。进行操作的曲线必须属于同一个曲线图。

如果想改变基于数值的曲线而不创建新的曲线，需在“曲线编辑和运算”工具栏的最右端勾选“创建曲线”复选框。Adams PostProcessor 有时需要使用两条曲线来修改其中的第一条曲线（如求差运算）。

（1）将一条曲线的值与另一条曲线的值进行加、减、乘等操作。

1）单击“增加两个曲线”（相加）按钮、“从另一条曲线减去曲线”（相减）按钮或“两条曲线相乘”（相乘）按钮。

2）选择第一条曲线，该曲线将加上、减去或乘以第二条曲线对应的值。

3）选择第二条曲线，完成运算。

（2）找出数据点绝对值或对称点。

1）单击“绝对值”（求绝对值）按钮或“求反曲线”（求负值）按钮。

2）选择需要运算的曲线。

（3）产生采样点均匀分布的曲线（曲线插值）。

1）单击“插补曲线”（样条曲线）按钮，此时，在“曲线编辑和运算”工具栏中显示样条曲线“类型”下拉列表。

2）在样条曲线“类型”下拉列表中选择样条曲线的类型，各选项含义如下。

- akima：采用 Akima 法。
- 线性：采用一阶拉格朗日插值方法。
- cubic：采用二阶拉格朗日插值方法。
- cspline：进行整体拟合。
- notaknot：采用 Not-a-knot 三阶样条曲线拟合。
- hermite：采用 Hermite 三阶样条曲线拟合。

3）在“# pts”文本框中，输入用于设置拟合数据的插值点数量，默认值为“1024”，建议输入插值点数量为 2 的倍数，例如 256、512、1024 等。

4）选择需要处理的曲线。

（4）按特定值缩放或平移曲线。

1）单击“缩放曲线”（曲线按比例放大或缩小）按钮或“偏移曲线”（曲线平移）按钮。

2）在“曲线编辑和运算”工具栏的“比例”文本框或“偏移”文本框中输入比例系数或平移量。

3）选择需要处理的曲线。

（5）将一条曲线与另一条曲线的起点对齐。

1）单击“对齐曲线到另一个曲线的起点”（开始点对齐）按钮。

2）选择要移动的曲线。

3）选择第二条曲线，完成运算。

（6）将曲线的开始点移至原点。

1）单击“对齐曲线的起点到原点”（开始点移至原点）按钮。

2）选择要移动的曲线。

2. 计算曲线的积分或微分

Adams PostProcessor 提供了对数据曲线进行积分和微分的工具。进行积分或微分时，Adams PostProcessor 首先用三次样条函数拟合数据点，然后对由三次样条函数构成的数据曲线进行积分和微分。

（1）在“曲线编辑和运算”工具栏中单击“积分曲线”（积分）按钮或“微分曲线”（微分）按钮。

（2）选择要进行积分或微分的曲线。

3. 由曲线生成样条函数

若要使用由样机仿真数据定义的样条函数，需要使用包含 Adams 样条函数的函数表达式，或者调用包含样条函数子程序的自定义程序。

（1）在“曲线编辑和运算”工具栏中单击“从曲线上创建样条数据元素”（生成样条函数）按钮。

（2）在“样条函数名称”文本框中输入新产生的样条函数名。

（3）选择要生成样条函数的曲线。

4. 手动修改数据点数值

对于已经生成的任何曲线都可以手动修改数据点数值，手动修改数据点数值时各顶点处的数据点以高亮显示。

（1）选择要改变数据点的曲线。

（2）在“曲线编辑和运算”工具栏中单击“显示所选曲线的热点使你可以手动编辑曲线”（改变数据点）按钮，此时，所选曲线的数据点将显示在曲线上。

（3）用鼠标选择并拖动要改变的数据点至合适的位置。

5. 曲线的统计运算

单击菜单栏中的“视图”→“工具栏”→“统计工具栏”命令，弹出“曲线统计运算”工具栏，如图 5-23 所示。“曲线统计运算”工具栏显示了当前数据点的 *X*、*Y* 坐标位置，数据点处的曲线斜率（Slope），数据点的最小值（Min）、最大值（Max）和平均值（Avg），数据曲线的均方根（RMS）等。

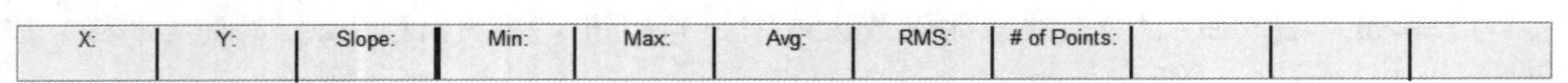

图 5-23 “曲线统计运算”工具栏

6. 输出绘图数据

在 Adams PostProcessor 程序中，可以将绘图数据输入一个数据文件中，以便在其他的绘图中应用；也可以产生 Adams View 的命令文件，以便以后能够方便地重复这些绘图过程。

单击菜单栏中的“文件”→“导出”→“数值数据”或“电子表格”命令，弹出“输出”对话框，设置输出数据。

7. 曲线数据滤波

对曲线数据进行滤波操作可以消除时域信号中的噪声，或者强调时域信号中特定的频域分量。Adams PostProcessor 提供两种类型的滤波，一种是在 MATLAB 软件中采用的 Butterworth 滤波，另一种是直接指定传递函数滤波。

（1）滤波的方法。

Adams PostProcessor 提供的两种滤波的方法如下。

1）连续滤波：将时域信号通过快速傅里叶变换转化到频域，然后将结果函数与滤波函数相乘，再进行傅里叶逆变换。

2）离散（数值）滤波：直接针对时域信号进行离散滤波操作，这时，在某一特定时间步长上滤波后的信号是由前面的输入、输出信号和离散传递函数经计算得到的。

（2）产生滤波函数。

使用“曲线编辑”工具栏，可产生滤波函数。

1）产生 Butterworth 滤波函数。先在“曲线编辑和运算”工具栏中单击“滤波曲线”按钮，在“滤波器名称”文本框中右击，在弹出的快捷菜单中单击“filter_function”（滤波函数）→“创建”命令，弹出“Create Filter Function”（产生滤波函数）对话框。在对话框中输入滤波器名称，选择“Butterworth 滤波器”滤波，并选择滤波的方法是“模拟（连续的）”还是“数字（离散的）”，是低通、高通、带通还是带阻，再指定滤波阶数以及截止频率（范围）。

2）产生基于传递函数方式的滤波函数。同样先在“曲线编辑和运算”工具栏中单击“曲线滤波”按钮，在“滤波器名称”文本框中右击，在弹出的快捷菜单中选择“filter_function”→“创建”命令，弹出“Create Filter Function”对话框后，在对话框中输入滤波器名称，选择“传递函数”滤波，并选择滤波的方法是“模拟（连续的）”还是“数字（离散的）”并指定传递函数分子、分母中的系数。对于系数，可直接输入数值，或者单击“从 Butterworth 滤波器创建”按钮，由 Butterworth 滤波转换生成，还可通过单击“检查格式并显示曲线”按钮来检查格式、生成增益和相位的曲线图。

（3）执行滤波函数。

生成滤波函数后即可对滤波曲线进行滤波操作，先选择需要滤波的曲线，再在“曲线编辑和运算”工具栏中单击“曲线滤波”按钮，然后在“滤波名称”文本框中输入要采用的滤波函数名称，并通过名称文本框后面的复选框选择是否执行“零相位”操作。按照以上步骤即可对曲线执行滤波操作。

5.4 综合实例——凸轮机构仿真计算

本例对凸轮机构进行模拟仿真。已知：尖顶直动从动件盘形凸轮机构的凸轮基圆半径 $r_0 =$ 60mm，从动件行程 $h = 40$mm，推程运动角为 $\delta_o = 150°$，远休止角 $\delta_s = 60°$，回程运动角 $\delta_{o'} = 120°$，近休止角为 $\delta_{s'} = 30°$，从动件推程、回程分别采用余弦加速度和正弦加速度运动规律。

（1）启动 Adams View，在“Welcome to Adams...”对话框中单击“新建模型”按钮，弹出“Create New Model”对话框，按图 5-24 所示设置参数，然后单击“确定”按钮。

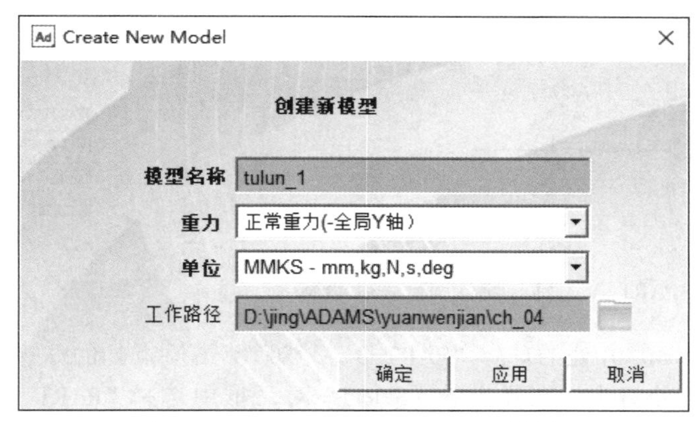

图 5-24　“Create New Model”对话框

（2）对于这个模型，网格间距需要设置成更高的精度以满足要求。单击菜单栏中的“设置”→“工作格栅”命令，系统弹出设置工作网格对话框，将“大小”中的 *X* 和 *Y* 分别设置成“250mm”和“300mm”，“间隔”中的 *X* 和 *Y* 都设置成“10mm”，单击“确定”按钮。

（3）单击“物体”选项卡“实体”面板中的“刚体：创建球体”按钮，在模型树上出现“几何形状：球”属性栏，按图 5-25 所示设置参数，在原点处单击，创建完成的球体的名称默认为“Part: PART_2”。

（4）按 <F4> 键，打开“坐标窗口”对话框。重复步骤（3），按图 5-25 所示设置参数，根据凸轮基圆半径 r_0=60mm，在点 (0, 60, 0) 处单击，创建第二个球体，第二次创建完成的球体的名称默认为“Part: PART_3”。

（5）单击主功能区中的“连接”选项板“运动副”面板中的“创建旋转副”按钮，按图 5-26 所示设置参数。

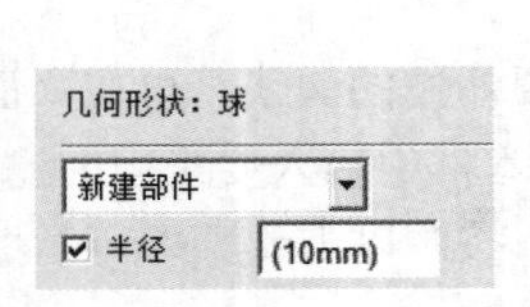

图 5-25 “几何形状：球”属性栏

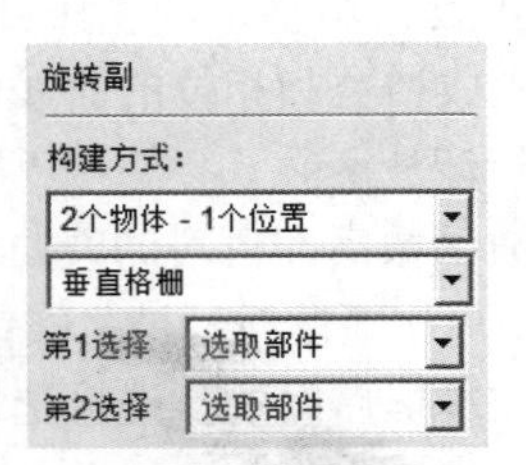

图 5-26 “旋转副”属性栏

（6）先单击原点处的球体“PART_2”，再单击“ground”，最后在该球体中心处右击，弹出“Select”对话框，选择“PART_2.cm”，单击“确定”按钮 确定 。在球体“PART_2”上成功创建旋转副“JOINT_1”，如图 5-27 所示。

（7）单击主功能区中的“连接”选项卡“运动副”面板中的“创建平移副”按钮，按图 5-28 所示设置参数。

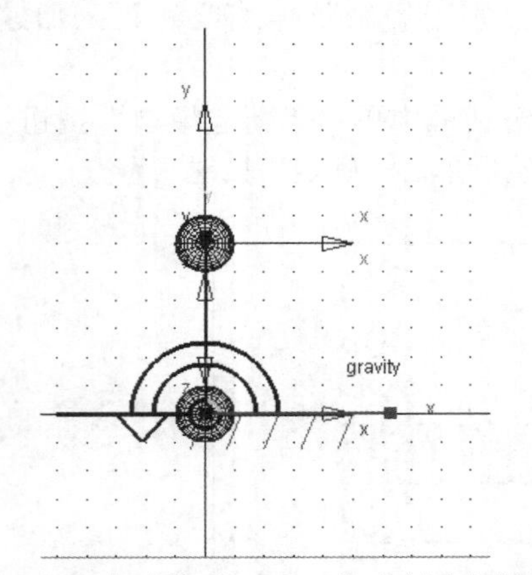

图 5-27 在球体“PART_2”上创建旋转副

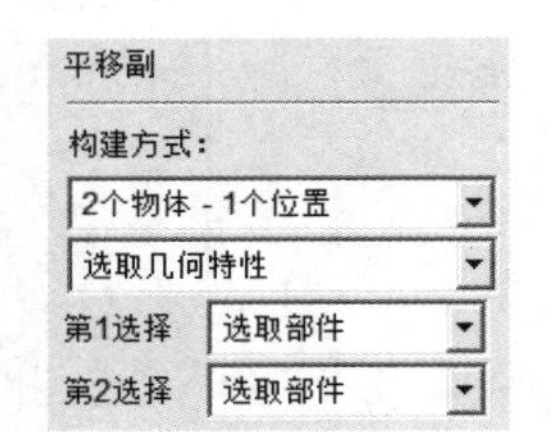

图 5-28 “平移副”属性栏

（8）先单击点 (0, 60, 0) 处的球体“PART_3”，然后单击原点处的球体“PART_2”，最后在球体“PART_3”中心处右击，在弹出的“Select”对话框中选择“PART_3.cm”，单击“确定”按钮 确定 ，就会出现白色的箭头，移动鼠标指针，使箭头指向 Y 轴的正方向后单击。在球体“PART_3”上成功创建平移副“JOINT_2”，结果如图 5-29 所示。

（9）单击主功能区中的“驱动”选项卡“运动副驱动”面板中的“转动驱动”按钮，系统弹出“转动驱动”属性栏，如图 5-30 所示。

（10）在“旋转速度”文本框中输入“360d”，表示驱动装置每秒钟转 360°，单击球体“PART_2”上的旋转副“JOINT_1”，在旋转副上会出现一个大的驱动图标，即为驱动装置“MOTION_1”。

（11）单击主功能区中的“驱动”选项卡“运动副驱动”面板中的“移动驱动”按钮，参数接受系统默认，单击球体“PART_3”上的平移副“JOINT_2”，同样在平移副上会出现一个大的驱动图标，即为驱动装置“MOTION_2”，如图 5-31 所示。

（12）在球体“PART_3”上右击，选择“Motion:MOTION_2”子菜单中的“修改”命令，如图 5-32 所示。

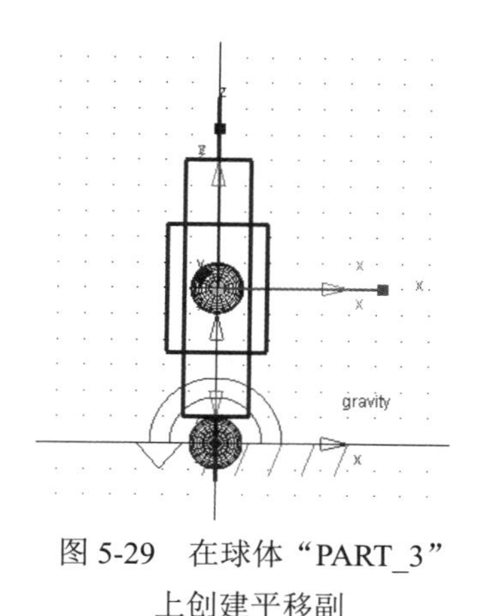

图 5-29　在球体“PART_3”上创建平移副

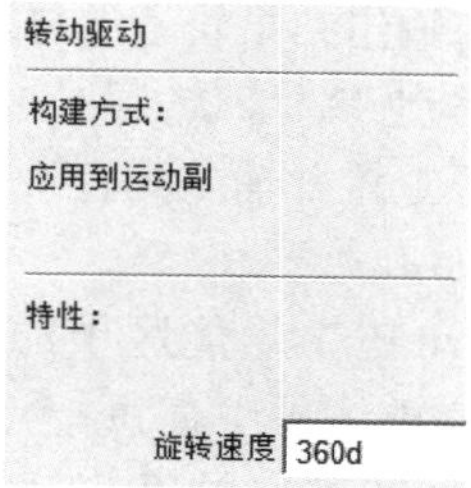

图 5-30　“转动驱动”属性栏

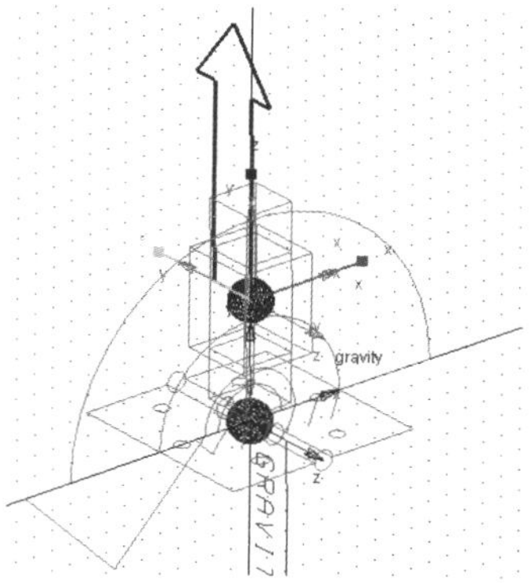

图 5-31　在“JOINT_1”上创建转动驱动

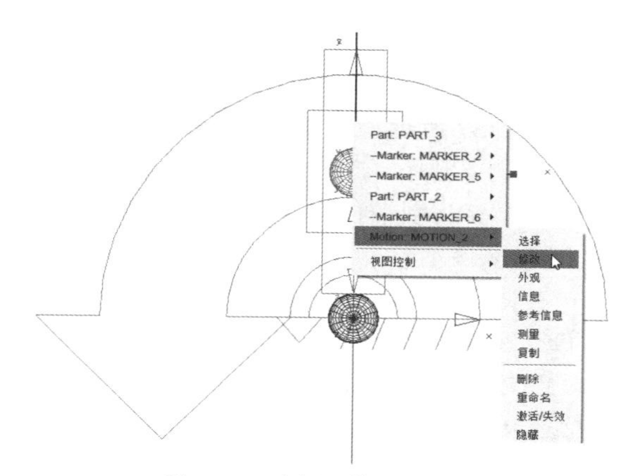

图 5-32　选择“修改”命令

弹出“Joint Motion”对话框，如图 5-33 所示。接着单击“函数构造器”按钮，弹出“Function Builder”对话框。在“定义运行时间函数”文本框中输入语句“IF(time−5/12:20*(1−cos(6/5*360d*time)),40,IF(time−7/12:40,40,IF(time−11/12:40*(2.75−3*time+1/(2*pi)*sin(3*2*pi*time−3.5*pi)),0,IF(time−1:0,0,0))))”。然后单击“验证”按钮，如果弹出“Information”对话框，提示输入的语句没有语法格式上的错误，如图 5-34 所示，那么一直单击“确定”按钮，直到退出“Joint Motion”对话框。

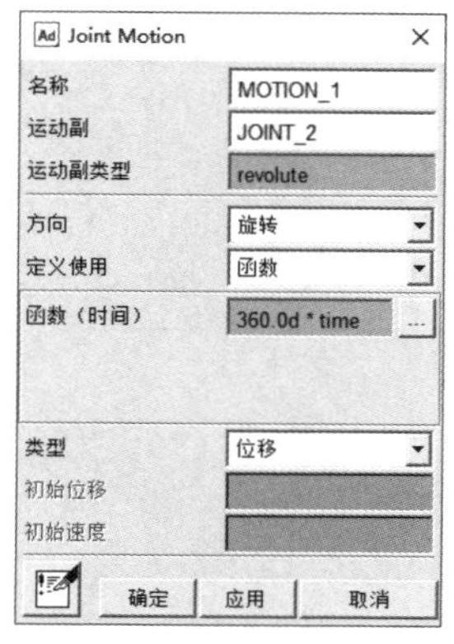

图 5-33　“Joint Motion”对话框

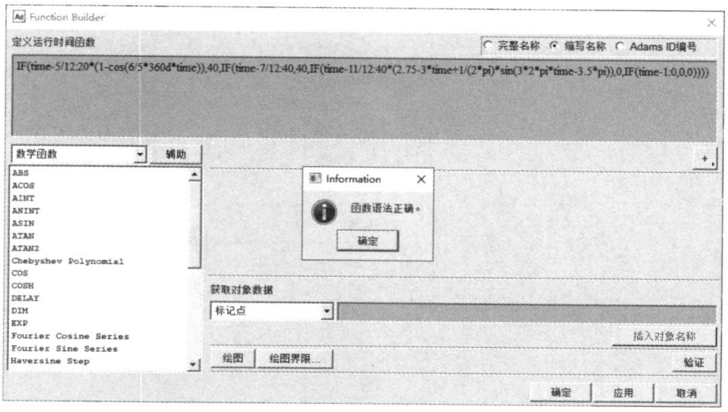

图 5-34　“Function Builder”对话框

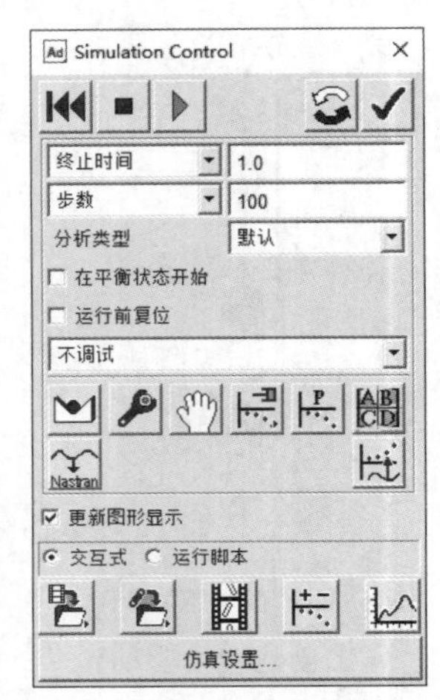

图 5-35 “Simulation Control”对话框

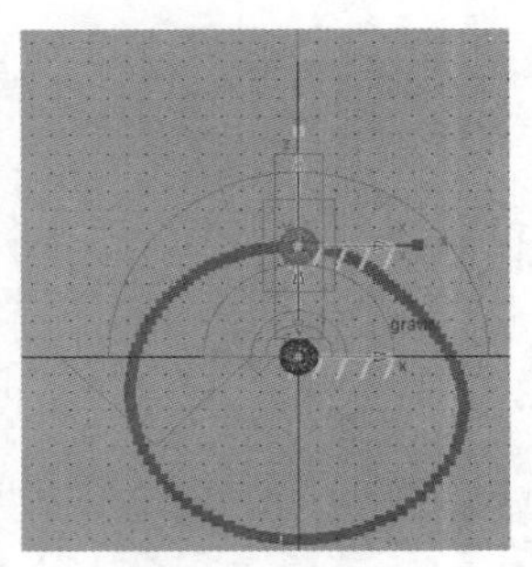
图 5-36 凸轮轨迹曲线

（13）单击主功能区中的“仿真”选项卡“仿真分析”面板中的“运行交互仿真”按钮，将仿真停止时间“终止时间”设置为“1.0”，为了使轨迹生成的凸轮轮廓曲线光滑并缩短计算机生成曲线的计算时间，可以将输出结果轨迹的总步数“步数”设置为“100”，按图 5-35 所示设置其他参数。然后通过单击“开始仿真”按钮，仿真结束后，单击“重置并输入配置”按钮，然后单击右上角的“关闭”按钮。

（14）单击主功能区中的“结果”选项卡“查看结果”面板中的“创建分析结果中任意一点的轨迹”按钮，鼠标右键单击球体“PART_3”，在弹出的“Select”对话框中选择“PART_3.cm”，单击“确定”按钮，最后单击机架“ground”，生成凸轮轨迹曲线“BSpline:GCURVE_3”，如图 5-36 所示。

（15）凸轮轨迹曲线生成后，鼠标右键单击球体“PART_2”，在弹出的快捷菜单中单击“Part: PART_2”→“删除”(Delete）命令，如图 5-37 所示。系统弹出“Warning”对话框，在弹出的对话框中单击“全部删除”按钮，即可删除球体“PART_2”。

（16）用同样的方法删除球体“PART_3”，删除球体后的图形如图 5-38 所示。

（17）在曲线上右击，在弹出的快捷菜单中单击“--BSpline: GCURVE_3”→“修改”命令，弹出“Modify a Geometric Spline”（修改几何样条曲线）对话框，如图 5-39 所示，单击“坐标值表”按钮，弹出“Location Table”对话框，如图 5-40 所示。

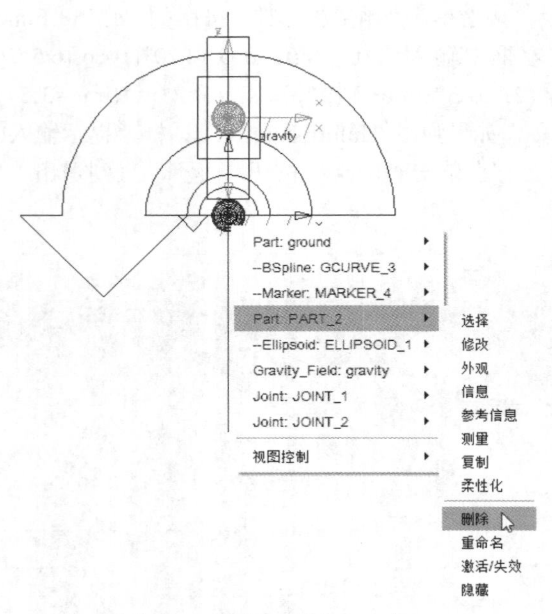

图 5-37 选择“删除”命令

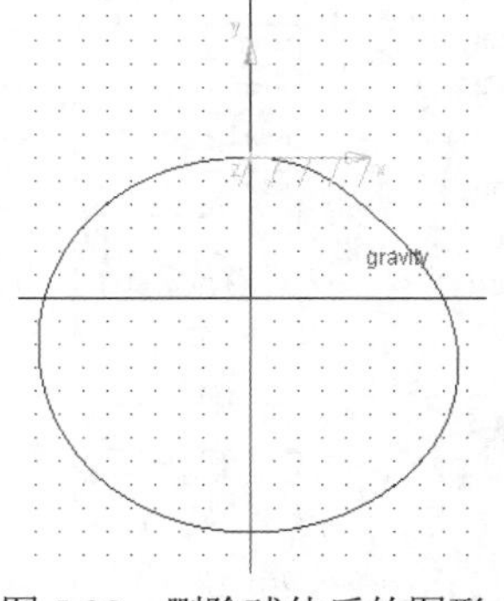

图 5-38 删除球体后的图形

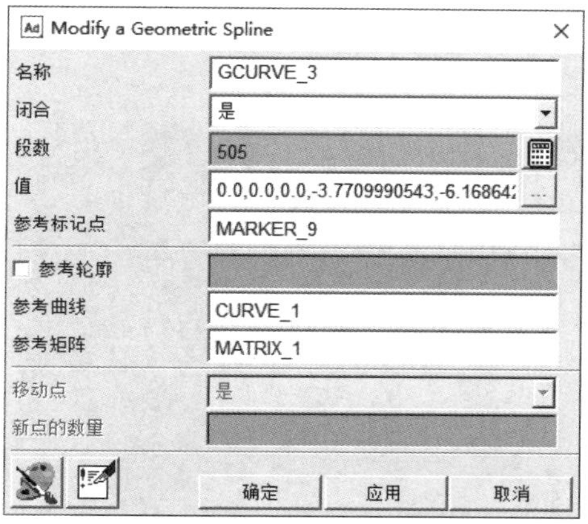

图 5-39　“Modify a Geometric Spline”对话框

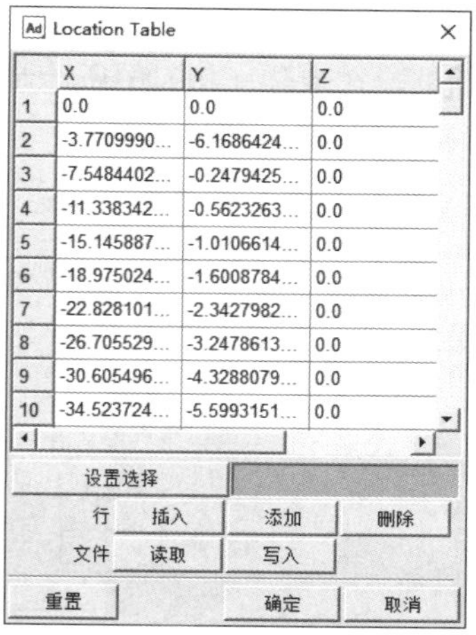

图 5-40　“Location Table”对话框

（18）在“Location Table”对话框中，单击“写入”按钮 写入 ，弹出“Select File”对话框，如图 5-41 所示，在“文件名”文本框中输入“tulun_1.dat”（不要忘记加扩展名“.dat”），单击“打开”按钮 打开(O) 进行保存。最后单击“确定”按钮 确定 两次，分别退出“Location Table”对话框和“Modify a Geometric Spline”对话框。

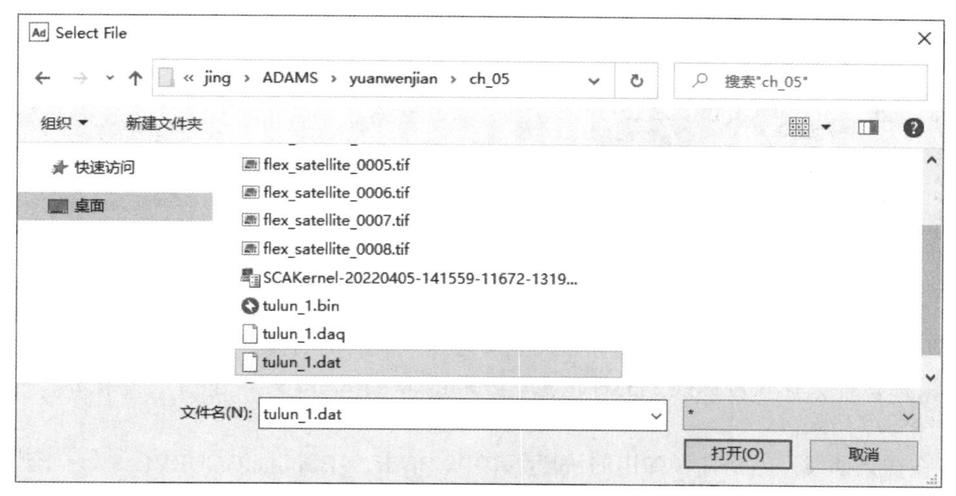

图 5-41　“Select File”对话框

（19）单击“物体”选项卡“基本形状”面板中的“基本形状：样条曲线”按钮，在模型树中弹出“基本形状：样条曲线”属性栏，按图 5-42 所示设置参数。在图形区单击随意选择 12 个不同的点（至少要选择 8 个点），右击确定，绘制的样条曲线如图 5-43 所示，图中的闭合曲线就是所绘制的样条曲线。

（20）在样条曲线上右击，在弹出的快捷菜单中单击“--BSpline: GCURVE_4”→“修改”命令，弹出“Modify a Geometric Spline”对话框，单击“坐标值表”按钮 ... ，弹出“Location Table”对话框，由于每个人所画的样条曲线不相同，相应的 *X*、*Y*、*Z* 坐标值不相同。在“Location Table”对话框中，单击“读取”按钮 读取 ，弹出“Select File”对话框，选择在步骤（18）中保存的“tulun_1.dat”文件，单击“打开”按钮 打开(O) ，“Location Table”对话框中的 *X*、*Y*、*Z* 坐标值会产生变化。

单击“确定”按钮 两次，分别退出“Location Table”对话框和“Modify a Geometric Spline”对话框，在步骤（19）中所绘制的样条曲线会变成与轨迹曲线“BSpline: GCURVE_3”形状一样的曲线，如图5-44所示。

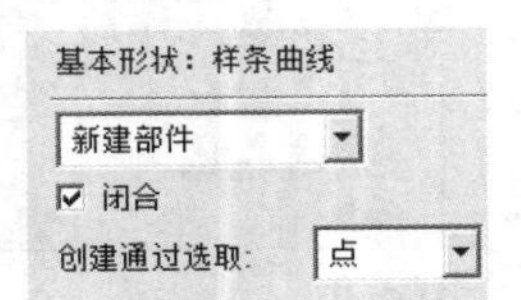

图5-42 “基本形状：样条曲线”属性栏

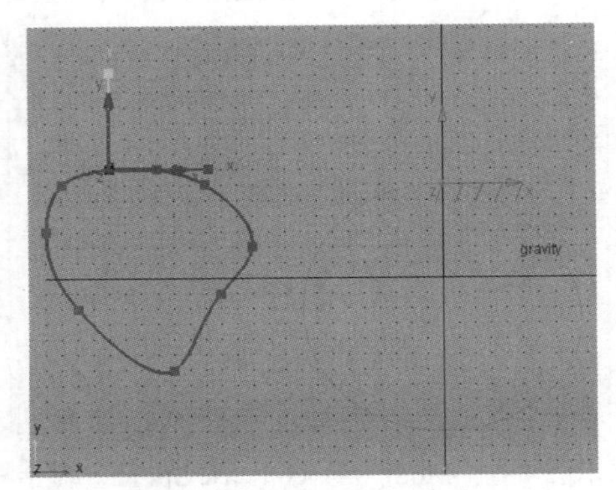

图5-43 绘制的样条曲线

（21）使用鼠标右键单击菜单栏中的“位置变化”按钮，弹出图5-45所示的列表。选择其中的“位置变换”按钮，模型树中弹出“位置：移动”属性栏，按图5-46所示设置参数。

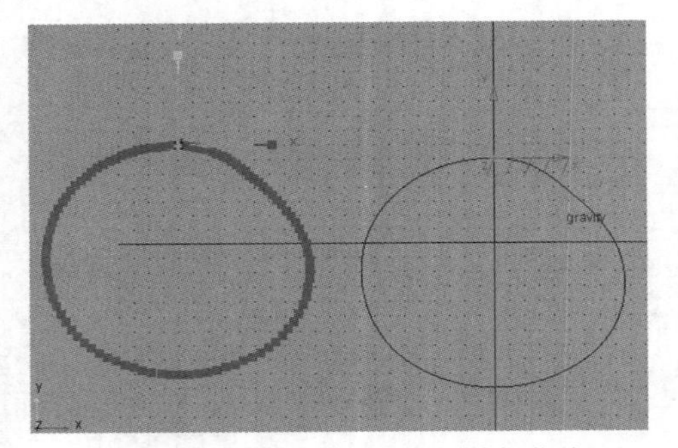

图5-44 读取坐标后的新样条曲线

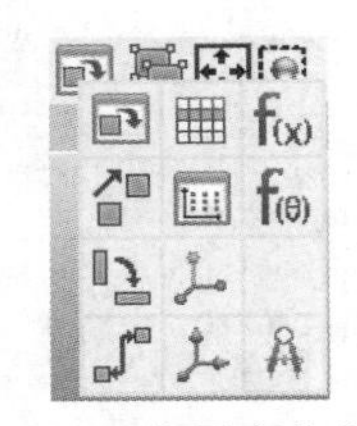

图5-45 “位置变化”列表

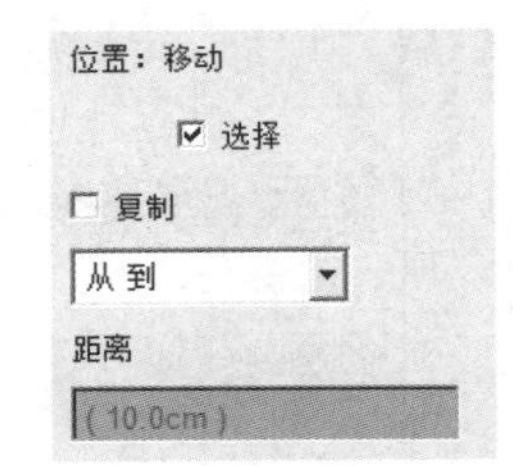

图5-46 “位置：移动”属性栏

在图形区先单击如图5-44所示的样条曲线并选择该曲线上的标记点“PART_2.MARKER_10”，然后移动鼠标指针选择轨迹曲线上的标记点“ground. MARKER_9”，单击，两条闭合曲线重叠在一起，如图5-47所示。

（22）在样条曲线上右击，在弹出的快捷菜单中，单击“--BSpline:GCURVE_3”→“删除”命令，删除最开始生成的轨迹曲线（因为该闭合曲线与机架固结在一起）。

（23）单击“物体”选项卡“实体”面板中的“刚体：创建拉伸体”按钮，系统弹出“几何形状：拉伸体”属性栏，按图5-48所示设置参数。在图形区连续单击闭合样条曲线两次（第一次选择PART_2，第二次选择PART_2.GCURVE_4），则一个凸轮实体被拉伸出来，如图5-49所示。

（24）单击“物体”选项卡“实体”面板中的“刚体：创建圆柱体”按钮，设置圆柱体为“新建部件”，其他参数（长度、半径）为系统默认值。在图形区单击坐标点(0, 100, 0)（因为本设计的对象是尖顶直动从动件盘形凸轮机构，根据机械原理，这种机构中从动件和凸轮之间没有偏距，所以从动件需要创建在凸轮的正上方，并且位置选择要合理，不要太高），如果选择不准确，可以在选择的同时按住<Ctrl>键进行强制选择。然后单击坐标(0, 180, 0)（从动件的长度选择对后面的受力分析有影响，从动件的长度越长，质量越大，对凸轮的压力也越大），则一个圆柱体被创建出来，结果如图5-50所示。

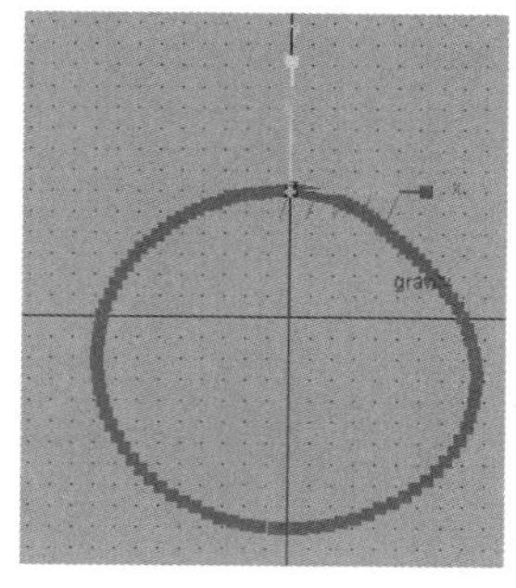

图 5-47　两条曲线重合

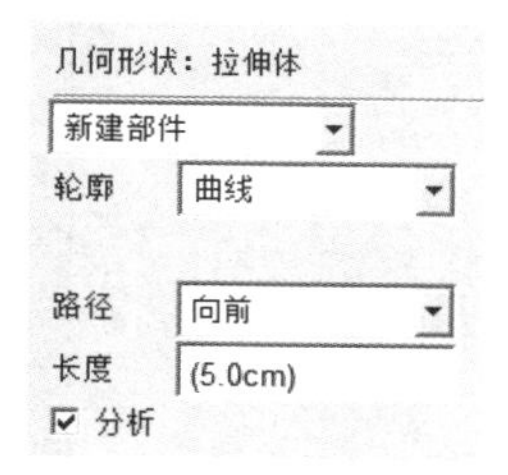

图 5-48 “几何形状：拉伸体”属性栏

（25）单击“物体”选项卡“实体”面板中的“刚体：创建锥台体”按钮，设置锥台体为“添加到现有部件”，其他参数为系统默认值。在图形区单击圆柱体“PART_3”，接着选择圆柱体底面上的标记点“PART_3.MARKER_12”，然后选择凸轮（闭合样条曲线）上的标记点“PART_2.MARKER_10”，则一个锥台体被创建出来，并且和圆柱体固结在一起。在锥台体上右击，在弹出的快捷菜单中单击“--Frustum: FRUSTUM_7”→“修改”命令，在弹出的“Geometry Modify Shape Frustum”（修改锥台体几何形状）对话框中，将“顶部半径”的值改为“0.0mm”,“底部半径”的值改为“10.0mm”（此半径值和圆柱体的半径相同），单击“确定”按钮，修改后的尖顶从动件如图 5-51 所示。

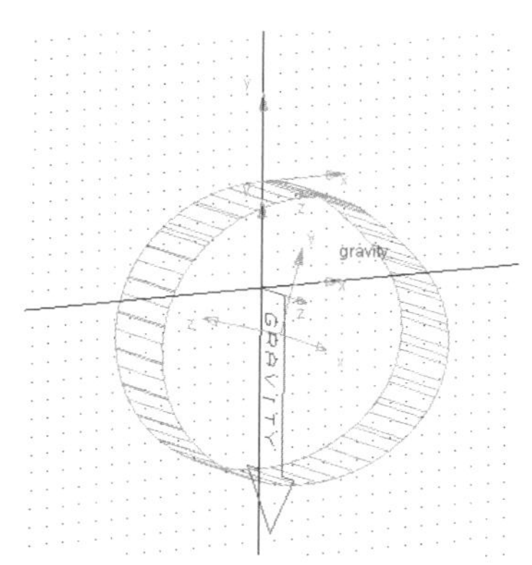

图 5-49　凸轮拉伸实体

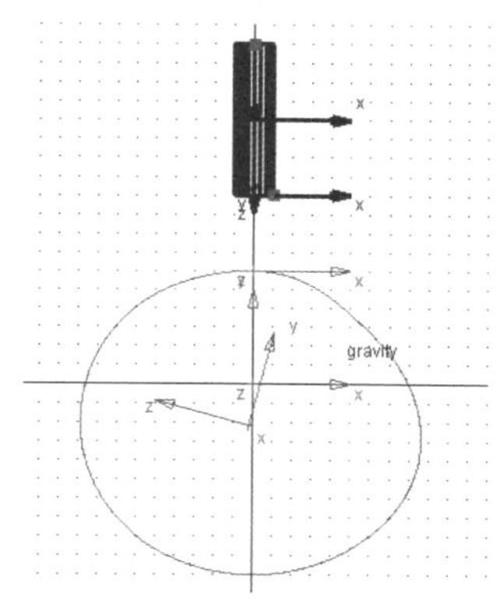

图 5-50　创建圆柱体

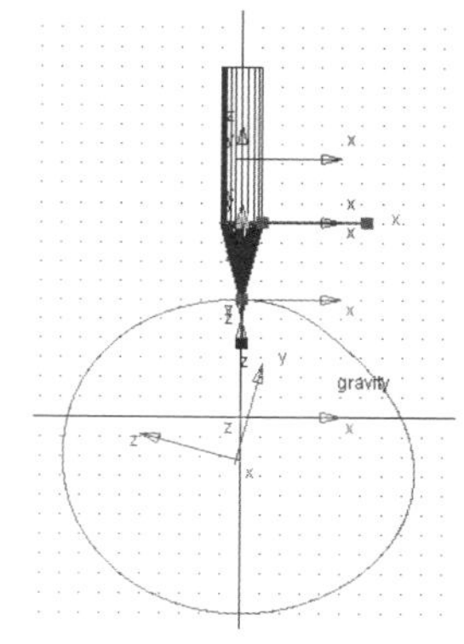

图 5-51　修改后的尖顶从动件

（26）单击“物体”选项卡“基本形状”面板中的“基本形状：标记点”按钮，设置“标记点”为“添加到现有部件”、坐标轴方向为“全局 XY 平面”。在图形区选择尖顶从动件“PART_3”，然后在尖顶处右击，在弹出的“Select”对话框中选择“PART_3. FRUSTUM_7.V1”，单击“确定”按钮，在尖顶从动件处创建出一个“标记点”，如图 5-52 所示。

（27）单击主功能区中的“力”选项卡“特殊力”面板中的“创建接触”按钮，弹出“Create Contact”对话框，在“接触类型”下拉列表中选择“点对曲线”；在“标记点”文本框中右击，在弹出的快捷菜单中单击“标记点”→“浏览”命令，在弹出的对话框中选择“PART_3”→“MARKER_14”〔即步骤（19）创建的标记点〕选项；在“曲线”文本框中右击，在弹出的快捷菜单中单击“接触曲线”→“选取”命令，在图形区通过选择“GCURVE_4”；按图 5-53 所示设置其他参数。设置完成后单击“确定”按钮即可创建如图 5-54 所示的点线接触，尖顶从动件与凸轮之间的接触是点与线的接触。

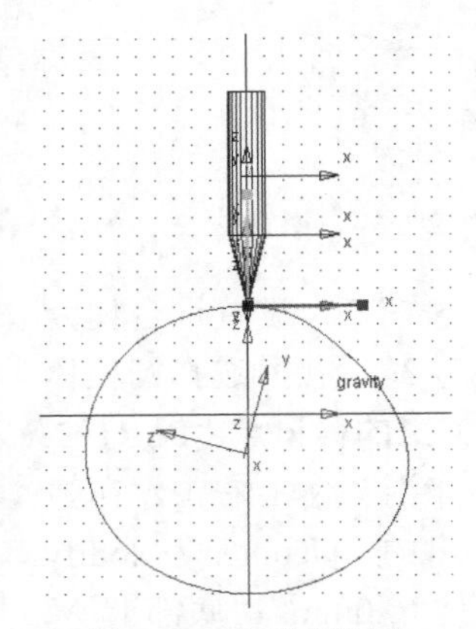

图 5-52 创建标记点

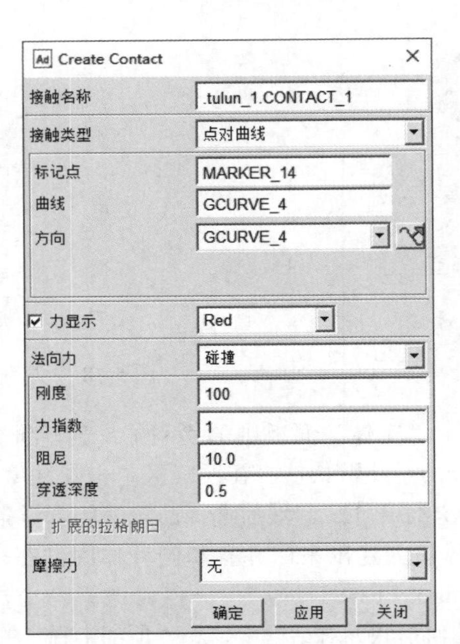

图 5-53 “Create Contact”对话框

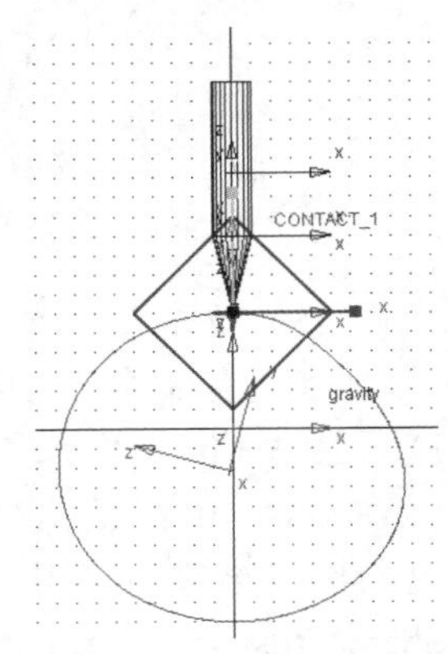

图 5-54 创建的点线接触

（28）单击主功能区中的“连接”选项卡“运动副”面板中的“创建平移副”按钮，将创建平移副的选项设置为“2 个物体 -1 个位置”和“选取几何特征”。在图形区先通过选择从动件“PART_3”，然后选择机架“ground”，再选择圆柱体上的标记点“PART_3.MARKER_12”，这时会出现一个白色的箭头，移动鼠标指针，使箭头的方向垂直向上，最后单击确认。

（29）凸轮做旋转运动，因此凸轮上需要一个旋转副。单击主功能区中的“连接”选项卡“运动副”面板中的“创建旋转副”按钮，将创建旋转副的选项设置为“2 个物体 -1 个位置”和“垂直格栅”。在图形区用鼠标左键依次单击凸轮“PART_2”、机架“ground”，然后按住 <Ctrl> 键单击坐标原点，一个旋转副被创建出来，如图 5-55 所示。

（30）单击主功能区中的“驱动”选项卡“运动副驱动”面板中的“转动驱动”按钮，弹出“转动驱动”属性栏，在“旋转速度”文本框中输入“360d”，表示转动驱动每秒钟逆时针旋转 360°。在图形区单击旋转副“JOINT_2”，一个转动驱动被创建出来，如图 5-56 所示，完成后保存创建的模型。

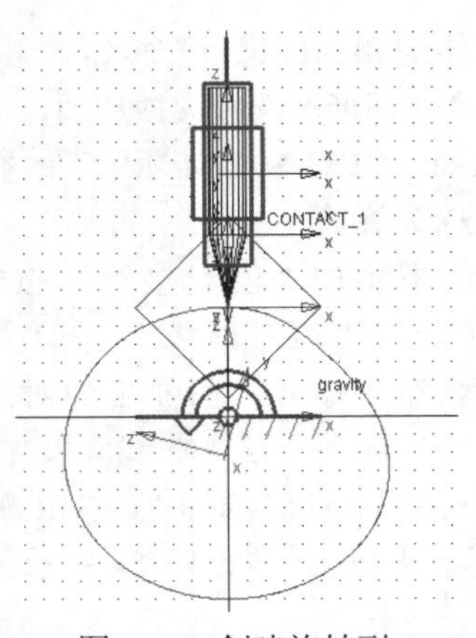

图 5-55 创建旋转副

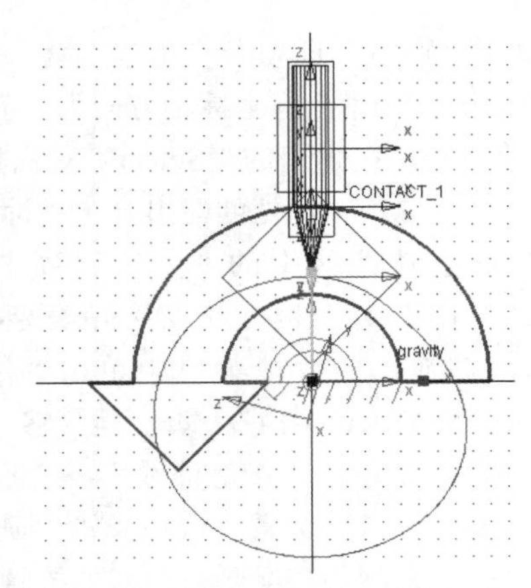

图 5-56 创建转动驱动

（31）单击主功能区中的“仿真”选项卡“仿真分析”面板中的“运行交互仿真”按钮，设置仿真“终止时间”为“3”，“步长”为“0.1”，然后单击“开始仿真”按钮进行仿真，观察模型的运动情况。仿真完成后，回到起始位置。

（32）验证模型。单击“设计探索”选项卡“测量”（Measures）面板中的“创建新的两点相对运动测量”按钮，模型树中弹出“点到点测量”属性栏，单击“高级”按钮，弹出“Point-to-Point Measure”对话框，如图 5-57 所示。下面进行点与点之间的位移测量的设置。在“终止点”文本框中右击，在弹出的快捷菜单中单击“标记点”→“浏览”命令，弹出“Database Navigator”对话框。在弹出的“Database Navigator”对话框中选择“PART_3”→“MARKER_14”选项，将其作为测试点，如图 5-58 所示，然后单击“确定”按钮。在“Point-to-Point Measure”对话框的“起始点”文本框中右击，在弹出的快捷菜单中单击“标记点”→“浏览”命令，在弹出的“Database Navigator”对话框中选择“ground”→“MARKER_18”选项，将其作为参考点，如图 5-59 所示，然后单击“确定”按钮。

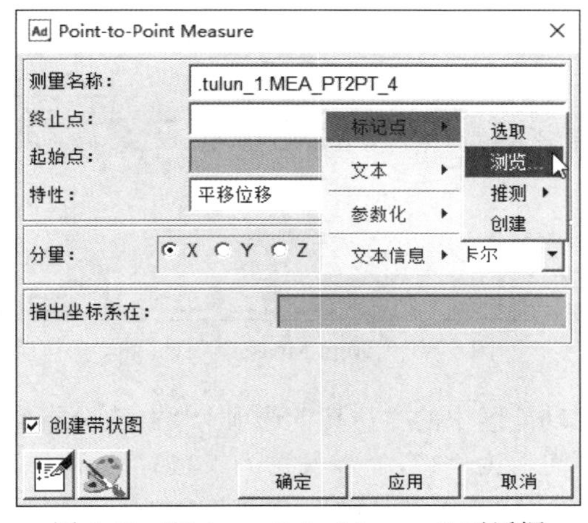

图 5-57　“Point-to-Point Measure”对话框

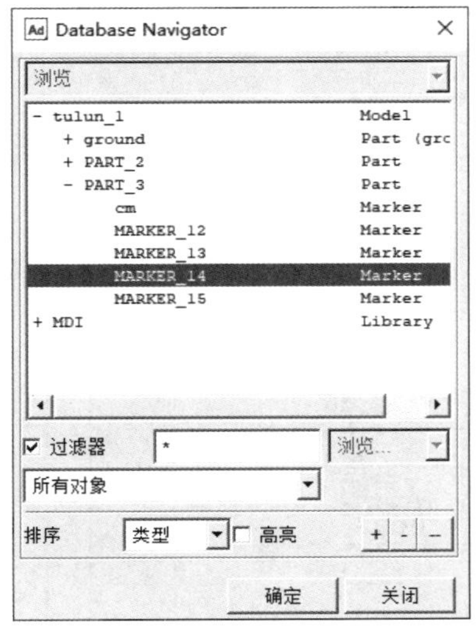

图 5-58　选择测试点

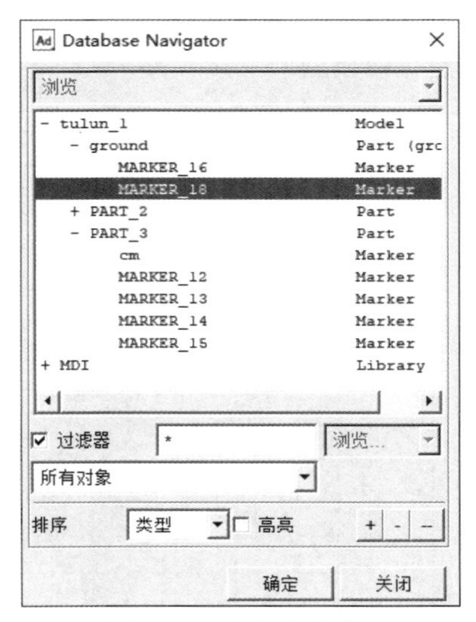

图 5-59　选择参考点

在“Point-to-Point Measure”对话框的“特性”下拉列表中选择“平移位移”选项，在“分量”

选项组中选中“幅值”单选按钮。然后单击“确定”按钮 确定 。在本实例中，速度、加速度测量的过程和位移的几乎一样，只是在“Point-to-Point Measure”对话框的“特性”下拉列表中的选择不同而已，分别为“平移位移”“平移加位移”。

（33）单击“设计探索”选项卡“测量”面板中的“创建新的测量”按钮，在弹出的“Database Navigator”对话框中，选择“tulun_1”→“PART_3”→“JOINT_2”选项，然后单击“确定”按钮 确定 ，弹出“Joint Measure”对话框。按图 5-60 所示设置参数，单击“确定”按钮 确定 。

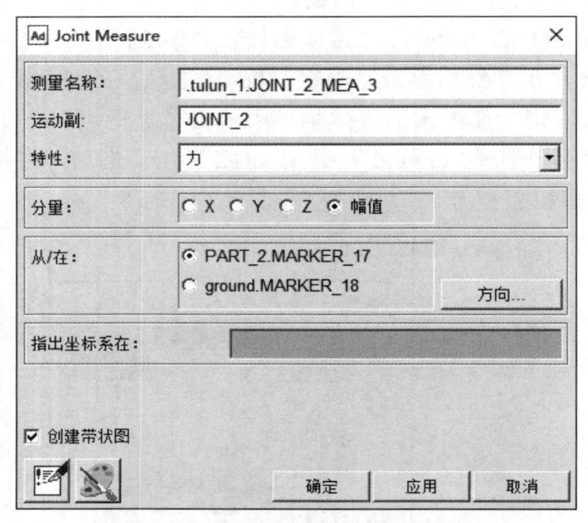

图 5-60 “Joint Measure”对话框

（34）仿真模型。单击主功能区中的“仿真”选项卡“仿真分析”面板中的“运行交互仿真”按钮，设置仿真“终止时间”为“3”，“步长”为“0.01”，单击“开始仿真”按钮进行仿真，观察模型的运动仿真情况，尖顶直动从动件上顶点的位移、速度、加速度的变化情况分别如图 5-61、图 5-62、图 5-63 所示，凸轮旋转副的受力情况如图 5-64 所示。

（35）保存模型。单击菜单栏中的“文件”→“把数据库另存为”命令，保存尖顶直动从动件盘形凸轮机构模型。

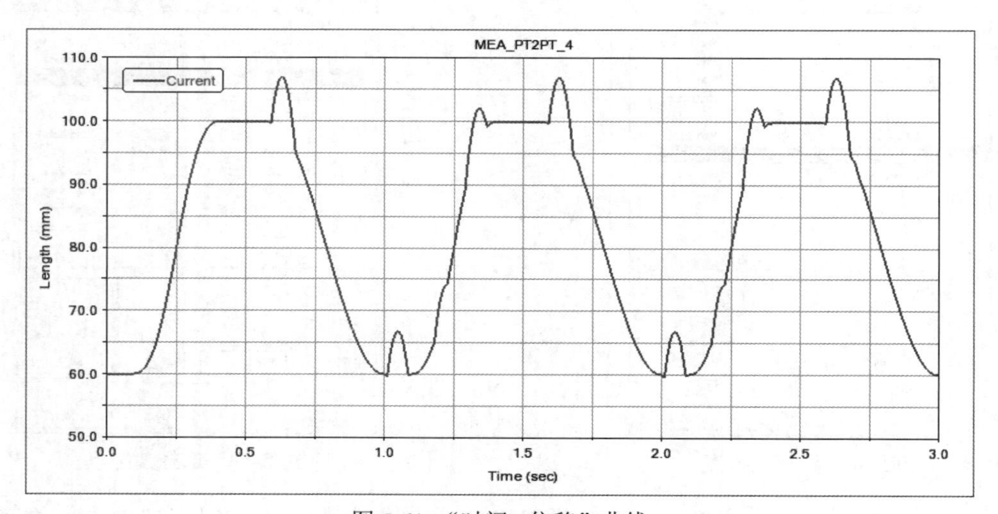

图 5-61 “时间 - 位移”曲线

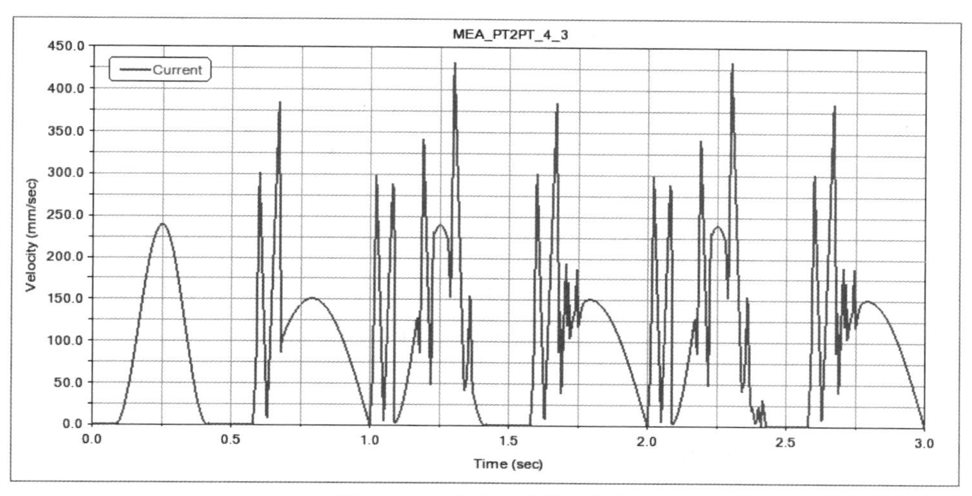

图 5-62　“时间 - 速度”曲线

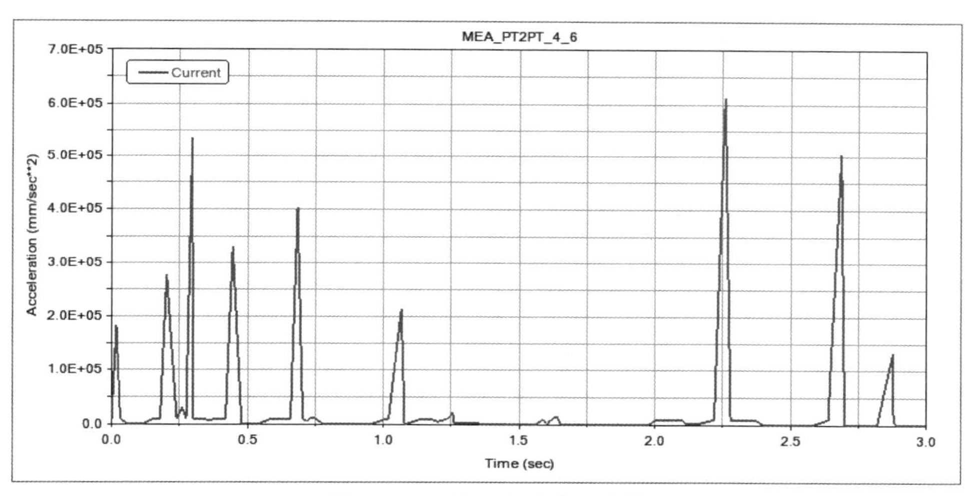

图 5-63　“时间 - 加速度”曲线

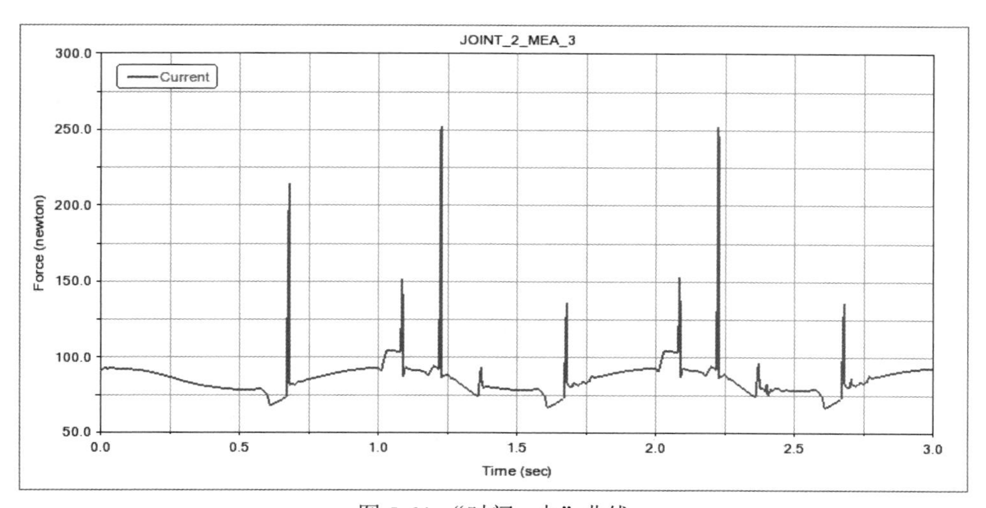

图 5-64　“时间 - 力”曲线

（36）创建传感器。单击主功能区中的“设计探索”选项卡“测量对象”面板中的“创建新的传感器”按钮，弹出“Create Sensor...”对话框。在“名称”文本框中输入“tulun_stop”；在“事件定义”下拉列表中选择“Run-Time 表达式”选项；单击“表达式”文本框后的“Function Builder”按钮，弹出“Function Builder”对话框，按图 5-65 所示设置参数。

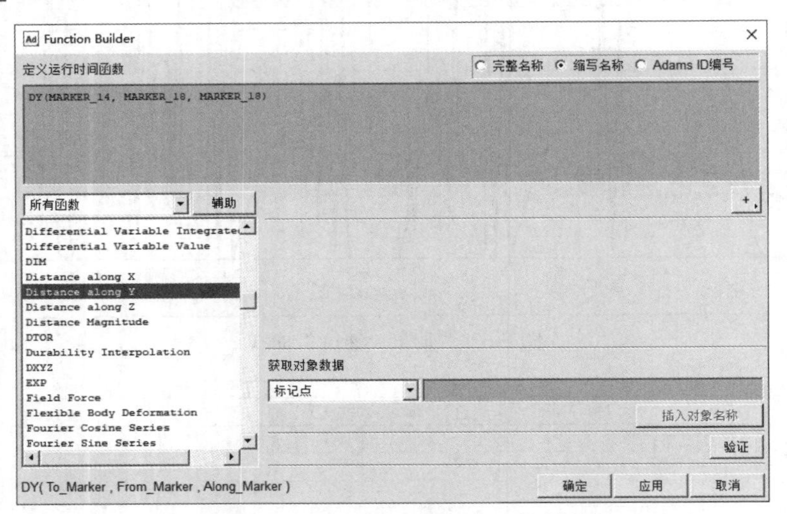

图 5-65 “Function Builder”对话框

（37）单击“辅助”按钮，弹出图 5-66 所示的“Distance along Y”对话框，进行位移量参数选择。在“终点标记点”文本框中右击，在弹出的快捷菜单中单击“标记点”→“浏览”命令，再从弹出的“Database Navigator”对话框中选取“MARKER_14”选项，如图 5-67 所示。重复此步骤，按图 5-66 所示设置其余参数后，单击“确定”按钮。此时，“Function Builder”对话框中的函数定义区显示“DY(MARKER_14, MARKER_18, MARKER_18)”，表示 MARKER_14 与 MARKER_18 之间沿 *Y* 轴的距离，单击“确定”按钮。

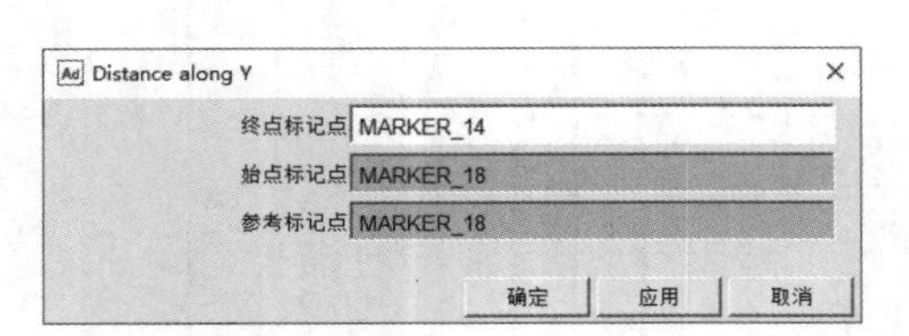

图 5-66 位移量参数选择

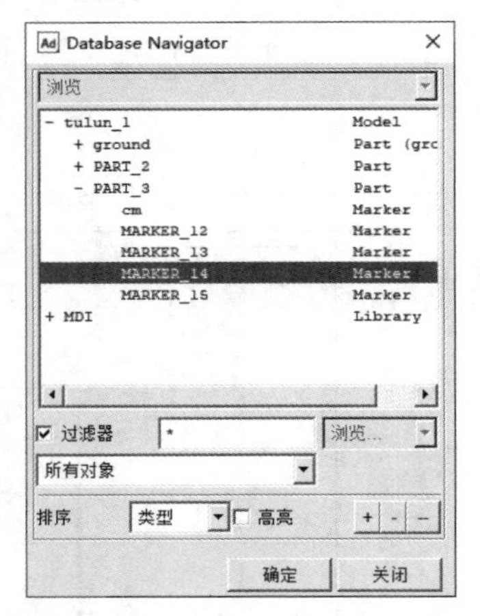

图 5-67 选取“MARKER_14”选项

（38）返回“Create Sensor...”对话框，按图 5-68 所示设置参数即可创建从动件尖顶与凸轮转动中心的距离传感器，单击“确定”按钮。按图 5-68 中的设置，当尖顶与原点的距离等于 70mm 时系统停止仿真。

提示

在创建函数的过程中要注意其返回值的正负，因为这与后面的判断值要匹配。

（39）再次运行仿真，仿真结果如图 5-69 所示。在仿真结束时，弹出图 5-70 所示的“Message Window...”对话框。

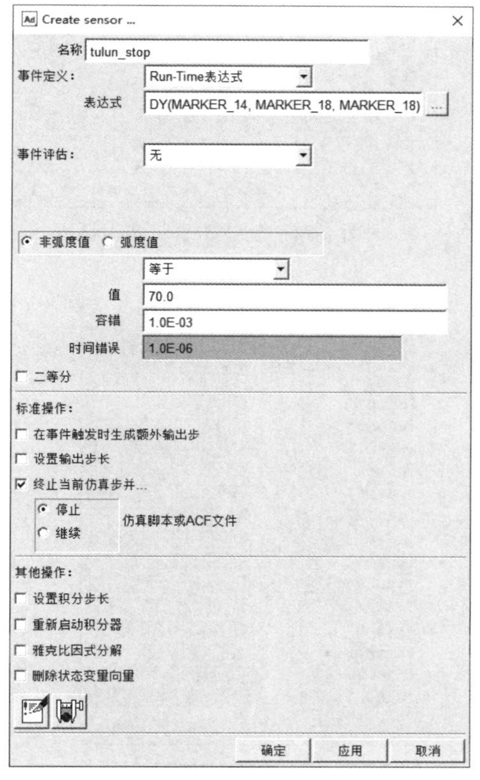

图 5-68　创建传感器对话框

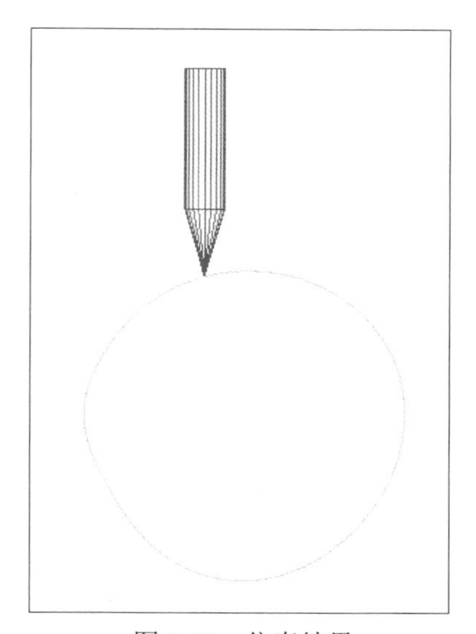

图 5-69　仿真结果

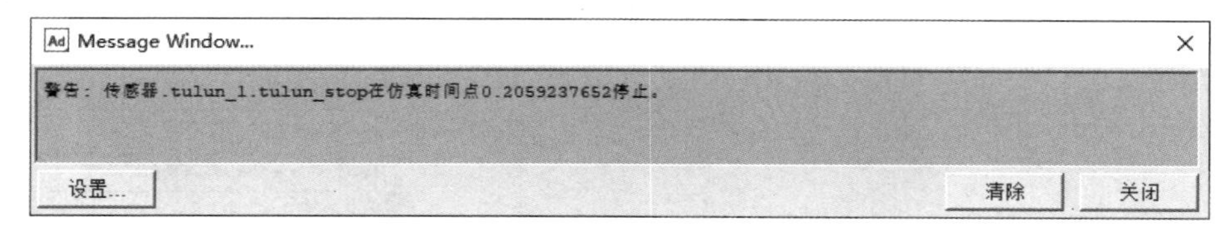

图 5-70　信息窗口

（40）创建简单仿真脚本。单击“仿真”选项卡“仿真脚本”面板中的“创建新的仿真脚本”按钮，弹出图 5-71 所示的“Create Simulation Script...”对话框，按图 5-71 所示设置相关参数，然后单击“确定”按钮 确定 。

（41）运行简单仿真脚本。单击“仿真”选项卡“仿真分析”面板中的“运行脚本仿真”按钮，弹出“Simulation Control”对话框，如图 5-72 所示。在“仿真脚本名称”文本框中右击，在弹出的快捷菜单中单击“仿真脚本”→“浏览”命令，在弹出的对话框中选择“SIM_SCRIPT_1”选项，单击“开始仿真”按钮进行仿真，获得与前面同样的仿真结果。

（42）创建 Adams Solver 命令仿真脚本。单击“仿真”选项卡“仿真脚本”面板中的“创建新的仿真脚本”按钮，弹出“Create Simulation Script...”对话框，在“脚本”文本框中输入“SIM_SCRIPT_2”，在“脚本类型”下拉列表中选择“Adams Solver 命令”选项，然后在“添加 ACF 命令”下拉列表中选择“失效”选项，弹出“DEACTIVATE”对话框，在“传感器名称”文本框中浏览并选择“tulun_stop”选项，如图 5-73 所示，单击“确定”按钮 确定 返回“Create Simulation Script...”对话框。

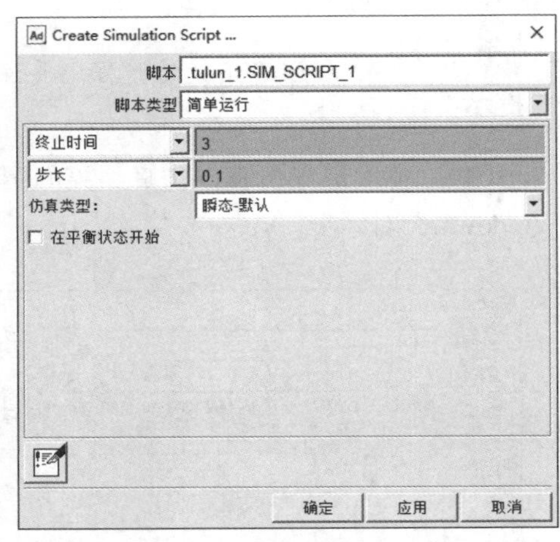

图 5-71　创建仿真脚本对话框

（43）在“Create Simulation Script...”对话框的“添加ACF命令....”下拉列表中选择“动力学仿真分析”选项，在弹出的“DYNAMIC SIMULATION”（动力学仿真）对话框中，按图 5-74 所示设置参数，然后单击“确定”按钮 确定 。

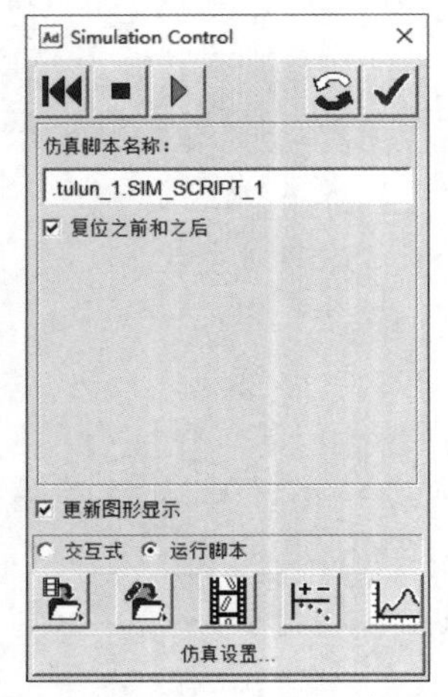

图 5-72　“Simulation Control”对话框

图 5-73　“DEACTIVATE”对话框

（44）单击如图 5-75 所示窗口中的“确定”按钮 确定 ，退出修改仿真脚本对话框，并运行脚本，观察仿真结果。

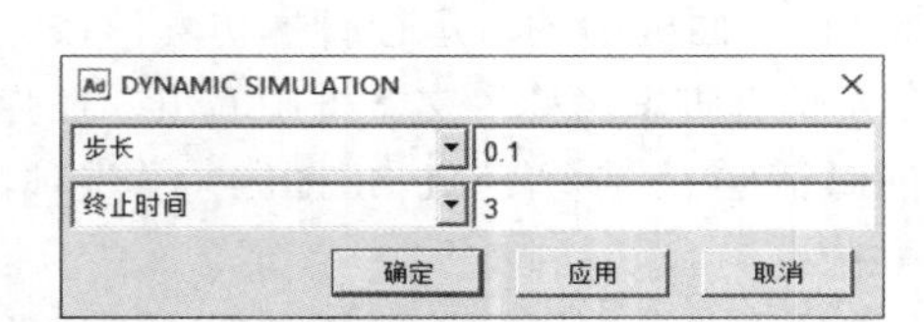

图 5-74　“DYNAMIC SIMULATION”对话框

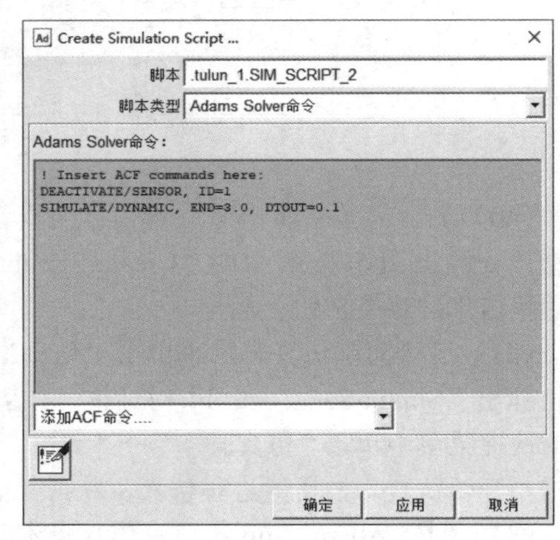

图 5-75　修改仿真脚本对话框

第 6 章 参数化设计与参数化分析

【内容指南】

本章主要介绍 Adams View 的参数化设计以及 Adams View 提供的 3 种参数化分析方法。本章首先介绍在 Adams View 中如何定义设计变量以及参数化模型；其次，在函数参数化部分介绍在 Adams View 中常用的一些函数及其功能说明；在此基础之上介绍参数化分析与优化分析，主要包括参数化分析的准备、参数化分析的方法及参数化分析的步骤；最后，通过实例简单说明参数化设计与分析研究的基本步骤。

【知识重点】

- 设计变量参数化。
- 模型参数化。
- 函数参数化。
- 参数化分析。

6.1 参数化设计概述

Adams 提供了强大的参数化建模功能。在建立模型时，可以根据分析需要确定相关的关键变量，再将这些关键变量设置为可以改变的设计变量。在分析时，只需要改变这些设计变量值的大小，数字样机模型会自动更新。如果需要根据事先确定好的参数进行仿真，可以由程序预先设置好一系列可变的参数，Adams 自动进行系列仿真，以便观察不同参数值下样机性能的变化。

进行参数化设计分析的第一步是确定影响样机性能的关键输入值，然后对这些输入值进行参数化处理。Adams View 提供了以下 4 种参数化处理方法。

- 参数化点坐标：在建模过程中，点坐标主要用于定位几何模型、约束点和载荷作用点。将点坐标参数化，可以自动修改与参数点有关联的对象。
- 使用设计变量：通过使用设计变量，可以方便地改变样机中的任何对象。

- 运动参数化：通过对样机指定运动轨迹的参数化处理，可以方便地指定和分析样机可能出现的各种运动方式。
- 使用参数表达式：参数化的表达式是使用得最广泛的一种参数化方式，在 Adams View 建模过程中许多要求输入参数值的场合，都可以使用参数化的表达式。

6.2 设计变量参数化

设计变量是指在产品设计过程中，可以根据设计目标和设计约束改变取值的变量。

在 Adams 中设计变量提供了一种简单明了的管理关键设计参数的方法，可以非常方便地观察和修改参数值。设计变量是一种非常有用的参数化分析工具，用户可以用设计变量定义自己的自变量参数，并将设计变量同仿真对象相关联。另外，可以通过参数化分析，令设计变量在一定范围内变化，从而自动地进行一系列的分析，完成设计研究、试验设计和优化分析。设计变量是可以变化的 Adams View 对象。除了可以用于储存数据或表达式，还可以在参数化分析过程中用作变量。有两种定义设计变量的方法，具体介绍如下。

- 使用“Create Design Variable...”（定义设计变量）的对话框。
- 使用快捷菜单中的“创建设计变量”命令。

第一种方法可以选择设计变量的类型、输入或者修改设计变量值，但不能将设计变量输入正在建模的样机中；第二种方法可以创建设计变量，还可以将设计变量输入快捷菜单的文本框中，该设计变量使用默认值，但需通过修改设计变量才能改变设计变量的类型或名称。

6.2.1 创建设计变量

使用“Create Design Variable...”对话框可以定义 4 种类型的设计变量，即实数、整数、字符串和对象。对于实数和整数变量，可详细定义在参数化分析过程中设计变量的变化情况。

单击主功能区中的“设计探索”选项卡“设计变量”面板中的“创建设计变量”按钮，如图 6-1 所示，弹出图 6-2 所示的“Create Design Variable...”（创建设计变量）对话框，对话框的各设置功能如下。

图 6-1 “设计探索”选项卡

- 名称（Name）：给要定义的设计变量命名，最好使该名称与该变量的物理意义关联，以便选择和识别。
- 类型（Type）：确定设计变量的类型。对话框会根据变量类型的不同而有所不同。
- 单位（Units）：当变量类型为实数时，需要为变量确定量纲。
- 标准值（Standard）：输入或更改设计变量的默认值。例如设计一个长为 20mm 的连杆，只需输入“20”，在创建连杆时，将连杆的长度与设计变量关联，该连杆的长度就会被自动设置为 20mm。

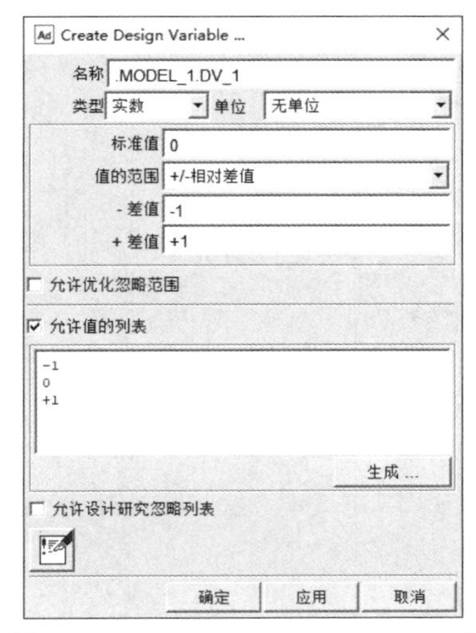

图 6-2 “Create Design Variable...” 对话框

- 值的范围（Value Range by）：指定设计变量的取值范围。定义设计变量的取值范围有 3 种方法，包括“绝对最小和最大值”（Absolute Min and Max Values），“+/– 相对差值”（+/–Delta Relative to Value），“+/– 相对百分比”（+/– Percent Relative to Value）。

如果只有一个特定范围的值，则使用绝对限制保持变量在该固定范围内。否则使用相对限制或百分比相对限制，包括所设置初始值以上和以下的合理数值。相对限制和百分比相对限制将范围与变量的值相关联，因此，如果更改变量的值，限制将自动随之更改。

- 允许优化忽略范围：勾选该复选框，运行设计变量将不受取值范围的限制。
- 允许值的列表：如果要指定值列表，请勾选“允许值的列表”复选框并在其显示的文本框中输入值。这允许用户使用不等距的值或始终使用同一组值。默认情况下，值列表优于设计研究或试验设计中的范围。

注意：值范围的设置也会影响用户输入的允许值。例如用户选择了相对百分比的值范围，那么 Adams View 将用户输入的允许值解释为相对于标准值的百分比。

- 允许设计研究忽略列表：若要保留值的列表并仍使用设计研究和试验设计的范围，请选择“允许设计研究忽略列表”选项。通过此复选框，用户可以在使用范围和值的列表之间来回切换，而无须每次重新输入值。

6.2.2　修改设计变量

定义设计变量后，还可以对其进行编辑、修改，单击菜单“编辑”→“修改”命令，选择要修改的设计变量，通过“Create Design Variable...”对话框进行设置即可。还可以单击“工具”→“表格编辑器”命令，弹出“表格编辑器”对话框，选中“变量”单选按钮，如图 6-3 所示，即可进行修改，并且可以利用过滤功能从众多变量中快速确定要修改的设计变量。单击表中的“过滤器”按钮 过滤器... ，弹出图 6-4 所示的对话框，根据变量的类型等属性进行过滤即可。

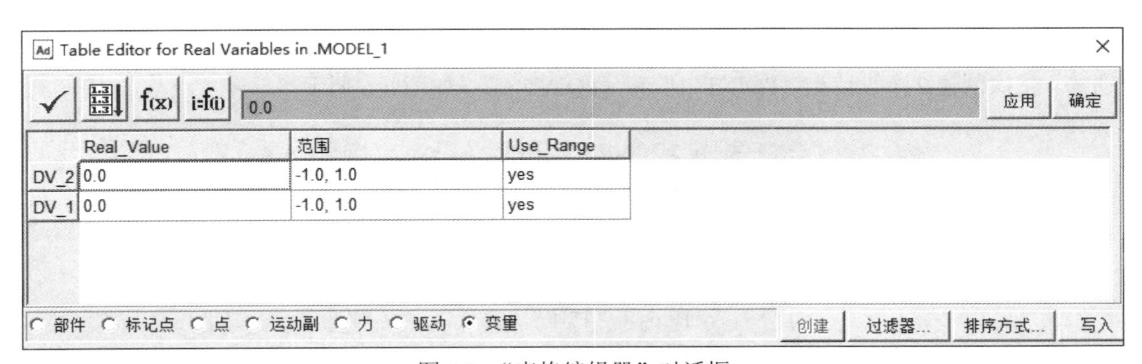

图 6-3 “表格编辑器”对话框

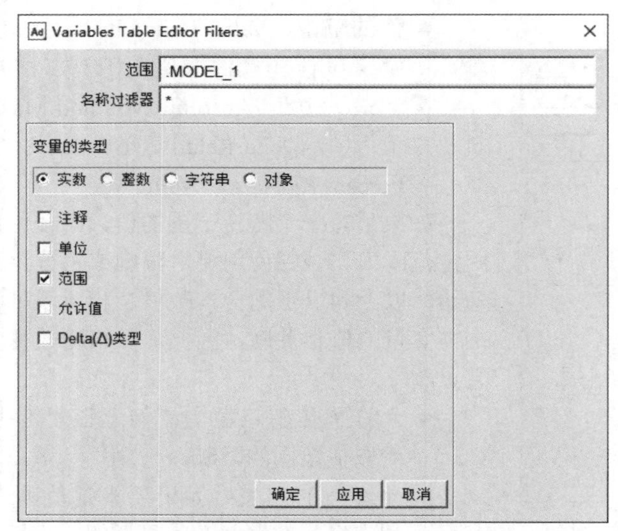

图 6-4 “Variables Table Editor Filters”对话框

6.3 模型参数化

参数化模型是指在创建模型元素（几何模型、设计点、标记点、驱动、载荷等）时，将模型元素的参数用设计变量来代替。设计变量的值就是模型元素参数的值，修改设计变量的值就是修改模型元素参数的值。

6.3.1 点的参数化

对数字样机模型进行参数化处理的最简单方法是对点进行参数化处理。首先，根据样机几何结构的特点，设置若干个点，这些点定义了一些特殊的位置，是构造其他几何形体的基准点；然后利用这些点产生一些新的部件，或者将已有的部件同这些点关联，当这些点的位置改变时，与其相关联的几何形状也将自动更新。因此，将点的坐标进行参数化处理可以在一定程度上实现样机几何模型的参数化建模。

（1）如图 6-5 所示，单击主功能区中的“物体”选项卡“基本形状”面板中的“基本形状：设计点”按钮，依次创建 2 个设计点“POINT_1”和“POINT_2”，如图 6-6 所示。

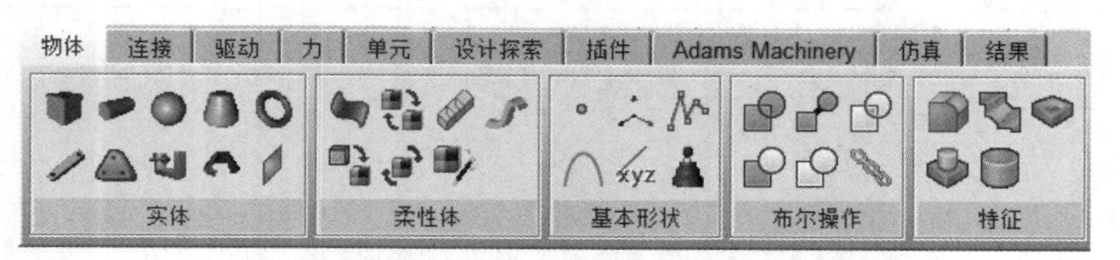

图 6-5 “物体”选项卡

（2）然后单击主功能区中的“设计探索”选项卡“设计变量”面板中的“创建设计变量”按钮，创建一个设计变量“.Model_1.DV_POINT1”，按图 6-7 所示设置参数，设置标准值为“200”，单击“确定”按钮 确定 。

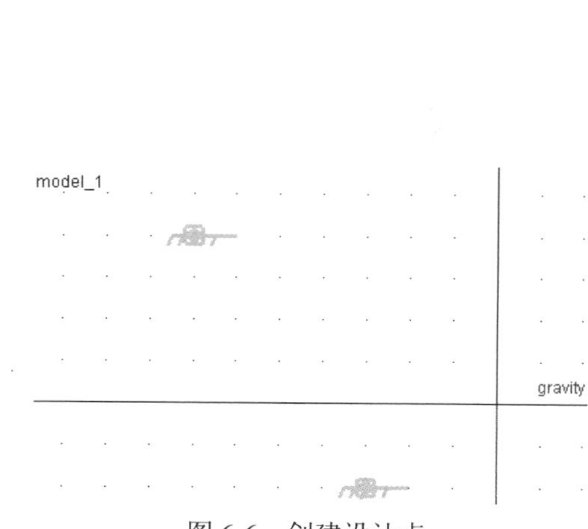

图 6-6 创建设计点

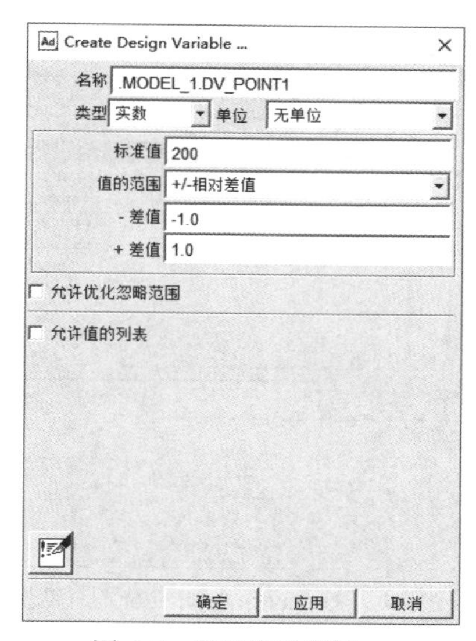

图 6-7 创建设计变量

（3）将鼠标指针置于“POINT_1”的附近，右击，在弹出的快捷菜单中，单击“--Point：POINT_1”→“修改”命令，或者单击菜单栏中的“工具”→“表格编辑器”命令，弹出“Table Editor for Points in .MODEL_1”对话框，如图 6-8 所示。

（4）在如图 6-8 所示的对话框的底部选中“点”单选按钮，选择对象类型，单击“POINT_1”中的“Loc_X”单元格，然后在顶层“i=f(i)”按钮后的文本框中右击，在弹出的快捷菜单中选择“参数化”→“参考设计变量”命令，弹出“Database Navigator”对话框，从列表中选择“DV_POINT_1”选项，然后单击“确定”按钮，如图 6-9 所示。

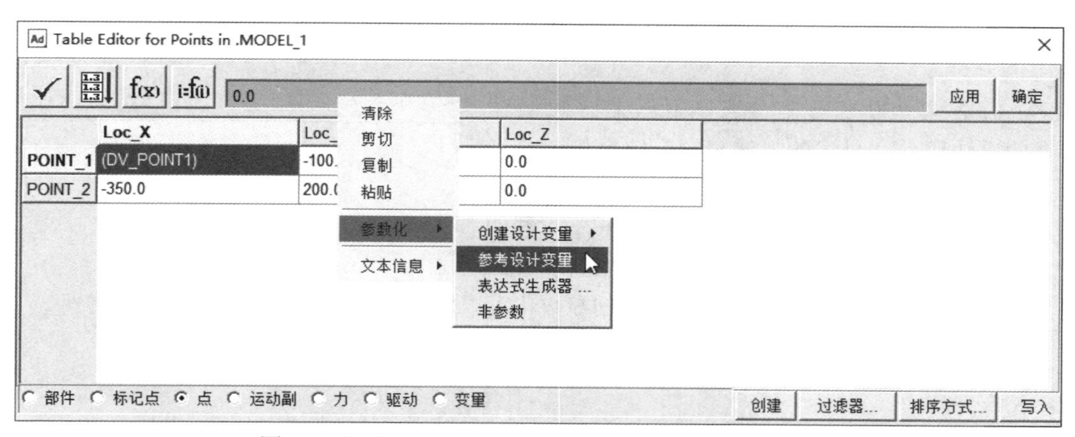

图 6-8 “Table Editor for Points in .MODEL_1”对话框

（5）在如图 6-8 所示的对话框中单击“确定”按钮，“POINT_1”就移动到了一个新的位置，如图 6-10 所示。

也可以在如图 6-8 所示的对话框顶层“i=f(i)”按钮后的文本框中右击，在弹出的快捷菜单中单击“参数化”→“创建设计变量”命令，创建一个新的设计变量，再编辑设计变量。单击“参数化”→“非参数”命令，可以将已经参数化的对象取消参数化。

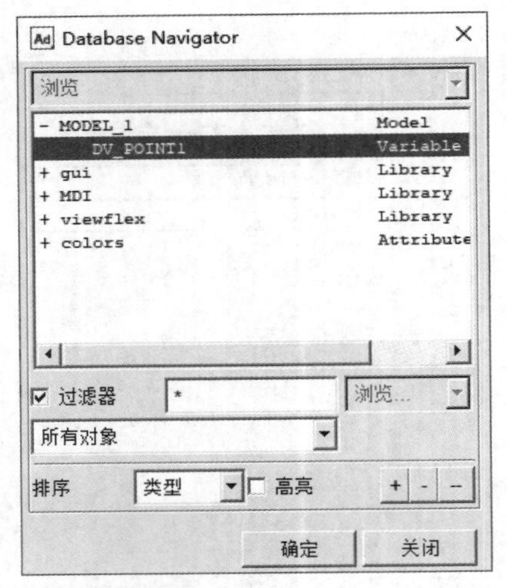

图 6-9 “Database Navigator”对话框

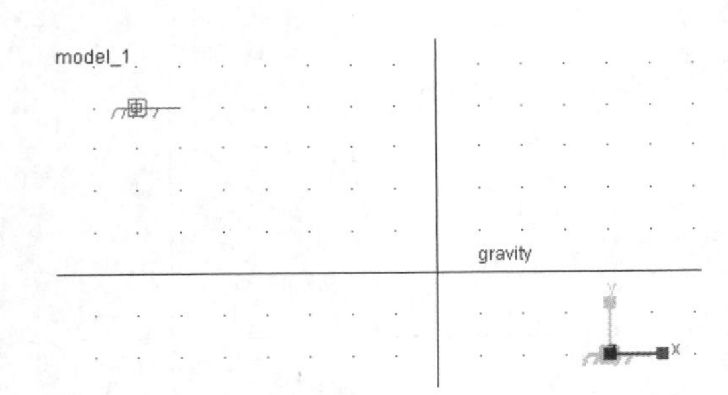

图 6-10 参数化“POINT_1”设计点

参数化标记点的方法与参数化设计点的方法相同，一般情况下标记点是作参考点使用的，所以大多情况下不需要参数化其坐标。

6.3.2 几何模型的参数化

以连杆为例，对其进行参数化。对连杆的参数化一般是先创建两个设计点，在创建连杆时选择这两个设计点。由于连杆与两个设计点关联，所以通过参数化设计点可以间接参数化连杆。

（1）创建两个设计点，如图 6-11 所示。

（2）创建与两个设计点关联的连杆，如图 6-12 所示。

（3）通过参数化设计点来参数化连杆，参数化设计点的方法跟前文讲述的方法相同，结果如图 6-13 所示。

图 6-11 创建设计点

对于连杆的参数化，也可以先创建连杆，再创建设计点，在创建设计点的时候选择“添加到现有部件”“邻近附着”选项。对于其他几何模型的参数化可以用与连杆参数化相同的方法来实现。

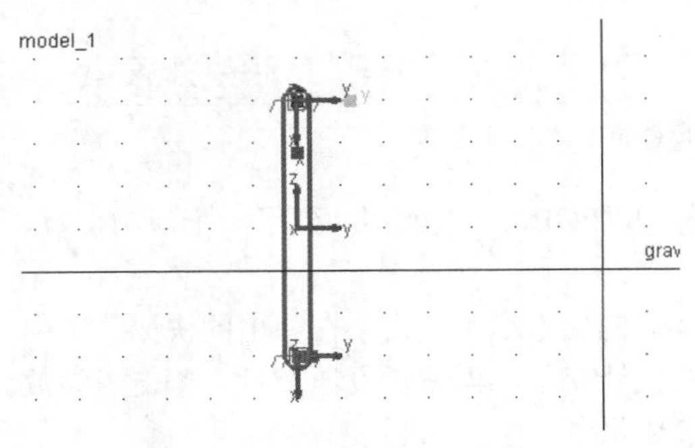

图 6-12 创建连杆

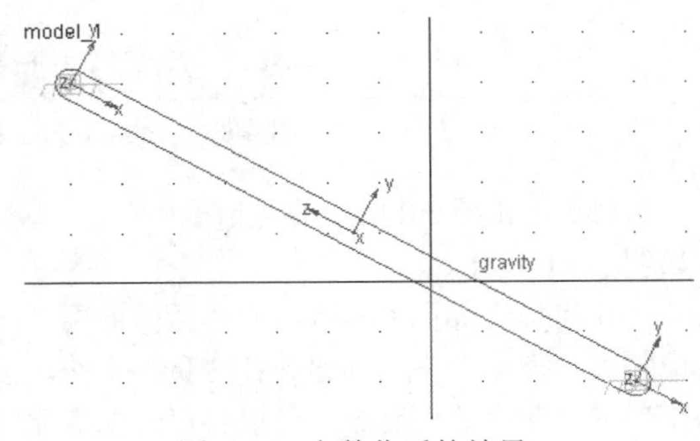

图 6-13 参数化后的结果

6.4　函数参数化

Adams View 中有设计过程函数和运行过程函数两种类型的函数。

设计过程函数可用于构造参数化的样机模型，以便于进行优化和敏感性研究，Adams View 仅在样机的建模设计阶段才计算设计过程函数的值。除优化和设计研究以外，设计过程函数的值在仿真分析过程中是不变化的。设计过程函数包括数学函数、位置 / 旋转函数、模型函数、矩阵 / 数组函数、字符串函数、数据库函数等。

运行过程函数用于定义仿真状态之间的数学关系，可以影响样机在仿真过程中的表现。Adams 仅在仿真分析过程中更新运行过程函数值。Adams 提供的运行过程函数包括位移函数、速度函数、加速度函数、接触函数、样条函数、对象力函数、合力函数、数学函数、数据单元、子程序、常数和变量等。

1. 打开“Function Builder”对话框

创建函数表达式一般在函数构造器中完成。如图 6-14 所示，在“Modify Force”对话框中，单击“函数”文本框后的“函数构造器”按钮即可进入“Function Builder”对话框，此时“Function Builder”对话框提供的函数都是运行过程函数。在没有“Function Builder”按钮的文本框中右击，选择“参数化”→“表达式生成器”命令，也可进入“Function Builder”对话框，此时“Function Builder”对话框提供的函数都是设计过程函数。“Function Builder”对话框会因出现的位置不同而有所变化，如图 6-15 所示。

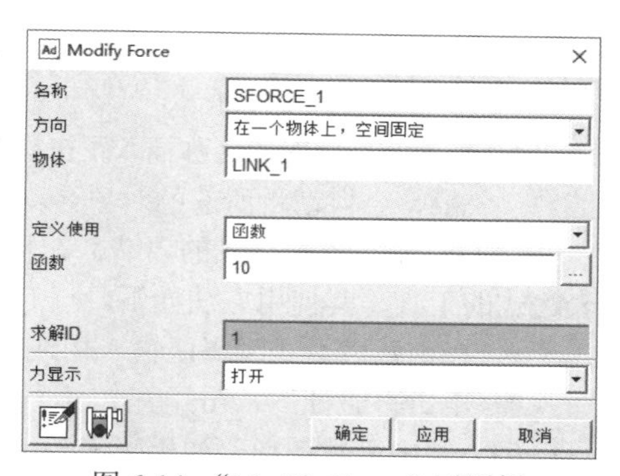

图 6-14　“Modify Force”对话框

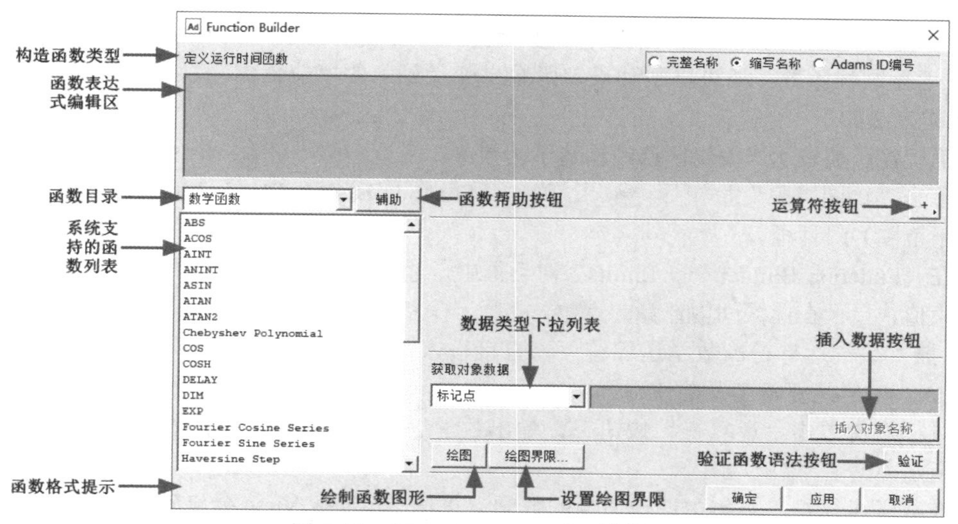

图 6-15　“Function Builder”对话框

2. 对“Function Builder”对话框的操作

对“Function Builder”对话框的操作包括构造函数、选择函数目录和列表中的函数以及获得对象名称等。

（1）构造函数。在函数表达式编辑区按照 Adams View 的函数语法输入函数，完成后单击“确定”按钮 确定，Adams View 自动将构造的函数插入指定位置。

（2）选择函数目录和列表中的函数。在函数表达式编辑区的下方，有一个函数目录下拉列表，该下拉列表中列出了不同类型的设计过程函数或运行过程函数。函数目录下拉列表的下方为系统支持的函数列表，其中列出了程序支持的与函数目录类型对应的全部函数。单击函数列表中的函数，在“Function Builder”对话框底部的左边，显示该函数的格式提示信息。鼠标左键双击函数列表中的函数，可以将函数插入函数表达式编辑区。

（3）获得对象名称。在构造表达式或运行过程函数的过程中，可以利用该对话框提供的有关工具，获得特定对象的名称和相关数据，然后插入定义的函数，具体的操作方法如下。

- 在“获取对象数据”下拉列表中，选择对象的类型，例如部件、标记点、设计点、设计变量、结果数据、测量等。
- 在“获取对象数据”下拉列表右边的文本框中右击，弹出快捷菜单。
- 在弹出的快捷菜单中选择对象类型的名称，再单击“浏览”命令，然后选择对象，并将对象名称输入文本框。
- 如果需要将对象名称插入正在构造的函数中，单击“插入对象名称”按钮 插入对象名称，Adams View 会自动将所选的对象名称插入“函数表达式编辑区”的鼠标指针所在位置。

（4）验证函数表达式的语法。在构造函数表达式的方式中，Adams View 提供了一个验证函数表达式的工具，其使用方法如下。

- 在函数表达式编辑区输入构造的函数的表达式。
- 单击“验证”按钮 验证，系统将检验输入的函数表达式的语法并返回检验结果。

（5）绘制函数图形。如果想进一步了解正在构造的函数的图形，可以利用“获取对象数据”中的绘制函数图形工具。

对于运行过程函数，可以取时间为自变量，在绘制函数图形时，先确认在函数表达式编辑区已经构造了函数，再单击“绘图”按钮 绘图，Adams View 随即显示所构造函数的曲线图。

对于运行过程函数，还可以手动设定函数自变量轴上的取值范围，以显示特殊区间的函数图形，其操作方法如下。

- 确认在函数表达式编辑区已经构造了函数。
- 单击“绘图界限”按钮 绘图界限...，弹出“Function Builder Plot Limits”（设置横轴数值的界限范围）对话框。
- 在“Function Builder Plot Limits”对话框中，输入自变量的起始值和结束值，以及在此区间内计算的点数。

（6）插入数学运算符。数学运算符可以直接输入，也可以通过“运算符”按钮 + 插入。数学运算符工具的使用方法如下。

- 鼠标右键单击“运算符”按钮 +，弹出数学运算符工具集，如图 6-16 所示。
- 在数学运算符工具集中选择适当的数学运算符，Adams View 会自动将选择的数学运算符插入函数中。

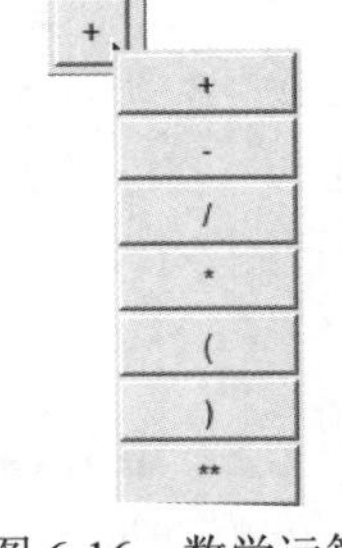

图 6-16 数学运算符工具集

3. 设计过程函数

设计过程函数包括用户自定义的解释函数、用户自定义的编译函数以及系统提供的函数。

（1）用户自定义的解释函数。解释函数由若干插入了表达式的文字语句组成，可以在 Adams View 的命令窗口中通过 Functions 命令创建。创建解释函数时，必须详细说明函数的语句和参数名称。使用解释函数时，Adams View 会将用户自定义的参数代入对应的参数名称所在的函数语句中。

（2）用户自定义的编译函数。编译函数可以用其他高级语言编写，然后通过编译同 Adams View 连接。编译后的函数可以在 Adams View 的表达式中使用。

（3）系统提供的函数。Adams View 提供了 200 多个设计过程函数，“Function Builder”对话框中列出了所有系统支持的函数。系统提供的设计过程函数包括数学函数（Math Functions），位置/旋转函数（Location/Orientation Functions）、模型函数（Modeling Functions）、矩阵 / 数组函数（Matrix / Array Functions）、字符串函数（String Functions）、数据库函数（Database Functions）和其他函数（Miscellaneous Functions）等。

4. 运行过程函数

运行过程函数包括位移函数（Displacement Functions）、速度函数（Velocity Functions）、加速度函数（Acceleration Functions）、接触函数（Contact Functions）、样条函数（Spline Functions）、对象力函数（Force in Object Functions）、合力函数（Resultant Force Functions）、数学函数（Math Functions）、数据单元（Data Element Access）、子程序（User-Written Subroutine I nvocation）、常数和变量（Constants & Variables）等。

（1）位移函数返回两个坐标标记之间的线位移或角位移的矢量的分量值，在仿真分析过程中，可以利用位移函数获得对象的位移的测量值，其作用如下。

- 绘制位移测量图。
- 产生与位移有关的方程。
- 监控对象的位移，当位移达到一定值时，触发特定的事件。

（2）速度函数返回两个坐标标记之间的线速度或角速度的矢量的分量值，在仿真分析过程中，可以利用速度函数获取对象速度的测量值，其作用如下。

- 绘制速度测量图。
- 产生与速度有关的方程。
- 监控对象的速度，当速度达到一定值时，触发特定的事件。

（3）加速度函数返回两个坐标标记之间的线加速度或角加速度的矢量的分量值，在仿真分析过程中，可以利用加速度函数获取对象的加速度的测量值，其作用如下。

- 绘制加速度测量图。
- 产生与加速度有关的方程。
- 监控对象的加速度，当加速度达到一定值时，触发特定的事件。

（4）接触函数用于定义碰撞力。在定义不同物体发生间歇接触的现象时，接触函数非常有用。

（5）样条函数是一种插值方法，通过样条函数可以获得曲线和曲面在已知数据点之间的数值。在仿真过程中，可以通过样条函数定义一个满足所有数据点的光滑函数，其作用如下。

- 用实验数据来定义运动。
- 用实验数据来定义力。
- 绘制通过数据点的光滑曲线。

（6）对象力函数用于返回由模拟单元产生的瞬时力，包括由于约束和运动产生的力、弹簧阻尼和轴承等连接产生的力、作用力等，其作用如下。

- 绘制力的测量图。
- 产生与力有关的方程。

- 监控对象的力，当其达到一定值时，触发特定的事件。

（7）合力函数返回两个坐标标记之间的作用力和反作用力的总合力，或者是仅作用在一个坐标标记上的作用力的合力。

（8）数学函数可以应用于数值和矩阵运算，如果输入的是数值，则返回数值；如果输入的是矩阵，则返回矩阵。

（9）数据单元用于存取通用系统的各种状态值，例如数值、矩阵值、微分值、积分值等。

（10）子程序用于同用户自编子程序交换数据，通过与自编子程序的数据交换，可以定义参数化的子程序。

各种函数的具体使用方法和功能见附录。

6.5 参数化分析

Adams View 的参数化分析功能可以分析设计参数变化对样机性能的影响。在参数化分析过程中，Adams View 采用不同的设计参数值自动地运行一系列仿真分析，然后返回分析结果。通过对参数化分析结果的分析，可以研究一个或多个参数变化对样机性能的影响，获得最危险的操作工况信息以及最优的样机。

Adams View 提供了以下 3 种类型的参数化分析过程。

- 设计研究（Design Study）：设计研究考虑一个设计变量的变化对样机性能的影响。
- 试验设计（Design of Experiments，DOE）：试验设计可以考虑多个设计变量同时发生变化对样机性能的影响。
- 优化分析（Optimization Analysis）：通过优化分析，可以获得在给定的设计变量变化范围内，目标对象达到最大值或最小值的情况。

6.5.1 参数化分析准备

参数化分析之前需要进行一些准备工作，主要包括目标对象设置、定义约束函数。

1. 目标对象设置

在进行参数化分析时，需要检测设计样机的有关性能，并将这些性能目标简化为 Adams View 分析时可以计算的单独变量。在优化过程中，这些变量被称为目标函数或目标；在试验设计中，这些变量被称为响应特性。

（1）创建测量目标。

在创建测量目标时，如果只需要优化样机模型中某点的位置或速度的大小，测量目标很容易创建。若创建测量目标涉及的因素太多，则创建过程较为复杂。根据创建测量目标的不同要求，需要考虑以下因素。

- 保持对象在适当位置以避免突然变化。
- 保持最大运动量在较小的范围内。
- 使部件能迅速地返回指定位置。

（2）使用测量。

在确定了需要计算的对象以后，需要确定一个测量或目标对象，以便计算各次仿真分析的对象值。

在分析中，最简单的目标对象是使用测量。在运行设计研究、试验设计和优化设计过程中，首先选择测量，然后根据对话框提示选择和输入是使用最大值、最小值、平均值还是最后一次仿真分析获得的测量值作为目标值。使用测量便于获得所需的输出，也便于对模型的输出或其他的测量结果进行各种运算。

（3）使用目标对象。

在需要对模型的输出进行复杂的处理和计算时可以采用使用目标对象的方法。Adams View 提供了以下几种可供选择的目标对象类型。

1）某个测量的最大值、最小值、平均值或最后一次运算的值。此功能与使用测量时类似，但与使用测量不同的是，使用目标来定义这些对象的优点是可以定义多个目标，而测量仅可以定义一个目标。

2）一组测量分量的最大值、最小值、平均值或最后一次运算的值。

3）Adams View 函数。使用特定的 Adams View 函数对象处理仿真分析结果，可以计算任何数量的模型输出函数。在函数中设有自变量，而自变量取含有结果的分析对象，由此可将目标函数对象同 Adams View 的仿真分析结果联系起来。

4）Adams View 变量和宏。Adams View 执行用户定义的宏并使用所定义变量的计算值作为目标值。使用宏和变量可以允许执行一组 Adams View 命令来计算目标。

（4）产生目标对象，其操作步骤如下。

1）单击主功能区中的“设计探索”选项卡“设计评价”（Design Evaluation）面板中的“建立新的设计目标函数”按钮，打开如图 6-17 所示的“Create Design Objective...”（产生设计目标）对话框。

2）在“定义”下拉列表中选择使用的对象函数类型，具体有以下几种。

- 测量。
- 结果集分量（请求）[Result Set Component(Request)]。
- 现有的结果集分量（请求）[Existing Result Set Component(Request)]。
- View Function。
- View Variable and Macro。

3）在“名称”文本框中输入目标对象的名称。

4）如果使用测量或结果分量，在“设计目标值是”下拉列表中选择目标对象的最小值“仿真中的最小值”“仿真中的最大值”“仿真中的平均值”或“仿真结束时的值”等。

2. 定义约束函数

单击主功能区中的“设计探索”选项卡“设计评价”面板中的“创建约束条件函数”按钮，打开如图 6-18 所示的“Create Design Constraint...”（定义约束函数）对话框，其定义过程与定义目标对象的过程类似。

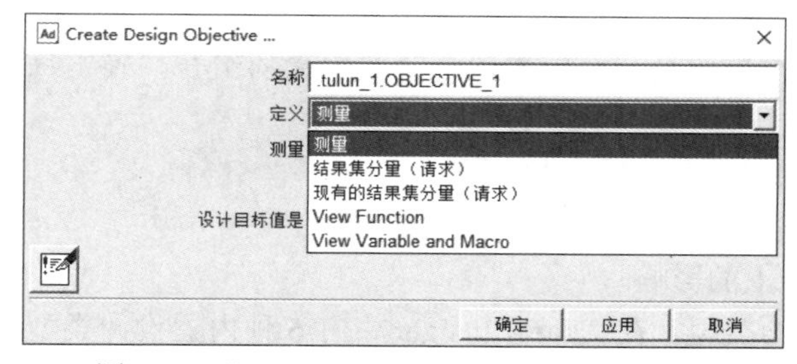

图 6-17　“Create Design Objective...”对话框

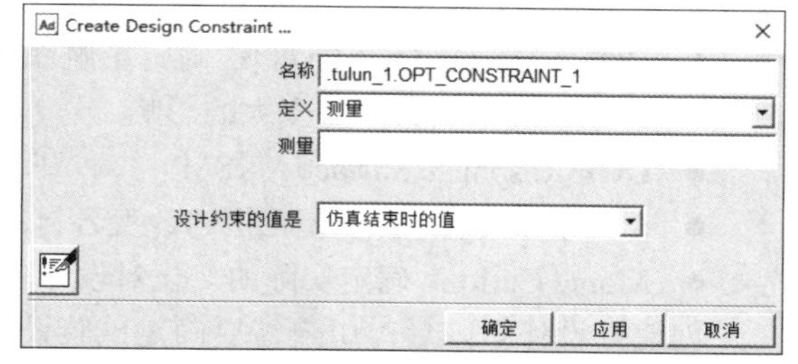

图 6-18　“Create Design Constraint...”对话框

6.5.2 设计研究

对于建立好的参数化模型，在仿真过程中，当取不同的设计变量，或者当设计变量值的大小发生改变时，样机的性能将会发生变化。而样机的性能怎样变化，这是设计研究主要考虑的内容。在设计研究过程中，设计变量按照一定规则在一定范围内取值，根据设计变量值的不同，进行一系列仿真分析。在完成设计研究后，输出各次仿真分析的结果。通过对各次分析结果的研究，用户可以得到以下内容。

（1）设计变量的变化对样机性能的影响。

（2）设计变量的最佳取值。

（3）设计变量的灵敏度，即样机有关性能对设计变量值的变化的敏感程度。

6.5.3 试验设计

试验设计（Design Of Experiments，简称 DOE）考虑在多个设计变量同时发生变化时，各设计变量对样机性能的影响。试验设计包括设计矩阵的创建、试验结果的统计分析等。最初，试验设计用在物理试验上，但将其用在虚拟试验上效果也很好。传统的试验设计费时费力，使用 Adams View 的试验设计可以增加获得结果的可信度，并且在得到结果的速度上用比试错法试验或一次测试一个因子的试验更快，有助于用户更好地理解和优化机械系统的性能。

对于简单的设计问题，分析试验人员可以直观地感觉，或者采用设计参数试错的方法研究和优化样机的性能，但是，随着设计参数的增加，试验和分析变得难以迅速有效地进行。一次仅变换一个参数，难以获得许多参数之间的相互影响关系，而且试验变化中有许多不同的参数组合方式，需要进行大量的仿真试验，有大量的仿真分析输出数据需要处理和分析。

试验设计一般有以下 5 个基本步骤。

（1）确定试验目的，例如确定哪个变量对系统影响最大。

（2）为系统选择想考查的因素集，并设计某种方法来测量系统的响应。

（3）确定每个因素的值，在试验中改变因素值来考查其对试验的影响。

（4）进行试验并将每次运行的系统性能记录下来。

（5）在总的性能改变时，分析哪些因素对系统的影响最大。

对设计试验过程的设置称为建立矩阵试验（设计矩阵）。设计矩阵的列表示因素，它是离散的值，行表示运行次数，矩阵中每个元素表示对应因素的水平级（即可能取值因子）。设计矩阵给每个因素指定每次运行时的水平级，只有根据水平级才能确定因素在运算时的具体值。

创建设计矩阵通常有以下 5 种方法，其目的和特点各有区别。

- Perimeter Study：测试分析模型的健壮性。
- DOE Screening（2-level）：确定影响系统行为的是某个因素还是某些因素的组合，确定每个因素对输出会产生多大的影响。
- DOE Response Surface（RSM）：对试验结果进行多项式拟合。
- Sweep Study：在一定范围内改变各自的输入。
- Monte Carlo：确定实际的变化对设计功能上的影响。

创建好设计矩阵后，用户需要确定试验设计的类型。在 Adams Insight 中有 6 种内置设计类型用来创建设计矩阵，用户也可以导入自己创建的设计矩阵，自由选择设计矩阵，设计最有效率的试验。

单击主功能区中的“设计探索”选项卡“设计评价”面板中的“设计评价工具”按钮，弹出“Design Evaluation Tools”对话框。

在“Design Evaluation Tools”对话框中选中“试验设计”单选按钮后，该对话框刷新为如图 6-19 所示的形式，其中的主要参数的设置方法如下。

（1）在“设计变量”文本框中直接输入设计变量的名称或在文本框中右击，在弹出的快捷菜单中通过数据库浏览器选择设计变量。

（2）如果有一个或多个设计变量仅定义了变化范围，可以在“默认级别”文本框中输入变量范围的等分水平数。

（3）在“试验定义”下拉列表中选择试验方法，有以下 3 种选项。

- 内置 DOE 技术：表示选择使用试验设计技术，此时，可以在“DOE 技术”下拉列表中选择合适的试验设计方法。单击“检查变量，猜测运行次数”按钮 检查变量，猜测运行次数 可以查看在同样水平的变量值，以及所需要的运行次数。
- 直接输入（Direct Input）：表示直接输入试验的次数，可以在“试验次数”（Number of Trials）文本框中输入试验的次数，在“试验矩阵”文本框中输入包含试验数据矩阵的文件名。
- 文件输入（File Input）：在“试验矩阵文件”文本框中输入文件名，参数设置完成后，单击“开始”按钮 开始，即可开始试验设计分析。

6.5.4　优化分析

优化分析是 Adams View 提供的一种复杂的高级分析工具。在优化分析过程中，可以设定设计变量的变化范围，施加一定的限制以保证最优化设计处于合理的取值范围。通常优化分析问题可以归结为满足各种设计条件、在指定的变量变化范围内，通过自动地选择设计变量，由分析程序求取目标函数的最大值或最小值。优化分析过程中的目标函数采用数值表达式的形式，可以表示质量、效率、总的材料成本、运行时间、所需的能量、样机的稳定性等，可以选择在优化分析中求取最大值还是最小值。

优化分析中的设计变量可以是部件的几何尺寸、力的大小、部件的质量等。设计变量可以被视为未知，采用参数化变量定义分析过程。在优化分析过程中，程序能自动地调整设计变量，以获得最大或最小的目标函数值。

优化分析中的约束是有条件的，这些条件能够直接或间接地消除无法接受的设计结果，约束条件通常也为优化分析附加了额外的设计目标。在“Design Evaluation Tools”对话框中选中“优化”单选按钮，该对话框刷新为如图 6-20 所示的形式，该对话框中与图 6-19 所示的对话框不同的参数设置如下。

（1）目标：选择优化的目标，如测量值 / 目标值最大化或最小化。

（2）约束条件：选择约束函数，可以选择多个约束函数。

（3）自动保存：勾选该复选框，将会在优化计算前自动保存设计变量的原始值，单击“保存”按钮 保存 可以保存设计变量的原始值，单击“恢复”按钮 恢复 可以恢复设计变量的原始值。

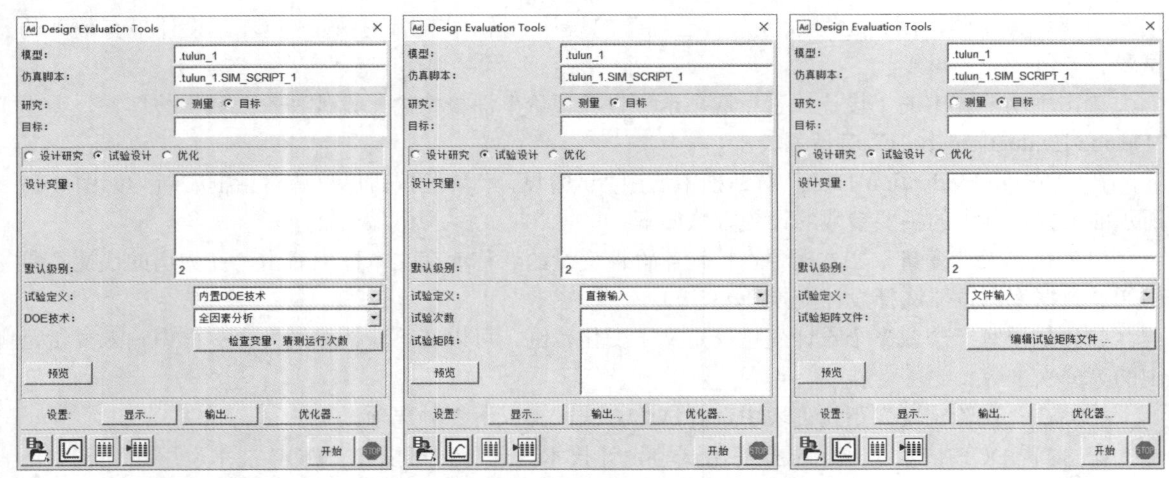

图 6-19 “Design Evaluation Tools”对话框

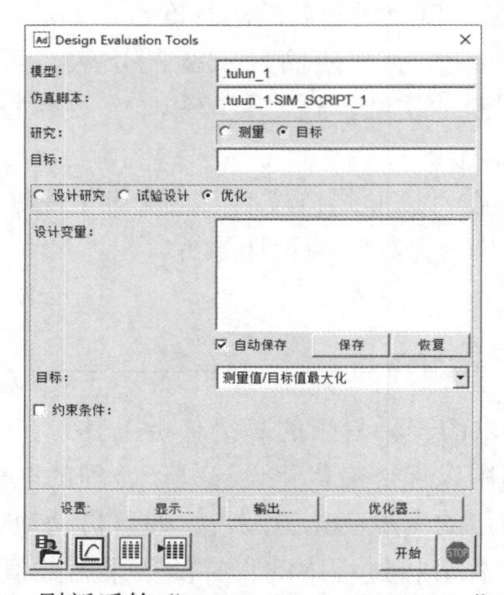

图 6-20 刷新后的“Design Evaluation Tools”对话框

6.6 综合实例——平衡机构参数化分析

本节通过 Adams View 自带的一个参数化设计实例，来介绍 Adams View 提供的参数化设计与参数化分析功能，其操作步骤如下。

（1）启动 Adams View，在“Welcome to Adams...”界面中选择“现有模型”按钮，弹出“Open Existing Model”对话框，单击“浏览”按钮，弹出“Select File”对话框，选择工作路径，单击“确定”按钮 确定 后，选择本书附带网盘文件中 yuanwenjian\ch_6 目录下的“balancer.bin”文件，打开如图 6-21 所示的平衡控制模型。

（2）模型文件认知。该模型通过作用在底座上的力来控制滑块，使之处于导杆的中部。该力的大小通过一个包含滑块中心与导杆中心的误差和底座倾斜角的运行过程函数进行定义。

（3）运行脚本仿真。单击主功能区中的“仿真”选项卡“仿真分析”面板中的“运行脚本仿真”按钮，打开“Simulation Control”对话框，如图 6-22 所示。

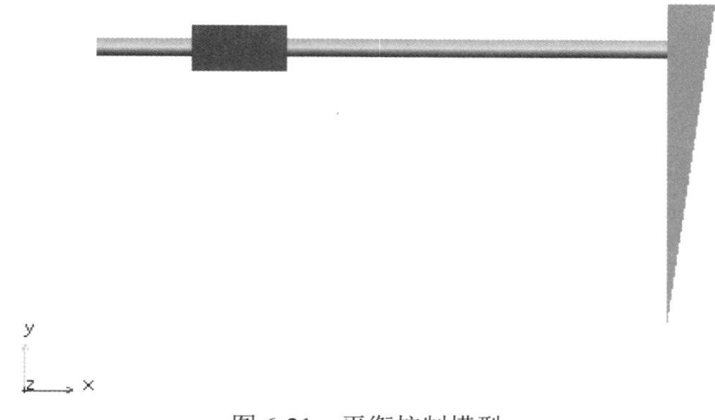

图 6-21　平衡控制模型

（4）在“仿真脚本名称”文本框中右击，在弹出的快捷菜单中单击“仿真脚本”→“浏览”→“balancer_script”命令，然后单击“开始仿真”按钮进行仿真。

（5）单击菜单栏中的“编辑”→“修改”命令，打开“Database Navigator”对话框，如图 6-23 所示。找到“obj_req”后双击，弹出“Function Builder”对话框，在其中的函数表达式编辑区可以看到“obj_req”的函数表达式“dif(.b.reaction)”，如图 6-24 所示，然后单击“确定”按钮关闭对话框。

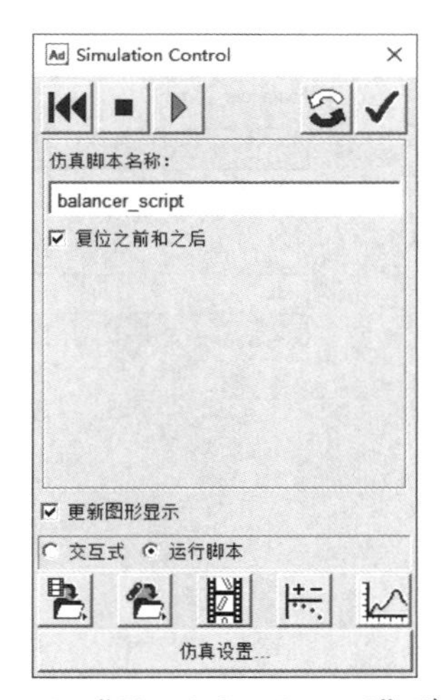

图 6-22　“Simulation Control”对话框

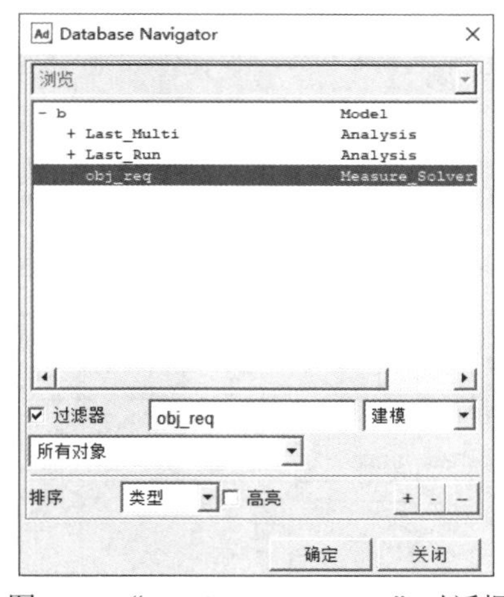

图 6-23　“Database Navigator”对话框

（6）查看测试结果。单击主功能区中的“设计探索”选项卡“测量”面板中的“显示测量图”按钮，在弹出的“Database Navigator”对话框中，找到“obj_req”选项后，双击显示测试结果，如图 6-25 所示，此处保持对话框为打开状态。

（7）运行设计研究。单击主功能区中的“设计探索”选项卡“设计评价”面板中的“设计评价工具”按钮，弹出图 6-26 所示的“Design Evaluation Tools”对话框。在“仿真脚本”文本框中右击，浏览并选择“balancer_script”选项，单击选中“测量”单选按钮，将仿真计算目标设置为“最小值”，选择测试对象为“obj_req”，单击选中“设计研究”单选按钮，在“设计变量”文本框中右击，浏览并选择设计变量“kda”选项，按图 6-27 所示设置其他参数，然后单击“开始”按钮进行设计研究计算。可以得到测试曲线以及最小值曲线，分别如图 6-27 和图 6-28 所示。同时可以通过弹出的“Information”对话框来查看设计研究报告，如图 6-29 所示。

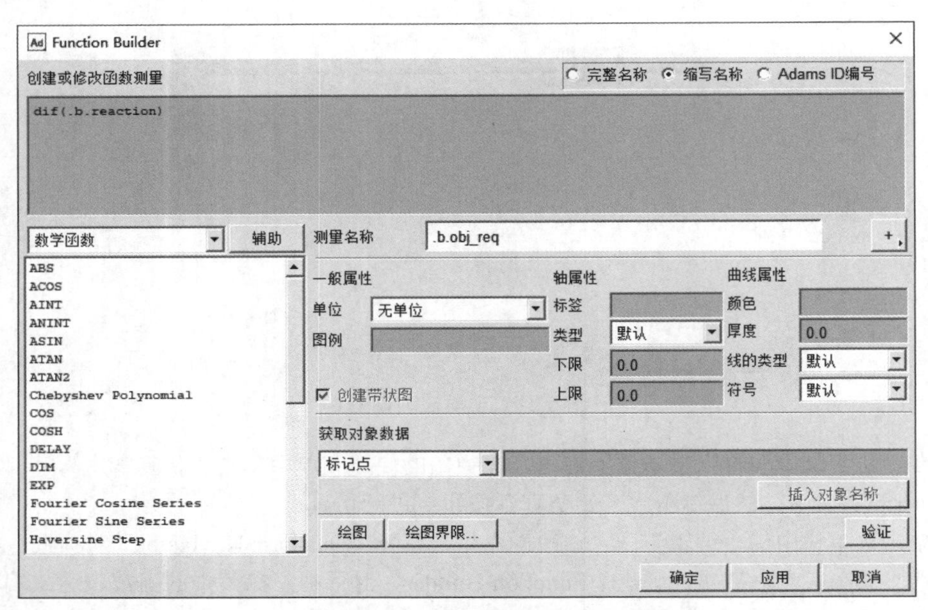

图 6-24 “Function Builder”对话框

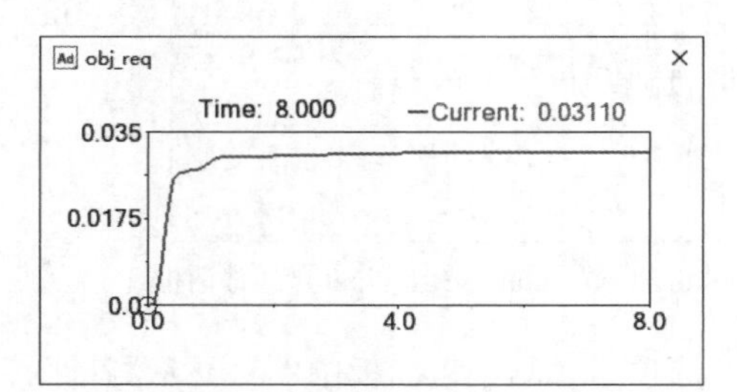

图 6-25 测试结果

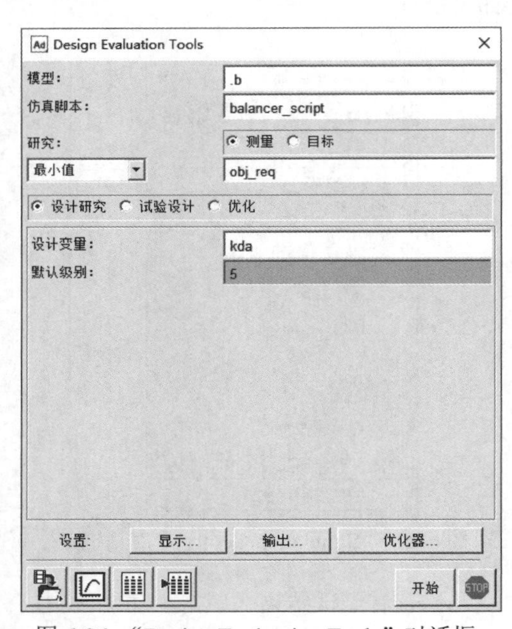

图 6-26 “Design Evaluation Tools”对话框

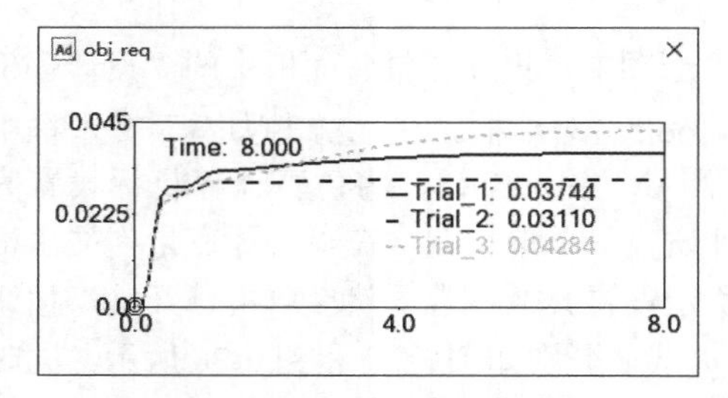

图 6-27 “obj_req”测试曲线 1

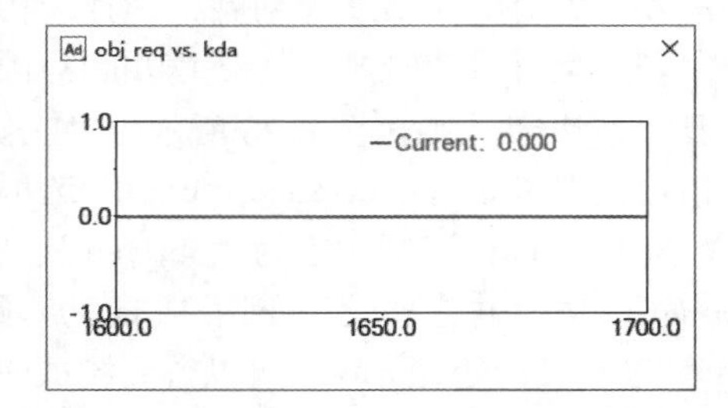

图 6-28 “obj_req”最小值曲线 1

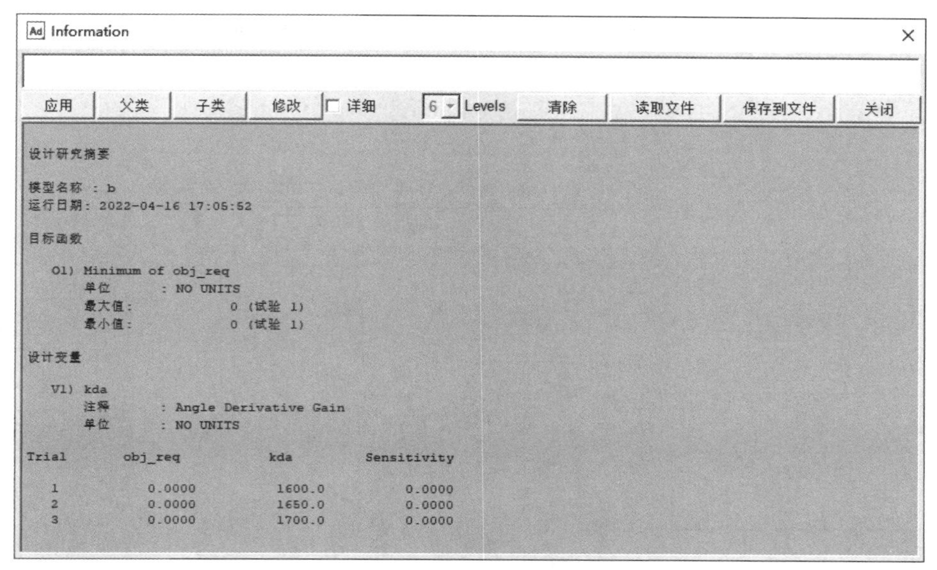

图 6-29　设计研究报告 1

（8）按照步骤（7）中的方法，分别对设计变量“kdx”“kia”“kix”“kpa”“kpx”进行设计研究。

（9）运行试验设计。在“Design Evaluation Tools”对话框中单击选中“试验设计”单选按钮，按图 6-30 所示设置参数，单击“开始”按钮 开始 进行试验设计计算，可以得到测试曲线以及最小值曲线，分别如图 6-31 和图 6-32 所示。同时可以通过弹出的“Information”对话框来查看设计研究报告，如图 6-33 所示。

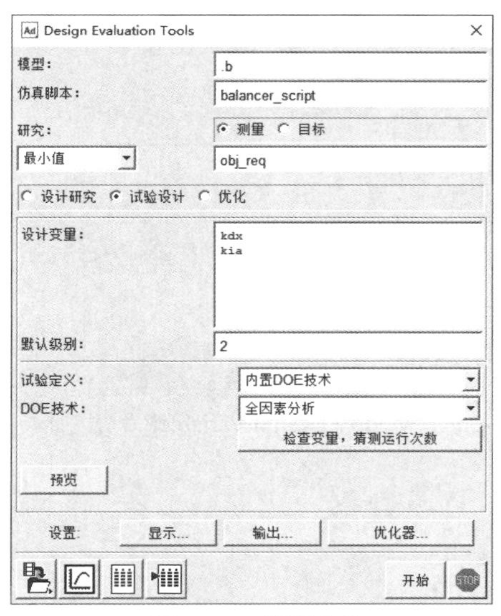

图 6-30　设置参数

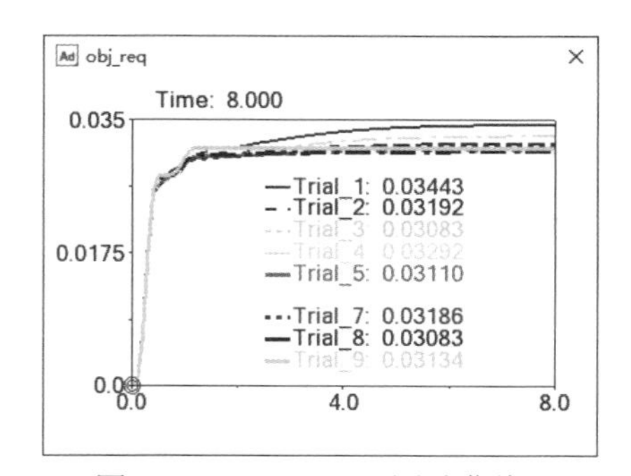

图 6-31　“Obj_req”测试曲线 2

（10）修改设计变量。如果要对设计变量进行修改并得到新的试验设计，在模型树中用鼠标右键单击“设计变量”下拉列表中的“kdx”选项，弹出图 6-34 所示的快捷菜单。在快捷菜单中，选择“修改”命令，打开如图 6-35 所示的“Modify Design Variable...”对话框。单击“生成”按钮

生成 ...，生成一组新的数值序列，然后进行试验设计，可以得到不同的结果，通过多次更新可以优化计算结果。

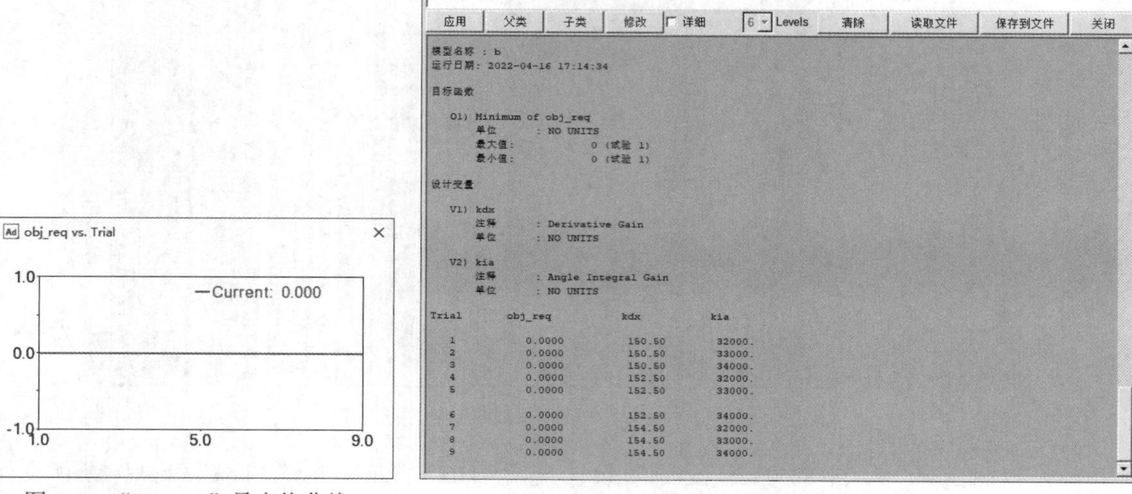

图 6-32 “obj_req”最小值曲线 2

图 6-33 设计研究报告 2

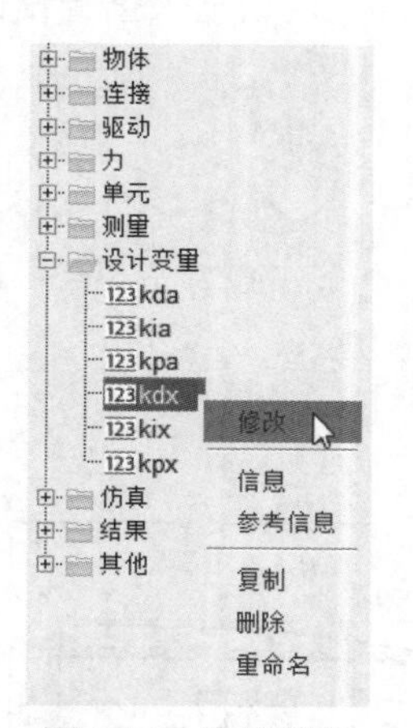

图 6-34 快捷菜单

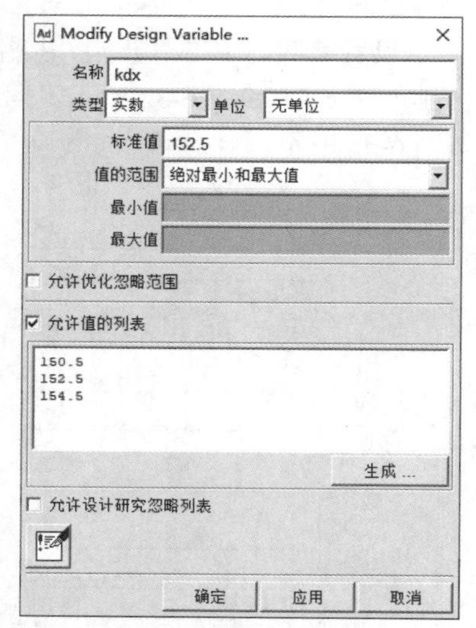

图 6-35 “Modify Design Variable...”对话框

第二篇 专业模块篇

本篇主要介绍 Adams 2020 的一些专业模块，包括试验优化设计、刚柔耦合分析、一体化疲劳分析、控制仿真分析、振动仿真分析、汽车悬架与整车系统仿真分析等六大常用专业模块。

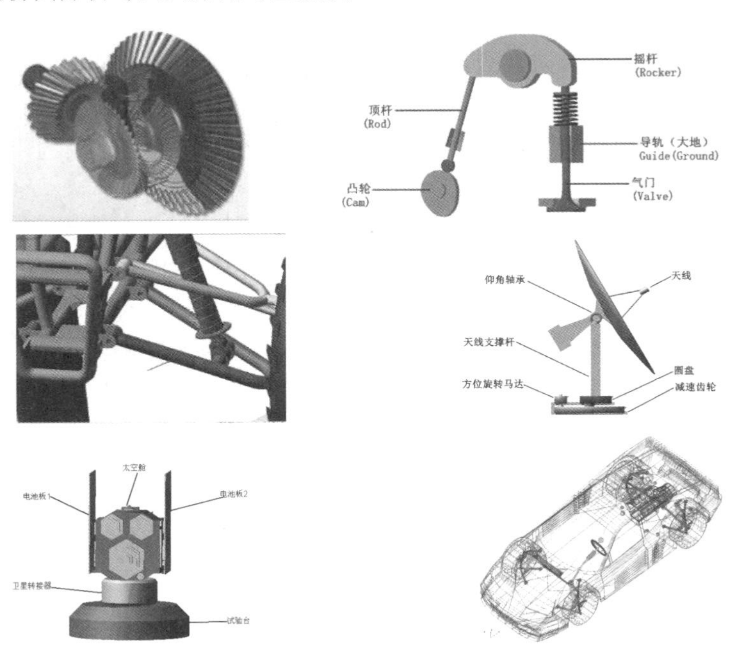

第 7 章 试验优化设计

【内容指南】

本章主要介绍 Adams 的优化 / 试验设计模块 Adams Insight。通过一个具体实例，首先对使用 Adams Insight 的基本过程进行介绍，接着对使用 Adams Insight 进行参数化分析的过程进行讲解。

【知识重点】

- 使用 Adams Insight 的基本过程。
- 使用 Adams Insight 进行参数化分析。

7.1 Adams Insight 基本使用过程

Adams Insight 是 Adams 的试验设计模块。通过 Adams Insight，用户可以设计复杂的试验来评价机械系统的性能，Adams Insight 提供了一系列的统计工具帮助用户更好地分析试验设计的结果。利用 Adams Insight，用户可以进行单目标或多目标优化，自变量可以是连续的，也可以是离散的。

Adams Insight 能帮助工程师更好地了解产品的性能，能有效地区分关键参数和非关键参数，它能根据客户的不同要求提供各种设计方案，还可以清晰地观察各种设计方案对产品性能的影响。在产品制造之前，可综合考虑各种制造因素的影响（例如公差、装配误差、加工精度等），大大提高产品的实用性，还能加深工作人员对产品技术要求的理解，强化企业各个部门之间的合作。应用 Adams Insight，工程师可以将许多不同的设计要求有机地集成为一体，提出最佳的设计方案并保证试验分析结果具有足够的工程精度。

Adams Insight 功能模块可以单独运行，此时的设计因素（Factors）和响应（Responses）需要用户手动创建或从外部导入，而它的强大之处在于它还可以和 Adams 的其他模块一起工作。

下面通过实例来说明 Adams Insight 的工作过程，本例的具体操作步骤如下。

（1）启动 Adams View。

（2）把 Adams 2020 软件安装目录下的 ainsight\examples\ain_tut_101_aview.cmd 文件复制粘贴到工作目录下。为了方便读者操作，该文件已附在本书附带电子资源的 yuanwenjian\ch_7\example 目录下，文件名为“ain_tut_101_aview.cmd”。

（3）在“Welcome to Adams...”对话框中单击“现有模型”按钮，导入“ain_tut_101_aview.cmd”文件，如图 7-1 所示，导入的是一个双横臂独立前悬架模型。本例将通过 Adams Insight 研究如何通过调节设计点的位置来分析在车轮上下跳动时其对前束的影响。

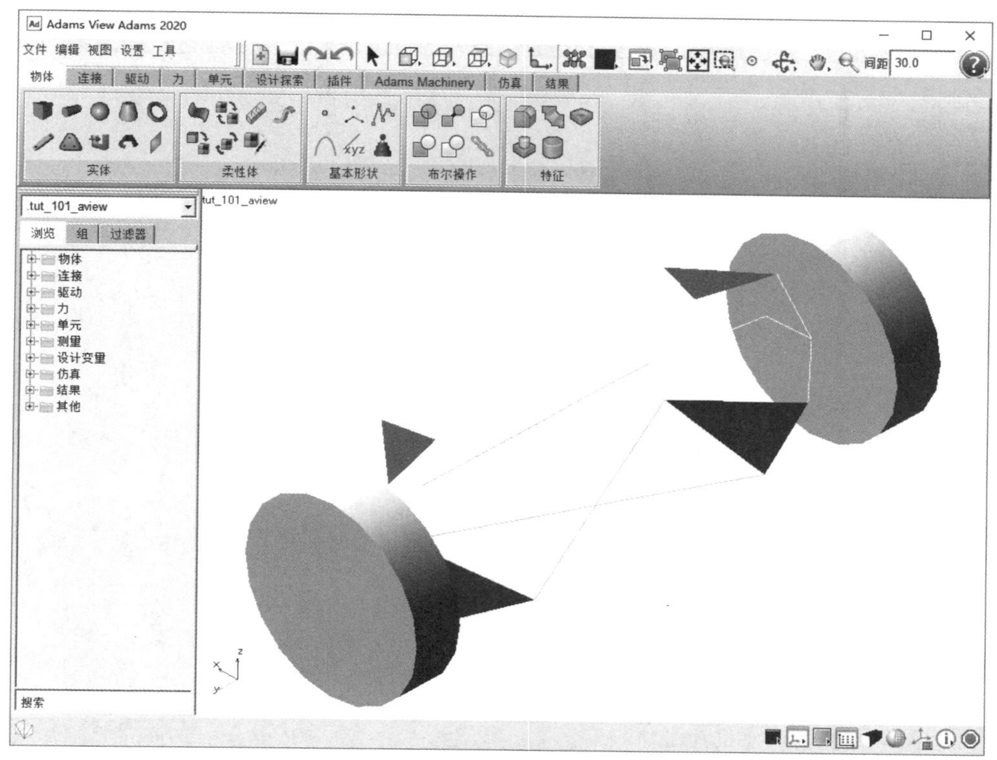

图 7-1　双横臂独立前悬架模型

（4）进行一次 2.0s、50 步的仿真（“终止时间”设为“2.0”，“步数”设为“50”）。

（5）启动 Adams Insight。

（6）在 Adams View 界面中，单击主功能区中的“设计探索”选项卡“Adams Insight”面板中的“显示 Adams Insight 输出对话框”按钮，打开如图 7-2 所示的“Adams Insight Export”对话框。

（7）在“试验设计”文本框中输入试验的名称，可以使用默认值；在“模型”文本框中输入模型的名称或使用默认值；也可以右击，在弹出的快捷菜单中选择“模型”→“浏览”命令，选择模型。

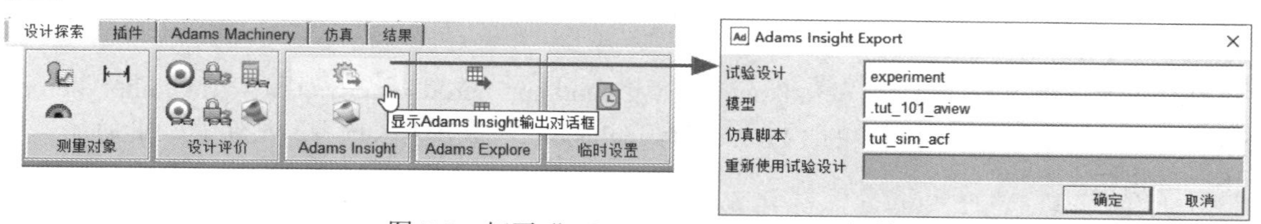

图 7-2　打开“Adams Insight Export”对话框

（8）在“仿真脚本”文本框中采用默认值，或者右击，在弹出的快捷菜单中单击“仿真脚本”→“浏览”命令，选择指定模型。

（9）单击“确定”按钮 确定 ，Adams View 就会启动 Adams Insight，如图 7-3 所示。在 Windows 操作系统中，Adams View 启动 Adams Insight 时会打开一个 DOS 窗口，当用户关闭 Adams Insight 后，该窗口会自动关闭。注意用户不要手动关闭 DOS 窗口。

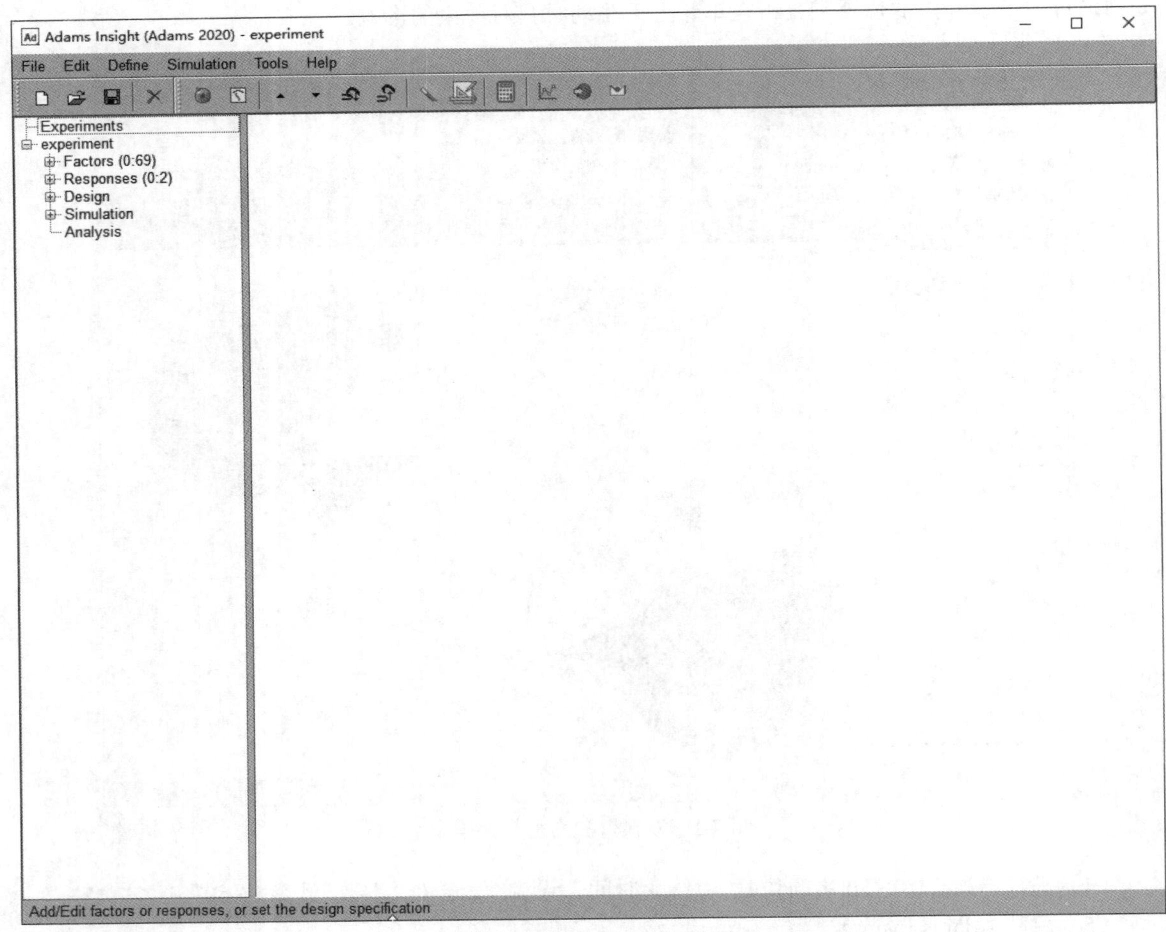

图 7-3　Adams Insight 界面

（10）在 Adams Insight 界面的模型树中，单击“Factors(0:69)”前面的“+”标识，将“Factors”展开为“Inclusions”（入选者）和“Candidates”（候补者）。

（11）重复（10）的步骤，连续单击“+”按钮，展开 Candidates/tut_101_aview/ground/hpr_tierod_outer。在“hpr_tierod_outer”下会看到一组（共 3 个）设计变量，这些设计变量可以作为设计矩阵里的因素。

（12）连续选择“ground.hpr_tierod_outer.x”“ground.hpr_tierod_outer.y”和“ground.hpr_tierod_outer.z”选项，然后单击工具栏中的“Promote to inclusion”（提升为入选者）按钮，此时的模型树如图 7-4 所示。

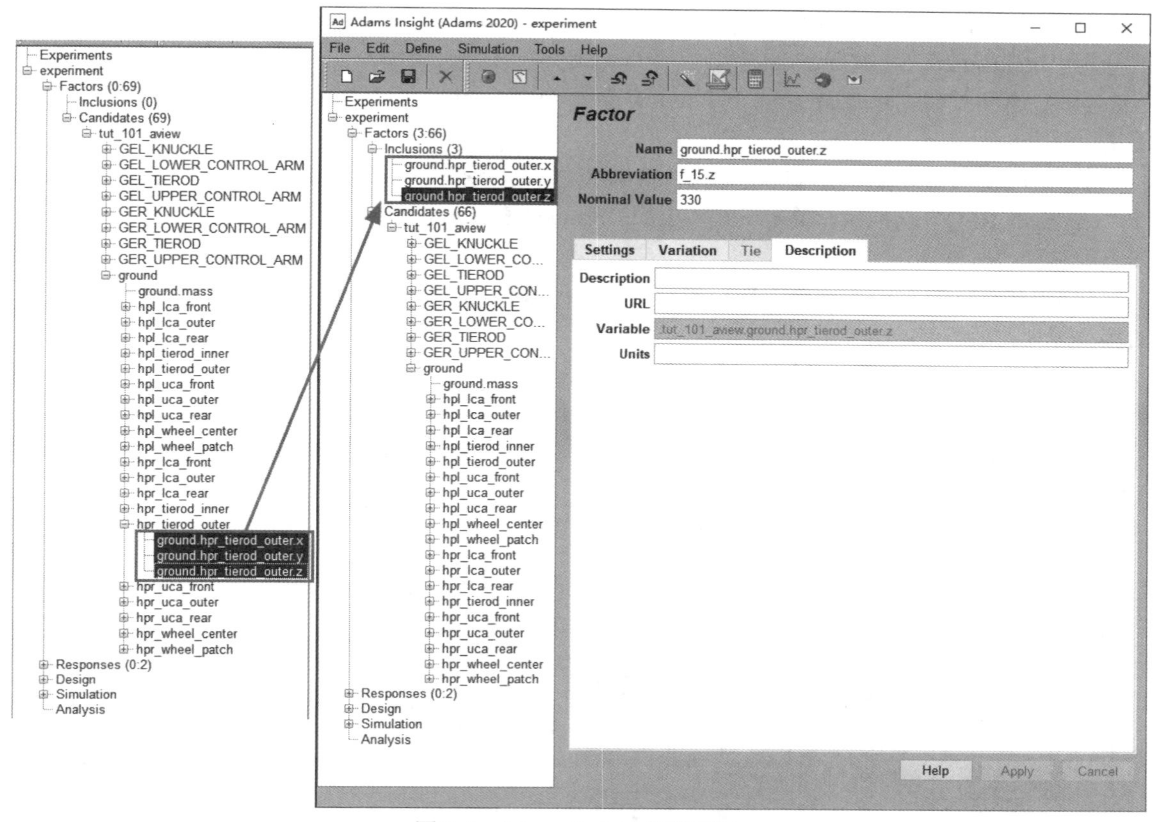

图 7-4　Adams Insight 的模型树

（13）对所选择因素的特性进行修改。从“Inclusions”列表中选择“ground.hpr_tierod_outer.x”因素，修改因素的特性如图 7-5 所示。设置完毕单击“Apply”按钮 Apply 即可保存修改。

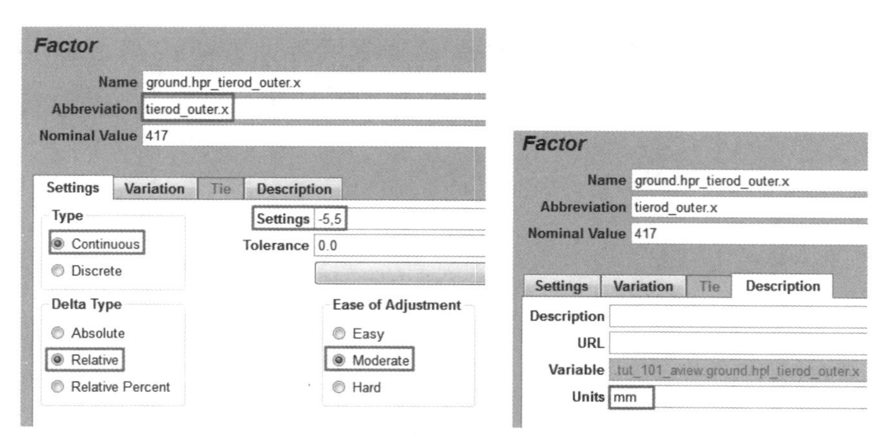

图 7-5　修改设计因素的特性

（14）对 ground.hpr_tierod_outer.y 和 ground.hpr_tierod_outer.z 也做与 ground.hpr_tierod_outer.x 相似的修改。

步骤（10）～（14）为在 Adams Insight 中给定设计因素的过程。

（15）在 Adams Insight 界面的模型树中，单击“Responses”前面的“+”按钮，将“Responses”展开为“Inclusions”和“Candidates”。

（16）连续扩展 Candidates/tut_101_aview 会看到一组响应，这些响应可以作为设计矩阵里的因素。

（17）按住 <Ctrl> 键，依次单击“toe_left_REQ”和“toe_right_REQ”选项，选中“toe_left_REQ”和“toe_right_REQ”选项后，单击工具栏中的“Promote to inclusion”按钮，把它们从“Candidates”列表中移到“Inclusions”列表中。

（18）从“Inclusions”列表中选择响应“toe_left_REQ”选项，如图 7-6 所示，重新设定该响应的相关属性。

当 Adams Insight 和其他的 MSC 产品一起工作时，“Output Char.”下所有的特性都是不可修改的。当 Adams Insight 以独立（Standalone）模式运行时，这些特性都可以修改。

（19）设置完毕后单击“Apply”按钮 Apply 即可保存修改。利用同样的方法修改响应 toe_right_REQ 的属性。

步骤（15）～（19）为在 Adams Insight 中给定目标的过程。

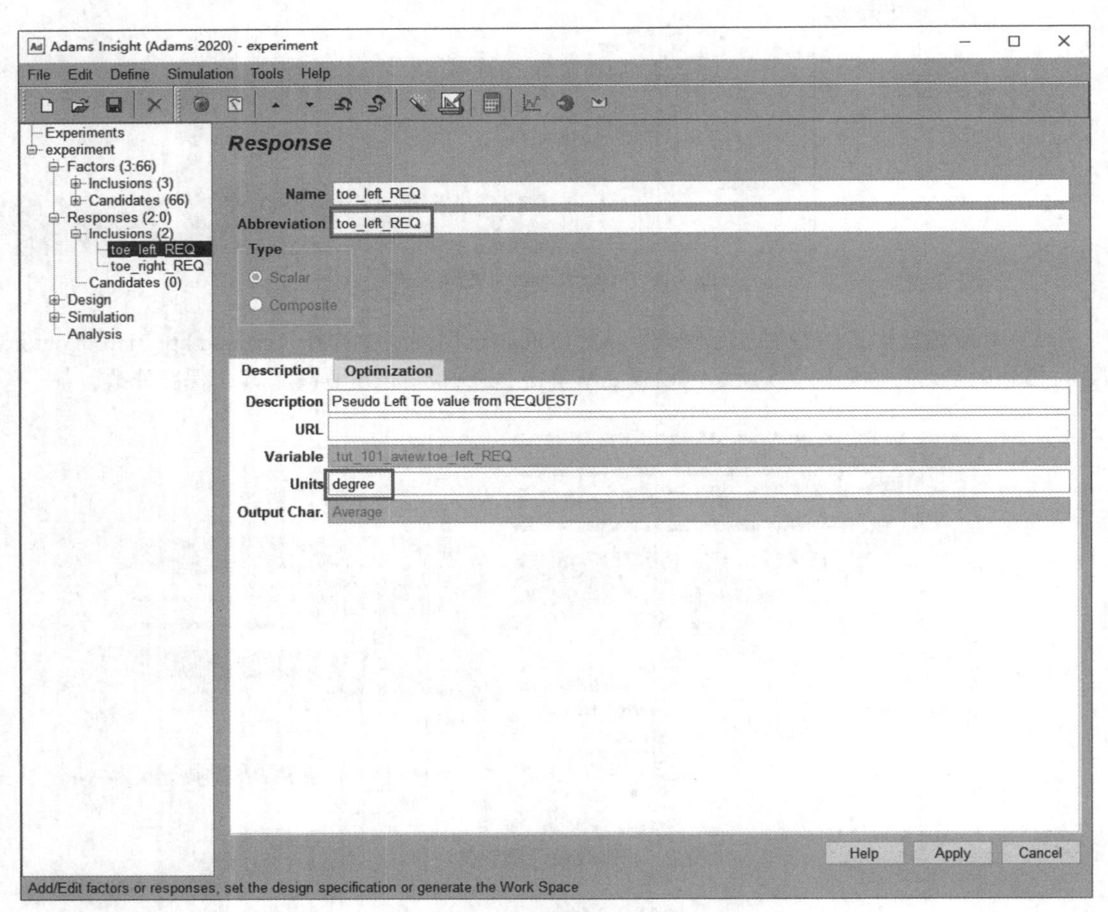

图 7-6　修改响应的属性

（20）单击工具栏中的“Set Design Specification”（设计规范）按钮，弹出图 7-7 所示的窗口。

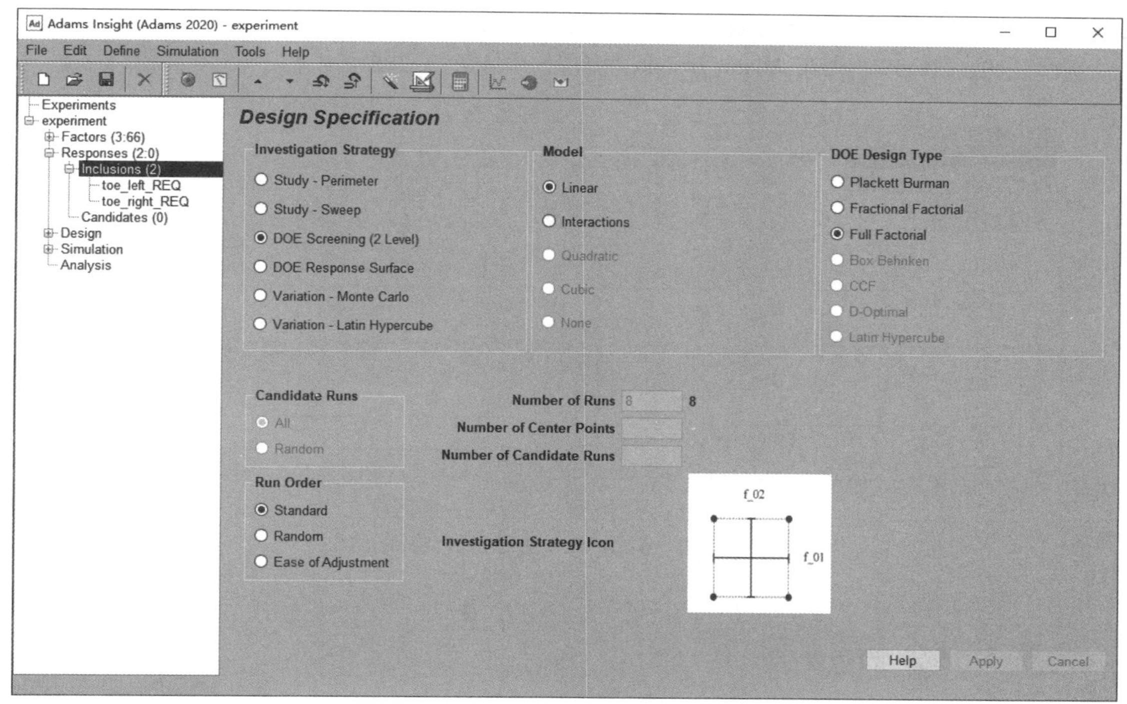

图 7-7　设计因素的属性

（21）前面给定了 3 个参数，并为每个参数指定了范围，这就构成了设计空间。只需单击菜单栏中的“Define”→“Experiment Design”→“Create Design Space”命令，再单击工具栏中的“Generate Work Space”（生成工作空间）按钮即可得到 Adams View 中的工作矩阵，如图 7-8 所示。Adams View 会按照矩阵中的参数进行 8 次仿真。

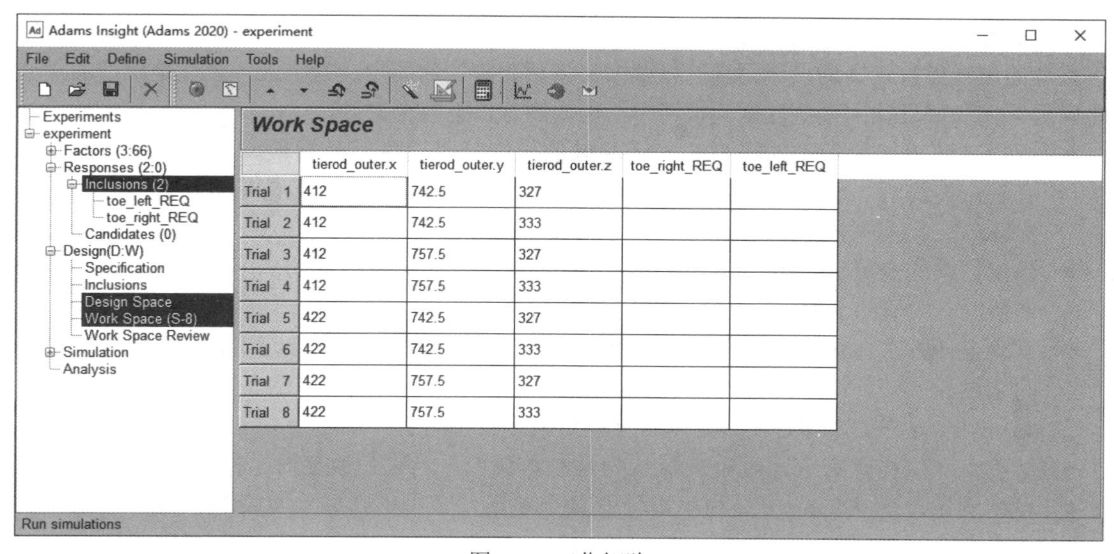

图 7-8　工作矩阵

（22）在确定了“Work Space”中的信息之后，单击菜单栏中的“Simulation”→“Build-Run-Load”→“All”命令即可调用 Adams View 进行仿真计算。在仿真结束后，会出现一个“Information”

对话框，单击“确定”按钮 确定 ，得到的仿真结果如图 7-9 所示。

步骤（20）～（22）为在 Adams Insight 中给定一组试验的过程。

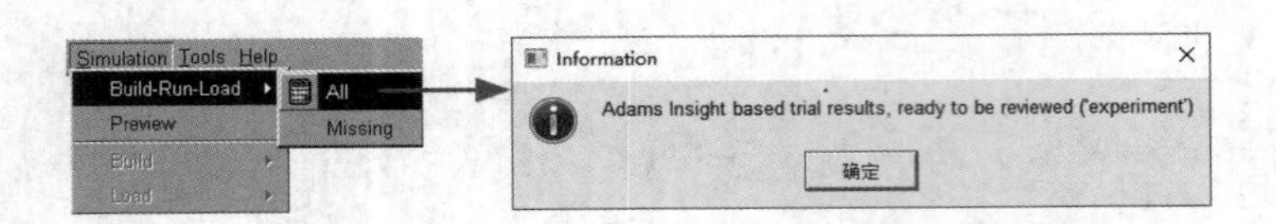

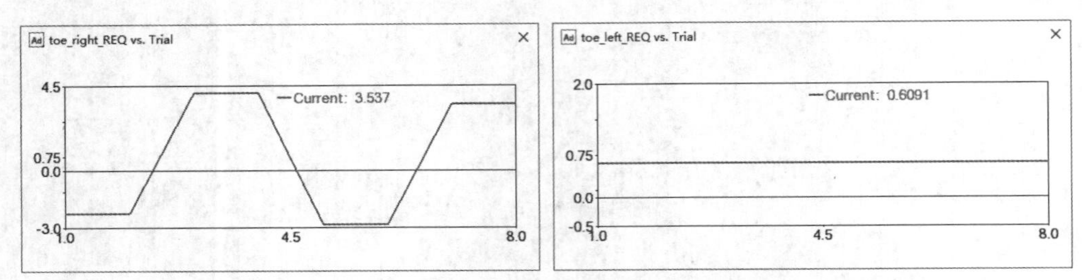

图 7-9　调用 Adams View 进行仿真计算的结果

7.2　参数化分析

在机械产品设计进程中，有各种各样的性能指标，甚至有些指标是相互制约的，因此很难通过一次设计就得到满意的结果。使用 Adams，用户可以通过参数化及优化功能自动完成机械系统的设计，得出最优的方案，大大提高设计效率。

7.2.1　参数化分析介绍

在 7.1 节中，设计因素是已经生成好的。用户在使用 Adams Insight 时，基本问题是如何把自己感兴趣的设计参数定义为设计因素，以及如何把感兴趣的问题定义为响应，也就是所谓的模型参数化问题。在生成设计因素进行试验设计时，需要注意以下几个问题。

- 进行试验设计所基于的模型是一个稳健的模型，所谓稳健是指模型在整个设计空间内都有确定性的解。这就需要满足两个条件，一是所有方案在物理上都是可行的；二是 Adams Solver 在求解时不会发散。
- 当模型中的变量在一定范围内变化时，好的模型都应该是稳健的，用户需要对这个范围内的情况有大概的了解。
- 试验设计方法会在工作点附近对模型参数进行调整，用户需要保证工作点在稳健的设计空间之内。

在 Adams View 中有以下 2 类设计参数可以定义为设计因素。

- 结构点：结构点在 Adams 中被默认为是参数化的，当它们改变时，模型会自动随之更新。
- 设计变量：在 Adams 中是利用设计变量来参数化模型的，即一旦变量改变，与之相关联的模型特征都会自动更新。

在 Adams View 中有以下 5 类参数可以定义为响应。

- 测量特性。
- 请求特性。

- 结果特性。
- Adams View 的函数。
- Adams View 的宏和变量。

下面通过实例来进行了解，具体操作步骤如下。

（1）启动 Adams View。

（2）导入模型“ain_tut_101_aview.cmd”，导入的是一个双横臂独立前悬架模型。

（3）进行一次 1.0s、50 步的仿真（“终止时间”设为“1.0”，“步数”设为“50”）。

（4）改变悬架几何模型会直接影响车轮上下跳动时前轮定位参数的变化。

（5）进行一次 2.0s、100 步的仿真，按 <F8> 键进入后处理模式，利用 Adams PostProcessor 分析计算结果，用户定义的“请求”——“TCC(pseduo toe caster camber)”与“分量”——“U2”的曲线图，如图 7-10 所示。

（6）在 Adams View 界面中，单击菜单栏中的“工具”→“表格编辑器”命令，弹出图 7-11 所示的对话框，在底部通过单击选中“点”单选按钮。

（7）把“hpl_tierod_outer”的 X 坐标由“417.0”改为“422.0”，然后单击“确定”按钮 确定 。

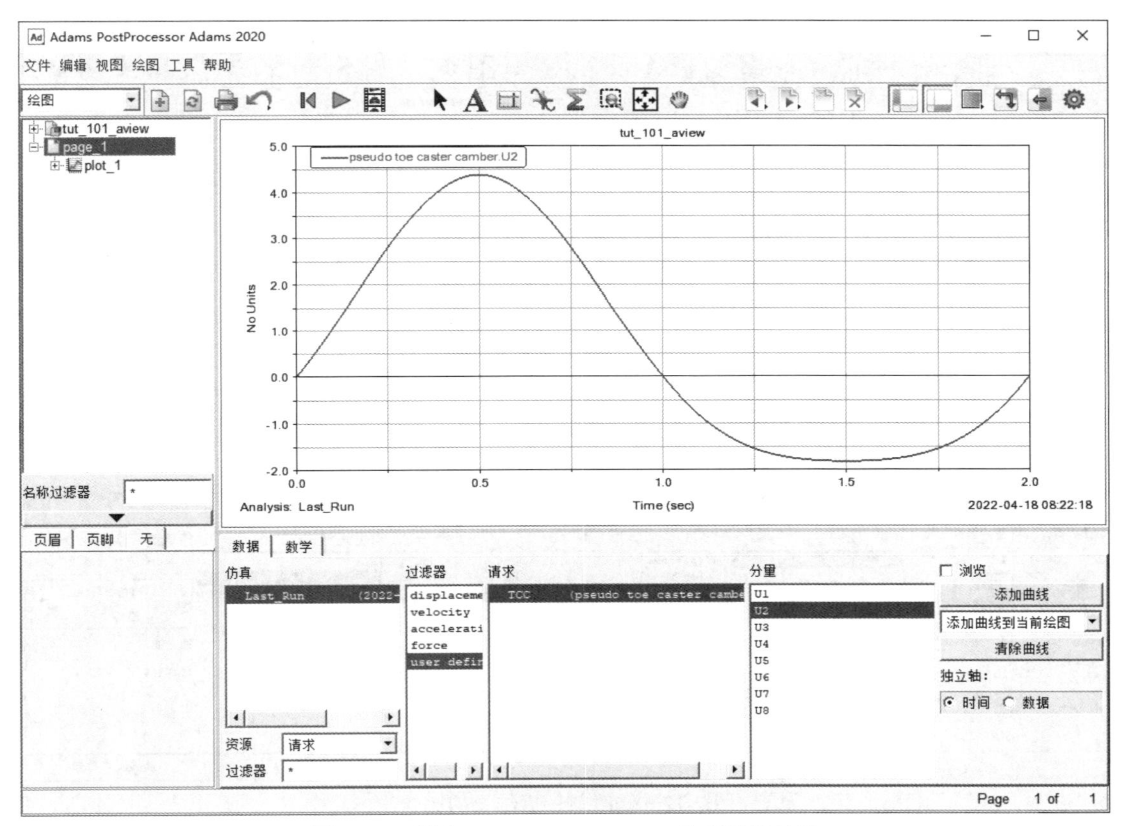

图 7-10 利用 Adams PostProcessor 分析计算结果

（8）运行一次 2.0s、100 步的仿真，并把这一次的仿真结果与前一次的仿真结果进行比较，如图 7-12 所示。

上面这个例子充分表明，在没有 Adams Insight 的情况下，用户只能手动改变参数，手动进行结果比较，当设计方案多了以后，这个过程便非常耗时。

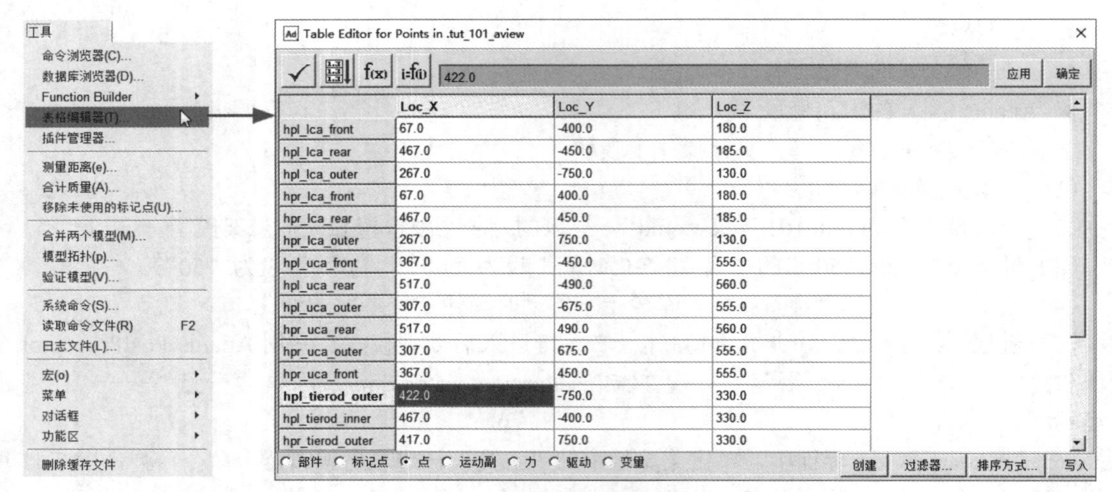

图 7-11 模型中的设计点

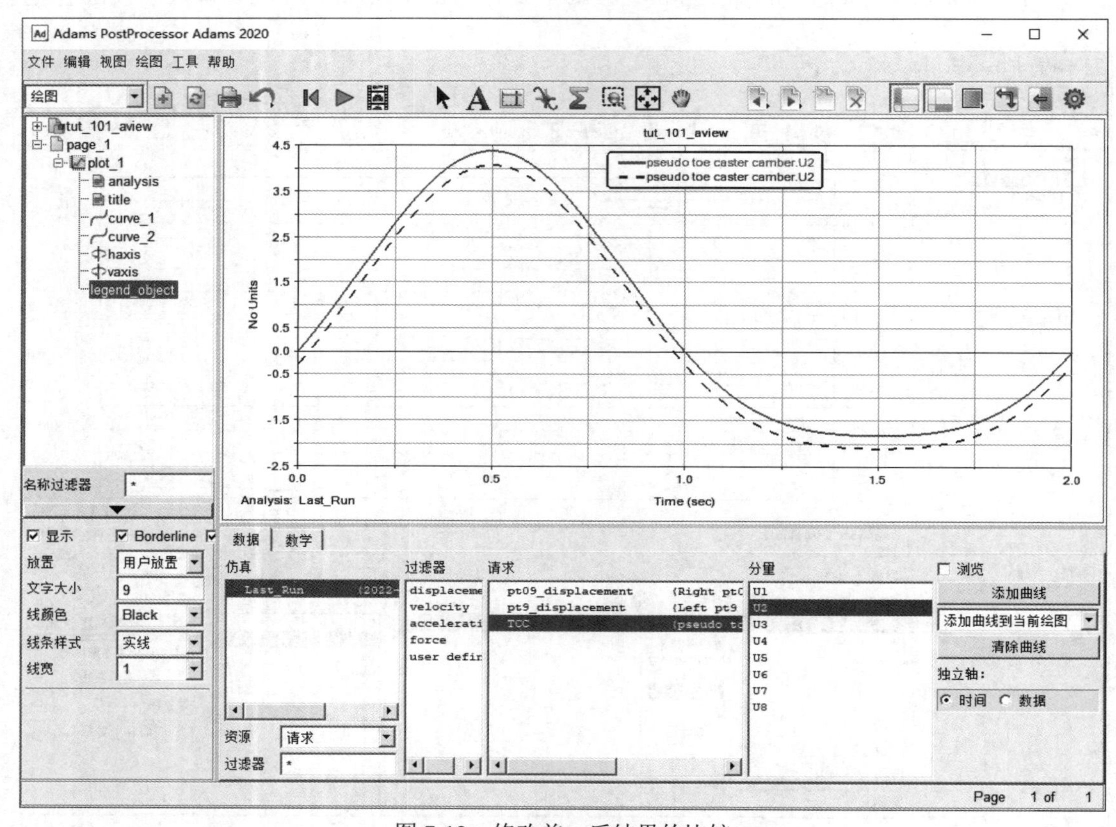

图 7-12 修改前、后结果的比较

7.2.2 参数化过程

本小节首先通过扫描研究合理地确定因素的边界，然后进行设计因素和响应的创建，最后创建设计目标。

1. 扫描研究

扫描研究是 Adams Insight 提供的工具，利用它可以在试验设计的开始阶段，通过对设计因素的线性扫描来理解设计变量对模型的影响，从而合理地确定因素的边界，具体操作过程如下。

（1）启动 Adams View，导入“ain_tut_101_aview.cmd”模型。

（2）导出模型到 Adams Insight 中进行设置，如图 7-13 所示。

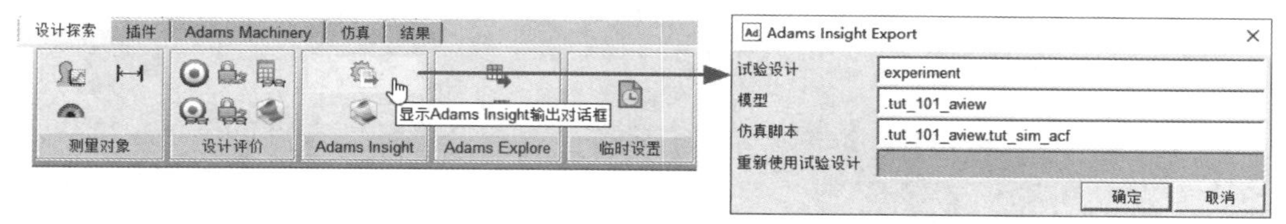

图 7-13　导出模型到 Adams Insight 中

（3）设置分析因素“ground.hpl_tierod_outer.x”。选中“ground.hpl_tierod_outer.x”选项，按图 7-14 所示设置参数，然后单击工具栏中的“Promote to inclusion”按钮，将“ground.hpl_tierod_outer.x”上移到“Inclusions”列表中。

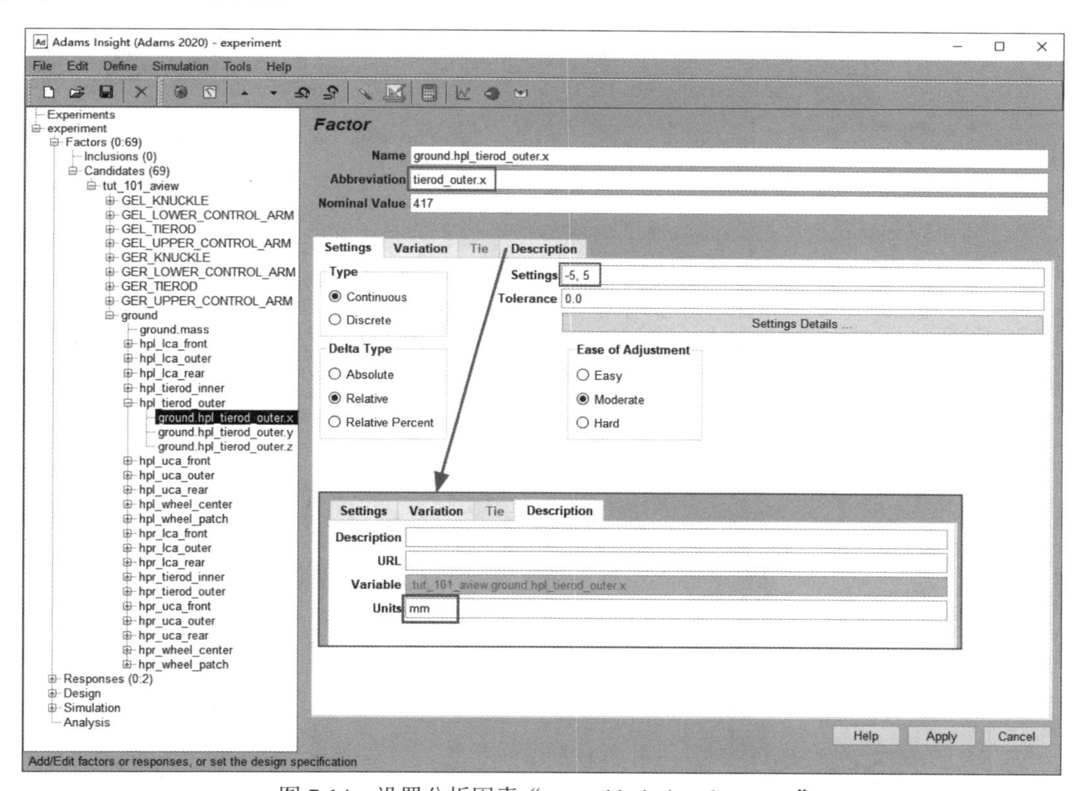

图 7-14　设置分析因素“ground.hpl_tierod_outer.x”

（4）选中“Response”下面“Candidates”列表中的两个分析响应，然后单击工具栏中的“Promote to inclusion”按钮，将“toe_left_REQ”和“toe_right_REQ”上移到“Inclusions”列表中。

（5）选择“toe_left_REQ”和“toe_right_REQ”选项，单击工具栏中的“Set design specification”按钮，按图 7-15 所示设置参数，定义“Design Specification”。

（6）单击“Apply”按钮，应用设置。

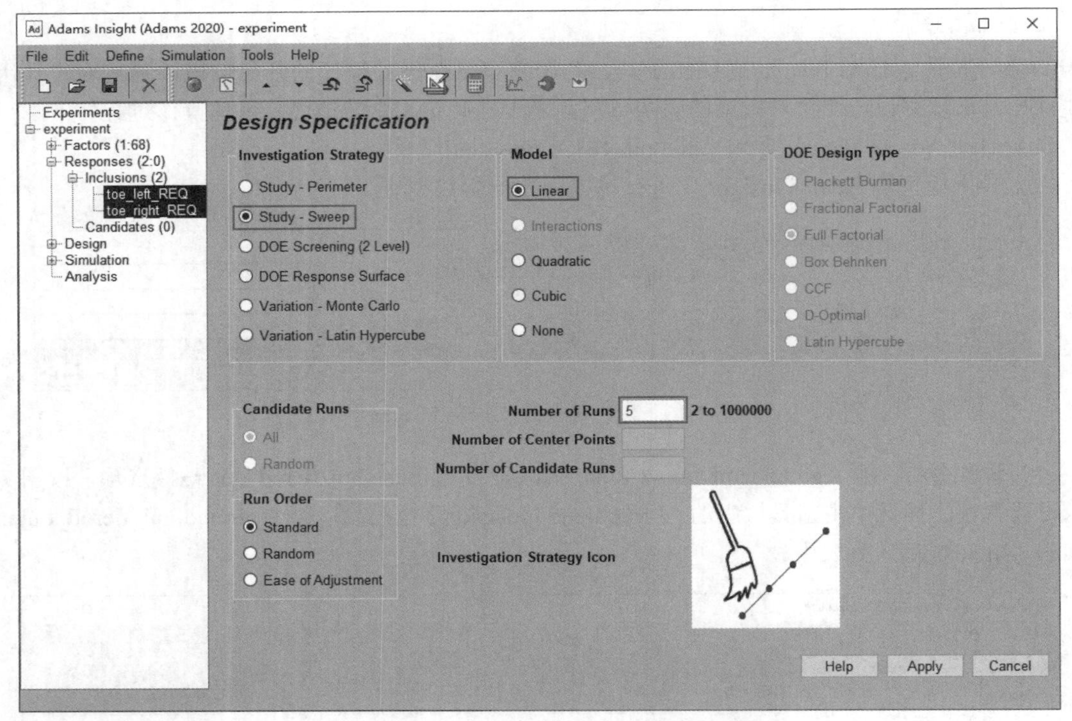

图 7-15　设置响应的属性

（7）创建“Work Space”并运行该模型。单击菜单栏中的“Define”→“Experiment Design”→“Create Design Space”命令，然后单击工具栏中的“Generate Work Space”按钮，即可得到Adams View中的工作矩阵，如图7-16所示。在确定了“Work Space”的信息之后就可以进行仿真了。单击“Adams Insight”工具栏中的“Run all simulations”按钮，Adams View会按照矩阵中的参数进行5次仿真。

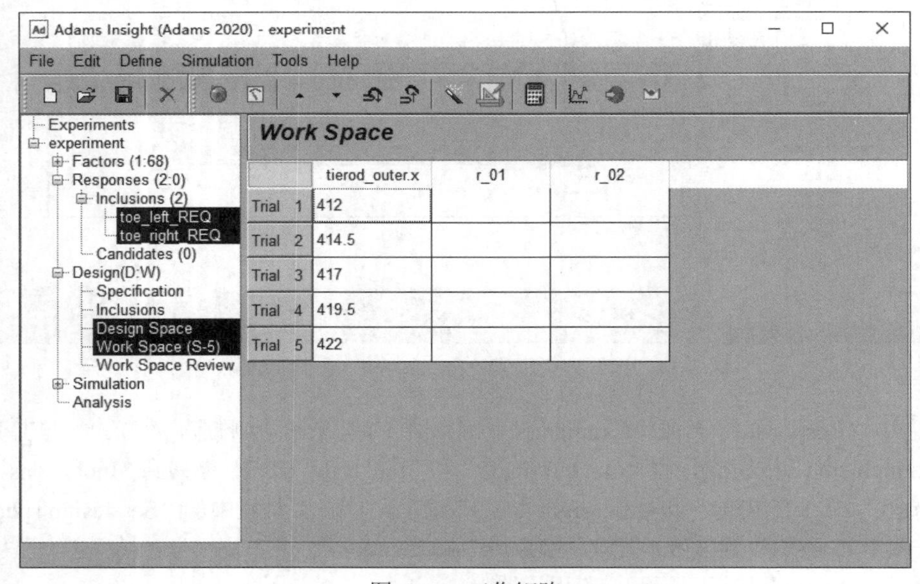

图 7-16　工作矩阵

（8）在 Adams View 主功能区中单击“设计探索”选项卡“Adams Insight”面板中的“显示 Adams Insight 试验设计的结果”按钮。

（9）在 Adams Insight 的模型树的“Design”列表中选择“Work Space Review”，如图 7-17 所示，可以清楚看到因素改变对响应的影响。

这里需要指出的是，任何形式的设计研究、试验设计、优化或变量扫描都需要正确了解设计变量的边界。只有这样，才能保证设计空间内所有的变量组合形式都是有物理意义的，且可以由 Adams Solver 进行正确求解。

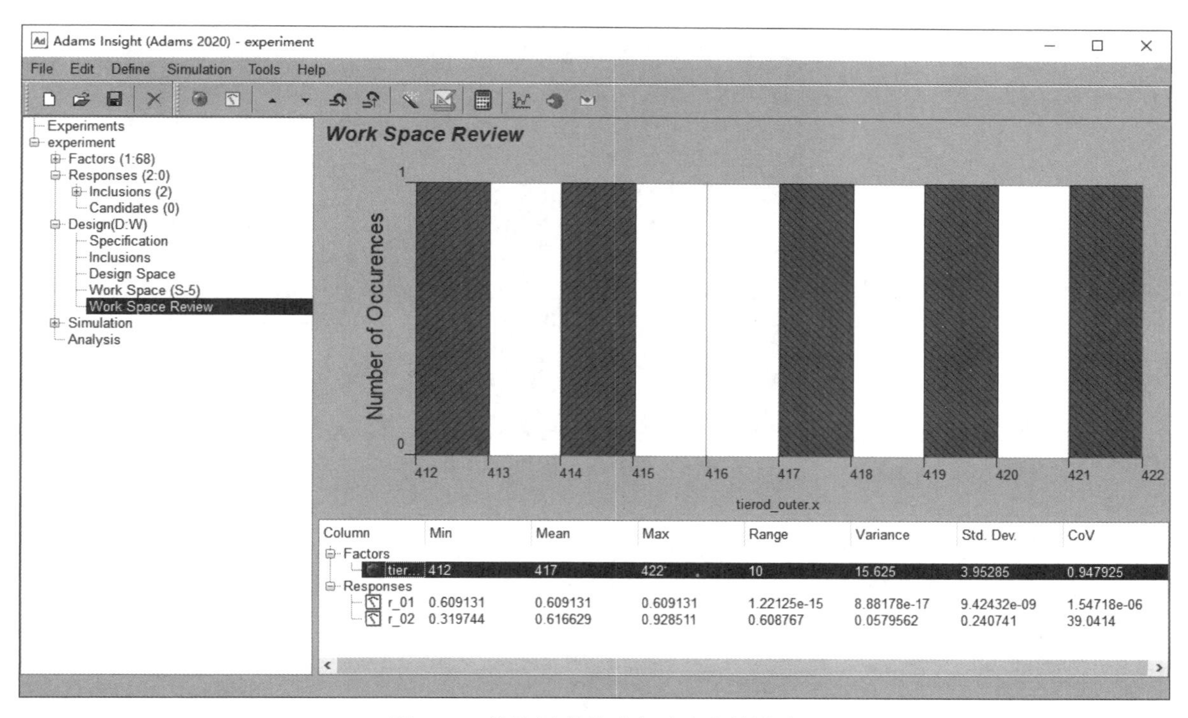

图 7-17　设计因素的改变对响应的影响

2. 设计因素的创建

在 Adams View 中有两类变量会被 Adams Insight 自动创建为预备的设计因素，即结构点和设计变量。其他因素，如几何属性和点的位置，不会被认为是参数化的，也不是默认的设计因素，如果用户需要，则要自己创建，举例说明如下。

（1）用户可以先看一下在扫描研究中导入的模型，会看到有 69 个潜在的设计因素，它们都属于大地，如图 7-18 所示。

（2）返回 Adams View，单击菜单栏中的“工具”→“表格编辑器”命令，在弹出的对话框中可以看到 20 个设计点，如图 7-19 所示。它们的 X、Y、Z 坐标一共 69 个变量构成了全部的潜在设计因素。

（3）从 Adams View 的模型树中删除“hpl_tierod_outer”，并重新导出模型到 Adams Insight 中，可以看到，在删除了一个设计点之后，扫描研究中有 66 个潜在的设计因素，如图 7-20 所示。

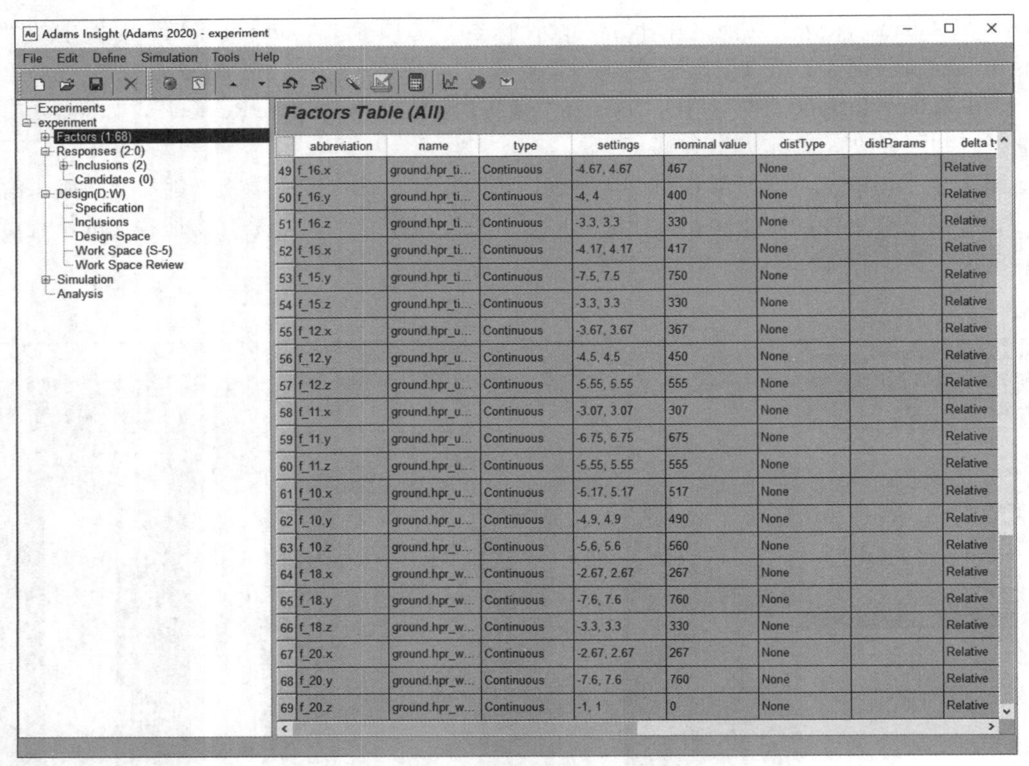

Adams Insight (Adams 2020) - experiment

File Edit Define Simulation Tools Help

Experiments
experiment
Factors (1:68)
Responses (2:0)
Inclusions (2)
Candidates (0)
Design(D:W)
Specification
Inclusions
Design Space
Work Space (S-5)
Work Space Review
Simulation
Analysis

Factors Table (All)

	abbreviation	name	type	settings	nominal value	distType	distParams	delta t
49	f_16.x	ground.hpr_ti...	Continuous	-4.67, 4.67	467	None		Relative
50	f_16.y	ground.hpr_ti...	Continuous	-4, 4	400	None		Relative
51	f_16.z	ground.hpr_ti...	Continuous	-3.3, 3.3	330	None		Relative
52	f_15.x	ground.hpr_ti...	Continuous	-4.17, 4.17	417	None		Relative
53	f_15.y	ground.hpr_ti...	Continuous	-7.5, 7.5	750	None		Relative
54	f_15.z	ground.hpr_ti...	Continuous	-3.3, 3.3	330	None		Relative
55	f_12.x	ground.hpr_u...	Continuous	-3.67, 3.67	367	None		Relative
56	f_12.y	ground.hpr_u...	Continuous	-4.5, 4.5	450	None		Relative
57	f_12.z	ground.hpr_u...	Continuous	-5.55, 5.55	555	None		Relative
58	f_11.x	ground.hpr_u...	Continuous	-3.07, 3.07	307	None		Relative
59	f_11.y	ground.hpr_u...	Continuous	-6.75, 6.75	675	None		Relative
60	f_11.z	ground.hpr_u...	Continuous	-5.55, 5.55	555	None		Relative
61	f_10.x	ground.hpr_u...	Continuous	-5.17, 5.17	517	None		Relative
62	f_10.y	ground.hpr_u...	Continuous	-4.9, 4.9	490	None		Relative
63	f_10.z	ground.hpr_u...	Continuous	-5.6, 5.6	560	None		Relative
64	f_18.x	ground.hpr_w...	Continuous	-2.67, 2.67	267	None		Relative
65	f_18.y	ground.hpr_w...	Continuous	-7.6, 7.6	760	None		Relative
66	f_18.z	ground.hpr_w...	Continuous	-3.3, 3.3	330	None		Relative
67	f_20.x	ground.hpr_w...	Continuous	-2.67, 2.67	267	None		Relative
68	f_20.y	ground.hpr_w...	Continuous	-7.6, 7.6	760	None		Relative
69	f_20.z	ground.hpr_w...	Continuous	-1, 1	0	None		Relative

图 7-18　模型潜在的设计因素

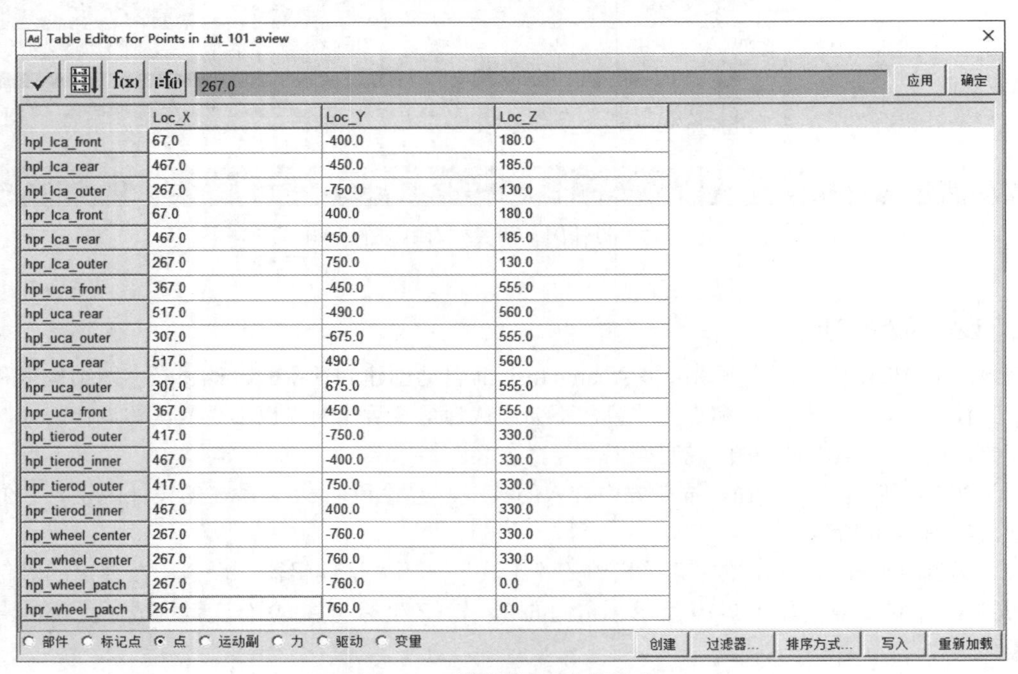

Table Editor for Points in .tut_101_aview

267.0　应用　确定

	Loc_X	Loc_Y	Loc_Z
hpl_lca_front	67.0	-400.0	180.0
hpl_lca_rear	467.0	-450.0	185.0
hpl_lca_outer	267.0	-750.0	130.0
hpr_lca_front	67.0	400.0	180.0
hpr_lca_rear	467.0	450.0	185.0
hpr_lca_outer	267.0	750.0	130.0
hpl_uca_front	367.0	-450.0	555.0
hpl_uca_rear	517.0	-490.0	560.0
hpl_uca_outer	307.0	-675.0	555.0
hpr_uca_rear	517.0	490.0	560.0
hpr_uca_outer	307.0	675.0	555.0
hpr_uca_front	367.0	450.0	555.0
hpl_tierod_outer	417.0	-750.0	330.0
hpl_tierod_inner	467.0	-400.0	330.0
hpr_tierod_outer	417.0	750.0	330.0
hpr_tierod_inner	467.0	400.0	330.0
hpl_wheel_center	267.0	-760.0	330.0
hpr_wheel_center	267.0	760.0	330.0
hpl_wheel_patch	267.0	-760.0	0.0
hpr_wheel_patch	267.0	760.0	0.0

部件　标记点　点　运动副　力　驱动　变量　创建　过滤器...　排序方式...　写入　重新加载

图 7-19　模型的 20 个设计点

（4）返回 Adams View 中并创建一个设计变量。用鼠标右键单击图形区右上角的轮胎几何模型，在弹出的快捷菜单中选择“--Cylinder:WHEEL”→“修改”命令，打开“Geometry Modify Shape

Cylinder”对话框，如图 7-21 所示。在“长度”文本框中右击，在弹出的快捷菜单中选择“参数化”→“创建设计变量”命令，然后单击“确定”按钮 确定 。

Adams Insight (Adams 2020) - experiment

File　Edit　Define　Simulation　Tools　Help

Experiments
experiment
Factors (0:66)
Responses (0:2)
Design
Simulation
Analysis

Factors Table (All)

	abbreviation	name	type	settings	nominal value	distType	distParams	delta type
46	f_15.x	ground.hpr_ti...	Continuous	-4.67, 4.67	467	None		Relative
47	f_15.y	ground.hpr_ti...	Continuous	-4, 4	400	None		Relative
48	f_15.z	ground.hpr_ti...	Continuous	-3.3, 3.3	330	None		Relative
49	f_14.x	ground.hpr_ti...	Continuous	-4.17, 4.17	417	None		Relative
50	f_14.y	ground.hpr_ti...	Continuous	-7.5, 7.5	750	None		Relative
51	f_14.z	ground.hpr_ti...	Continuous	-3.3, 3.3	330	None		Relative
52	f_12.x	ground.hpr_u...	Continuous	-3.67, 3.67	367	None		Relative
53	f_12.y	ground.hpr_u...	Continuous	-4.5, 4.5	450	None		Relative
54	f_12.z	ground.hpr_u...	Continuous	-5.55, 5.55	555	None		Relative
55	f_11.x	ground.hpr_u...	Continuous	-3.07, 3.07	307	None		Relative
56	f_11.y	ground.hpr_u...	Continuous	-6.75, 6.75	675	None		Relative
57	f_11.z	ground.hpr_u...	Continuous	-5.55, 5.55	555	None		Relative
58	f_10.x	ground.hpr_u...	Continuous	-5.17, 5.17	517	None		Relative
59	f_10.y	ground.hpr_u...	Continuous	-4.9, 4.9	490	None		Relative
60	f_10.z	ground.hpr_u...	Continuous	-5.6, 5.6	560	None		Relative
61	f_17.x	ground.hpr_w...	Continuous	-2.67, 2.67	267	None		Relative
62	f_17.y	ground.hpr_w...	Continuous	-7.6, 7.6	760	None		Relative
63	f_17.z	ground.hpr_w...	Continuous	-3.3, 3.3	330	None		Relative
64	f_19.x	ground.hpr_w...	Continuous	-2.67, 2.67	267	None		Relative
65	f_19.y	ground.hpr_w...	Continuous	-7.6, 7.6	760	None		Relative
66	f_19.z	ground.hpr_w...	Continuous	-1, 1	0	None		Relative

Add/Edit factors or responses, or set the design specification

图 7-20　66 个潜在设计因素

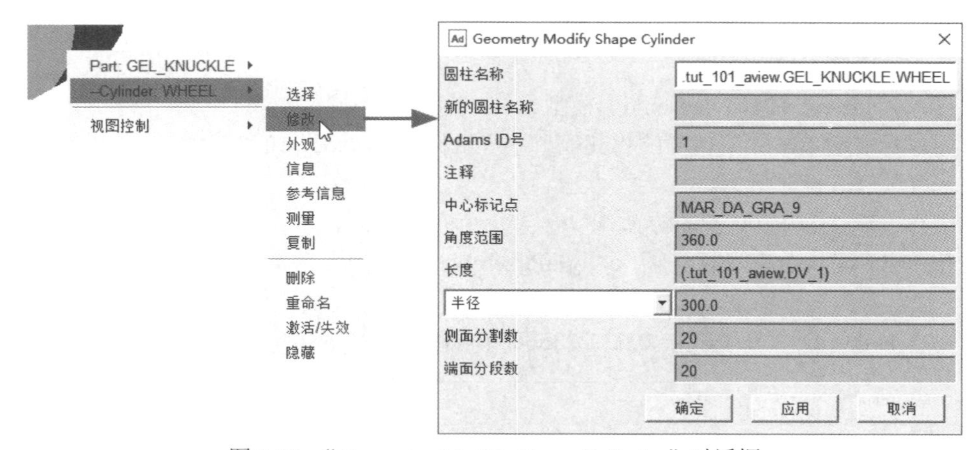

图 7-21　“Geometry Modify Shape Cylinder”对话框

（5）重新导出模型到 Adams Insight 中，可以看到在增加了一个设计变量后，扫描研究中有 67 个潜在的设计因素，如图 7-22 所示。

在 Adams View 中对模型进行参数化，会使 Adams Insight 自动将设计变量生成为潜在的设计因素。

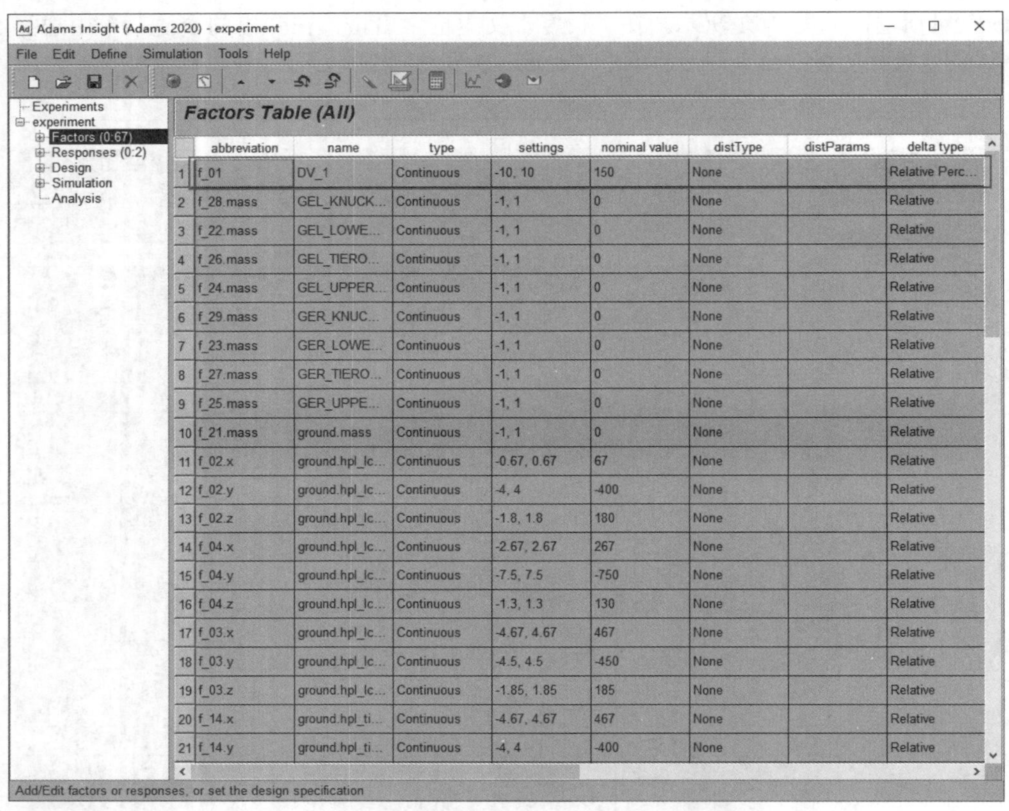

	abbreviation	name	type	settings	nominal value	distType	distParams	delta type
1	f_01	DV_1	Continuous	-10, 10	150	None		Relative Perc...
2	f_28.mass	GEL_KNUCK...	Continuous	-1, 1	0	None		Relative
3	f_22.mass	GEL_LOWE...	Continuous	-1, 1	0	None		Relative
4	f_26.mass	GEL_TIERO...	Continuous	-1, 1	0	None		Relative
5	f_24.mass	GEL_UPPER...	Continuous	-1, 1	0	None		Relative
6	f_29.mass	GER_KNUC...	Continuous	-1, 1	0	None		Relative
7	f_23.mass	GER_LOWE...	Continuous	-1, 1	0	None		Relative
8	f_27.mass	GER_TIERO...	Continuous	-1, 1	0	None		Relative
9	f_25.mass	GER_UPPE...	Continuous	-1, 1	0	None		Relative
10	f_21.mass	ground.mass	Continuous	-1, 1	0	None		Relative
11	f_02.x	ground.hpl_lc...	Continuous	-0.67, 0.67	67	None		Relative
12	f_02.y	ground.hpl_lc...	Continuous	-4, 4	-400	None		Relative
13	f_02.z	ground.hpl_lc...	Continuous	-1.8, 1.8	180	None		Relative
14	f_04.x	ground.hpl_lc...	Continuous	-2.67, 2.67	267	None		Relative
15	f_04.y	ground.hpl_lc...	Continuous	-7.5, 7.5	-750	None		Relative
16	f_04.z	ground.hpl_lc...	Continuous	-1.3, 1.3	130	None		Relative
17	f_03.x	ground.hpl_lc...	Continuous	-4.67, 4.67	467	None		Relative
18	f_03.y	ground.hpl_lc...	Continuous	-4.5, 4.5	-450	None		Relative
19	f_03.z	ground.hpl_lc...	Continuous	-1.85, 1.85	185	None		Relative
20	f_14.x	ground.hpl_ti...	Continuous	-4.67, 4.67	467	None		Relative
21	f_14.y	ground.hpl_ti...	Continuous	-4, 4	-400	None		Relative

图 7-22　扫描研究中的潜在的设计因素

3. 响应的创建

Adams Insight 会自动在 Adams View 模型中搜索设计目标，并把它自动添加为潜在的响应。用户可以单击展开模型树查看模型中已有的设计目标。下面首先介绍修改现有设计目标的具体操作步骤和获取设计目标值的操作方法。

（1）导入“ain_tut_101_aview.cmd”模型。

（2）用鼠标右键单击模型树中的“其他”→“目标”→“toe_left_REQ/toe_right_REQ”→“修改”命令，可以修改设计目标。

（3）进行一次 2.0s、100 步的仿真。

（4）按 <F3> 键显示命令行，输入“optimize objective evaluate objective_name=toe_left_REQ”，按 <Enter> 键，得到如下结果，如图 7-23 所示。

“.tut_101_aview.toe_left_REQ = 0.6272235686 (NO UNITS)”。

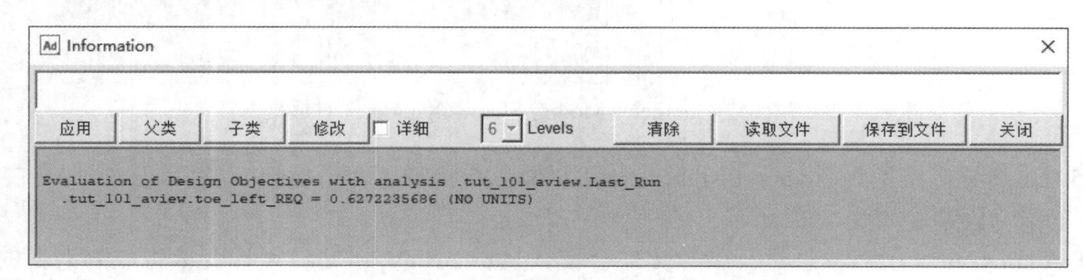

图 7-23　获取设计目标的值

4. 创建设计目标

前面已经介绍了在 Adams View 中有 5 类参数可以定义为设计目标。

下面分别举例说明如何创建其中的 3 种设计目标。

（1）基于测量的方法。这是创建设计目标最简单的方法，具体操作步骤如下。

1）导入“ain_tut_101_aview.cmd”模型。

2）用鼠标右键单击模型树中的“物体”→“GEL_UPPER_CONTROL_ARM”→“MARKER_10”选项，在弹出的快捷菜单中选择“测量”命令，按图 7-24 所示设置参数，创建一个“测量”测量位移的幅值并将其命名为“MEA_marker_displacement”，然后单击“确定”按钮 确定 。

3）单击主功能区中的“设计探索”选项卡“设计评价”面板中的“建立新的设计目标函数”按钮，按图 7-25 所示设置参数，基于测量创建设计目标，然后单击“确定”按钮 确定 。

4）进行一次 2.0s、100 步的仿真。

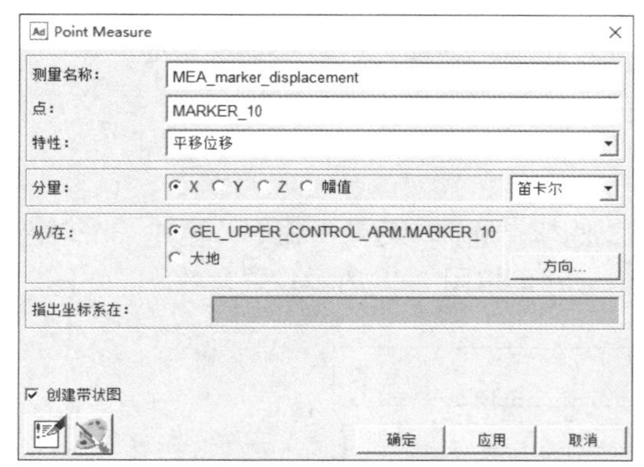

图 7-24　创建一个测量

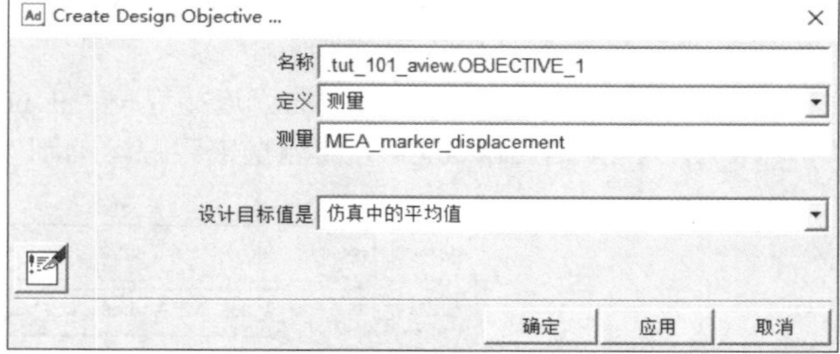

图 7-25　基于测量创建设计目标

5）按 <F3> 键显示命令行，输入“optimize objective evaluate objective_name =.tut_101_aview.OBJECTIVE_1”，按 <Enter> 键，得到如下结果，如图 7-26 所示。

“.tut_101_aview.OBJECTIVE_1 = 308.8321381677(mm)”。

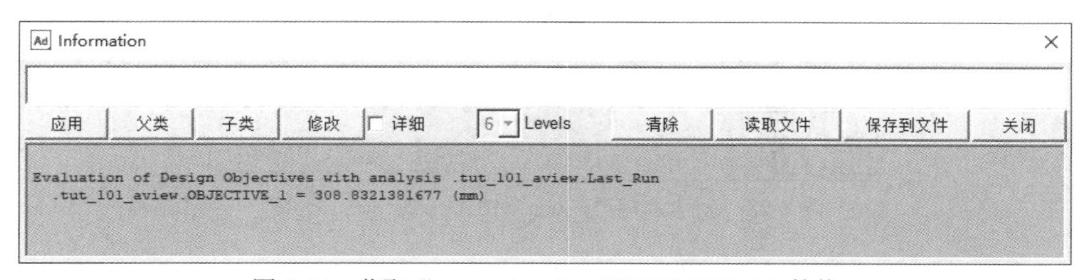

图 7-26　获取“.tut_101_aview.OBJECTIVE_1”的值

（2）基于请求或结果集特性。基于请求或结果集特性创建设计目标也很容易实现，如图 7-27 所示，用户需要在“名称”文本框内输入请求的名称，在“定义”下拉列表中选择“结果集分量（请求）”或“现有的结果集分量（请求）”选项，然后在“结果集分量”文本框中输入相应结果集分量，模型中的“toe_left_REQ”和“toe_right_REQ”就是基于请求创建的。

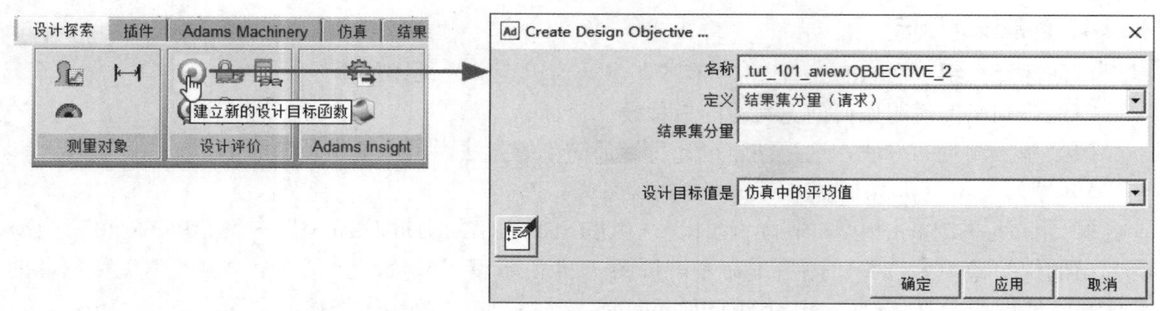

图 7-27 基于请求创建设计目标

（3）基于 Adams View 函数创建目标。Adams View 函数是 Adams View 中强有力的工具，基于它用户可以创建复杂的响应，这些响应超出了“测量”和“目标”的范围。例如用户可以创建频域响应的方法是利用 Adams View 提供的快速傅立叶变换函数“FFTMAG()”。由于该函数要求一组完整的数据，因此只能在一次仿真结束后再计算所要的结果。下面举例说明，创建的“目标”是上控制臂转角的幅值，具体操作步骤如下。

1）导入“ain_tut_101_aview.cmd”模型。

2）进行一次 2s、100 步的仿真。

3）用鼠标右键单击模型树中的“连接”→“jl_uca”选项，选择“测量”命令，创建一个名为“jl_uca_MEA_meas_uca_angle”的测量来跟踪运动副“jl_uca”，按图 7-28 所示设置参数。

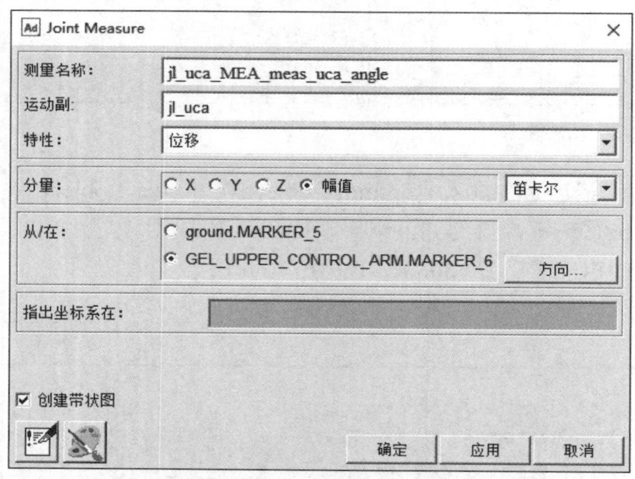

图 7-28 创建测量“jl_uca_MEA_meas_uca_angle”

4）基于 Adams View 的函数创建目标，将其命名为“OBJECTIVE_max_freq_mag”，如图 7-29 所示。

5）在“函数”文本框中右击选择“函数”→“创建”命令，此时用户需要利用“Function Builder”对话框创建一个函数，按图 7-30 所示设置参数，单击“评估”按钮，检查、测试函数表达式是否正确，最后单击“确定”按钮。

6）再次单击“确定”按钮创建目标。

7）进行一次 2.0s、100 步的仿真并查看结果。

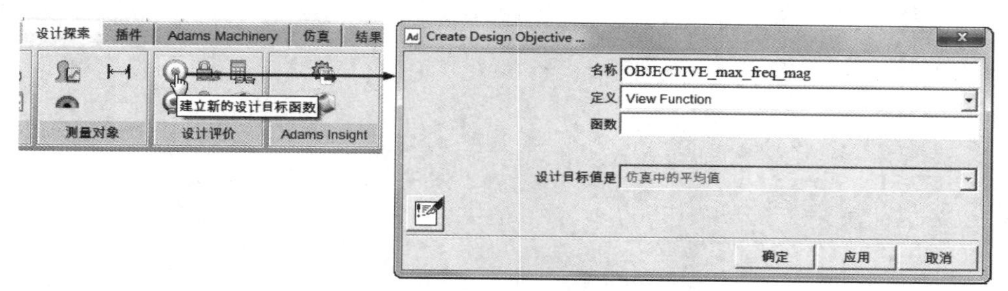

图 7-29　基于 Adams View 函数创建设计目标

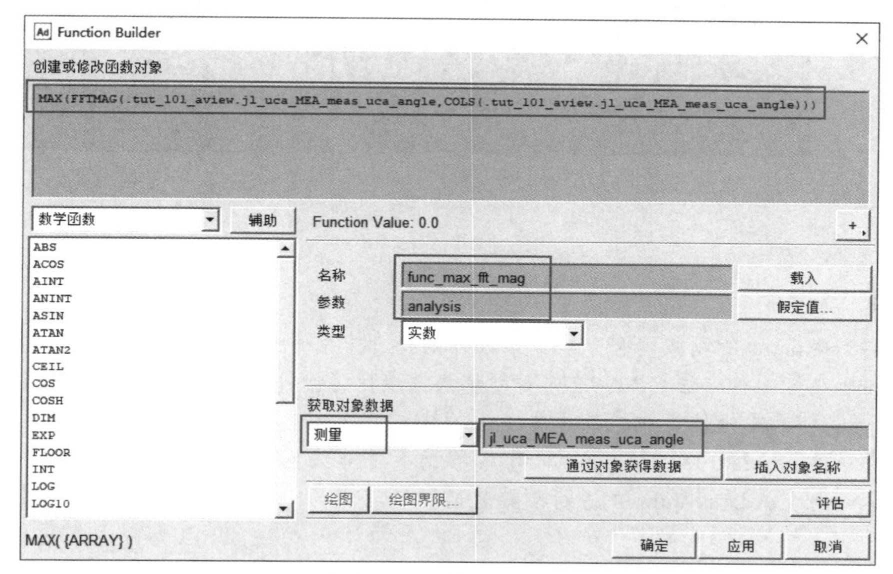

图 7-30　创建一个函数

第 8 章 刚柔耦合分析

【内容指南】

本章主要对 Adams 的刚柔耦合分析中柔性体的处理方法进行讲解。在 Adams 中对柔性体的处理包括线性和非线性两种方法，本章首先对创建离散柔性连接件、利用有限元软件创建柔性体、利用 ViewFlex 功能创建柔性体等线性处理方法进行详细介绍；然后对创建有限元部件、创建嵌入式非线性柔性体 Adams MaxFlex、Adams-Marc 联合仿真等非线性处理方法进行简单介绍；最后通过一个实例演示如何在 Adams View 中进行刚柔替换。

【知识重点】

- 离散柔性连接件。
- 利用有限元分析创建柔性体。
- 利用 Adams 的 ViewFlex 功能创建柔性体。

8.1 刚柔耦合分析简介

在不同的机械系统中，由于部件的弹性形变将会影响到系统的运动学、动力学特性，考虑到对分析结果的精度要求，必须把系统中的部分部件处理成实际的可以变形的柔性体，这样的分析称为刚柔耦合分析。Adams View 中柔性体的处理包括线性和非线性两种方法，线性柔性通常适用于变形小于该部件特征长度的 10% 的小变形部件，非线性柔性适用于包含几何大变形、材料非线性和边界条件非线性等特征的部件。

Adams View 中常规的线性柔性体建模方法有以下 3 种。

（1）创建离散柔性连接件，即通过离散梁连接，将一个部件离散成许多段刚性部件，各刚性部件间通过柔性梁单元进行连接。

（2）利用其他有限元分析软件（如 MSC Nastran、ABAQUS），将部件离散成细小的网格，然后进行模态计算，将计算的模态保存为模态中性文件，再直接导入 Adams View 中建立柔性体。

（3）利用 ViewFlex 功能，直接在 Adams View 中建立柔性体的模态中性文件。

Adams View 非线性柔性体建模有以下 3 种方法。

（1）创建有限元部件（FE Part），有限元部件是一种带惯量属性的 Adams View 原生建模对象，可以准确模拟梁结构的大变形（即几何非线性）特征。

（2）利用嵌入式非线性柔性模块 Adams MaxFlex，直接读取和生成 MSC Nastran SOL400 BDF 文件来研究部件的材料非线性、几何大变形及边界条件非线性特征。

（3）Adams-Marc 联合仿真，利用 Marc 软件对材料非线性、几何大变形、边界条件具有非线性特征的部件进行建模和分析，通过 Adams-Marc 联合仿真接口实现联合仿真，从而在多体动力学仿真中引入部件的非线性柔性影响。

下面首先对 Adams View 中常规的线性柔性体建模方法进行具体介绍。

8.2　离散柔性连接件

将一个部件分成多个单元，直接利用刚体之间的柔性梁连接，在各个单元之间创建柔性连接，通过这种方法创建的柔性体，称为离散柔性连接件。其基本思想是化整为零、化大为小，通过每个单元的特性来反映整体的特性。如图 8-1 所示，一段柔性工字梁可以看成横截面为“工”字形的离散柔性连接件，分解成 3 段离散件，每段离散件就是一个独立的刚性部件，有自己的质心坐标系、颜色、名称、质量等属性。因此，可以像编辑其他刚性部件一样来编辑每段离散件，也可以对每段离散件之间的柔性梁进行编辑，指定柔性梁的参数。使用离散柔性连接件的优点是它可以帮助用户直接计算横截面的属性，比直接使用柔性梁连接更方便。

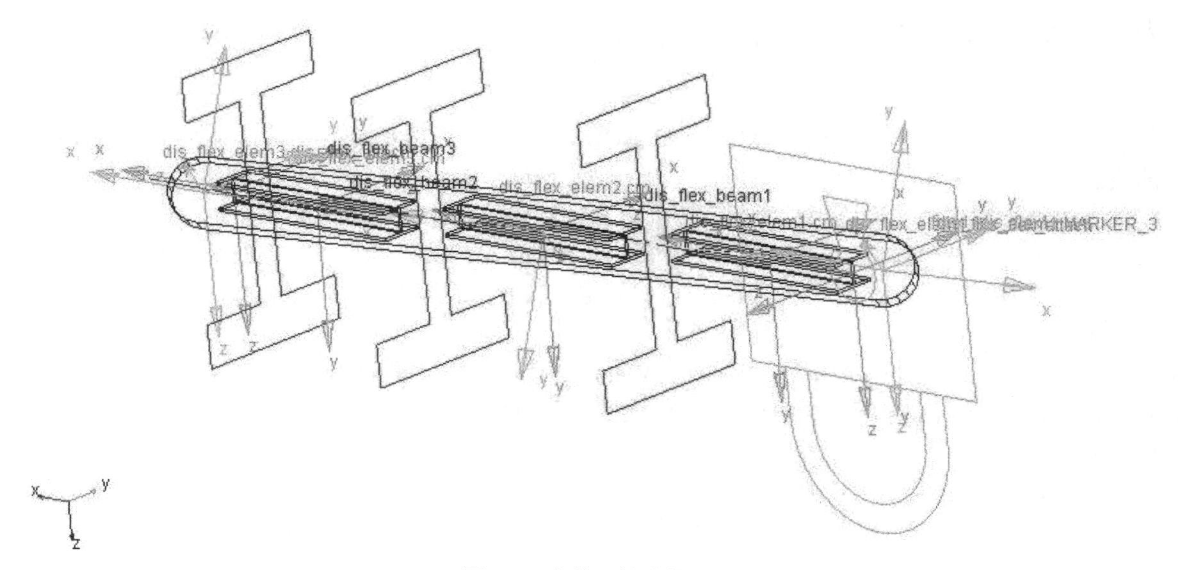

图 8-1　离散柔性连接件

定义离散柔性连接件的方法是单击主功能区中的“物体”选项卡下的“柔性体”面板中的“离散柔性连杆”按钮，弹出“Discrete Flexible Link”对话框，如图 8-2 所示，对话框中各设置项的功能如下。

- 名称：定义离散柔性连接件的名字前缀，如 hu_flex，系统就会自动按照 hu_flex_elem1、hu_flex_elem2、hu_flex_elem3……的顺序给每个离散件命名，按照 hu_flex_beam1、hu_flex_beam2、hu_flex_beam3……的顺序给每个离散柔性连接件命名。
- 材料：赋予离散柔性连接件的材料属性。
- 段数：离散柔性连接件所分的段数。
- 阻尼系数：设置阻尼比。
- 颜色：设置离散柔性连接件的颜色，可右击“颜色”文本框在颜色库中进行设置。
- 积分格式：积分格式分为线性、分线性弦、非线性。
- 标记 1、标记 2：选择标记点，确定离散柔性连接件的起始端点位置和终止端点位置。
- 连接方式：确定离散柔性连接件在起始端点位置和终止端点位置与其他相邻部件间的连接关系，有“自由”“刚性”和“柔性”这 3 种关系。
- 断面：确定离散柔性连接件的横截面形状，包括 6 种可供选择的横截面形状，即“实心矩形”“空心矩形”“实心圆”“空心圆”“I 型梁”和“属性”。
- 原点标记：柔性梁单元、离散件在起始端点位置和终止端点位置与其他相邻部件间的连接副的方向参考标记点。

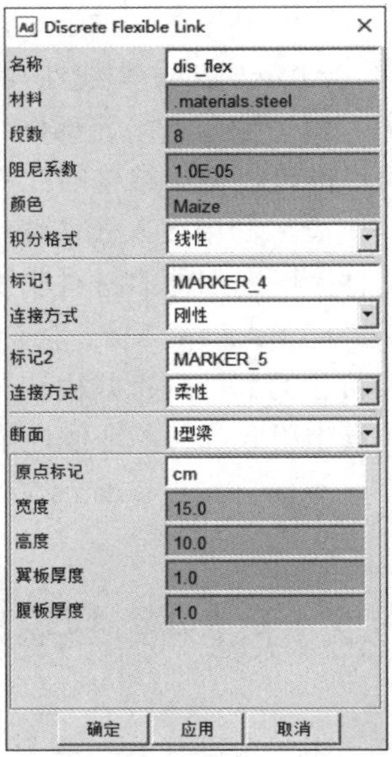

图 8-2 “Discrete Flexible Link”对话框

8.3 利用有限元软件创建柔性体

Adams 支持从 MSC Nastran、Marc、ABAQUS、ANSYS、I-DEAS 等专业有限元分析软件导出的模态中性文件。本节以 MSC Nastran 为例，通过 MSC Nastran 与 Adams 之间的双向接口将两个软件有机结合起来，实现将部件级的有限元分析的结果传递到系统级的运动仿真分析中，完成在 Adams 中的考虑部件弹性影响的分析，还可以将 Adams 中的分析结果，如部件在各种工况下运动过程中的受力情况传递给 MSC Nastran，以此来定义其载荷的边界条件，从而提高产品整体的分析结果的精度和置信度。

MSC Nastran 从 2004 版本开始，对与 Adams 的接口提供了更为简便的方法，从 MSC Nastran 中可以直接生成 Adams 所需要的模态中性文件，这个过程可以在有限元通用的前处理软件 Patran 中方便地实现。

这个接口可应用于模态分析、瞬态响应分析、频率响应分析以及有预加载荷的模态分析等分析过程中。对于有非线性变形的部件，要首先使用非线性分析，再用模态分析重新进行计算。

8.3.1 生成模态中性文件

Adams 本身不具有单元划分等有限元分析的相关功能，其所使用的模态中性文件必须借助其他有限元软件来生成。Adams 支持从 MSC Nastran、Marc、ABAQUS、ANSYS 等有限元分析软件导出的模态中性文件。MSC Nastran 从 2004 版本开始可以直接输出模态中性文件。

8.3.2　在 Adams 中导入模态中性文件

利用模态中性文件，可以在 Adams 中创建柔性体。本小节以 Adams 自带的连杆模态中性文件为例（文件在 MSC.Software\Adams\2020\flex\examples\mnf 目录下），介绍如何在 Adams 中导入模态中性文件。为了方便读者，该文件已经保存在资源文件中 yuanwenjian\ch_08\example\mnf 目录下，文件名为“con_rod.mnf”。单击主功能区中的“物体”选项卡下的“柔性体”面板中的“Adams Flex：创建柔性体”按钮，弹出“Create a Flexible Body”对话框，如图 8-3 所示，该对话框中各项设置如下。

在“柔性体名称”文本框中输入柔性体的名称。在文件类型下拉列表中选择“MNF”选项，在其后面的文本框内右击，在弹出的快捷菜单中选择“浏览”命令，打开文件所在的位置并选择“con_rod.mnf”文件。按图 8-3 所示设置其余参数，然后单击“确定”按钮，完成创建柔性体，如图 8-4 所示。

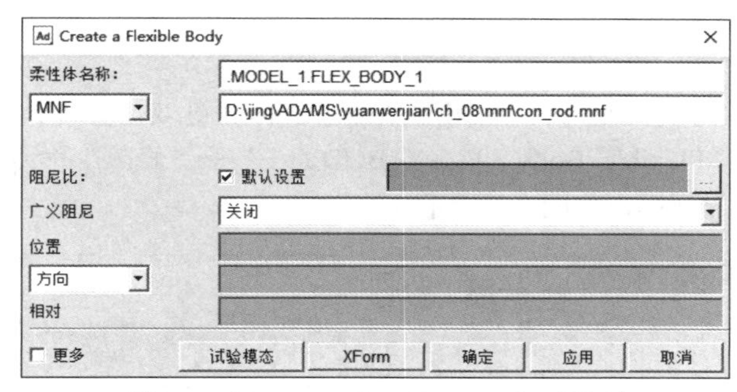

图 8-3　“Create a Flexible Body”对话框

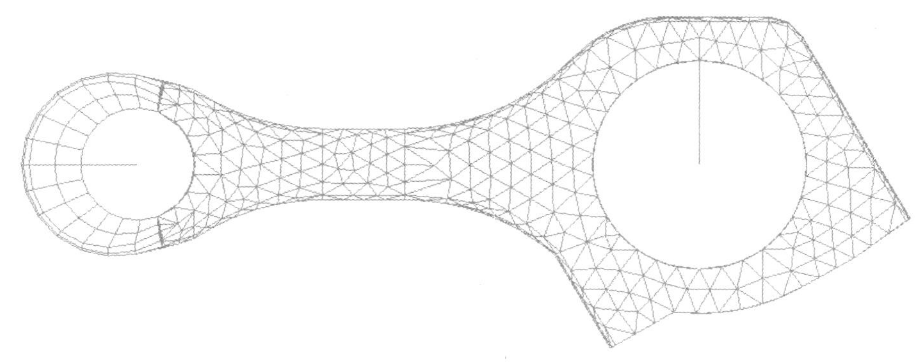

图 8-4　导入模态中性文件后创建的柔性体

另外，也可以在柔性体替换刚体时，输入模态中性文件，直接导入替换系统模型中的刚体，替换后的柔性体保留了刚体原有的运动副、载荷信息，而且继承了原来刚体的一些特征信息，如颜色、图标、初始速度等。

Adams 中也可以使用柔性体替换柔性体，其操作步骤是单击主功能区中的“物体”选项卡下的“柔性体”面板中的“柔性体替换柔性体”按钮，弹出“Swap a flexible body for another flexible body”对话框，如图 8-5 所示。

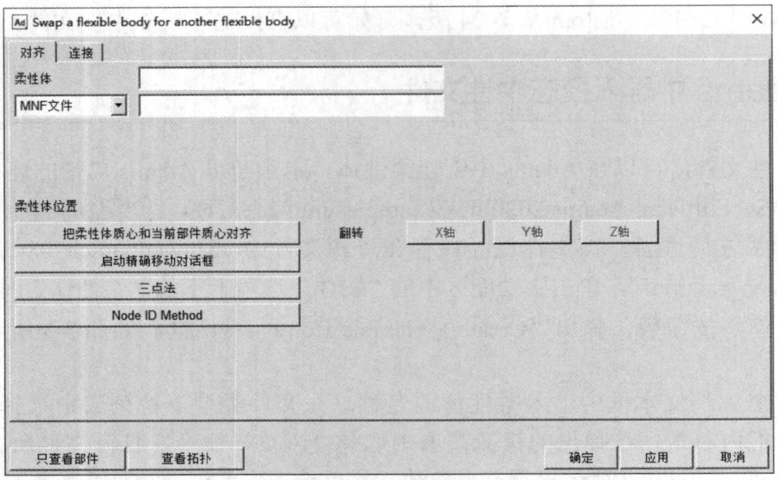

图 8-5 “Swap a flexible body for another flexible body”对话框

8.3.3 编辑柔性体

创建柔性体后，可对其进行编辑，在图形区使用鼠标左键双击柔性体或在柔性体上右击，在弹出的快捷菜单中单击“Flexible_Body：FLEX_BODY_1”→“修改”命令，弹出“Flexible Body Modify”（修改柔性体）对话框，如图 8-6 所示。

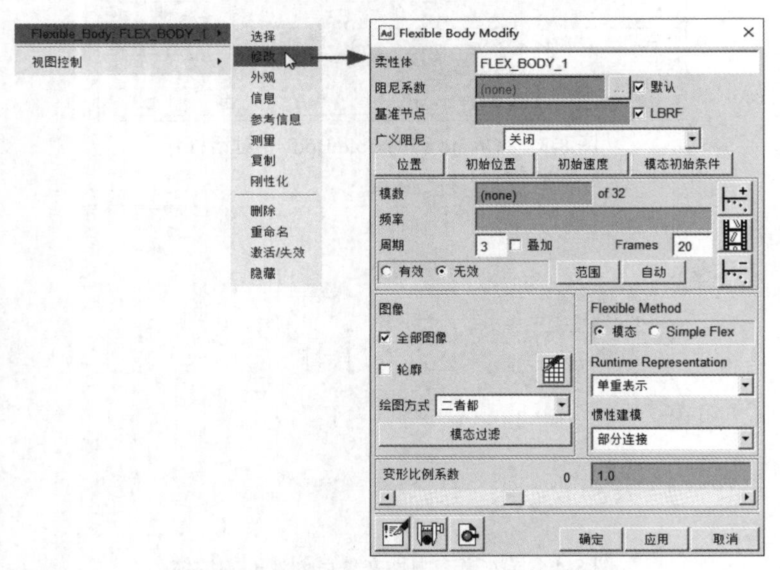

图 8-6 “Flexible Body Modify”对话框

“Flexible Body Modify”对话框中的设置功能如下。

1. 阻尼系数

柔性体模态的阻尼系数的设置方式有如下几种。

（1）相关默认规定如下。

低于 100Hz 的所有模态阻尼系数为 1%。

100 ～ 1000Hz 的模态阻尼系数为 10%。

高于 1000Hz 的模态临界阻尼系数为 100%。

（2）各阶模态具有单一的阻尼系数。

（3）阻尼系数还可以用普通的函数表达式来定义。这里介绍两个专门定义模态阻尼系数的函数。

- FXMODE：该函数返回该柔性体的模态阶数。
- FXFREQ：该函数返回该柔性体当前模态的频率。

```
FLEX_BODY/1
CRATIO=IF (FXFREQ-100:0.01, 0.1, IF (FXFREQ-1000: 0.1, 1.0, 1.0))
```

（4）还可以用 DMPSUB 子程序控制阻尼系数。如果用户习惯于使用毫秒为时间单位，就必须用 DMPSUB 子程序实现同等效果的阻尼系数定义。

2. 模态的激活与取消

选中“无效”单选按钮，相当于取消某阶模态，也就是当计算部件的变形时，忽略该阶模态的影响。选中“有效”单选按钮，相当于激活某阶模态，也就是考虑该阶模态的影响。可使用的设置方式如下。

（1）模态设定表。

（2）按频率范围设置（通过“范围”按钮 范围 设置）。

（3）按能量分布设置（通过“自动”按钮 自动 设置）。

如果仿真计算中发现某阶模态对柔性体影响非常小，就可考虑选择取消该阶模态。

用户对柔性体模态的设置对分析能否成功影响很大，因为在 Adams 中，柔性体的每阶模态对应一个广义模态坐标，相应地会影响模型的自由度。对于求解而言，太多的自由度意味着太长的、不能容忍的计算时间，太少的自由度又会影响 Adams Solver 收敛到一个可以接受的解。

3. 惯性建模

“惯性建模”设置有 4 种预设方式和一种用户定制方式。

（1）刚体：该选项设置近似采用刚体形式，但形式上仍采用柔性体公式表达。

（2）常数：该选项设置惯量为常数，柔性体变形不影响其惯量。

（3）部分连接：该选项设置惯量为默认值。

（4）完全连接：该选项使用了全部 9 个不变量，是最复杂、最精确的方式。

（5）定制：该选项允许用户设置自定义值或观察预设方式的值，如图 8-7 所示，带有“ √ ”的为选定项。

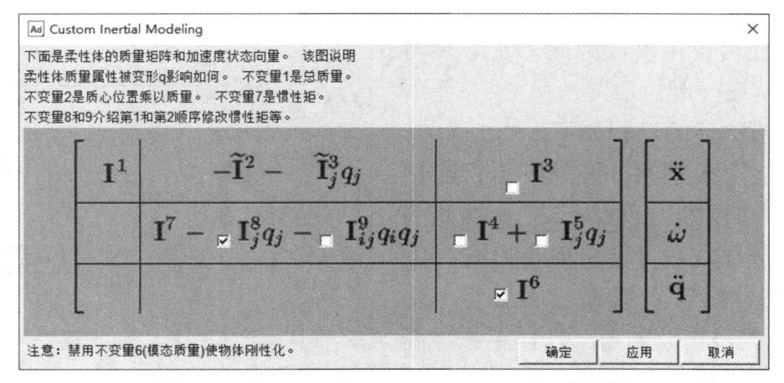

图 8-7 “Custom Inertial Modeling”对话框

4. 绘图方式

输出图形类型用于表示柔性体变形的幅度，其数值具有连续性，不是离散值；它只显示相对变形，而不是应力。

“绘图方式”下拉列表中的选项包括以下几种。

- 云图：用于设置 Adams Flex 来显示彩色的轮廓图。
- 矢量：用于设置 Adams Flex 来显示矢量图。
- 无：不显示任何图形。
- 两者都：既可显示彩色轮廓图，也可显示矢量图。

“变形比例系数”设置可用于放大变形的显示幅度。该设置能够修改变形比例系数，便于观察。当比例系数大于 1 后，约束看起来妨碍变形，但这仅是视觉效果，与分析结果无关。从分析意图看，要保持所定义的约束不变。当比例系数等于 0 时，柔性体将像刚体一样，动画中不再出现变形。

“基准节点”设置可用于用户选择认为的不动节点（即已知节点）作为其他所有节点位移的参考点。变形是一个相对过程，可以用相对于某一个已知节点的位移来表达。任意节点位移均可用彩色图形来表示其相对于已知节点的变形大小。其中，LBRF（Local Body Reference Frame，即局部部件参考坐标系，默认设置为部件坐标系或 BCS），与在有限元软件中的参考坐标系的位置相同。

8.3.4 刚柔连接

将模态中性文件导入 Adams View 后，Adams Flex 会将其原点放在整体惯性坐标系的原点上，并且与模型中其他部件没有任何关系。运用 Adams View 提供的运动副约束或柔性连接可将它与其他部件连接起来，但是在使用时要注意以下一些问题。

（1）平移副或平面内运动副约束不能直接加在柔性体上，解决这个问题的方法是通过一个无质量连接物体将部件连接起来，然后将约束施加在这个无质量连接物体上。

（2）对于能施加运动激励的运动副（如圆柱副），如果其上有运动激励，就不能加在柔性体上。

（3）Adams View 中的柔性连接 Beams、Bushings 和 Field elements 不能加在柔性体上，但是可以通过一个无质量连接物体间接地加在柔性体上。

无质量连接物体，也叫哑物体，是质量和惯性为零或非常微小的物体。它不是模型中的部件，却可以间接地将物体连接起来。要创建一个无质量连接物体，只需去掉物体的几何体，这是因为在默认情况下 Adams View 是根据物体的几何体来确定其质量的。如果还想保留物体的几何体以突显模型中的无质量连接物体，可以通过修改该物体，将其质量和转动惯量设为零。无质量连接物体不能为模型增加任何自由度，因此，它必须与其他有质量物体固结在一起。

创建无质量连接物体的过程如下。

首先，根据需要在部件间创建一个连接物体；接着，删除物体的几何体或进入物体的“Modify Body”对话框，在“定义质量方式”下拉列表中选择“用户输入”选项，然后将“质量”“lxx”“lyy”和“lzz”设置为“0”，单击“确定”按钮 确定 ，如图 8-8 所示。

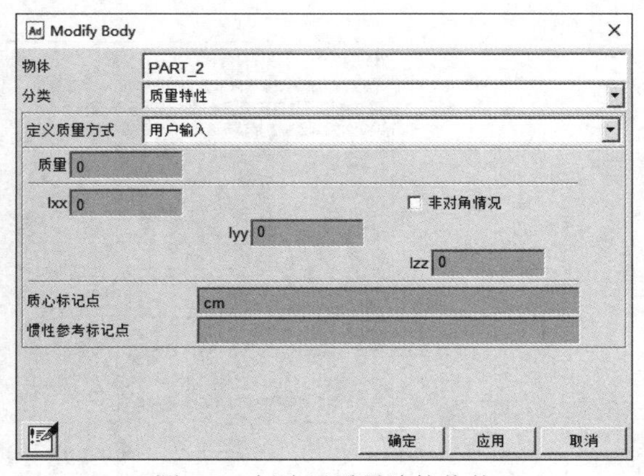

图 8-8　创建无质量连接物体

Adams View 可以在柔性体的节点位置上创

建标记点。但是如果要使创建的标记点位置没有节点，就需要在一个邻近节点上附加一个无质量连接物体，将标记点建在无质量连接物体上，并且与这个邻近节点有一个偏离距离。这在连接两个节点不重合的柔性体或在一个节点的偏离位置上施加作用力时有用。但是如果偏离距离太大，就会在柔性体的这个节点上产生较大的力矩，这时需要修改有限元模型，适当地分配给这个节点力和力矩。

在 Adams View 中导入柔性体后，可以在其上施加作用力，但要注意，只有当柔性体是主动（施力）物体时才能在其上施加下列作用力。

- 具有 6 个分量的广义力矢量。
- 具有 3 个分量的力矢量。
- 具有 3 个分量的力矩矢量。

如果柔性体是被动（受力）物体，则可以通过在柔性体上附加一个无质量连接物体，将以上作用力施加在该无质量连接物体上。

应该注意的是，如果一个用函数表达的力元（包括上述 3 种作用力以及只有一个分量的作用力）被加在柔性体上时，该力元就与该柔性体的所有状态变量建立起了函数关系。求解时，Adams Solver 必须使用有限差分法来计算函数的偏导数。当柔性体的模态数较多（大于 40）时，其计算量是相当巨大的，如果在柔性体要施加作用力的位置附着一个无质量连接物体，将力施加在无质量连接物体上，则该力的函数表达式只与刚体的状态量有关，而与大规模的柔性体状态量无关，这是一个减少计算量的实用方法。

8.3.5　刚柔替换

在模型中既保留部件中的刚体，又保留部件中的柔性体，通过设定它们有效或无效，从而实现两者之间的切换也是非常有用的。比如可以通过对不同模型的仿真研究，逐步增加模型的复杂程度。也可以在图形区生成结果曲线来比较不同模型的仿真结果。当然，要在物体的刚体和柔性体之间进行切换，可以通过修改柔性体的惯性设置来实现，这将在后面章节中进行介绍。

将刚性体替换成柔性体可以通过单击主功能区中“物体”选项卡下的“柔性体”面板中的“刚体转变成柔性体”按钮，其具体实现过程如下。

（1）按读入模态中性文件的步骤在模型中输入包含柔性体的模态中性文件。

（2）用“移动”命令将柔性体移动到与要替代的刚体相重合的位置上。

（3）修改被替代的刚体与其他物体的约束，将这些约束都加在柔性体上。其方法是在“Modify Joint”对话框中将“第 1 个物体”或“第 2 个物体”改为柔性体部件。

（4）去掉刚体与模型的连接之后，可将其删除。

8.4　利用 ViewFlex 创建柔性体

对于那些几何外形比较简单的柔性体，可以利用 Adams 中的 ViewFlex 创建模态中性文件。下面介绍 ViewFlex 的使用方法。

8.4.1　用拉伸法创建柔性体

（1）单击主功能区中“物体”选项卡下的“柔性体”面板中的“ViewFlex：不使用 MNF 导入方式创建柔性体”按钮，弹出“ViewFlex-Create”对话框，如图 8-9 所示。ViewFlex 模块的大部分操作都是通过这个对话框进行的，在“柔性体类型”（FlexBody Type）选项组中选中“拉伸体”单选按钮，表示采用拉伸法创建柔性体。

（2）定义拉伸路径。选中“中心线”单选按钮，在图形区选择标记点，确定拉伸路径经过的点，在“参考名称”列中输入选择的标记点，可通过“选择参考坐标系”按钮 选择参考坐标系 来选择输入点；表格中可以输入欧拉角“R1”“R2”“R3”，指定柔性体在标记点处的横截面的比例“比例 X”和“比例 Y”，以及柔性体截面在标记点处的最大尺寸“最大 X”和“最大 Y”。为使拉伸路径更加光滑，可以在“插值”选项组中选择插值运算，即“线性”“3 次方”“无”，如图 8-10 所示。

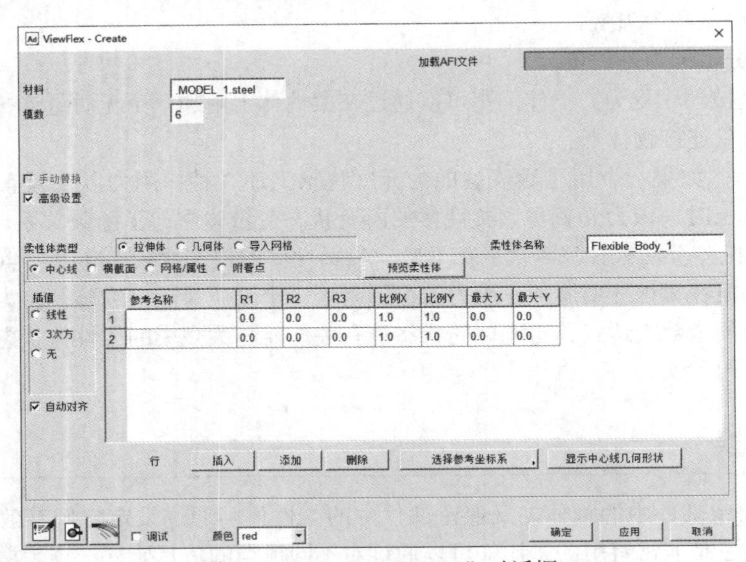

图 8-9 “ViewFlex-Create”对话框

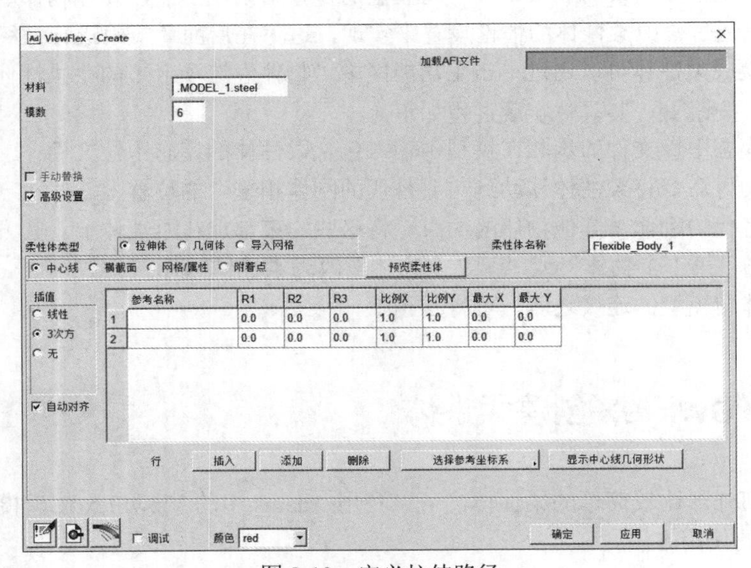

图 8-10 定义拉伸路径

提示

所选择的标记点的 Z 轴方向定义为拉伸方向，横截面与 XY 平面平行，要调整方向，可以在表格中输入欧拉角“R1”“R2”“R3”。“比例 X”和“比例 Y”是指定柔性体在标记点处横截面的比例，“最大 X”和“最大 Y”是柔性体横截面在标记点处的最大尺寸。

（3）定义横截面。单击选中“横断面”单选按钮，选择横截面类型（“截面类型”为“椭圆”或“通用”。如果选中“椭圆”单选按钮，则将横截面定义成椭圆形，这时，需要输入椭圆的两个半轴长度，如图 8-11 所示。如果选中“通用”单选按钮，则需要输入横截面的参数，可以在坐标表格中输入横截面上、下顶点的坐标值。或者单击“打开 / 更新截面草绘”按钮，再单击“草绘截面”按钮，在右边的黑色框中绘制横截面的形状，绘制完成后，单击“填写表格”按钮，所绘制的横截面顶点就会出现在坐标表格中，如图 8-12 所示，选择绘制的横截面顶点坐标分别为 (−25, 20) (25, 20) (25, −20) 和 (−25, −20)。

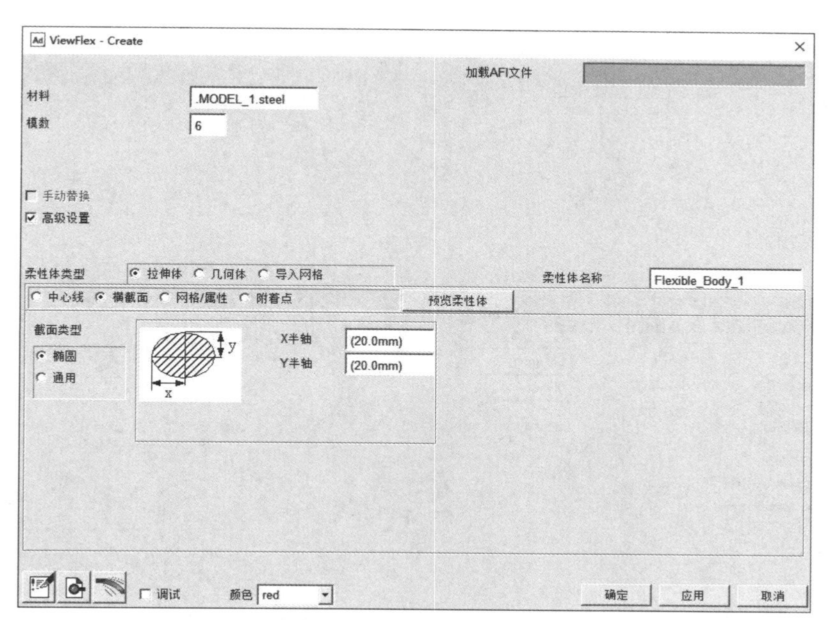

图 8-11　选择椭圆横截面

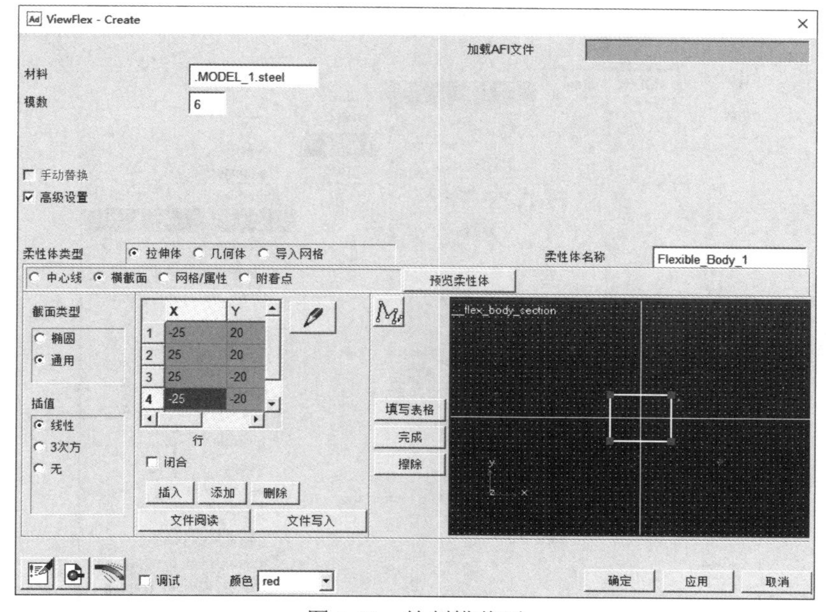

图 8-12　绘制横截面

（4）定义单元属性。单击选中“网格 / 属性”单选按钮，“ViewFlex - Create”对话框刷新为如图 8-13 所示。然后在“单元类型”选项组中选择单元类型，包括“Quad 壳体”和“Hexa 实体”。对于壳单元，需要输入“单元大小”和“公称厚度”；对于实体单元，只需输入“单元尺寸”。在“模数”和“材料”文本框中输入要计算的模态阶数和单元材料，选择单元材料可以在“材料”文本框中右击，在弹出的快捷菜单中单击“材料”→“推测”→“Steel”命令，如图 8-14 所示。如果要恢复应力，则勾选“应力分析”复选框，对于壳单元可以选择计算应力的位置为“上面”“中间”“下面”。

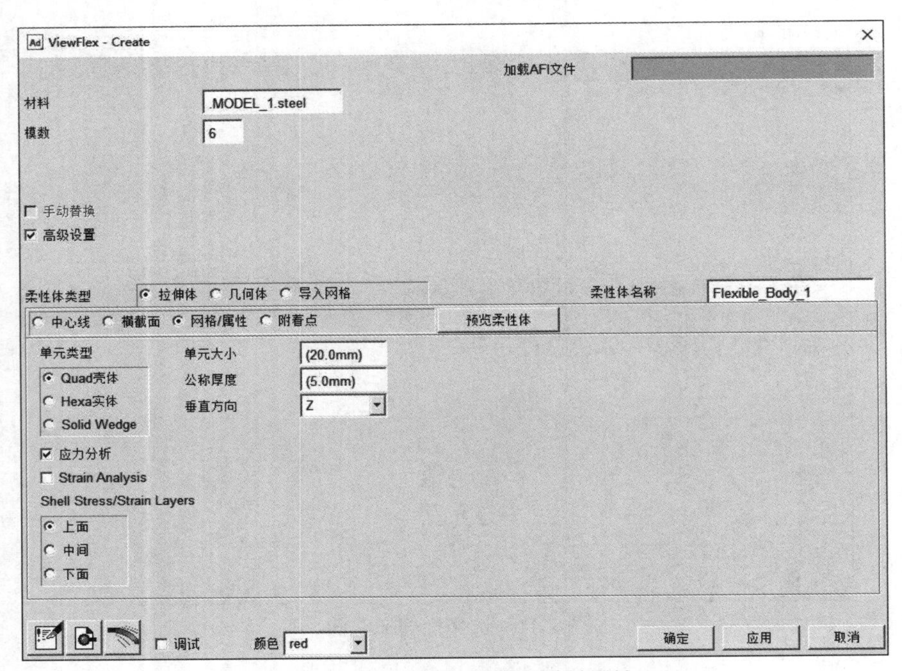

图 8-13　定义单元尺寸和材料属性

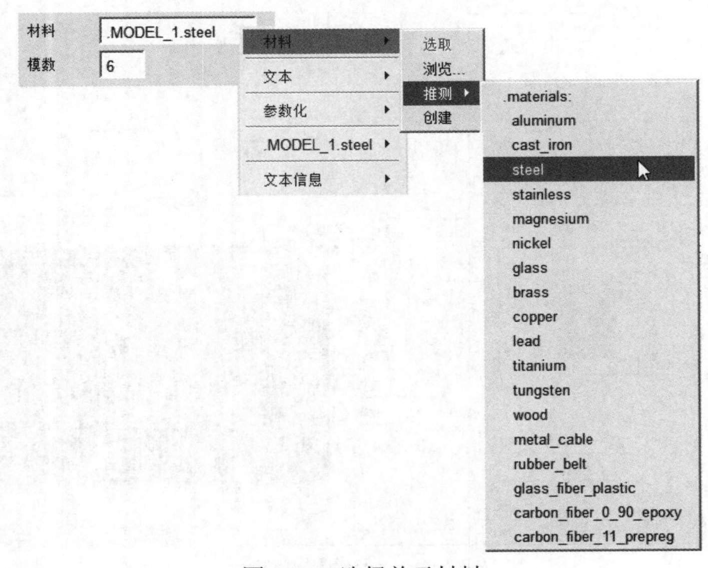

图 8-14　选择单元材料

（5）定义连接点。单击选中“附着点”单选按钮，“ViewFlex-Create”对话框刷新为如图 8-15 所示，然后输入标记点。单击“确定”按钮 确定 完成柔性体的创建。

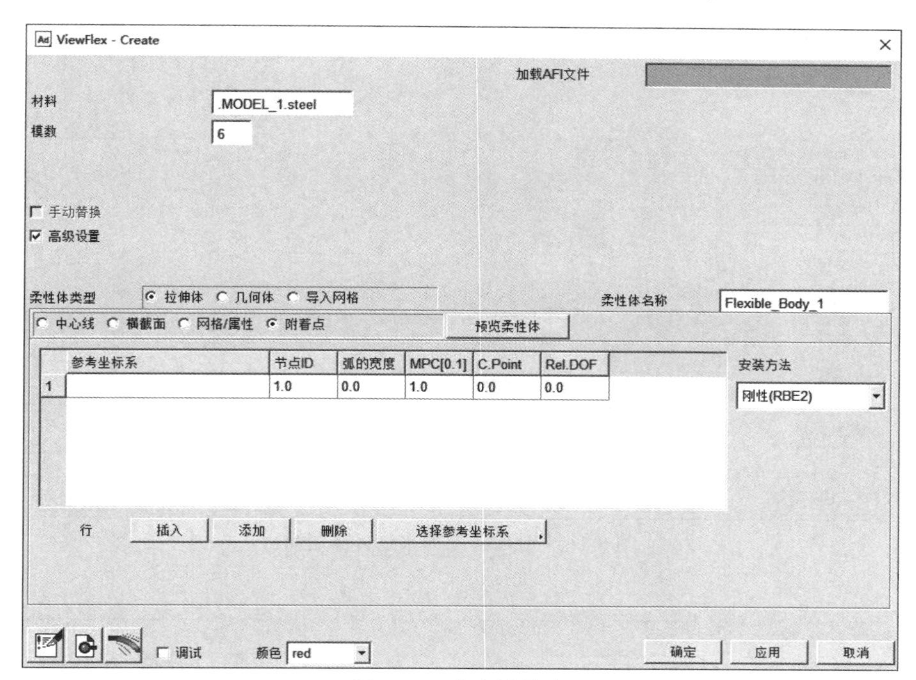

图 8-15　定义连接点

8.4.2　利用刚体部件的几何外形来创建柔性体

用部件的几何外形来生成柔性体，是将几何体外形所占用的空间进行有限元离散化，可以直接由几何体外形来生成柔性体的部件，也可以直接在 Adams View 中创建部件，还可以导入 Parasolid 格式的其他三维 CAD 模型。用部件的几何外形来生成柔性体的主要步骤如下。

（1）单击主功能区中的“物体”选项卡下的“柔性体”面板中的“ViewFlex：不使用 MNF 导入方式创建柔性体”按钮，弹出“ViewFlex-Create”对话框，在“柔性体类型”选项组中选中“几何体”单选按钮，表示用几何外形来生成柔性体，如图 8-16 所示。在“网格 / 属性”选项卡下的“单元类型”下拉列表中选择生成单元的类型，可以选择“壳”和“固体”，然后输入单元的尺寸和材料属性。

（2）在“附着点”选项卡中输入柔性体的关联标记点，也称外连点。外连点通常是指用来与其他部件发生作用的点，例如运动副的关联点。在“附着点”选项卡中，“Rel.DOF”列确定外连标记点释放的自由度，可以输入 0 和 6 之间的数字，“0”表示没有释放，“1 ～ 6”表示相对应的 6 个自由度，如图 8-17 所示。

（3）将刚体离散后，在工作目录下就会生成相应的模态中性文件，单击主功能区中的“物体”选项卡下的“柔性体”面板中的“刚体转变成柔性体”按钮，用新产生的柔性体模态中性文件替换原来的刚体。

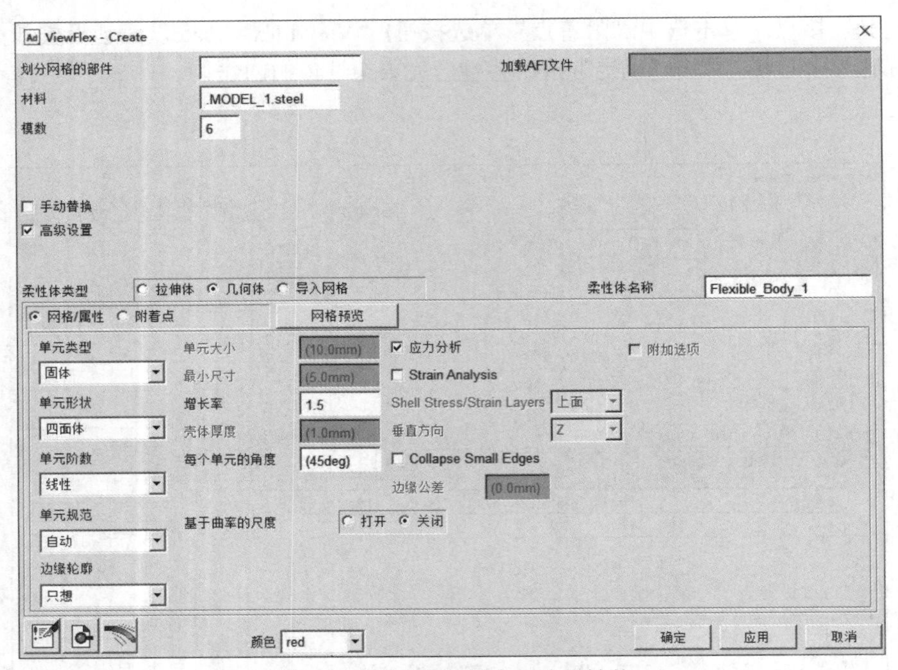

图 8-16 用几何外形来创建柔性体

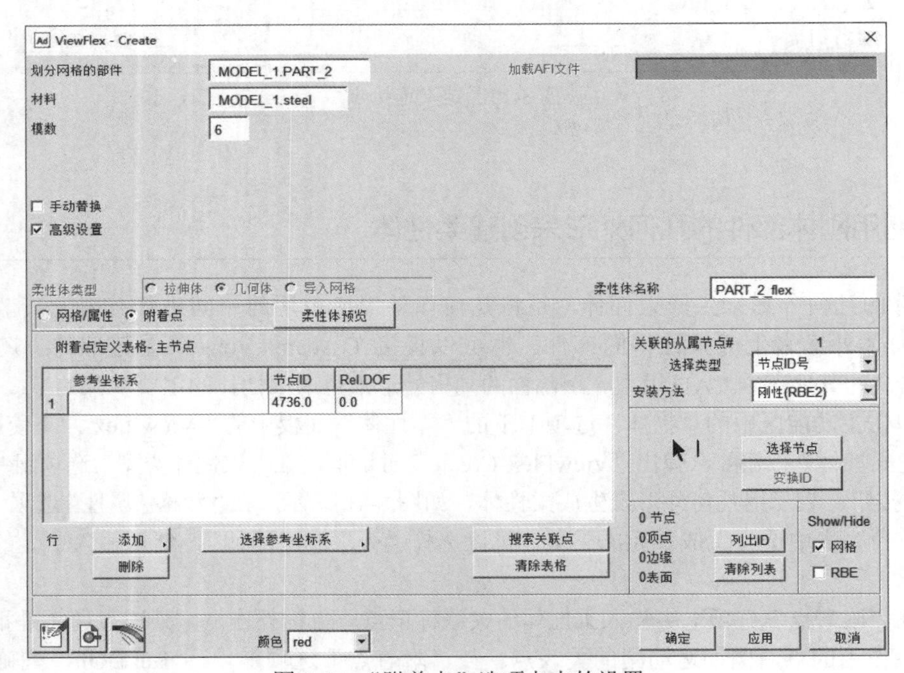

图 8-17 “附着点”选项卡中的设置

8.4.3 导入有限元模型的网格文件创建柔性体

单击主功能区中的“物体”选项卡下的“柔性体”面板中的“刚体转变成柔性体”按钮，

弹出“Make Flexible”对话框，选择“创建新的”按钮 创建新的 ，弹出“ViewFlex-Create”对话框，如图 8-18 所示，在“柔性体类型”选项组中选中“导入网格”单选按钮。

在“网格文件名称”中输入网格文件的位置，在“网格 / 属性”选项卡中定义壳单元的厚度，是否包含应力分析，以及选择计算应力的位置为“上面”“中间”“下面”。注意在这种操作中，Adams View 只能输入 MSC Nastran 的 bdf 网格文件和 I-DEAS 软件的 dat 网格文件。

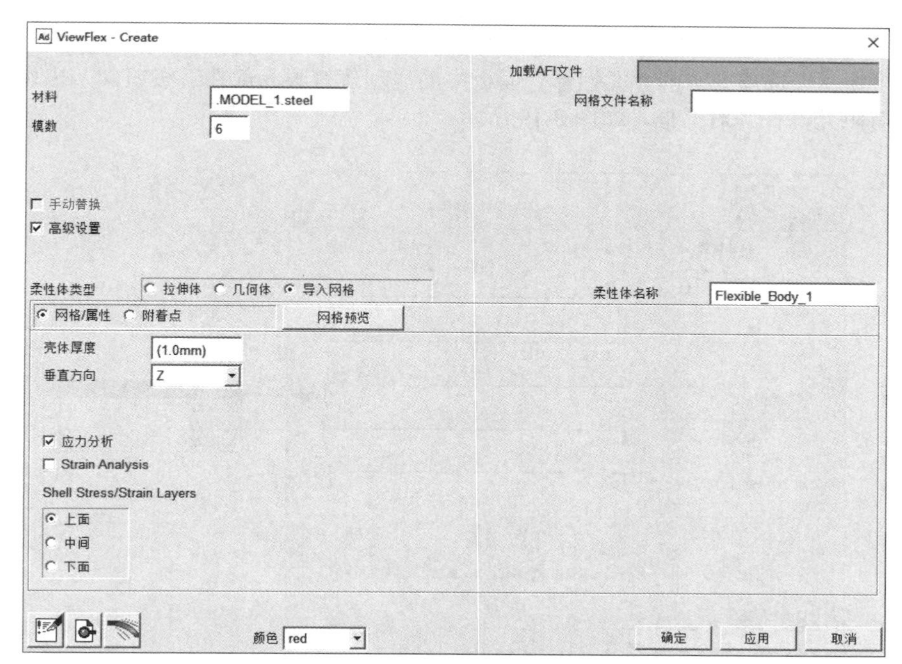

图 8-18 导入有限元模型网格文件

8.5 有限元部件

有限元部件是一种带惯量属性的 Adams 的原生建模对象，可以准确模拟梁结构的大变形（即几何非线性变形）。有限元部件与基于 Adams Flex 的线性柔性体有两点显著不同：一是它能准确地表现出线性模态方法所不能模拟的大变形；二是它的建模不需要像模态中性文件一样有有限元分析所产生的文件。有限元部件也不同于无质量梁力元，它具有惯量属性，其惯量属性使用对称的、一致的质量矩阵，保持不变的惯性特性。

有限元部件具有如下公式选项。

- 3D 梁：一种用于梁结构的三维全几何非线性表示方法，考虑拉伸、剪切、弯曲和扭转。
- 2D 梁 *XY*、2D 梁 *YZ* 或 2D 梁 *ZX*：一种用于梁结构的二维几何非线性表示方法，其中梁的中心线假定约束在一个与模型全局坐标系 *XY*、*YZ* 或 *ZX* 平面平行的平面上。二维梁可以在平面上拉伸和弯曲，求解速度也比三维梁更快。

这些公式选项基于海克斯康改编的绝对节点坐标公式（Absolute Nodal Coordinate Formulation，ANCF），Adams 中有限元部件的实现方式与纯 ANCF 公式的主要不同在于，它更像一个 ANCF 与几何精确梁理论之间的混合体，以克服传统 ANCF 公式的限制。

有限元部件并不支持材料非线性，目前建议有限元部件仅被用于梁结构建模，其他形状（如板、壳或实体）还不能直接支持。另外，包含有限元部件的模型也不支持利用“Adams Linear”进行系统模态分析和 Adams 对 MSC Nastran 的输出。

8.5.1 创建有限元部件

有限元部件在 Adams View 中通过创建有限元部件的向导进行创建，该向导分为 3 个步骤。单击主功能区“物体”选项卡下的“柔性体”面板中的“创建有限元部件”按钮，出现“Create FE Part”（创建有限元部件）对话框，如图 8-19 所示。

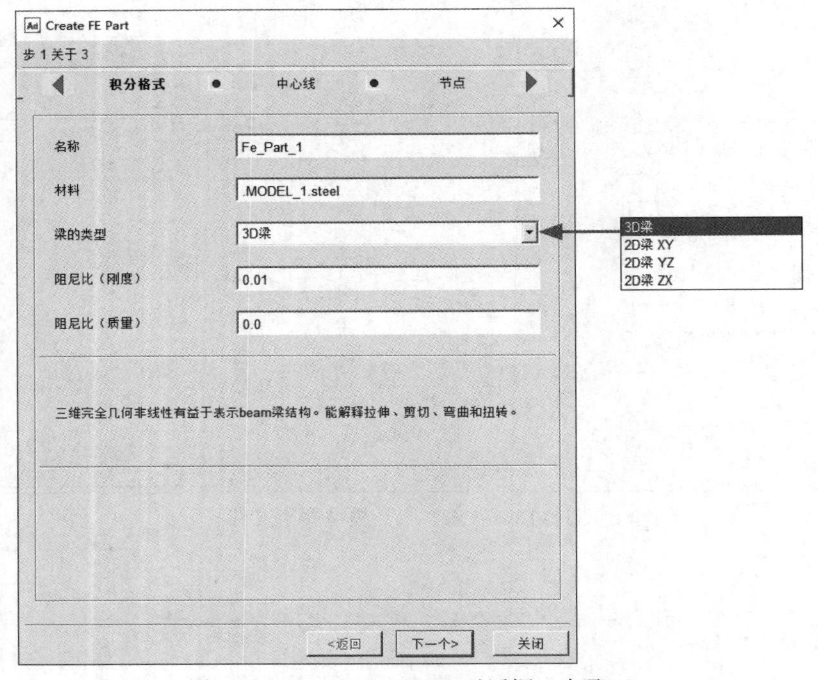

图 8-19 “Create FE Part”对话框（步骤 1）

“Create FE Part”对话框的“积分格式”页面各设置功能如下。

（1）名称：定义有限元部件的名字，系统会自动赋予名称，比如“Fe_Part_1”。如果需要，可以修改指定给有限元部件的默认名称。

（2）材料：赋予有限元部件的材料属性。

（3）梁的类型：选择有限元部件类型，可以是“3D 梁”“2D 梁 XY”“2D 梁 YZ”“2D 梁 ZX”。

（4）阻尼比（刚度）：黏弹性阻尼系数。

（5）阻尼比（质量）：黏滞阻尼系数。

单击“Create FE Part”对话框中的“下一个”按钮 下一个> ，“Create FE Part”对话框的“中心线”页面各设置功能如下，如图 8-20 所示。

（1）定义方式：指定中心线的定义方法，可以是“曲线”或者“使用两点连线”。

（2）如果通过曲线定义中心线，需要先定义好样条曲线，然后选择它即可；如果通过直线定义中心线，需要先定义好两个设计点或标记点，然后把它们分别定义为“开始点”和“终止点”。

继续单击“Create FE Part”对话框中的“下一个”按钮 下一个> ,“Create FE Part”对话框的“节点”页面各设置功能如下，如图 8-21 所示。

（1）节点：可以插入或删除节点。

（2）距离（S）：指定沿中心线长度的节点位置，起始于 0，终止于 1，单击“均匀分布”按钮 均匀分布 自动按等间距分配节点。

（3）角：节点 X 轴沿其位置曲线切向，“角”选项组设置绕 X 轴的扭转角，“等角度”是手动指定，“均匀旋转”是从起始位置角度到终点位置角度等比例变化。

（4）横截面：直接右击“横截面”列的单元格，可以创建或筛选截面，单击“等截面”按钮 等截面 指定所有节点位置的截面统一。

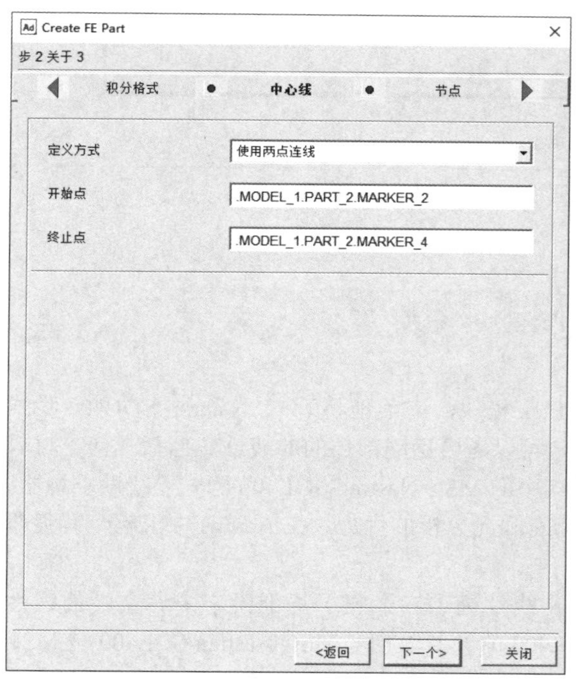

图 8-20 “Create FE Part”对话框（步骤 2）

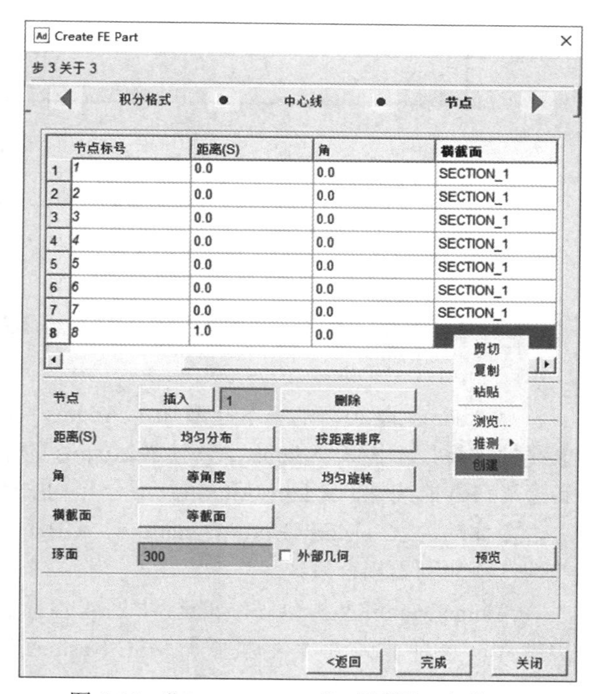

图 8-21 “Create FE Part”对话框（步骤 3）

8.5.2 有限元部件结果后处理

与其他类型的部件类似，有限元部件也可以通过 Adams 的后处理进行结果曲线绘图或者输出动画，如图 8-22 所示，具体类型如下。

（1）结果集：包括有限元部件各节点 6 个方向的运动指标分量和力学指标分量。

（2）测量或输出请求：注意有限元部件可以参考其标记点定义测量或输出请求，测量对象不能基于有限元部件本身。

（3）动画：有限元部件的中心线和几何形体都可以根据变形计算结果输出动画，同时体现变形的云图也可在动画中显示。

（4）有限元载荷：有限元部件计算生成的结果集包含沿长度方向每一个节点 3 个方向的力和 3 个方向的力矩。

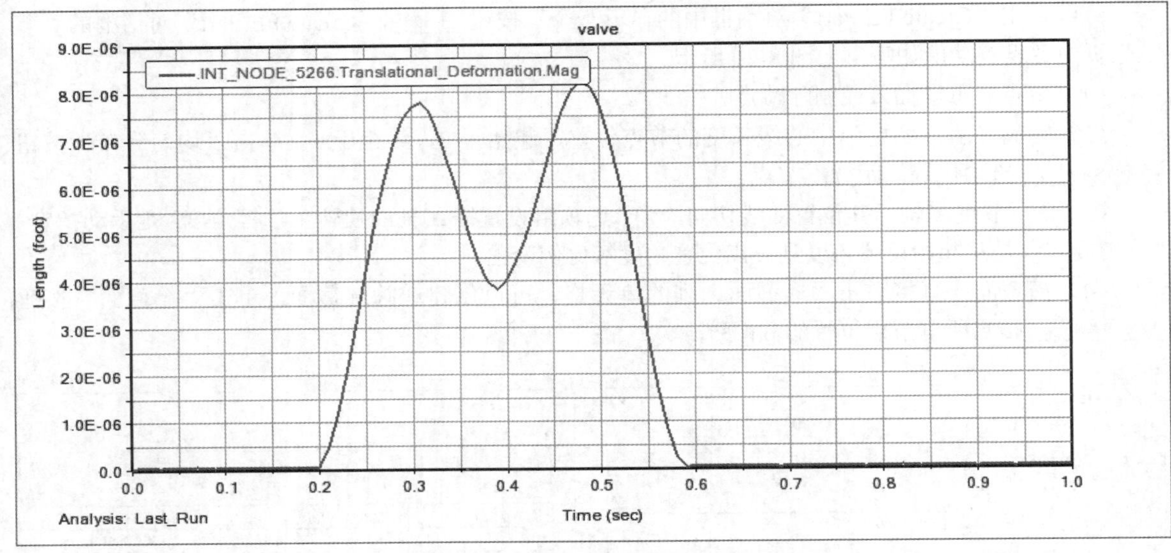

图 8-22　有限元部件结果后处理

8.6　嵌入式非线性柔性体 Adams MaxFlex

从 Adams 的 2015.1 版本起增加了 Adams MaxFlex 模块，完美地将 MSC Nastran SOL400 隐式非线性求解技术嵌入 Adams 中，使得 Adams 的用户可以考虑运动部件的非线性，包括几何、材料和边界条件非线性。Adams MaxFlex 采用了内嵌于其中的 MSC Nastran SOL400 隐式非线性求解器。结合多体动力学（Many Body Dgnamics，MBD）和有限元分析的优势，在 Adams 中求解带有强非线性特征的刚柔耦合系统。

Adams MaxFlex 提供了 Adams 中的柔性体的非线性选项，不同于基于模态中性文件的线性柔性体，这种非线性柔性体基于 MSC Nastran SOL400 的计算文件，MSC Nastran SOL400 是 MSC Nastran 的隐式非线性求解器，因此，只需要导入有效的批量数据文件（Bulk Data File，BDF）。

在 Adams 中使用非线性柔性体的工作流程与基于 MNF 的线性柔性体的非常类似。

（1）导入代表柔性体的文件。

（2）通过约束或力元将柔性体与模型连接。

（3）非线性柔性体选项也支持刚 - 柔替换和柔 - 柔替换功能。

8.6.1　创建非线性柔性体

本节我们首先导入批量数据文件，然后用非线性柔性体替换现有部件并验证非线性柔性体，最后对其施加约束或力。

（1）批量数据文件导入。

Adams View 中，非线性柔性体基于 SOL400 批量数据文件生成，单击主功能区“物体”选项卡下的“柔性体”面板中的“Adams Flex：创建柔性体”图标，选择导入批量数据文件类型，通过右击浏览选择要导入的批量数据文件，单击“确定”按钮 即可，如图 8-23 所示。

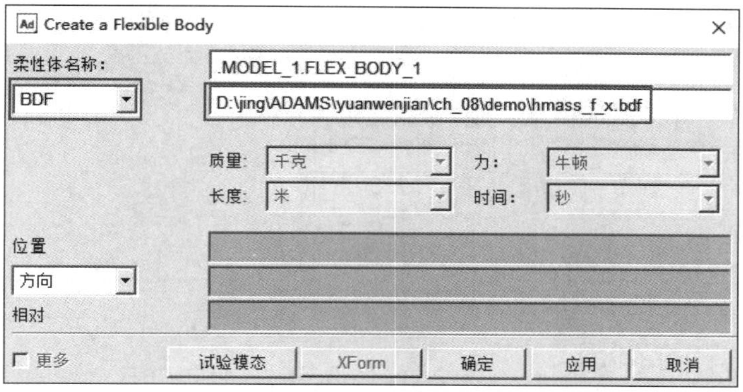

图 8-23　导入批量数据文件

如果批量数据文件不含单位，导入批量数据文件生成柔性体时，需要指定对话框中的单位，并且与批量数据文件中建立的模型单位匹配，如果批量数据文件模型单位与 Adams 中的模型单位不同，Adams View 将按单位比例换算几何尺寸和质量属性参数。

（2）用非线性柔性体替换现有的部件。

利用刚 - 柔替换（见图 8-24）或柔 - 柔替换（见图 8-25）功能，可实现用非线性柔性体替换现有的刚体或柔性体，分别单击主功能区“物体”选项卡下的“柔性体”面板中的“刚体转变成柔性体”按钮或“柔性体替换柔性体”按钮，通过对话框选择要替换的部件并导入非线性柔性体批量数据文件即可。同样需要注意单位设置。

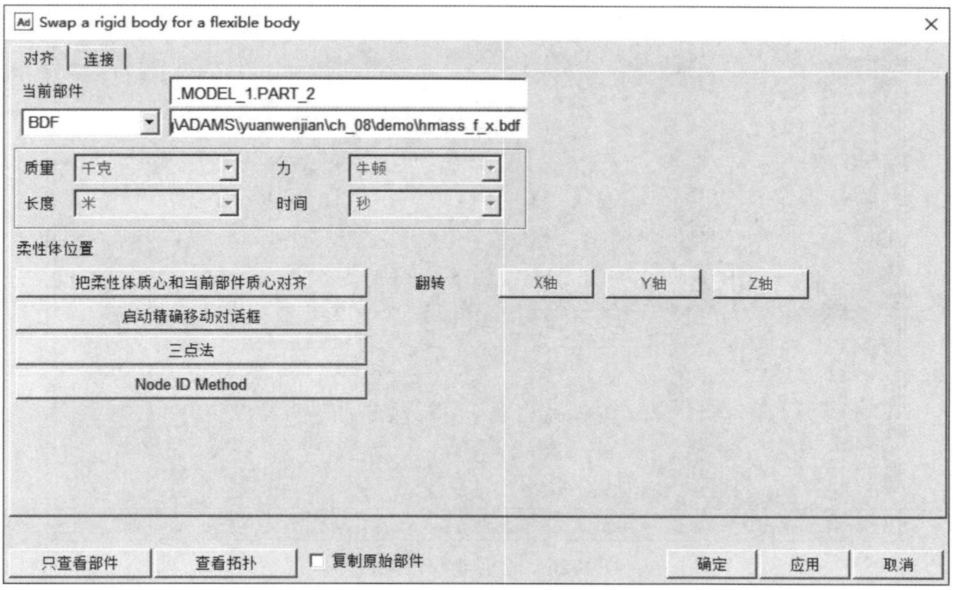

图 8-24　刚 - 柔替换

（3）通过信息工具验证非线性柔性体。

在 Adams 中，信息工具非常有用，可以用来验证非线性柔性体的质量属性和单位，在图形区或模型树中的非线性柔性体上右击，在弹出的快捷菜单中选择“信息”命令，“Information”对话框将显示柔性体的详细信息，如图 8-26 所示。

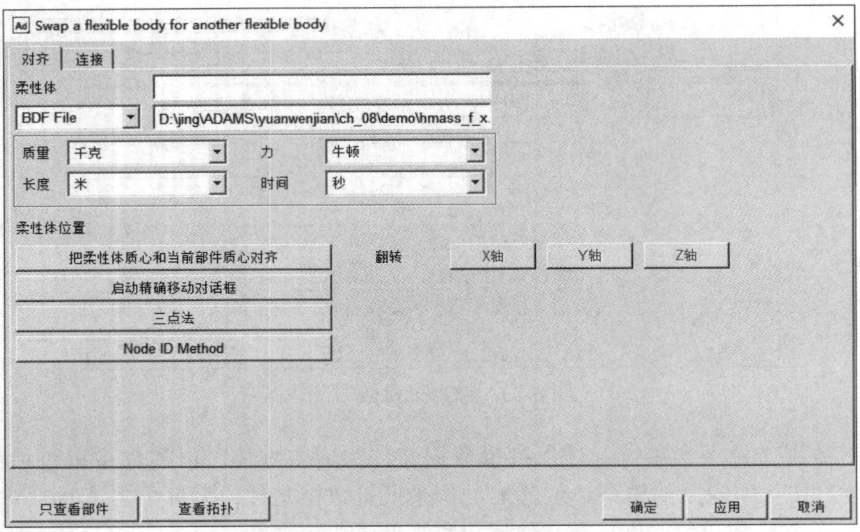

图 8-25　柔 - 柔替换

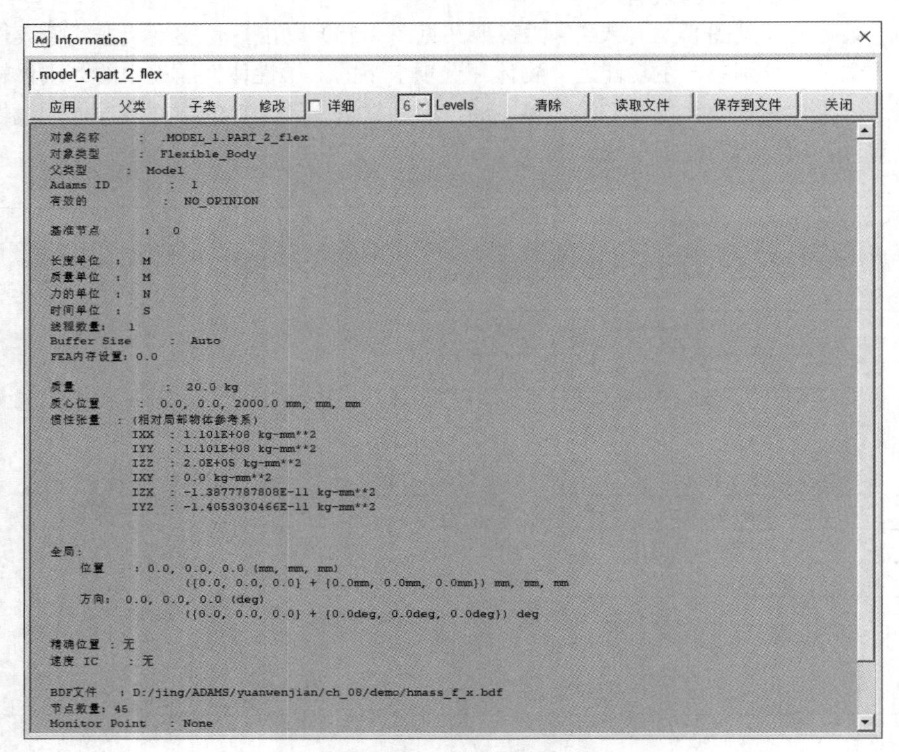

图 8-26　验证非线性柔性体

（4）施加约束或力。

对非线性柔性体施加约束或力，定义约束或力的位置标记必须与柔性体节点关联。

8.6.2　非线性柔性体仿真的注意事项

本节主要介绍非线性柔性体的仿真设置，在仿真设置前用户可以对非线性柔性体进行修改。

（1）修改非线性柔性体。

向 Adams Solver 递交计算之前，还可以修改非线性柔性体，在图形区或模型树中的非线性柔性体上右击，在弹出的快捷菜单中选择“修改”命令，弹出“Flexible Body Modify”对话框，如图 8-27 所示。在该对话框中，可以对柔性体位置、初始条件、阻尼参数、载荷工况、图形显示、结果输出请求、有限元分析设置，以及线程数量进行修改设置。

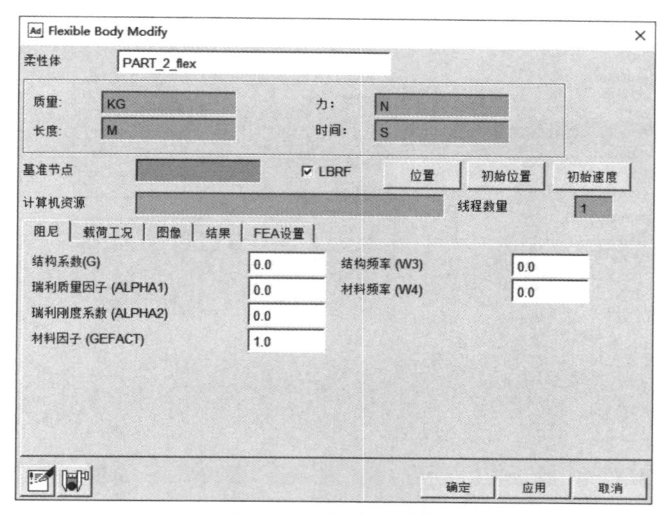

图 8-27　修改柔性体

（2）仿真设置。

如果模型中包含非线性柔性体，需要考虑如下仿真设置。

1）求解执行：需要设置外部求解或使用外部命令求解，如图 8-28 所示。

图 8-28　设置外部求解

2）积分器：动力学计算的积分器只能选择“GSTIFF”或“HHT”，如图 8-29 所示。

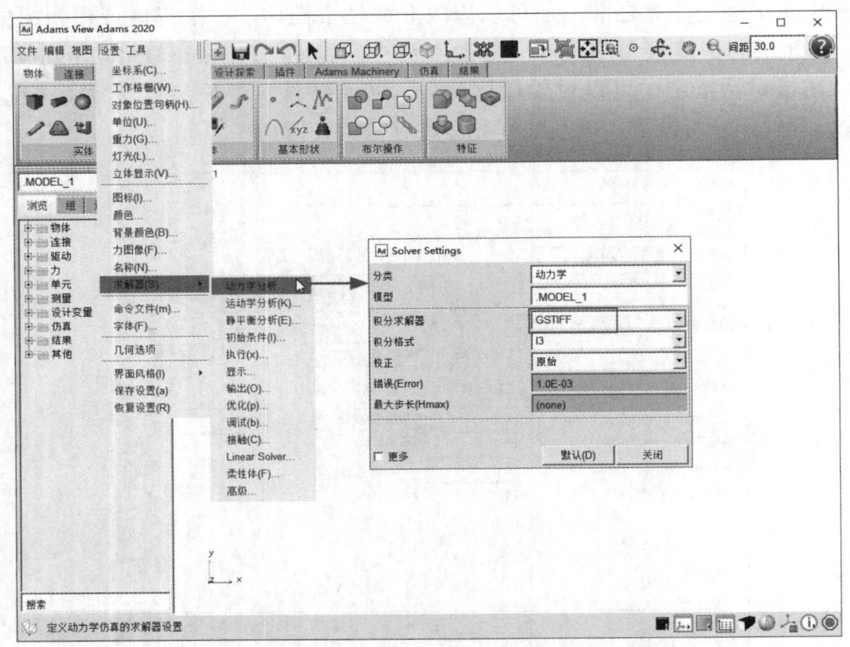

图 8-29　设置积分器

3）求解线程数量设置：如果模型中只有一个非线性部件，那么对求解器设置多个线程数量可能并没有什么效果，如图 8-30（a）所示；如果希望单个非线性柔性体计算用多个线程，则在“Flexible Body Modify”对话框中对求解器设置多个线程数量，如图 8-30（b）所示。Adams Solver 会把每一个非线性柔性体放在分开的线程上进行并行求解。

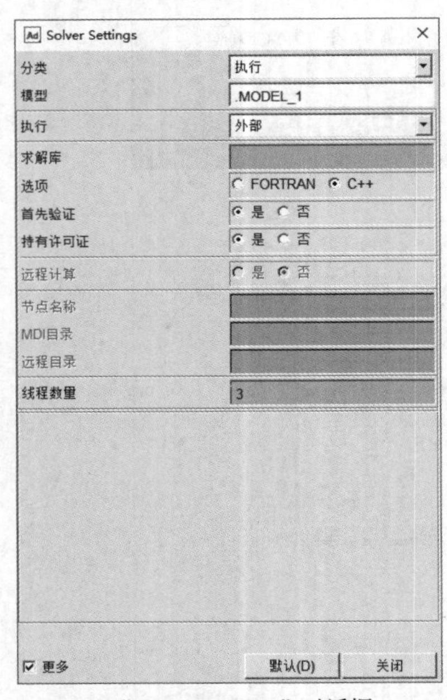

（a）“Solver Settings”对话框

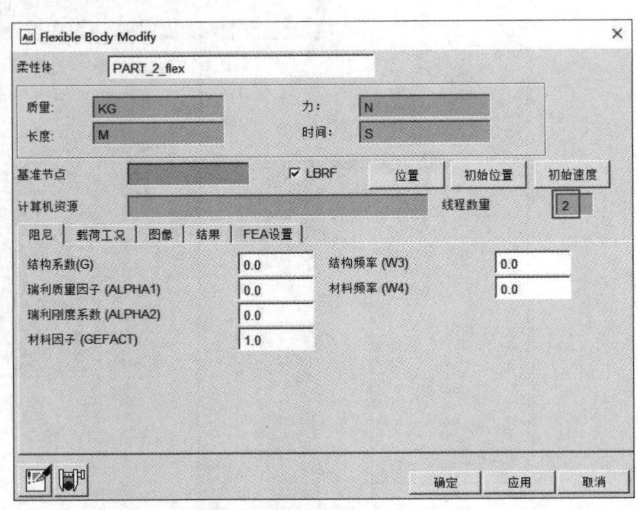

（b）“Flexible Body Modify”对话框

图 8-30　设置求解线程数量

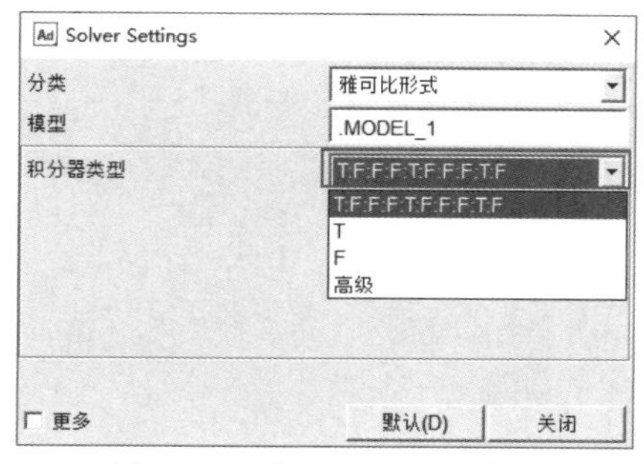

图 8-31　雅可比再评估模式

4）积分器容差：需要综合考虑计算精度和效率，其中 MSC Nastran 求解的积分器容差可以单独设置。

5）雅可比再评估模式：GSTIFF 积分器和 HHT 积分器对牛顿 - 拉弗森法迭代的默认设置积分器类型为“T:F:F:F:T:F:F:F:T:F”（4 次非线性迭代做 1 次再评估），如图 8-31 所示。但是，对于存在大的塑性变形、自接触和超弹材料等情形，建议设置积分器类型为“T”（1 次迭代做 1 次再评估）。

对于存在自接触的非线性部件，最大积分步长最好限制在 1E-4 以下。

8.7　Adams-Marc 联合仿真

Adams-Marc 联合仿真接口（Adams-Marc Co-Simulation Interface，ACSI）能够实现 Adams 和非线性有限元软件 Marc 之间的信息沟通，将多体动力学和非线性有限元工具有机结合，解决系统动力学仿真中的非线性结构问题，比如计算工程上常见的橡胶垫隔振问题，机构热耦合问题，自接触问题，材料非线性、几何非线性和接触非线性等与机构运动的耦合现象。

借助 ACSI，Adams 把精确的边界条件传递给 Marc 模型中的部件或装配体，通过交换数据的方式，引入 Marc 软件模拟部件或装配体的非线性行为，准确捕捉应变能并获取变形。在具体实现过程中，由于多体动力学计算较快，而非线性有限元计算较慢，可以利用 Marc 软件的并行求解能力充分提升计算效率，并且可以实现一个 Adams 进程和多个 Marc 进程之间的结合。

Adams 模型与 Marc 模型之间的相互作用点被称为交互点，每一个交互点在 Adams 模型中必须是一个“GFORCE”，同时在 Marc 模型中必须是一个“RIGID SURFACE”。通过 Adams 模型与 Marc 模型之间的交互点，Adams 模型将位移传递给 Marc 模型并作用到“RIGID SURFACE”上，同时 Marc 模型用“GFORCE”将力或力矩值传递给 Adams 模型。

图 8-32 所示的点“P1”“P2”“P3”和“P4”就是交互点，这两个实例反映的是一个 Adams 进程与两个 Marc 进程联合仿真的不同形式。

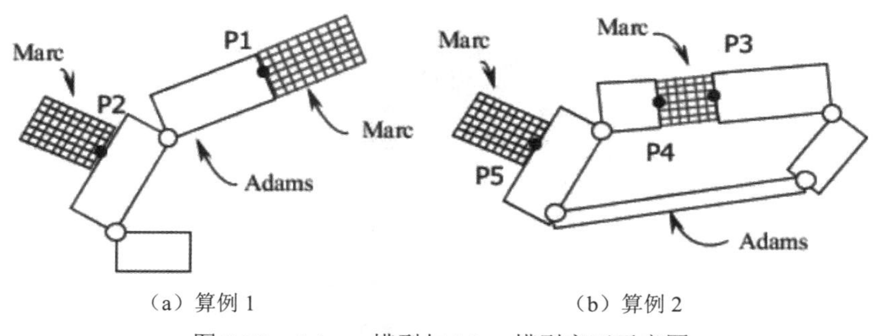

（a）算例 1　　（b）算例 2

图 8-32　Adams 模型与 Marc 模型交互示意图

需要注意，交互点只能存在于 Adams 模型与 Marc 模型之间，不支持以图 8-33 所示的点“P7”代表交互点的情况，因为点“P7”是两个 Marc 模型之间的交互点。

进行 Adams-Marc 联合仿真的流程如图 8-34 所示。

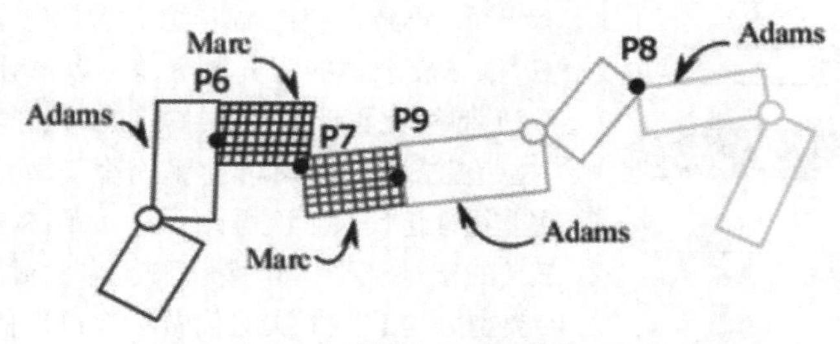

图 8-33　不支持的交互点拓扑形式示意图

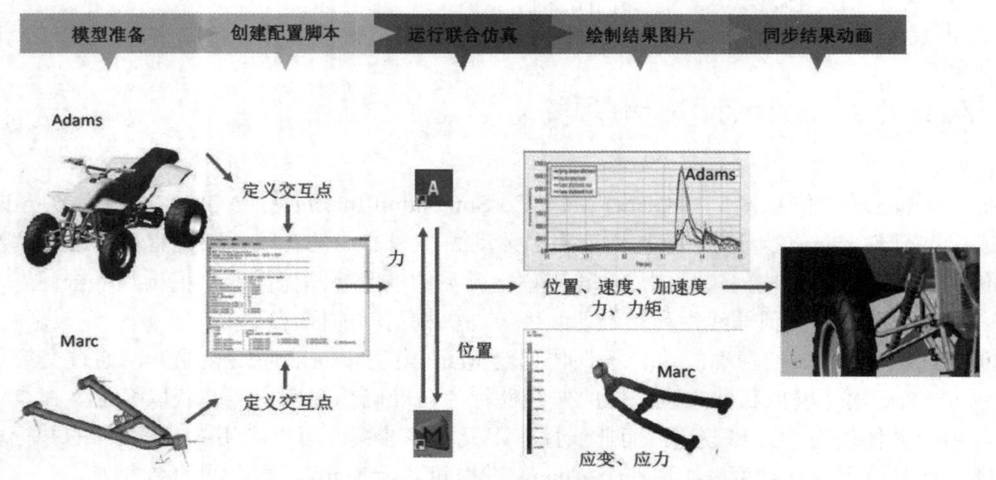

图 8-34　Adams-Marc 联合仿真流程

8.8　综合实例——创建配气机构刚柔替换

本节通过具体的实例来介绍柔性体部件的替换，该实例的示意图如图 8-35 所示。

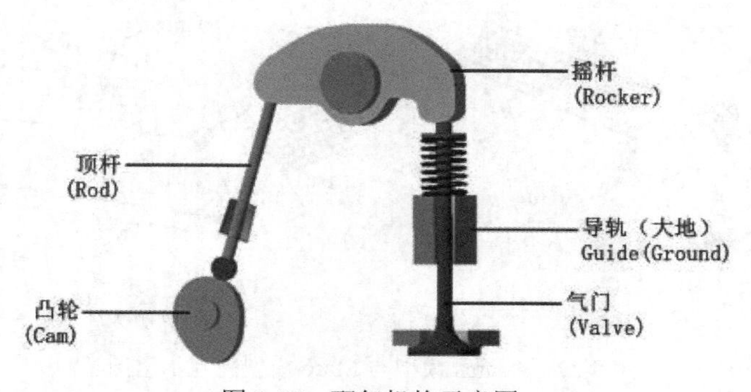

图 8-35　配气机构示意图

此模型为一个配气机构。凸轮在给定的速度下转动，顶杆（连杆）相对凸轮直线移动，摇杆相对于发动机壳体上的销轴转动，为了保持顶杆与凸轮之间接触，弹簧始终处于受压状态，当摇杆转动时，气门做垂直运动，气门的运动使得空气可以进入下面的腔体内（此处未予考虑）。本实例操作中所需的源文件可从本书附带网盘文件的“yuanwenjian\ch_08\example”目录下进行复制。

（1）启动 Adams View，在“Welcome to Adams...”对话框中单击“现有模型”按钮，弹出“Open Existing Model”对话框，单击“文件名称”文本框后面的“浏览”按钮。打开“Select File”对话框，在文件列表中选择“valve.cmd”文件，然后单击“打开”按钮 打开(O) 返回“Open Existing Model”对话框，最后，单击“确定”按钮 确定，进入 Adams View 界面，导入模型如图 8-36 所示。

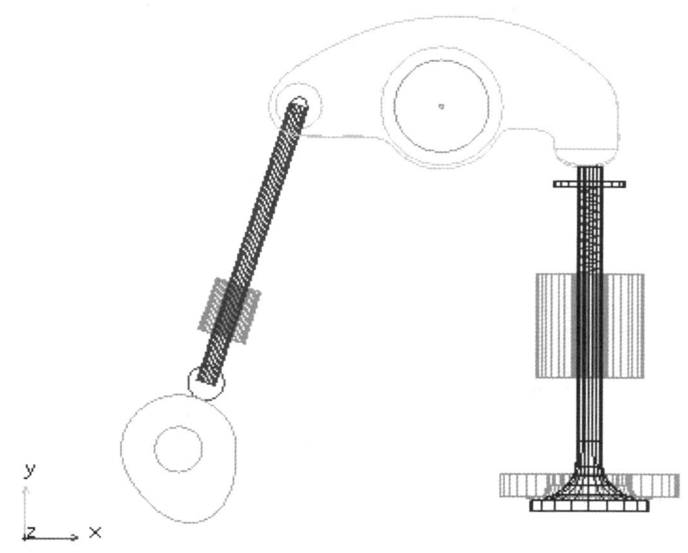

图 8-36　配气机构模型

（2）单击主功能区中的“物体”选项卡下的“柔性体”面板中的“刚体转变成柔性体”按钮，然后单击“导入”按钮 导入，弹出“Swap a rigid body for a flexible body”（柔性体替换刚体）对话框，如图 8-37 所示。在“当前部件”文本框中右击，选择“valve”部件，在“MNF 文件”右侧文本框中选择要替换的模态中性文件的路径。

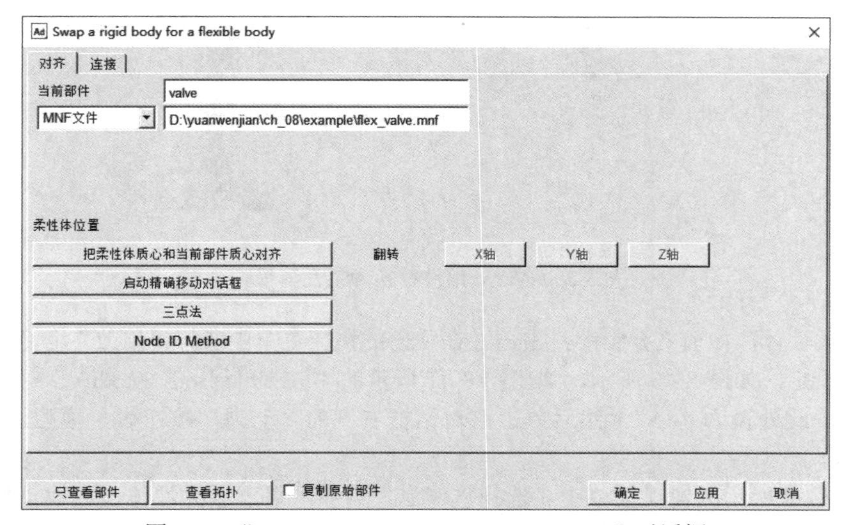

图 8-37　“Swap a rigid body for a flexible body”对话框

（3）转换到“连接”选项卡。可以查看、修改刚体运动副、标记点与柔性体之间的转换情况，如图 8-38 所示。单击“确定”按钮 确定 完成柔性体替换刚性体，如图 8-39 所示。

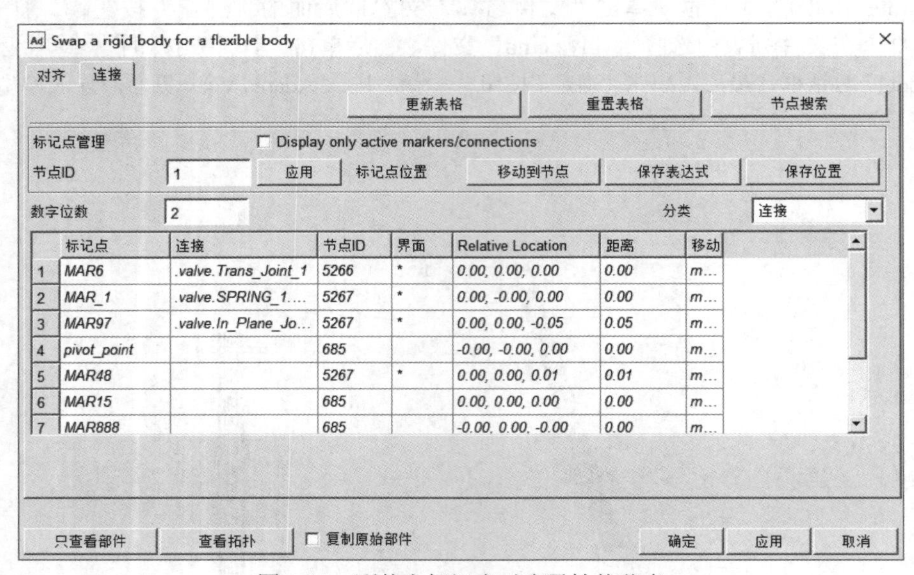

图 8-38　刚体上标记点对应柔性体节点

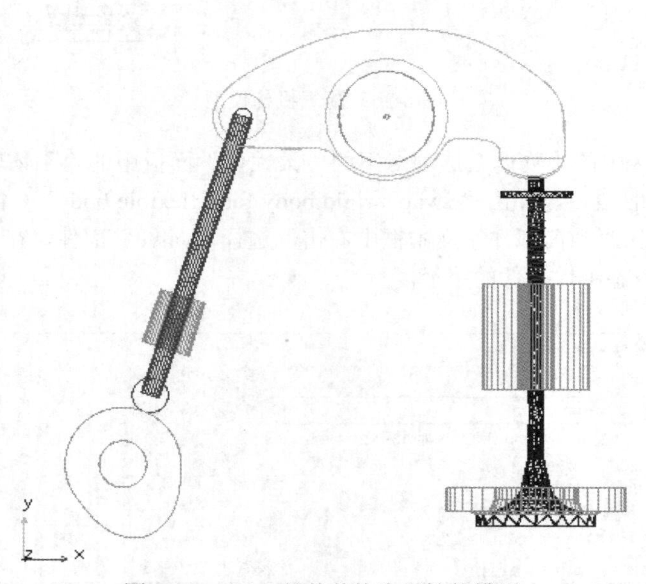

图 8-39　Valve 部件替换为柔性体模型

（4）选择柔性体，如前文介绍的，右击，在弹出的快捷菜单中选择“修改”命令，可对柔性体参数进行编辑设定，如图 8-40 所示，弹出图 8-41 所示的“Flexible Body Modify”对话框。选择要观察的模态数，此处设为“15”，然后单击该对话框右侧的“动画”按钮，模型进行动画演示，如图 8-42 所示。

（5）在图 8-40 所示的快捷菜单中，选择“信息”命令，可观看柔性体参数编辑数据，还可看到模态是否被激活等状态信息，如图 8-43 所示。

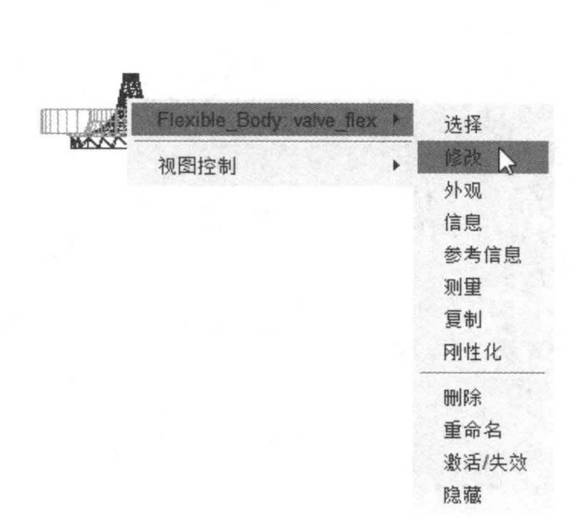

图 8-40　修改命令

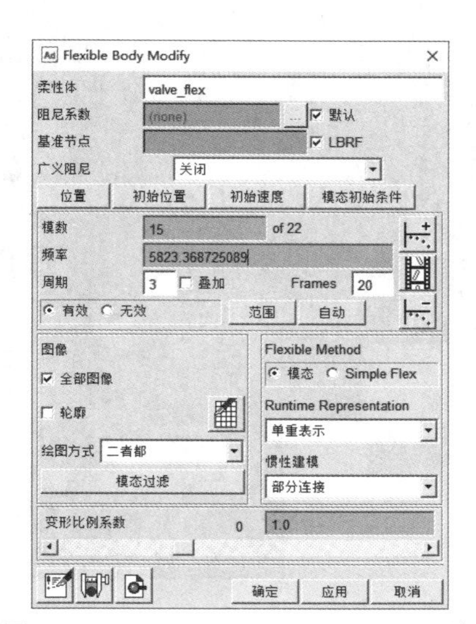

图 8-41　“Flexible Body Modify”对话框

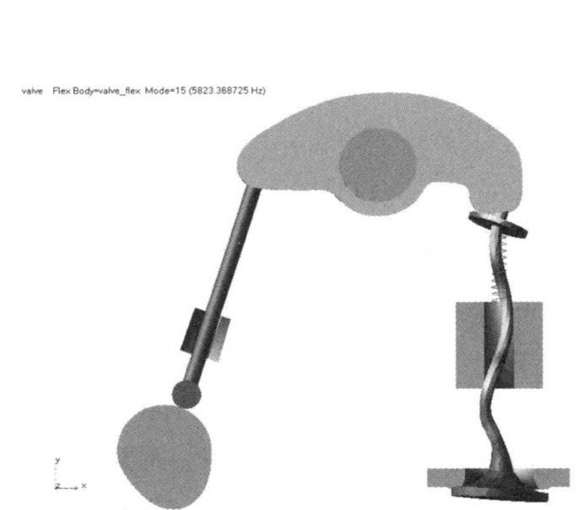

图 8-42　动画演示

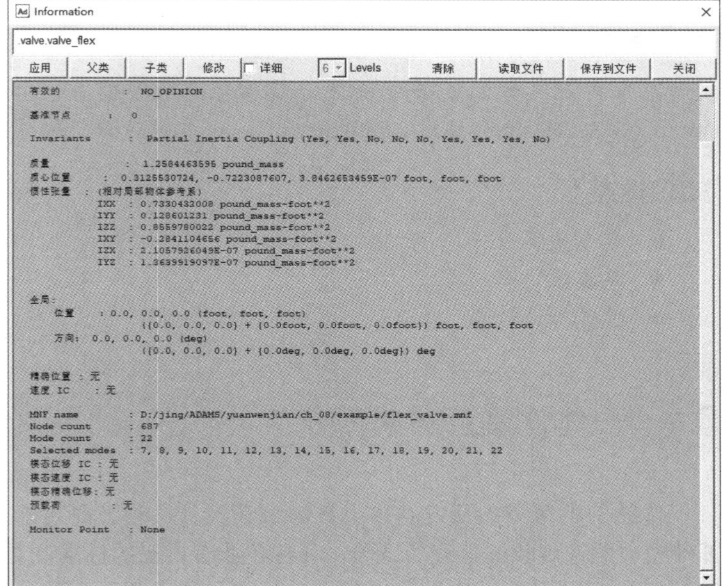

图 8-43　“Information”对话框

第 9 章 一体化疲劳分析

【内容指南】

本章在对一体化疲劳分析进行简单介绍的基础上，主要通过实例来讲解 Adams 协同 MSC Patran、MSC Nastran、MSC Fatigue 进行一体化疲劳分析的具体过程。

【知识重点】

- 模态振型分析。
- 系统级仿真。
- 疲劳寿命计算。

9.1 一体化疲劳分析简介

传统的机械产品开发基本上按静载荷设计，设计时可能使用疲劳极限强度。对一些重要的零部件做一些常规验证件疲劳试验，各行各业有自己的标准，对样机按标准进行最后的耐久考核。

现在所采用的一体化抗疲劳设计的特点是以寿命为设计目标，全方位调查产品用途及使用环境，在设计阶段应用疲劳理论进行寿命分析、优化设计。用试验关联验证理论，用理论指导试验，两者互相配合。一体化疲劳设计具有产品质量高、开发周期短、开发成本低等优点。

一体化抗疲劳设计的工程任务有：根据用户用途，建立寿命设计目标；采集数据，验证分析处理数据；载荷求取；几何模拟；材料性能数据获取；疲劳寿命分析预估；台架耐久性验证试验；工程样车的耐久性道路试验。

下面以 Adams 2020 中自带的模型为例，介绍一体化协同分析的具体步骤。

9.2 模型导入

本模型为一个悬置在四挺柱试验台上的越野车的 Adams 模型，如图 9-1 所示。在 Adams

图 9-1　越野车的 Adams 模型

Durability 安装目录下的模型中，部件全部为刚体。同时提供一个车架下悬臂的 MSC Nastran 的模型，用来生成 Adams 用的柔性体的模态中性文件。用户将使用 MSC Nastran 生成模态中性文件并替换系统模型中刚性的下悬臂。Adams 仿真结束，用户可使用 Adams 模型的部件载荷，利用 MSC Fatigue 和 MSC Patran 进行疲劳分析。这些部件载荷是以模态坐标（响应）的形式输出的，疲劳分析的方法基于模态叠加的原理。

9.3　模态振型分析

在本节中，用户将运行 MSC Nastran 以得到模态中性文件和以 XDB（MSC Nastran 的二进制可读文件）格式的模态应力文件，用户需按照下面几个步骤完成。

（1）运行 MSC Nastran 仿真。

（2）在 MSC Patran 中导入模型。

（3）在 MSC Patran 中导入 MSC Nastran 分析结果。

（4）在 MSC Patran 中观察 MSC Nastran 分析结果。

9.3.1　运行 MSC Nastran 仿真

MSC Nastran 的分析功能覆盖了绝大多数工程应用领域，并且该软件为用户提供方便的模块化功能选项。

1. 复制文件

将 Adams/2020/durability/examples/ATV 目录下的文件“left_lca.dat”复制粘贴到当前的工作目录。

2. 运行文件

使用“left_lca.dat”文件作为输入文件运行。运行大概需要用时 5 ～ 10 分钟，这与计算机性能有关。当 MSC Nastran 运行完毕后，可以在当前工作目录下得到两个文件：“left_lca_0.mnf”和“left_lca.xdb”，这两个文件是完成后面练习所需要的重要文件。

3. Adams MNF 卡片

MSC Nastran 输入文件包含用来生成模态中性文件的卡片 Adams MNF。

AdamsMNF FLEXBODY=YES,FLEXONLY=YES,MINVAR=PARTIAL,PSETID=2,“OUTGSTRS=YES,OUTGSTRN=NO”

在此卡片中，使用 OUTGSTRS=YES 选项，要求输出节点应力，同时使用“OUTGSTRN=NO”选项，不要求输出节点应变。

4. 保存结果文件

几何外形和应力数据将存储在结果文件的模态中性文件中，同时使用“PSETID=2”选项进行优化，意味着只保存表面节点。使用“MINVAR=PARTIAL”选项要求输出部分质量不变量的计算结果。

5. 输出信息

MSC Nastran 支持在输出模态中性文件时，在文件 XDB 中输出正交化的应力或应变信息。这些数据可以结合 Adams 的模态坐标计算结果在 MSC Patran 和 MSC Fatigue 中进行后续的疲劳寿命的计算，为了利用该功能的优势，在 MSC Nastran 的卡片中增加了 PARAM POST 0。

9.3.2 在 MSC Patran 中导入模型

首先应该建立几何模型，或者从 CAD 软件中直接导入，然后将壳体单元与实体单元分开，这将方便后面的疲劳分析。

1. 启动 Patran

双击桌面图标，启动 Patran 2020 软件。单击“Home”选项卡下的“Defaults”面板中的“New”按钮，弹出“New Database”对话框。

2. 选择工作目录

从“Look in”下拉列表中选择工作目录。

3. 输入文件名称

在“File name”后面的文本框中输入“tutorial.db”。

4. 生成新模型

单击“OK”按钮，创建数据文件 tutorial.db。

5. 导入模型

单击“File”菜单中的“Import...”命令，然后指定下面的选项。

（1）设置“Object”为“Model”选项。

（2）设置“Source”为“MSC Nastran Input”选项。

（3）设置“File name”为“*.dat”，按 <Enter> 键。

（4）浏览找到“left_lca.dat”，选择该文件后再单击“Apply”按钮，以导入此模型。此时弹出“Nastran Input File Import Summary”（Nastran 输入文件导入摘要）对话框，如图 9-2 所示。

Nastran Input File Import Summary

	Imported	Imported with Warning	Not Imported
Nodes	20127	0	0
Elements	14407	0	0
Coordinate Frames	1	0	0
Material Properties	1	0	0
Element Properties	2	0	0
Load Sets	0	0	0
Subcases	1	0	0
MPC Data	4	0	0
Comment Lines	26	0	0

Reject Cards...

OK

图 9-2 “Nastran Input File Import Summary”对话框

（5）单击“OK”按钮 关闭该对话框。

6. 分开单元

自动将壳体单元与实体单元分开，这将方便后面的疲劳分析。

（1）单击“Group”菜单中的“Create”命令，右侧弹出“Group”选项卡。

1）设置“Method”为“Property Type”选项。

2）设置“Create”为“Multiple Groups”选项。

3）单击“Apply”按钮 。

（2）MSC Patran 将产生两个名为“Membrane”和“Solid”的新的组，在后面的练习中会使用到其中的“Membrane”组。

（3）单击“Cancel”按钮 关闭该选项卡。

疲劳现象通常首先出现在零部件的表面，因此，通用的处理方法是将实体模型用表面的壳体单元代替，这将允许用户得到真实的二维应力张量（在自由表面上通常是这种情况），同时避免了用户不感兴趣的内部节点应力的计算。

9.3.3　在 MSC Patran 中导入结果文件

在 MSC Patran 中导入 MSC Nastran 仿真的结果文件。

（1）单击“Analysis”选项卡，右侧弹出“Analysis”选项卡界面，然后指定下面的选项。

1）设置“Action”为“Access Results”选项。

2）设置“Object”为“Attach XDB”选项。

3）设置“Method”为“Result Entities”选项。

（2）单击“Select Results File...”按钮 。

（3）打开“Select File”对话框，找到“left_lca.xdb”文件并单击“OK”按钮 。

（4）单击“Apply”按钮 。

9.3.4　在 MSC Patran 中创建结果文件

完成上面操作后，利用 MSC Patran 创建结果文件。

（1）单击“Results”选项卡，右侧弹出“Results”选项卡界面。

在结果窗口中显示有 40 阶的模态工况，表示 MSC Nastran 计算得到的正交化模态并将通过模态中性文件导入 Adams 中。

（2）执行以下设置

1）设置“Action”为“Create”选项。

2）设置“Object”为“Quick Plot”选项。

3）选择一个频率大于 0 的模态工况，即非刚体位移模态，比如第 7 阶模态。

（3）选择“Stress Tensor”为“Fringe Result”选项。

（4）单击“Apply”按钮 观察结果。

现在软件中所观察到的应力分布并非该部件所承受的真实的应力，而是模态应力。后面，这些模态应力将按照 Adams 的分析结果进行叠加以得到真实的应力，这一过程被称作模态应力恢复（Modal Stress Recovery，MSR）。

（5）单击右上角的“关闭”按钮 ×，或选择“File”菜单中的“Quit”命令，退出 MSC Patran。

（6）按照默认方式，MSC Patran 将在 DB 文件中存储所有的数据。

9.4 系统级仿真

本节通过进行一个车辆的动力学仿真，得到左前悬架的弹性部件下悬臂上的载荷（模态坐标）。其模态坐标将输出到 MSC Fatigue 中并用来计算应力。本节包括以下内容。

（1）在 Adams View 中导入模型。
（2）建立柔性下悬臂。
（3）柔性下悬臂模态动画。
（4）修改柔性下悬臂的阻尼特性。
（5）进行 Adams 动力学仿真。
（6）观察 Adams 动力学仿真结果。
（7）输出结果到 MSC Fatigue。

9.4.1 在 Adams View 中导入模型

将模型导入 Adams View。

（1）通过“开始”菜单运行 Adams View，或者双击桌面上的快捷方式运行 Adams View。

（2）在弹出的“Welcome to Adams...”对话框中，单击“新建模型”按钮，如图 9-3 所示。

（3）弹出“Create New Model”对话框，单击“确定”按钮 确定 新建一个 Adams View 模型。

（4）单击菜单栏中的“文件”→“导入”命令，弹出“File Import”对话框，如图 9-4 所示。

图 9-3 “Welcome to Adams...”对话框

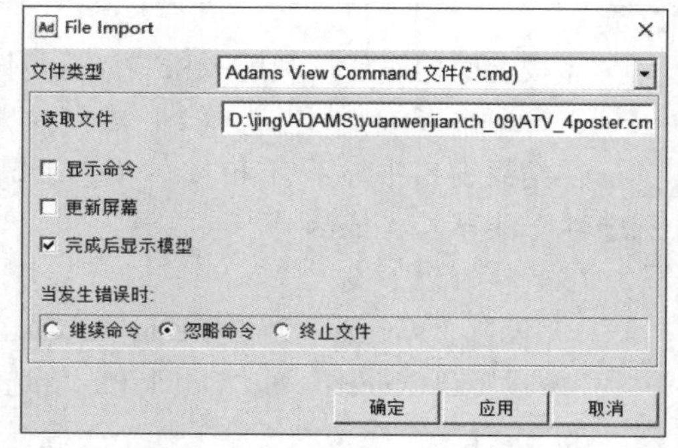

图 9-4 “File Import”对话框

（5）在“读取文件”文本框中输入“ATV_4poster”，此处可以不浏览该文件，Adams View 将在 Adams 安装目录下找到该文件（在 durability/examples/ATV 目录下）。

（6）单击“确定”按钮 确定 打开模型。

此模型为一个越野车在四挺柱试验台上的模型，所有部件均为刚体。

9.4.2　建立弹性下悬臂

下面将原来的刚性下悬臂（LCA）替换为柔性下悬臂（LCA）。

建立柔性下悬臂。

（1）局部显示下悬臂视图。

1）旋转视图，按 <R> 键，然后按住鼠标左键旋转视图。

2）移动视图，按 <T> 键，然后按住鼠标左键并移动视图。

3）局部观察视图，调整好视图方向后，单击工具栏上的“局部放大”按钮，将前悬架左侧下悬臂处局部放大，如图 9-5 所示。

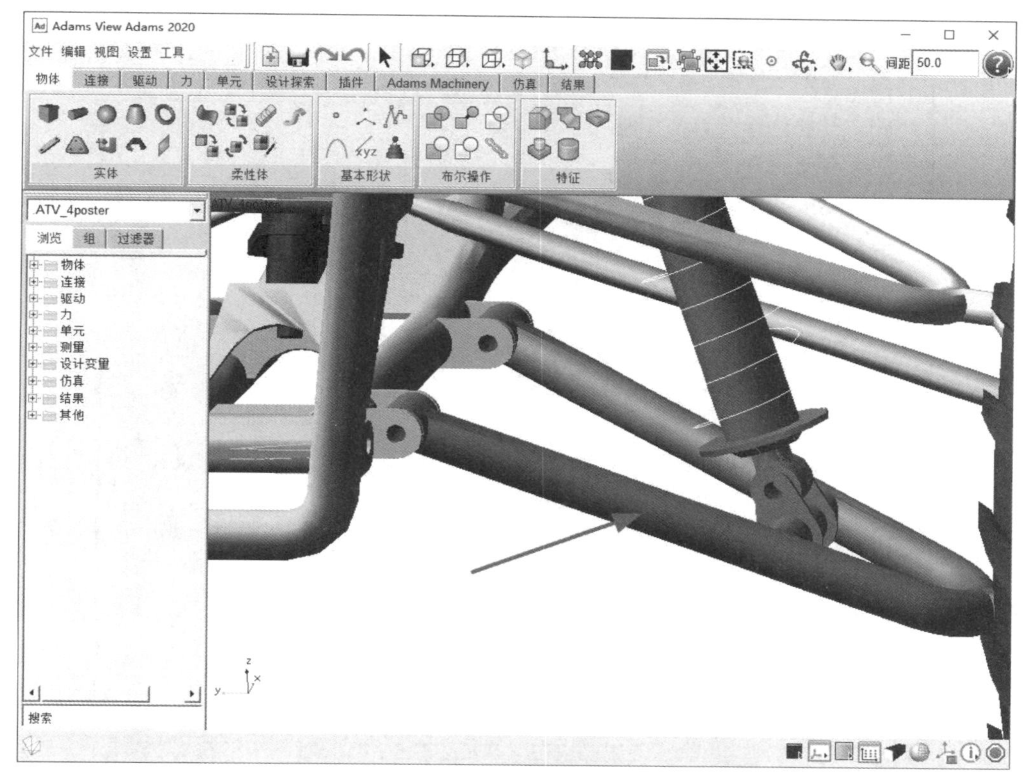

图 9-5　左侧下旋臂位置

（2）单击主功能区中的“物体”选项卡下的“柔性体”面板中的“刚体转变成柔性体”按钮，在弹出的对话框中单击“导入”按钮，弹出“Swap a rigid body for a flexible body”对话框，如图 9-6 所示。

（3）选择要替换的刚体部件。在“当前部件”文本框内右击，移动鼠标指针，选择“部件”→“选取”命令，如图 9-6（a）所示，然后移动鼠标指针，在如图 9-5 所示的模型的下悬臂上单击，也可以直接输入名称“RB2_left_lca_59”。

（4）浏览模态中性文件。在“MNF 文件”文本框内右击，再选择“浏览”命令，找到“left_lca_0.mnf”文件即可，如图 9-6(b) 所示。由于模态中性文件中所定义的柔性体的位置等已经被准确定位，用户无须再作修改。

（5）单击“Swap a rigid body for a flexible body”对话框左上角的“连接”选项卡。

此选项卡显示在柔性体上的连接点和原来刚体上连接点的对比。在“距离”列的4个衬套连接点有小位置上的偏移，需要保持原刚体衬套连接点位置不变。

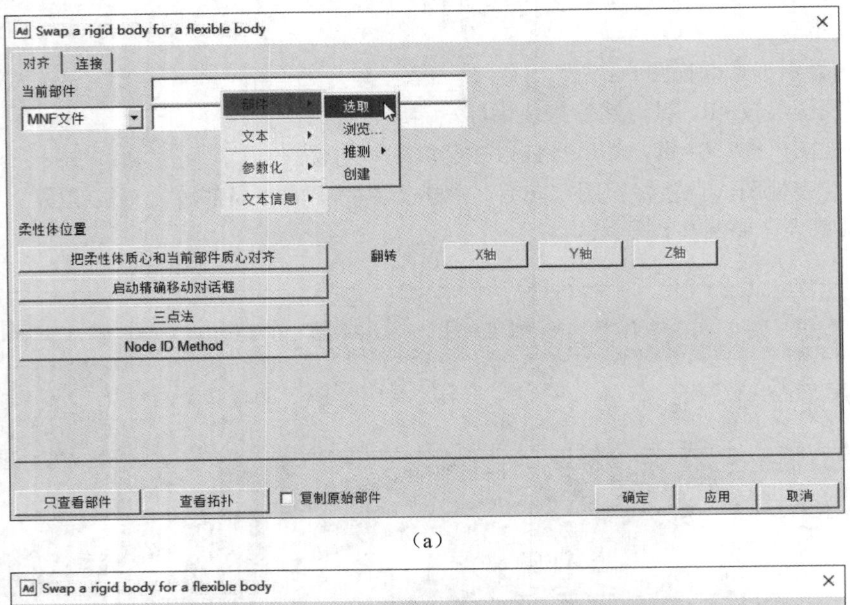

(a)

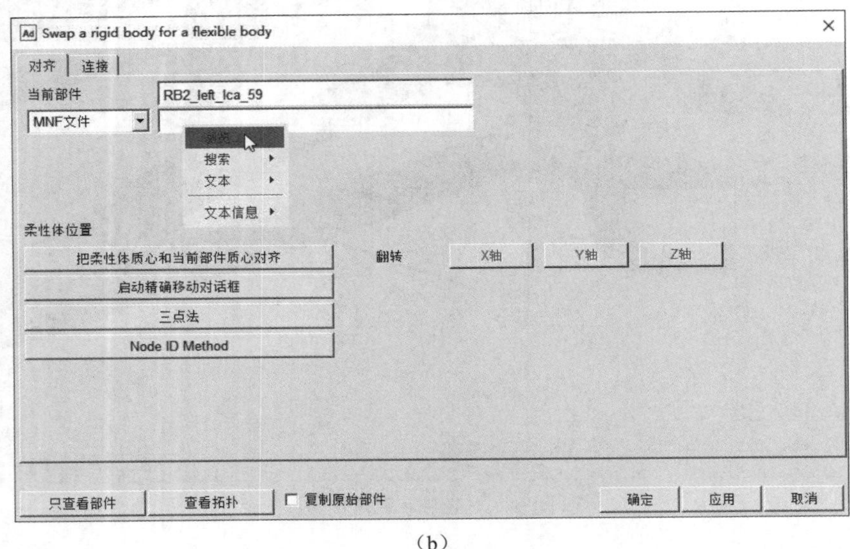

(b)

图9-6 “Swap a rigid body for a flexible body”对话框

(6) 在该表格的第一行单击一下，然后单击“保存位置”按钮 保存位置 。

(7) 对该表格第二行到第四行，重复第（6）步操作，定义好的连接表如图9-7所示。

(8) 单击“确定”按钮 确定 。

现在刚体部件被由模态中性文件定义的柔性体所替换。模型中柔性体的拓扑关系与刚体相同，即分别与部件“frame”“knuckle”和“damper”相连。

验证柔性体是否与模型中其他部件相连。

1）单击菜单栏中的“工具”→“数据库浏览器”命令，弹出“Database Navigator”对话框，如图9-8所示。

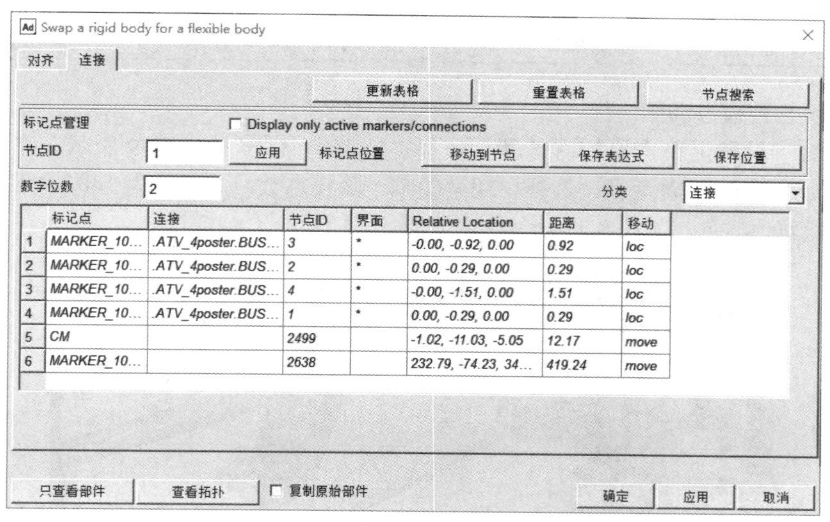

图 9-7　连接表

2）在“Database Navigator”对话框中选择“拓扑部件结构部件”。

3）选择柔性下悬臂部件“.ATV_4poster.RB2_left_lca_59_flex”。

该部件应该与部件“frame”通过两个衬套力相连，与部件“shock”和部件“knuckle”分别通过一个衬套力相连，如图 9-8 所示。

4）单击“关闭”按钮 关闭 关闭“Database Navigator”对话框。

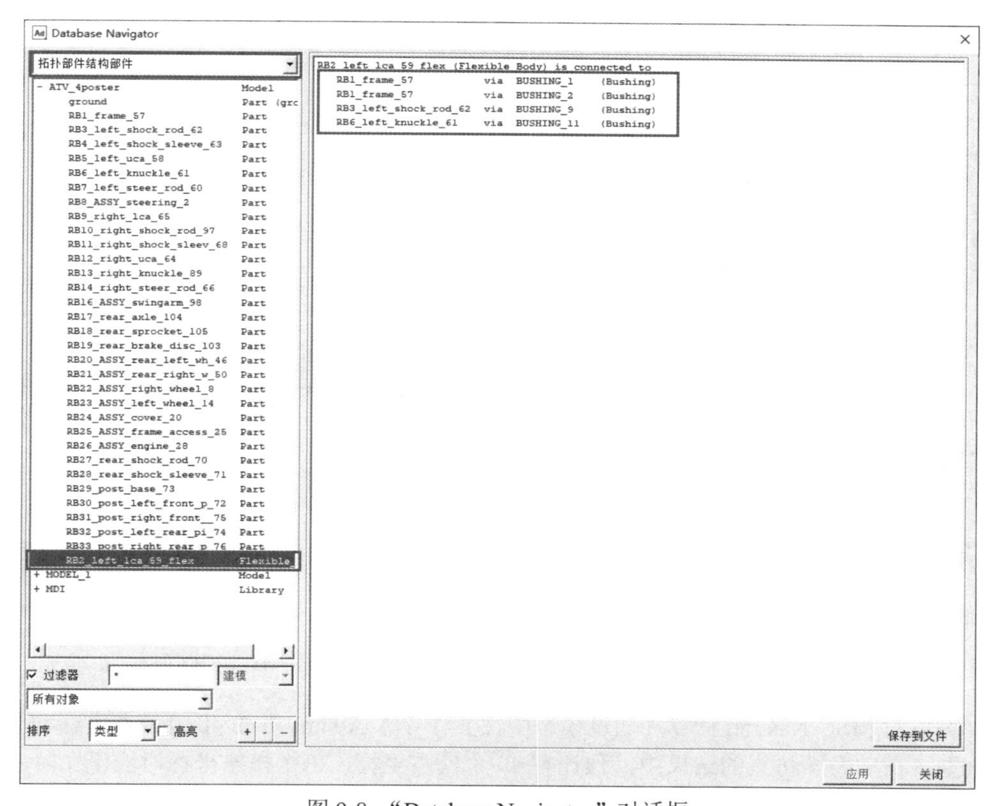

图 9-8　“Database Navigator”对话框

9.4.3 观察柔性下悬臂各阶模态的动画

观察柔性下悬臂模态动画。

（1）在柔性下悬臂上单击鼠标右键然后选择“修改”命令，如图 9-9 所示。弹出图 9-10 所示的“Flexible Body Modify”对话框。选择要观察的某一阶模态数，此处设为“40”，然后选择“动画”按钮进行模型动画演示，如图 9-11 所示。

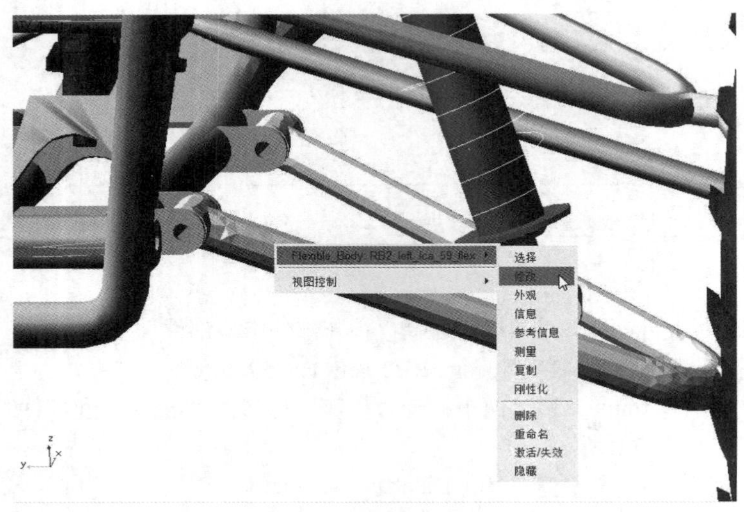

图 9-9 选择“修改”命令

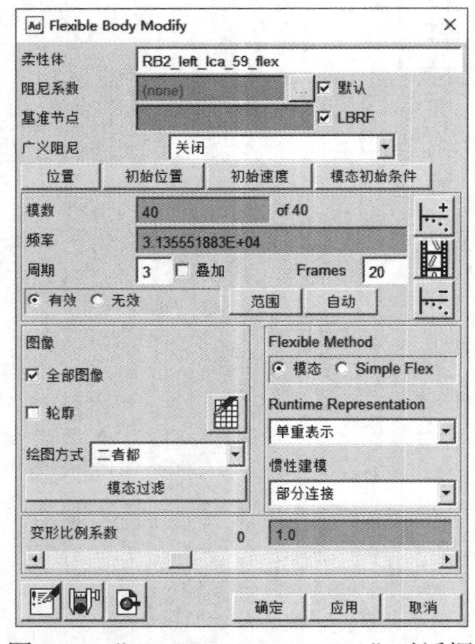

图 9-10 “Flexible Body Modify”对话框

图 9-11 动画演示

（2）可以对 MSC Nastran 计算并通过模态中性文件导入 Adams 中的 40 阶模态进行动画演示并观察其振型。在动力学仿真的结果中，预计有 40 个模态坐标，每个模态坐标对应于一阶模态。读者可以从第 7 阶模态开始查看，第 1 ～ 6 阶模态为刚体位移模态并被自动失效。前几阶模态类似于

自由 - 自由模态；而一些高阶频率的模态看起来通常不是很正常，但是，它们在描述连接点处局部的变形是非常有用的。

9.4.4　修改柔性下悬臂的阻尼特性

在进行动力学分析时，高频的模态通常情况下起的作用很小，有两种办法或策略避免它们。

（1）将这些阶的模态实效掉。但这样做，容易引起仿真困难，因为如果在仿真过程中，某一阶实效掉模态可能是描述变形所必需的模态，比如，在进行静力学分析时，连接点处的静变形。

（2）修改阻尼。这样的话，高阶模态几乎被完全阻尼掉了。高阶模态起作用，但由于在该阶模态上的阻尼很大，几乎不影响动力学仿真。

此处将采用第二种方法，使用一个阶跃（STEP）函数来定义阻尼系数，频率越高，阻尼越大。

修改柔性下悬臂的阻尼特性。

（1）如果“Flexible Body Modify”对话框没有显示，则在柔性体上右击，然后选择“修改”命令，如图 9-12 所示。弹出“Flexible Body Modify”对话框，如图 9-13 所示。

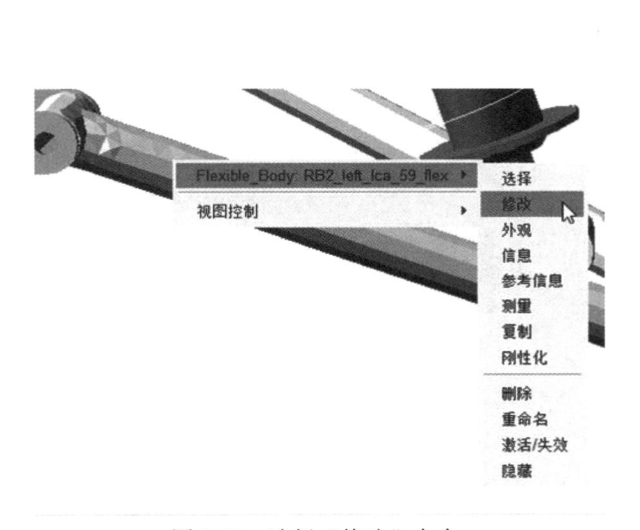

图 9-12　选择“修改”命令

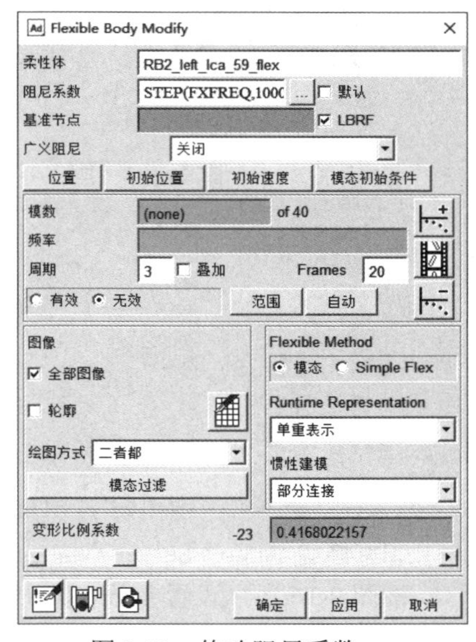

图 9-13　修改阻尼系数

（2）取消勾选“阻尼系数”后面的“默认”复选框。

（3）在“阻尼系数”文本框右侧，单击“Function Builder”按钮，在弹出的对话框内输入下面的函数。

“STEP(FXFREQ, 1000, 0.005, 10000, 1)”其含义是指，频率在 1000Hz 以下的模态，阻尼为 0.5%；频率在 10000Hz 以上的模态，阻尼为 100%。频率在 1000Hz 以上 10000Hz 以下的模态，由阶跃函数对应于其频率大小确定阻尼的值。

提示

按照默认的阻尼设置，在本章中是不合适的。如果你使用默认的阻尼设置，意味着第 7 阶模态的阻尼为 10%，考虑到该部件的材料为钢，阻尼值就太大了。

（4）单击“确定”按钮 确定 存储所有的修改并关闭“Flexible Body Modify”对话框。

9.4.5 运行 Adams 动力学仿真

在动力学仿真运行前，首先要进行 Adams Solver 的设置。

（1）改变 Adams Solver 的设置。

1）单击菜单栏中的“设置”→“求解器”→“执行 ...”命令，如图 9-14 所示，弹出图 9-15 所示的“Solver Settings”对话框。

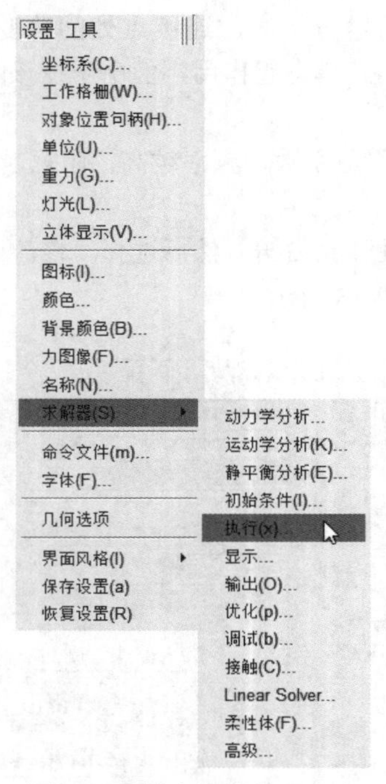

图 9-14 单击“执行”命令

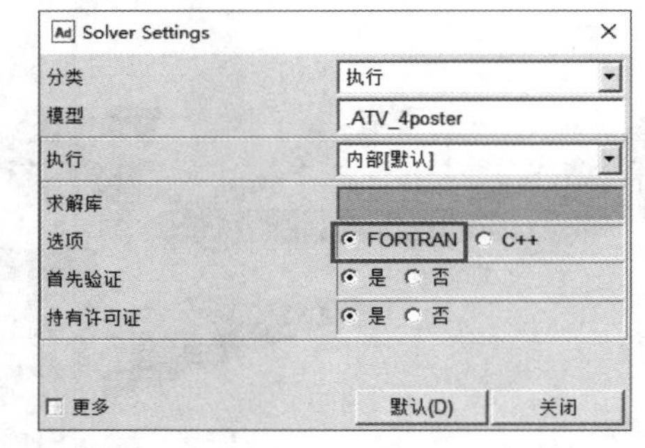

图 9-15 “Solver Settings”对话框

2）在“选项”中选中“FORTRAN”单选按钮。

（2）修改 Adams Solver 动力学求解的设置。

按图 9-16 所示设置参数。其中“积分格式”的 SI2 积分器在动力学仿真中监测速度变量，因此可以保证更高的仿真精度。SI2 积分器的一个优势就是当解算步长很小时，雅可比矩阵仍然保持稳定，而且“校正”在小步长情况下仍然保持稳健。此处，我们之所以选择 SI2 积分器，是因为高频输入对于疲劳分析是很关键的。

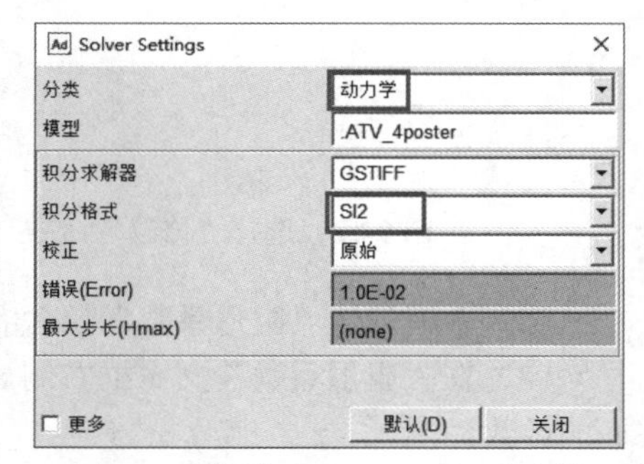

图 9-16 修改 Adams Solver 动力学求解的设置

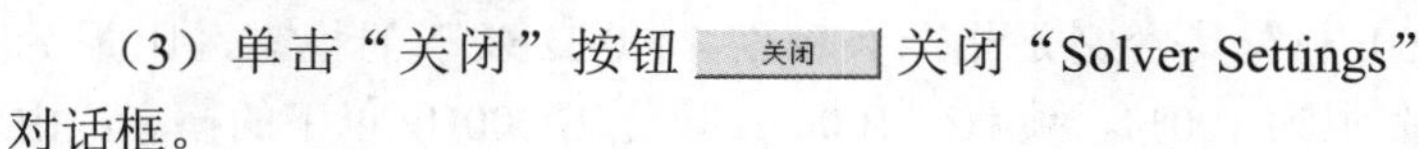
（3）单击“关闭”按钮 关闭 关闭“Solver Settings”对话框。

（4）单击主功能区中的“仿真”选项卡，单击“仿真分析”面板中的“运行交互仿真”按钮，如图 9-17 所示。

（5）在弹出的“Simulation Control”对话框中按图 9-18 所示设置参数。

其中，为避免结果中出现初始的瞬态振动，勾选“在平衡状态开始”复选框。为避免求解时在每一个输出步都刷新屏幕，取消勾选“更新图形显示”复选框，以加快仿真的速度。

图 9-17　运行交互仿真

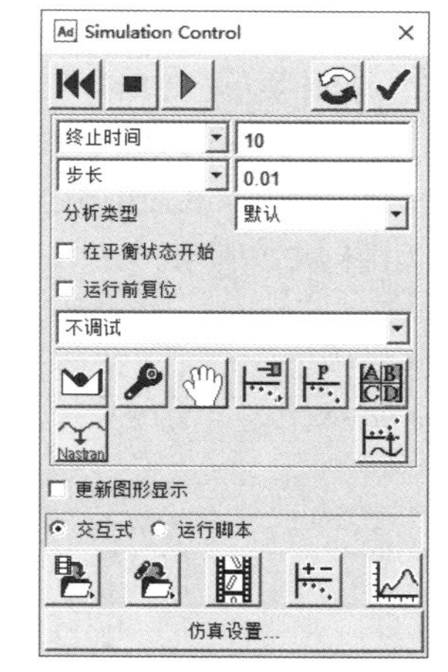

图 9-18　“Simulation Control”对话框

（6）单击“开始仿真”按钮▶开始仿真。

放置越野车的试验台的每一根挺柱都沿着垂直方向上下运动以模拟越野车在粗糙路面上行驶的情形，也可以通过定义轮胎力和路面形状的方式来模拟越野车在粗糙路面上行驶，整个仿真过程需要持续几分钟。

9.4.6　观察 Adams 仿真结果

观察 Adams 仿真结果。

在 Adams View 中按 <F8> 键，启动 Adams PostProcessor。按图 9-19 所示设置参数后，单击“添加曲线”按钮 添加曲线 ，生成的曲线如图 9-19 所示。

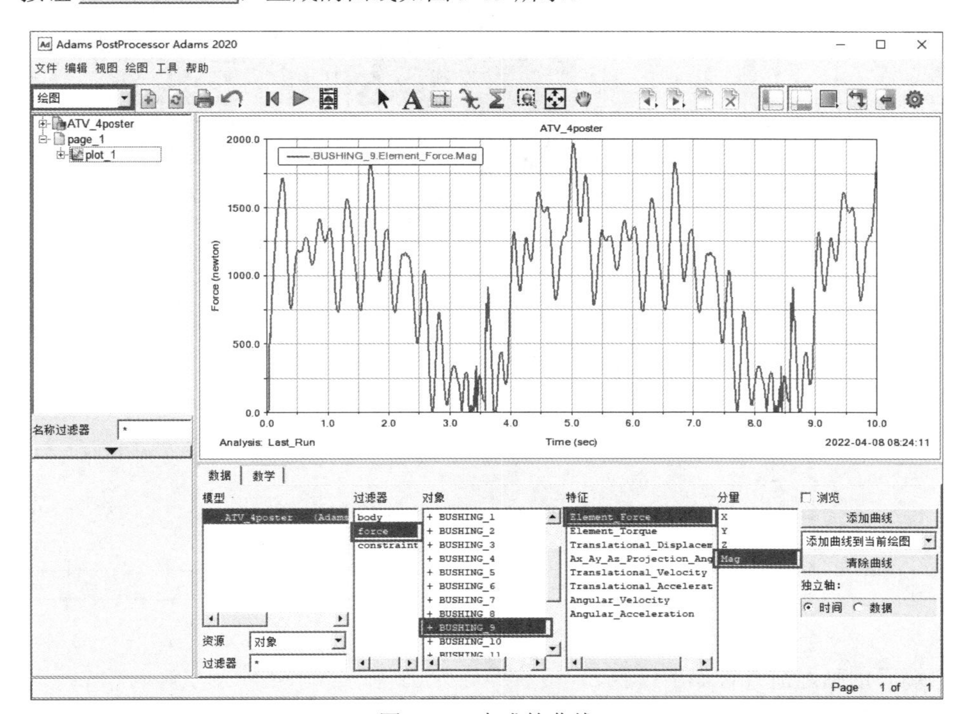

图 9-19　生成的曲线

下面使用 Adams Durability 查看应力数据。

（1）单击菜单栏中的“工具”→“插件管理器”命令，弹出“Plugin Manager”（插件管理器）对话框。载入 Adams Durability，按图 9-20 所示设置参数后，单击“确定”按钮 确定 。

（2）在 Adams PostProcessing 窗口中右击，然后单击“加载动画”命令，如图 9-21 所示。调入动画，如图 9-22 所示。

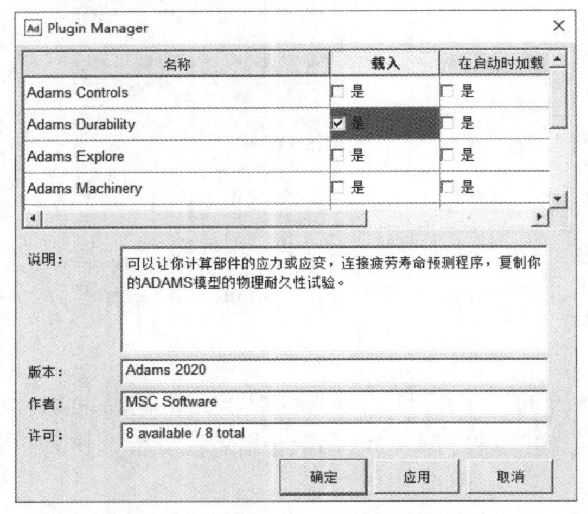

图 9-20 “Plugin Manager”对话框

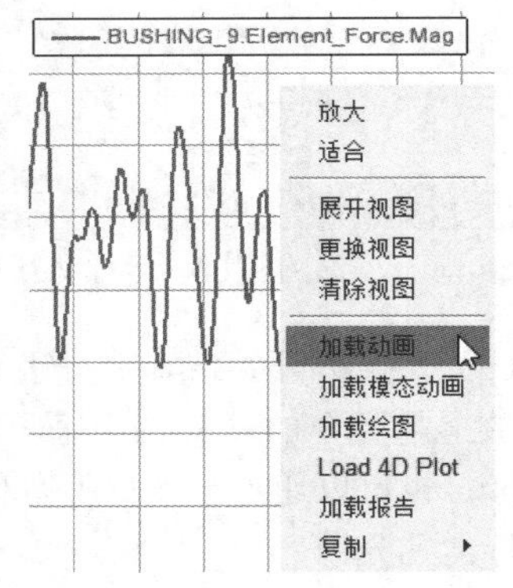

图 9-21 单击“加载动画”命令

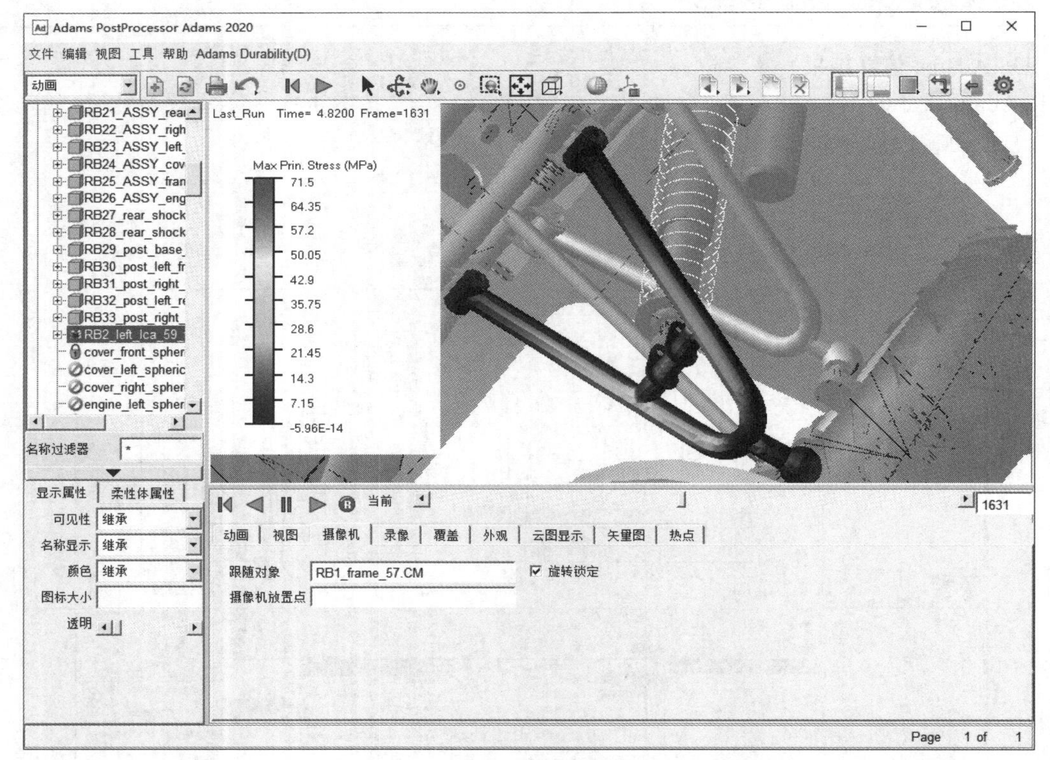

图 9-22 调入动画

在开始观看动画之前进行如下设置。

1）在“云图显示”选项卡内，设置“云图类型”为“Max Prin. Stress”选项。

2）在“摄像机”选项卡内，设置“跟随对象”为“RB1_frame_57.CM”并勾选“旋转锁定”复选框。

3）将柔性下悬臂局部放大并旋转视图使得能够观察到柔性下悬臂的底面。

（3）单击“播放动画”按钮 ▶ 开始播放动画。

（4）动画结束后，返回到初始状态。

生成部件 LCA 上 3 个最危险区域的列表。

1）单击菜单栏中的“Adams Durability”→“热点表”命令，弹出“Hot Spots Information”对话框，然后进行如下设置。

- 柔性体：RB2_left_lca_59_flex（在文本框中右击，单击“柔性体”→“选取”（或“浏览”）命令）。
- 分析结果：Last_Run（在文本框中右击，单击“分析结果”→“推测”→“Last_Run”命令）。
- 类型：最大主应力。
- 半径：30。
- 数：3。

2）单击“报告”按钮 报告(R) 。

当计算完成后，Adams Durability 显示图 9-23 所示的“Hot Spots Information”（热点应力表）对话框，最大主应力的区域在节点“2990”周围，该节点位于部件柔性下悬臂的底部。用户可以在动画播放窗口底部的“摄像机”选项卡内选择“显示热点”和“节点 ID”两个复选框，以查看该节点的具体位置。

MAXIMUM PRINCIPAL Hot Spots for RB2_left_lca_59_flex Date= 2022-04-08 08:24:11						
Model= .ATV_4poster		Analysis= Last_Run		Time = 0 to 10 sec		
Top 3 Hot Spots			Abs	Radius= 30 mm		
Hot Spot	Stress	Node	Time	Location wrt LPRF (mm)		
#	(newton/mm**2)	id	(sec)	X	Y	Z
1	71.4989	2990	5.03667	287.244	-227.586	259.245
2	63.9563	1921	5.03667	403.817	-227.563	235.256
3	58.1426	2549	5.03333	343.223	-336.641	205.502

图 9-23　“Hot Spots Information”对话框

3）单击“关闭”按钮 关闭 关闭“Hot Spots Information”对话框。

9.4.7　输出结果到 MSC Fatigue

当输出结果到 MSC Fatigue 时，所输出并非是在 Adams 中计算的应力，而只是模态坐标。模态应力振型前面（9.3 节 模态振型分析）已经计算完了并存储在 XDB 文件中，将其与 Adams 计算得到的模态坐标结合起来就可以计算疲劳寿命了。

输出结果到 MSC Fatigue 的操作如下。

单击菜单栏中的“Adams Durability”→“MSC Fatigue”→“导出”命令，弹出“FE-Fatigue Export”对话框。按图 9-24 所示设置参数，然后单击“确定”按钮 确定 。

柔性下悬臂的模态坐标此时已经通过 DAC 格式文件输出了（40 个文件，前缀为 ATV_4poster），这些文件可以导入 MSC Fatigue 中进行疲劳分析，所生成的文件分别对应于每一阶的模态坐标。

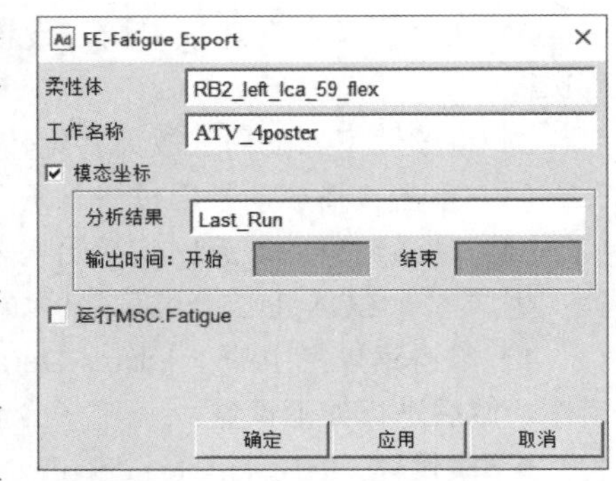

图 9-24 “FE-Fatigue Export”对话框中的参数设置

9.5 疲劳寿命计算

本节将学习使用 MSC Patran 中的插件 MSC Fatigue 计算疲劳寿命。对于某些版本的 MSC Patran，MSC Fatigue 也可以单独使用。本节将基于模态叠加的方法和标准的 S-N 曲线（应力 - 寿命或总寿命曲线）预测疲劳寿命和安全系数。按照以下步骤进行练习。

（1）在 MSC Fatigue 中进行疲劳分析设置。

（2）在 MSC Fatigue 中导入并组合模态坐标。

（3）运行 S-N 疲劳分析并计算安全系数（Factor of Safety，FOS）。

（4）在 MSC Patran 中导入并观察结果。

（5）在 Adams 中导入并观察结果。

9.5.1 在 MSC Fatigue 中进行疲劳分析设置

在 MSC Fatigue 中进行疲劳分析设置的步骤如下。

（1）双击桌面图标，启动 Patran 2020。单击“Home”选项卡下“Defaults”面板中的“File Open”按钮，弹出“Open Database”对话框，浏览并找到“tutorial.db”文件并将其打开。“tutorial.db”文件为 9.3 节模态振型分析中所生成的模型文件。

（2）单击软件界面中最上方的“Durability”选项卡，弹出“MSC Fatigue”选项卡。

（3）按图 9-25 所示设置参数，确认设置“Analysis”为“S-N”。

（4）在“Jobname(32 chrs max)=”文本框内输入“fat_left_lca”作为 MSC Patran 分析的名称，所有疲劳相关的文件都将以此为前缀。

在“MSC Fatigue”选项卡下面部分的按钮可用于完成包括以下 5 个步骤的疲劳分析的设置。

1）“Solution Params...”按钮 Solution Params... ——求解参数设置。

2）“Loading Info...”按钮 Loading Info... ——载荷定义。

3）“Material Info...”按钮 Material Info... ——材料定义。

4）“Job Control...”按钮 Job Control... ——提交并检测疲劳分析过程。

5）“Fatigue Results...”按钮 Fatigue Results... ——用于疲劳分析结果的后处理。

（5）在“MSC Fatigue”选项卡中单击“Solution Params...”按钮 Solution Params... ，打开

图 9-26 所示的“Solution Parameters”（求解参数设置）对话框，然后进行设置。

确定设置“Certainty of Survival(%)”[存活率（%）] 为“99.0”，表明材料特性分布最大的保守比例。设计寿命为不出现失效所预计的最大循环次数。MSC Fatigue 还可以进行给定目标寿命计算对应的载荷比例因子。设计寿命为“60000”是依据一般的假设得出的，即在给定的载荷条件下目标寿命对应 10000km，10s 的循环是在平均 60km/h 速度下进行的。

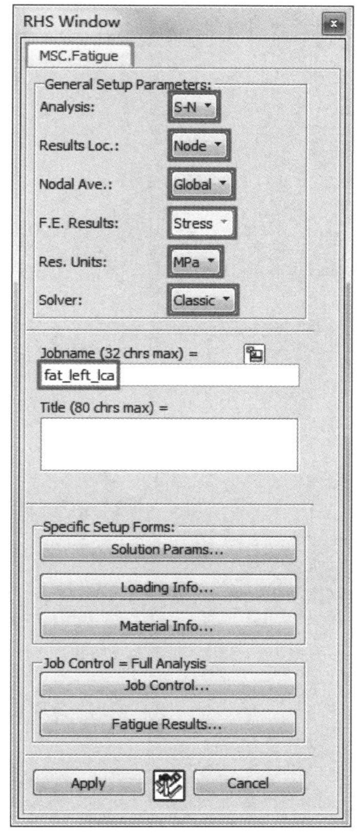

图 9-25　“MSC Fatigue”选项卡设置

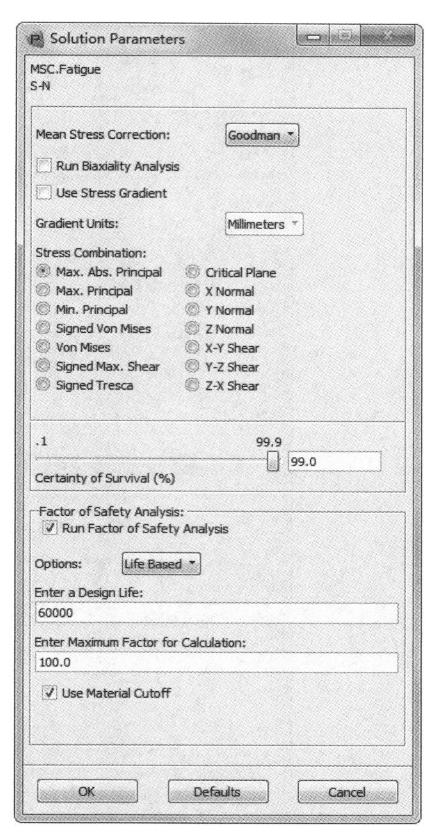

图 9-26　“Solution Parameters”对话框

（6）设置完成后，单击“OK”按钮，关闭“Solution Parameters”对话框。

（7）在“MSC Fatigue”选项卡中单击“Material Info...”按钮。

MSC Fatigue 提供超过 200 种预定义的内置材料库，在一次分析中，可以选择多种材料，也可以设置一些高级的材料属性，如与温度的关系等。

（8）单击数据表格“Material”下的第一个空白格，在下面弹出的“Select a Material”选项框中选择“MANTEN_SN”（煅炭钢）选项。

（9）设置“Finish”为“No Finish”（表面未打磨）。

（10）设置“Treatment”为“No Treatment”（未加热处理）。

（11）设置“Region”为“Membrane”。

该区域为模型中要分析的部分。正如以前提到的，只关注表面的壳体单元，因此，将前面所生成的“Membrane”组作为目标区域。

（12）保持其他设置不变，然后单击“OK”按钮。

9.5.2 在 MSC Fatigue 中导入并组合模态坐标

“Loading Information”对话框显示为电子表格，包含模态应力（MSC Nastran 的输出结果）和模态坐标（Adams 分析结果）的关系。此为每个节点上应力时间历程再生的关键，并用来结合雨流法计算循环次数（疲劳分析算法的核心）。该对话框如图 9-27 所示。

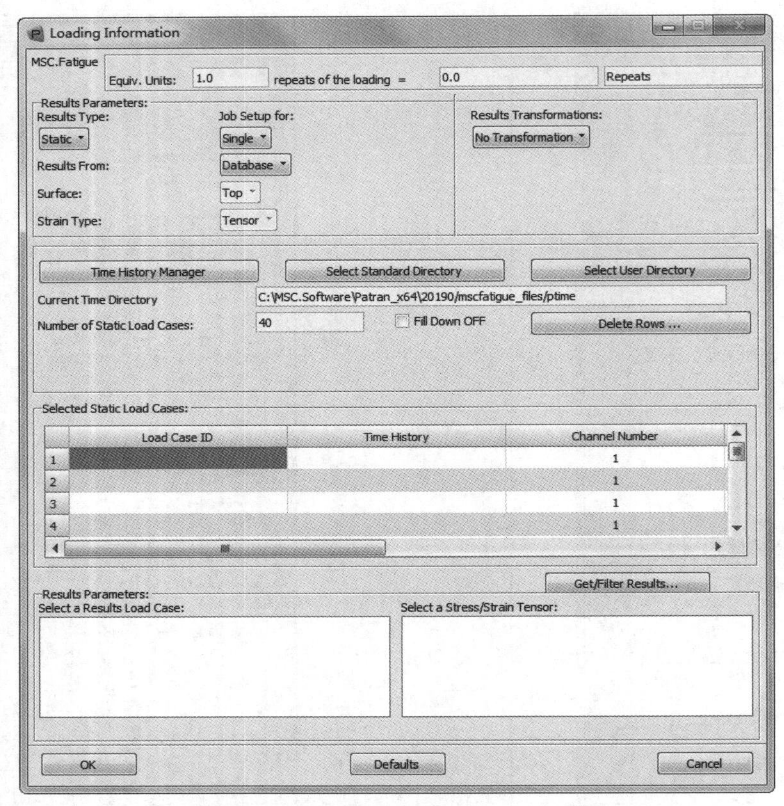

图 9-27 “Loading Information”对话框

（1）在“MSC Fatigue”选项卡中单击“Loading Info...”按钮打开“Loading Information”对话框。

要取得模态变量，MSC Fatigue 需要加载相关的“*.dac”文件（在 MSC Adams 系统级仿真中的输出结果）到当前的时间历程数据库（ptime.tdb）下。

（2）在“Loading Information”对话框中单击“Time History Manager”按钮，打开“PTIME-Database Options”（时间历程）对话框并执行以下操作。

1）选择“Load files”选项。

2）单击“OK”按钮，打开“PTIME-Load Time History”对话框。

（3）在该对话框中进行以下设置。

1）设置“Source Filename”为“ATV_4poster*”选项。

2）设置“Description 1”为“modal coordinates”选项。

3）设置“Load Type”为“Scalar”选项。

4）设置“Units”为“none”选项。

5）设置完成后单击“OK”按钮。

6）40 个文件开始加载。单击“More”按钮两次，以确保所有的载荷通道的数据都读进来。

（4）单击“End”按钮，返回“PTIME-Database Options”对话框，此时该对话框显示已经加载了 40 个“.dac”文件。

（5）在该对话框中选择“eXit”选项，再单击“OK”按钮，关闭“PTIME-Database Options”对话框。

（6）在“Loading Information”对话框中进行如下设置。

1）设置“Number of Static Load Cases”为“40”。确认在设置完后按 <Enter> 键。这样将使表格中的行数更新为 40 行。

2）勾选“Fill Down OFF”复选框使之变为“Fill Down ON”。

3）选择“Load Case ID”下的第一个空白单元格，下方出现“Get/Filter Results...”按钮。

4）单击“Get/Filter Results...”按钮，打开“Results Filter”对话框。

5）在“Results Filter”对话框中，要取代数据库下所有可用的结果，勾选“Select All Results Cases”复选框，然后单击“Apply”按钮。

（7）在“Select a Results Load Case”列表中，选择第一个可用的工况（...Mode 1...）。

（8）从“Select a Stress/Strain Tensor”列表中，选择“1.1 – Stress tensor”选项。

（9）从“Time History”列表中，选择“ATV_4POSTER_0001.DAC”选项。

完成的表格如图 9-28 所示。

（10）保留其他设置默认不变，设置完成后单击“OK”按钮。

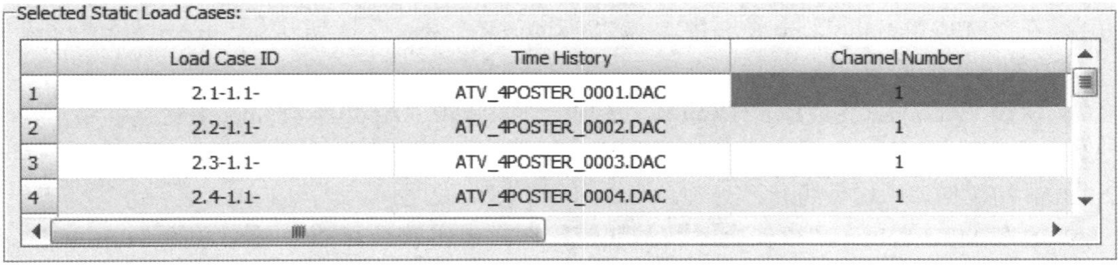

Selected Static Load Cases:

	Load Case ID	Time History	Channel Number
1	2.1-1.1-	ATV_4POSTER_0001.DAC	1
2	2.2-1.1-	ATV_4POSTER_0002.DAC	1
3	2.3-1.1-	ATV_4POSTER_0003.DAC	1
4	2.4-1.1-	ATV_4POSTER_0004.DAC	1

图 9-28　“ATV_4POSTER_01.DAC”对应的电子表格

（11）在“MSC Fatigue”选项卡中单击“Material Info...”按钮。

MSC Fatigue 提供超过 200 种预定义的内置材料库，在一次分析中，你可以选择多种材料，也可以设置一些高级的材料属性，如与温度的关系等。

（12）单击数据表格“Material”下的第一格空白格，在下面弹出的“Select Material”中选择“MANTEN_SN”（煅炭钢）选项。

（13）设置“Finish”为“No Finish”（表面未打磨）选项。

（14）设置“Treatment”为“No Treatment”（未加热处理）选项。

（15）设置“Region”为“Membrane”选项。

该区域为模型中要分析的部分。正如以前提到的，只关注表面壳体单元，因此，将前面所生成的“Membrane”组作为目标区域。

（16）保持其他设置不变，然后单击“OK”按钮。

9.5.3 进行 S-N 疲劳分析

进行 S-N 疲劳分析的步骤如下。

（1）在“MSC Fatigue”选项卡中单击“Job Control...”按钮Job Control...，弹出“Job Control”选项卡。

（2）设置“Action”为“Full Analysis”选项，然后单击“Apply”按钮Apply。

（3）等待 1 ～ 2 分钟，“fat_left_lca”疲劳分析作业被提交。

读者可以通过选择“Job Control”→“Action”→“Monitor Job”命令，再定时性地选择“Apply”按钮Apply来检查分析的进程。当分析完成后，“Information”对话框显示如下信息。

```
Fatigue analysis completed successfully.
```

（4）分析完成后单击“Cancel”按钮Cancel关闭“Job Control”选项卡。

提示

如果显示“ERROR:cannot communicate with Queue Manager”的信息，表明 MSC Patran 试图通过未定义环境变量的 Analysis Manager 运行 MSC Fatigue 疲劳分析。一个解决办法就是使用 MSC Patran 命令——“analysis_manager.disable()”使 Analysis Manager 不起作用，然后再次提交作业。

9.5.4 在 MSC Patran 中导入并观察结果

在 MSC Patran 中导入并观察结果的步骤如下。

（1）在“MSC Fatigue”选项卡中单击“Fatigue Results...”按钮Fatigue Results...，打开“Fatigue Results”选项卡。

（2）设置“Action”为“Read Results”选项，然后单击“Apply”按钮Apply。

MSC Fatigue 根据当前作业的名称自动找到结果文件，结果包含总寿命和安全系数，存储在 MSC Patran 的数据库下以便进行后处理。

（3）要在 MSC Patran 观察安全系数的快速绘图，单击软件界面中最上方的“Results”选项，右侧弹出“Results”选项卡。

（4）在“Results”选项卡内，从“Select Result Cases”列表中选择“Factor of Safety,fat_left_lcafos”选项。

（5）在“Select Fringe Result”列表中选择“Safety Factor”选项，然后单击“Apply”按钮Apply。

可以看到最小的安全系数为 2.89，也可以生成“damage plot”以观察危险区域。可以通过下列步骤生成“damage plot”。

1）从“Select Result Cases”列表中选择“Total Life,fat_left_lcafos”选项。

2）从“Select Fringe Result”列表中选择“Damage”选项。

3）单击“Apply”按钮Apply。

可以看出最大的损坏出现在柔性下悬臂的 3 个危险区域。

9.5.5 在 Adams PostProcessor 中导入并观察结果

（1）单击菜单栏中的“Adams Durability”→“MSC Fatigue”→“导入”命令，弹出“MSC

Fatigue Import Results File”对话框。

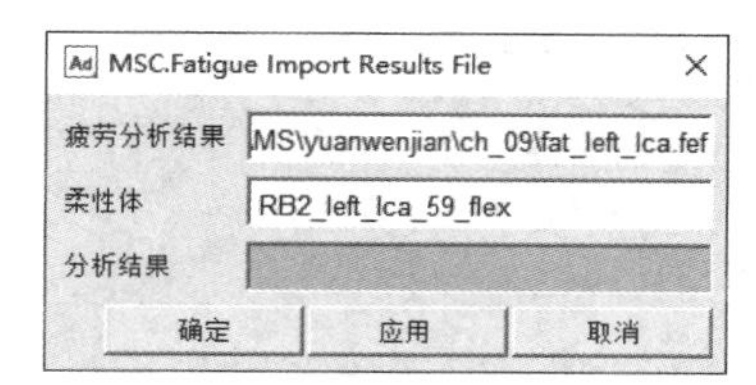

图 9-29 “MSC.Fatigue Import Results File”对话框

（2）在“疲劳分析结果”文本框内右击，选择“浏览”命令，浏览并选择疲劳分析结果文件（*.fef），本实例中选择“...\fat_left_lca.fef”文件。

（3）在“柔性体”文本框中输入“RB2_left_lca_59_flx”，如图 9-29 所示。然后单击“确定”按钮 确定 。

（4）在后处理对话框中选择“动画”选项。选择“云图显示”选项。

（5）在“云图显示”选项卡中，设置“云图类型”为“Life(Log Repeats)”选项。

结果将显示在 Adams PostProcessor 界面中，如图 9-30 所示。

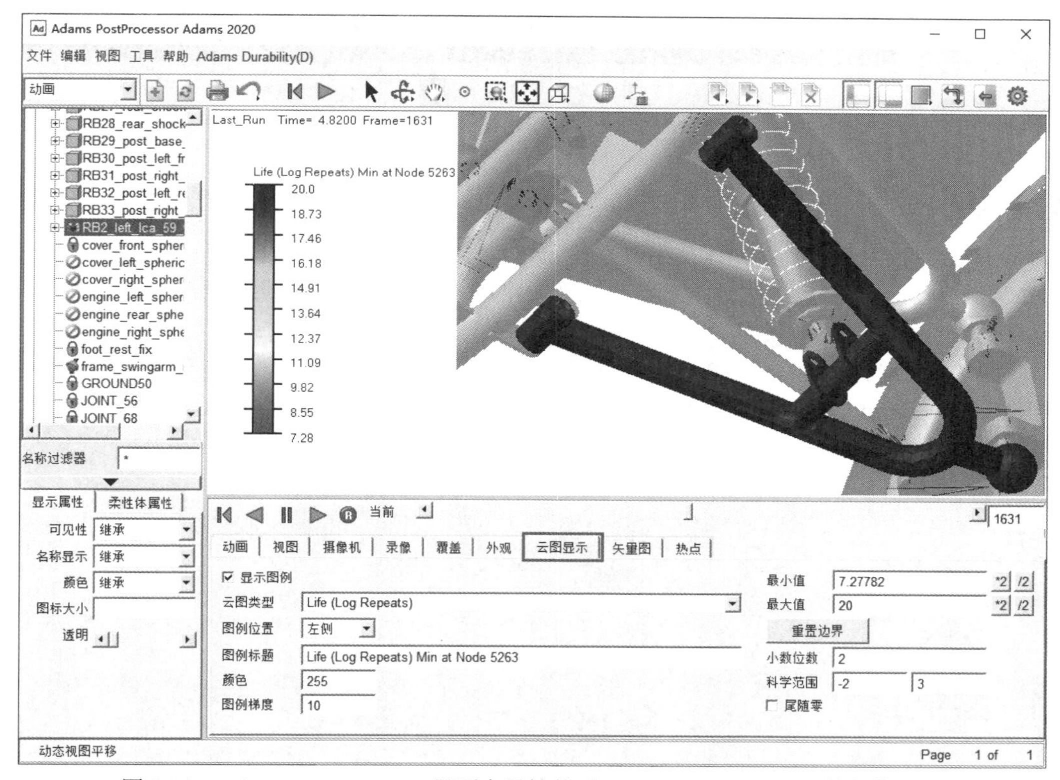

图 9-30 Adams PostProcessor 界面中柔性体“RB2_left_lca_59_flx”的损伤云图

第 10 章 控制仿真分析

【内容指南】

Adams 提供了两种对机电一体化系统进行控制仿真分析的方法，一种是利用 Adams View 下的“控制工具包”工具直接建立控制方案，另一种是使用 Adams Controls 进行控制仿真分析，本章对两种控制仿真分析方法进行讲解。

本章首先介绍控制工具包的使用，并讲解一个使用 Adams View 进行控制仿真分析的实例；接着介绍 Adams Controls 插件模块，并通过一个 Adams 自带的例题，介绍在 Adams 与其他控制软件进行联合控制仿真分析时，如何确定 Adams 的输入和输出。

【知识重点】

- 控制工具包。
- Adams Controls。

10.1 控制工具

对于一些简单的控制问题，利用 Adams View 中的控制工具，可以直接在 Adams View 样机模型中添加控制模块，完成机电一体化系统的仿真分析。

10.1.1 构造控制模块的基本步骤

在 Adams View 样机模型中添加控制模块，可以通过以下 4 个步骤来实现。

（1）绘制模型的控制方框图。

（2）产生所有的输入模块。

（3）产生其他的控制和滤波模块，并连接这些模块。

（4）检查所有的输入和输出连接。

10.1.2 控制模块类型

Adams View 控制工具中有以下几种控制模块。

（1）输入函数模块。不管控制模块或滤波模块是否从其他的控制模块或滤波模块输入信号，都需要有输入函数模块。输入函数模块中含有向模块输入信号的外部时间函数以及输入模块的样机模型中的各种测量结果。

（2）增益、积分、低通过滤和导通延迟过滤模块。增益、积分、低通过滤和导通延迟过滤模块用于产生基本线性转换函数的 S 域（拉普拉斯域）表示方法。这些模块都使用增益模块或过滤系数作为 Adams View 标量的实数值。使用 Adams View 的实数设计变量对这些常数进行参数化处理，以便能够快速分析所连接的模块带宽或增益变化造成的影响，可以使用任何控制模块的装配名称定义这些模块的输入场。

（3）求和连接函数。求和连接函数用于对其他标准模块的输出信号进行相加或相减运算。求和连接函数可以使用任何有效的系统控制模块的输出作为输入，通过 + 或 – 按钮，设置输入的信号是相加或相减。

（4）二次过滤器模块。通过定义无阻尼自然频率和阻尼比，可以利用二次过滤器模块设置二次过滤器。可以使用 Adams View 的实数设计变量对无阻尼自然频率和阻尼比进行参数化处理，以便能够快速分析所连接模块的频率或阻尼比变化造成的影响。

（5）开关模块。使用开关模块可以非常方便地阻断输入任何模块的信号，将开关模块连接在反馈回路中，能方便地观察从开路到闭路的变化，开关模块可以取任何控制模块的输出作为输入。

（6）PID 控制模块。PID 控制模块可以产生通用的 PID 控制，也可以使用 Adams View 的实数设计变量对模块中的比例、积分和微分增益进行参数化处理，以便能够快速研究比例、积分和微分增益变化对控制效果的影响。

（7）用户自定义转换模块。用户自定义转换模块可以产生通用的关系多项式模块，通过确定多项式的系数决定多项式。多项式分子的系数采用“n0,nl,n2,…”的方式排序表示。

10.1.3 创建控制模块

创建控制模块的主要步骤如下。

（1）单击如图 10-1 所示的主功能区中的“单元”（Elements）选项卡下的“控制工具包”（Controls Toolkit）面板中的“控制工具包”按钮，弹出“Create Controls Block”（创建控制模块）对话框，如图 10-2 所示。

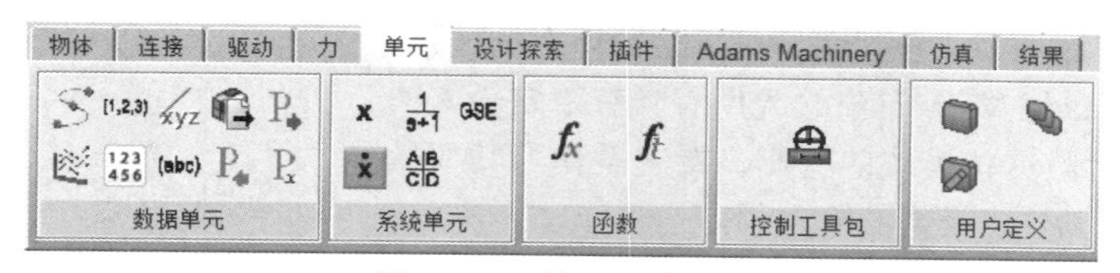

图 10-1 “单元”选项卡

（2）在“名称”文本框中输入模块的名称。

（3）根据对话框的提示，输入有关内容，控制模块输入参数说明如表 10-1 所示。输入参数时，可以借助文本框的快捷菜单进行选择。

（4）单击“确定”按钮 确定 完成对控制模块的设置。

表 10-1　控制模块输入参数说明

模块	图标	参数说明
输入函数	f_i→	在“函数”文本框中输入函数表达式
求和连接函数	Σ	在“输入 1”“输入 2”文本框中输入输入控制模块的名称。 通过+或-按钮设置输入信号的正负
增益	K	在“输入”文本框中输入输入控制模块的名称。 在“增益”文本框中输入增益值
积分	1/s	在“输入”文本框中输入输入控制模块的名称。 在“初始条件”文本框中输入初始条件
低通过滤	1/(s+a)	在“输入”文本框中输入输入控制模块的名称。 在“低通常数”文本框中输入低通常数
导通延迟过滤	(s+b)/(s+a)	在“输入”文本框中输入输入控制模块的名称。 在“超前常数”文本框中输入导通常数。 在“滞后常数”文本框中输入延迟常数
用户自定义转换	n(s)/d(s)	在“输入”文本框中输入输入控制模块的名称。 在“分子系数”文本框中输入分子的系数。 在“分母系数”文本框中输入分母的系数
二次过滤器	2nd-order filter	在“输入”文本框中输入输入控制模块的名称。 在“固有频率”文本框中输入自然频率。 在“阻尼比”文本框中输入阻尼比
PID 控制	PID	在“输入”文本框中输入输入控制模块的名称。 在“导函数输入”文本框中填写输入微分模块的名称。 在“P 增益”文本框中输入比例增益系数。 在“I 增益”文本框中输入积分增益系数。 在“D 增益”文本框中输入微分增益系数。 在“初始条件”文本框中输入初始条件
开关	⁄-	在“输入”文本框中输入输入控制摸块的名称。 如果是常闭开关，则勾选“关闭开关”复选框

10.1.4　检验控制模块的连接关系

创建控制模块时，需要指定输入本模块的控制模块名称。程序根据指定的输入关系，自动将当前产生的模块同输入模块相连接。单击“Create Controls Blocks”对话框中的“验证连接的控制环节”按钮✓，可以检验所有的连接。在检验连接时，Adams View 首先检验所有具有给定输入的控制模块，然后检验这些模块的输出，看它是作为其他模块的输入，还是作为样机模型的输入。

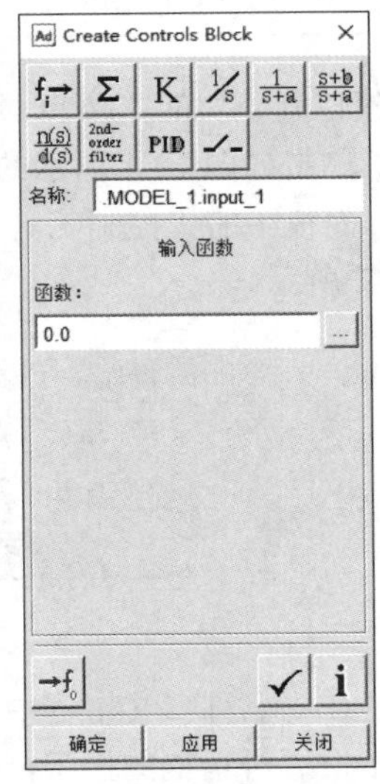

图 10-2　“Create Controls Block”对话框

10.1.5　实例分析：弹簧挂锁机构控制仿真分析

本例将通过创建一个弹簧挂锁模型，指导读者如何使用 Adams View 进行控制仿真分析。弹簧挂锁模型如图 10-3 所示。弹簧挂锁模型的工作原理为：在 POINT_4 处下压操作手柄（Handle）时，挂锁就能够夹紧；

下压时，曲柄（Pivot）绕 POINT_1 顺时针转动，将钩子（Hook）上的 POINT_2 向后拖动，此时，连杆（Slider）上的 POINT_8 向下运动；当 POINT_8 处于 POINT_9 和 POINT_3 的连线时，夹紧力达到最大值；POINT_8 在 POINT_3 和 POINT_9 连线的下方移动，直到操作手柄停在钩子上部，夹紧力接近最大值，但只需一个较小的力就可以打开挂锁。

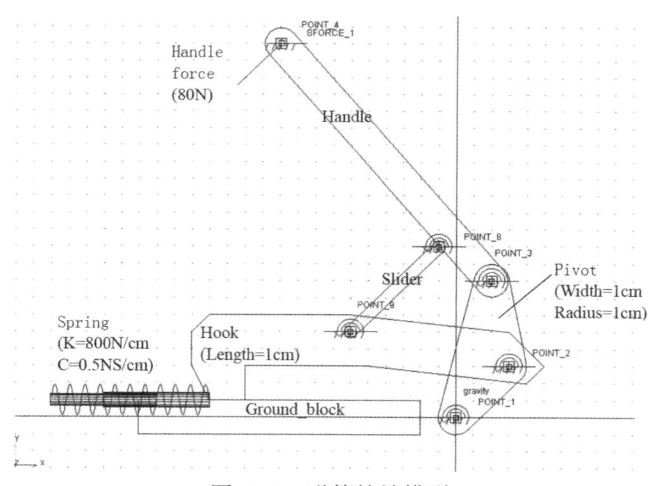

图 10-3　弹簧挂锁模型

根据对挂锁工作原理的描述，可知 POINT_1 与 POINT_9 的相对位置对于保证挂锁满足设计要求是非常重要的。因此，在创建和测试模型时，可以通过改变这两点的相对位置来研究它们对设计要求的影响。

（1）启动 Adams View，在“Welcome to Adams...”对话框中单击“新建模型”按钮，在“模型名称”文本框中输入“Latch”，单击“确定”按钮 确定 。

（2）单击菜单栏中的“设置”→“单位”命令，弹出“Units Settings”对话框，按图 10-4 所示设置参数，单击“确定”按钮 确定 。

（3）单击菜单栏中的“设置”→“工作格栅”命令，弹出“Working Grid Settings”对话框，按图 10-5 所示设置参数，单击“确定”按钮 确定 。

（4）单击菜单栏中的“设置”→“图标”命令，弹出“Icon Settings”对话框，按图 10-6 所示设置参数，单击“确定”按钮 确定 。

（5）创建设计点。单击菜单栏中的“视图”→“坐标窗口”命令打开坐标窗口。单击主功能区中的“物体”选项卡下的“基本形状”面板中的“基本形状：设计点”按钮，单击“点表格”按钮 点表格 ，在弹出的对话框中按照下列数据放置设计参考点，最后单击“确定”按钮 确定 退出。接受系统默认的创建点的设置，即“添加到地面”和“不能附着”选项。

```
POINT_1 (0, 0, 0)
POINT_2 (3, 3, 0)
POINT_3 (2, 8, 0)
POINT_4 (-10, 22, 0)
```

（6）创建曲柄。单击“物体”选项卡下的“实体”面板中的“刚体：创建多边形板体”按钮，设置曲柄的厚度和半径均为“1cm”，在图形区选择“Point_1”“Point_2”和“Point_3”，然后右击使曲柄闭合，如图 10-7 所示。

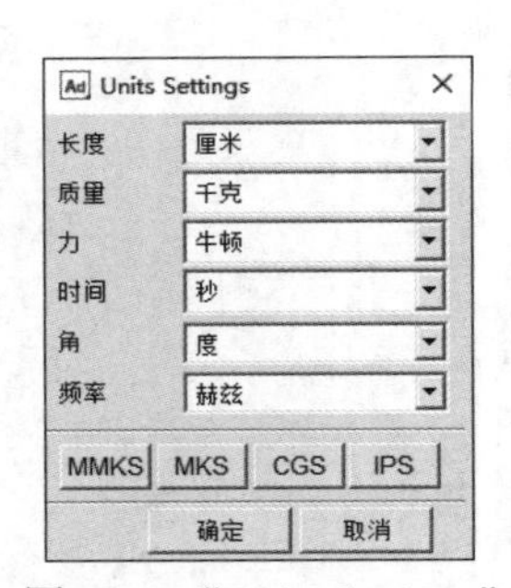

图 10-4 “Units Settings”对话框

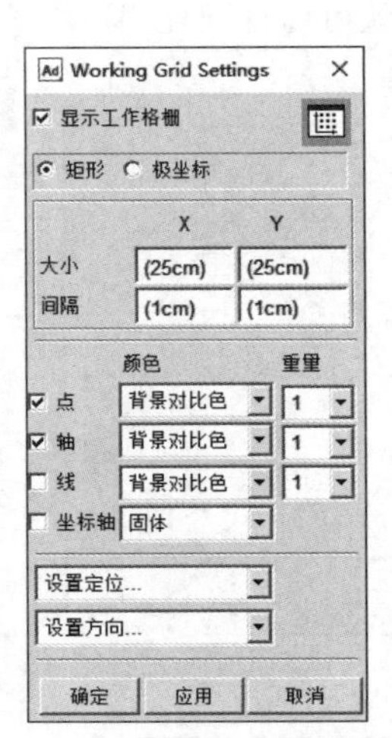

图 10-5 “Working Grid Setting”对话框

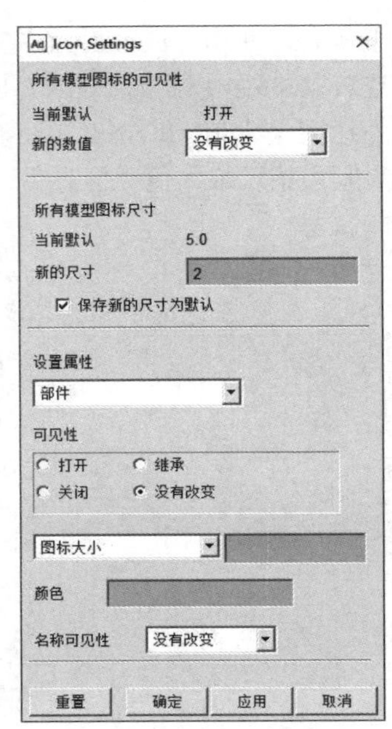

图 10-6 “Icon Settings”对话框

（7）重命名曲柄。将鼠标指针放在曲柄上右击，在弹出的快捷菜单中单击“Part:Part_2”→“重命名”命令，弹出“Rename”对话框，按图 10-8 所示设置参数，将“Part_2”改为“Pivot”，单击“确定”按钮 确定 。

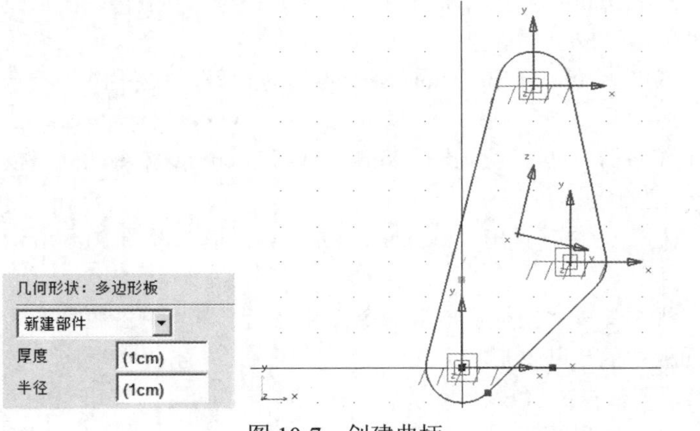

图 10-7 创建曲柄

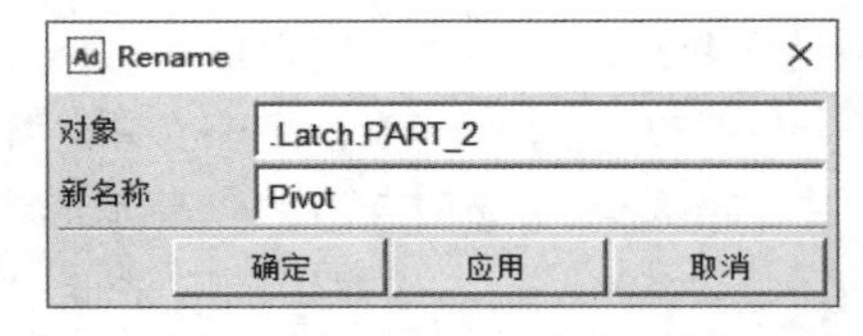

图 10-8 “Rename”对话框

（8）创建手柄。单击“物体”选项卡下的“实体”面板中的“刚体：创建连杆”按钮，在 Point_3 和 Point_4 之间创建连杆，如图 10-9 所示，然后将“Part_3”改名为“handle”。

（9）用转动铰链连接部件。用转动铰链连接两个部件，使一个部件可以相对于另一个部件绕它们的公共轴转动。如果只把铰链装到一个部件上，Adams View 将把该部件同机架连接起来。每个转动铰链只有一个自由度。在本例中，要在曲柄和机架之间安装一个转动铰链，使曲柄可以绕机架转动，还要在曲柄与手柄之间放置一个转动铰链，使它们能够相互转动。

（10）单击主功能区中的“连接”选项卡下的“运动副”面板中“创建旋转副”按钮，选择创建方式为“1 个位置 - 物体暗指”，在 Point_1 处放置一个铰链，创建如图 10-10 所示的转动铰链 1。

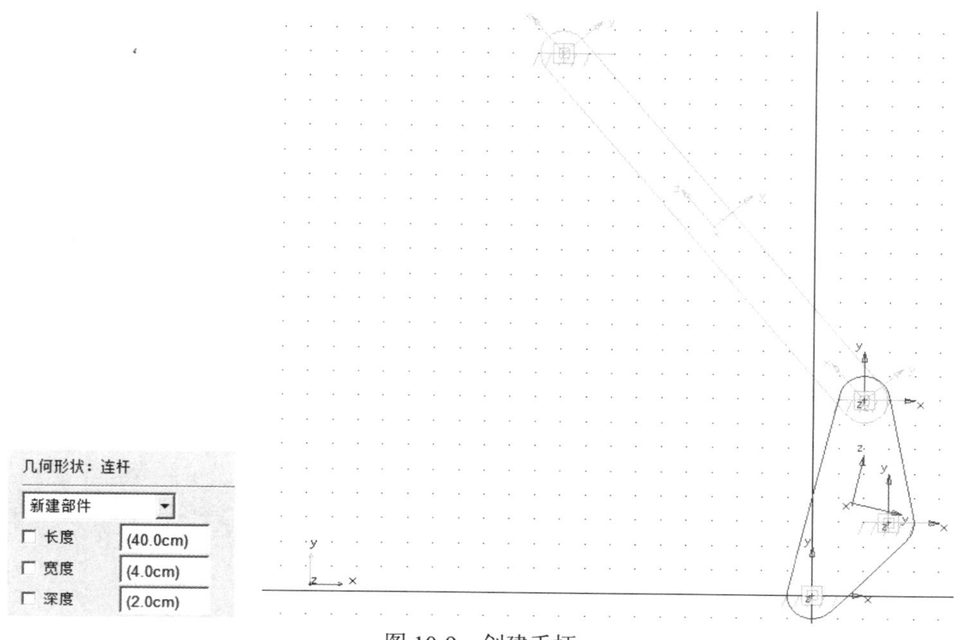

图 10-9　创建手柄

（11）再次单击主功能区中的“连接”选项卡下的“运动副”面板中“创建旋转副”按钮，把创建模式改为“2 个物体 -1 个位置”，选取曲柄、手柄和 Point_3，创建如图 10-11 所示的转动铰链 2。

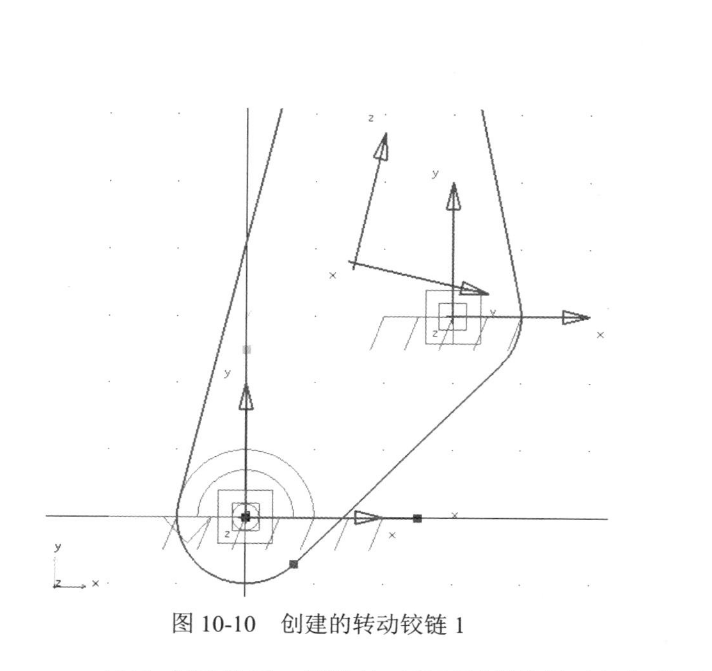

图 10-10　创建的转动铰链 1

图 10-11　创建的转动铰链 2

（12）创建钩子。用拉伸工具可以很快地建造好钩子，拉伸物体是由截面外形和厚度定义的三维物体。要生成拉伸物体，先用折线定义拉伸剖面，Adams View 将以当前工作平面为中心或沿指定的方向拉伸侧面外形，生成物体。

（13）单击主功能区中的“物体”选项卡下的“实体”面板中的“刚体：创建拉伸体”按钮，设置拉伸长度为“1cm”，在图形区按下列坐标点选取位置，最后右击使之闭合，创建的钩子模型如图 10-12 所示，然后将拉伸体的名称改为“hook”。

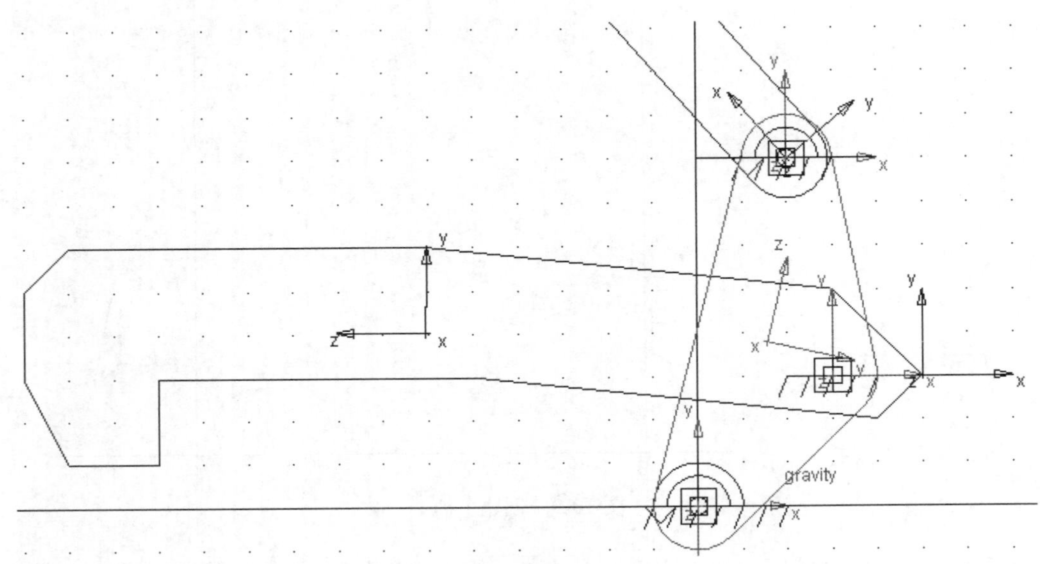

图 10-12　创建的钩子模型

```
(5, 3, 0)
(3, 5, 0)
(-6, 6, 0)
(-14, 6, 0)
(-15, 5, 0)
(-15, 3, 0)
(-14, 1, 0)
(-12, 1, 0)
(-12, 3, 0)
(-5, 3, 0)
(4, 2, 0)
```

（14）创建连杆。先创建两个设计点“Point_8”和“Point_9”，位置如下所示。

```
POINT_8 (-1, 10, 0)
POINT_9 (-6, 5, 0)
```

在两个新设计点之间创建连杆，如图 10-13 所示，然后将连杆命名为“slider”。

（15）用转动铰链连接部件。在手柄与连杆之间的 Point_8、连杆与钩子之间的 Point_9、钩子与曲柄之间的 Point_2 位置设置铰链。

（16）单击菜单栏中的“文件”→“把数据库另存为”（Save Database As）命令，保存文件名为“build.bin”。

如果想跳过前面的操作步骤从此处开始，可以打开 install_dir\aview\examples\Latch 目录下的

“build.cmd”文件，其中，“install_dir”是 Adams 的安装路径。为了方便读者使用，该文件已保存在本书附带电子资源文件 yuanwenjian\ch_10 目录下，文件名为“build.bin”。

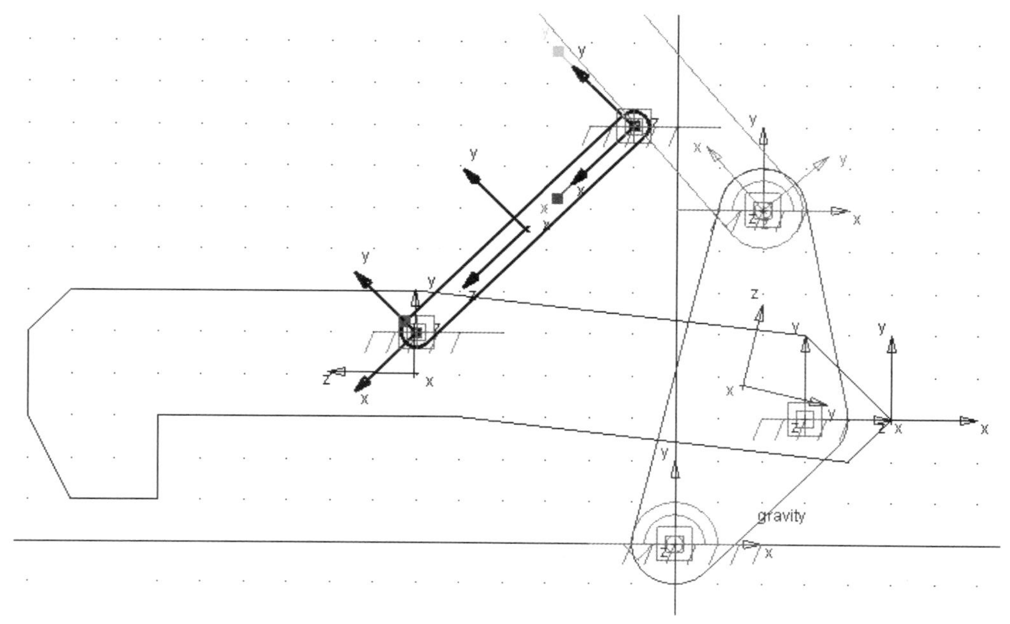

图 10-13 创建连杆模型

（17）创建地块。单击主功能区中的“物体”选项卡下的“实体”面板中的“刚体：创建立方体”按钮，把创建方法设置为“在地面上”。在 (–2, 1, 0) 点处按住鼠标左键并拖到 (–18, –1, 0) 点，然后将其命名为“ground_block”。

（18）添加 Inplane 虚拟约束。在钩子和地块之间加一个 Inplane 虚拟约束代表夹紧运动。Inplane 虚拟约束限制钩子上的一个点，使其只能在地块表面滑动，钩子可以绕这个点自由转动。

单击“动态选取”按钮，把钩子末端区域局部放大。单击主功能区中的“连接”选项卡下的“基本运动约束”面板中的“创建点面约束”按钮，把创建方法设置为“2 个物体 -1 个位置”和“选取几何特征”，依次单击钩子和地块。在 (–12, 1, 0) 点处单击，沿着钩子的内侧面将鼠标指针上移，直到出现向上的箭头，再次单击，添加的 Inplane 虚拟约束如图 10-14 所示。

（19）创建拉压弹簧。弹簧产生钩子夹住集装箱时的夹紧力，弹簧的刚度系数是 800N/cm，表示钩子移动 1cm 产生的夹紧力为 800N，阻尼系数是 0.5N · s/cm。

单击“动态平移”按钮，将模型向右移，给出增加拉压弹簧长度的空间。单击主功能区中的“力”选项卡下的“柔性连接”面板中的“创建拉压弹簧阻尼器”按钮，在地块与钩子之间创建拉压弹簧。在“拉压弹簧”属性栏中勾选“K”和“C”复选框，设置“K”值为“800”、“C”值为“0.5”，选取 (–23, 1, 0) 点和“hook.EXTRUSION_7.V16”的位置放置拉压弹簧，如图 10-15 所示。

（20）创建手柄力。在这一步要生成一个合力为 80N 的手柄力，代表手能施加的合理用力。单击主功能区中的“力”选项卡下的“作用力”面板中的“创建作用力（单向）”按钮，在模型树中弹出图 10-16 所示的“力”属性栏。

按图 10-16 所示设置参数，然后在图形区依次选取手柄、手柄末端的设计点“ground.POINT_4”以及坐标为 (–18, 14, 0) 的位置点。

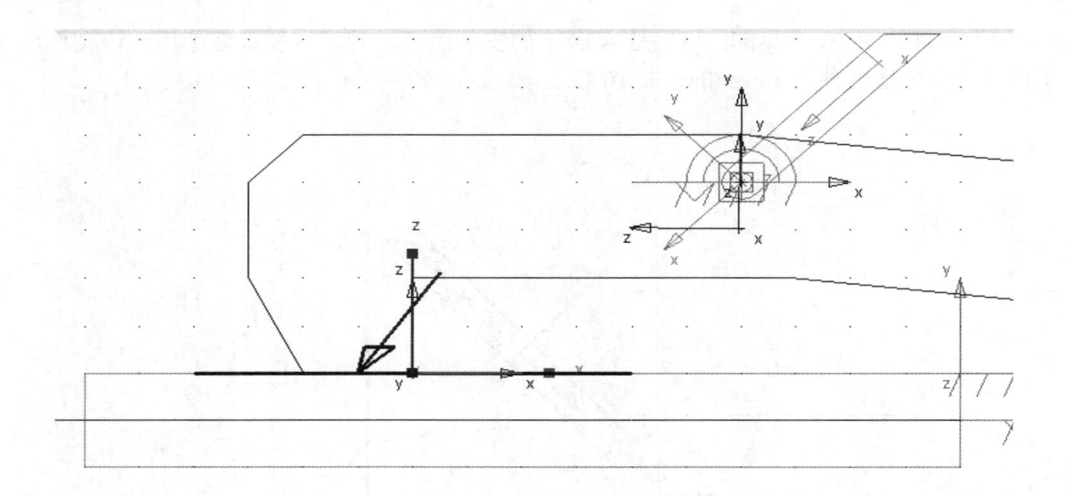

图 10-14　Inplane 虚拟约束

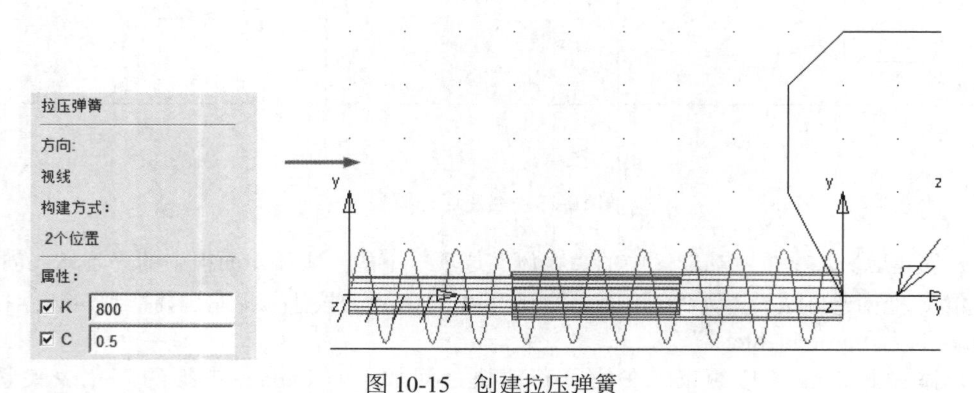

图 10-15　创建拉压弹簧

（21）测量弹簧力。对于挂锁模型，需要对夹紧力进行测试并与设计要求进行比较。弹簧力的值代表夹紧力的大小。在仿真模拟过程中，Adams View 通过各种测量数据监控模型的重要特性。交互式仿真过程中，测量的数据随之显示出来，可以对仿真的过程有直观的了解。

把鼠标指针放在弹簧上右击，在弹出的快捷菜单中选择“Spring:SPRING_1”→“测量”命令。在弹出的对话框的“特性”下拉列表中选择“力”选项。单击“确定”按钮，弹出弹簧测量图表。进行一次 0.2s、50 步的仿真，得到如图 10-17 所示的夹紧力测量曲线图。

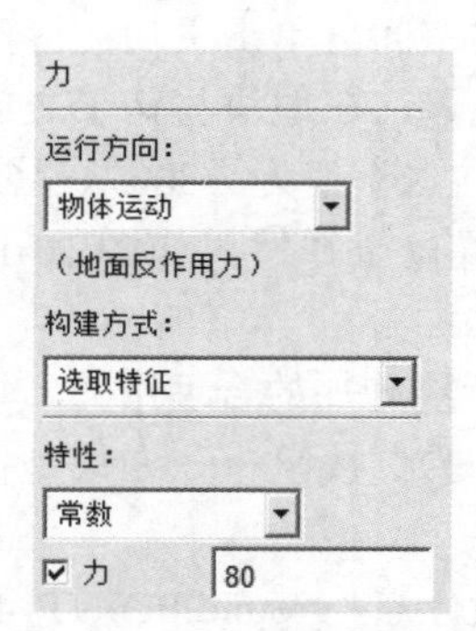

图 10-16　“力”属性栏

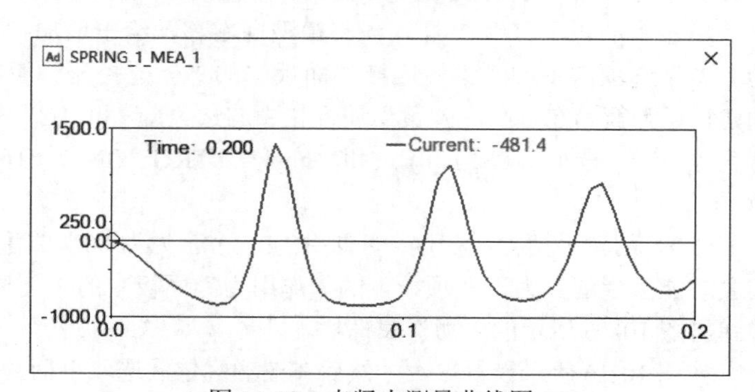

图 10-17　夹紧力测量曲线图

（22）角度测量。进行一次角度测试来反映手柄下压的行程。挂锁锁紧时，手柄处于锁紧点位置，从而保证挂锁处于安全状态，这与虎钳夹紧相似，虎钳在材料上夹紧的点就是自锁点。创建角度测量包括拾取定义角度的标识点，在本例中是 POINT_8、POINT_3、POINT_9。Adams View 自动在几何体的顶点、端点和质心处创建坐标系标识。Adams View 在约束物体时也会自动创建标识，例如在两杆间加铰链。因此在一个位置有几个不同的标识，当创建角度测量的时候只需任选其一。

单击主功能区中的“设计探索”选项卡下的“测量”面板中的“创建新的角度测量”按钮，模型树中弹出图 10-18（a）所示的属性栏，单击“高级”按钮 高级 ，弹出图 10-18 所示的“Angle Measure”（角度测量）对话框。

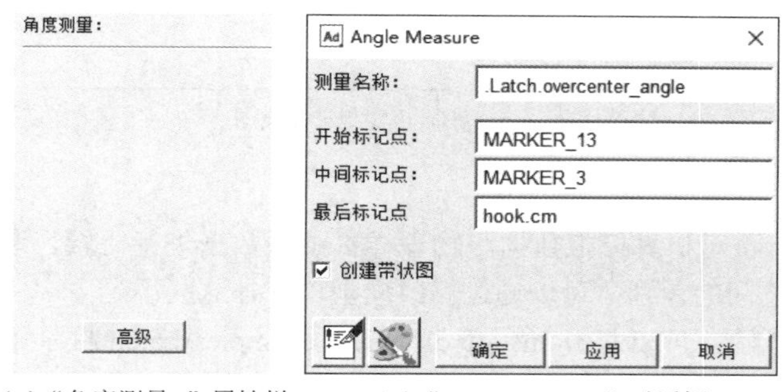

（a）“角度测量 :”属性栏　（b）“Angle Measure”对话框　（c）角度测量曲线图

图 10-18　角度测量

在“开始标记点”文本框中，按照参考坐标 (–1, 10, 0) 选择标识，采用同样的方法完成“中间标记点”参考坐标 (2, 8, 0) 标识、“最后标记点”参考坐标 (–6, 5, 0) 标识的选择，设置结束后如图 10-18（b）所示，然后单击“确定”按钮 确定 ，得到的角度测量曲线如图 10-18（c）所示。

（23）创建传感器。创建传感器，检测“overcenter_angle”什么时候达到负值，这时挂锁就能可靠地锁合，一旦检测到这种情况，传感器会自动停止仿真过程。

单击主功能区中的“设计探索”选项卡下的“测量对象”面板中的“创建新的传感器”按钮，弹出“Create sensor ...”对话框，按图 10-19 所示设置参数，然后单击“确定”按钮 确定 。

（24）单击菜单栏中的“文件”→“把数据库另存为”命令保存文件，设置文件名为“test.bin”。

（25）模型仿真。通过模型仿真观察模型组装是否正确，验证传感器能否在“overcenter_angle”小于或等于 0 时停止仿真。

单击主功能区中的“仿真”选项卡下的“仿真分析”面板中的“运行交互仿真”按钮，进行一次 0.2s、100 步的仿真。由于传感器所起到的作用，Adams View 停止仿真模拟，然后返回模拟初始状态。

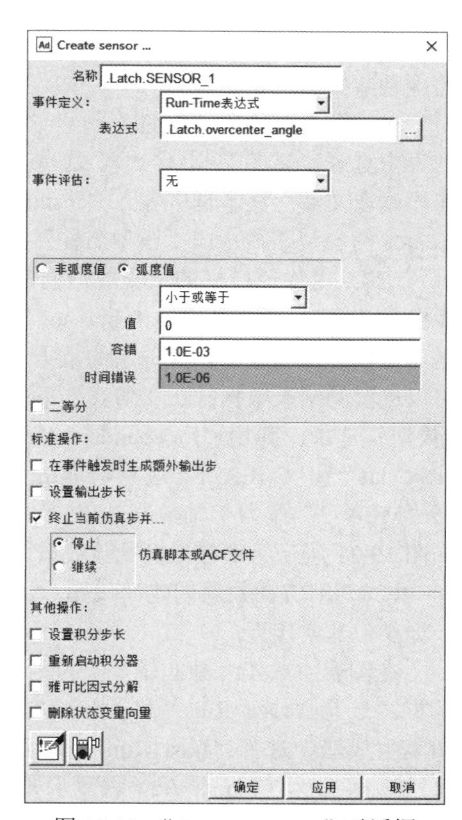

图 10-19　“Create sensor...”对话框

在模拟过程中，Adams View 对弹簧力和角度的测量反映了传感器的作用，图表显示出 Adams View 在挂锁锁紧时停止仿真模拟。模型仿真结果如图 10-20 所示。

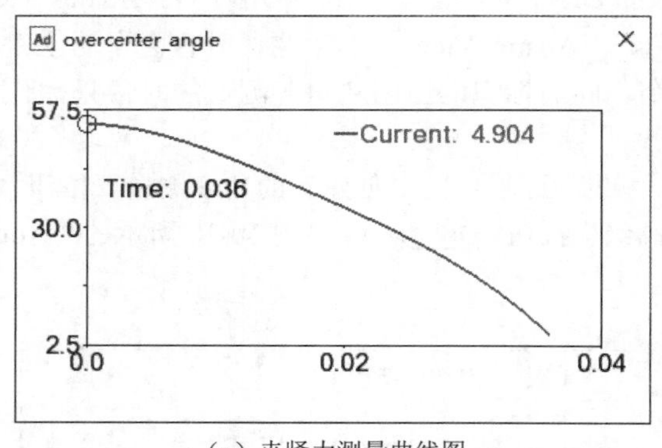

（a）夹紧力测量曲线图

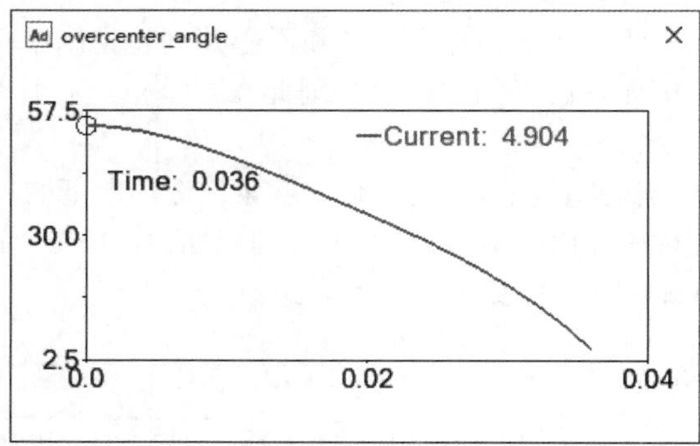

（b）角度测量曲线图

图 10-20　模型仿真结果

（26）输入物理样机试验数据。在本节将对仿真模拟数据与物理样机试验数据进行比较，通过比较，可以知道所建模型与实际物理模型之间的差别，可以通过修改模型以弥补这些不足。

如果想跳过前面的操作步骤从此处开始，可以打开 install_dir\aview\examples\Latch 目录下的“test.cmd”文件，其中“install_dir”为 Adams 的安装路径。为了方便读者使用，该文件已保存在本书附带电子资源文件 yuanwenjian\ch_10 目录下，文件名为“test”。

在物理模型上测试夹紧力、标定，从而建立起物理样机试验数据。Adams View 接收这些数据并生成两个测量，一个是“MEA_1”，包括图表的 *X* 轴数据测量；另一个是“MEA_2”，包括图表的 *Y* 轴数据测量。

单击菜单栏中的“文件”→“导入”命令，弹出“File Import”对话框。在“文件类型”下拉列表中选择“试验数据（*.*）”选项，选中“创建测量”单选按钮以使输入的数据生成测试数据；在“读取文件”文本框中输入“install_dir/aview/examples/Latch/test_dat.csv”，其中“install_dir”为 Adams 的安装路径；在“模型名称”文本框中输入“.Latch”，单击“确定”按钮 确定。

（27）用物理样机的试验数据创建曲线图。单击主功能区中“结果”选项卡下的“后处理”面板中的“Opens Adams PostProcessor”（打开 Adams 后处理）按钮，Adams 进入后处理界面，在这里可以选择创建图表要选用的数据。在“资源”下拉列表中选择“测量”选项，则显示创建图表可以选用的结果数据；在“仿真”下拉列表中选择“test_dat”选项。在“独立轴”下拉列表中选择“数据”选项。弹出“Independent Axis Browser”对话框，从中可以选择 *X* 轴要选用的数据，选择“test_dat”和“MEA_1”选项，单击“确定”按钮 确定。在图表生成器中“测量”下拉列表中选择“MEA_2”作为 *Y* 轴数据，单击“添加曲线”按钮 添加曲线，将新数据加入图表中，得到如图 10-21 所示的物理样机试验数据曲线图。

（28）用仿真数据创建曲线图。比较曲线图表，可以发现物理试验数据和模拟试验数据不完全一样，但非常接近。

在图表生成器“独立轴”下拉列表中选择“数据”选项，弹出“Independent Axis Browser”对话框，选择“Last_Run”和“overcenter_angle”作为 *X* 轴数据，单击“确定”按钮 确定。再在图表生成器中选择“Last_Run”和“SPRING_1_MEA_1”作为 *Y* 轴数据，单击“添加曲线”按钮 添加曲线，Adams View 将显示如图 10-22 所示的曲线图。

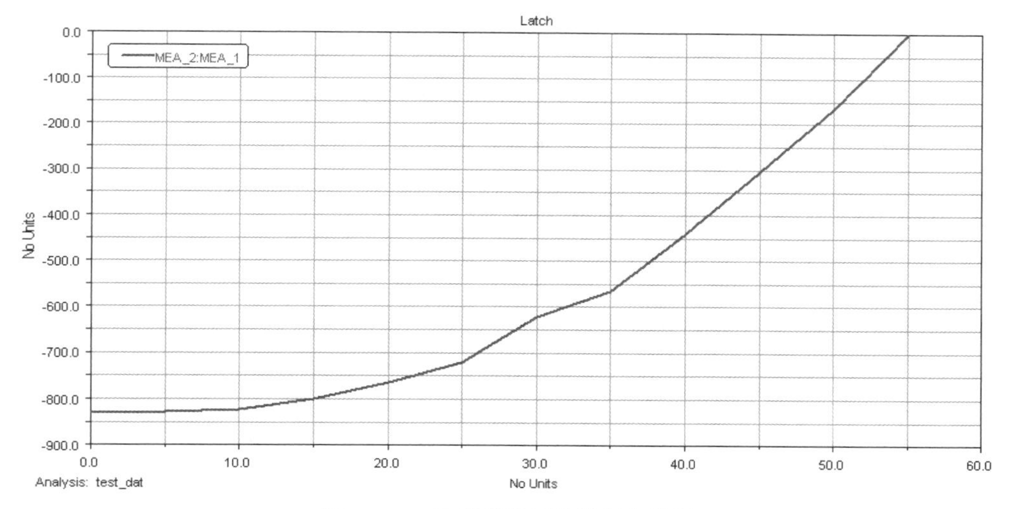

图 10-21　物理样机试验数据曲线图

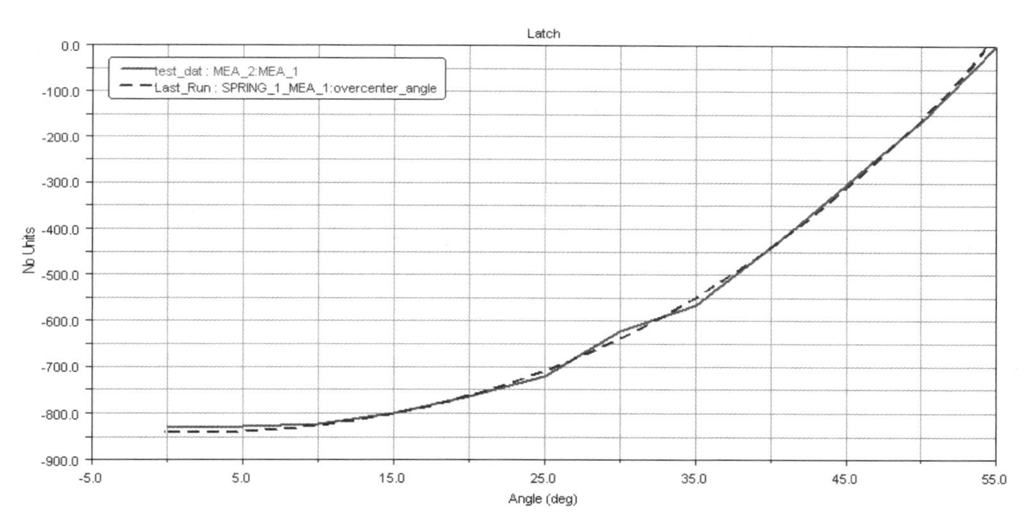

图 10-22　物理试验数据和模拟试验数据曲线图

（29）在图表窗口的菜单栏中单击“文件”→“关闭绘图窗口”(Close Plot Window）命令。在 Adams View 窗口菜单栏中单击“文件”→“把数据库另存为”命令，存储文件为“validate.bin”。

10.2　Adams Controls

Adams Controls 是 Adams 包中的一个集成可选模块。在 Adams Controls 中，工程师既可以通过简单的继电器、逻辑与非门、阻尼线圈等创建简单的控制机构，也可以利用通用控制系统软件（如 MATLAB、Easy5）建立控制系统框图，创建包括控制系统、液压系统、气动系统和运动机械系统的仿真模型。

Adams Controls 可以将机械系统仿真分析工具同控制设计仿真软件有机地连接起来，实现以下功能。

（1）将复杂的控制添加到机械系统样机模型中，然后对机电一体化系统进行联合分析。

（2）直接利用 Adams 创建控制系统分析中的机械系统仿真模型，而不需要使用数学公式建模。

（3）在 Adams 环境或控制应用程序环境获得机电联合仿真结果。

Adams Controls 支持同 Easy5、MATLAB 等控制分析软件进行联合分析。

10.2.1　Adams Controls 求解基本步骤

借助 Adams Controls 可以将 Adams View 或 Adams Solver 同其他的控制分析软件有机地连接起来，实现将复杂的控制引入 Adams 的机械系统数字样机中，或者将 Adams 的机械系统数字样机作为一个机械系统模型引入控制分析软件，从而进行机电一体化系统的联合分析。

Adams Controls 支持同 Easy5、MATLAB 等控制分析软件进行联合分析。使用 Adams Controls 进行 Adams 和其他控制软件联合分析，包括 4 个分析步骤，如图 10-23 所示。

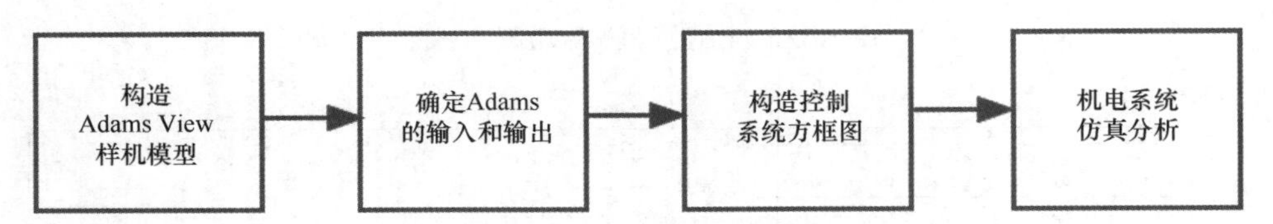

图 10-23　Adams Controls 分析步骤

（1）构造 Adams View 样机模型。使用 Adams Controls 进行机电一体化系统联合分析时，首先应该构造 Adams View 的机械系统样机模型，或者输入已经构造好的机械系统样机模型。机械系统样机模型中包括几何模型、各种约束、各种作用力等，构造的方法同前面介绍的构造纯机械系统的 Adams View 样机模型的完全一样。

（2）确定 Adams 的输入和输出。通过 Adams View 或 Adams Solver 中的信息文件或启动文件，确定 Adams 的输入和输出。输出是指进入控制程序的变量，表示从 Adams Controls 输出到控制程序的变量；输入是指从控制程序返回到 Adams Controls 的变量，表示控制程序的输出。通过定义输入和输出，实现 Adams 与其他控制程序之间的信息封闭循环，即从 Adams 输出的信号进入控制程序，同时从控制程序输出的信号进入 Adams。这里所有软件的输入都应该设置为变量，而输出可以是变量也可以是测量值。

（3）构造控制系统方框图。控制系统方框图是用 Easy5、MATLAB 等控制分析软件编写的整个系统的控制图，Adams View 的机械系统样机模型被设置为控制图中的一个模块。

（4）机电系统仿真分析。对机电一体化系统的机械系统和控制系统进行联合分析。

下面对构造 Adams View 样机模型和确定 Adams 的输入和输出进行介绍，对于如何构造控制系统方框图和机电系统进行仿真分析，读者可以参考介绍 Easy5、MATLAB 等控制分析软件的相关书籍。

10.2.2　启动 Adams Controls

Adams Controls 作为插件，在使用之前必须加载。在 Adams View 菜单栏中单击“工具”→“插件管理器 ...”命令，弹出“Plugin Manager”对话框，在对话框中选择“Adams Controls”，单击“确定”按钮 确定 即可加载 Adams Controls，如图 10-24 所示。

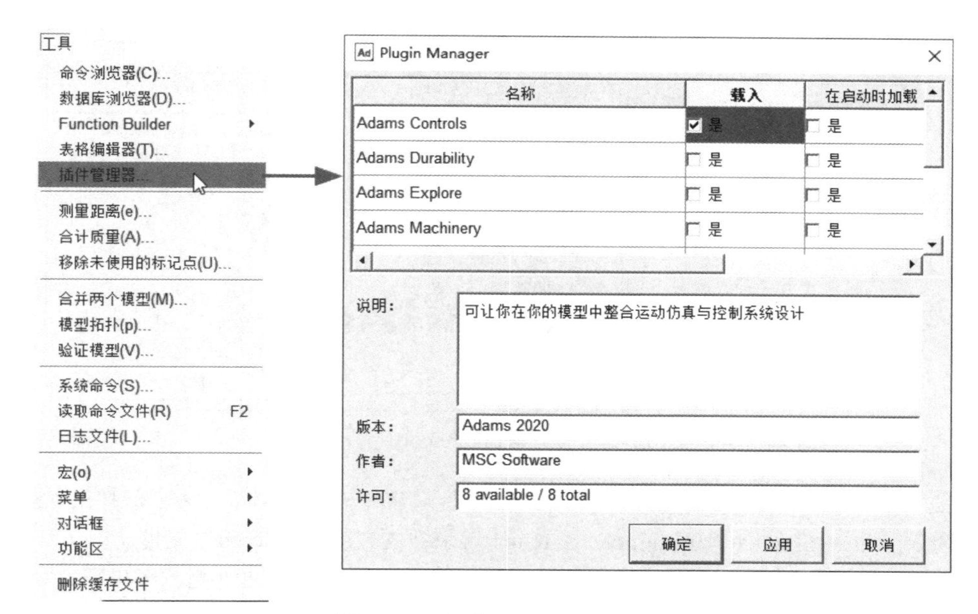

图 10-24　加载 Adams Controls

启动 Adams Controls，首先出现欢迎界面。Adams Controls 的欢迎界面同 Adams View 的完全相同。在欢迎界面中有 4 种不同的启动方式供用户选择，分别为产生新数据库、打开已经保存的数据库、输入 Adams 文件和退出 Adams Controls 程序。

Adams Controls 主界面与 Adams View 主界面非常相似，只是在“插件”选项卡处略有不同，多了一栏“Adams Controls”面板，如图 10-25 所示。Adams Controls 中的各种命令和工具的使用方法与 Adams View 中的完全一样，可以直接在 Adams Controls 中进行机械系统样机模型的创建、仿真和后处理操作。

为方便起见，本书将 Adams Controls 的各种操作也称为 Adams View 操作。

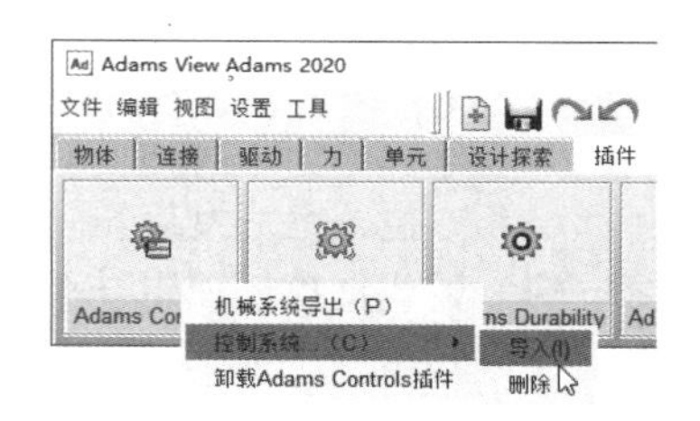

图 10-25　“Adams Controls”面板

10.2.3　构造 Adams 的机械系统样机模型

使用 Adams Controls 构造 Adams 的机械系统样机模型的方法与使用 Adams View 构造样机模型的方法完全相同。为简单起见，这里直接利用一个已经完成建模的 Adams 的例题文件“antenna.cmd”进行讲解。该例题是一个雷达天线样机模型，储存于 Adams 的安装路径的 MSC.Software\Adams\2020\controls\examples\antenna 目录下。在本书附带的电子资源文件中 yuanwenjian\ch_10\examples\antenna 目录下。

假设之前通过 Adams View 或 Adams Controls 已经构造了雷达天线的机械系统模型，现在采用输入雷达天线样机机械系统模型的方法，构造 Adams 的机械系统样机模型。

1. 导入 Adams 的机械系统样机模型

（1）单击菜单栏中的“文件”→“导入 ...”命令，弹出“File Import”对话框，如图 10-26 所示。

（2）在“文件类型”下拉列表中，选择“Adams View Command 文件（*.cmd)”选项。

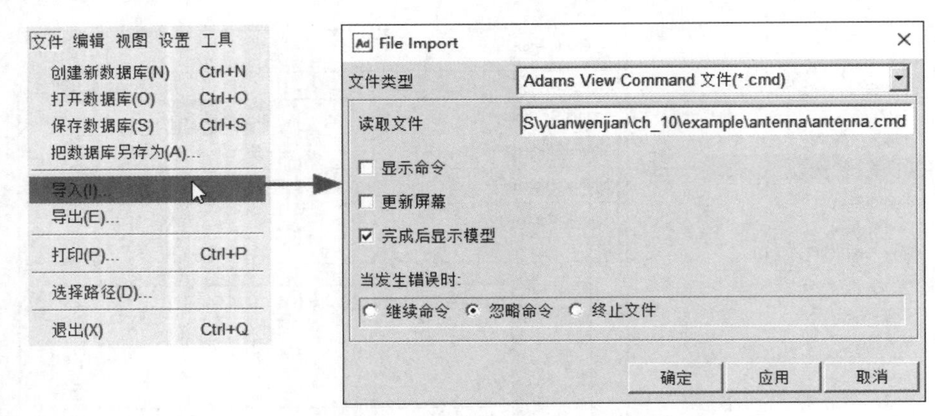

图 10-26 打开“File Import”对话框

（3）在“读取文件”文本框中右击，在弹出的快捷菜单中单击“浏览”命令，弹出“Select File”对话框。选择 yuanwenjian\ch_10\examples\antenna 目录下的“antenna.cmd”文件。

（4）单击“确定”按钮 显示雷达天线样机模型，同时显示两个测量结果图。单击 Adams View 视图窗口左下角“状态栏”中的“切换当前视图图标可见性”按钮关闭显示图标。然后单击“切换当前视图为线框模式 / 阴影模式”按钮，设置按实体方式显示雷达天线样机模型，如图 10-27 所示。

2. 雷达天线样机模型组成

雷达天线样机模型主要由以下部件组成，各部件之间通过一定的运动副相互连接。

（1）方位旋转马达通过旋转副同地面基础框架连接。

（2）方位减速齿轮通过旋转副同地面基础框架连接。

（3）方位圆盘通过旋转副同地面基础框架连接。

（4）天线支撑杆使用一个固定副将其同方位圆盘相连接。

（5）仰角轴承使用一个固定副将其同天线支撑杆相连接。

（6）天线通过旋转副同仰角轴承连接。

图 10-27 雷达天线样机模型

3. 运行雷达天线的机械系统试验

在进行机械和控制两大系统联合仿真分析之前，应先利用 Adams View 进行机械系统的仿真分析，以确认机械系统建模正确无误，其操作步骤如下。

（1）单击主功能区中的“仿真”选项卡下的“仿真分析”面板中的“运行交互仿真”按钮，按图 10-28 所示设置参数。

（2）单击“查找静态平衡”按钮确定作用力的平衡关系以及雷达天线的静态平衡位置，如图 10-29 所示。

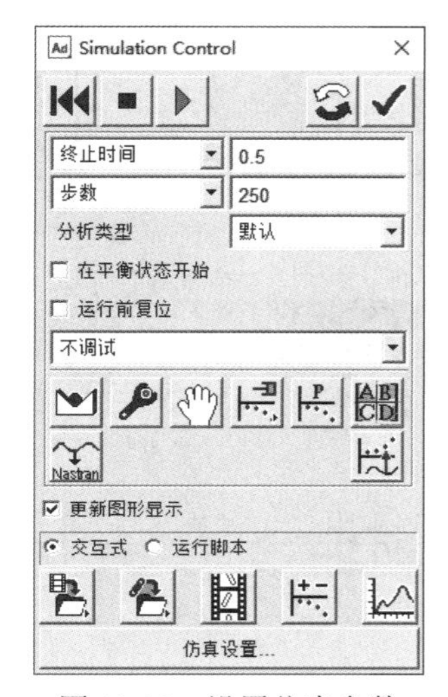

图 10-28　设置仿真参数

图 10-29　雷达天线的静态平衡位置

（3）单击“开始仿真”按钮开始进行机械系统仿真分析。

（4）单击“将最后一次的仿真结果保存到数据库，并赋予一个新的名称”按钮，弹出“Save Run Results”对话框，在“名称”文本框内输入“result”，单击“确定”按钮 确定 保存仿真结果。

（5）单击该对话框左下角的“绘图”按钮，打开“Adams PostProcessor Adams 2020”对话框，按图 10-30 所示设置参数后，单击“添加曲线”按钮 添加曲线 ，雷达天线的仿真分析结果如图 10-30 所示。

可以看到，雷达天线的机械系统可以进行正常的仿真分析，这表明机械系统建模符合要求。

4. 解除运动

在确认机械系统建模正确无误以后，可以向样机模型中添加控制系统，但首先需要解除雷达天线系统已经设置的方位角运动，具体操作方法如下。

（1）单击菜单栏中的“编辑”→“失效”命令，弹出“Database Navigator”对话框，如图 10-31 所示。

（2）双击“main_olt”模型，显示部件和运动列表，从中选择“azimuth_motion_csd”选项。

（3）单击“确定”按钮 确定 。Adams View 暂时解除已经设置的方位角运动“azimuth_motion_csd”。

（4）单击“Simulation Control”对话框中的“重置并输入配置”按钮，样机模型返回到初始状态。

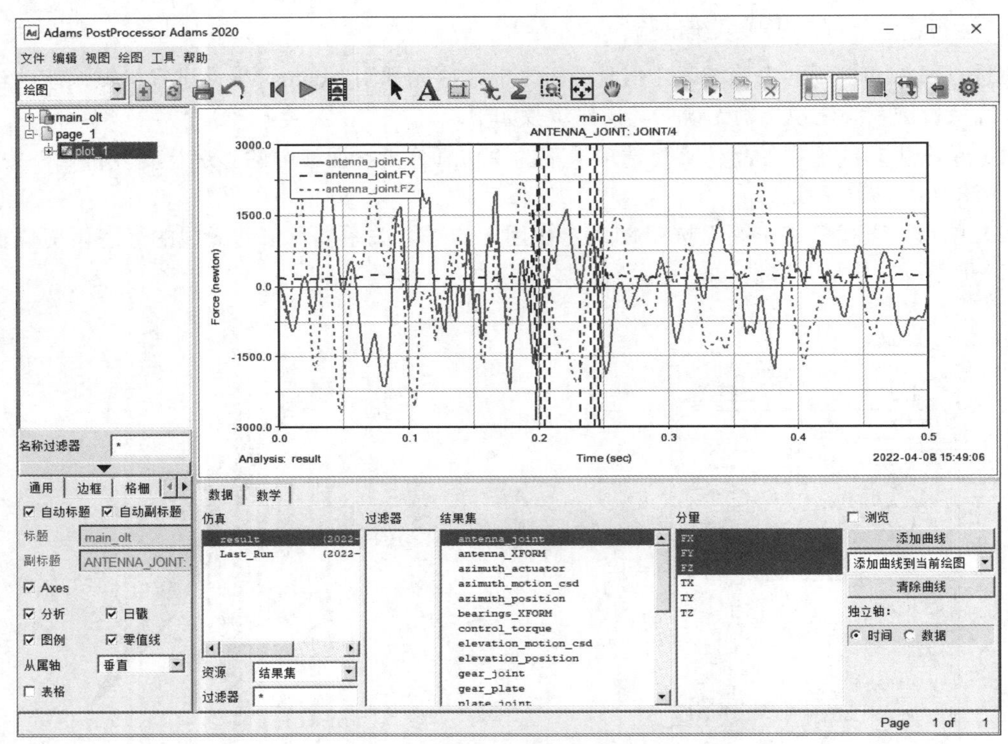

图 10-30　雷达天线的仿真分析结果

图 10-31　解除“azimuth_motion_csd”运动

10.2.4　确定 Adams 的输入和输出

本节主要介绍 Adams 的输入和输出。

1. 控制系统的输入、输出流程

雷达天线的机械系统和控制系统之间的输入和输出的关系，如图 10-32 所示。在图 10-32 中可以看到，雷达的控制系统向机械系统输入一个控制力矩（control_torque），雷达的机械系统则向控制系统输出天线仰角的方位角（azimuth_position）和马达转速（rotor_vclocity）。

通过确定如图 10-32 所示的输入和输出流程图，可以为下一步的工作提供如下方便。

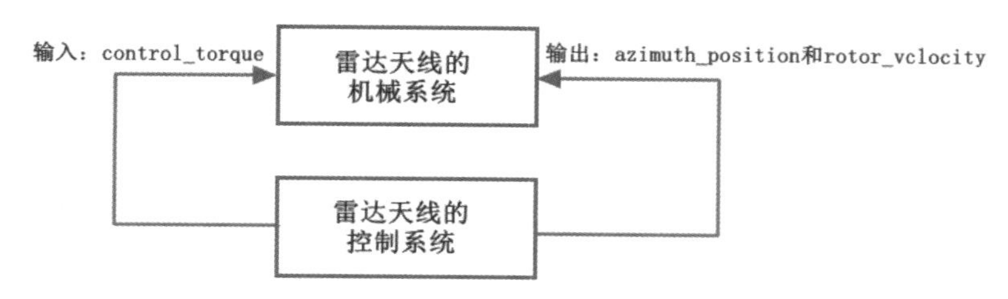

图 10-32　输入和输出的关系

（1）确定 Adams View 的输入和输出。

（2）在控制分析软件（MATLAB、Easy5）中读入变量，然后进行仿真分析。

（3）在 Adams View 中对仿真结果进行回放，或者对仿真结果进行后处理。

（4）如果需要可以修改变量，然后重新进行仿真分析。

2. 确定输入变量

Adams Controls 和控制分析软件 MATLAB、Easy5 之间，通过相互传递状态变量进行信息交流。因此必须将样机模型的输入和输出变量，以及输入和输出变量引用的输入和输出函数，同一组状态变量联系起来。

在本例中，雷达天线的输入和输出变量已经定义为状态变量，因此，采用验证的方式说明确定输入和输出变量的方法。如果要构造一个新的 Adams View 模型，必须参考样机模型的输入和输出。

验证雷达天线样机模型输入变量的方法如下。

（1）单击菜单栏中的“编辑”→“修改”命令，弹出“Database Navigator”对话框，如图 10-33 所示。

（2）双击“main_olt”模型，显示 Adams View 变量列表。

（3）从列表中选择控制力矩变量“control_torque”。

（4）单击“确定”按钮 确定 ，弹出图 10-34 所示的“Modify State Variable...”（修改状态变量）对话框。

（5）查看“F(time, ...)”文本框，在该文本框中输入的是输入变量值，即控制力矩，这里为“0.0”。因为控制力矩值将取自控制分析软件的输出，而不是这里定义的值，在联合仿真过程中，Adams View 自动根据控制分析软件的输出，实时地刷新控制力矩值。

（6）单击“取消”按钮 取消 关闭对话框。在 Adams View 窗口图形区的空白处单击，放弃对任何对象的选择，以便进行下一步操作。

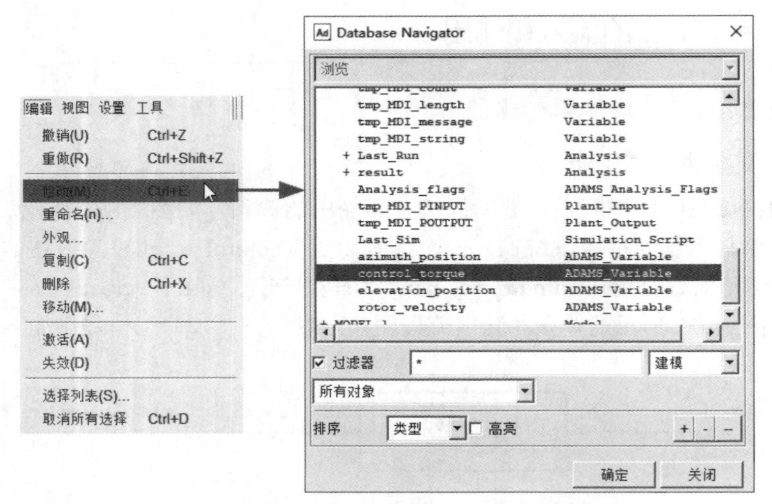

图 10-33 “Database Nevigator”对话框

3. 确定输入函数

在输入函数中，引用输入变量“.main_olt.control_torque”，检验被输入函数的方法如下。

（1）单击菜单栏中的“编辑”→“修改”命令，弹出“Database Nevigator”对话框。

（2）双击“main_olt”模型，显示 Adams View 变量列表。

（3）从列表中选择控制力矩“azimuth_actuator”，单击“确定”按钮 确定 ，弹出“Modify Torque”对话框，如图 10-35 所示。

（4）查看“函数”文本框，在该文本框中显示的表达式为“VARVAL(.main_olt. control_ torque)”。

（5）单击“取消”按钮 取消 ，不进行任何修改，关闭对话框。

在本例中，输入函数定义为“VARVAL(.main_olt.control_torque)”，这里“VARVAL”是一个 Adams 函数，它直接返回变量“.main_olt.control_torque”的值。也就是说，输入控制力矩“azimuth_actuator”，从输入变量“.main_olt.control_torque”处获得力矩值。

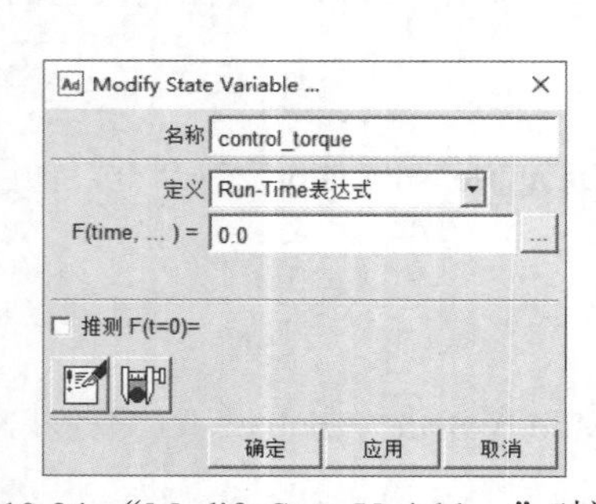

图 10-34 “Modify State Variable...”对话框

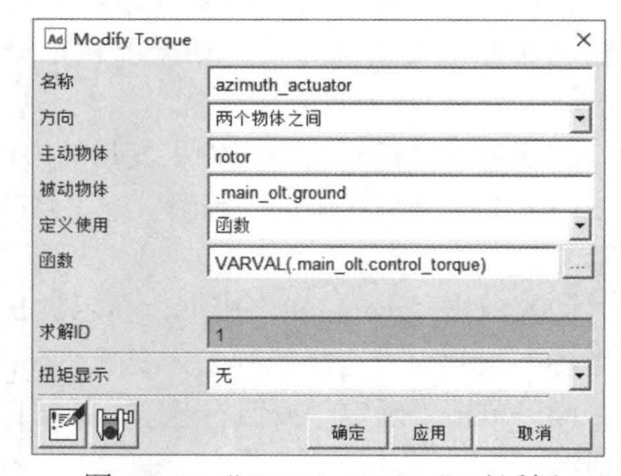

图 10-35 “Modify Torque”对话框

4. 确定输出变量

确定或验证输出变量的方法同输入变量相同。雷达的机械系统向控制系统输出两个信号，天线仰角的方位角（azimuth_position）和马达转速（rotor_velocity）。

（1）单击菜单栏中的“编辑”→“修改”命令，弹出“Database Nevigator”对话框。

（2）双击“main_olt”模型，显示 Adams View 变量列表。
（3）从列表中选择方位角变量“azimuth_position”。
（4）单击“确定”按钮 确定 ，弹出图 10-36 所示的对话框。

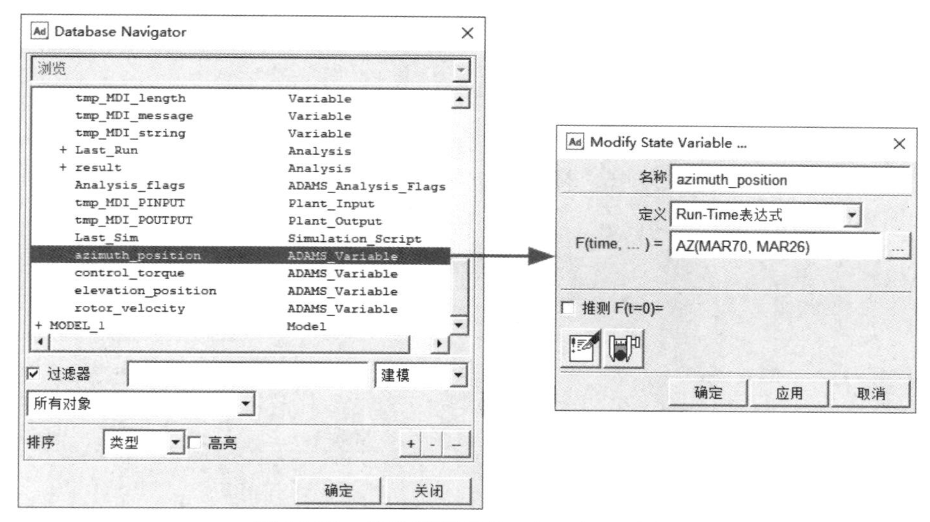

图 10-36　修改状态变量 azimuth_position

（5）查看“F(time, ...)”文本框，方位角变量表达式定义为“AZ(MAR70，MAR.26)”。其中，AZ() 函数返回环绕 *Z* 轴旋转的转角，在这里将 *Z* 轴定义为雷达天线仰角轴承的回转轴，从而将雷达天线仰角的方位定义为输出变量。

（6）单击“取消”按钮 取消 ，不进行任何修改，关闭对话框。

（7）从“Database Navigator”对话框选择马达转速变量“rotor_velocity”，弹出“Modify State Variable...”对话框，如图 10-37 所示。

（8）查看“F(time, ...)”文本框，马达转速变量表达式定义为“WZ(MAR21,MAR22,MAR22)”。WZ() 函数返回环绕 *Z* 轴旋转的角速度，这里将 *Z* 轴定义为马达的回转轴，从而将马达转速定义为输出变量。

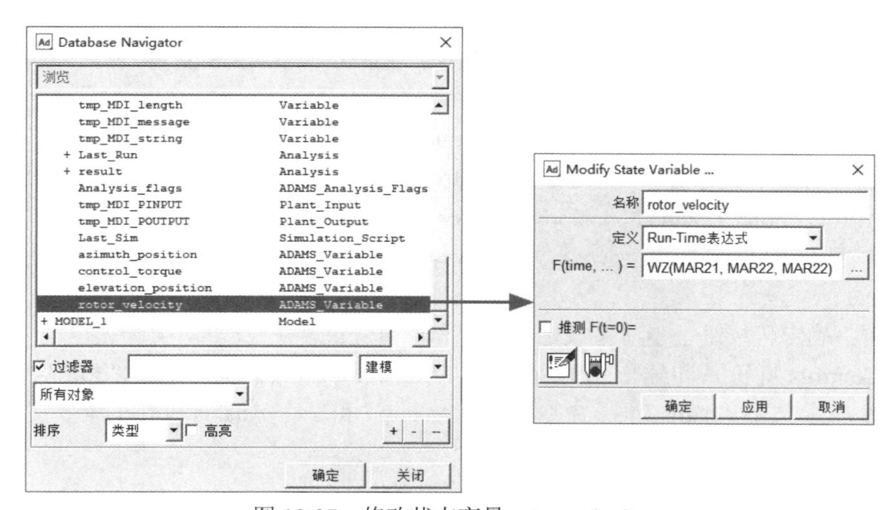

图 10-37　修改状态变量 rotor_velocity

（9）单击“取消”按钮 取消 ，不进行任何修改，关闭对话框。

5. 定义 Adams Controls 的输入变量

通过以上操作，已经在 Adams View 的机械系统样机模型中确定了同机电联合分析相关的输入、输出变量和函数。下面将在 Adams Controls 中定义输入和输出变量，以便可以通过 Adams Controls 同其他控制分析软件相连接。

定义 Adams Controls 输入变量的方法如下。

（1）单击主功能区中的“插件”选项卡下的“Adams Controls”面板中的“加载 Adams Controls 插件”按钮，在弹出的菜单中选择“机械系统导出”命令，弹出“Adams Controls Plant Export”对话框，如图 10-38 所示。

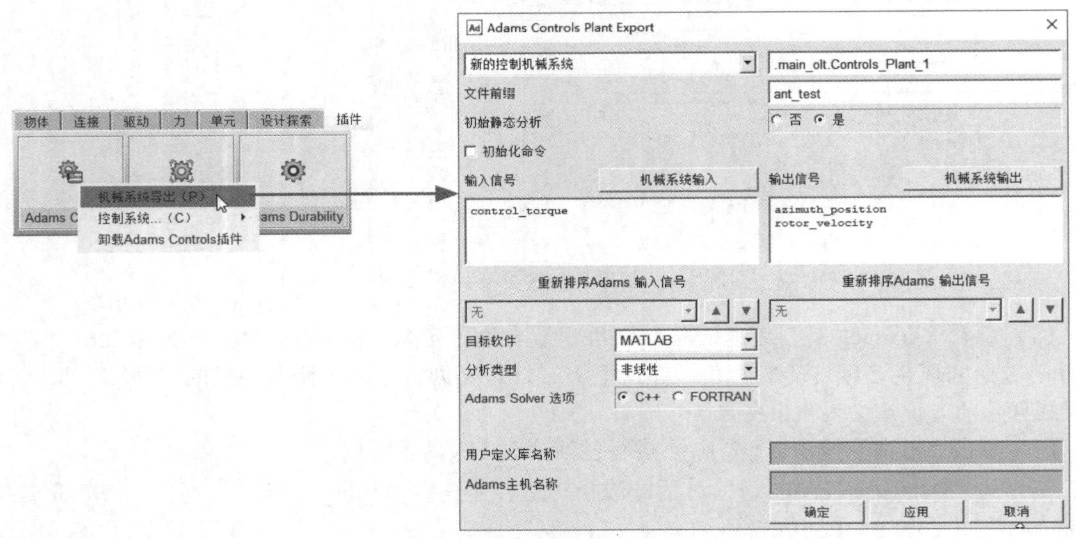

图 10-38　打开“Adams Controls Plant Export”对话框

（2）在“文件前缀”文本框中，输入文件名“ant_test”。

（3）在“输入信号”文本框中，输入变量名“control_torque”，或者利用“Database Navigator”对话框选择输入如下。

1）在“输入信号”文本框中右击，在快捷菜单中单击“ADAMS 变量”→“浏览”命令，弹出“Database Navigator”对话框。

2）在变量列表中选择输入变量“control_torque”。

（4）在“输出信号”文本框中右击，选择“ADAMS 变量”→“浏览”命令，通过弹出的“Database Navigator”对话框，选择“azimuth_position”“rotor_velocity”为输出变量。

（5）在“目标软件”下拉列表框中，选择同 Adams 进行联合分析的控制分析软件为“MATLAB”。

（6）单击“确定”按钮 确定 完成定义输入和输出变量。

Adams Controls 将输入和输出信息保存在“*.m”（MATLAB 程序）或“*.inf”（Easy5 程序）文件中，同时产生一个 Adams View 命令文件（*.cmd）和一个 Adams Solver 命令文件（*.adm），于联合仿真分析时使用。

第 11 章 振动仿真分析

【内容指南】

Adams Vibration 通过利用激振器的虚拟测试代替产品的昂贵的物理模型进行振动分析，从而达到更快、更有效的目的。物理模型的振动测试通常在设计产品的最后阶段，而通过 Adams Vibration 可以在产品的设计初期进行，大大降低设计时间和成本。

本章首先介绍振动仿真模型的创建，对加载模块到输入、输出通道的定义都做了详细的分析；其次介绍怎样设计 FD（Frequency Dependent）阻尼器和计算振动模型；最后以刚性体的振动分析为例说明振动模块的实际应用和操作步骤。

【知识重点】

- 定义输入通道和振动激励。
- 定义输出通道。
- 定义 FD 阻尼器。

11.1 创建振动仿真模型

利用 Adams Vibration，可以实现如下功能。

（1）分析模型在不同作用点下的频域受迫响应。

（2）增加了水力学、控制模块和用户自定义系统在频率分析中的影响。

（3）从 Adams 的线性模型到 Adams Vibration 的完全快速的传递。

（4）为振动分析建立输入、输出通道。

（5）指定频域输入函数，如正弦扫描、功率频谱密度（Power Spectral Density，PSD）等。

（6）建立用户自定义的、基于频率的作用力。

（7）求解特定频域的系统模态。

（8）计算频率响应函数求幅频特性。

（9）动态显示受迫响应及单个模态响应。

（10）列表显示系统各阶模态对受迫响应的影响。

（11）列表显示系统各阶模态对动态、静态和发散能量的影响。

利用 Adams Vibration 可以把不同的子系统装配起来，进行线性振动分析，再利用 Adams 的后处理工具把结果以图表或动画的形式显示出来。

要进行振动分析，首先通过 Adams Car、Adams View 等模块对模型进行前处理。然后利用 Adams Vibration 建立和进行振动分析。最后通过 Adams PostProcessor 对结果进行后处理，包括绘制曲线图和播放动画显示受迫振动和频率响应函数、生成模态坐标列表、显示其他的时间和频率数据。

11.1.1 加载振动模块

Adams Vibration 作为插件，使用之前必须先加载。在 Adams View 菜单栏中单击“工具”→“插件管理器”命令，弹出“Plugin Manager”对话框，在对话框中的“名称”列表中选择“Adams Vibration”，如图 11-1 所示。勾选 Adams Vibration 后的“载入”或“在启动时加载”复选框。“载入”是指每次需要手动加载，“在启动时加载”是指在启动 Adams View 时，同时加载 Adams Vibration，用户可以根据使用振动模型的频率，决定使用哪种方式，单击“确定”按钮 确定 就可以加载 Adams Vibration。

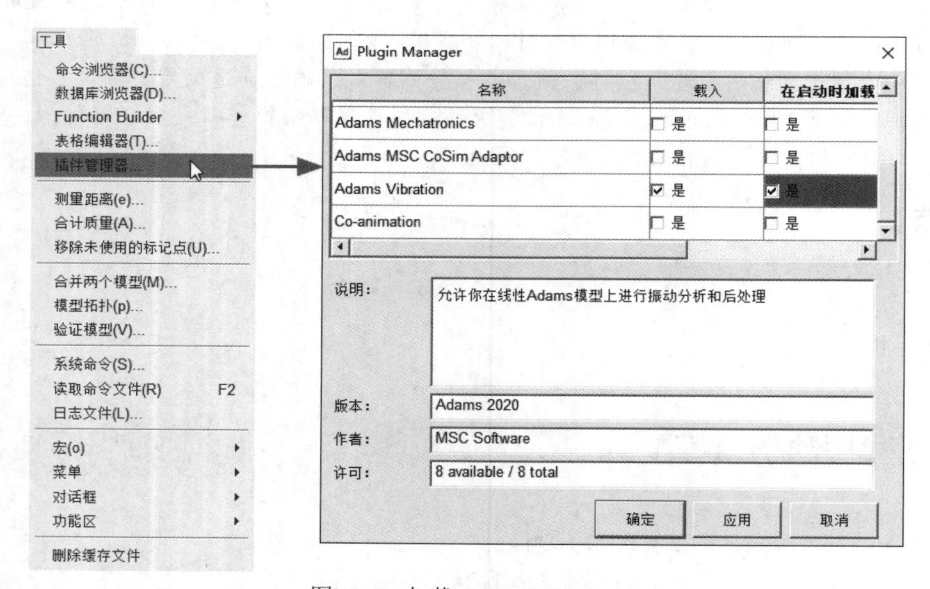

图 11-1 加载 Adams Vibration

11.1.2 建立输入通道

输入通道是定义激励的输入端口，可以作为绘制系统频率响应的端口。一个通道只能有一个输入激励，而一个激励可以通过不同的通道输入系统。

加载 Adams Vibration 后，在“插件”选项卡处多了一栏“Adams Vibration”面板，单击主功能区中的“插件”选项卡下的“Adams Vibration”面板中的“加载 Adams Vibration 插件”按钮，在弹出的菜单中选择“创建”→“输入通道”（Input Channel）→“新建 ...”命令，弹出“Create Vibration Input Channel”（创建振动输入通道）对话框，如图 11-2 所示。

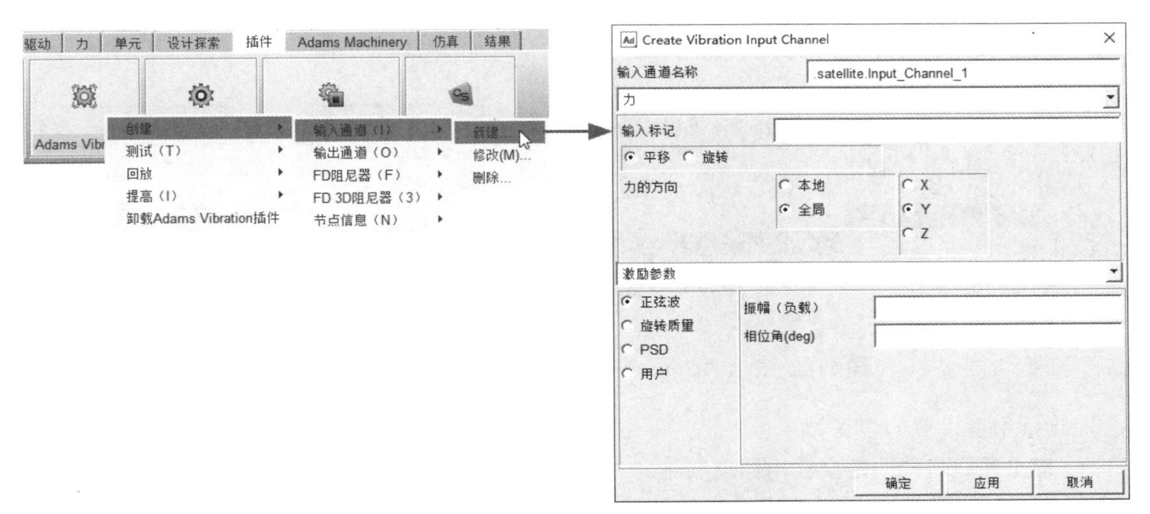

图 11-2 “Create Vibration Input Channel”对话框

对话框中各设置的功能如下。

（1）输入通道名称：定义输入通道名称。

（2）力：定义激励的不同方式，包括如下 3 种方式。

1）力：使用力或力矩作为激励并确定其参考坐标系和方向，参考坐标系通过选中“全局”和“本地”单选按钮来设置，“全局”是全局坐标系，而“本地”是指“输入标记”文本框中的坐标系。

2）运动学：使用位移（或角度）、速度（或角速度）或加速度（或角加速度）作为激励，此时加入的激励为强迫运动。激励包括“平移”和“旋转”。“平移”可以是位移、速度或加速度；“旋转”可以是角度、角速度或角加速度。

3）用户定义状态变量：通过状态变量间接地给系统施加激励，需要输入已经定义的状态变量。

（3）输入标记：确定激励的作用点或确定激励方向的局部参考坐标系。

（4）激励参数：确定激励的参数。激励函数可以通过以下几种方式来确定。

1）正弦波：使用正弦谐波函数确定，此时需要输入正弦谐波函数的振幅和相位角。

2）旋转质量：使用旋转质量产生离心力或离心力矩，该项只用于激励方式是“力”的情形，比较适合相对于旋转轴质量对称的构件，即质心不在旋转轴上的构件。旋转质量可以产生离心力，也可以产生离心力矩。如是离心力，需要输入质量和在平面内的径向偏移。

3）PSD：功率谱密度。若选中该单选按钮，需要输入包含功率谱数据的样条曲线、数据之间的插值算法和数据的相位角度等参数或数据。

4）用户：用户指定函数来定义激励。

11.1.3　建立输出通道

输出通道将定义输出量的格式及位置。输入、输出通道可分别看作系统的输入、输出端口，类似于实验仪器的输入、输出接口。通过输入端口输入激励，在输出端口获得测量数据，将系统视为黑匣子，只关注其输入及输出的量，可以分析出系统的传递函数、相应特性等属性。

单击主功能区中的“插件”选项卡下的“Adams Vibration”面板中的“加载 Adams Vibration 插件”按钮，在弹出的菜单中选择“创建”→“输出通道”→“新建 ...”命令。弹出“Create Vibration Output Channel”（创建振动输出通道）对话框，如图 11-3 所示。

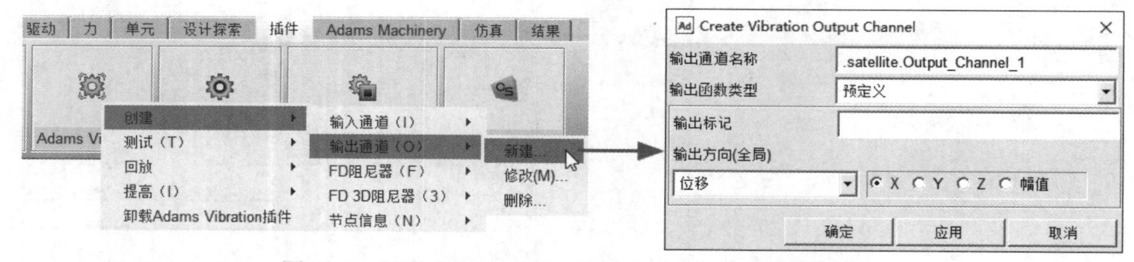

图 11-3　打开“Create Vibration Output Channel”对话框

对话框中各设置的含义如下。

- 输出通道名称：定义输出通道名称。
- 输出函数类型：确定输出函数的类型，包括“预定义”和“用户”。一些常用的函数可以通过“预定义”指定，而特殊的函数可以由用户自定义函数来确定。
- 输出标记：输入一个标记点以确定响应点的位置。
- 输出方向（全局）：确定响应函数的类型，可以选择位移、速度、加速度、力和力矩，也可以选择其在全局坐标系下的分量作为响应函数。

11.1.4　定义 FD 阻尼器

振动仿真的模型与一般模型稍有区别，比如进行一般动力学仿真时，一些螺栓连接往往用固定副约束，但进行振动分析尤其考虑振动通过螺栓连接进行传递时，需要使用柔性连接描述部件间的运动关系。这时除了使用 Adams View 中的柔性连接，如阻尼器、弹簧、柔性梁等外，Adams Vibration 还提供两种特殊类型的阻尼器，即 FD 阻尼器和 FD 3D 阻尼器。FD 阻尼器只阻碍两个构件在一个自由度上的相对运动，而 FD 3D 阻尼器可以阻碍两个构件在多个自由度上的相对运动。使用这两种阻尼器，可以很方便地模拟汽车上的钢板弹簧等阻尼系统。

提示

FD 阻尼器与 FD 3D 阻尼器分为通用、Pfeffer 线性、简单的 FD 和简单的 FD-Bushing 这 4 种。图 11-4（a）所示是通用类型的阻尼器，需要输入 3 个刚度系数 K1 ～ K3 和 3 个阻尼系数 C1 ～ C3；图 11-4（b）所示是 Pfeffer 线性类型的阻尼器，其中 C1=0，K2=0；图 11-4（c）所示是简单的 FD 类型的阻尼器，其中 C1=0，C2=0，K3=0；图 11-4（d）所示是简单的 FD-Bushing 类型的阻尼器，其中 C1=0，C2=0，K1=0。

1. FD 阻尼器的创建方法

FD 阻尼器的创建方法如下。

（1）单击主功能区中的“插件”选项卡下的“Adams Vibration”面板中的“加载 Adams Vibration 插件”按钮，在弹出的菜单中选择“创建”→“FD 阻尼器 (F)”→“新建 ...”命令。弹出“Create FD Damper”对话框，如图 11-5 所示。

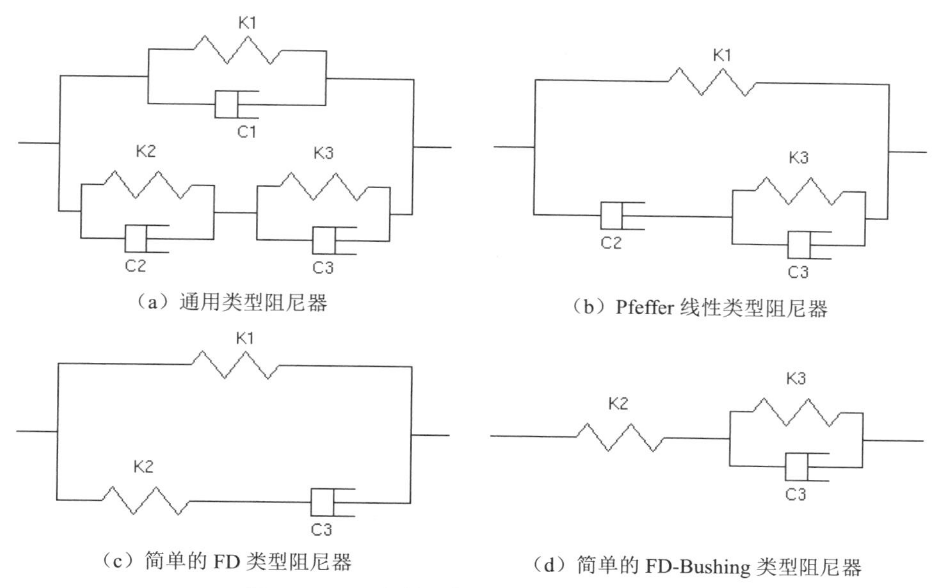

图 11-4　FD 阻尼器与 FD 3D 阻尼器的类型

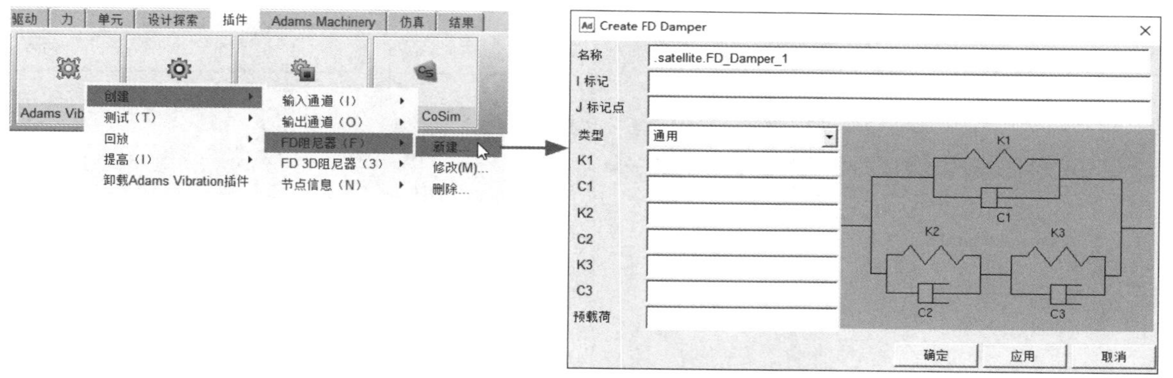

图 11-5　打开“Create FD Damper”对话框

（2）在“名称”文本框中输入 FD 阻尼器的名称，在“I 标记”和“J 标记点”文本框中输入阻尼器的两个作用点，在“类型”下拉列表框中选择相应阻尼器类型，“预载荷”是“I 标记”和“J 标记点”方向的预载荷。

2. FD 3D 阻尼器的创建方法

FD 3D 阻尼器的创建方法如下。

（1）单击主功能区中的“插件”选项卡下的“Adams Vibration”面板中的“加载 Adams Vibration 插件”按钮，在弹出的菜单中选择“创建”→“FD 3D 阻尼器 (3)”→“新建 ...”命令。弹出“Create FD 3D Damper”对话框，如图 11-6 所示。

（2）在“名称”文本框中输入 FD 3D 阻尼器的名称，在“I 标记”文本框中输入一个标记点，在“参考标记点”文本框中输入一个参考作用点，“预载荷”是相应自由度方向的顶载荷。

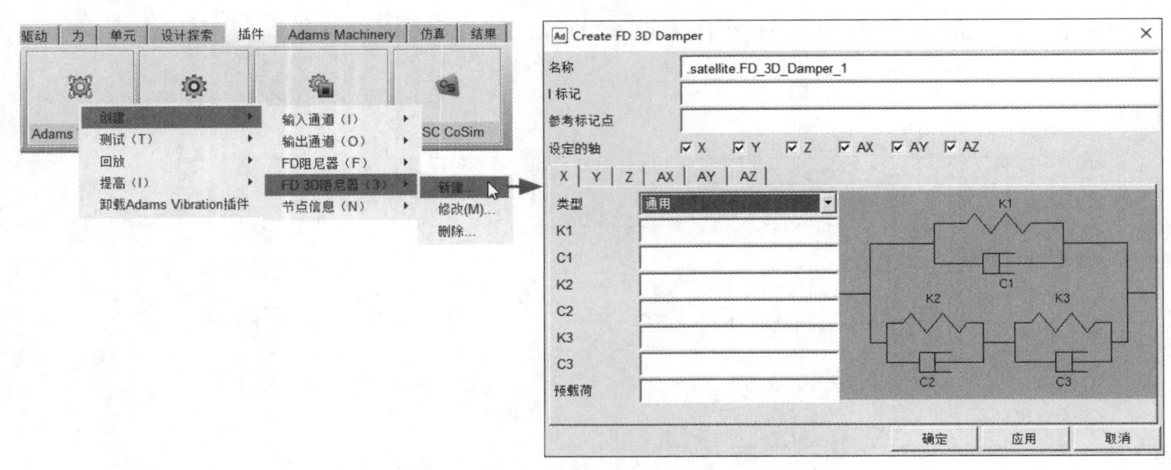

图 11-6　打开“Create FD 3D Damper”对话框

11.1.5　振动分析

单击主功能区中的“插件”选项卡下的“Adams Vibration”面板中的“加载 Adams Vibration 插件”按钮，在弹出的菜单中选择“测试”→“振动分析”命令，弹出“Perform Vibration Analysis”对话框，如图 11-7 所示，其中各设置的含义如下。

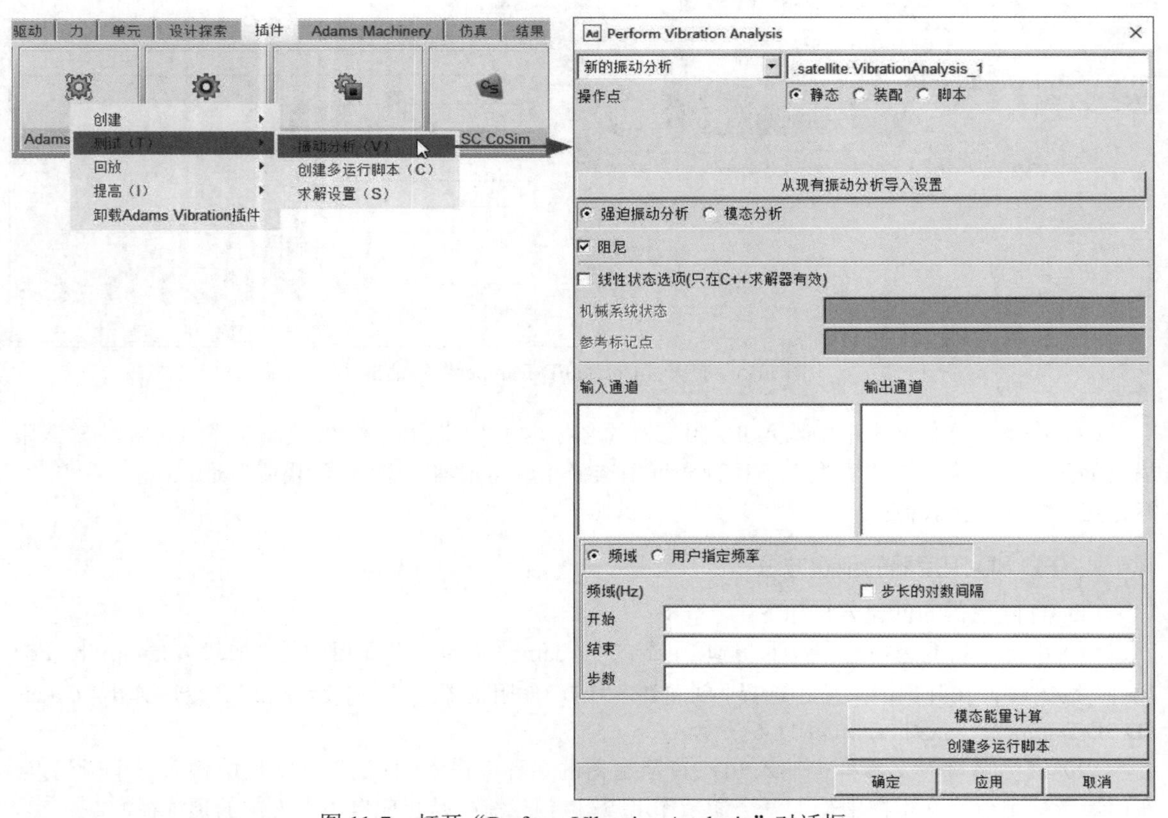

图 11-7　打开“Perform Vibration Analysis”对话框

（1）新的振动分析：在文本框中输入振动分析的名称新建一个振动分析，也可以对一个已经存在的振动分析再次进行计算，这样就不必再修改计算设置了。

（2）操作点：计算内容，包括“静态”“装配”“脚本”。

（3）从现有振动分析导入设置：导入一个已经存在的振动分析设置，这样就可以直接利用已经存在的振动分析设置了。

（4）强迫振动分析：可以计算输出通道的响应、振动模态、模态参与因子、传递函数等信息，而“模态分析”只进行模态计算。

提示　在计算过程中，如果没有错误信息，说明模型是正确的，在计算过程中没有动画显示。

（5）输入通道：对于强迫振动分析，需要选择已经定义的输入通道。在文本框中右击，可通过快捷菜单选取。

（6）输出通道：对于强迫振动分析，选择已经定义的输出通道。

（7）频域：指定要计算的频率范围和步数，还可以通过选中“用户指定频率”单选按钮，由用户指定需要计算的频率点。

（8）步长的对数间隔：勾选该复选框，则计算频率之间成对数关系。

（9）开始 - 结束 - 步数：输入计算频率的起始频率、终止频率和步数。

（10）模态能量计算：确定是否计算与模态有关的能量，包括模态能量、应变能量、动态能量、消散能量等。

（11）创建多运行脚本：创建多步仿真脚本，主要用于参数化计算，关于振动分析中的参数化计算参见下一节实例中的内容。

11.2　实例：卫星太阳能帆板的振动分析

本例主要介绍如何在振动模型上定义输入通道、激活载荷、输出通道，以及结果后处理和振动模型的参数化计算等内容。本例使用文件为“satellite.cmd”，其是在 Adams 2020 软件安装目录 vibration\examples\tutorial_satellite 中导入的“.cmd”文件。为了方便使用，将其保存于本书附带资源文件的 yuanwenjian\ch_11\example\satellite 目录下，请读者将该文件复制粘贴到 Adams View 的工作目录下。模型如图 11-8 所示，由电池板 1（panel_1）、电池板 2（panel_2）、太空舱（bus）、卫星转接器（payload_adapter）和试验台（test_base）5 个构件组成，将这些构件用阻尼器连接，具体步骤如下。

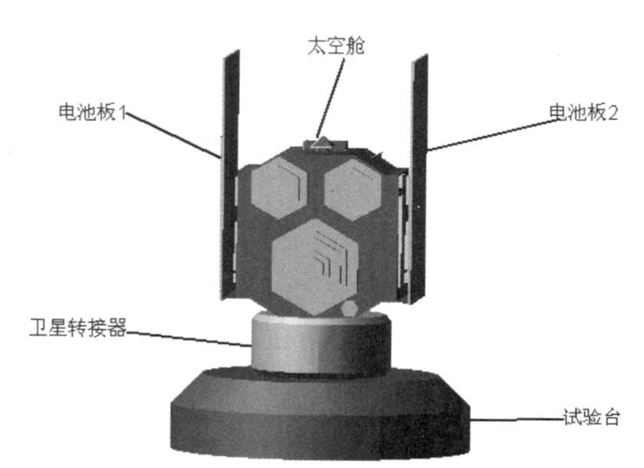

图 11-8　卫星振动分析模型

11.2.1　建立模型

（1）启动 Adams View，在“Welcome to Adams...”对话框中单击“现有模型”按钮，在弹出

的“Open Existing Model”对话框中单击“浏览”按钮，弹出“Select File”对话框，选择“satellite.cmd”文件，单击“打开”按钮，返回“Open Existing Model”对话框，单击“确定”按钮。

（2）查看模型。单击菜单栏中的“工具”→“模型拓扑 ...”命令，可以查看模型之间的关系，该模型的约束由两个旋转副和一个固定副组成。在电池板 1、电池板 2 与太空舱之间分别有一个旋转副，在试验台和大地之间有一个固定副。另外，在太空舱和卫星转接器之间有 3 个阻尼器，在卫星转接器与试验台之间有 3 个阻尼器，在电池板与太空舱之间有 2 个卷曲弹簧，如图 11-9 所示。

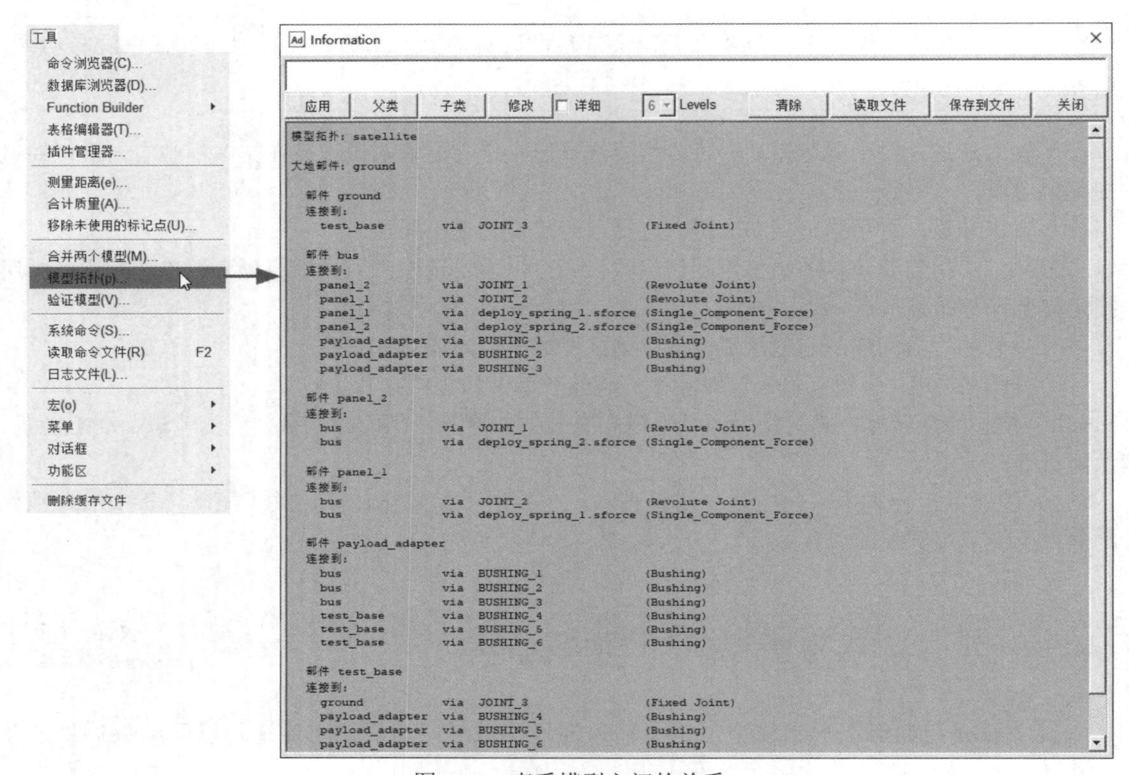

图 11-9　查看模型之间的关系

提示

阻尼器的参数都是用设计变量参数化的，读者可以在图形区双击阻尼器，或者在阻尼器上右击，在弹出的快捷菜单中单击“修改”命令，弹出图 11-10 所示的“Modify Bushing...”（编辑阻尼器）对话框，从中可以看到，阻尼器的刚度系数、阻尼系数等都是用设计变量来代替的，这些设计变量是 trans_stiff、trans_damp、rot_stiff、rot_damp、percent_damping、base_stiff 和 base_damp，在弹出的对话框中来查看这些设计变量的值。

（3）取消重力加速度。单击菜单栏中的“设置”→“重力”命令，弹出“Gravity Settings”对话框，取消勾选“重力”复选框，然后单击“确定”按钮。

（4）加载振动插件。在 Adams View 菜单栏中单击“工具”→“插件管理器”命令，在弹出的对话框中选择“Adams Vibration”，勾选“Adams Vibration”后的“载入”复选框，单击“确定”按钮。

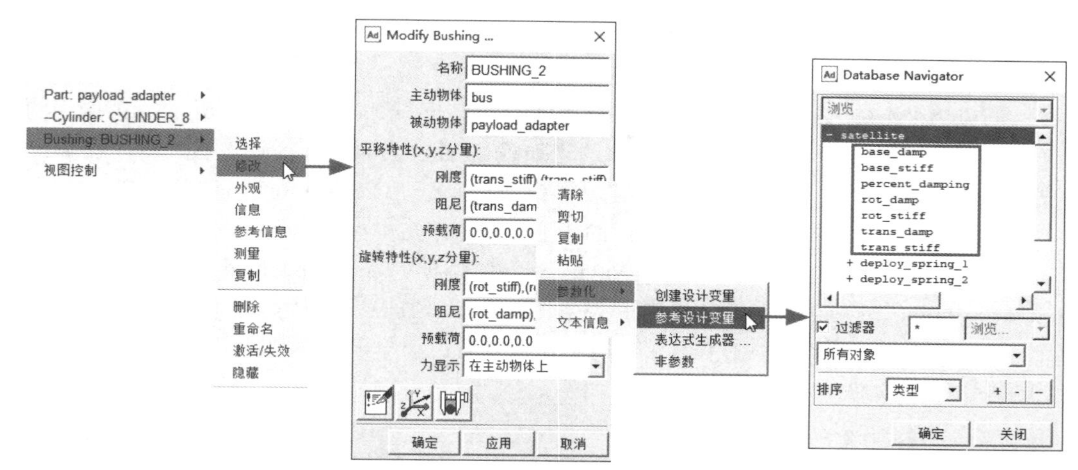

图 11-10　“Modify Bushing...”对话框

11.2.2　模型仿真

单击主功能区中的“仿真”选项卡下的“仿真分析”面板中的“运行交互仿真”按钮，弹出“Simulation Control”对话框。将“终止时间”设置为“20”,“步数”设置为“500”，单击“开始仿真”按钮，则两个电池板在水平位置来回摆动。这是由于在卷曲弹簧上添加了预载荷，读者可以在图形区双击卷曲弹簧，或者在卷曲弹簧上右击，在快捷菜单中选择“修改”命令，在弹出的“Modify a Torsion Spring”对话框中可以看到卷曲弹簧的“Angle at Preload”的设置为“90.0”，如图 11-11 所示。

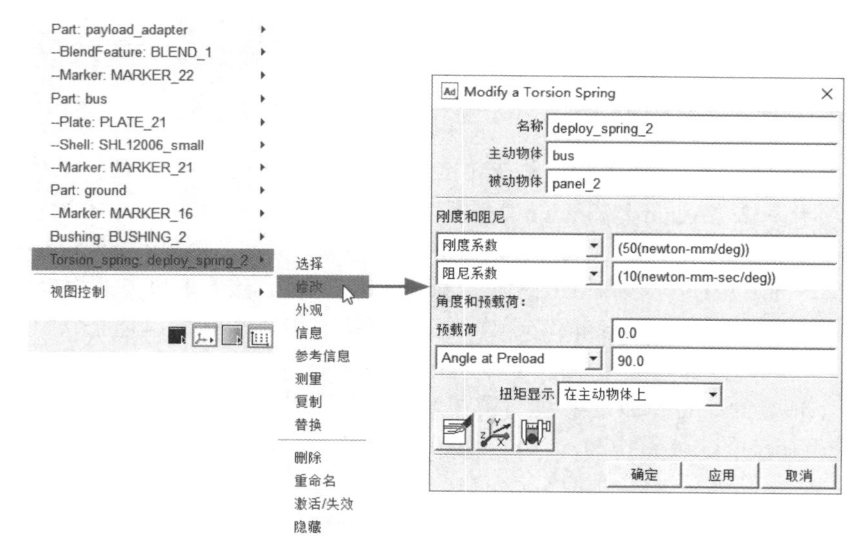

图 11-11　打开“Modify a Torsion Spring”对话框

11.2.3　定义输入通道

（1）加载重力加速度。单击菜单栏中的“设置”→“重力”命令，弹出“Gravity Settings”对话框，勾选“重力”复选框，并单击“-Y”按钮，此时在“Y”文本框中显示“-9806.65”，单击“确定”按钮。

（2）创建第1个输入通道和激励，并在转接器上创建一个侧向的激励。单击主功能区中的“插件”选项卡下的“Adams Vibration”面板中的“加载 Adams Vibration 插件”按钮，在弹出的菜单中选择“创建”→“输入通道”→“新建...”命令，弹出“Create Vibration Input Channel”对话框。在“输入标记”文本框中右击，在弹出的快捷菜单中单击“标记点”→“浏览”命令，或者在文本框中双击，然后在弹出的“Database Navigator”对话框中双击“payload_adapter”选项，再选择“reference_point”选项，最后单击“确定”按钮。请注意“reference_point”位于“payload_adapter”的底部中心位置。其他按图 11-12 所示设置参数，最后单击“确定”按钮即可创建第一个输入通道和激励。

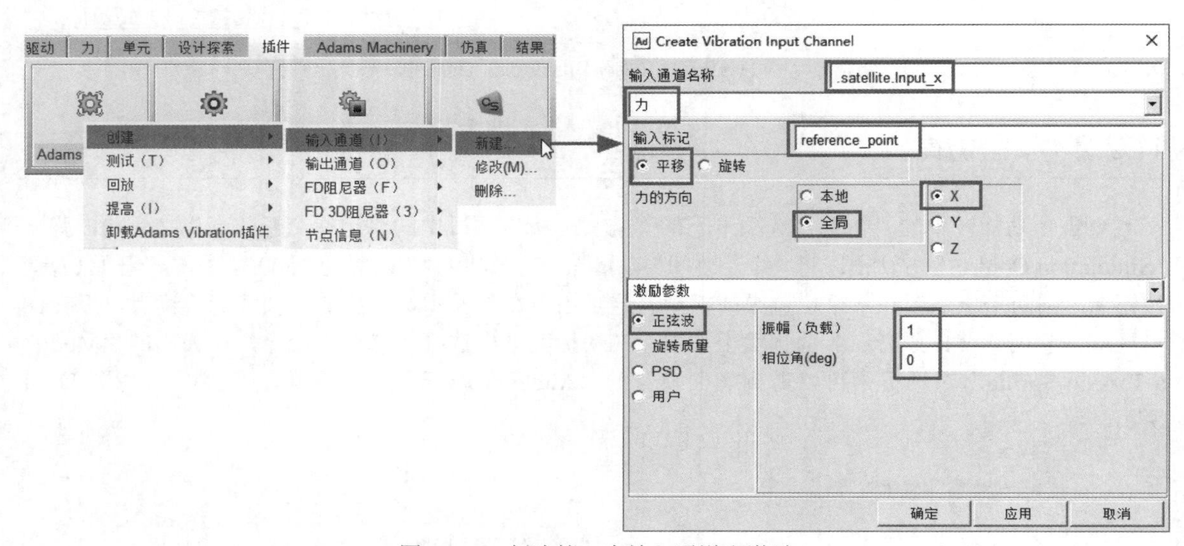

图 11-12　创建第一个输入通道和激励

（3）创建第2个输入通道和激励，并在转接器上创建一个竖直方向的激励。单击主功能区中的“插件”选项卡下的“Adams Vibration”面板中的“加载 Adams Vibration 插件”按钮，在弹出的菜单中选择“创建”→“输入通道”→“新建...”命令，弹出“Create Vibration Input Channel”对话框。在“输入通道名称”文本框中输入“.satellite.Input_y”，选择激励方式为“力”，保持“输入标记”文本框中的“reference_point”参数不变，保持选中“平移”单选按钮，将载荷定义为力而非力矩，在“力的方向”选项组中选中“全局”和“Y”单选按钮，将力的方向定义成沿着全局坐标系的 Y 轴方向。将“激励参数”设置为“正弦波”，在“振幅（负载）”文本框中输入“1”，在“相位角 (deg)”文本框中输入“0”，单击“确定”按钮即可创建第二个输入通道和激励。

（4）创建第3个输入通道和激励，并在转接器上创建一个加速度激励。单击主功能区中的“插件”选项卡下的“Adams Vibration”面板中的“加载 Adams Vibration 插件”按钮，在弹出的菜单中选择“创建”→“输入通道”→“新建...”命令，弹出“Create Vibration Input Channel”对话框，按图 11-13 所示设置参数，然后单击“确定”按钮即可创建第三个输入通道和激励。

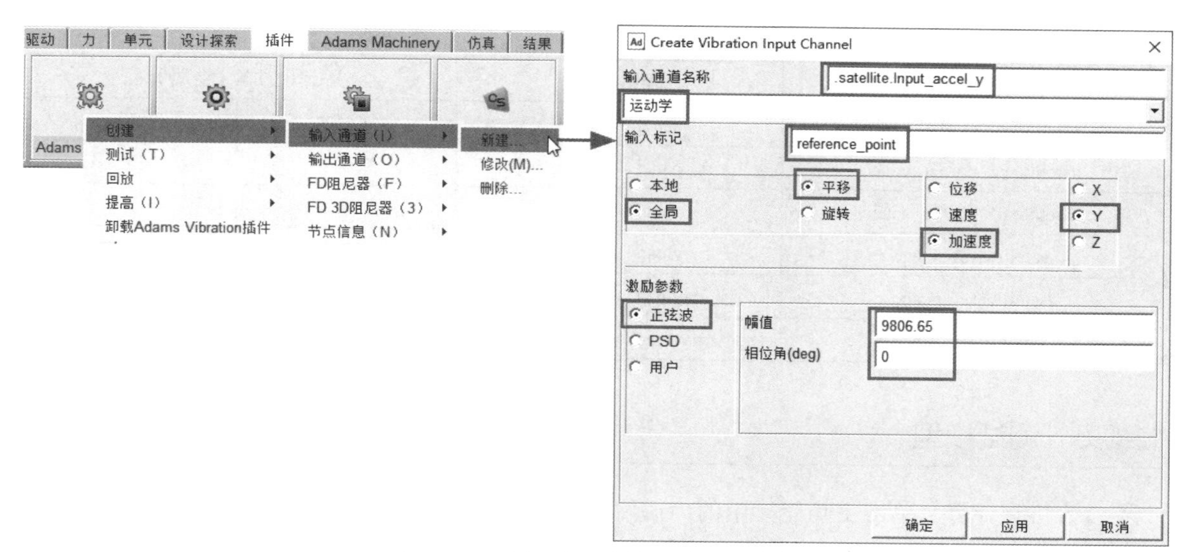

图 11-13　创建第三个输入通道和激励

11.2.4　定义输出通道

（1）创建第 1 个输出通道。单击主功能区中的“插件”选项卡下的“Adams Vibration”面板中的“加载 Adams Vibration 插件”按钮，在弹出的菜单中选择“创建”→“输出通道”→“新建...”命令，弹出“Create Vibration Output Channel”对话框。在“输出标记”文本框中右击，在弹出的快捷菜单中单击“标记点”→“浏览”命令，或者在文本框中双击，在弹出的“Database Navigator”对话框中双击“panel_1”选项，再选择“center”选项，单击“确定”按钮，该标记点位于 panel_1 的中心位置。其他按图 11-14 所示设置参数，然后单击“确定”按钮即可创建第一个输出通道。

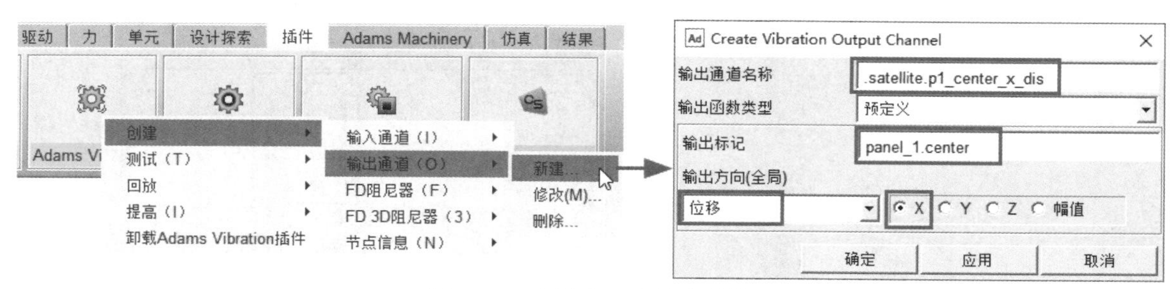

图 11-14　创建第一个输出通道

（2）采用同样的方法，根据表 11-1 中所列的参数设置创建其他的输出通道。

表 11-1　其他输出通道参数设置

输出通道名称	输出标记	输出方向（全局）	
.satellite.p2_center_x_dis	panel_2.center	位移	X
.satellite.p1_corner_x_dis	panel_1.corner	位移	X
.satellite.p1_corner_x_vel	panel_1.corner	速度	X

续表

输出通道名称	输出标记	输出方向（全局）	
.satellite.p1_corner_x_acc	panel_1.corner	加速度	X
.satellite.p1_corner_y_acc	panel_1.corner	加速度	Y
.satellite.p1_corner_z_acc	panel_1.corner	加速度	Z
.satellite.ref_x_acc	payload_adapter.cm	加速度	X
.satellite.ref_y_acc	payload_adapter.cm	加速度	Y
.satellite.ref_z_acc	payload_adapter.cm	加速度	Z

11.2.5 测试模型

（1）仿真计算。单击主功能区中的“插件”选项卡下的“Adams Vibration”面板中的“加载Adams Vibration 插件”按钮，在弹出的菜单中选择“测试”→“振动分析”命令，弹出“Perform Vibration Analysis”对话框。在“输入通道”下的文本框中右击，在弹出的快捷菜单中单击“输入通道”→“推测”→“Input_y”命令，在“输出通道”下的文本框中右击，在弹出的快捷菜单中单击“输出通道”→“推测”→“*”命令，可以把所有已经定义的输出选中，其他按图 11-15 所示设置参数，单击“确定”按钮 确定 开始计算。

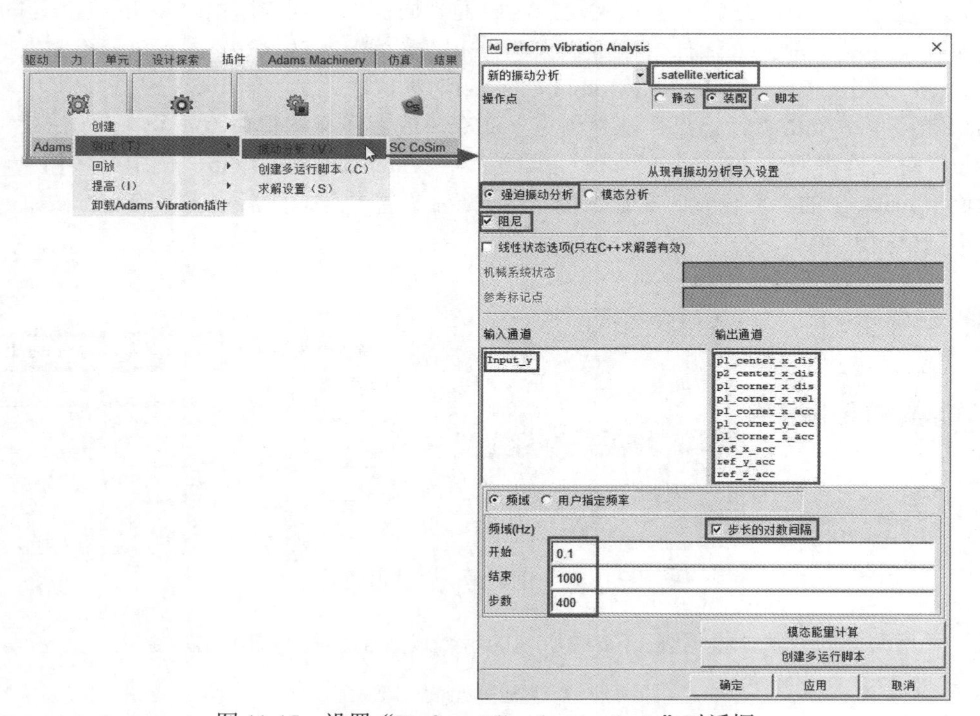

图 11-15 设置“Perform Vibration Analysis”对话框

（2）查看系统的模态。单击“结果”选项卡下的“后处理”面板中的“Opens Adams PostProcessor”按钮，或者按 <F8> 键进入后处理模块，将“资源”设置为“系统模态”，在“特征值”列表中选择“EIGEN_1”，单击“添加散布图”按钮 添加散布图 ，就可以看到系统的模态，如图 11-16

所示。由于存在阻尼，所以该模态是复数模态。单击工具栏中的“绘图跟踪”按钮，然后在图形区移动鼠标指针就能自动捕捉到相应的特征值点，由此可以看到每个特征值点的实部值（Real）和虚部值（Imaginary）及对应的频率（Freq）。单击菜单栏中的“Adams Vibration”→“回放”→“创建特征值表的散点图”命令，就可以通过列表的形式显示出系统的模态信息，如图 11-17 所示。

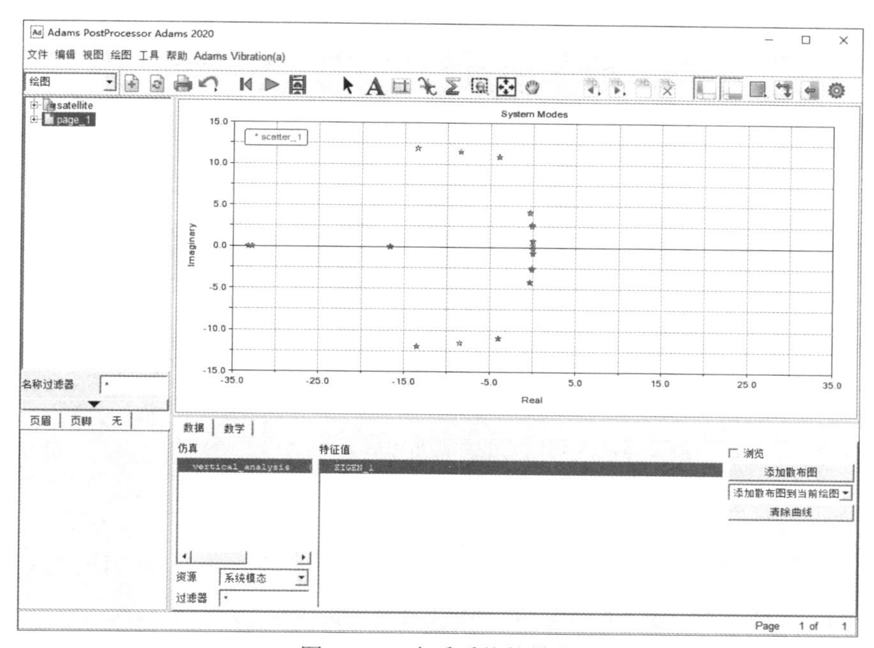

图 11-16　查看系统的模态

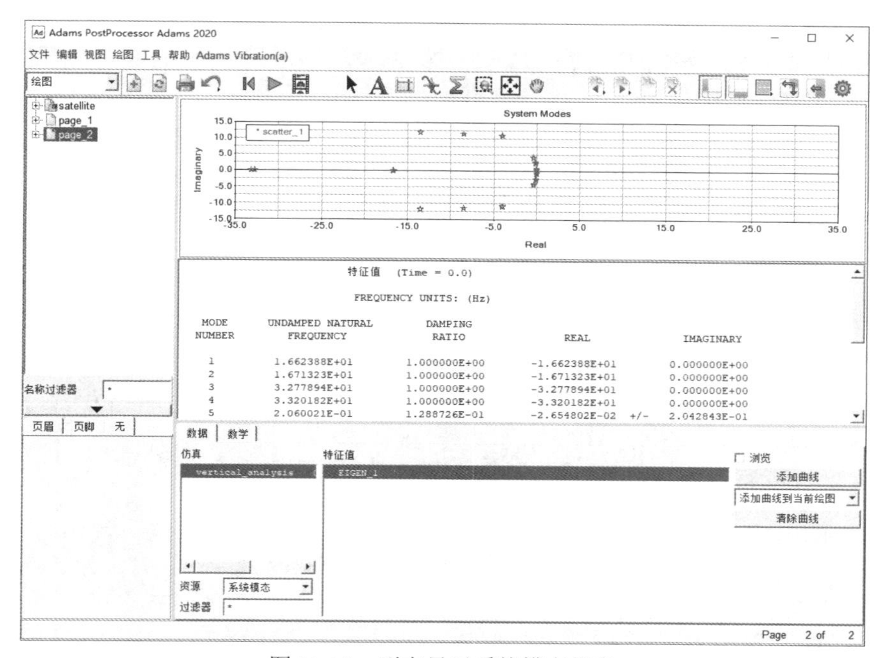

图 11-17　列表显示系统模态信息

（3）查看模态参与因子。单击“清除曲线”按钮 清除曲线 将已有的图形删除，再将“资源”

设置为“模态参与因子”，在“输入通道”列表中选择激励“Input_ y”，在“输出通道”列表中选择某个输出，在“模态”列表中选择要查看的模块阶数，单击“添加曲线”按钮 添加曲线 就可以看到某阶模态对输出的贡献量曲线（模态参与因子），如图 11-18 所示。

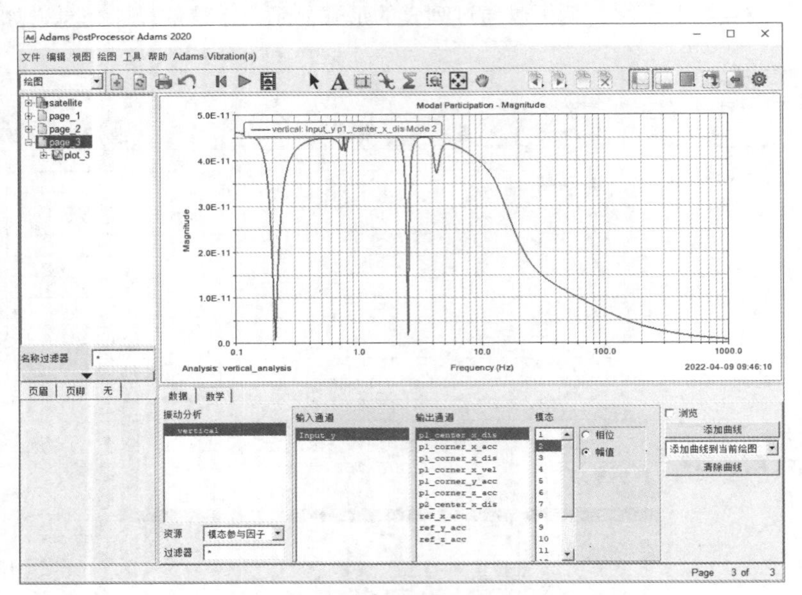

图 11-18　查看模态参与因子

（4）查看频率响应函数。单击“清除曲线”按钮 清除曲线 将已有的曲线删除，再将“资源”设置为“频率响应”，在“输入通道”列表中选择“Input_y”，在“输出通道”列表中选择某个要查看的频率响应函数，单击“添加曲线”按钮 添加曲线 就可以绘制出某个输出通道的频率响应函数，如图 11-19 所示。如果将“资源”设置为“PSD”或“传递函数”，可以绘制功率谱密度函数曲线或传递函数曲线。

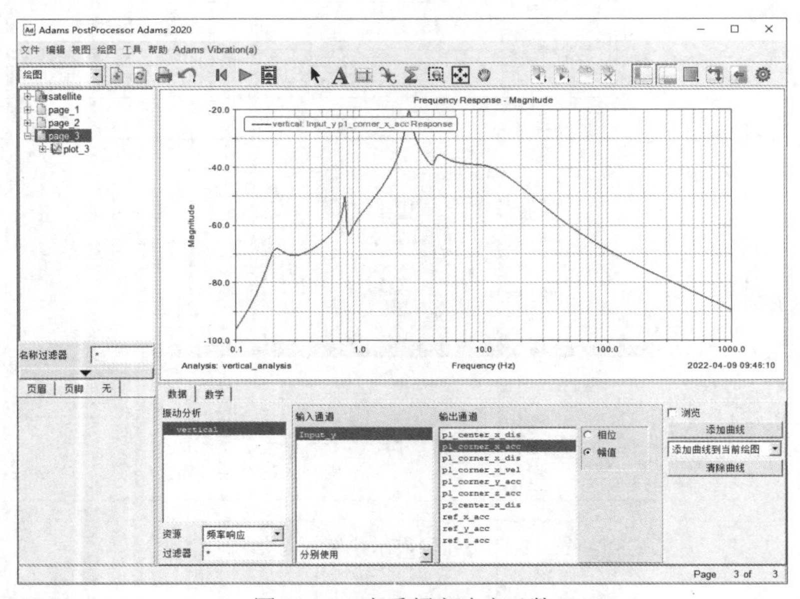

图 11-19　查看频率响应函数

（5）查看模态动画。将左上角的处理类型设置为“动画”选项，在动画区右击，在快捷菜单中选择“加载模态动画”命令，就可以查看各阶模态的振型。

11.2.6　优化计算

（1）计算输入通道“input_x”的响应。按 <F8> 键从后处理模块返回到 View 模块中，单击主功能区中的“插件”选项卡下的“Adams Vibration”面板中的“加载 Adams Vibration 插件”按钮，在弹出的菜单中选择“测试”→“振动分析”命令，弹出“Perform Vibration Analysis...”对话框，在“新的振动分析”文本框中输入仿真名称“.satellite.lateral_x”，在“操作点”选项组中选中“装配”单选按钮，再选中“强迫振动分析”单选按钮，勾选“阻尼”复选框，在“输入通道”下的文本框中右击，在弹出的快捷菜单中选择“输入通道”→“推测”→“Input_x”命令，在“输出通道”下的文本框中右击，在弹出的快捷菜单中选择“输出通道”→“推测”→“*”命令，可以把所有已经定义的输出选中。再勾选“步长的对数间隔”复选框，将“开始”设置为“0.1”，“结束”设置为“1000”，“步数”设置为“400”，单击“确定”按钮 确定 开始计算。计算结束后，可以进入后处理模块，进行类似于以上的操作，下面进行参数化计算。

（2）修改设计变量。在 Adams View 界面中，单击菜单栏的“编辑”→“修改”命令，弹出“Database Navigator”对话框，将过滤方式设置为“力”选项，然后选择“BUSHING_1”，单击“确定”按钮 确定，弹出“Modify Bushing”对话框。在对话框中可以看到“BUSHING_1”的平动阻尼参数已被设计变量“trans_damp”参数化，单击“取消”按钮 取消 关闭对话框。在 Adams View 图形区的空白处单击，放弃对任何对象的选择。再次单击菜单栏中的“编辑”→“修改”命令，弹出“Database Navigator”对话框，将过滤方式设置为“变量”选项，然后选择“trans_damp”，单击“确定”按钮 确定，弹出图 11-20 所示的“Modify Design Variable...”对话框。可以看到在“标准值”文本框中的值为“(traps_stiff*0.33*percent_damping*1.0E-02)”，其中“percent_damping”是另外一个设计变量。采用同样的方式打开“Modify Design Variable...”对话框，按图 11-21 所示设置参数，然后单击“确定”按钮 确定。

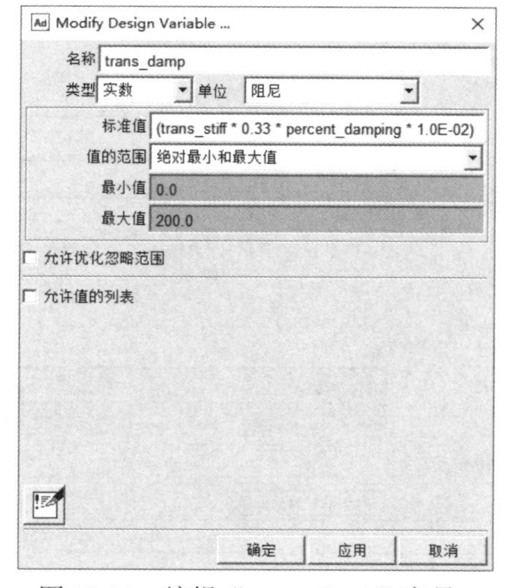

图 11-20　编辑“trans_damp”变量

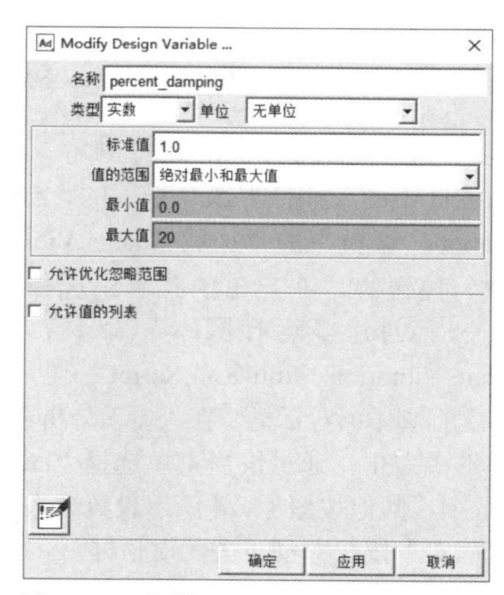

图 11-21　编辑“percent_damping”变量

（3）创建设计目标。单击主功能区中的“插件”选项卡下的“Adams Vibration”面板中的“加载 Adams Vibration 插件”按钮，在弹出的菜单中选择“提高”→“振动设计目标”→“新建”命令，弹出图 11-22 所示的“Create Design Objective...”（创建设计目标）对话框。在“名称”文本框中输入“.satellite. Max_FRF”，将“定义”设置为“View Variable and Vibration Macro”后，弹出“Create Vibration Design Objective Macro”对话框。在“返回变量值”文本框中右击，在弹出的快捷菜单中单击“变量”→“创建”命令，弹出“Create Design Variable”对话框，将变量的“标准值”设置为“0”，单击“确定”按钮，返回“Create Vibration Design Objective Macro”对话框。在“目标振动数据”下拉列表中选择“频率响应：1 输入，1 输出”选项，在“输入通道”文本框中右击，在弹出的快捷菜单选择“Input_x”选项，在“输出通道”文本框中通过快捷菜单选择“p1_corner_x_acc”选项，其他按图 11-23 所示设置参数，然后单击“确定”按钮，返回“Create Design Objective...”对话框，“变量”文本框和“宏”文本框将被自动输入，结果如图 11-22 所示，然后单击“确定”按钮。

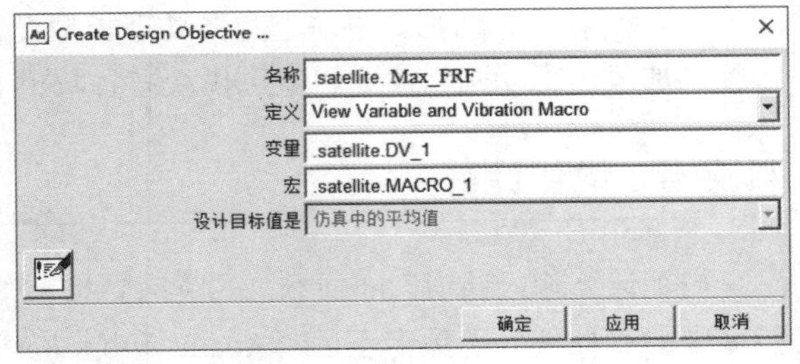

图 11-22 “Create Design Objective...”对话框

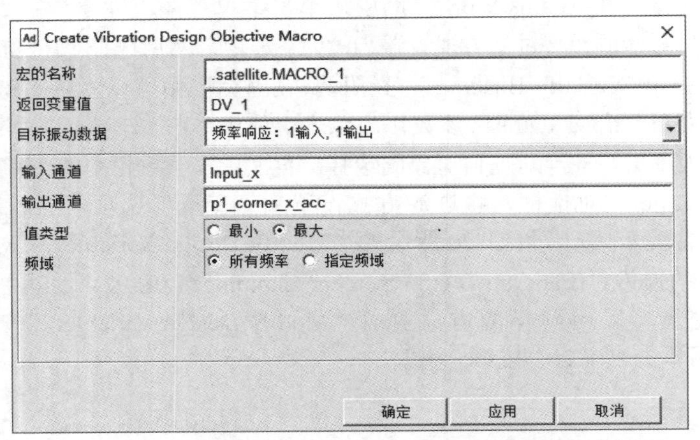

图 11-23 “Create Vibration Design Objective Macro”对话框

（4）创建振动分析的运行脚本。单击主功能区中的“插件”选项卡下的“Adams Vibration”面板中的“加载 Adams Vibration 插件”按钮，在弹出的菜单中选择“测试”→“创建多运行脚本”命令，弹出“Create Vibration Multi-Run Script”（创建振动多运行脚本）对话框。在“振动分析名称”文本框中右击，通过快捷菜单选择“lateral_x”选项，其他按图 11-24 所示设置参数，单击“确定”按钮关闭对话框。

（5）仿真输出设置。单击菜单栏中的“设置”→“求解器”→“输出”命令，弹出“Solver Settings”对话框。勾选“更多”

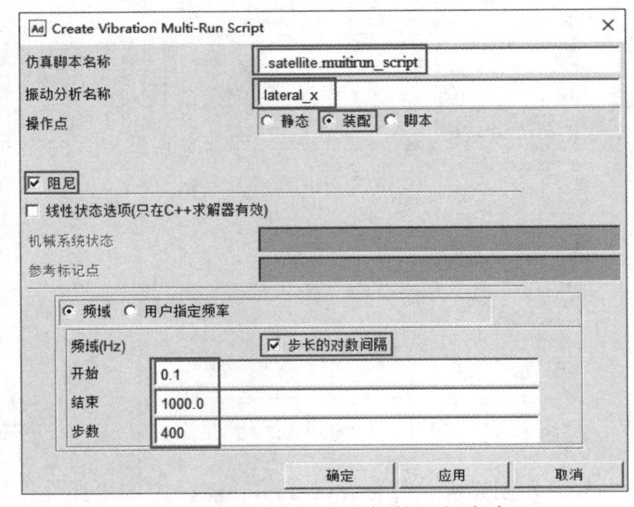

图 11-24 创建振动分析的运行脚本

复选框，按图 11-25 所示设置参数，单击“关闭”按钮 关闭 关闭对话框。

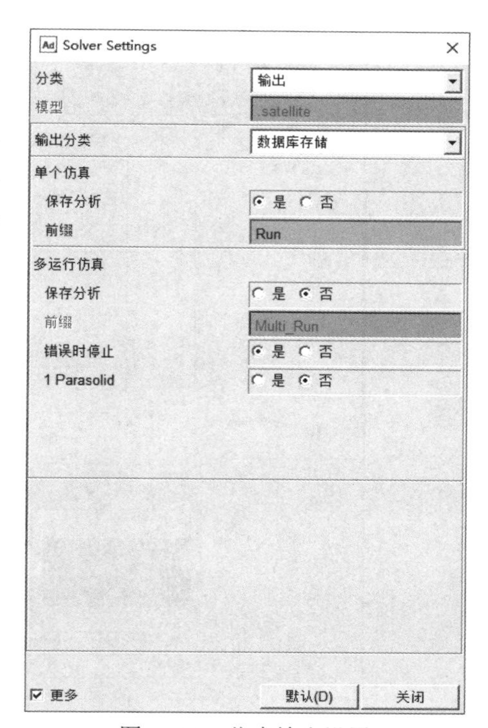

图 11-25　仿真输出设置

11.2.7　参数化计算

（1）运行参数化计算。单击主功能区中的“插件”选项卡下的“Adams Vibration”面板中的“加载 Adams Vibration 插件”按钮，在弹出的菜单中选择“提高”→“设计计算”命令，弹出“Design Evaluation Tools”对话框。在“研究”选项组中选中“目标”单选按钮，在“目标”文本框中用快捷菜单选择“Max_FRF”选项，在“设计变量”文本框中用快捷菜单选择“percent_damping”选项，其他按图 11-26 所示设置参数，最后单击“开始”按钮 开始 进行参数化计算。计算结束后，软件绘制出频率响应函数在 5 次参数化计算中的最大响应曲线，如图 11-27 所示。另外可以通过后处理模块将输出通道“p1_corner_x_acc”的 5 次参数化频率响应曲线绘制出来，如图 11-28 所示。

（2）三维结果显示。在后处理模块中，如果将处理类型设置为“3D 绘图”，“振动分析”选择为“lateral_x_1~lateral_x_5”，其他按图 11-29 所示设置参数，单击“Add Surface”(添加曲面) 按钮 Add Surface 后，则可以用三维曲面来显示“p1_corner_x_acc”的频率响应，三维曲面如图 11-29 所示。

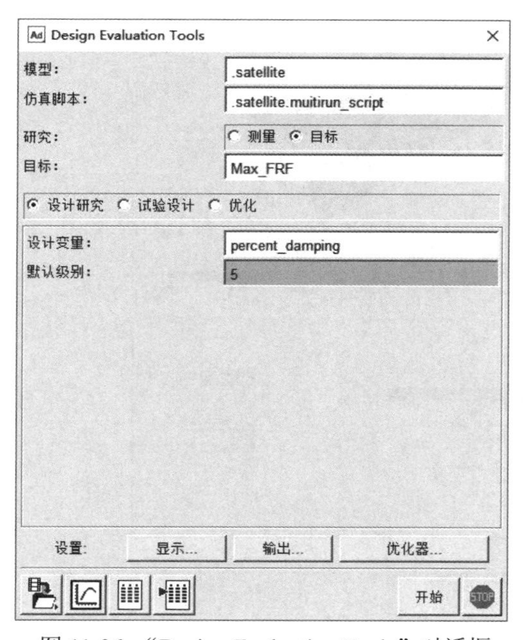

图 11-26　“Design Evaluation Tools”对话框

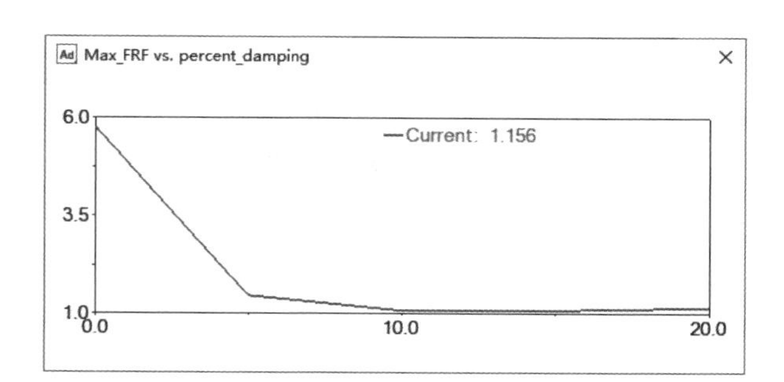

图 11-27　5 次参数化响应的最大值曲线

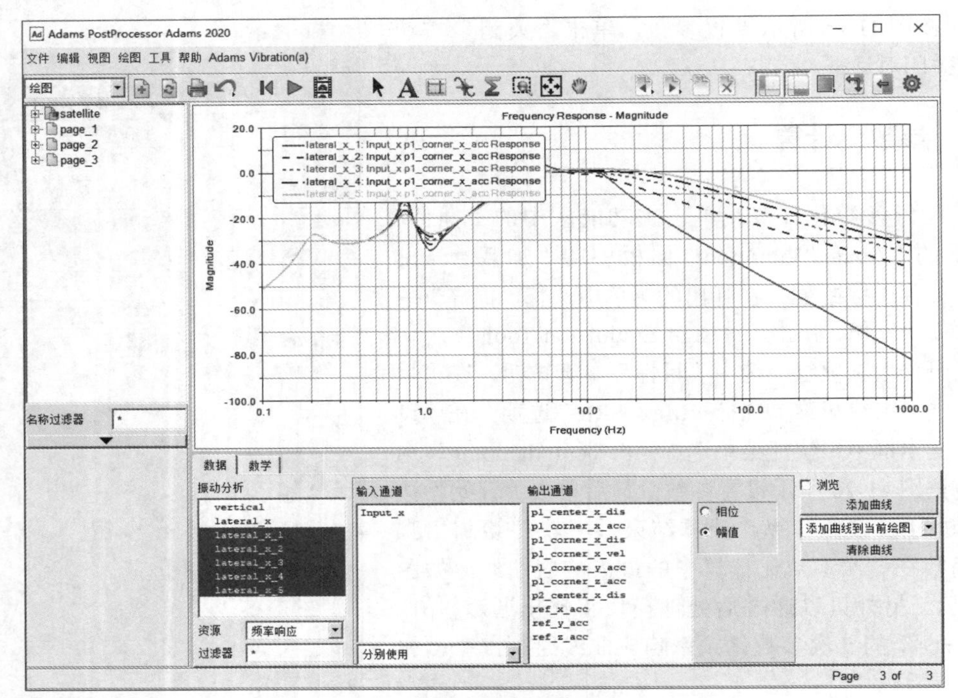

图 11-28 频率响应曲线

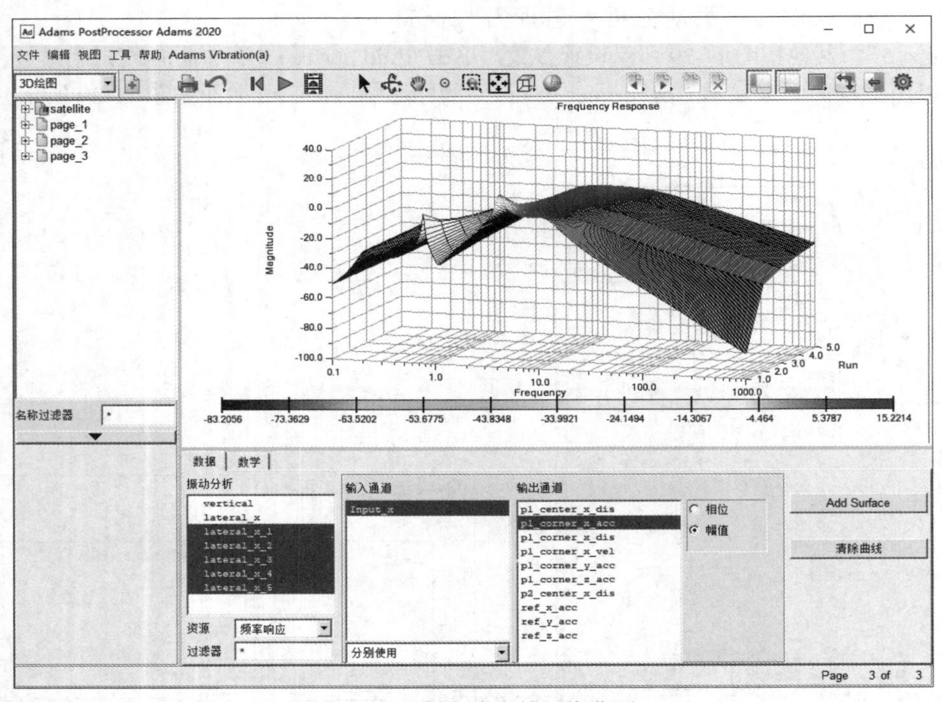

图 11-29 频率响应的三维曲面

第 12 章 汽车悬架与整车系统仿真分析

【内容指南】

Adams Car 是专门用于汽车建模的仿真环境，它属于面向专门行业和基于模板的建模和分析工具。Adams Car 内不仅包含很多悬架模型，还包含一系列车辆开发中用到的仿真工况和设计仿真时所关心的输出，这些已经定义好的输出极大地方便了车辆动力学工程师工作。

轿车为典型的多体系统，部件之间的运动关系十分复杂，传统的人工计算很难将车辆的各种运动特性表述清楚，本章就以轿车为例，介绍 Adams Car 在汽车悬架及整车系统仿真中的应用。

【内容指南】

- 整车的拓扑结构分析。
- 用户创建模板。
- 创建悬架系统。
- 创建轮胎模型。
- 整车仿真分析。

12.1 整车的拓扑结构分析

下面首先以 Adams Car 自带的虚拟样车“MDI_Demo_Vehicle.asy”文件（该文件存放在 Adams 安装的 acar\shared_car_database.cdb\assemblies.tbl 目录下）为例，介绍轿车的整车拓扑结构。该虚拟样车系统由车身系统、动力传动总成系统（包括发动机、离合器、变速箱、差速器、驱动轴等）、前悬架系统（包括副车架）、前稳定杆系统、转向系统、后悬架系统（包括副车架）、后稳定杆系统、制动系统，以及前轮胎系统、后轮胎系统组成。

前悬架系统为麦弗逊式悬架（McPherson strut suspension），包含转向节、下摆臂、转向拉杆、副车架、阻尼器、悬架弹簧、驱动轴等部件，并包含大量弹性连接衬套，减震器中包含橡胶限位器。模型中考虑了所有约束及相应的弹簧、阻尼器、衬套等力元连接，如图 12-1 所示。

后悬架为多连杆悬架系统，包含转向节、上摆臂、副车架、阻尼器、悬架弹簧、转向节臂、侧向拉杆等部件，并包含大量弹性连接衬套，减震器中包含橡胶限位器。模型中考虑了所有约束以及相应的弹簧、阻尼器、衬套等力元连接，如图 12-2 所示。

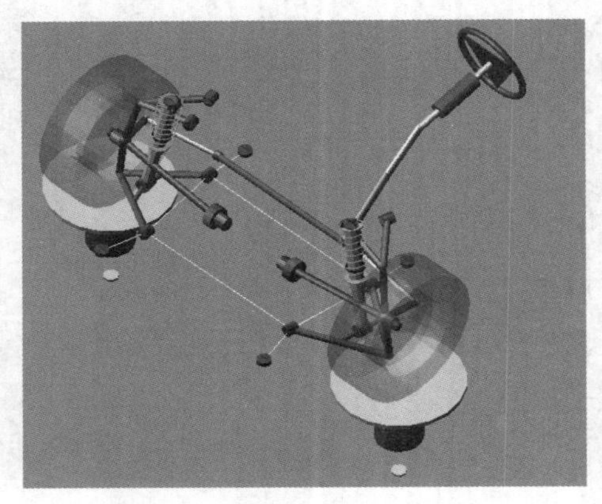

图 12-1　前悬架转向系统模型

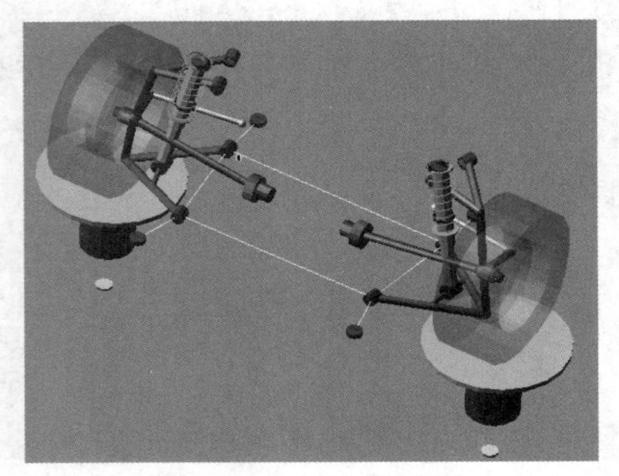

图 12-2　后悬架系统模型

转向系统为齿轮 - 齿条转向系统，包含方向盘、转向柱、转向中间轴、转向传动轴、小齿轮、齿条、齿条固定外壳等部件，并且包含齿条固定外壳与车身的弹性连接衬套、转向传动轴与小齿轮间的弹性衬套。模型中考虑了所有约束及相应的弹簧、衬套，以及转向助力等力元连接。

前稳定杆系统两端端部连杆分别以球铰连接悬架下臂，左右稳定杆之间由旋转副连接，并作用于一个表达其稳定杆系统扭转刚度的扭簧，左右稳定杆分别用弹性衬套与车身连接，端部连杆与稳定杆以等速万向节连接。

后稳定杆系统两端端部连杆分别以球铰连接后悬架上臂，左右稳定杆之间由旋转副连接，并作用于一个表达其稳定杆系统扭转刚度的扭簧，左右稳定杆分别用弹性衬套与车身连接，端部连杆与稳定杆以等速万向节连接。

车身系统包含簧上质量信息及各子系统与车身的连接信息。

轮胎模型利用国际上通用的 Magic Formula 模型建模，并在轮胎试验机上进行试验，获取试验数据，然后进行参数回归建模，轮胎模型自动连接到悬架系统。

发动机动力总成模板考虑发动机动力总成为 4 点悬置，动力输出传递利用发动机 MAP 图，并根据车速控制要求进行 PID 控制，从而决定驱动轴的动力输出。

制动系统为前后盘式制动器，根据制动踏板力与前后制动管路压力传递的定量关系，确定制动器上的正压力，根据制动钳位置等信息确定制动力矩的大小并将制动力矩施加到车轴上。

以上各系统具体约束及力元参见整车约束及力元表，整车系统集成模型如图 12-3 所示。

图 12-3　整车系统集成模型

12.2　用户创建模板

Adams Car 中的模板定义了车辆模型的拓扑结构。创建模板即定义部件、研究部件之间的连接及与其他模板和试验台（Test Rig）如何交换信息。

在模板这一级工作时，最重要的是创建部件、研究部件之间的连接和模板之间的信息交换。在其他级工作时，不能修改这些信息，其他信息如力元特性、质量特性则不是最重要的，因为可以在子系统级进行调整。

下面将创建麦弗逊式前悬架的模板，并基于该模板进行悬架的运动学分析，通过这一过程，用户可以学习掌握创建模板的基本过程。

（1）在 Adams Car 中创建模型拓扑结构的过程如下。

1）创建硬点。硬点定义了模型的关键位置，是建模的基本单元。通过它们可以参数化更高级实体的位置和方位。创建硬点只需输入相应的坐标，这些坐标可以是来自 CAT 模型的装配图，也可以是基于实车测试得到的。

2）创建部件。在创建好硬点之后就可以基于硬点来创建部件。在创建部件之后，可以给该部件添加几何体，Adams Car 中包括以下 4 种类型的部件。

- 刚性体。
- 柔性体。
- 底座部件（Mount Part），无质量的部件，在装配过程中会被其他部件替换。
- 开关部件（Switch Part），无质量的部件，用于连接，其作用就像开关。

3）创建部件之间的连接。部件之间的连接包括铰链、橡胶衬套和参数。这些连接决定了部件之间进行相互作用的方式。连接可以有两种模式，即铰链 - 运动学模式和衬套 - 弹性模式，其中后者要考虑衬套的弹性形变特性对悬架运动学和动力学的影响。

（2）工作模式选用。

1）在 Adams Car 中有两种用户工作模式，即专家用户模式和标准用户模式。专家用户模式可以创建和修改模板，即可以使用创建模板的工具（Template Builder）；标准用户模式只能基于现有模板进行建模和仿真。两者是通过 Adams Car 的配置文件“.acar.cfg”来定义的。

2）在 Adams Car 中，默认界面为如图 12-4 所示的标准界面，如果我们想要建立自己的汽车部件模型，就需要调出 Template Builder 界面，此时需要先修改注册表。

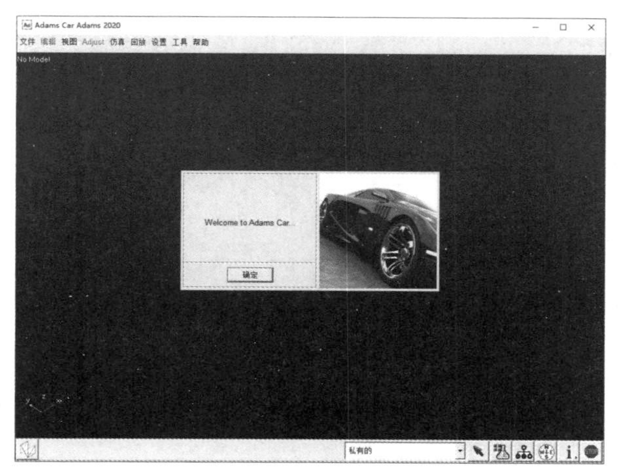

图 12-4　标准界面

3）由于模板建立器界面只能由专家用户打开，所以需要进行如下操作。首先找到 Adams 安装目录中的“acar.cfg”文件，如图 12-5 所示。然后用记事本打开“acar.cfg”文件，将其中的“standard”改成“expert”并保存文件，如图 12-6 所示。

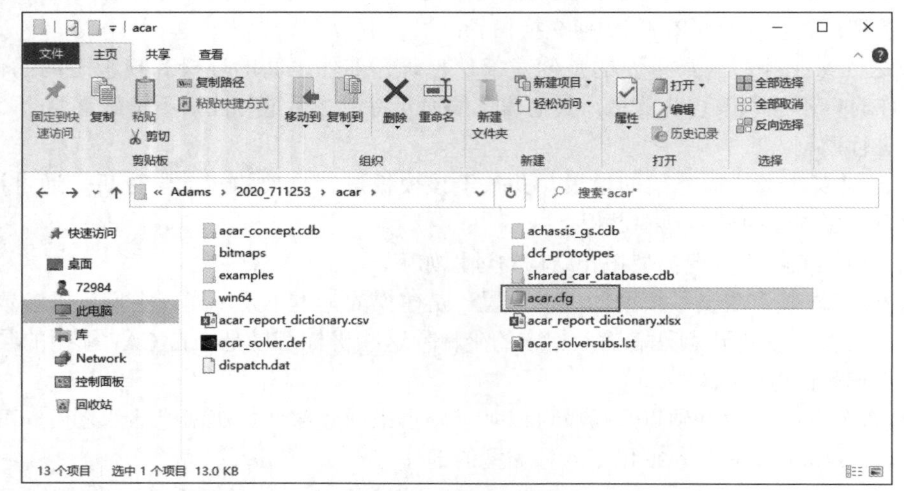

图 12-5　安装目录

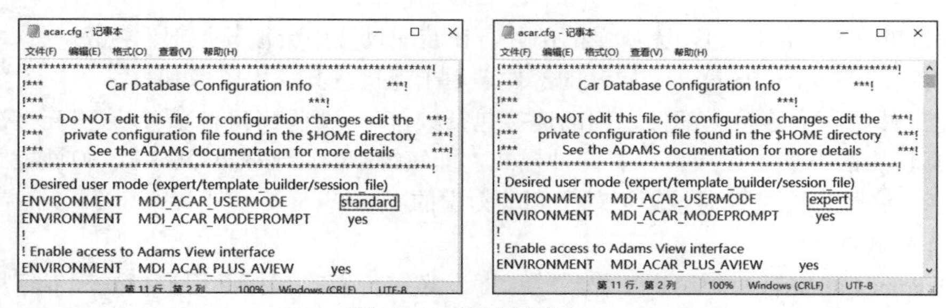

图 12-6　修改记事本 1

4）在第一次启动 Adams Car 后，用户需要打开如图 12-7 所示的工作目录文件夹，找到“.acar.cfg”文件并用记事本打开。将第 9 行的“standard”改成“expert”并保存文件，如图 12-8 所示。

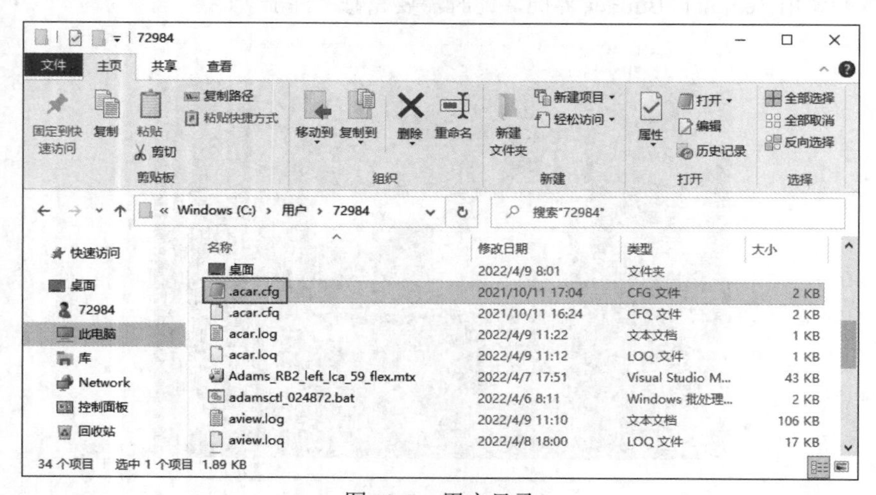

图 12-7　用户目录

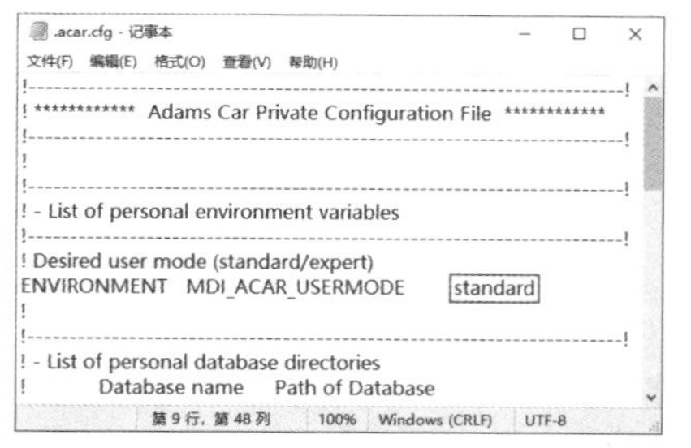

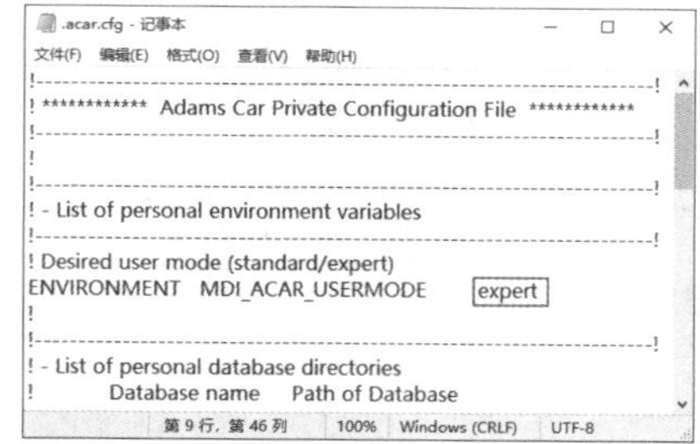

图 12-8　修改记事本 2

5）修改完成后，再次打开 Adams Car 时，便会弹出 Template Builder 界面，如图 12-9 所示。

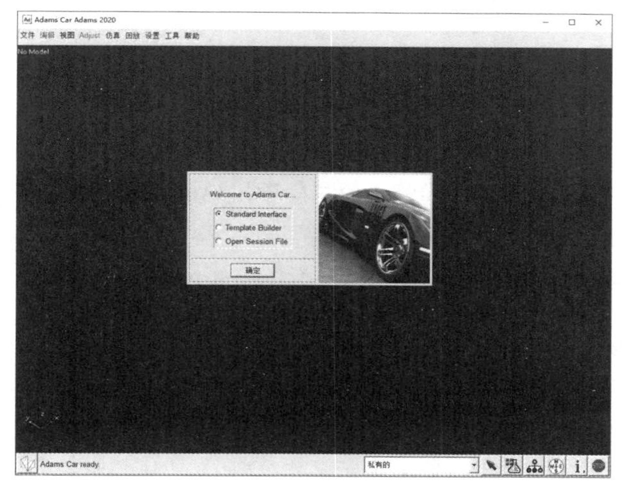

图 12-9　专家用户界面

6）如果想返回标准界面，则需要单击菜单栏中的“工具”，在其菜单中选择“Adams Car Standard Interface”命令，或直接按 <F9> 键切换到标准界面。“工具”菜单如图 12-10 所示。

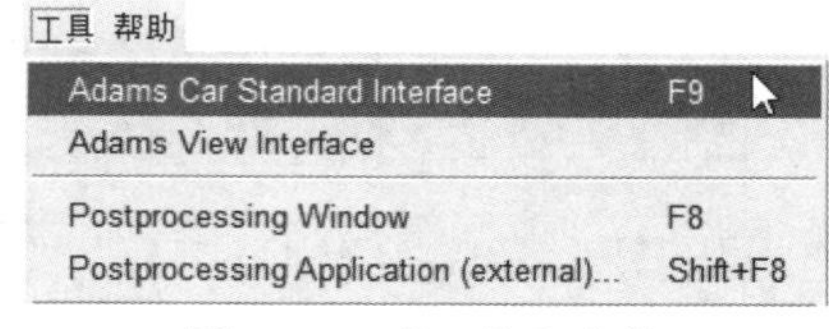

图 12-10　“工具”菜单

12.2.1　创建部件

本节以实例的形式给出创建部件的基本步骤。

（1）启动 Adams Car，进入 Template Builder 模式，如图 12-11 所示。

（2）单击菜单栏中的“文件”→“新建”→“Template...”命令，弹出“New Template”（新模板）对话框，按图 12-12 所示设置参数，然后单击“确定”按钮 确定 。

在下面的第（3）～第（6）步中将创建悬架控制臂。

（3）单击菜单栏中的“创建”→“Hardpoint”→“新建 ...”命令，弹出“Create Hardpoint”（创建硬点）对话框，按如图 12-13 所示设置参数，单击“确定”按钮 确定 ，完成第一个硬点的创建。

（4）重复上述步骤，创建另外两个硬点如下。

```
arm_front (-150, -350, 0)
arm_rear (150, -350, 0)
```

图 12-11　进入 Template Builder 模式

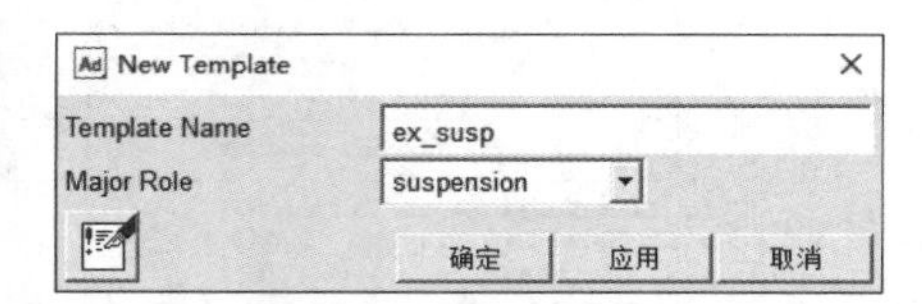

图 12-12　“New Template”对话框

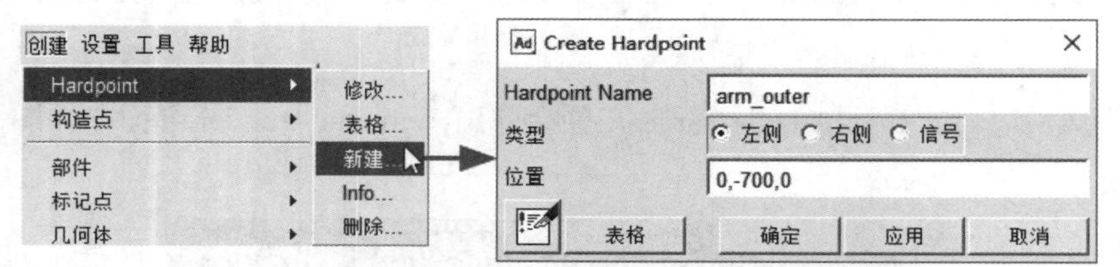

图 12-13　设置“Create Hardpoint”对话框

提示

在创建硬点时，“类型”始终选择“左侧”，Adams Car 会自动创建一对对称的硬点。

（5）单击菜单栏中的“创建”→“部件”→“General Part”→“新建 ...”命令，弹出“Create General Part”（创建通用部件）对话框，按图 12-14 所示设置参数，然后单击“确定”按钮 确定 。Adams Car 在指定的位置创建部件的局部坐标系，但是并未创建几何体。

（6）单击菜单栏中的“创建”→“几何体”→“Arm”→“新建 ...”命令，弹出“Create Arm Geometry”（创建臂状几何体）对话框，按图 12-15 所示设置参数，然后单击“确定”按钮 确定 ，可以看到创建的悬架控制臂模型如图 12-16 所示。

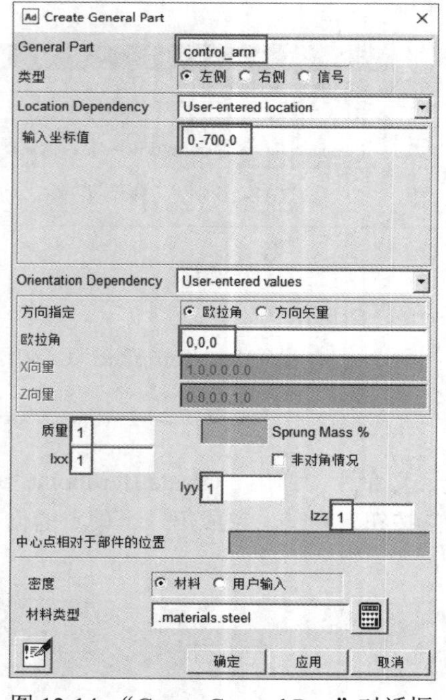

图 12-14　“Create General Part”对话框

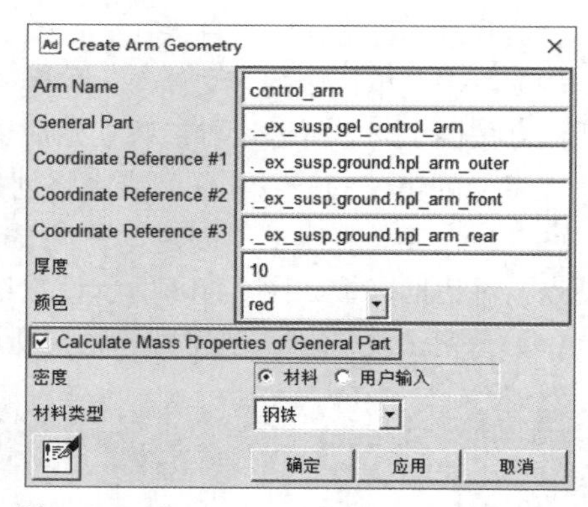

图 12-15　“Create Arm Geometry”对话框

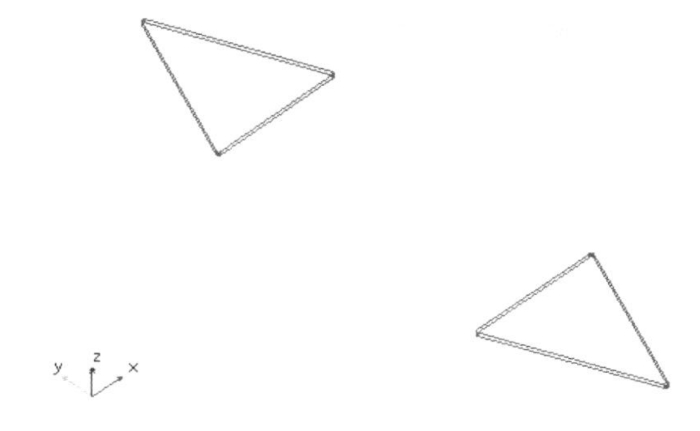

图 12-16　悬架控制臂模型

这里需要说明的是，几何体是用来增强部件图形显示的，并不是仿真所必需的，即一个部件可以没有几何体。当使用菜单栏中的“创建”→“部件”→“General Part”→“新建 ...”命令时，Adams Car 只是创建部件而没有创建几何体，用户可以自己创建或添加几何体。当使用菜单栏中的“创建”→“部件”→“General Part”→“Wizard...”命令时，Adams Car 在创建部件的同时自动创建几何体。

在下面的第（7）～第（9）步中将创建转向节。

（7）单击菜单栏中的“创建”→“Hardpoint”→“新建 ...”命令，创建如下硬点。

```
wheel_center(0,-800,100)
strut_lower(0,-650,250)
tierod_outer(150,-650,250)
```

（8）单击菜单栏中的“创建”→“部件”→“General Part”→“Wizard...”命令，弹出“General Part Wizard”（通用部件向导）对话框，按图 12-17 所示设置参数，然后单击“确定”按钮。

（9）单击菜单栏中的“创建”→“几何体”→“连杆”→“新建 ...”命令，弹出“Create Link Geometry”（创建连杆几何体）对话框，按图 12-18 所示设置参数，然后单击“确定”按钮，可以看到创建的转向节模型如图 12-19 所示。

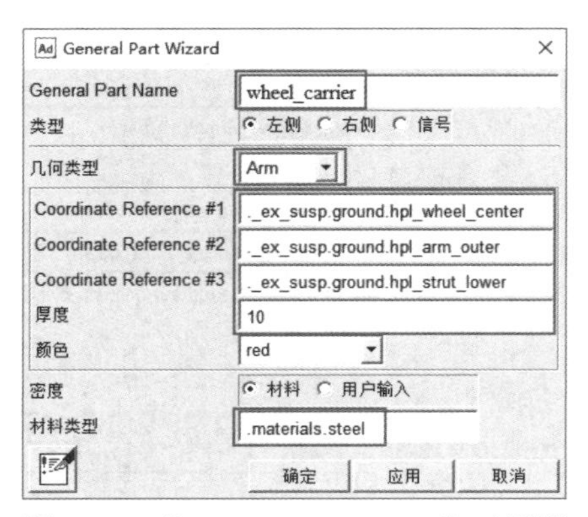

图 12-17 “General Part Wizard”对话框

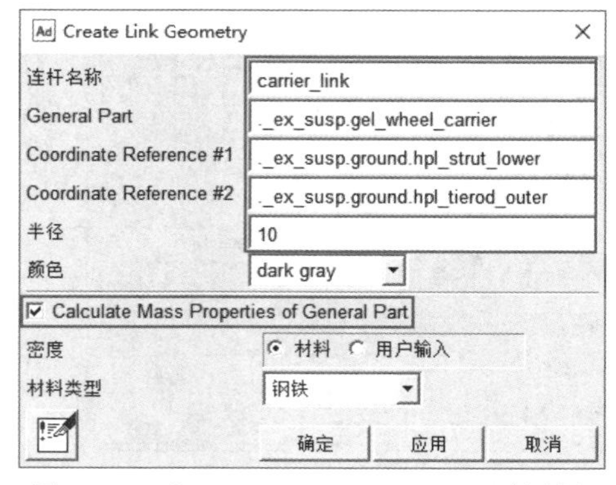

图 12-18 “Create Link Geometry”对话框

（10）创建减震器支柱。单击菜单栏中的“创建”→“部件”→“General Part”→“新建 ...”命令，弹出“Create General Part”对话框，按图 12-20 所示设置参数，然后单击“确定”按钮。对于麦弗逊式悬架，减震器支柱位于减震器内部，因此不需要创建几何体。

（11）创建悬架减震器。在创建减震器之前，首先创建硬点以定义减震器的位置。单击菜单栏中的“创建”→“Hardpoint”→“新建 ...”命令，创建如下硬点。

```
strut_upper (0, -600, 600)
```

再单击菜单栏中的“创建”→“力”→“Damper”→“新建 ...”命令，弹出“Create Damper”（创建减震器）对话框，按图 12-21 所示设置参数，然后单击“确定”按钮 确定 。

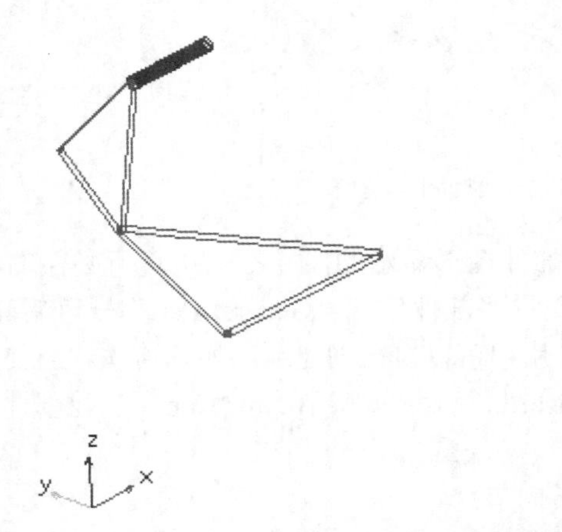

图 12-19 转向节模型

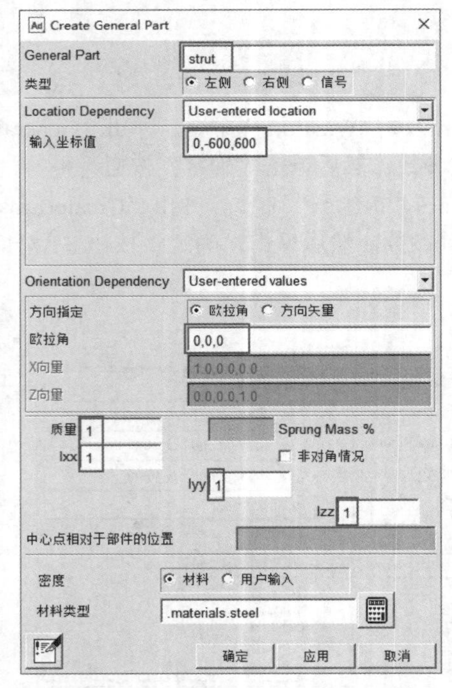

图 12-20 “Create General Part”对话框

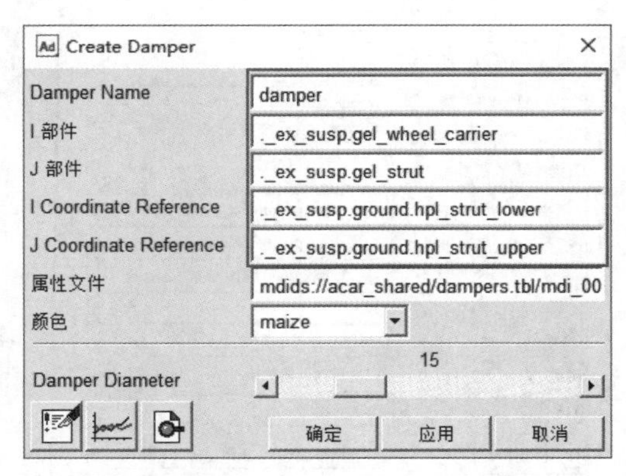

图 12-21 “Create Damper”对话框

（12）创建悬架弹簧。在创建悬架弹簧之前，首先创建硬点以定义悬架弹簧的安装位置。单击菜单栏中的“创建”→“Hardpoint”→“新建 ...”命令，创建如下硬点。

```
spring_lower(0,-650,300)
```

再单击“创建”→“力”→“拉压弹簧”→“新建 ...”命令，在弹出的“Create Spring”对话框中设置相关内容，如图 12-22 所示，单击“确定”按钮 确定 ，得到的模型如图 12-23 所示。

提示　此处的弹簧安装长度根据硬点位置自动计算，只需选择“DM(iCoord,jCoord)”即可。

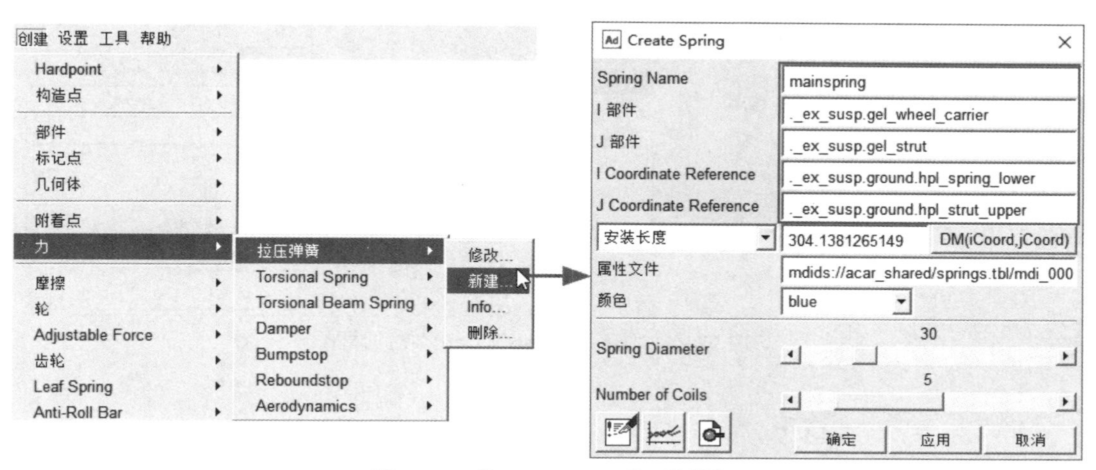

图 12-22　“Create Spring”对话框

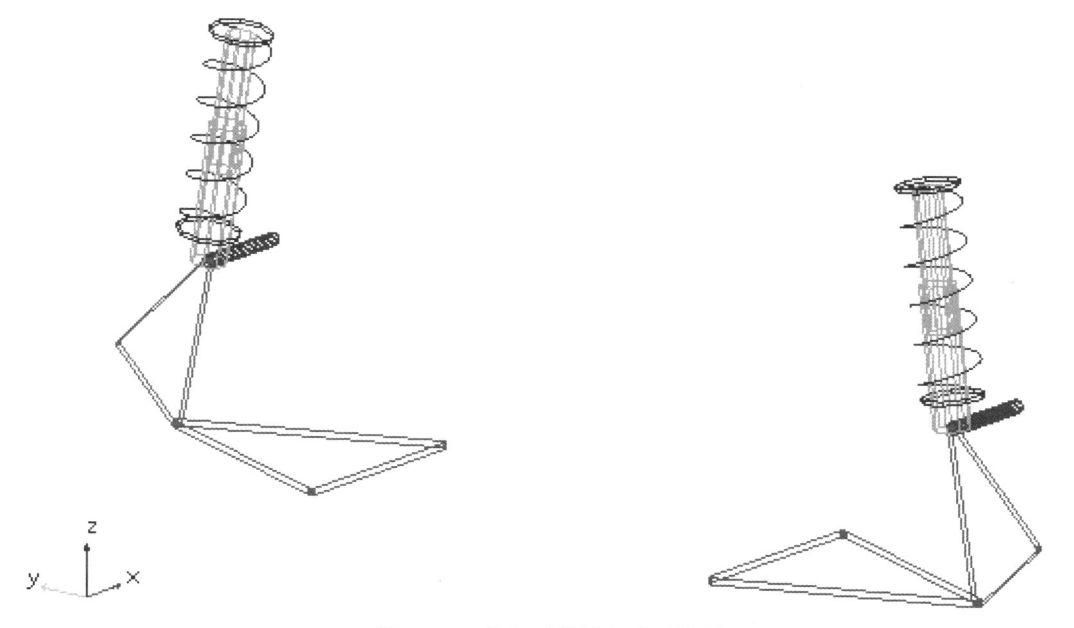

图 12-23　悬架减震器和弹簧模型

（13）创建转向横拉杆。在创建转向横拉杆之前，首先创建硬点以定义转向横拉杆的位置。单击菜单栏中的“创建”→“Hardpoint”→“新建 ...”命令，创建如下硬点。

```
tierod_inner(200,-350,250)
```

再单击菜单栏中的“创建”→“部件”→“General Part”→“Wizard...”命令，弹出“General Part Wizard”对话框，如图 12-24 所示设置参数，然后单击“确定”按钮 确定，得到的横拉杆模型如图 12-25 所示。

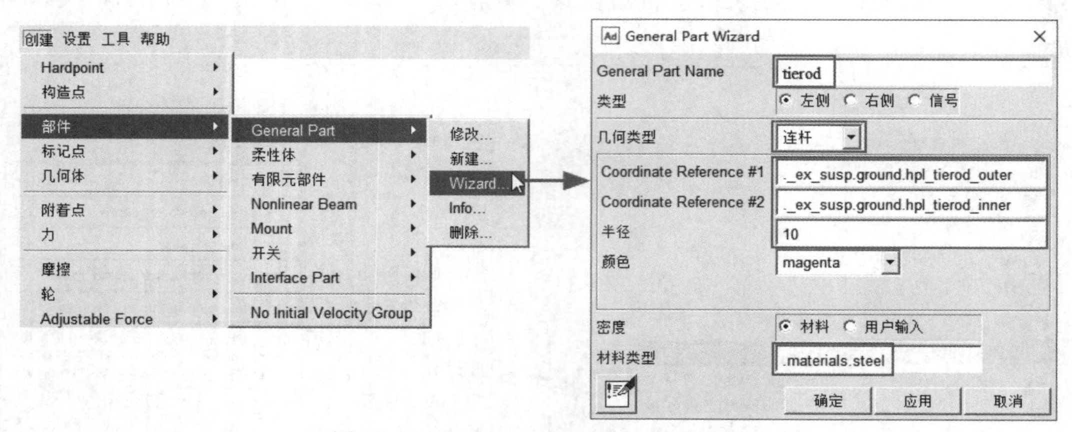

图 12-24 “General Part Wizard”对话框

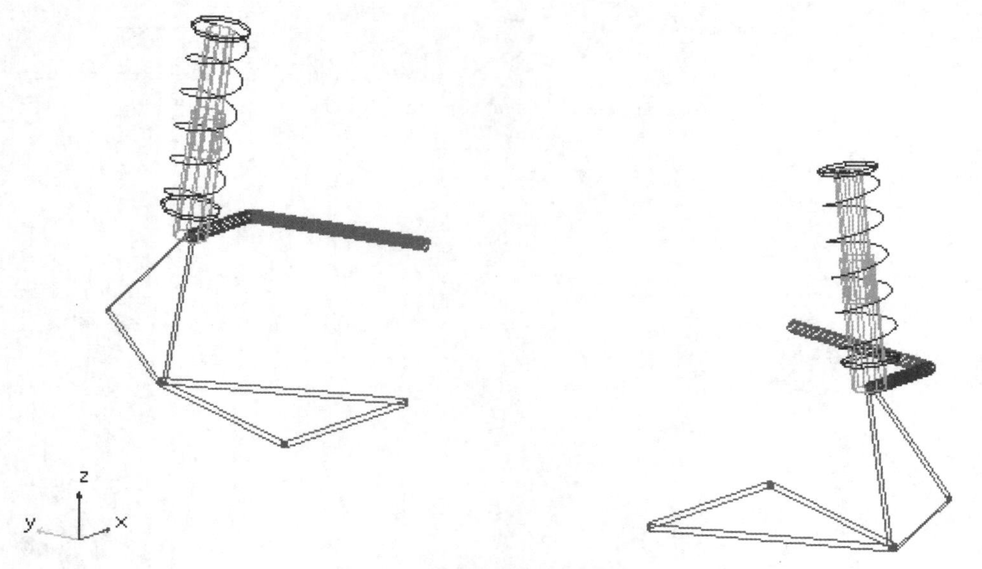

图 12-25 悬架的横拉杆模型

根据下面的第（14）～第（16）步创建轮毂。

（14）在创建轮毂之前，首先创建构造点以定义轮毂的方位。单击菜单栏中的“创建”→“构造点”→“新建 ...”命令，弹出“Create Construction Frame”（创建构造点）对话框，按图 12-26 所示设置参数，然后单击“确定”按钮 确定。

（15）单击菜单栏中的“创建”→“部件”→“General Part”→“新建 ...”命令，弹出“Create General Part”对话框，按图 12-27 所示设置参数，然后单击“确定”按钮 确定。

（16）单击菜单栏中的“创建”→“几何体”→“圆柱”→“新建 ...”命令，弹出“Create Cylinder Geometry”（创建圆柱几何体）对话框，按图 12-28 所示设置相关参数，然后单击“确定”按钮 确定，得到的悬架模型的拓扑结构如图 12-29 所示。

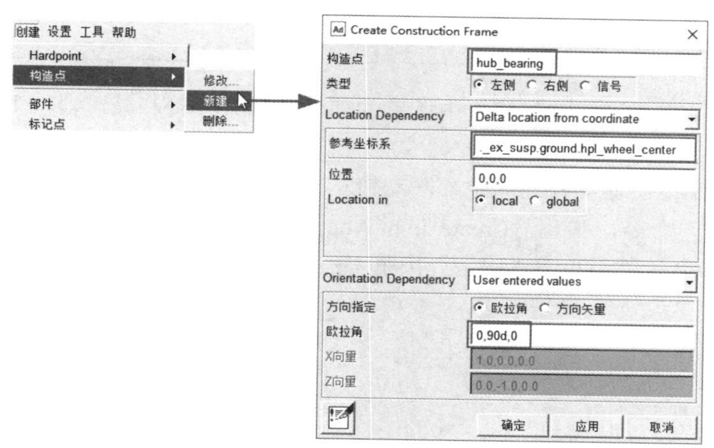

图 12-26　“Create Construction Frame”对话框

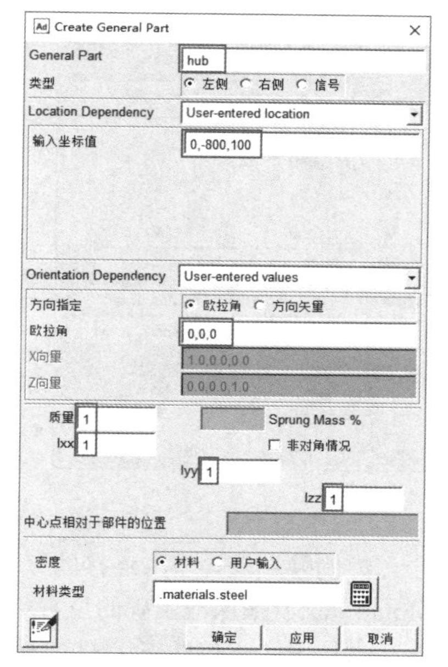

图 12-27　“Create General Part”对话框

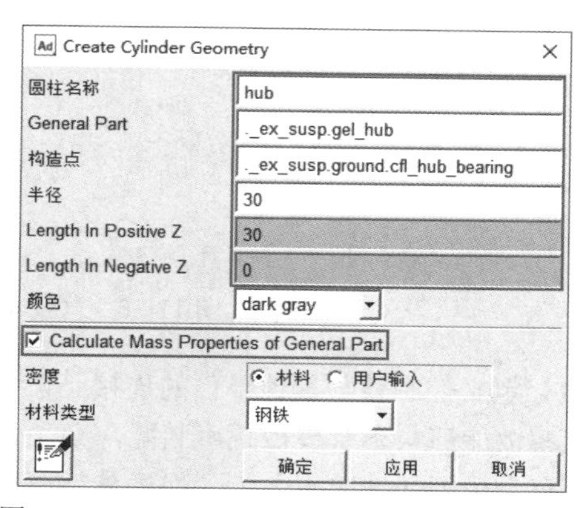

图 12-28　“Create Cylinder Geometry”对话框

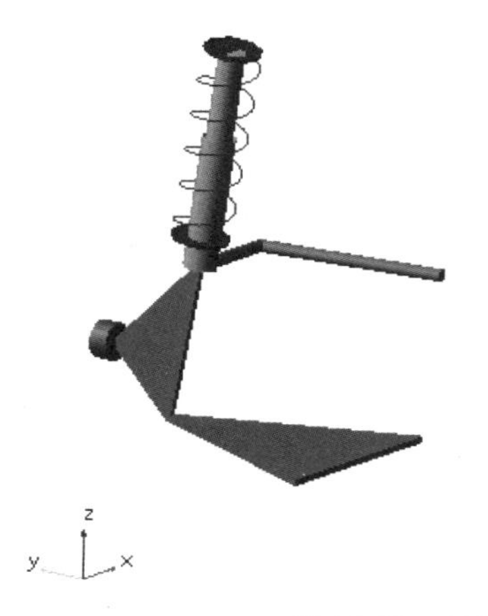

图 12-29　悬架模型的拓扑结构

12.2.2　创建部件之间的连接

前面已经创建了麦弗逊式悬架模板中所有的部件及悬架弹簧和减震器，下面将定义部件之间的连接。

（1）在转向节和减震器支柱之间定义平动铰。单击菜单栏中的“创建”→“附着点”→“运动副”→“新建 ...”命令，弹出“Create Joint Attachment”（创建运动副的附着点）对话框，按图 12-30 所示设置参数，然后单击“确定”按钮。

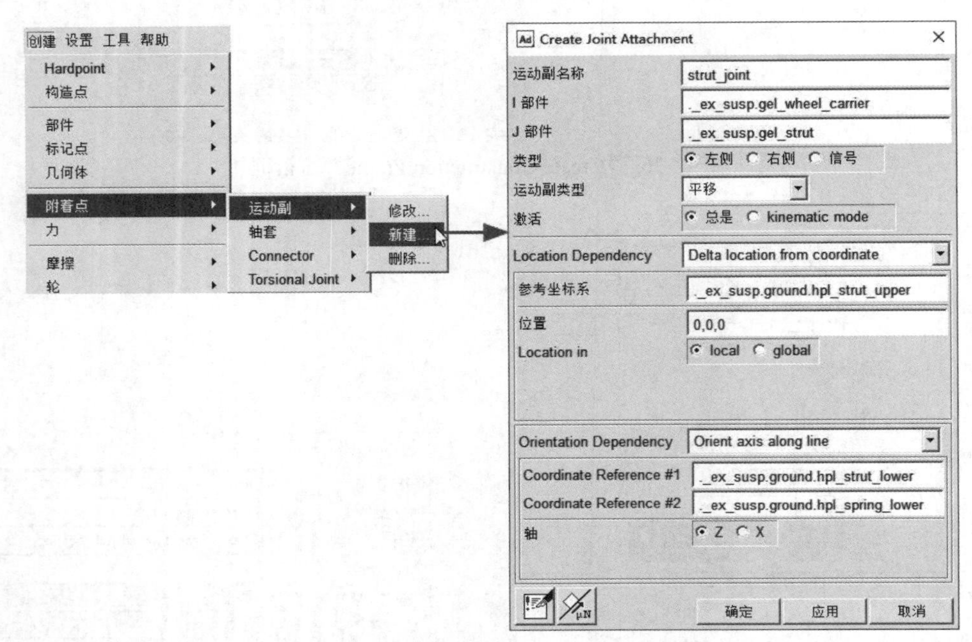

图 12-30　“Create Joint Attachment”对话框

（2）定义控制臂与其他部件的连接。在实际的整车模型中，控制臂端是与车身连接的。为了保证悬架模板能够与车身模板正确装配，必须使用底座部件（Mount Part）来保证正确的位置。同时，在没有车身模型的情况下，为了保证悬架模型能够正确运行，必须使用底座部件来代表车身。在默认情况下，底座部件与大地固结。

在创建了底座部件之后，就可以定义控制臂与车身的连接，包括橡胶衬套和旋转铰。

单击菜单栏中的“创建”→“部件”→“Mount”→“新建 ...”命令，在弹出的对话框中设定如下内容，然后单击“确定”按钮。

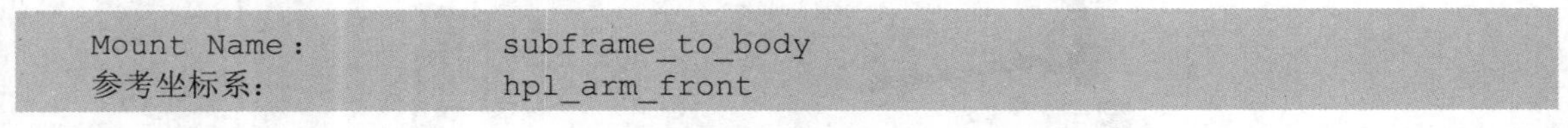
Mount Name：　　subframe_to_body
参考坐标系：　　hpl_arm_front

（3）创建橡胶衬套 1。单击菜单栏中的“创建”→“附着点”→“轴套”→“新建 ...”命令，在弹出的“Create Bushing Attachment”（创建轴套附着点）对话框中设置相关内容，如图 12-31 所示，并单击“确定”按钮，即可创建控制臂的后衬套。

（4）创建旋转铰。单击菜单栏中的“创建”→“附着点”→“运动副”→“新建 ...”命令，在弹出的“Create Joint Attachment”对话框中设置内容如图 12-32 所示，然后单击“确定”按钮。

（5）创建球铰 1。悬架控制臂的另一端通过球铰与转向节连接。单击菜单栏中的“创建”→“附着点”→“运动副”→“新建 ...”命令，在弹出的“Create Joint Attachment”对话框中设置相关内容，如图 12-33 所示，然后单击“确定”按钮 确定 。

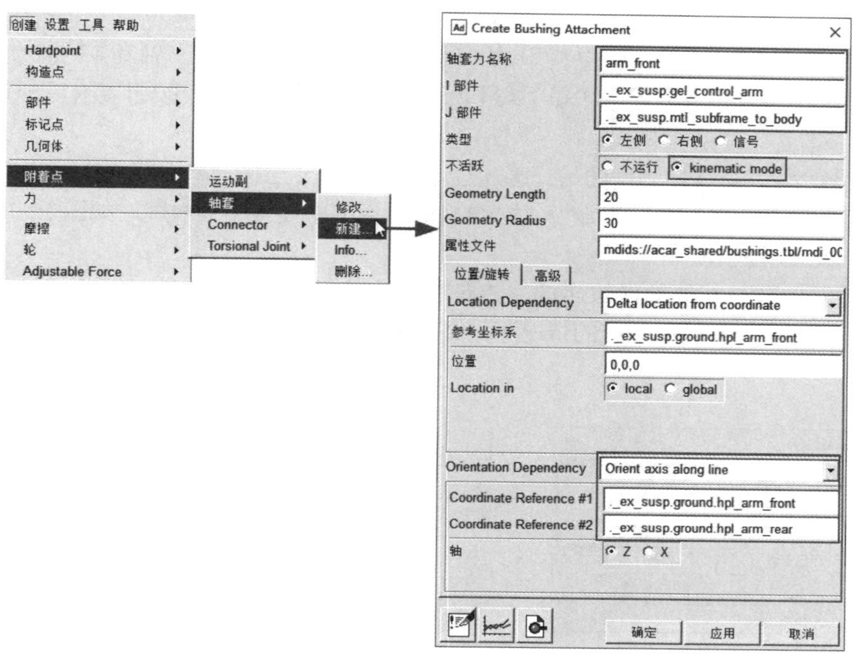

图 12-31　创建橡胶衬套 1

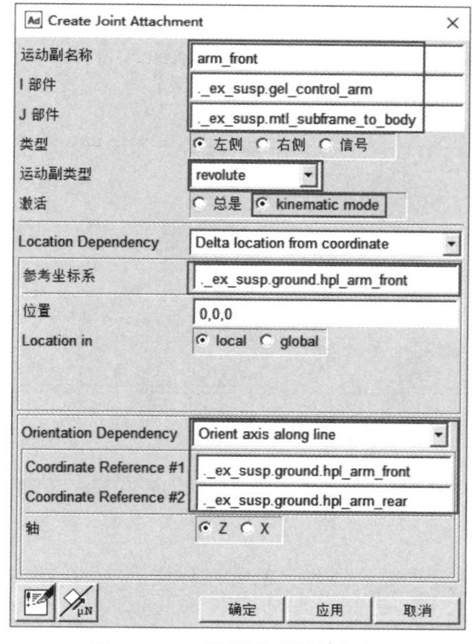

图 12-32　设置旋转铰参数

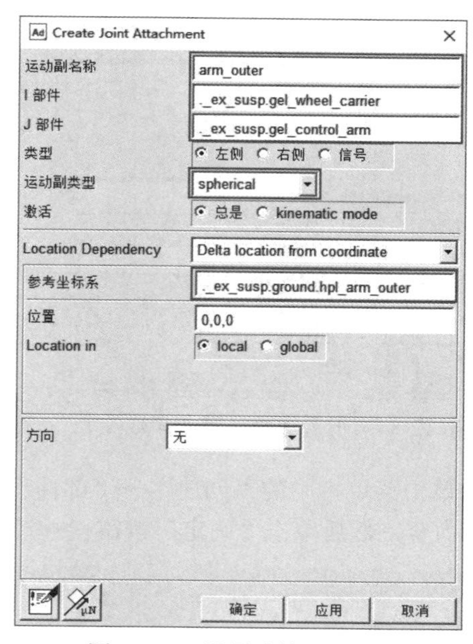

图 12-33　设置球铰 1 参数

（6）创建减震器支柱与其他部件的连接。减震器支柱在一端与转向节连接，在另一端与车身连接，因此，必须先创建底座部件，再创建橡胶衬套和球铰。

单击菜单栏中的“创建”→“部件”→“Mount”→“新建 ...”命令，在弹出的对话框中设定如下内容，然后单击“确定”按钮 确定 。

```
Mount Name：            strut_to_body
参考坐标系：             hpl_strut_upper
```

（7）创建橡胶衬套 2。单击菜单栏中的“创建”→“附着点”→“轴套”→“新建 ...”命令，在弹出的对话框中设置相关内容，如图 12-34 所示，然后单击“确定”按钮 确定 即可创建控制臂的后衬套。

（8）创建球铰 2。悬架控制臂的另一端通过球铰与转向节连接。单击菜单栏中的“创建”→“附着点”→“运动副”→“新建 ...”命令，在弹出的对话框中设置相关内容，如图 12-35 所示，然后单击“确定”按钮 确定 。

（9）创建转向节与其他部件的连接。转向节通过球铰与横拉杆连接，此外横拉杆与转向系统通过虎克铰连接。在没有转向系统的情况下，必须创建底座部件来代替转向系统，以保证装配位置正确。

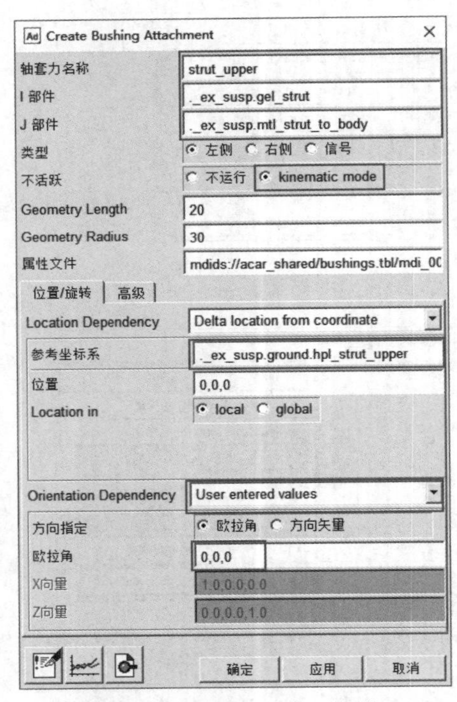

图 12-34　设置橡胶衬套 2 参数

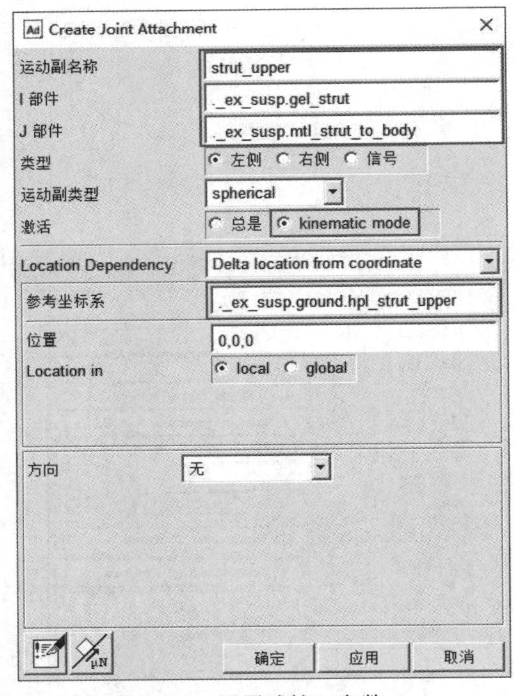

图 12-35　设置球铰 2 参数

单击菜单栏中的“创建”→“部件”→“Mount”→“新建 ...”命令，在弹出的对话框中设定如下内容，然后单击“确定”按钮 确定 。

```
Mount Name：            tierod_to_steering
参考坐标系：             hpl_tierod_inner
```

（10）创建虎克铰。单击菜单栏中的“创建”→“附着点”→“运动副”→“新建 ...”命令，在弹出的对话框中设置相关内容，如图 12-36 所示，然后单击“确定”按钮 确定 。

（11）创建球铰 3。单击菜单栏中的“创建”→“附着点”→“运动副”→“新建 ...”命令，在弹出的对话框中设置相关内容，如图 12-37 所示，然后单击“确定”按钮。

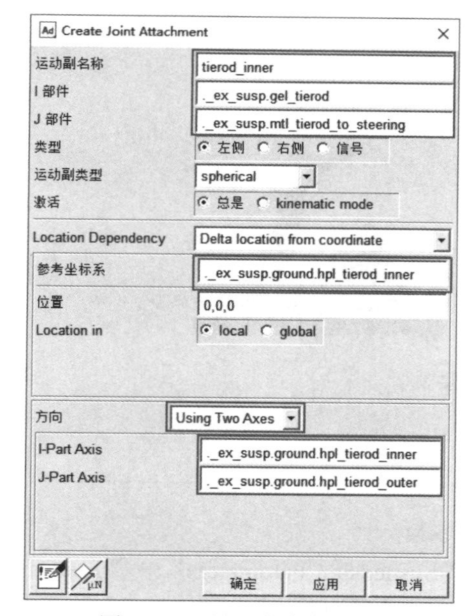

图 12-36 设置虎克铰参数

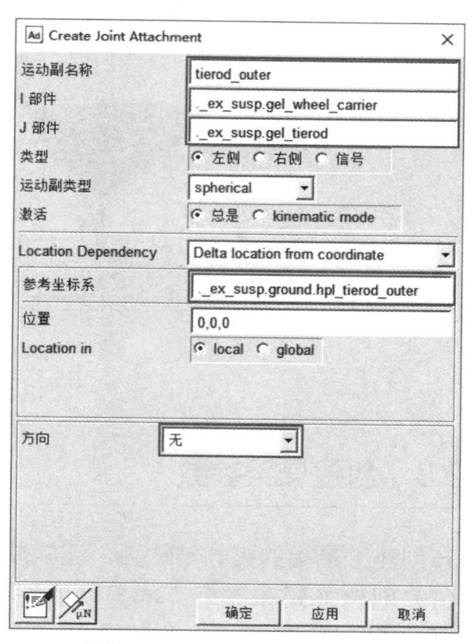

图 12-37 设置球铰 3 参数

（12）创建轮毂与其他部件的连接。轮毂是通过旋转铰与转向节连接的，单击菜单栏中的“创建”→“附着点”→“运动副”→“新建 ...”命令，在弹出的对话框中设置相关内容，如图 12-38 所示，然后单击“确定”按钮，最终创建的悬架模型如图 12-39 所示。

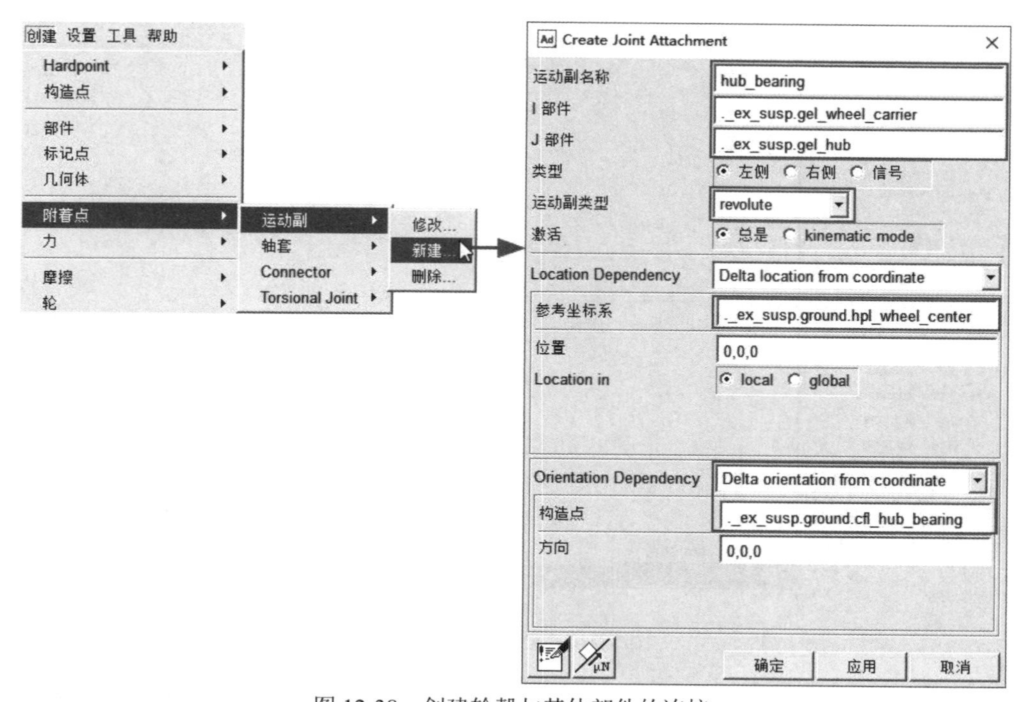

图 12-38 创建轮毂与其他部件的连接

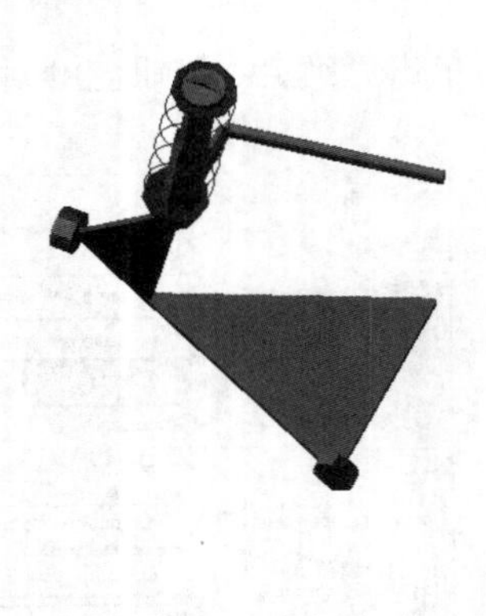

图 12-39　最终创建的悬架模型

12.2.3　创建悬架参数

在创建了悬架的拓扑结构后，还需要定义悬架的特性参数。

（1）创建外倾和前束。单击菜单栏中的“创建”→“Suspension Parameters”→“Toe/Camber Values”→“Set...”命令，在弹出的对话框中设置相关内容，如图 12-40 所示，然后单击“确定”按钮 确定 。

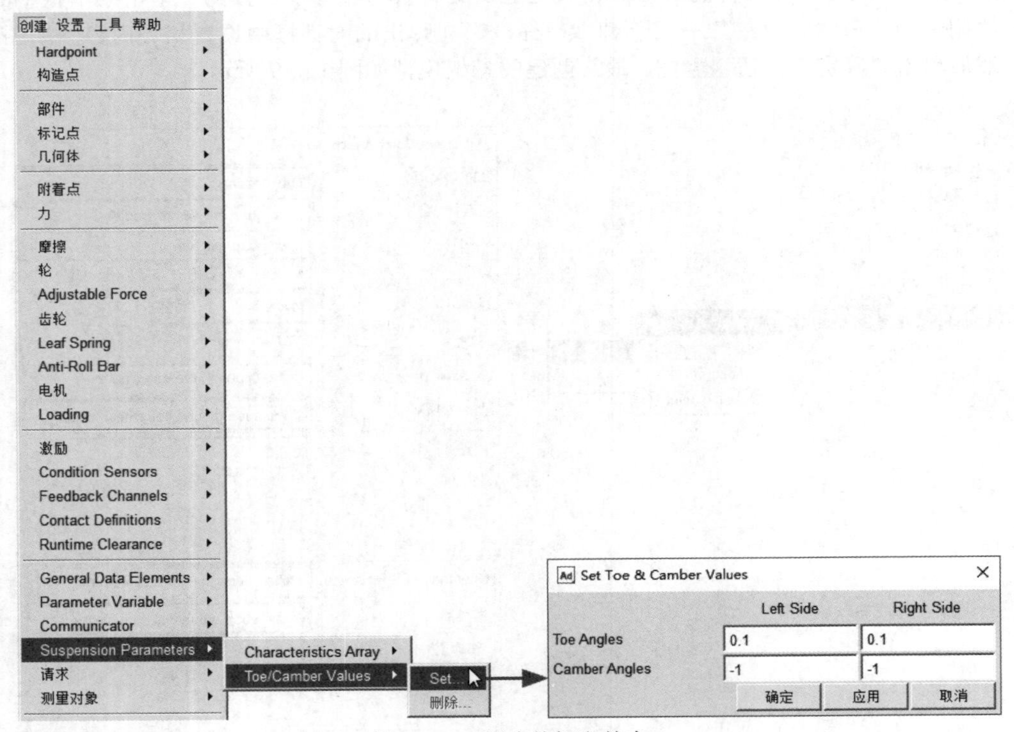

图 12-40　创建外倾和前束

（2）创建悬架的转向轴线（主销）。这里采用几何方法，即给定主销轴线上的两个硬点。单击菜单栏中的“创建”→“Suspension Parameters”→“Characteristics Array”→“Set...”命令，在弹出的对话框中设置相关内容，如图 12-41 所示，然后单击“确定”按钮 确定 。

最后，将模板文件保存于本书附带电子资源文件 yuanwenjian\ch_12\template 目录下，文件名为“_ex_susp.tpl”。

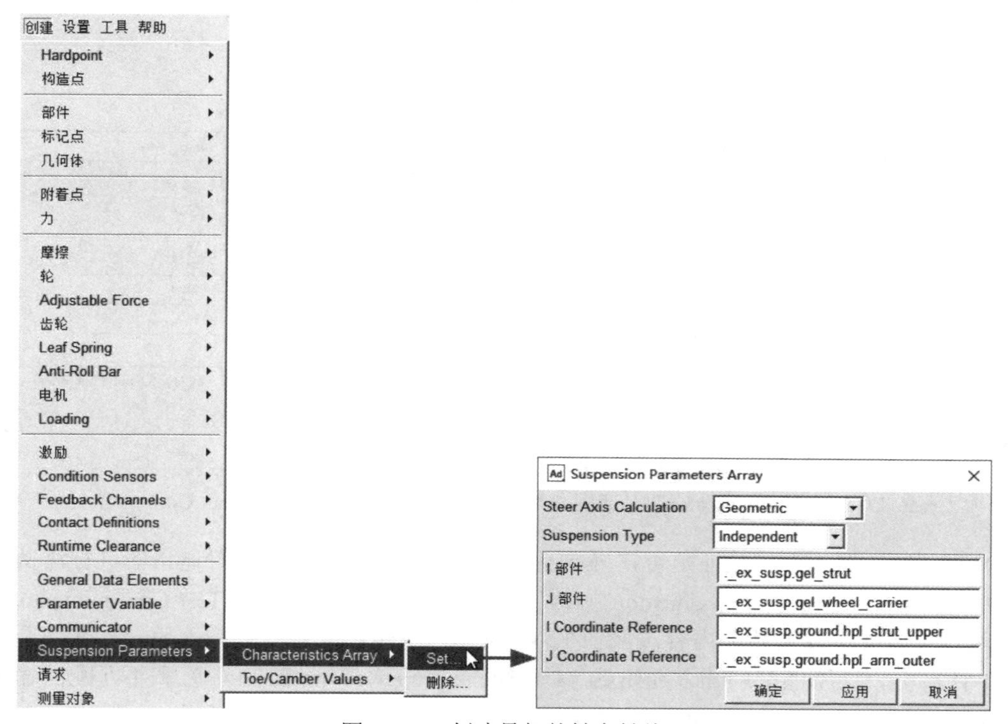

图 12-41　创建悬架的转向轴线

12.2.4　模型的装配和通讯器的使用

Adams Car 是通过通讯器把各个子系统装配起来的。通讯器作为一个建模单元在模型中所起的作用就是在各子系统和试验台之间进行信息交换。这些信息包括拓扑结构、位置、方位和连接、数组和参数。

Adams Car 模型中的每一个子系统和试验台都有输入通讯器（Input Communicators），通过输入通讯器可以从其他子系统获取信息。相应地，也有输出通讯器（Output Communicators），通过输出通讯器可以向其他子系统发布信息。

Adams Car 在装配模型时，首先扫描子系统检查输入通讯器，然后检查是否有与之相匹配的输出通讯器，如果找不到，那么模型无法正确装配。例如，当用户在模板中创建底座部件时，Adams Car 会自动创建相应的输入通讯器，在装配过程中该输入通讯器应当和试验台上的输出通讯器相匹配，否则底座部件将被固定在地面上。同样，Adams Car 会自动在试验台上创建输入通讯器，用户必须在模板中创建正确的输出通讯器。下面将通过实例详细介绍如何在模板中正确创建通讯器，其具体操作步骤如下。

（1）单击菜单栏中的“创建”→“Communicator”→“输出”→“新建...”命令，在弹出的“Create

Output Communicator”对话框 1 中设置相关内容，如图 12-42 所示，这样轮毂就与试验台正确连接。需要说明的是在“Matching Name(s)”文本框中可以指定多个名称。当用户希望该悬架模板既可用于前悬架又可用于后悬架时通常会这样。在不指定的情况下，Adams Car 会根据通讯器的名称来匹配，单击“应用”按钮 应用 。

（2）设定“Output Communicator Name”文本框内容如图 12-43 所示，单击“确定”按钮 确定 ，这样轮毂就在轮心处与试验台正确连接。

图 12-42 “Create Output Communicator”对话框 1

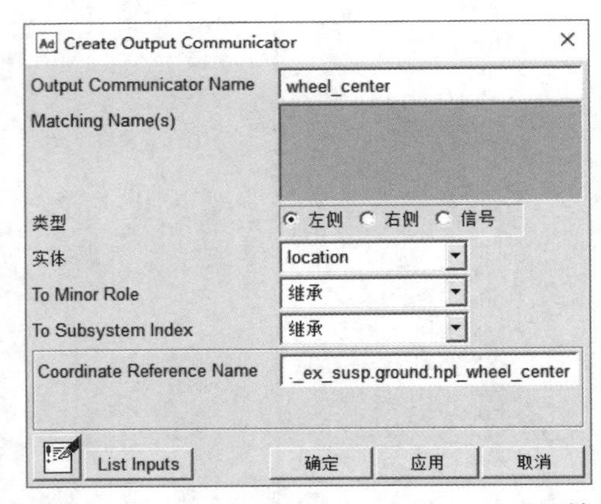

图 12-43 “Create Output Communicator”对话框 2

（3）测试通讯器。为了验证是否正确定义了通讯器，应当在模板级对通讯器进行测试。单击菜单栏中的“创建”→“Communicator”→“Test...”命令，在弹出的“Test Communicators”（测试通讯器）对话框中设置相关内容，如图 12-44 所示，单击“确定”按钮 确定 。可以看到测试结果包括两部分，即不匹配的输入通讯器（Unmatched input communicators）和不匹配的输出通讯器（Unmatched output communicators）。在输出通讯器中可以看到已经包含了 suspension_mount 和 wheel_center。

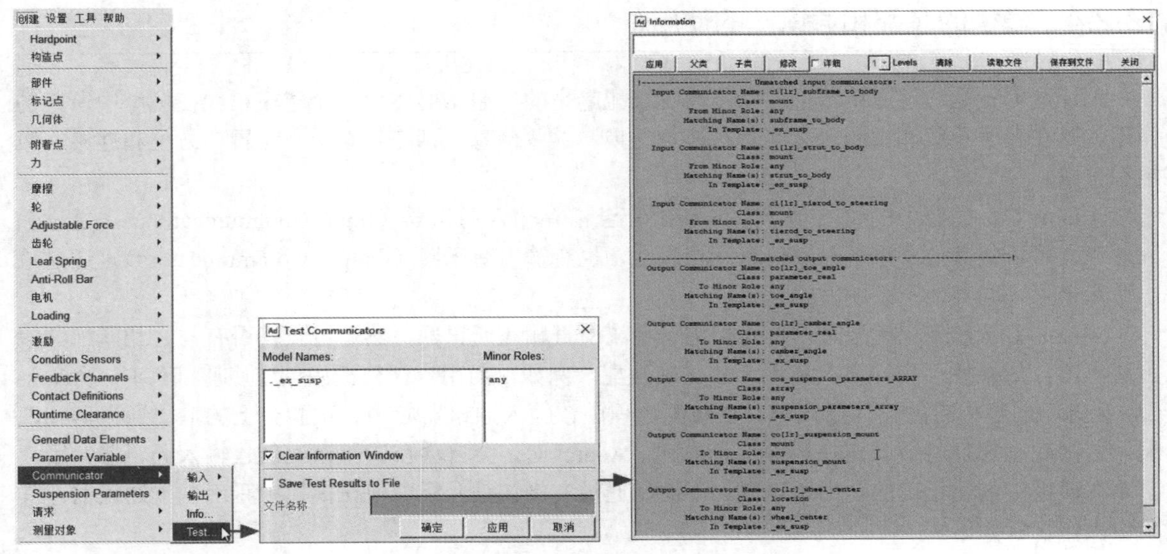

图 12-44 “Test Communicators”对话框

（4）保存已经创建的模板。

12.3　创建悬架系统

悬架系统是影响车辆动态特性最为关键的系统，其中悬架定位参数将直接影响整车的操纵动特性。影响悬架定位参数的设计因数可以分为两类，一类是系统中的关键点坐标，另一类是系统中存在的大量弹性衬套的刚度。由于设计参数的数量巨大，而且各个参数对定位参数的影响大小存在很大区别，因此对设计参数进行灵敏度分析十分关键。

悬架在跳动过程中其定位参数发生的变化称为悬架运动学特性，悬架在受力过程中由于存在大量的弹性部件而存在悬架的顺从性特性，悬架的各种刚度在跳动过程中的变化称为刚度特性。转向系统在转向过程中，内外转角间存在某种运动关系，同样由于存在弹性部件，需考虑系统中的弹性效应，这些特性及效应直接影响着整车的操纵动特性。本节以实例来介绍如何创建悬架系统。

12.3.1　基于模板创建悬架子系统

（1）启动 Adams Car，进入 Standard Interface 模式，如图 12-45 所示。

（2）单击菜单栏中的“文件”→“新建”→“Subsystem”命令，在弹出的“New Subsystem”（新建子系统）对话框中设置相关内容，如图 12-46 所示，单击“确定”按钮 确定 。

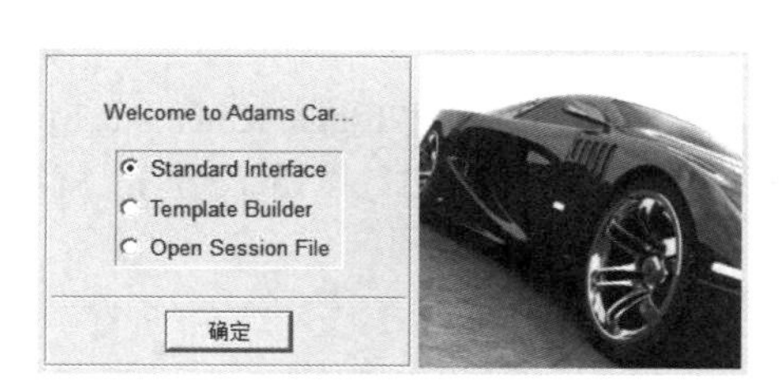

图 12-45　进入 Standard Interface 模式

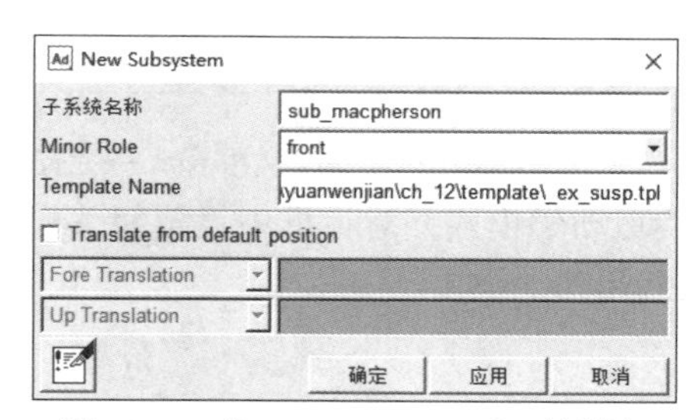

图 12-46　“New Subsystem”对话框

（3）单击菜单栏中的“编辑”→“修改”命令，在弹出的“Database Navigator”对话框中双击“ground”选项，选择相应的硬点进行调整，需要调整的硬点如下。

```
hpl_arm_front(-200,-400,225)
hpl_arm_rear(200,-390,240)
hpl_tierod_outer(150,-690,300)
hpl_tierod_inner(200,-400,300)
```

（4）单击“确定”按钮 确定 ，关闭“Database Navigator”对话框。单击菜单栏中的“文件”→“保存”命令，保存修改后的子系统。

12.3.2　基于悬架子系统创建悬架总成

（1）单击菜单栏中的“文件”→“新建”→“Suspension Assembly”命令。

（2）在弹出的“New Suspension Assembly”（新建

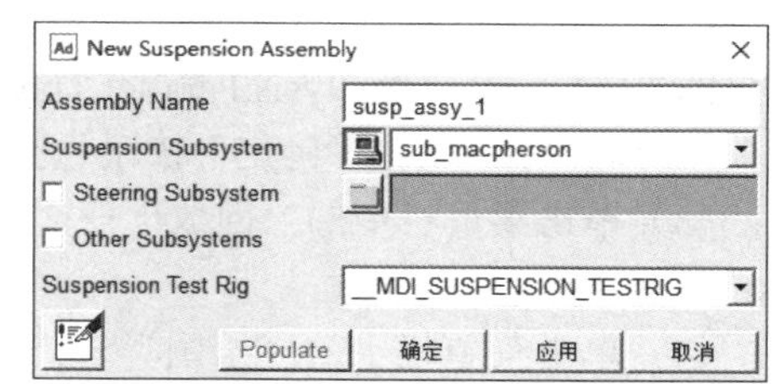

图 12-47　“New Suspension Assembly”对话框

悬架总成）对话框中设定相关内容，如图 12-47 所示。

（3）单击“确定”按钮 确定，得到的悬架总成如图 12-48 所示。

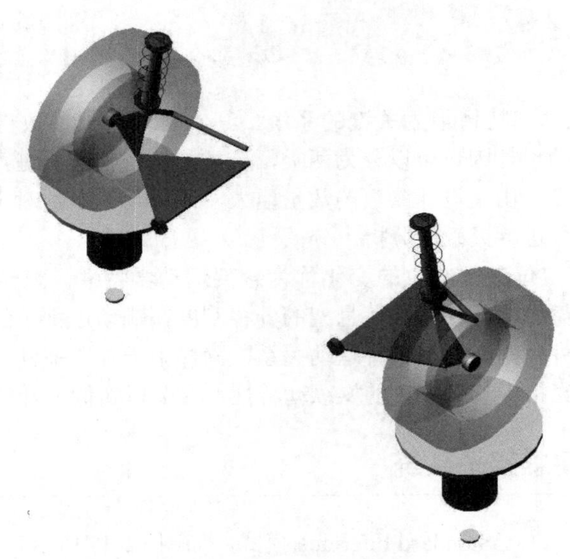

图 12-48　创建的悬架总成

12.3.3　运动学分析

（1）单击菜单栏中的“Adjust”→“Kinematic Toggle...”命令，在弹出的“Toggle Kinematic Mode”（切换运动学模式）对话框中设置相关内容，如图 12-49 所示，单击“确定”按钮 确定，就可以切换到运动学模式。

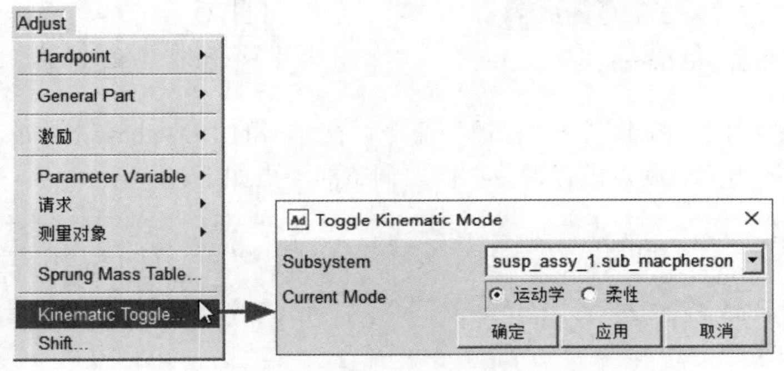

图 12-49　设置“Toggle Kinematic Mode”对话框

（2）单击菜单栏中的“仿真”→“Suspension Analysis”→“Parallel Wheel Travel...”命令，在弹出的“Suspension Analysis:Parallel Travel”（悬架分析：双轮同向跳动）对话框中设置相关内容，如图 12-50 所示，单击“确定”按钮 确定。

（3）单击菜单栏中的“回放”→“PostProcessing Window”命令，或者按 <F8> 键进入后处理模块。

（4）单击菜单栏中的“绘图”→“Create Plots...”命令，在弹出的“File Import”对话框中设置相关内容，如图 12-51 所示，单击“确定”按钮 确定。

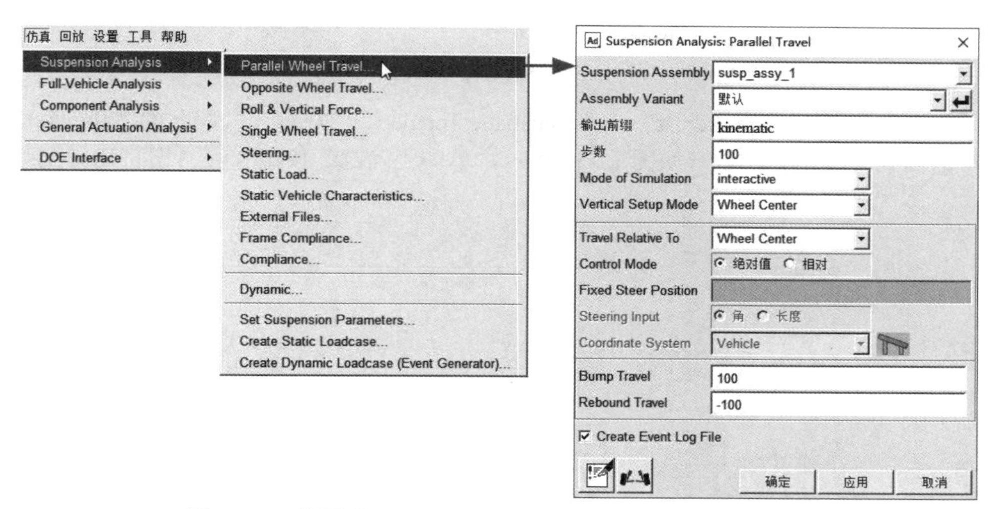

图 12-50　设置“Suspension Analysis:Parallel Travel”对话框

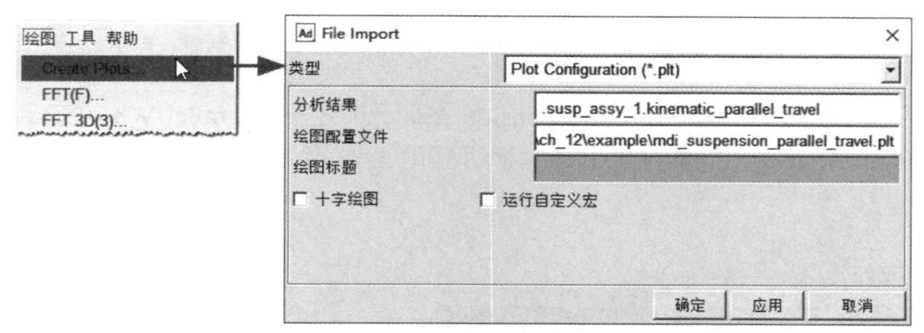

图 12-51　设置“File Import”对话框

（5）Adams Car 会基于配置文件绘制一系列曲线图，前束角与车轮跳动的关系如图 12-52 所示。

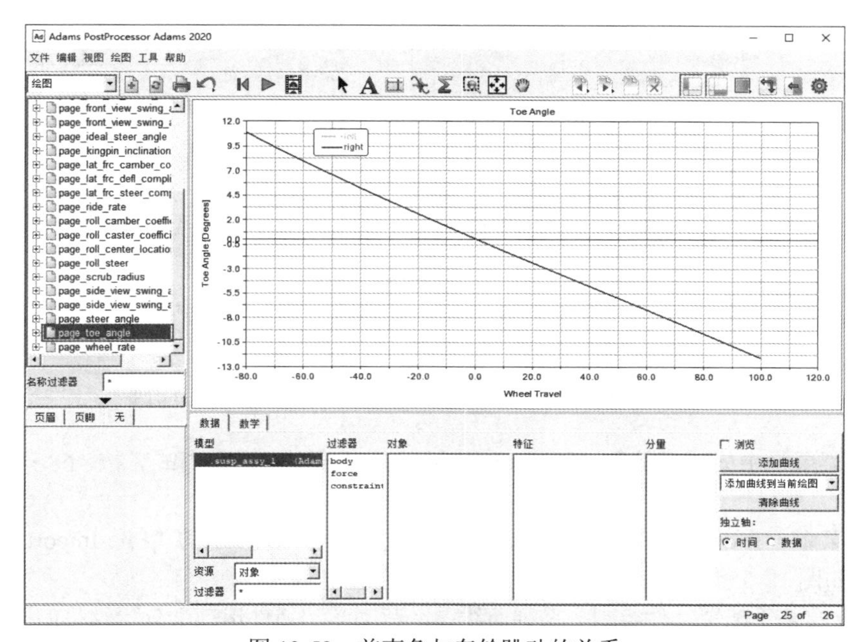

图 12-52　前束角与车轮跳动的关系

12.3.4 弹性运动学分析

（1）单击菜单栏中的“Adjust”→“Kinematic Toggle...”命令，在弹出的“Toggle Kinematic Mode”对话框中设置相关内容，如图 12-53 所示，单击“确定”按钮 确定 即可切换到弹性运动学模式。

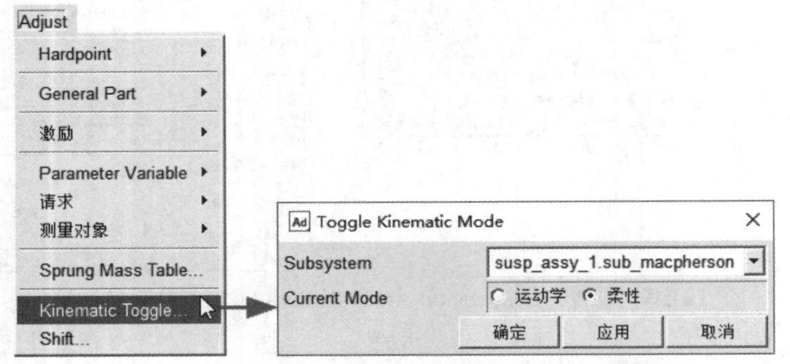

图 12-53　设置“Toggle Kinematic Mode”对话框

（2）单击菜单栏中的“仿真”→“Suspension Analysis”→“Parallel Wheel Travel...”命令，在弹出的“Suspension Analysis:Parallel Travel”对话框中设置相关内容，如图 12-54 所示，然后单击“确定”按钮 确定 。

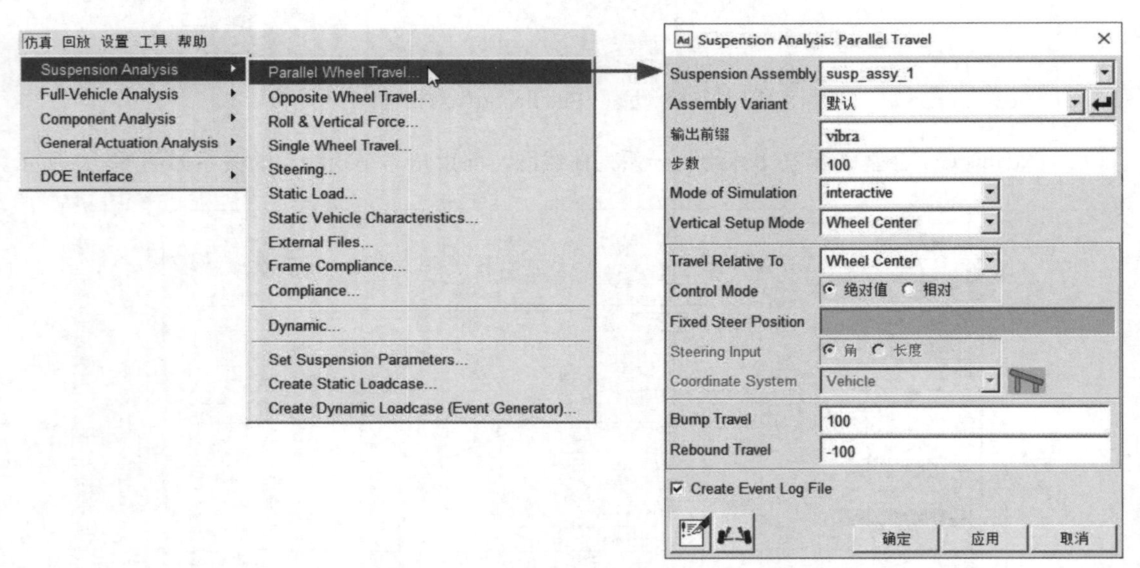

图 12-54　设置“Suspension Analysis: Parallel Travel”对话框

（3）单击菜单栏中的“回放”→“PostProcessing Window”命令，或者按 <F8> 键进入后处理模块。

（4）单击菜单栏中的“绘图”→“Create Plots...”命令，在弹出的“File Import”对话框中设置相关内容，如图 12-55 所示，然后单击“确定”按钮 确定 。

Adams Car 会基于配置文件绘制一系列曲线图，运动学和弹性运动学分析结果的比较如图 12-56 所示。

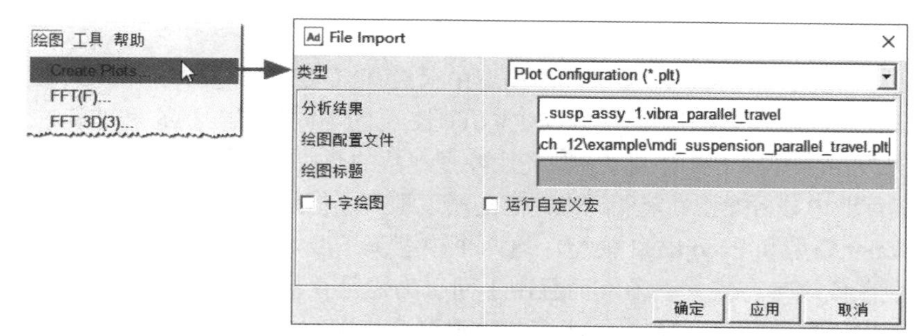

图 12-55　设置“File Import”对话框

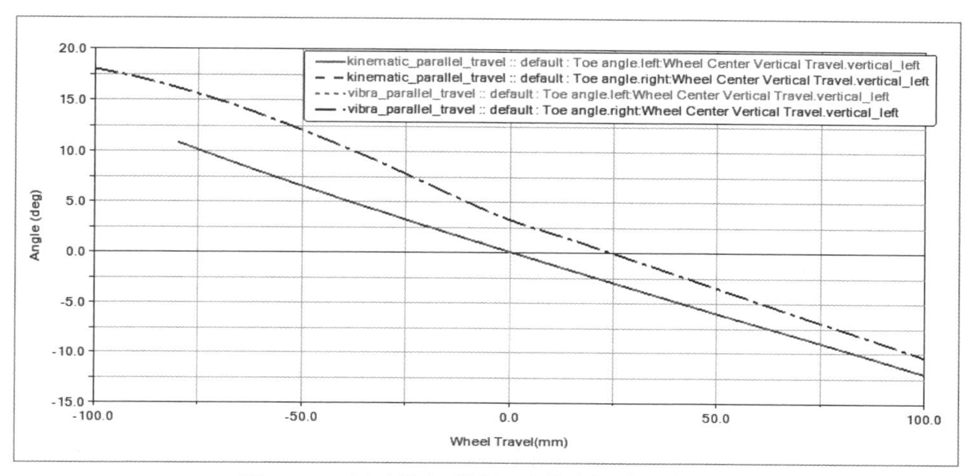

图 12-56　运动学和弹性运动学分析结果的比较

12.4　创建轮胎模型

轮胎是汽车的重要部件，轮胎的结构参数和力学特性决定汽车的主要行驶性能。除空气和重力外，几乎所有其他影响汽车运动的力和力矩都通过滚动的轮胎与地面的相互作用产生。轮胎所受的垂直力、纵向力、侧向力和回正力矩对汽车的平顺性、操纵稳定性和安全性起着重要作用。

在任何整车动力学模型中，轮胎模型的精确程度必须与车辆模型的精度相匹配。由于轮胎具有结构的复杂性和力学性能的非线性，如何选用符合实际又便于使用的轮胎模型仍是整车动力学模拟的关键问题。

12.4.1　Adams Tire 简介

在 Adams 里，Adams Tire（轮胎模型）既不是刚体也不是柔性体，而是一组数学函数。Adams Solver 通过 DIFSUB 和 GFOSUB 调用这些函数。

Adams Tire 分为以下两大类。

- 用于操稳分析的轮胎模型（Handling tire）。
- 用于耐久性分析的轮胎模型（Durability tire）。

用于操稳分析的轮胎模型包括以下内容。

（1）魔术公式轮胎（MF-tire）模型。该模型由荷兰TNO公司开发并提供技术支持，它完全支持STI1.4，包含稳态和非稳态的侧偏特性，根据仿真工况的不同可以在稳态和非稳态之间切换模型。TNO公司自己开发了一套用于拟合魔术公式轮胎模型参数的商业化软件MF-TOOLS。魔术公式轮胎模型已经成为汽车行业中分析操稳性能的标准。它的精度很高，但是其参数的拟合需要较多的试验数据。

（2）Pacejka89模型和Pacejka94模型。这两个模型基于魔术公式，但是是由海克斯康自己开发的。这两个模型在低速时有较大误差，而且由于回正力矩是直接拟合，即和侧向力没有关系，因此在存在大侧偏角时有较大误差，尤其是侧偏和纵滑联合工况。它们的主要区别在于Pacejka89模型采用的是Pacejka坐标系，Pacejka94模型采用的是SAE坐标系。

（3）Fiala模型。该模型是建立在弹性基础上的梁模型，不能考虑外倾，而且没有松弛长度。

（4）UA模型。该模型可以考虑外倾和松弛长度，在只需要几个参数的情况下，能够取得非常好的精度。

（5）5.2.1轮胎模型。该模型是Adams中的早期研发的轮胎模型。5.2.1是其版本号，现在已经很少使用。

上述模型均使用点接触模型，轮胎在任何时候只有一个点与地面相互作用，即并不是真实地求解轮胎和地面的接触问题，只能用于二维路面。

在Adams Tire中用于耐久性分析的轮胎（Durability Tire）模型是三维接触模型（3D contact model）。它考虑了轮胎胎侧截面的几何形状，并把轮胎沿着轮胎宽度方向离散，用等效贯穿体积的方法来计算垂直力，可以用于三维路面。该模型需要一个单独的许可证，但是如果用户只购买Durability tire软件，将只能用Fiala模型计算操稳。

除了上述两类模型之外，Adams Tire还包括FTire模型和SWIFT模型。

FTire（Flexible ring Tire）模型是由德国Esslingen大学的Michael Gipser领导小组开发的。从名称可以看出它是基于柔性环模型的，从本质来说它是一个物理模型，柔性是指与刚性相对。

如图12-57所示为轮胎的环模型。将轮胎简化为FTire模型有其结构上的原因，现代轮胎基本上为子午线轮胎。从结构上来看，子午线轮胎是由高强度周向布置的带束和子午线方向布置的胎体构成。因此作为一种近似，可将其简化为弹性基础上的圆环进行分析。其中，环代表胎冠部分，弹性基础（由径向和周向弹簧代表）表示胎侧和充气效应。圆环和刚性轮毂之间由弹簧连接。

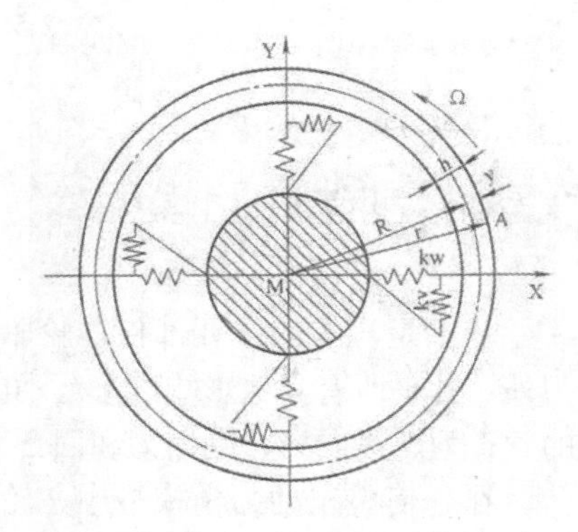

图12-57　轮胎的环模型

SWIFT（Short Wave Intermediate Frequency Tire）模型是由荷兰Delft工业大学和TNO公司联合开发的。它是一个刚性环模型，所谓刚性是指在环模型的基础上只考虑轮胎的0阶转动和1阶错动这两阶模态，此时轮胎只作整体的刚体运动而并不发生变形。在只关心轮胎的中低频特性时，这样是可以满足要求的。由于不需要计算胎体的变形，刚性环模型的计算效率大大提高，可以用于硬件在环仿真进行主动悬架和ABS（Antilock Braking System）的开发。在处理面外动力学问题时，SWIFT模型使用了魔术公式，因此可以用于研究一些复杂的工况，例如不平路面的侧偏和ABS制动。在处理轮胎与地面的接触问题时，SWIFT模型采用了等效路形的方法。SWIFT模型所用的等效路形是由一个专门的包容模型计算出来的。所以，SWIFT模型要自带一个包容模型来提供等效路形，这也是它的缺点之一。

12.4.2 轮胎模型的选择

由于轮胎结构和材料的复杂性和非线性，以及使用工况的多样性，目前还没有一个轮胎模型适用于所有工况的仿真。每个轮胎模型都有其优点和缺点，也有其适用的范围。如果轮胎模型选择不正确，即超出了其适用的范围，就无法得到正确的结果。

下面给出几种常用轮胎模型的特点及适用范围。

（1）MF-Tire 模型。这是目前 Adams Tire 中描述稳态和非稳态侧偏精度最好的模型。采用的是国际标准组织（International Standards Organization，ISO）定义的车体坐标系，它考虑了轮胎高速旋转时的陀螺耦合、侧偏和纵滑的相互影响，以及外倾对侧偏和纵滑的影响。其有效频率可达到 8Hz，只能用于平路面（路面起伏的波长必须大于轮胎的周长）。

（2）UA 模型。MF-Tire 的参数获取所需费用非常昂贵，一套参数的试验和拟合费用在 20 万元左右。UA 模型是目前使用较多的模型，它采用的是 SAE（Society of Automotive Engineers）汽车工程师协会定义的车体坐标系，考虑了非稳态效果、侧偏和纵滑的相互影响（通过摩擦椭圆考虑的），以及外倾，但不能计算翻倒力矩（即绕轮胎前进方向的力矩）。

（3）FTire 模型。与经验 - 半经验模型不同，FTire 是物理模型。只要模型参数正确，就能够用于面内和面外的工况，它使用的是 ISO 坐标系。其有效频率可达到 120Hz，可以用于短波不平路面，即障碍物的尺寸小于轮胎的印迹。

（4）SWIFT 模型。与 FTire 相似，它使用的是 ISO 坐标系。其有效频率可达到 60Hz，可以用于短波不平路面。

（5）PAC89 和 PAC94。这两个模型都是稳态侧偏模型，不能用于非稳态工况，有效频率可到 0.5Hz，只能用于水平路面。

12.4.3 Adams Tire 的使用

在了解如何使用 Adams Tire 之前，应当首先了解在 Adams 中，轮胎模型是如何工作的。

首先，Adams Solver 读取“.adm”文件，找到和轮胎有关的信息后就调用 Adams Tire。Adams Tire 会搜索轮胎特性文件（.tir）和路面特性文件，读入轮胎模型参数并保存在静态内存中。轮胎模型会读取路面特性文件。上述过程即所谓的初始化过程。

在仿真过程中，轮胎模型会调用路面模型，获取轮胎与地面的接触点以及摩擦系数，计算与地面相互作用产生的力和力矩，并把结果作用于轴头，同时生成用于后处理的结果文件。

用户可以使用 Adams Tire 提供的轮胎模型，也可以自己创建轮胎模型。关于如何创建用户自己的轮胎模型，可以参见帮助手册。

使用 Adams Tire 中的轮胎模型的操作步骤如下。

（1）定义轮胎。在不同的产品中创建轮胎的方式是不同的。但无论是什么产品，都会生成一个 Adams Solver 文件（.adm），它包含了必要的“statement”（语句）来描述轮胎。描述每个轮胎模型最基本的“statement”是“GFORCE”，它描述了作用于轮轴的力。

（2）指定轮胎特性文件。轮胎特性文件指定了使用 Adams Tire 中的哪种轮胎模型。该文件包含生成轮胎力和力矩所需的参数。在“.adm”文件中包含一个字符串“statement”，以指向该特性文件。

（3）指定路面特性文件。路面特性文件包含的数据用于指定路形和摩擦系数。在“.adm”文件中包含了一个字符串“statement”，以指向该特性文件。

12.4.4 创建车轮模板

在 Adams Car 中建模时，只有从模板出发才能与轮胎模型建立联系。这个模板就是车轮模板（wheel）。在下面的实例中将创建车轮模板，并对其进行测试。由于读者已经有了创建麦弗逊式悬架模板的经验，这里并未给出所有的操作步骤。

（1）创建模板。启动 Adams Car，进入 Template Builder 模式。单击菜单栏中的“文件”→“新建”→“Template”命令，弹出“New Template”对话框，按图 12-58 所示设置参数，然后单击“确定”按钮 确定 。

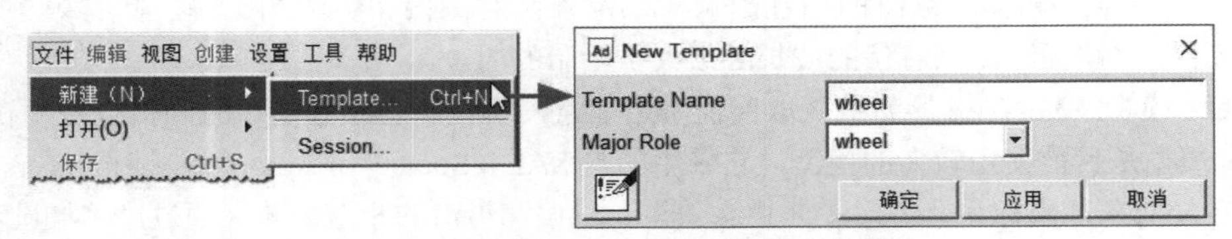

图 12-58 设置“New Template”对话框

（2）创建通讯器。创建两个“实体”选项为“parameter real”的（左侧 / 右侧）输入通讯器，名称分别为“toe_angle”和“camber_angle”，如图 12-59 所示。

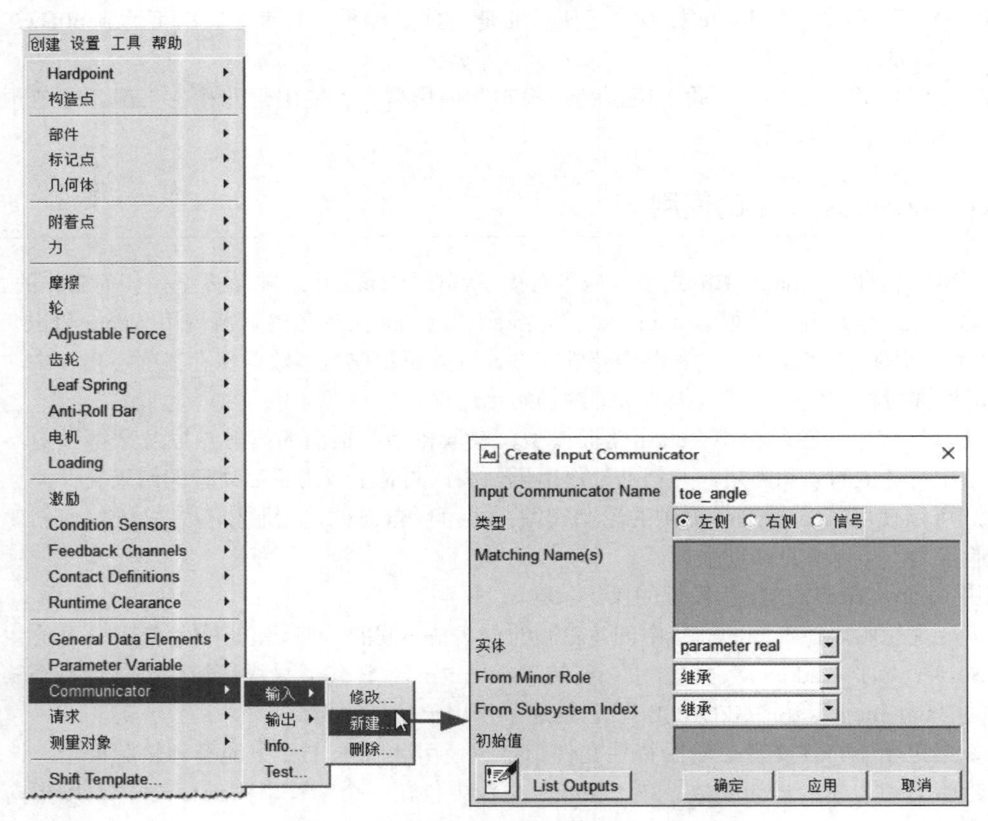

图 12-59 创建 toe_angle 输入通讯器

创建一个“实体”选项为“location”的（左侧 / 右侧）输入通讯器，名称为“wheel_center”，

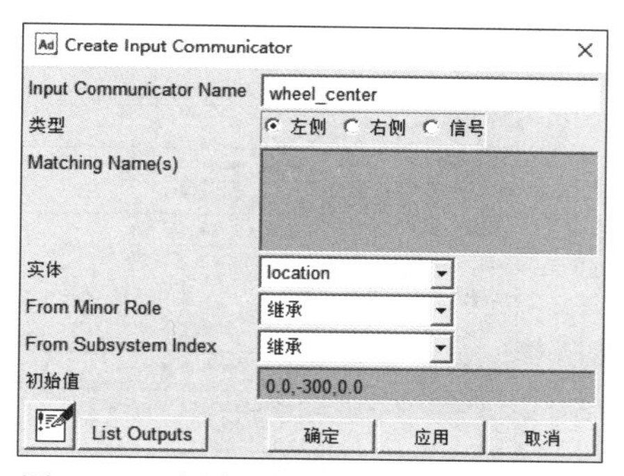

图 12-60　创建 wheel_center 输入通讯器

它的作用是接收轮心的位置，即把车轮放在悬架模板指定的位置。最好在创建时设定一个初值，例如 (0.0, –300, 0.0)，如图 12-60 所示。

（3）创建架构和座架部件。创建一个（左侧 / 右侧）架构，用来指定车轮的旋转轴，名称为“wheel_center”。该架构的定位将用输入通讯器“wheel_center”，它的方位将用两个输入通讯器“toe_angle”和“camber_angle”来确定，如图 12-61 所示。

接着创建一个名称为“wheel_to_susp”的座架部件。其坐标参考为上一步创建的“Construction Frame”和“wheel_center”，如图 12-62 所示。

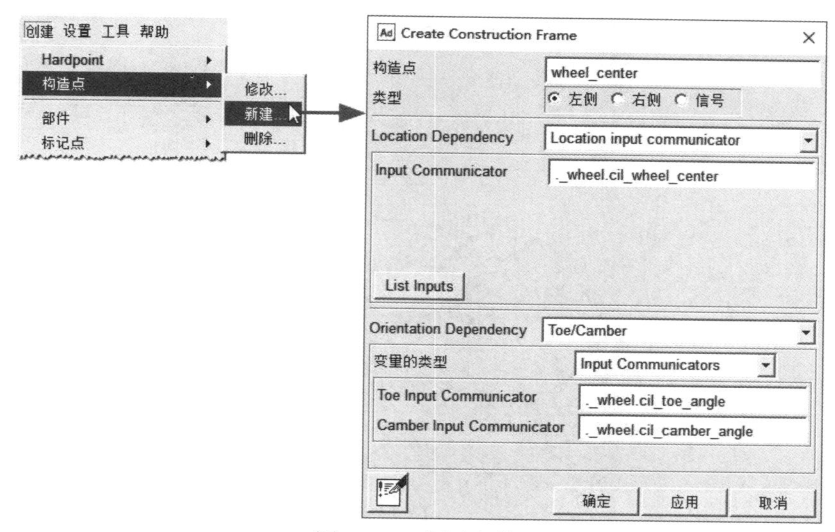

图 12-61　创建架构

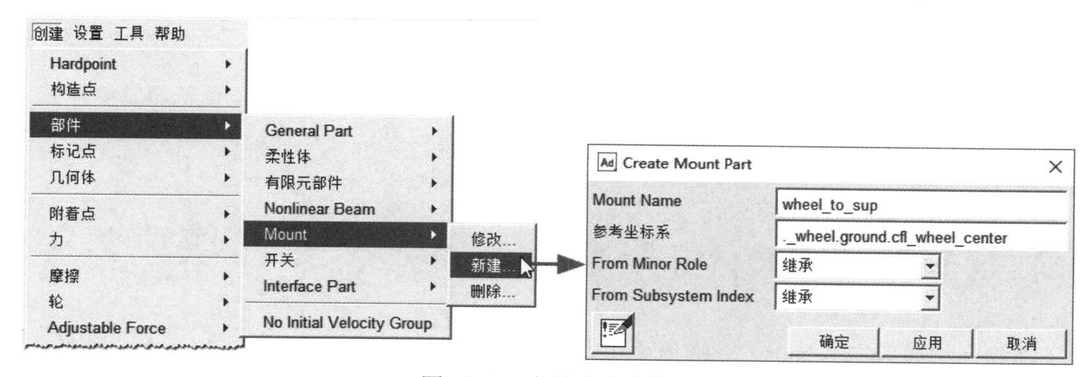

图 12-62　创建座架部件

（4）创建车轮部件。单击菜单栏中的“创建”→“轮”→“新建 ...”命令，弹出对话框按图 12-63 所示设置系数。在车轮部件和上一步创建的座架部件之间创建固定铰，位置为“_wheel.ground.cfl_wheel_center”，如图 12-64 所示，单击“确定”按钮 确定 ，得到如图 12-65 所示的车轮部件模型。

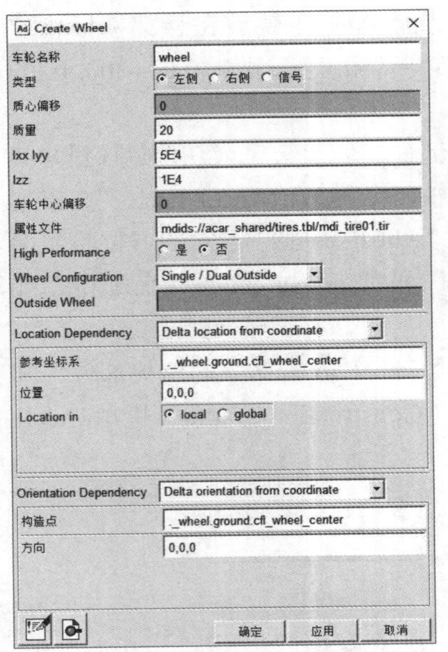

图 12-63　创建车轮

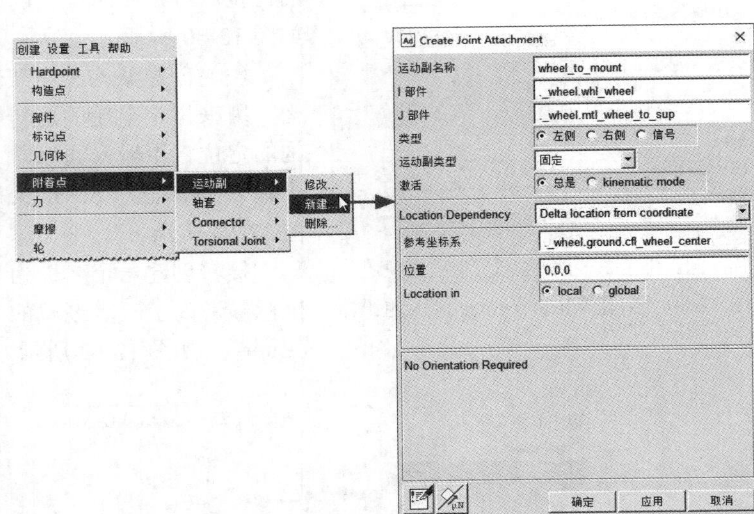

图 12-64　创建固定铰

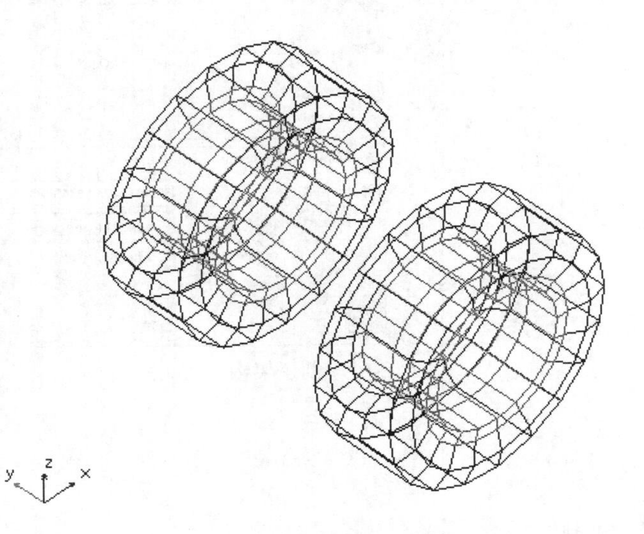

图 12-65　车轮部件模型

12.5　整车动力学仿真分析

下面将介绍如何在 Adams Car 环境中进行整车的动力学仿真。在 Adams Car 中，整车模型必须包含如下子系统。

- 前后悬架。
- 转向系统。
- 前后轮胎。
- 车身（刚性或柔性）。

此外，Adams Car 还会包含一个试验台。在开环、闭环和准静态分析中必须选择“_MDI_SDI_TESTRIG”。用户可以在整车模型中添加其他的子系统，如制动器子系统、动力总成等。下面通过 3 个实例说明如何进行整车动力学仿真。

12.5.1 单移线

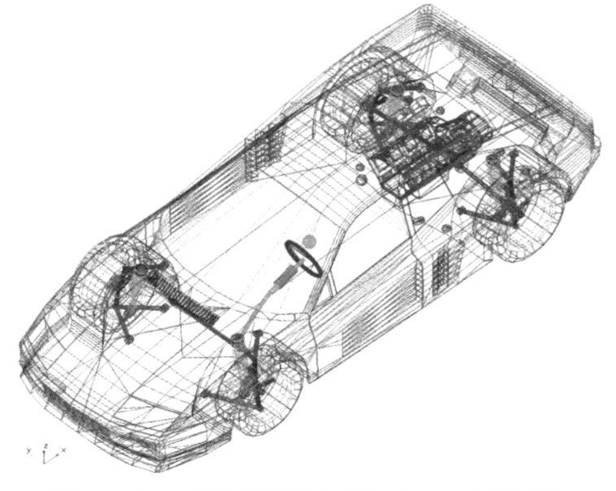

图 12-66　整车模型 MDI_Demo_Vehicle

（1）启动 Adams Car，进入 Standard Interface 模式。

（2）单击菜单栏中的“文件”→“打开”→“Assembly”命令，在弹出对话框的“Assembly Name”文本框中右击，在弹出的快捷菜单中单击“浏览”→“shared_car_database.cdb”→“MDI_Demo_Vehicle.asy”命令。

（3）单击“确定”按钮 确定 ，打开整车模型如图 12-66 所示。

（4）单击菜单栏中的“仿真”→“Full-Vehicle Analysis”→“Open-Loop Steering Events”→“Single Lane Change...”命令，在弹出对话框中设置相关内容，如图 12-67 所示，单击“确定”按钮 确定 。

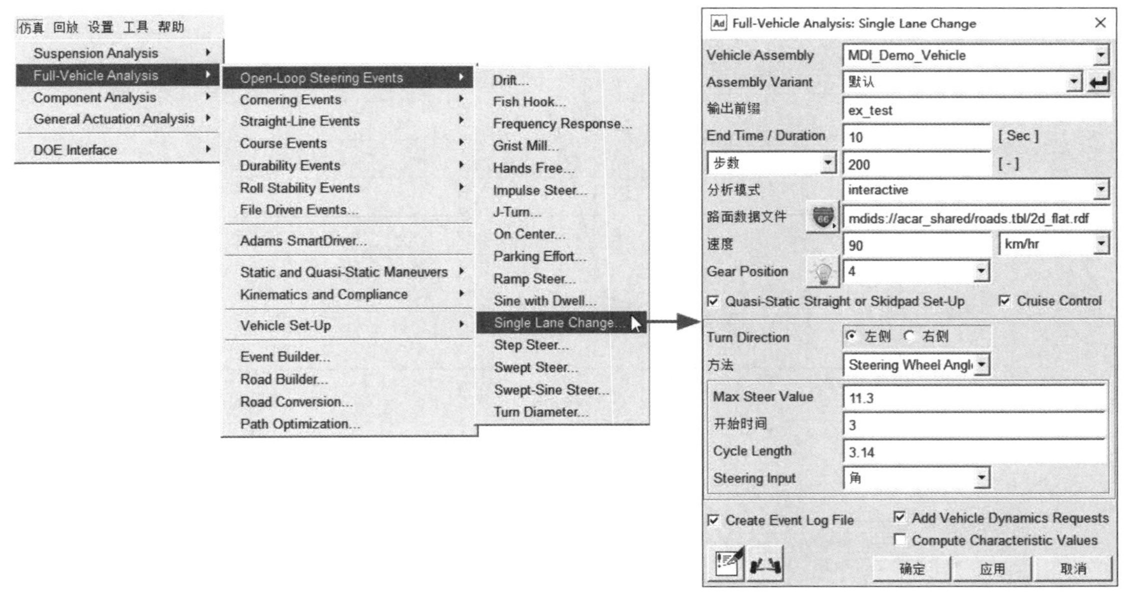

图 12-67　设置单移线仿真参数

（5）Adams Car 求解。在求解过程中首先根据特征文件更新力元，包括弹簧和阻尼器。作为整车模型的一部分，驾驶员试验台会按照设定的输入对整车施加输入。在这里输入的是转向盘转角，仿真结束后单击“关闭”按钮。

单移线（Single Lane Change）试验方法是研究汽车超车时瞬态闭环响应特性的一种重要试验方法，由于闭环试验的复杂性，实际中常用单正弦角代替，从而排除驾驶员主观因素的影响。一般让汽车以最高车速的 70%（或 90km/h）直线行驶，然后给方向盘一个正弦转角输入，同时记录汽车的横摆角速度、车身侧倾角、侧向加速度、质心轨迹等值。在单移线仿真中首先要考察的是车身的侧向加速度和车身的侧倾角。当有试验数据来验证模型时，这两项是考察模型正确与否的重要指标。

（6）根据换道要求，仿真中汽车以 90km/h 的初始车速进行单移线输入试验仿真。正弦周期为 3.14s，方向盘最大转角为 11.3°。

单击菜单栏中的“回放”→“PostProcessing Window”命令，或者按 <F8> 键进入后处理模块，具体仿真结果如图 12-68 ～图 12-75 所示。

仿真结果表明正弦输入可以较好地表达单移线试验，该车在换道试验中有较好的操控特性。

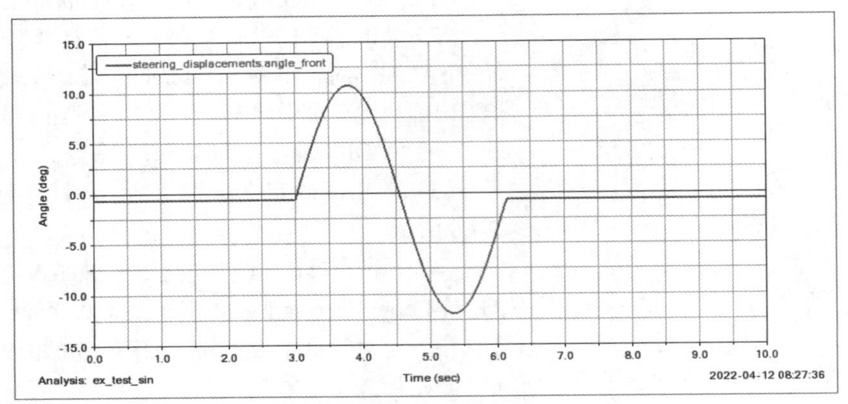

图 12-68　方向盘转角响应

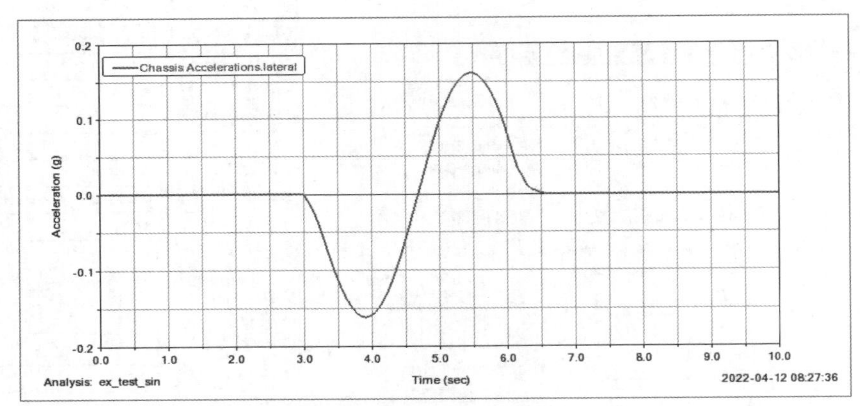

图 12-69　侧向加速度响应

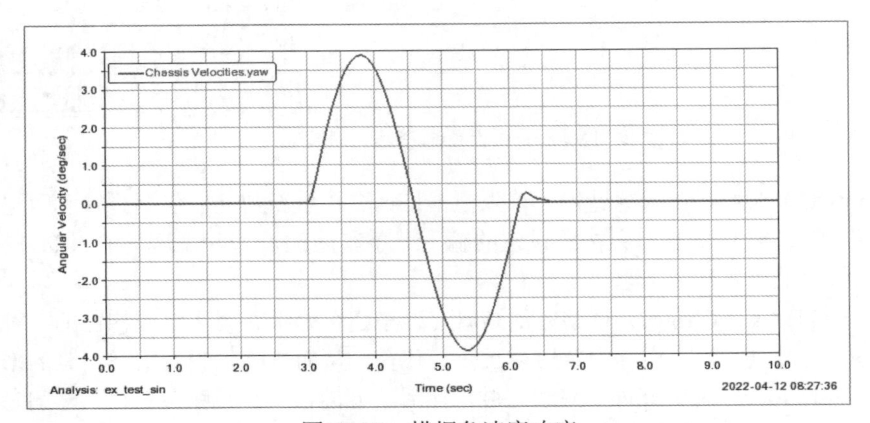

图 12-70　横摆角速度响应

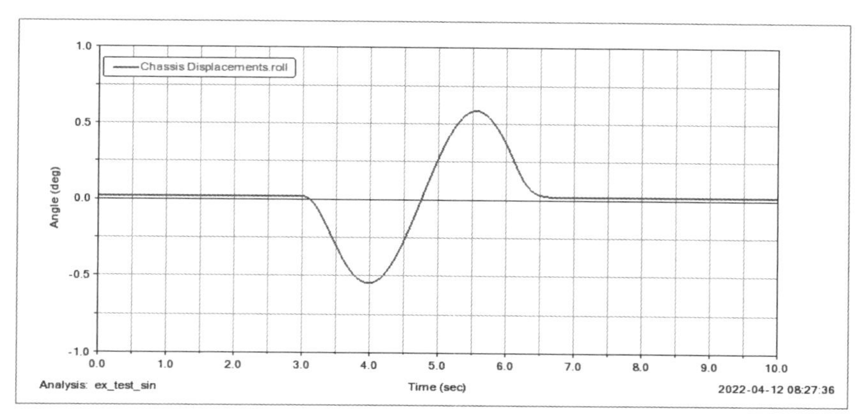

图 12-71　侧倾角响应

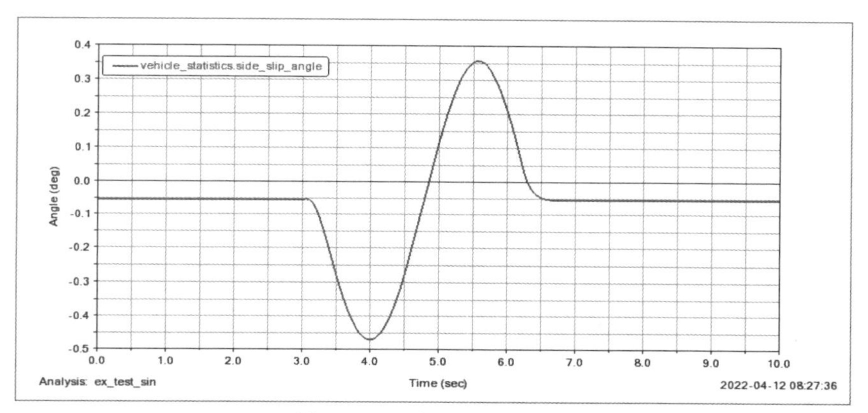

图 12-72　质心侧偏角响应

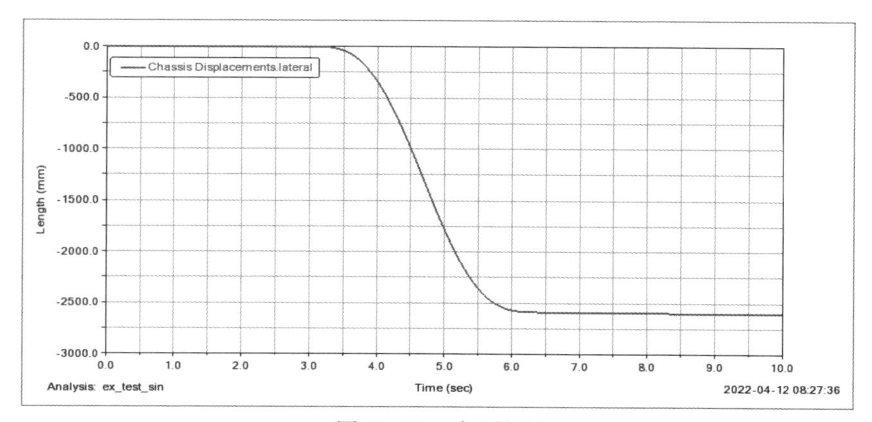

图 12-73　质心轨迹

（7）以车身的侧向加速度为横坐标，考察车的方向盘转角，得到的方向盘转角 - 侧向加速度图如图 12-76 所示。

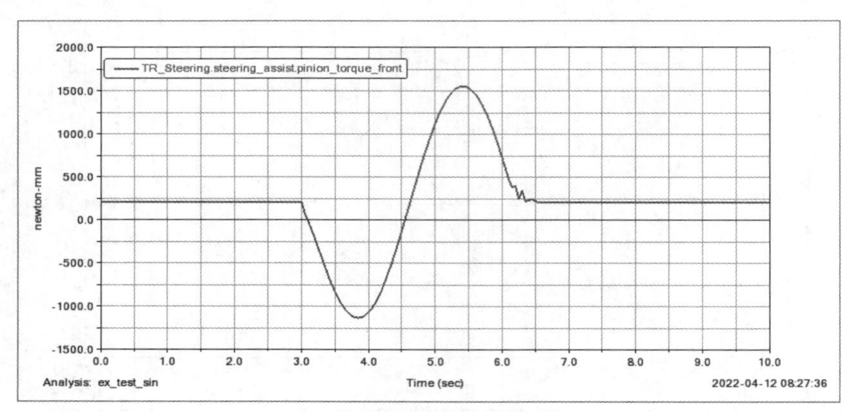

图 12-74　方向盘力矩

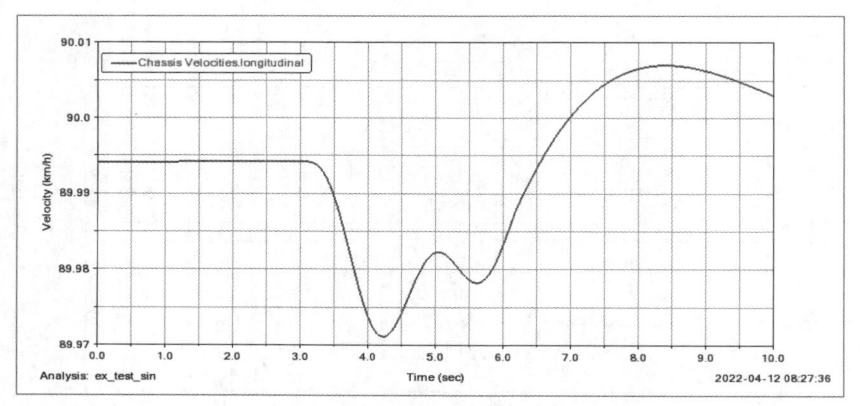

图 12-75　车速

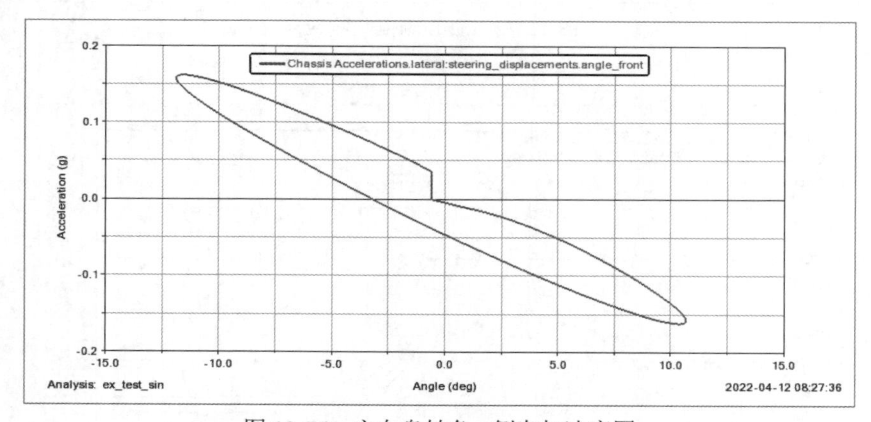

图 12-76　方向盘转角 - 侧向加速度图

12.5.2　常半径转向

在本实例中将进行常半径转向（Constant Radius Cornering），这是在操稳分析中使用得最多的分析，通过它来检验整车的不足和过多的转向特性。在分析过程中保持转弯半径不变，改变车速，从而得到不同的侧向加速度。所谓的“Quasi-Static”是指在每一个积分步长，整车系统是通过力 - 力矩方法来平衡静态力，即使用的是“Static”求解器，这样相对于动态分析计算速度更快，但是没有考虑动态效果，例如换档带来的冲击（车速不是不断增加的）。仿真工况则是通过 CONSUB 实现的。具体操作步骤如下。

（1）单击菜单栏中的“文件”→“打开”→“Assembly”命令，在弹出对话框的“Assembly Name”文本框中右击，在弹出的快捷菜单中单击“浏览”→“shared_car_database.cdb”→“MDI_Demo_Vehicle.asy”命令，单击“确定”按钮 确定。

（2）单击菜单栏中的“仿真”→“Full-Vehicle Analysis”→“Cornering Events”→“Constant Radius Cornering”命令，在弹出的对话框中按照图 12-77 所示进行设定，单击“确定”按钮 确定。

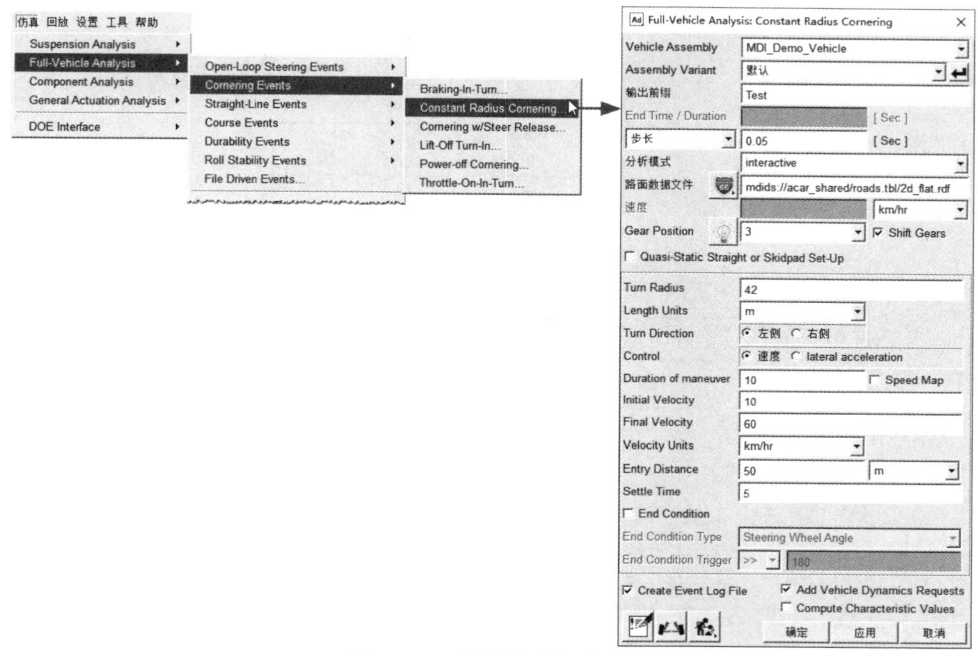

图 12-77　设置常半径转向

（3）Adams Car 开始求解，仿真结束后单击“关闭”按钮 关闭。

（4）进入 Adams PostProcessing 查看分析结果。

本实例是模拟汽车以 10km/h 的初始车速直线行驶 50m 后，进入半径为 42m 的圆周上行驶，并由初始车速 10km/h 加速到车速 60km/h，其具体仿真结果如图 12-78 ～图 12-86 所示。

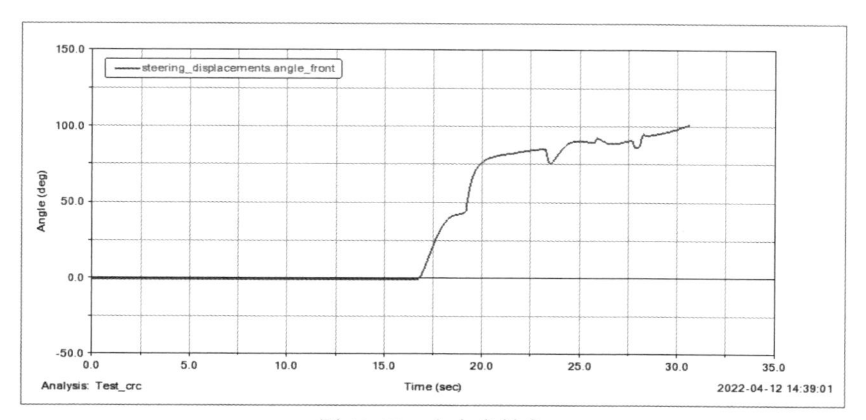

图 12-78　方向盘转角

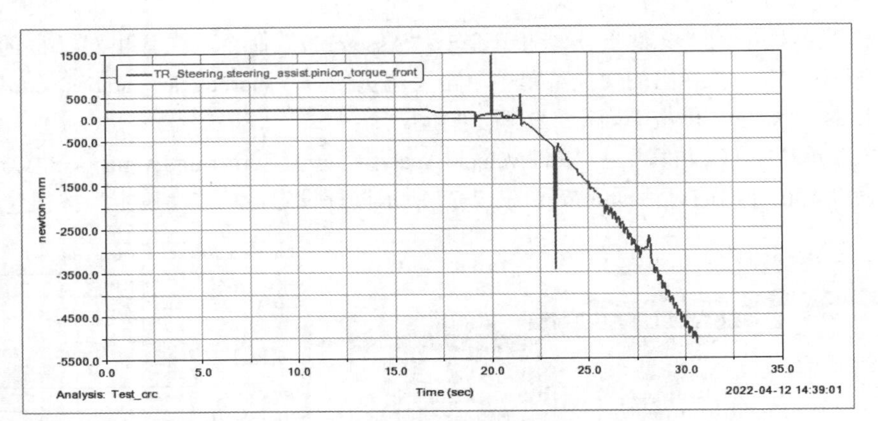

图 12-79　方向盘转矩

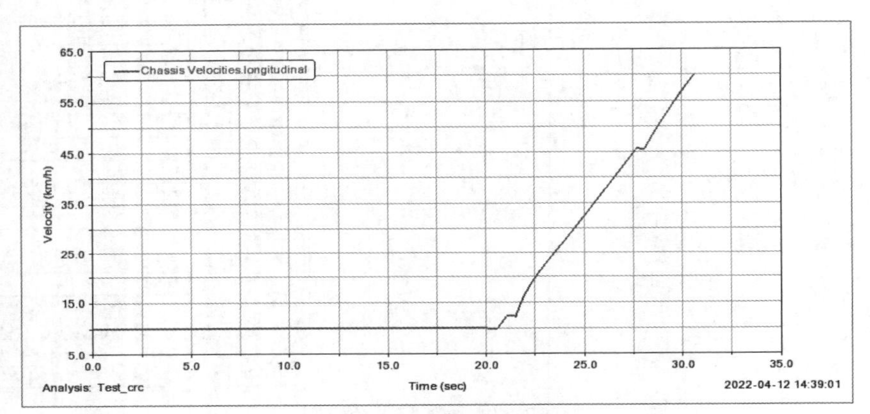

图 12-80　车速

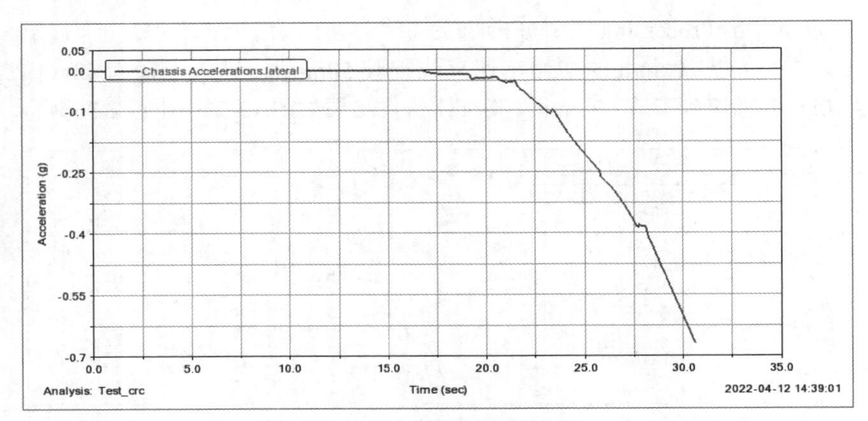

图 12-81　侧向加速度响应

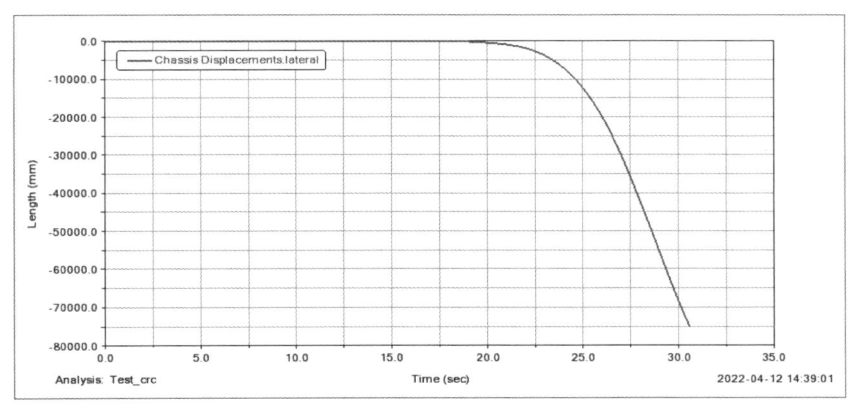

图 12-82　质心轨迹

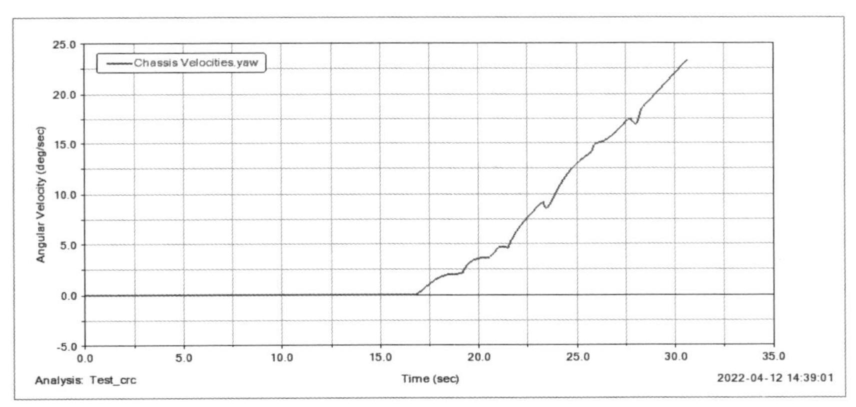

图 12-83　横摆角速度响应

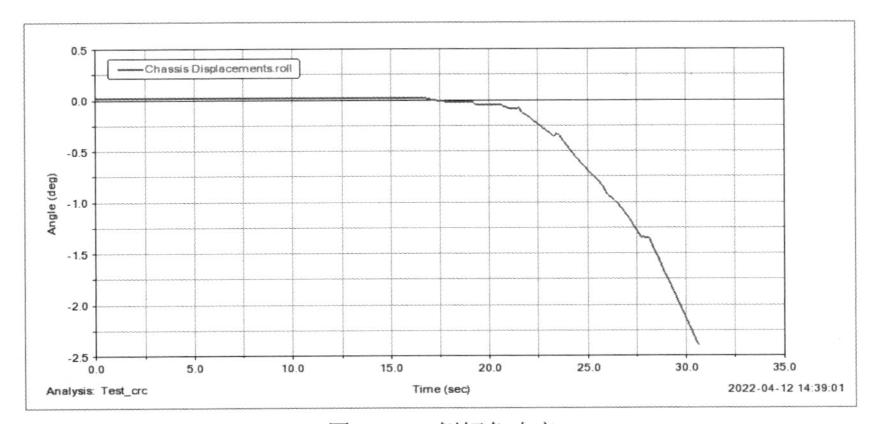

图 12-84　侧倾角响应

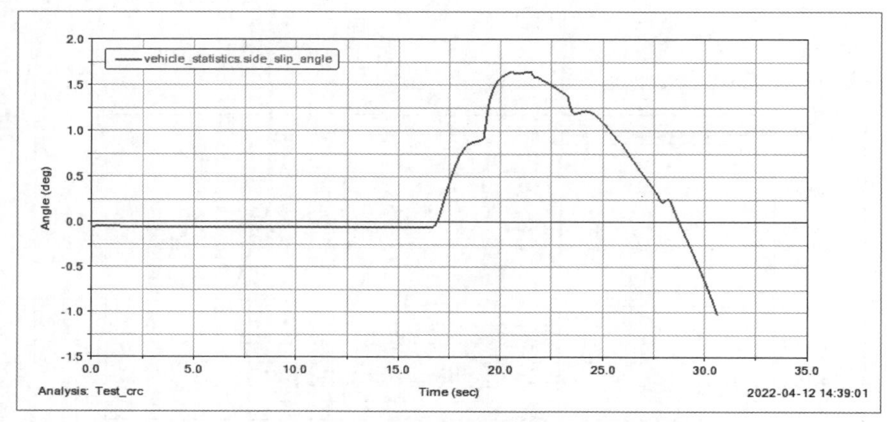

图 12-85　质心侧偏角响应

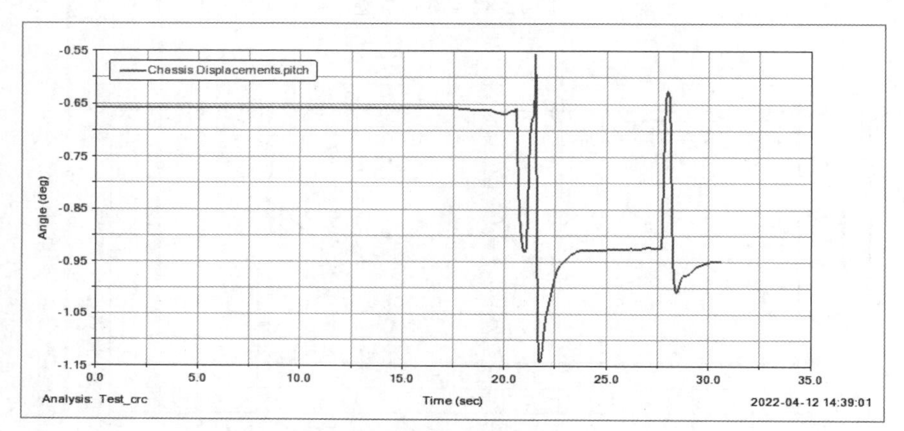

图 12-86　车身俯仰角

12.5.3　双移线仿真

在本实例中将进行双移线仿真，即车辆按照 ISO 3888 规定的路径进行仿真。该分析属于操稳的极限工况，分析车辆在紧急避障时，侧翻的可能路径控制是通过驱动样机实现的，有两个控制器，一个纵向，一个侧向，分别控制车辆的速度和路径。Adams Car 通过一个外部文件“iso_lane_change.dcd”来定义车辆的路径。具体操作步骤如下。

（1）单击菜单栏中的“文件”→“打开”→“Assembly”命令，在弹出对话框的“Assembly Name”文本框中右击，在弹出的快捷菜单中单击“浏览”→“shared_car_database.cdb”→“MDI_Demo_Vehicle.asy”命令，然后单击“确定”按钮 确定。

（2）单击菜单栏中的“仿真”→“Full-Vehicle Analysis”→“Course Events”→“Double Lane Change...”命令，在弹出的对话框中设置相关内容，如图 12-87 所示，然后单击“确定”按钮 确定。

（3）Adams Car 开始求解，仿真结束后单击“关闭”按钮 关闭，进入 Adams PostProcessing 查看分析结果。

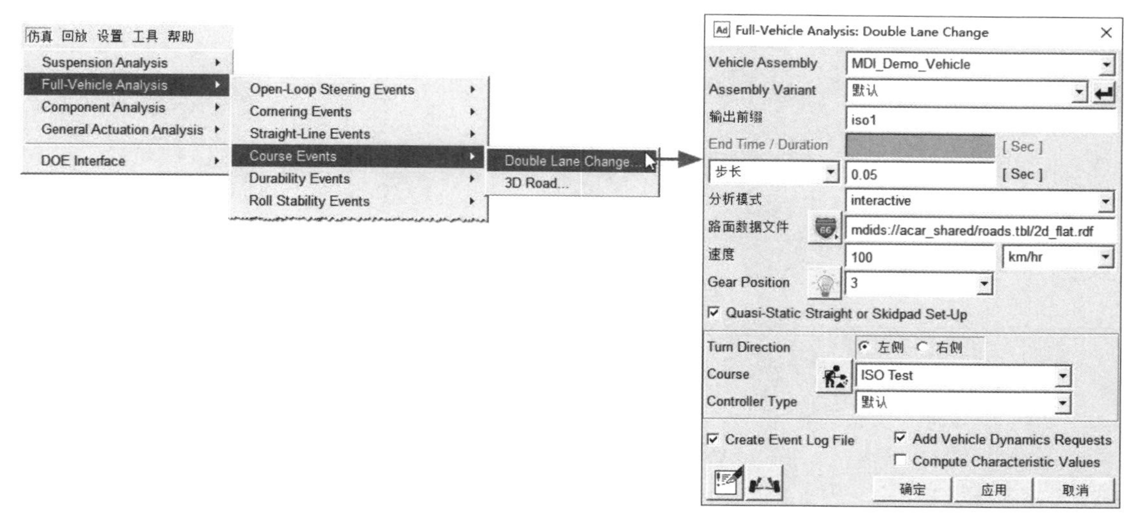

图 12-87　设置双移线仿真参数

（4）单击菜单栏中的“绘图”→“Create Plots...”命令，在弹出的“File Import”对话框中设置相关内容，如图 12-88 所示，鼠标左键单击“确定”按钮 确定 。

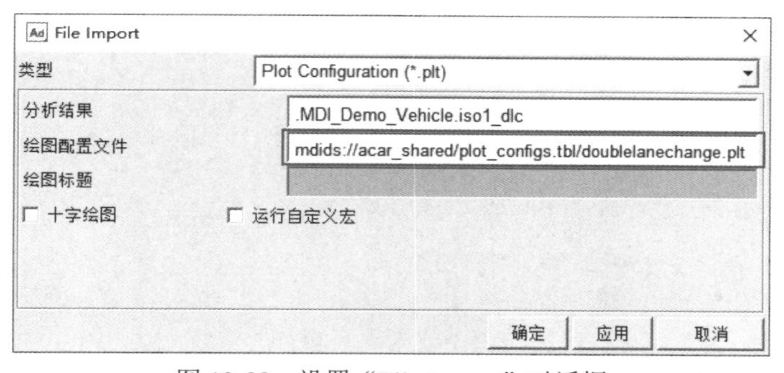

图 12-88　设置“File Import”对话框

（5）Adams Car 会基于配置文件生成一系列绘图，如图 12-89 所示。

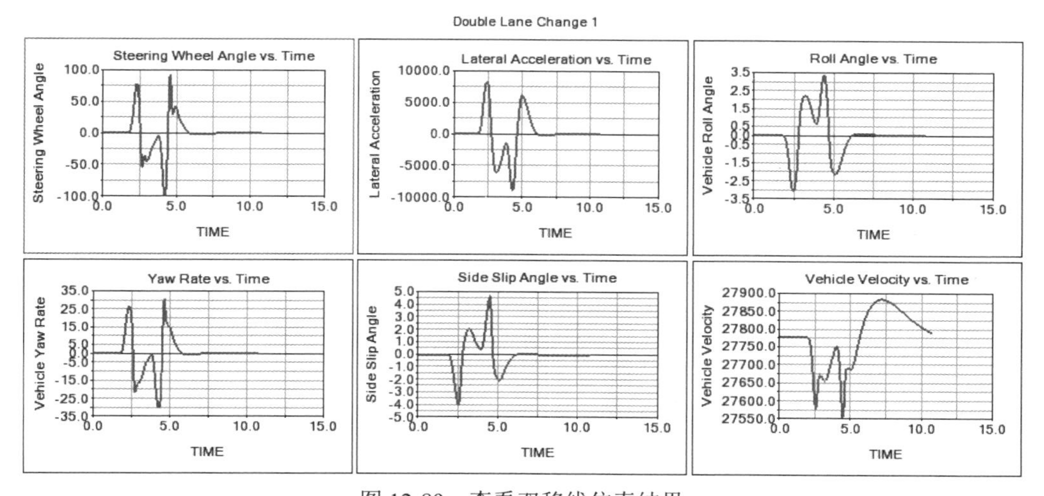

图 12-89　查看双移线仿真结果

第三篇

工具箱篇

本篇主要介绍 Adams 2020 的一些特殊应用工具箱，包括高级齿轮工具箱、钢板弹簧工具箱、履带工具箱、机械工具箱四大常用工具箱。

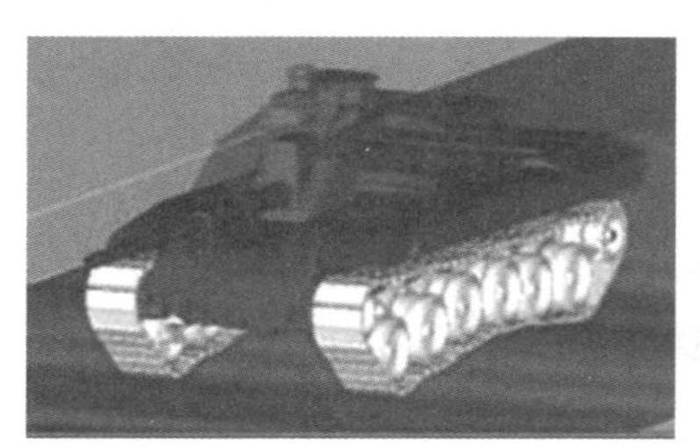

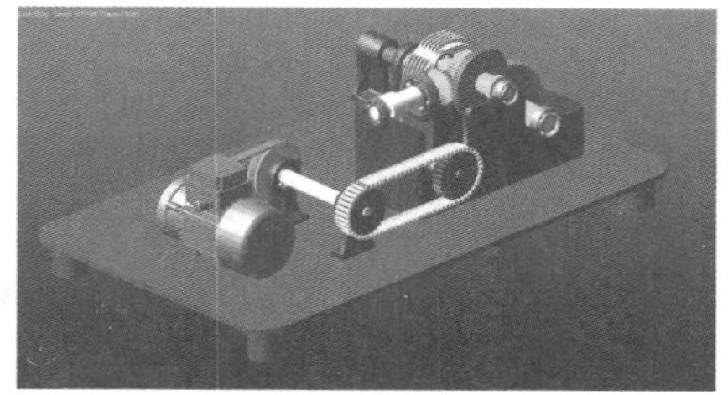

第 13 章 高级齿轮工具箱

【内容指南】

本章主要介绍高级齿轮工具箱的应用。首先对 Gear AT 进行介绍，然后以圆柱齿轮为例介绍如何定义齿轮几何模型，最后以一个斜齿齿轮副动力学仿真实例，使读者更直接地学习高级齿轮工具箱的应用。

【知识重点】

- 高级齿轮生成器。
- 斜齿齿轮副动力学仿真。

13.1 齿轮分析模块简介

齿轮是指轮缘上有齿轮连续且啮合传递运动和动力的机械元件。它是机械系统中常用的传动部件，且已被标准化和系列化。齿轮传动是指由齿轮副传递运动和动力，它是现代各种设备中应用较广泛的一种机械传动方式。它的传动比较准确，效率高，结构紧凑，工作可靠，寿命长，在现代工业中得到了普遍使用。典型的齿轮传动系如图 13-1 所示。

图 13-1 典型齿轮传动系

Adams 对齿轮传动提供了不同详细程度的分析方式和仿真工具。

齿轮传动是靠齿和齿的啮合来实现的，由于实际使用中轮齿啮合之间存在间隙，这样就必然使得啮合传动会产生噪声。从数学角度来说，这是个非线性的问题；从形式上来说，这个啮合力是动态变化的。啮合力的动态性对轮齿的疲劳、失效有着巨大的影响。

从齿轮的几何学角度来看，有摆线齿廓、渐开线齿廓以及圆弧齿廓等众多类型，它们在齿与齿啮合时效果各异，其中渐开线式齿廓的齿轮目前应用较为广泛。齿轮的变位系数在优化齿轮传动以及方便装配等方面都有好处。轮齿修形也是对传动稳定性有巨大影响的一个重要因素。

考虑齿轮间的啮合力、变位系数以及轮齿修形时，使用 Adams 的插件工具 Gear AT 可以实现各种齿轮传动形式的建模及啮合力的相关参数设置。

13.2 高级齿轮生成器

Adams 的机械工具箱中齿轮创建包括两种方式，分别为齿轮传动分析工具模块（Adams Machinery Gear）以及高级齿轮生成器（Gear AT），Gear AT 是 Adams 的一个齿轮模块，其基于多体理论和有限元理论，用于齿轮的几何建模和啮合力的创建。图 13-2 所示为使用 Adams Gear AT 的数据流程图。

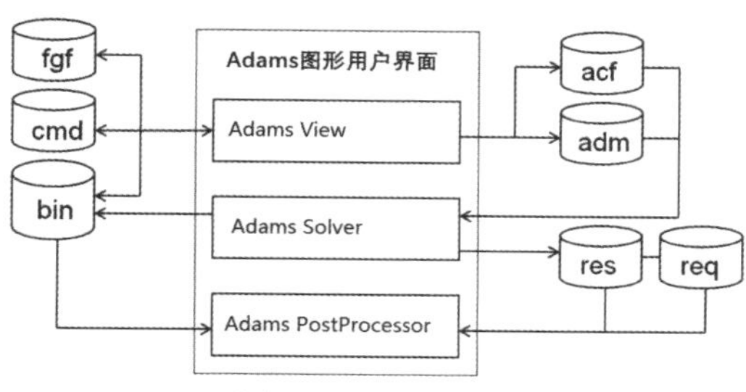

图 13-2　数据流程

Gear AT 是高级齿轮仿真分析模块，作为 Adams 的一个插件与其集成为一体。用户使用高级齿轮仿真分析模块，可以在 Adams 的动力学仿真环境中完成完整的传动系设计及高保真的系统仿真分析，包括详细的齿轮和轴承的建模及优化。

设计人员可以通过此仿真模块设计出性能最优的传动系，可以同步接收并考虑齿轮和轴承上的位移、变形和应力的信息，因为许多模型包含柔性体和相互作用的部件总成。用户还可以任意简化总成来加速计算和评估控制系统的优劣。利用 Gear AT 可完成的工作如下。

- 直齿、螺旋齿等各种内外啮合齿轮的建模与仿真。
- 高级的齿轮接触算法可以计算不同齿形上的载荷分布接触情况，使用微小修正法，结合柔性体可以考虑轮距和不对齐情况，与系统总成集成。
- 可以生成基于已建标准的大量数据和动画，帮助工程人员评估传动系设计的好坏。

齿轮的属性参数存储在 *.fgf 文件中，而 Adams 的模型输入文件为 *.cmd 或 *.bin 文件。在图形界面交互模式下，用户可以直接调用 Adams Solver 和 Adams PostProcessor，当然用户也可以以后台方式提交任务，这时要使用 *.acf 和 *.adm 文件。仿真结束后，结果数据存储到 *.bin、*.req 和 *.res 文件中，在 Adams PostProcessor 界面下可查看各种数据曲线。

Gear AT 的输入仅限于齿轮设计的通用工程数据，如模块、编号齿数、宽度、螺旋角等。齿轮的轮廓由 Gear AT 创建。存储所有输入数据和（或）从 *.fgf 文件和 *.pro 文件检索。

在 Adams 中，齿轮接触力都是通过齿面间的接触解来计算的解（运动学、准静态、动力学、线性）。Gear AT 为刚性到刚性或用于柔性到柔性接触和预先计算的快速与齿轮接触。在 Adams 中，柔性接触算法基于 MSC Nastran 的有限元建模，具有很高的性能。所有与轮齿柔性相关的 MSC Nastran 的分析结果都存储在 CGP（弹性齿轮特性）文件中。

在全柔轮模型中，轮体刚度与活齿刚度相结合，在 Adams Flex 中实现的基于模态柔度的分析方案。接触算法支持常用的微观几何。在柔性接触力预处理阶段中，利用柔性齿建模方法，在模拟阶段具有较高的建模效率和运算效率。

13.2.1 启动 Gear AT

Adams View 中的 Gear AT 包括圆柱齿轮、斜面 / 准双曲面齿轮、涡轮和导螺杆。根据创建模型的不同需求选择需要的命令。

1. 加载 Gear AT 插件

（1）安装插件。首先安装 Gear AT 插件，Gear AT 插件安装时需要选择对应的 Patran 和 Adams 版本，并且安装完毕后会在桌面上生成一个快捷方式，如图 13-3 所示。因此用户可以直接双击这一快捷方式，将 Adams View 和 Gear AT 一同启动。

图 13-3　Gear AT 快捷方式

（2）启动插件，单击菜单栏中的“工具”→“插件管理器”，加载 Gear AT，如图 13-4 所示。

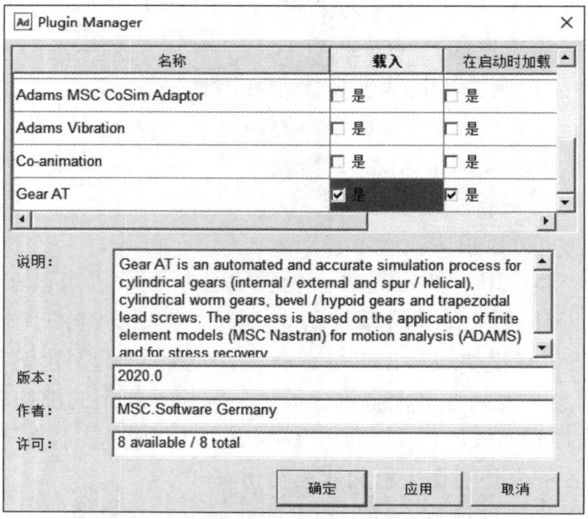

图 13-4　加载 Gear AT

（3）加载后的菜单如图 13-5 所示。

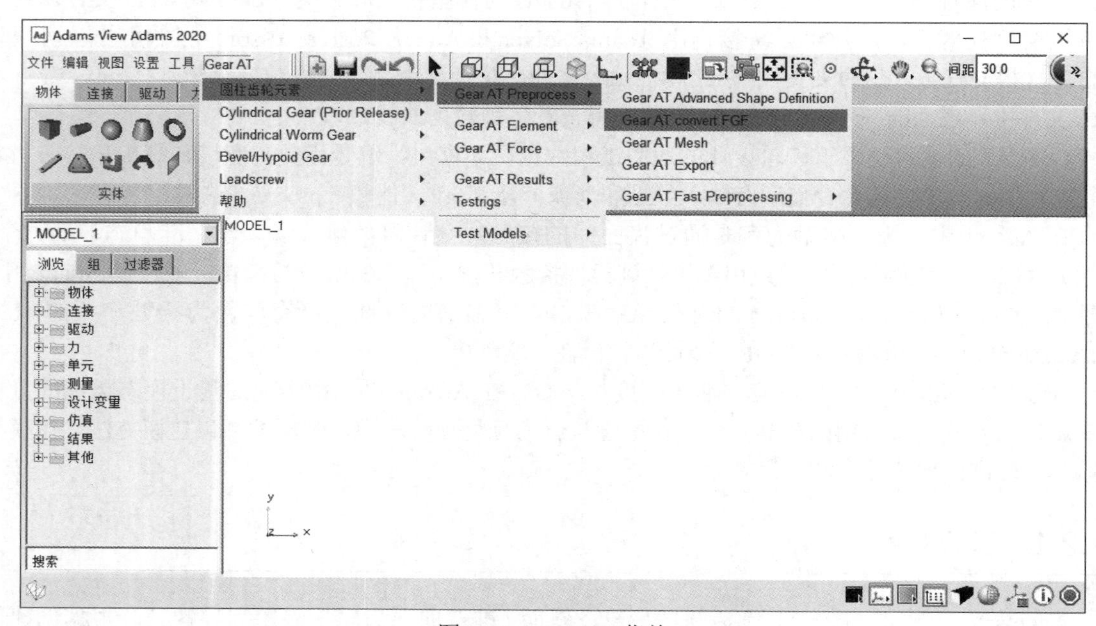

图 13-5　Gear AT 菜单

2. 建模介绍

这里将对Gear AT的建模元素进行说明。使用Gear AT主要进行如下4个方面的设置，如图13-6所示。

- 预处理齿轮或应力单元：齿轮属性前处理，完成几何尺寸设置，生成 *.fgf 数据文件。
- 预处理快速接触：生成齿的有限元模型，调用 Nastran Sol101 计算齿的刚度。
- 模型模拟结果：接触力添加，设置接触力的各个参数值。
- 后处理的应力：计算结果输出，通过设置输出不同详细程度的结果数据。

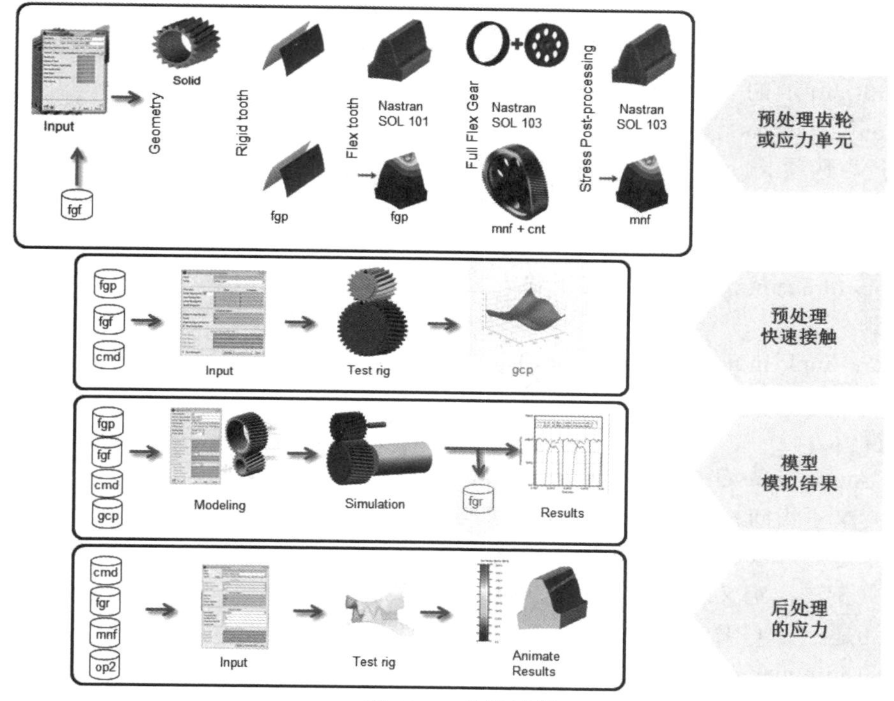

图 13-6　建模过程

13.2.2　定义齿轮几何模型

Gear AT 提供了圆柱齿轮（正齿轮和斜齿轮）、圆柱蜗轮、锥齿轮 / 准双曲面齿轮 3 种类型的齿轮，每种齿轮的建模流程基本按照齿轮属性前处理、齿轮单元添加、接触力添加、计算结果输出的过程来进行。本节以圆柱齿轮为例介绍如何定义齿轮几何模型。

定义齿轮几何模型是 Gear AT 的最基本操作，可以完成齿轮形状的定义，并存储到 *.fgf 文件中。

齿轮的轮齿按照齿轮坐标系的 Y 轴对称分布，而 Z 轴为齿轮的转动轴，X 轴可由右手定则确定。外啮合齿轮的轮廓线起始点在齿根部，而内啮合齿轮轮廓线的起始点在齿顶部，按照这一顺序，描述齿轮轮廓线的数据点依次排列。

1. 生成齿轮属性文件

单击主功能区中“插件”选项卡下的“Gear AT”面板中的“Gear AT Cylindrical Menu”按钮

，访问“Gear AT Advanced Shape Definition”命令，按如图 13-7 所示操作。

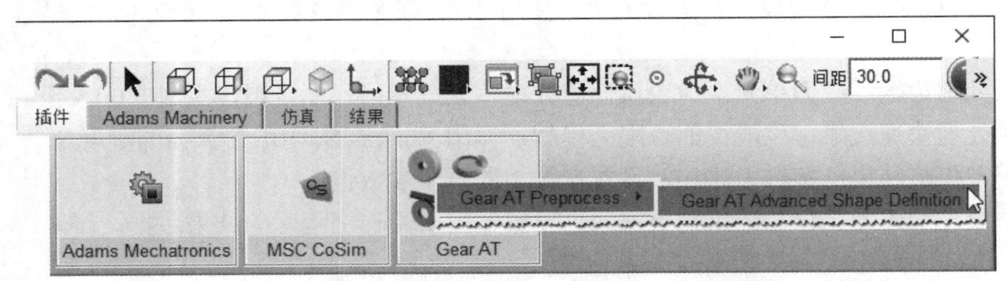

图 13-7　访问“Gear AT Advanced Shape Definition”命令

弹出图 13-8 所示的“Create Gear AT Cylindrical Shape Definition”对话框。

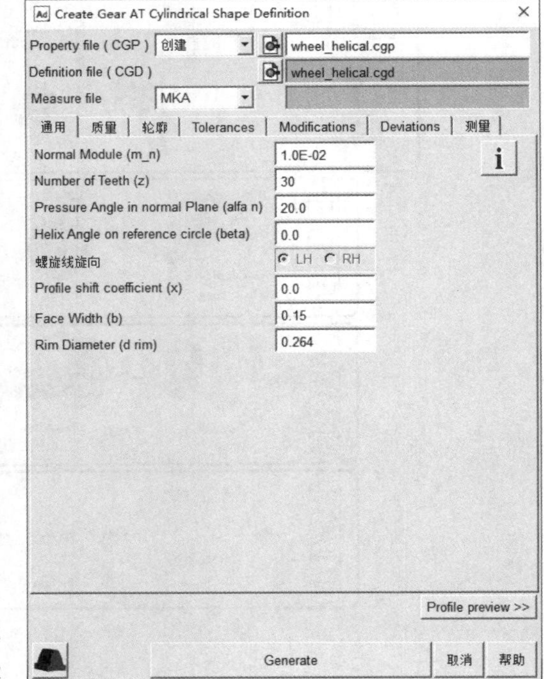

图 13-8　“Create Gear AT Cylindrical Shape Definition”对话框

（1）“通用”选项卡。

- Normal Module(m_n)：法向模数，用于输入齿轮法向平面的模数值。
- Number of Teeth(z)：齿数，用于输入齿轮的齿数。
- Pressure Angle in normal Plane(alfa n)：法向面压力角，压力线和节圆相切的线之间的节径角度值。
- Helix Angle on reference circle(beta)：螺旋角，定义了齿向相对于中径旋转轴的斜率。与右手定则相对应。直齿轮的螺旋角为零。
- 螺旋线旋向：定义螺旋线是左手（LH，负数）还是右手（RH，正数）。
- Profile shift coefficient(x)：剖面位移系数，当参考轮廓从齿轮上移开模数与该系数乘积的距离时，该系数为正。正系数增大节圆处的齿厚，负系数则减小齿厚。
- Face Width (b)：面宽，铅垂方向尺侧长度。
- Rim Diameter (d rim)：孔径，轮缘直径定义了轮缘到轮体有限元模型的边界。

（2）“质量”选项卡。

在“质量”选项卡的“定义质量方式”下拉列表中，允许用户根据几何形状和材料类型或按特定的用户输入来定义齿轮的质量，如图 13-9 所示。

在前一种情况下，质量中心、质量张量和惯性张量随后由基于有限元网格体积的网格划分器计算。在后一种情况下，以当前模型单位输入所有必需的数据。在这两种情况下，惯性数据都会写入 *.fgf 文件。

- 质量：输入零件的质量。
- Ixx ～ Izz：转动惯量，输入质量转动惯量。
- 来自部件质心位置：输入以局部零件参照系表示的质心位置矢量。

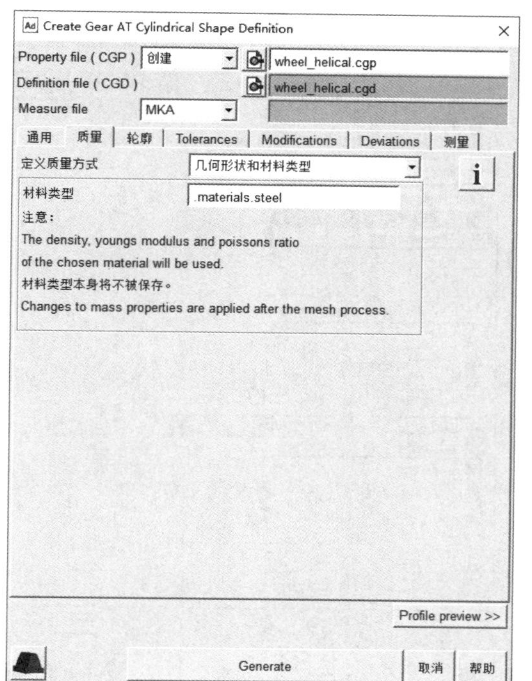

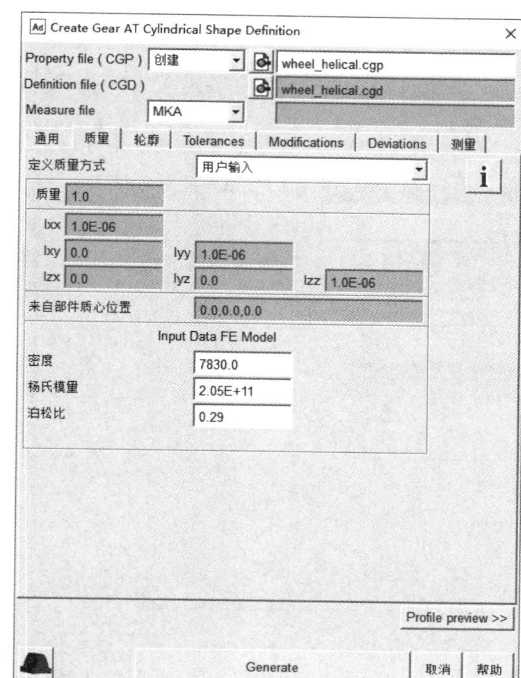

图 13-9 “质量”选项卡

Input Data FE Model（输入数据有限元模型）。

- 密度：输入材料密度以定义 SOL101 柔性齿的 Nastran MAT1 卡。该值也用于计算齿轮的惯性特性。
- 杨氏模量：用于定义 SOL101 柔性齿的 Nastran MAT1 卡。
- 泊松比：用于定义 SOL101 柔性齿的 Nastran MAT1 卡。

（3）“轮廓”选项卡。

“轮廓”选项卡可定义齿廓的比例，可通过不同的方法指定配置文件定义。字段和标签会根据选定的定义方法和输入格式进行更改。

- Cutter tool menu：刀具菜单，如图 13-10 所示。
- Input format menu：输入格式菜单。定义轮齿的数据，可以输入直径和半径（长度单位）或以系数（正态模因子）的形式定义，如图 13-11 所示。

通过参数设置，可以明确定义齿参考轮廓。

- Tooth definition：齿形定义。直接定义齿尺寸，齿形定义能够为生成的齿比例指定虚拟刀具。内齿轮采用虚拟滚齿刀加工。
  - Only Final machining：仅最终加工。该方法可一步生成齿廓，无须额外的磨削加工，只需一个刀具即可确定齿厚和齿径。

模拟切削过程的刀具选择如下。

- Hobbing：滚齿。
  - Only Final Machining：仅最终加工。该方法可一步生成齿廓，无须额外的磨削加工，只需一个刀具即可确定齿厚和齿径。
  - With Pre-machining：带预加工。这种方法分两步生成齿廓，在初始预加工后，磨削过程（最终加工）在大多数情况下只处理齿的渐开线部分，因此厚度和直径是独立定义的。

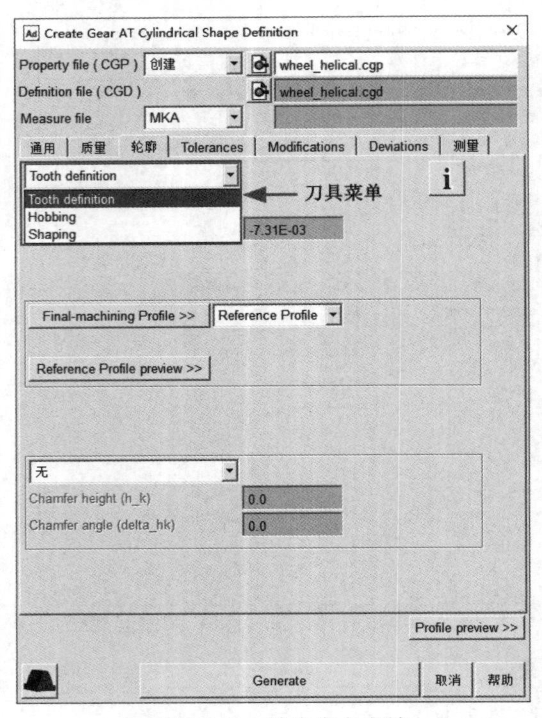

图 13-10　轮齿定义方法

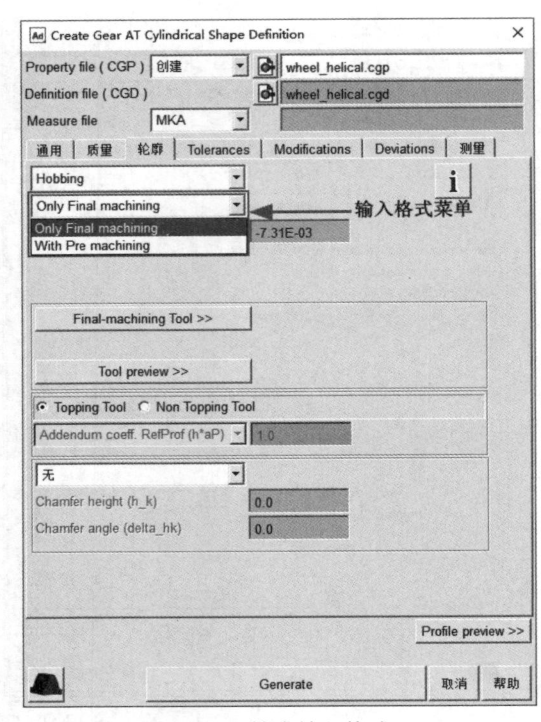

图 13-11　轮齿输入格式

- Shaping：成型。
  - ➢ Only Final Machining：仅最终加工。该方法可一步生成齿廓，无须额外的磨削加工，只需一个刀具即可确定齿厚和齿径。

（4）“Tolerances”（公差）选项卡。

“Tolerances”选项卡包括齿隙定义和齿厚测量，如图 13-12 所示。

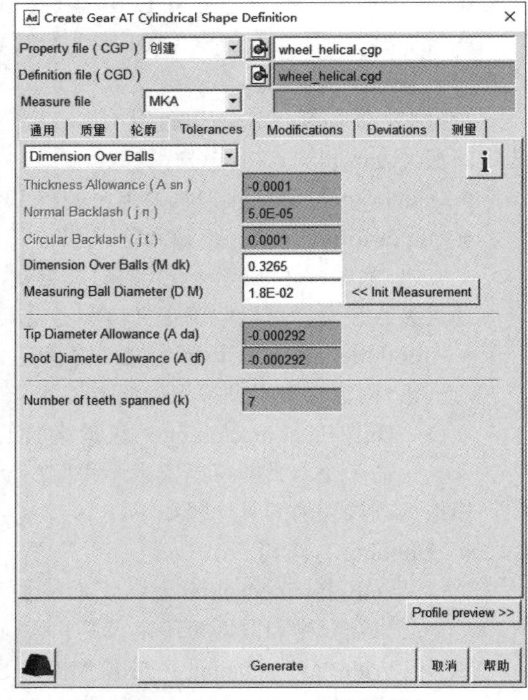

图 13-12　“Tolerances”选项卡

（5）“Modifications”选项卡。

在“Modifications”选项卡中，由齿轮支撑的齿廓修改类型包括齿顶和齿根卸压、筒形（垂直冠），扭转和渐开线坡度修正。可以分别为左右两侧设置、修改齿面或使两侧对称。图 13-13 描述了剖面修改参数的布局。

- Tip relief (Caa) 或 Root relief (Caf)：其是最经济和最常用的减压方法。在齿轮啮合过程中，使用齿顶卸压将产生较小的噪声。
- Barreling (Ca)：其是添加到渐开线曲线上的凸形，以防止齿顶和齿根附近的硬接触。
- Twist (Sa)：扭转修正是沿定义的引线的侧面扭转。
- Involute slope (CHa)：渐开线斜率用于补偿两个啮合齿轮和补偿系统偏转，否则会导致根部或顶端附近硬接触其中一个齿轮。

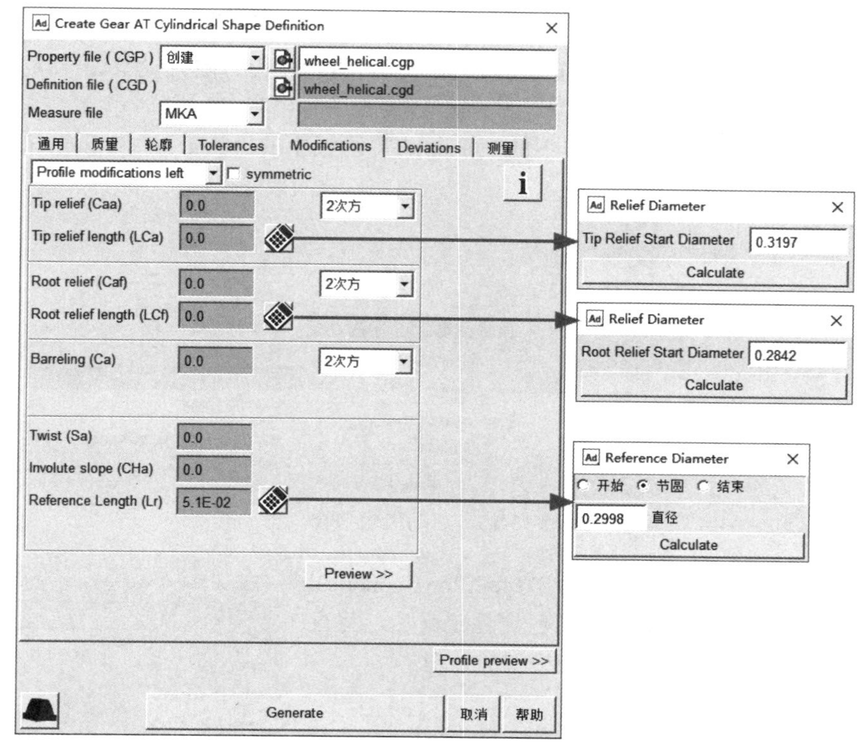

图 13-13　“Modifications”选项卡

（6）“Deviations”选项卡。

在该选项卡下可以定义在接触仿真中要考虑的齿轮制造误差。输入半径描述与理想螺距圆偏差的每个齿的误差等，如图 13-14 所示。

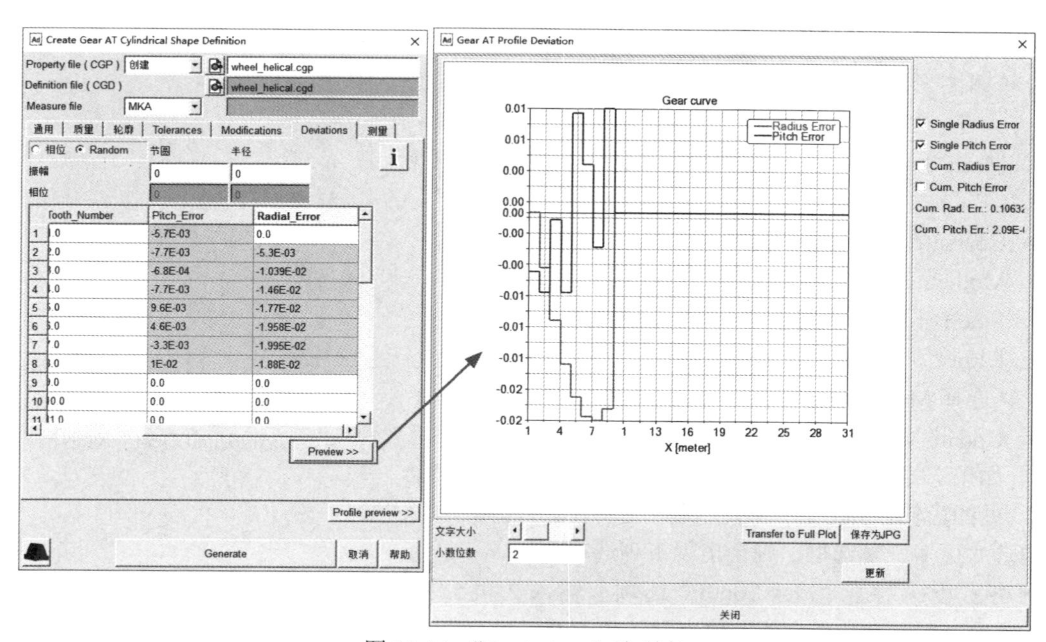

图 13-14　“Deviations”选项卡

2．对齿轮进行有限元求解

一旦在 *.fgf 属性文件中定义了齿轮数据，就可以对齿轮轮齿有限元模型进行预处理，得到齿轮接触仿真的齿面接触面和刚度矩阵。

单击主功能区中的“插件”选项卡下的“Gear AT”面板中的“Gear AT Cylindrical Menu”按钮，接下来的操作如图 13-15 所示。

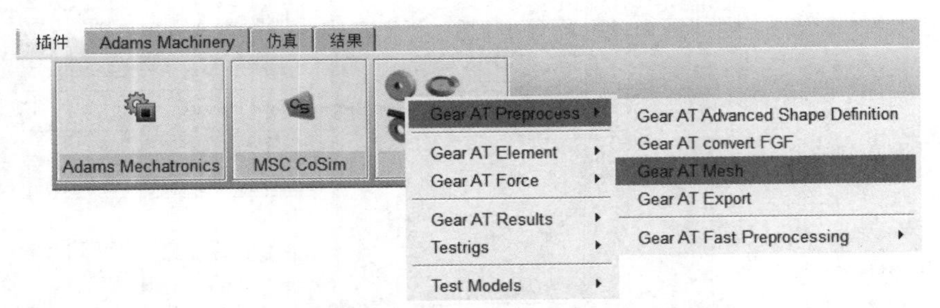

图 13-15　启动齿轮啮合

弹出图 13-16 所示的“Create Gear AT Mesh for Cylindrical Gear”对话框。完成齿轮尺寸定义和材料属性定义后，将直接调用关联的 Patran 的定义完成有限元模型的处理。

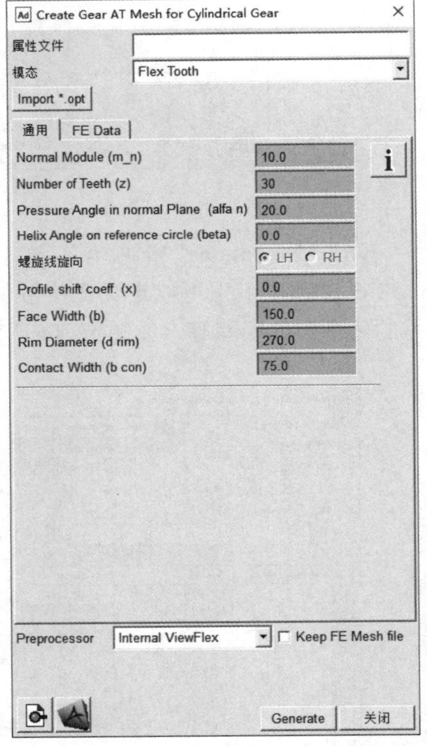

图 13-16　“Create Gear AT Mesh for Cylindrical Gear”对话框

参数说明如下。

属性文件：前面定义的属性文件，即 *.fgf 文件。

（1）“通用”选项卡。

“通用”选项卡显示齿轮的一些参数，这些参数存储在 *.fgf 文件中。但是，由于齿廓已经使用“Gear AT Advanced Shape Definition”命令定义，因此它们已经都不可编辑。

（2）“FE Data”选项卡。

可以控制柔性齿有限元网格和接触网格的分辨率以及 Adams 轮廓图形的分辨率从而提高模型的性能，如图 13-17 所示。

1）Mesh Settings：选择下列单选按钮之一定义 FE 网格分辨率。

- Coarse：网格密度等于 2。
- Moderate：网格密度等于 3。
- Fine：网格密度等于 4。
- Ultra：网格密度等于 5。

默认选择 Moderate。

- Update Mass with FE calculation：选择“是”或“否”。如果选择“是”，则单元处的齿轮质量特性将由啮合处的齿轮计算并在 *.fgf 文件中更新。默认情况下为“否”。

勾选“更多”复选框，则会出现下列选项。

网格密度：对于“Flex Tooth”选项，输入 2 和 5 之间的值，默认值为 3。对于“Full Flex Gear”选项，输入 0 和 5 之间的值，默认值为 0。

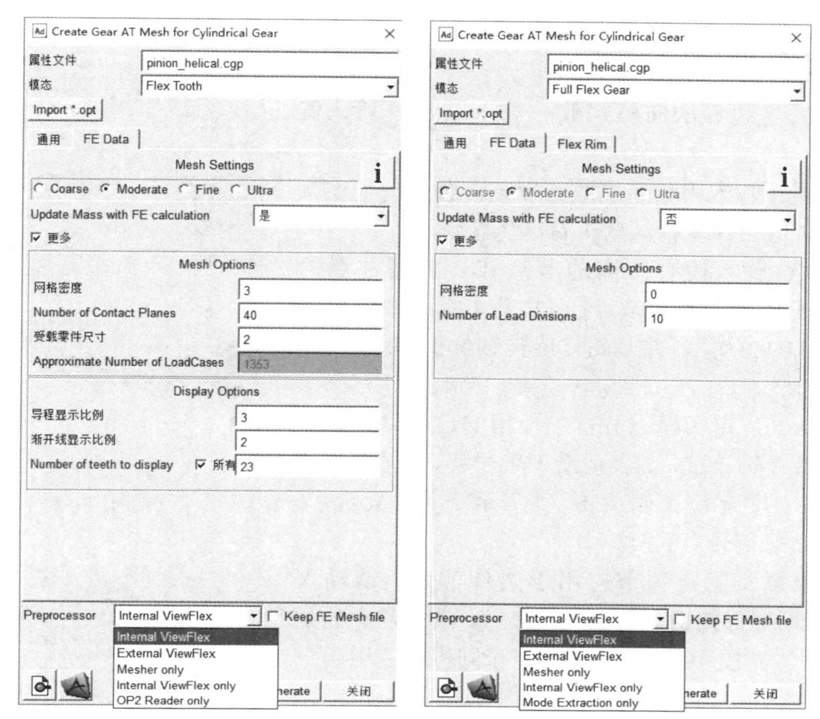

图 13-17　“FE Data”选项卡

2）在“Full Flex Gear”选项下。

Number of Lead Divisions：沿齿轮（Z 轴）的导程方向输入多个 FE 元素。

3）在“Flex Tooth”选项下。

- Number of Contact Planes：接触面数量，它定义了齿宽在导程方向上划分的若干等距截面。
- 受载零件尺寸：定义导程方向上每个截面的有限元数量。输入 1 和 5 之间的值（2 表示接触平面之间有 2 个元素）。
- Approximate Number of LoadCases：估算载荷工况数，该值表示将应用于齿面上的静载荷情况数，以定义柔性齿刚度矩阵。它是基于上面定义的网格设置来计算的，以通知用户有关 FE 模型的大小。
- 导程显示比例：输入 1 和 3 之间的值以定义齿轮轮廓图形沿引线方向的分辨率。1 表示精细，2 表示正常，3 表示粗分辨率。
- 渐开线显示比例：输入 1 和 3 之间的值以定义齿轮轮廓图形沿渐开线方向的分辨率。1 表示精细，2 表示正常，3 表示外壳图形的粗分辨率。
- Number of teeth to display：输入要为齿轮轮廓几何图形创建的齿数。

4）单击“View Property File in Info Windows”（在信息窗口中查看属性文件）按钮将会显示 *.fgf 文件的内容。

5）单击“Start Apex to review Nastran input mesh(*.bdf)”（启动 Apex 以查看 Nastran 输入网格 (*.dbf)）按钮，在 Apex 中打开批量数据文件。请确保选择“保留 FE Mesh 文件”选项，以便保留 Nastran input deck（*.bdf，*.dat）文件。

（3）“Flex Rim”选项卡。

要预处理全柔性齿轮，必须定义柔性轮缘的有限元特性，如图 13-18 所示。

- Wheel Body Bulk File：浏览 Nastran 格式的 Wheel Body Bulk 文件。

- Psolid 卡片：从 Wheel Body Bulk（齿轮体）文件中读入轮体有限元结构的 Psolid 卡。
- 模数：固定边界法向模式数——EIGR 卡，默认值为 10。
- 节点数量：输入附件节点数。应该有至少一个连接节点，以固定齿轮轴。默认为一个节点。
- 节点 ID：输入附件定义的节点 ID。值得注意的是，要确保轴的连接节点在 FE 基本系统中的位置为“(0.0,0.0,0.0)”，并且轮体旋转轴位于 FE 基本系的 Z 轴上。
- ASET DoF：定义模态分析中使用的自由度。数字 1 表示沿 X 轴平移，2 表示沿 Y 轴平移，3 表示沿 Z 轴平移，4 表示绕 X 轴旋转，5 表示绕 Y 轴旋转，6 表示绕 Z 轴旋转。

例如，如果要将固定关节应用于附件节点，请输入“123456”。要应用球形接头，请输入“123”。值得注意的是在表中定义值后，需按 <Enter> 键确认。否则将不应用用户设置的值。

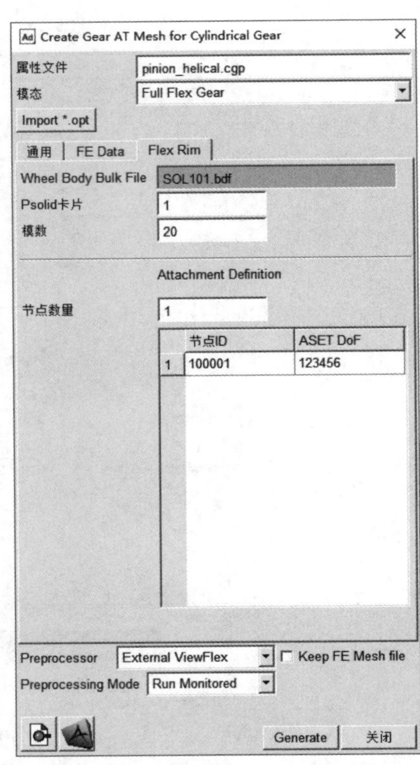

图 13-18 “Flex Rim”选项卡

3. 添加齿轮元素

Gear AT Element 用来表示一个齿轮模型，并将其所有参数和属性存储在 Adams View 模型数据库中。

（1）单击主功能区中的“插件”选项卡，单击“Gear AT”面板中的“Gear AT Cylindrical Menu”按钮，接下来的操作如图 13-19 所示。

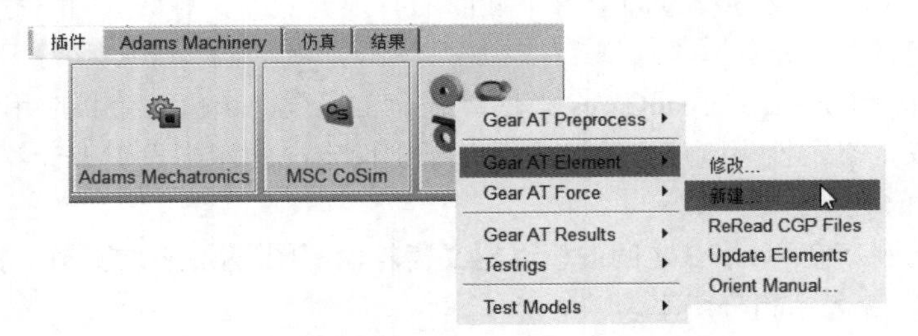

图 13-19 新建 Gear AT Element

“Gear AT Element”菜单中有以下命令。

- 修改 ...：编辑已有的 Gear AT Element。
- 新建 ...：新建 Gear AT Element。
- ReRead CGP Files：进行外部编辑时，更新 CGP 文件中的所有 Gear AT Element。
- Update Elements：更新元素。
- Orient Manual...：调整齿轮方向，使其与配合齿轮相匹配（可选）。

（2）新建 Gear AT Element。

单击图 13-19 中的“新建 ...”命令后，弹出图 13-20 所示的“Create Gear AT Cylindrical Element”对话框。前面介绍了齿轮模型的生成，这里介绍如何将其指定到正确的位置。

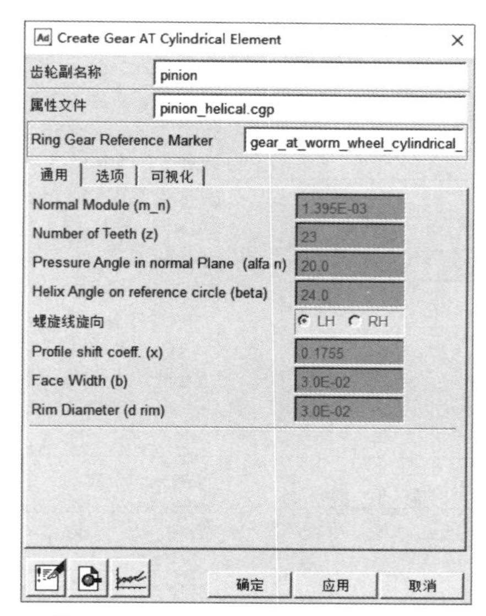

图 13-20 “Create Gear AT Cylindrical Element”对话框

参数说明如下。

- 齿轮副名称：用于定义齿轮的名称。
- 属性文件：用于选择前面定义的属性文件，即 *.fgf 文件。
- Ring Gear Reference Marker：用于指定参考点。

下面的各选项卡参数与前面齿轮属性文件定义窗口中的相同。

4. 添加齿轮啮合力

Gear AT Force 元素通过指定 Gear AT 元素和在前面的预处理步骤中创建的 *.fgp 属性文件来定义齿轮副接触力。

（1）单击主功能区中的“插件”选项卡，单击“Gear AT”面板中的“Gear AT Cylindrical Menu”按钮，接下来的操作如图 13-21 所示。

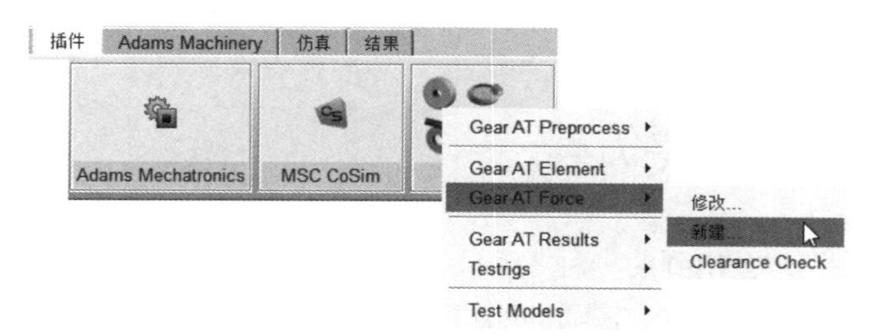

图 13-21　新建 Gear AT Force

“Gear AT Force”菜单中的 3 个命令如下。

- 修改 ...：编辑已有的 Gear AT Force。
- 新建 ...：新建 Gear AT Force。
- Clearance Check：快速检查齿轮间隙。

（2）新建 Gear AT Force。

单击图 13-21 中的“新建 ...”命令，在完成各个齿轮的定位后，需要在齿轮间添加齿轮啮合力计算参数，如图 13-22 所示。

Create Gear AT Cylindrical Force

啮合力名称

齿轮 1 ☑ fixed orientation

齿轮2 ☐ fixed orientation

Stiffness File Gear 1

Stiffness File Gear 2

接触 | 摩擦 | 阻尼 | Lubrication

建模选项 Flexible Tooth T. to Eval. 5

重叠碰撞 正常

确定 应用 取消

（a）“接触”选项卡

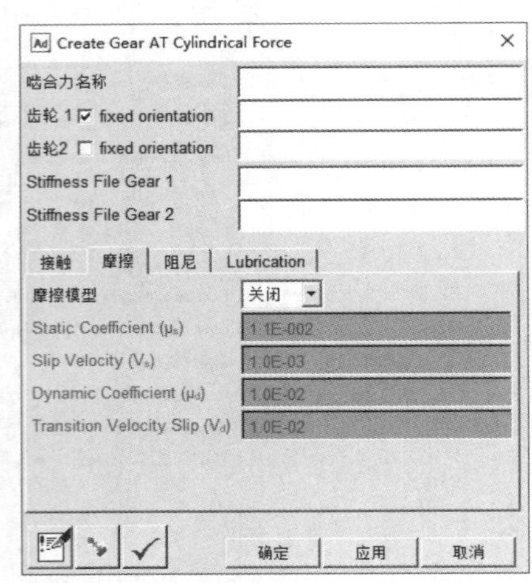

（b）“摩擦”选项卡

Create Gear AT Cylindrical Force

啮合力名称

齿轮 1 ☑ fixed orientation

齿轮2 ☐ fixed orientation

Stiffness File Gear 1

Stiffness File Gear 2

接触 | 摩擦 | 阻尼 | Lubrication

Damping Rate Oil 200.0

油膜厚度 1.0E-05

结构阻尼率 1E-002

阻尼指数 2.0

瞬态阻尼 关闭

阻尼比 1E+05

终止时间 1e-02

确定 应用 取消

（c）“阻尼”选项卡

Create Gear AT Cylindrical Force

啮合力名称

齿轮 1 ☑ fixed orientation

齿轮2 ☐ fixed orientation

Stiffness File Gear 1

Stiffness File Gear 2

接触 | 摩擦 | 阻尼 | Lubrication

Pressure Coeff. of Viscosity (α_p) 1.76e-2 [mm**2/N]

Dynamic Viscosity (ν) 3.3e-8 [Ns/mm**2]

Thermal Conductivity (λ) 0.154 [W/(m*K)]

Temperature Coeff. of Viscosity (α_t) 0.06 [1/K]

确定 应用 取消

（d）“Lubrication”（润滑）选项卡

图 13-22　添加齿轮啮合力计算参数

13.3　斜齿齿轮副动力学仿真

齿轮是机械传动中经常会用到的一种零件。在实际应用中，斜齿齿轮因传动平稳，冲击、振动和噪声较小等特点，在高速重载场合使用广泛。

斜齿齿轮不完全是螺旋齿轮，应该说，螺旋齿轮采用两个斜齿齿轮的啮合方式，由它们在空间传递力的不同方向来区分。普通的直齿轮沿齿宽同时进入啮合，因此产生冲击振动噪声，传动不平稳。斜齿圆柱齿轮传动优于直齿，且可凑紧中心距用于高速重载。

本节中我们将创建图 13-23 所示的斜齿齿轮副，以使读者更直接地学习高级齿轮工具箱的应用方法。

图 13-23　斜齿齿轮副

（1）创建工作目录，导航到需要创建工作目录的位置，在其中创建需要的文件夹。此处需要注意的是，文件夹名称不能含有中文，否则系统将无法识别。本节中我们创建图 13-24 所示的文件夹。

图 13-24　创建的工作目录

（2）启动 Gear AT，直接双击桌面上的 Gear AT 快捷方式，或者通过 Windows“开始”菜单→“所有程序”→“Gear_AT 2020.0”→“Gear_AT 2020.0”来启动 Gear AT，从而确保 Gear AT 插件与 Adams 的版本兼容。

（3）新建模型，打开 Gear AT 后，弹出“Welcome to Adams...”对话框，如图 13-25 所示，单击“新建模型”按钮，弹出“Create New Model”对话框，如图 13-26 所示。“模型名称”设置为“gear_model”，“工作路径”设置为前面创建的 ADAMS\yuanwenjian\ch_13\Gear AT_Workshop\WS_01_gear_pair 目录，然后单击“确定”按钮。

图 13-25　“Welcome to Adams...”对话框

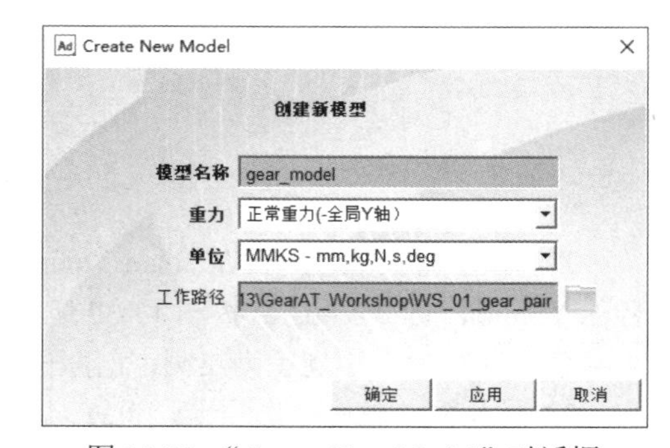

图 13-26　“Create New Model”对话框

（4）加载 Gear AT 插件，在 Adams View 的菜单栏中，单击“工具”→“插件管理器”命令，弹出“Plugin Manager”对话框，勾选“Gear AT”选项右侧的“是”复选框，如图 13-27 所示。然后单击“确定”按钮加载 Gear AT 插件。

（5）加载 Workshop Model，单击主功能区中“插件”选项卡下“Gear AT”面板中的“帮助”按钮，在弹出的菜单中单击“Getting started”→“Cylindrical gears”→“Workshop Start Model”命令，图形区便加载出图 13-28 所示的教程模型，同时弹出“Setup Workshop Testring”对话框（不修改该对话框的参数设置，关闭该对话框即可）。

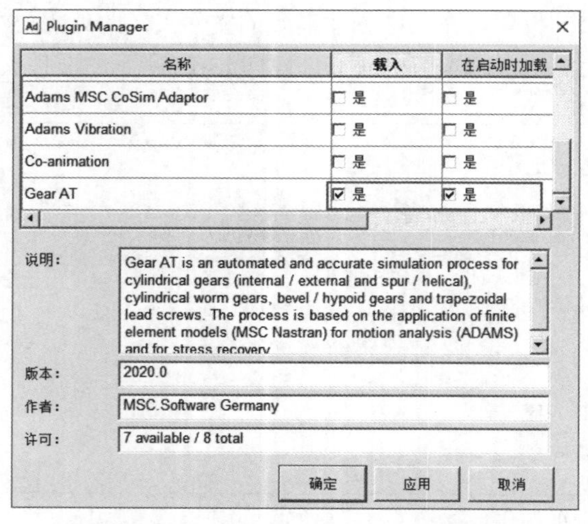

图 13-27 “Plugin Manager”对话框

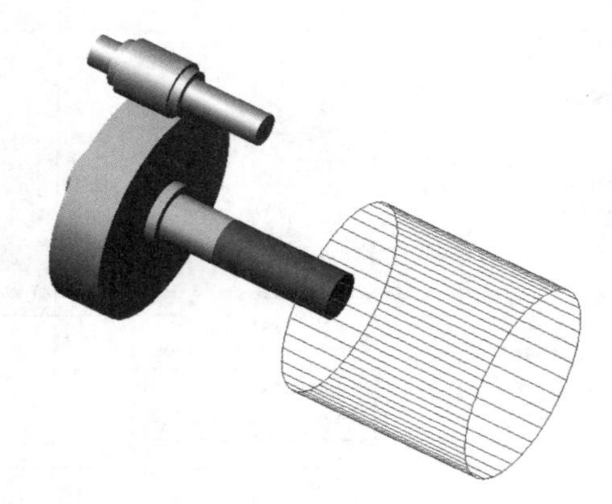

图 13-28 教程模型

（6）利用“Gear AT Shape Definition”命令创建小齿轮齿廓。

此时没有可用的齿轮属性文件（*.fgf，*.pro），因此我们必须从头开始准备。在这一步中，定义一个属性文件名并手动输入所有几何参数。

1）单击菜单栏中的“Gear AT”→“Cylindrcal Gear(Prior Release)”→“Gear AT Preprocess”→“Gear AT Shape Definition”命令，如图 13-29 所示。

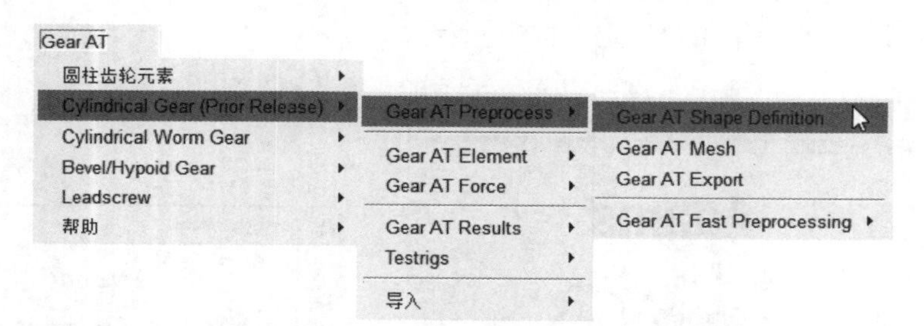

图 13-29 “Gear AT Shape Definition”命令

2）弹出“Create Gear AT Shape Definition”对话框，在“Propery file(FGF)”文本框中输入文件名称“pinion_helical.fgf”，按图 13-30 所示设置参数，齿轮的模数为 1.395，齿数为 23，压力角为 20，螺旋角为 24，螺旋手为左侧，剖面位移系数为 0.1755，面宽为 30，孔径为 30。

3）转换到“轮廓”选项卡，设置刀具菜单为“Hobbing cutter”选项，输入“Tip Radius Coeff.(rho*aPO)”（叶尖半径系数）为“0.38”，按图 13-31 所示设置参数。

单击“Cutter preview”按钮 Cutter preview >>，弹出图 13-32 所示的“Gear AT Tool Plot”（Gear AT 工具图）对话框。

单击“Preview Profile”按钮 Preview Profile >>，弹出图 13-33 所示的“Gear AT Preview Profile Plot”（Gear AT 剖面预览图）对话框。

（7）利用“Gear AT Mesh”命令啮合小齿齿轮。

在这一步中，我们对柔性齿的有限元网格进行预处理，生成 Adams 可以使用的文件。此后，在 Adams 中的 Nastran 嵌入式求解器的帮助下生成柔性齿的刚度矩阵，该求解器存储在工作目录下的 *.fgp 文件中。

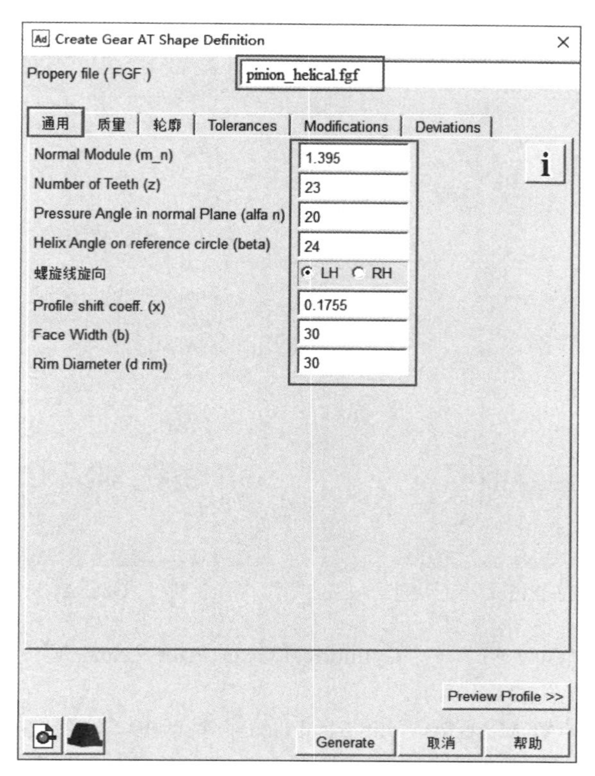

图 13-30　“Create Gear AT Shape Definition”对话框

Create Gear AT Shape Definition
Propery file (FGF)　pinion_helical.fgf
通用 | 质量 | 轮廓 | Tolerances | Modifications | Deviations
Hobbing cutter　Save *.pro
Coeff input　Import *.pro
Addendum Coeff. (h*aPO)　1.25
Dedendum Coeff. (h*fPO)　1.0
Tip Radius Coeff. (rho*aPO)　0.38
Protuberance Height Coeff. (h*prPO)　0.0
Protuberance Angle (alfa prPO)　0.0
Root Radius Coeff. (rho*fPO)　0.01
Root Form Height Coeff. (h*FfPO)　0.0
Ramp Angle (alfa KPO)　0.0
Addendum Coeff. Wheel (h*a)　1.0　Topping tool
Cutter preview >>
Preview Profile >>
Generate　取消　帮助

图 13-31　“Create Gear AT Shape Definition”对话框“轮廓”选项卡

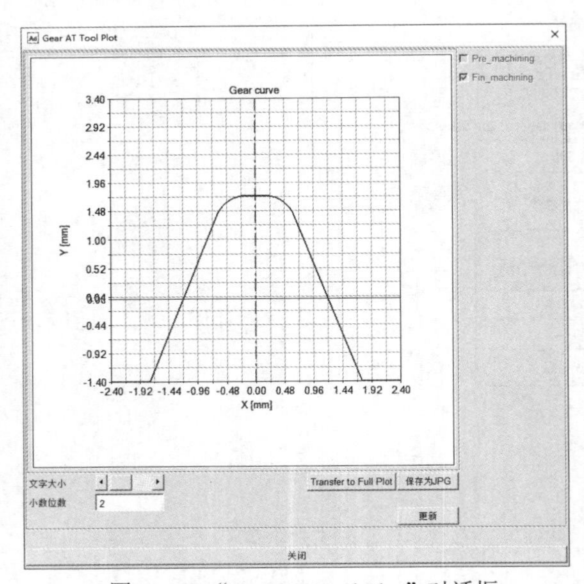

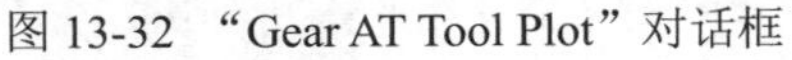
图 13-32 “Gear AT Tool Plot”对话框

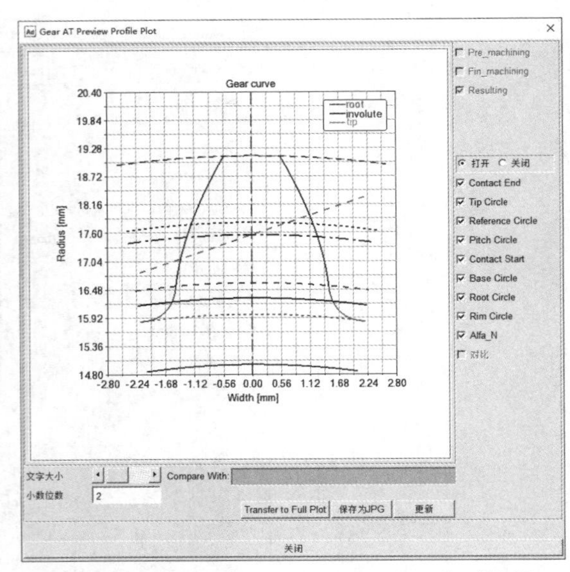

图 13-33 “Gear AT Preview Profile Plot”对话框

1）单击菜单栏中的“Gear AT”→“Cylindrical Gear (Prior Release)”→“Gear AT Preprocess”→“Gear AT Mesh”命令，如图 13-34 所示。

2）弹出“Create Gear AT Mesh for Cylindrical Gear”对话框，按图 13-35 所示设置参数。

● 属性文件：右击，通过“浏览”命令查找“pinion_helical.fgf”所在的属性文件。

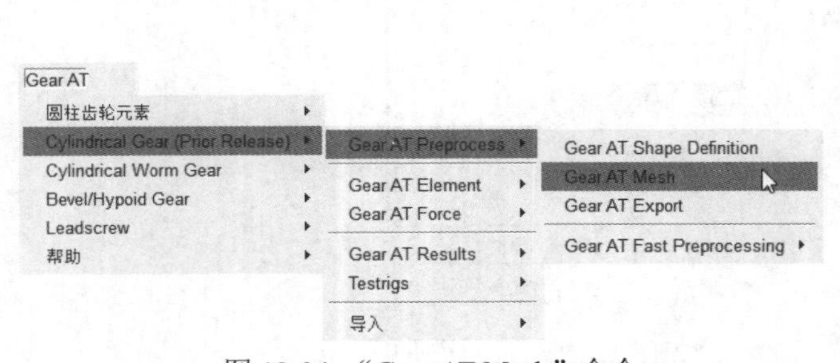

图 13-34 “Gear AT Mesh”命令

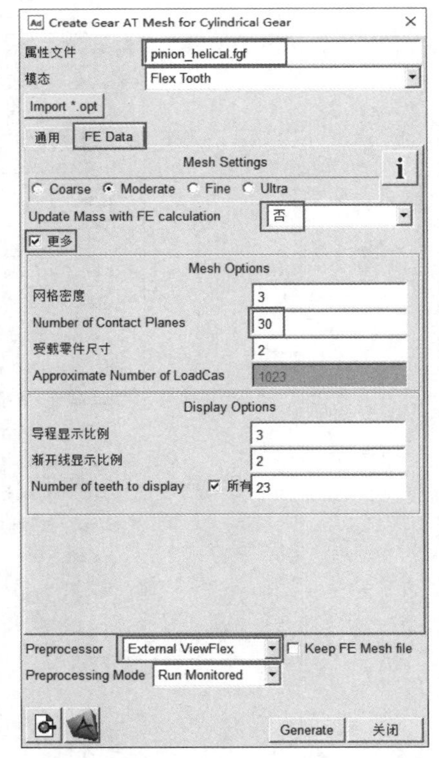

图 13-35 “Create Gear AT Mesh for Cylindrical Gear”对话框

- 选择“FE Data”选项卡。
- 选中“Moderate”单选按钮，勾选“更多”复选框，接触平面数为“30”，在“Number of teeth to display”中勾选“所有”复选框。
- Preprocessor：选择“External ViewFlex”选项。

（8）创建大齿轮齿廓。

1）单击菜单栏中的“Gear AT”→“Cylindrical Gear (Prior Release)”→“Gear AT Preprocess”→“Gear AT Shape Definition”命令，如图 13-36 所示。

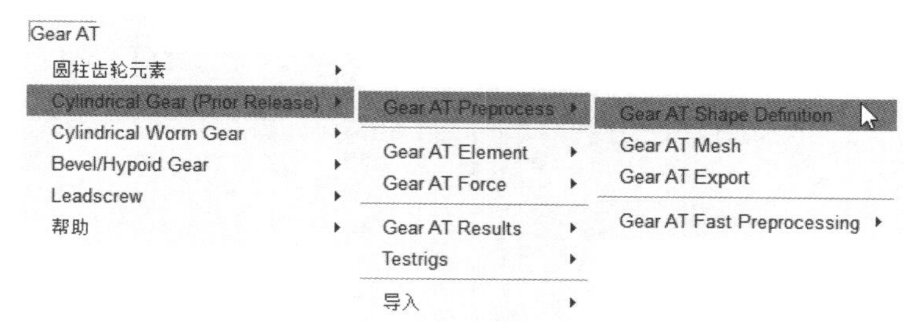

图 13-36　“Gear AT Shape Definition”命令

2）弹出“Create Gear AT Shape Definition”对话框，在“Propery file (FGF)”文本框中输入文件名称“wheel_helical.fgf”。按图 13-37 所示设置参数，齿轮的模数为“1.395”，齿数为“81”，压力角为“20”，螺旋角为“24”，螺旋手为右侧，剖面位移系数为“-0.4611”，面宽为“28”，孔径为“116”。

3）转换到“轮廓”选项卡，设置刀具选项菜单为“Hobbing Cutter”，输入“Tip Radius Coeff. (rho*aPO)”为“0.38”，按图 13-38 所示设置参数。

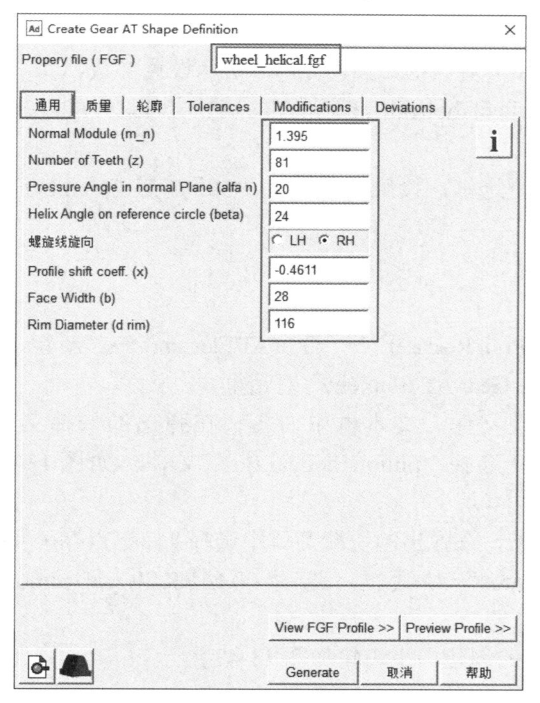

图 13-37　“Create Gear AT Shape Definition”对话框

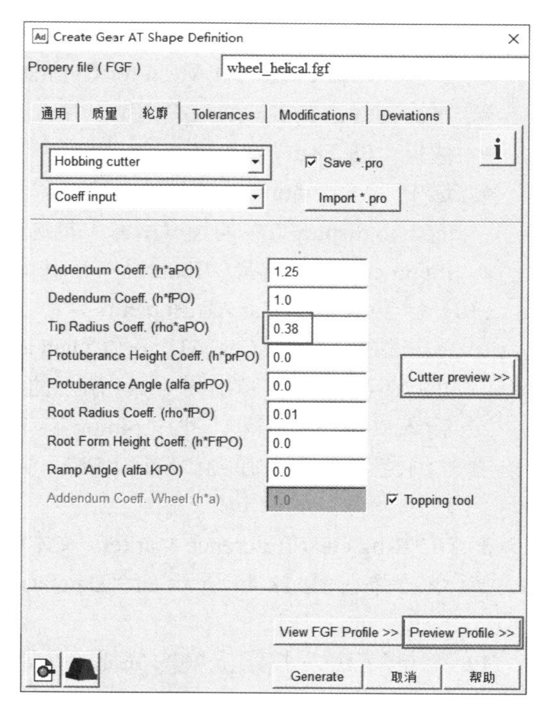

图 13-38　“Create Gear AT Shape Definition”对话框“轮廓”选项卡

单击“Cutter preview”按钮 Cutter preview >>，弹出图 13-39 所示的“Gear AT Tool Plot”对话框。

单击“Preview Profile”按钮 Preview Profile >>，弹出图 13-40 所示的“Gear AT Preview Profile Plot”对话框。

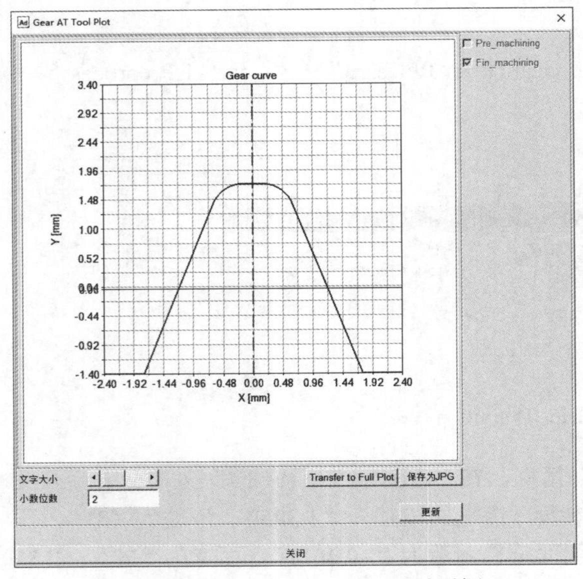

图 13-39 “Gear AT Tool Plot”对话框

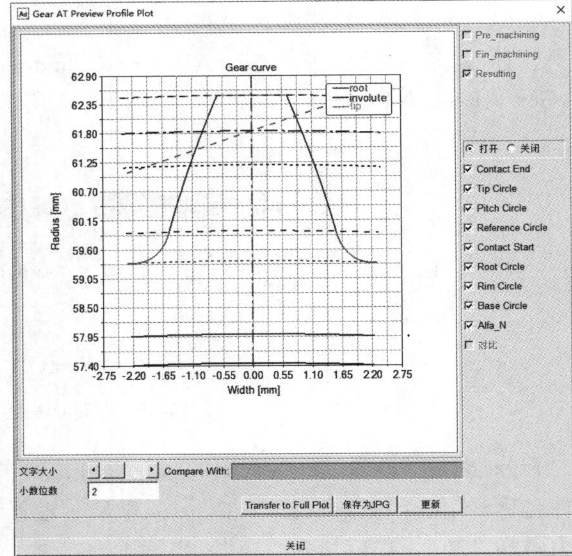

图 13-40 “Gear AT Preview Profile Plot”对话框

（9）利用“Gear AT Mesh”命令啮合大齿轮。

1）单击菜单栏中的“Gear AT”→“Cylindrical Gear (Prior Release)”→“Gear AT Preprocess”→“Gear AT Mesh”命令，如图 13-41 所示。

2）弹出“Create Gear AT Mesh for Cylindrical Gear”对话框，按图 13-42 所示设置参数。

- 属性文件：右击，通过“浏览”命令查找“wheel_helical.fgf”所在的属性文件。
- 选择“FE Data”选项卡。
- 选中“Moderate”单选按钮，勾选“更多”复选框，接触平面数为“30”，在“Number of teeth to display”中勾选“所有”复选框。
- Preprocessor：选择“External ViewFlex”选项。

（10）创建 Pinion Gear AT Element。

1）单击菜单栏中的“Gear AT”→“Cylindrical Gear(Prior Release)”→“Gear AT Element”→“新建 ...”命令，如图 13-43 所示。弹出图 13-44 所示的“Create Gear AT Element”对话框。

2）输入“齿轮副名称”为“pinion”；在“属性文件”文本框中右击，在弹出的快捷菜单中选择“浏览”命令，弹出“Select File”对话框，选择“pinion_helical.fgf”文件，如图 13-45 所示。

3）在“Ring Gear Reference Marker”文本框中右击，在弹出的快捷菜单中选择“标记点”→“浏览”命令。弹出图 13-46 所示的“Database Navigator”对话框，选择“MARKER_ref_pinion”选项。

4）单击“应用”按钮 应用 完成元件处小齿轮的创建，小齿轮如图 13-47 所示。

Gear AT
圆柱齿轮元素
Cylindrical Gear (Prior Release)
Cylindrical Worm Gear
Bevel/Hypoid Gear
Leadscrew
帮助
Gear AT Preprocess
Gear AT Element
Gear AT Force
Gear AT Results
Testrigs
导入
Gear AT Shape Definition
Gear AT Mesh
Gear AT Export
Gear AT Fast Preprocessing

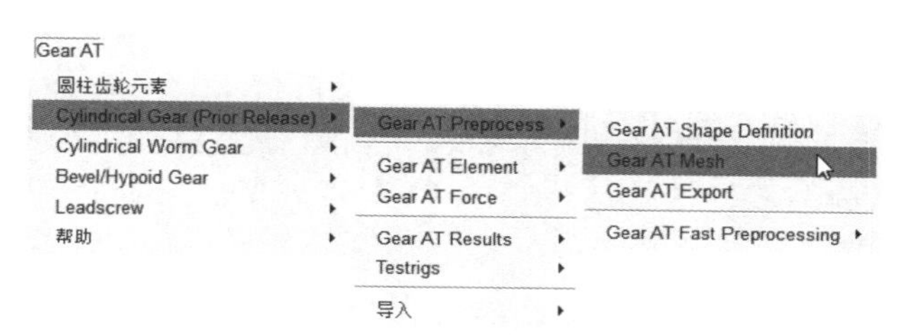

图 13-41　“Gear AT Mesh”命令

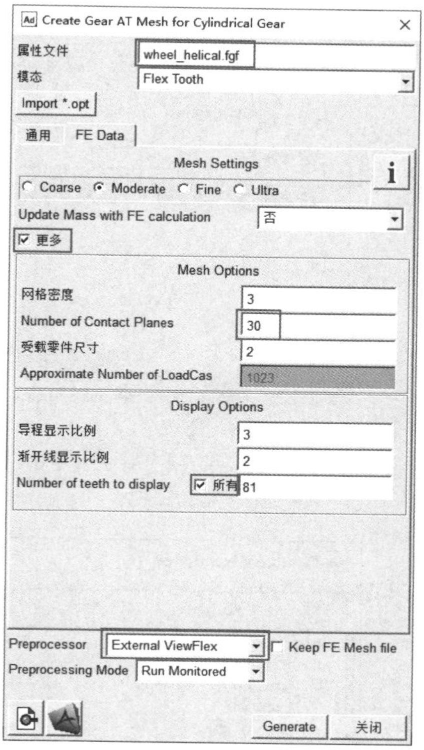

Create Gear AT Mesh for Cylindrical Gear
属性文件
wheel_helical.fgf
模态
Flex Tooth
Import *.opt
通用
FE Data
Mesh Settings
Coarse
Moderate
Fine
Ultra
Update Mass with FE calculation
否
更多
Mesh Options
网格密度
3
Number of Contact Planes
30
受载零件尺寸
2
Approximate Number of LoadCas
1023
Display Options
导程显示比例
3
渐开线显示比例
2
Number of teeth to display
所有
81
Preprocessor
External ViewFlex
Keep FE Mesh file
Preprocessing Mode
Run Monitored
Generate
关闭

图 13-42　“Create Gear AT Mesh for Cylindrical Gear”对话框

Gear AT
圆柱齿轮元素
Cylindrical Gear (Prior Release)
Cylindrical Worm Gear
Bevel/Hypoid Gear
Leadscrew
帮助
Gear AT Preprocess
Gear AT Element
Gear AT Force
Gear AT Results
Testrigs
导入
修改...
新建...
ReRead FGF Files
Update Elements
Orient Manual...

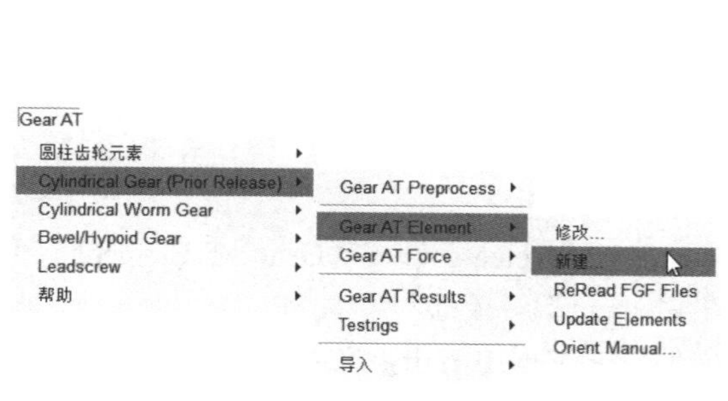

图 13-43　新建 Gear AT Element

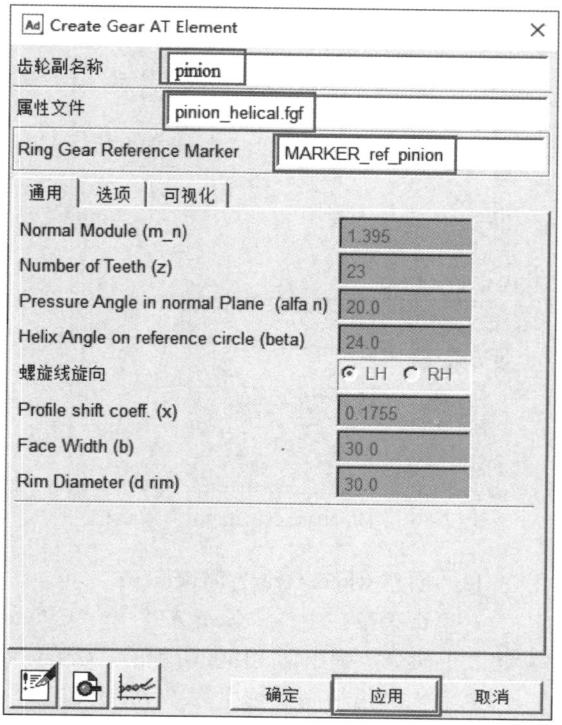

Create Gear AT Element
齿轮副名称
pinion
属性文件
pinion_helical.fgf
Ring Gear Reference Marker
MARKER_ref_pinion
通用
选项
可视化
Normal Module (m_n)
1.395
Number of Teeth (z)
23
Pressure Angle in normal Plane (alfa n)
20.0
Helix Angle on reference circle (beta)
24.0
螺旋线旋向
LH
RH
Profile shift coeff. (x)
0.1755
Face Width (b)
30.0
Rim Diameter (d rim)
30.0
确定
应用
取消

图 13-44　“Create Gear AT Element”对话框

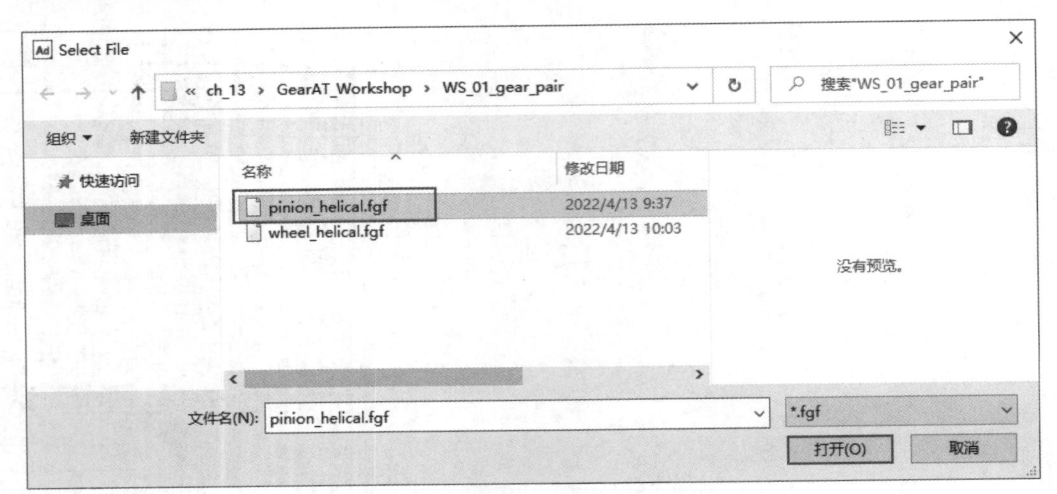

图 13-45 “Select File”对话框

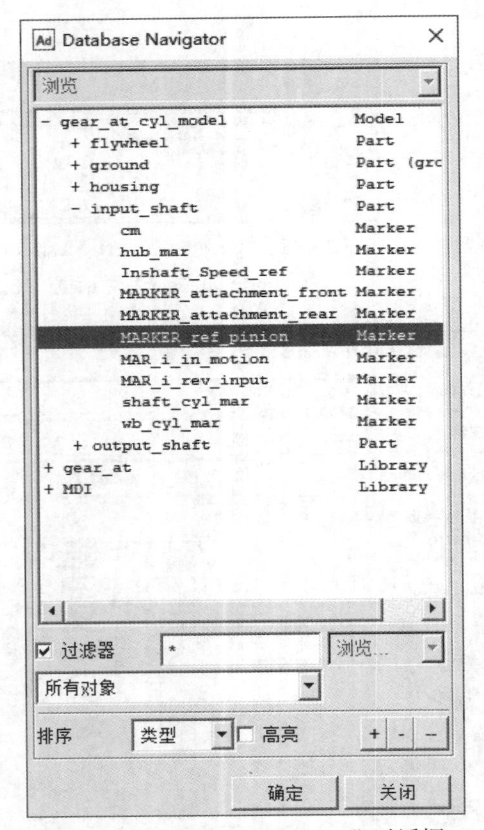

图 13-46 “Database Navigator”对话框

图 13-47 小齿轮

（11）创建 wheel Gear AT Element。

1）单击菜单栏中的“Gear AT”→“Cylindrical Gear(Prior Release)”→“Gear AT Element”→“新建 ...”命令，弹出图 13-48 所示的“Create Gear AT Element”对话框。

2）输入“齿轮副名称”为“wheel”；在“属性文件”文本框中右击，在弹出的快捷菜单中选择“浏览”命令，弹出“Select File”对话框，选择“wheel _helical.fgf”文件。

3）在“Ring Gear Reference Marker”文本框中右击，在弹出的快捷菜单中选择“标记点”→“浏览”命令。弹出“Database Navigator”对话框，选择“MARKER_ref_wheel”选项。

4）单击“确定”按钮 确定 完成元件处大齿轮的创建，大齿轮和小齿轮如图 13-49 所示。

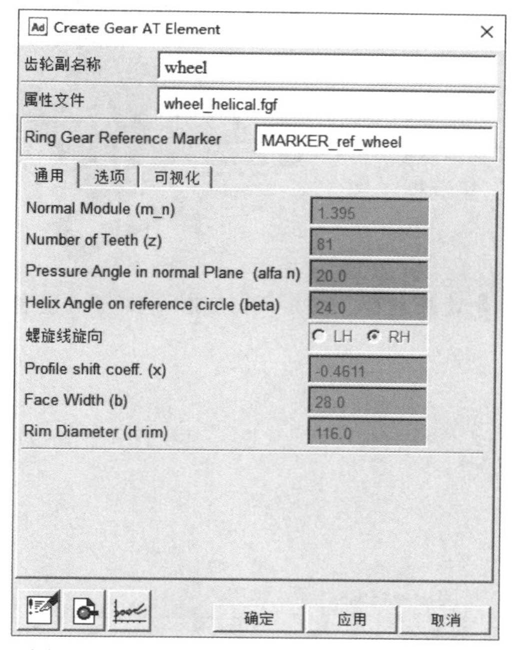

图 13-48　“Create Gear AT Element”对话框

图 13-49　大齿轮和小齿轮

（12）为齿轮副创建 Gear AT Force。

1）单击菜单栏中的“Gear AT”→“Cylindrical Gear (Prior Release)”→“Gear AT Force”→“新建 ...”命令，如图 13-50 所示。

2）弹出“Create Gear AT Force”对话框，按图 13-51 所示设置参数。

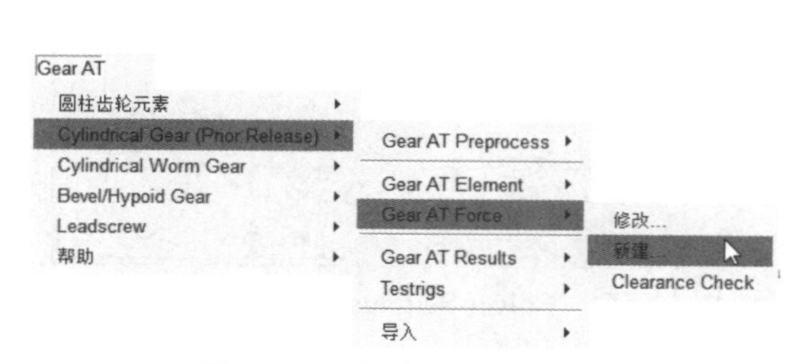

图 13-50　新建 Gear AT Force

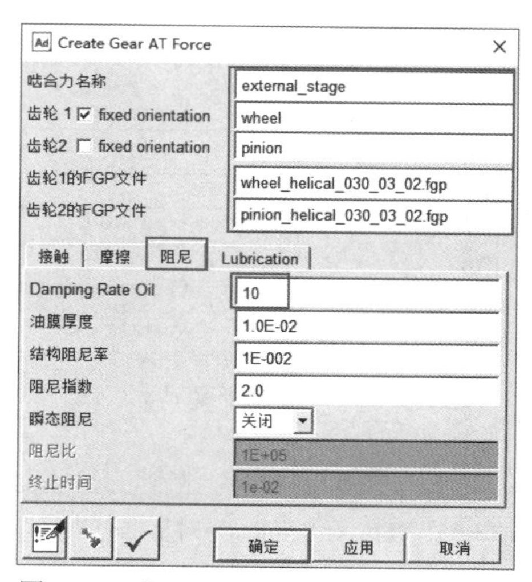

图 13-51　“Create Gear AT Force”对话框

图 13-52　齿轮受力模型

3）单击“确定”按钮 确定 ，齿轮力外部阶段创建完成。元件处的小齿轮颜色已更改。如图 13-52 所示。

（13）设置求解器参数。

1）单击菜单栏中的“设置”→“求解器”→“动力学分析 ...”命令，如图 13-53 所示，弹出“Solver Settings”对话框，按图 13-54 所示设置参数。

2）更改“分类”为“执行”，按图 13-55 所示设置参数。

3）更改“分类”为“显示”，按图 13-56 所示设置参数。

4）更改“分类”为“平衡分析”，勾选“更多”复选框，按图 13-57 所示设置参数。

提示　使用静态平衡的默认求解器设置可能导致静态和准静态模型无法进行收敛。

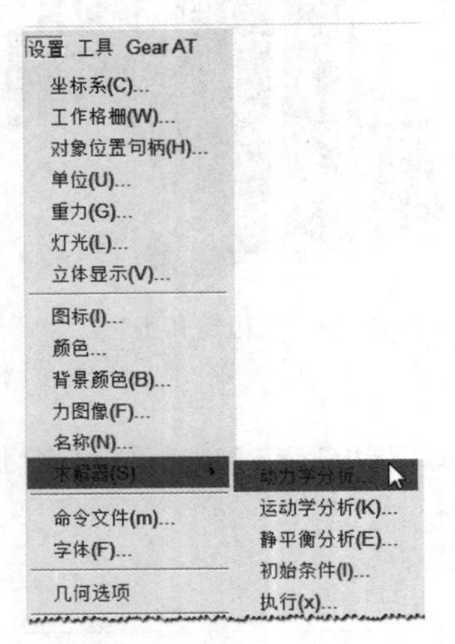

图 13-53　菜单导航

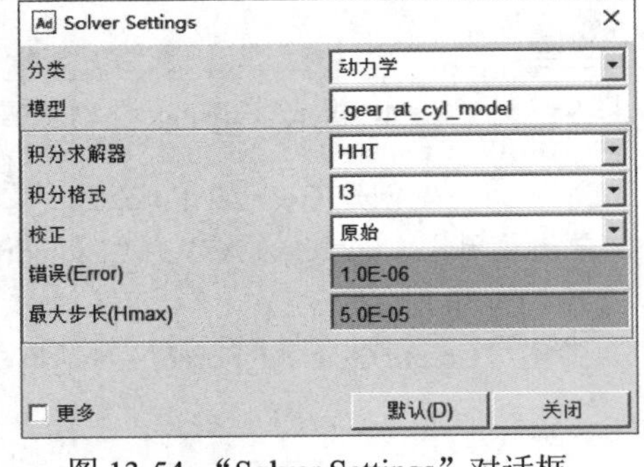

图 13-54　“Solver Settings”对话框

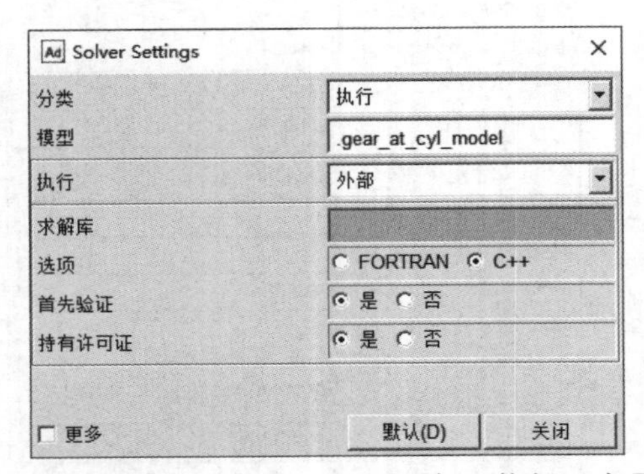

图 13-55　“Solver Settings”对话框“执行”选项

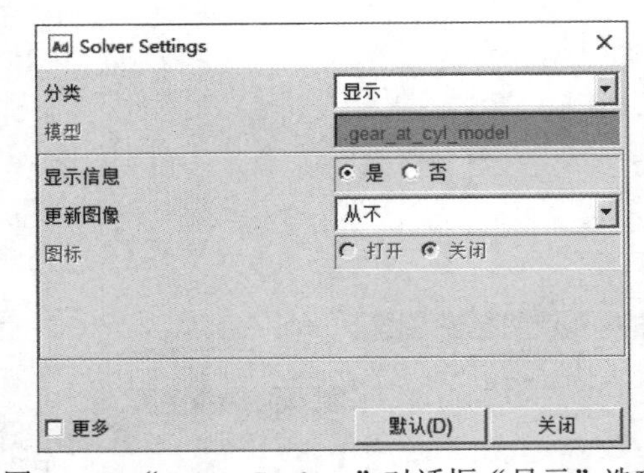

图 13-56　“Solver Settings”对话框“显示”选项

（14）验证仿真脚本并运行仿真。

1）在模型树中，单击“仿真”左侧的⊞标识。在其下拉列表中的“Sim_Run”选项上右击，然后选择“修改”命令，如图 13-58 所示。弹出“Modify Simulation Script...”对话框。验证仿真脚本并单击“确定”按钮，如图 13-59 所示。

2）单击“仿真”选项卡下的“仿真分析”面板中的“运行脚本仿真”按钮，如图 13-60 所示，弹出“Simulation Control”对话框，按图 13-61 所示设置参数后，单击“开始仿真”按钮，进行仿真。

（15）研究仿真结果。

1）在 Adams View 界面中按 <F8> 键，系统转换到 Adams PostProcessor 界面。

- 资源：请求。
- 请求：external_stage_Total_Force_and_Torque。
- 分量：TZ_wheel，然后单击“添加曲线”按钮。
- 分量：TZ_pinion，继续单击“添加曲线”按钮。
- 请求：external_stage_Kinematics。
- 分量：wheel_WZ，再次单击“添加曲线”按钮。
- 分量：pinion_WZ，最后单击“添加曲线”按钮。

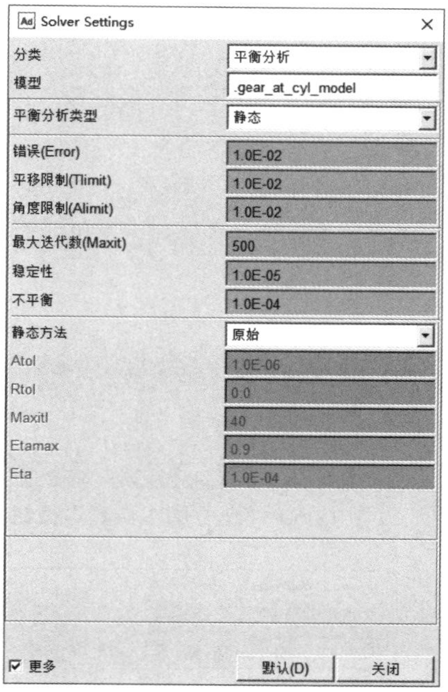

图 13-57 “Solver Settings”对话框“平衡分析”选项

图 13-58 模型树下拉列表

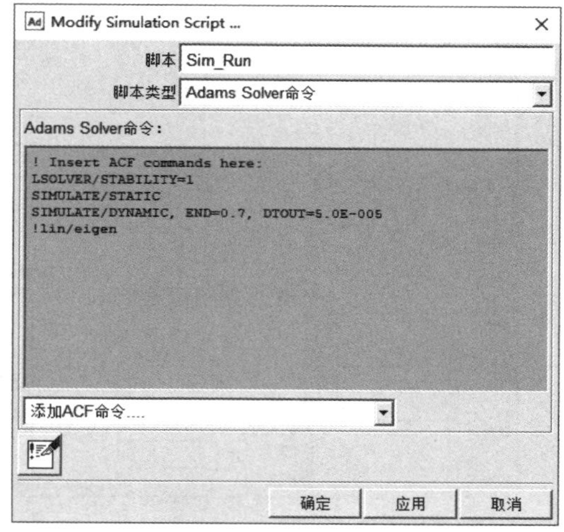

图 13-59 “Modify Simulation Script”对话框

添加曲线后的结果如图 13-62 所示。

2）单击工具栏中的“创建一个新的页面”按钮，新建空白页。

- 请求：external_stage_Contact。
- 分量：Tooth_M1_Max_Pressure，然后单击“添加曲线”按钮，添加曲线。
- 分量：Tooth_0_Max_Pressure，继续单击“添加曲线”按钮，添加曲线。
- 分量：Tooth_P1_Max_Pressure，继续单击“添加曲线”按钮，添加曲线。
- 分量：Tooth_P2_Max_Pressure，继续单击“添加曲线”按钮，添加曲线。

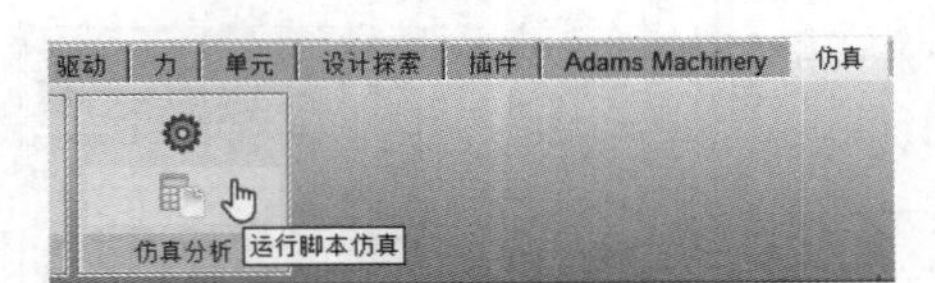

图 13-60 “运行脚本仿真”按钮

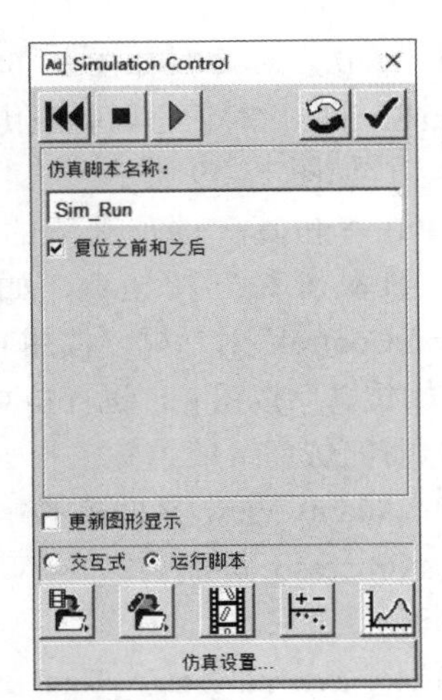

图 13-61 “Simulation Control”对话框

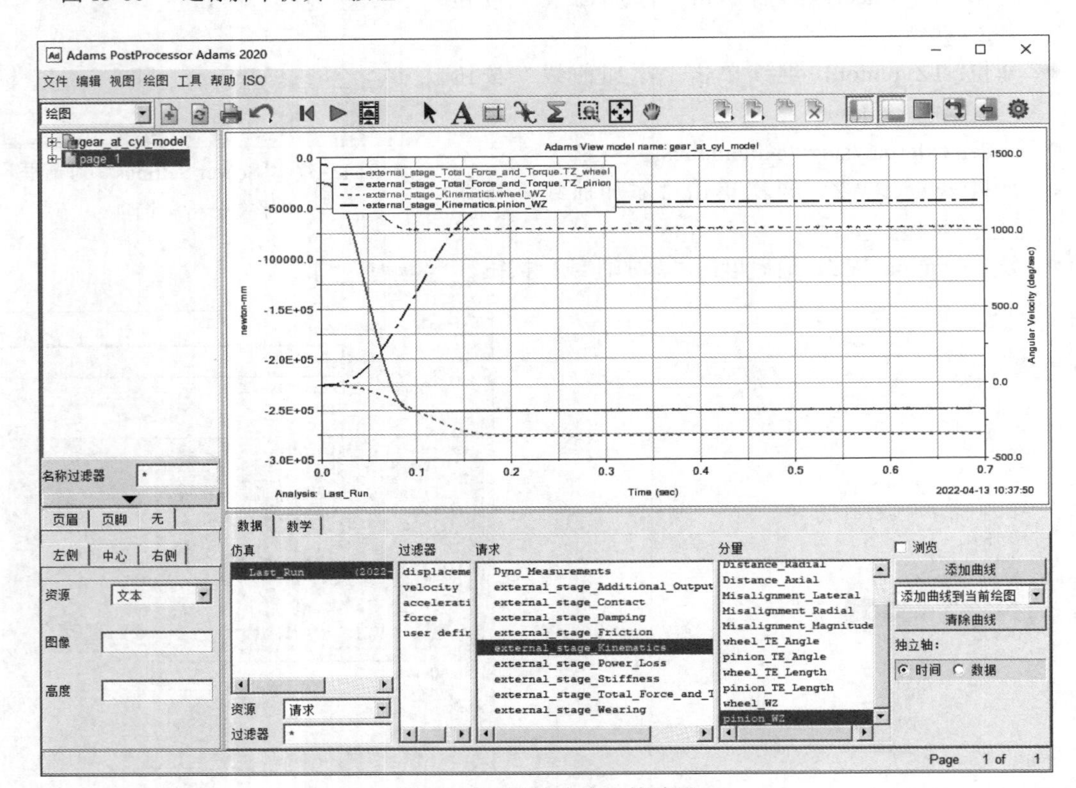

图 13-62 添加曲线后的结果

添加完成曲线后放大视图，结果如图 13-63 所示。

3）单击工具栏中的“创建一个新的页面”按钮，再次新建空白页。

- 请求：external_stage_Kinematics。
- 分量：wheel_TE_Length，然后单击“添加曲线”按钮 添加曲线 。

4）单击菜单栏中的“绘图”→“FFT”命令，勾选“去势输入数据”复选框，“开始时间”文本框中输入“0.2”，单击“应用”按钮 应用 ，创建 FFT 图，将水平轴从 0 放大到 1000Hz。结果如图 13-64 所示。

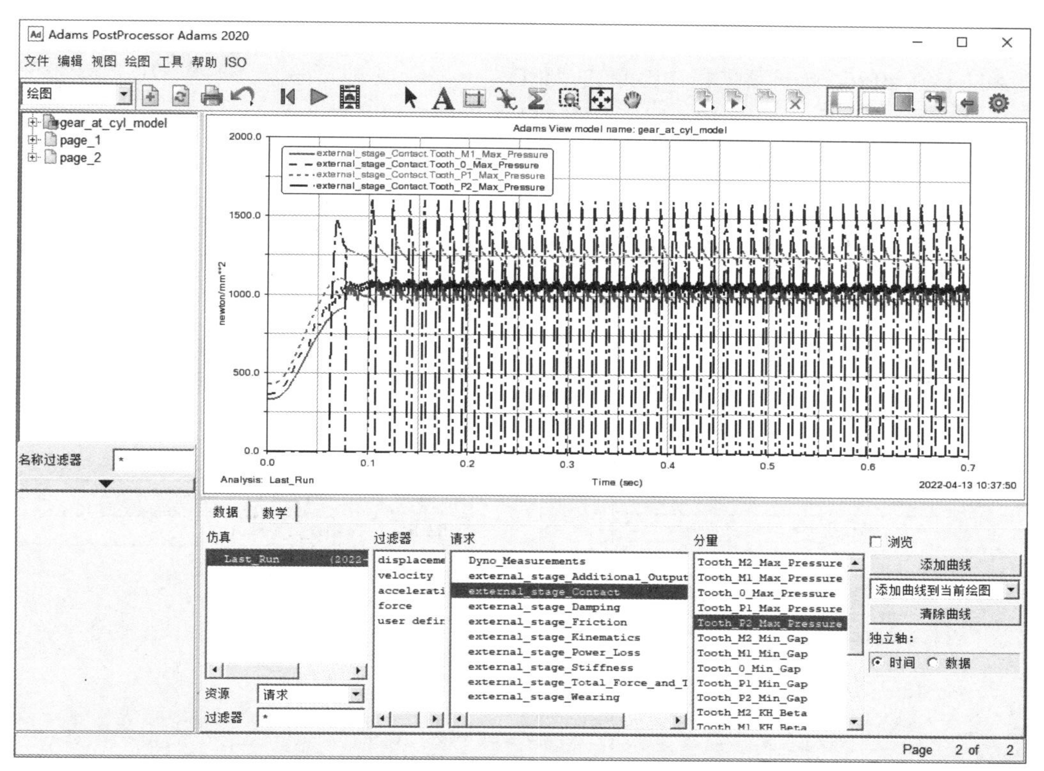

图 13-63　放大视图

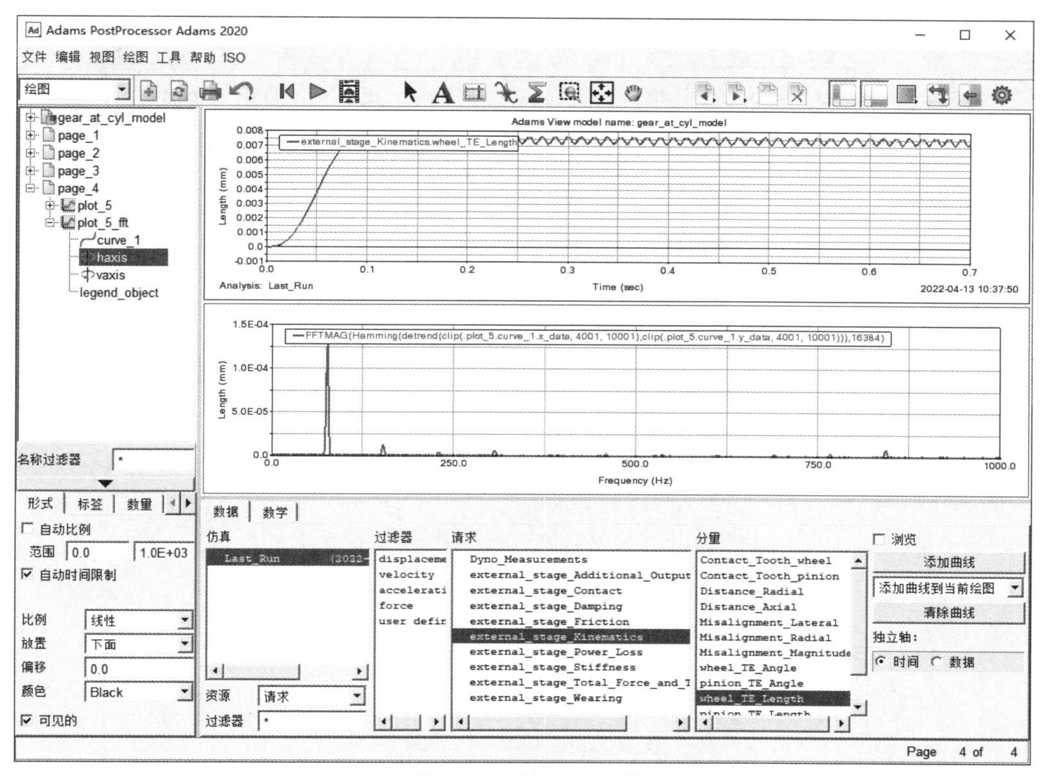

图 13-64　创建 FFT 图

5）在后处理器中显示接触模式。

在 Adams PostProcessor 菜单栏中，单击“ISO”→“Gear AT”→“Advanced Results”命令，如图 13-64 所示。弹出“Advanced Results”（高级结果）对话框，在“XGR file”文本框内右击，选择“浏览”命令，浏览并选择“Adams__external_stage__M_mode.cpt”文件，按图 13-66 所示设置其他参数，然后单击“确定”按钮 确定 创建接触模式结果绘图。

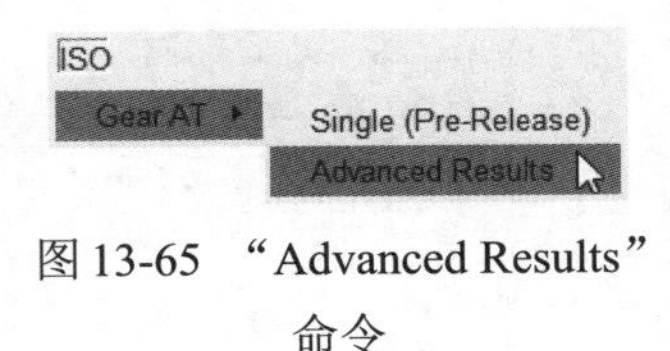

图 13-65 “Advanced Results”命令

（16）保存模型。

1）按 <F8> 键，切换到 Adams View 窗口。

2）单击菜单栏中的“文件”→“导出”命令，弹出“File Export”对话框，按图 13-67 所示设置参数，然后单击“确定”按钮 确定 导出结果文件。

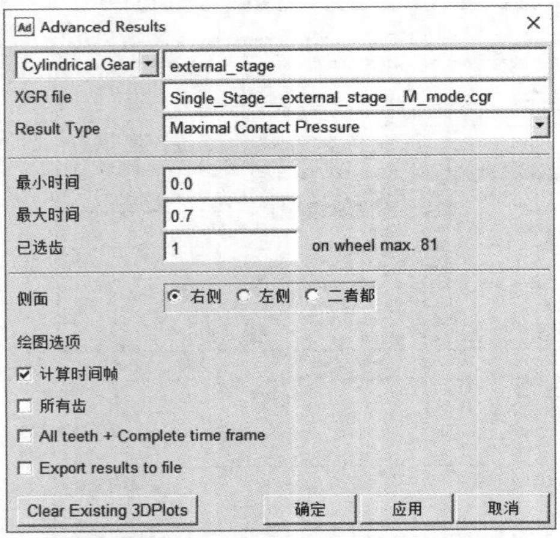

图 13-66 “Advanced Results”对话框

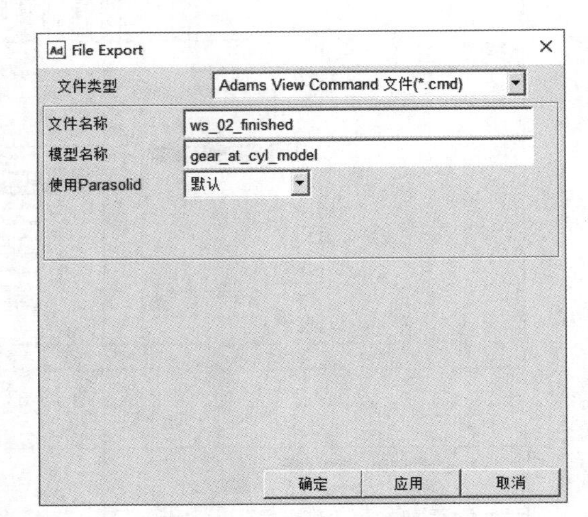

图 13-67 “File Export”对话框

第 14 章 钢板弹簧工具箱

【内容指南】

本章主要介绍钢板弹簧工具箱（简称板簧工具箱）的应用。钢板弹簧广泛应用在车辆上。在设计过程中，用户利用板簧工具箱能够建立由离散梁单元构成的高质量板簧虚拟模型，可方便、精准地研究设计方案是否合理。板簧虚拟模型既可以作为独立的子系统，也可以通过与 Adams View 和 Adams Car 等建立的整车模型进行装配。板簧工具箱还可以将板簧模型自动转换成包含车轴、连接件和信息通信器等信息的 Adams Car 悬架模板。

【知识重点】

- 加载钢板弹簧工具箱。
- 利用钢板弹簧工具建模。

14.1 钢板弹簧工具模块

在 Adams View 中，单击菜单栏中的“工具”→“插件管理器”命令，弹出“Plugin Manager”对话框，勾选“Leafspring Toolkit”后面的复选框，如图 14-1 所示，单击“确定”按钮 确定 加载钢板弹簧。“插件”选项卡出现“Leaf Spring”面板，右击可显示快捷菜单，如图 14-2 所示。

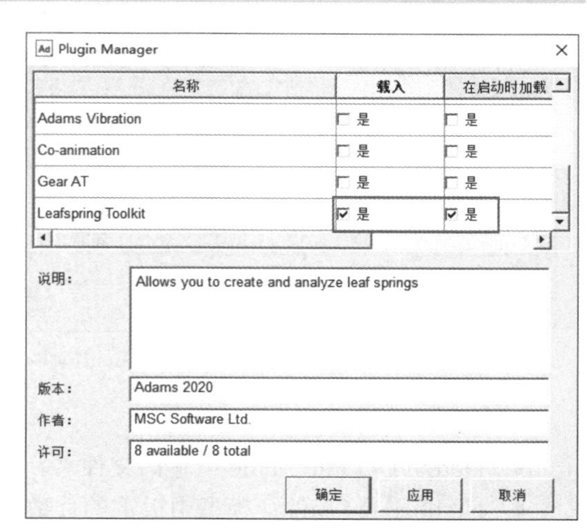

图 14-1 “Plugin Manager”对话框

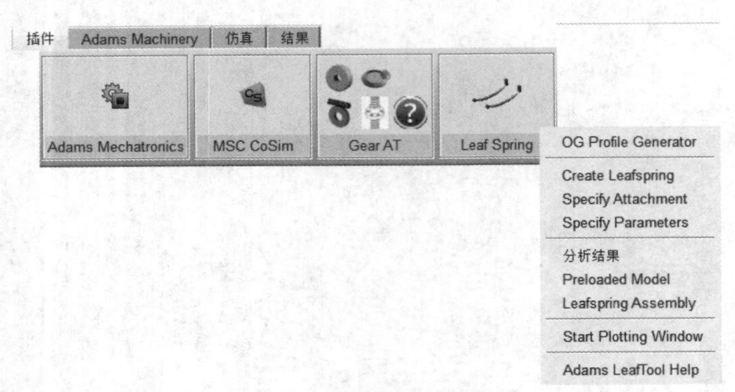

图 14-2 “Leaf Spring”面板及其快捷菜单

14.2 钢板弹簧分析建模

钢板弹簧也称叶片弹簧，一般由很多曲率半径不等、长度不等、宽度相等、厚度相等或不等的弹簧钢板叠成，在整体刚度上近似于等强度的弹性梁。弹簧的中部通过 U 形螺栓和压板与车桥刚性固定，其两端用销子铰接在车架的支架和吊耳上。

通过如下步骤，可以进行板簧建模和设计方案研究。

14.2.1 通过 OG Profile 创建板簧初始几何轮廓

单击“插件”选项卡下的“Leaf Spring”面板中的“OG Profile Generator”命令，弹出“Leaftool - OG Profile Generator”对话框，如图 14-3 所示。

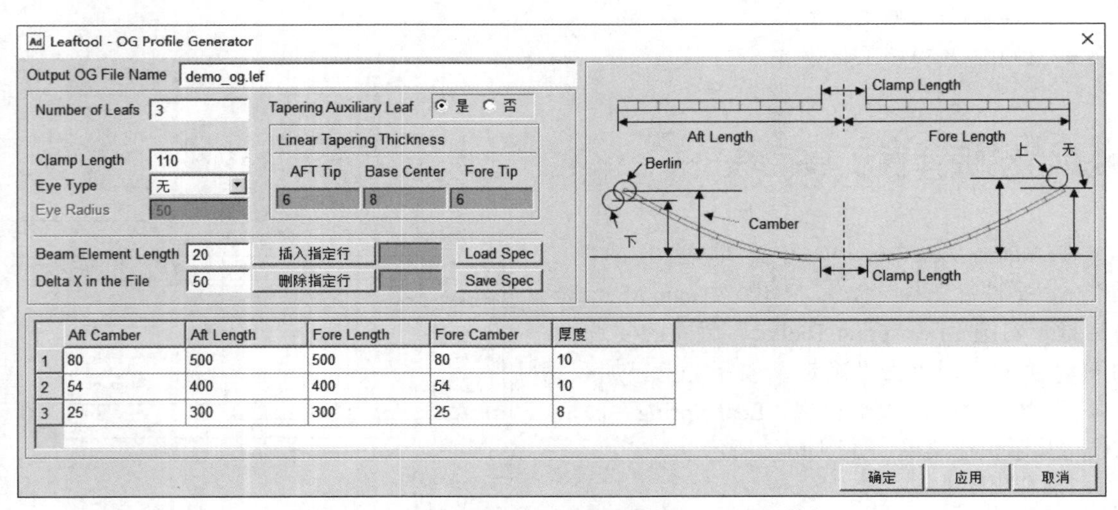

	Aft Camber	Aft Length	Fore Length	Fore Camber	厚度
1	80	500	500	80	10
2	54	400	400	54	10
3	25	300	300	25	8

图 14-3 “Leaftool - OG Profile Generator”对话框

该对话框中的设置项说明如下。

- Output OG File Name：输出文件名。在当前工作目录下，经计算后得到 .lef 格式的新文件。
- Number of Leafs：模型中板簧的片数。

- Clamp Length：板簧安装夹持的有效长度或固定不动的长度，长度值可以设置为零。
- Eye Type：主簧卷耳的类型，包括：无，berlin（平卷式），up（上卷式），down（下卷式）。
- Eye Radius：卷耳的半径。
- Tapering Auxiliary Leaf：副簧厚度是否逐渐变薄，可选“是”或者“否”。
- AFT Tip：如果选择副簧厚度逐渐变薄，需要定义副簧前端部位的板厚。
- Base Center：副簧安装夹持中心位置的板厚。
- Fore Tip：副簧后端部位的板厚。
- Aft Camber：前半部分板簧的弧高。
- Aft Length：前半部分板簧的展开长度。
- Fore Length：后半部分板簧的展开长度。
- Fore Camber：后半部分板簧的弧高。
- 厚度：板簧的厚度。包括等厚度板簧的厚度。如果是渐变厚度副簧，厚度将会线性逐渐变薄，梁单元的参数将基于变细的厚度进行调整。
- Beam Element Length：在板簧展开状态下的梁单元长度。
- Delta X in the File：初始几何轮廓输出文件中，*X* 向间距列表。
- 插入指定行：在规格表中插入一行。
- 删除指定行：在规格表中删除一行。
- Load Spec：按文件的指定参数定义作用在原始几何轮廓的负载。
- Save Spec：将作用于原始几何轮廓的负载保存为文件。

相关参数设置完毕后，单击“应用”按钮 应用 或“确定”按钮 确定 生成 *.lef 文件，即 OG 文件。

14.2.2　创建板簧模型

根据板簧工具箱的规则，创建前端为固定吊耳，后端为压缩状态的活动吊耳的板簧模型，如图 14-4 所示。

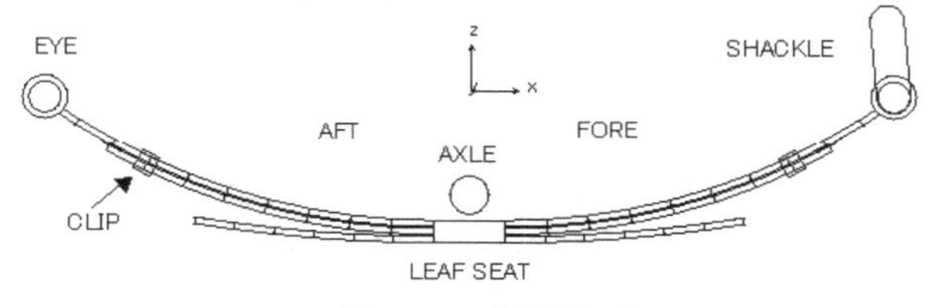

图 14-4　板簧模型

坐标系原点位于主片簧的上表面中心。

- FORE：相对于地面坐标系 *X* 轴正方向。
- AFT：相对于地面坐标系 *X* 轴负方向。

用户要注意的是，在 Adams Car 中 AFT 代表车辆的前端方向。

（1）单击“插件”选项卡下的“Leaf Spring”面板中的“Create Leafspring”命令，如图 14-5 所示，弹出“LeafTool: Create Leafspring”（创建钢板弹簧）对话框，如图 14-6 所示。

在该对话框中的设置项说明如下。

- 模型名称：输入新建板簧模型名称。

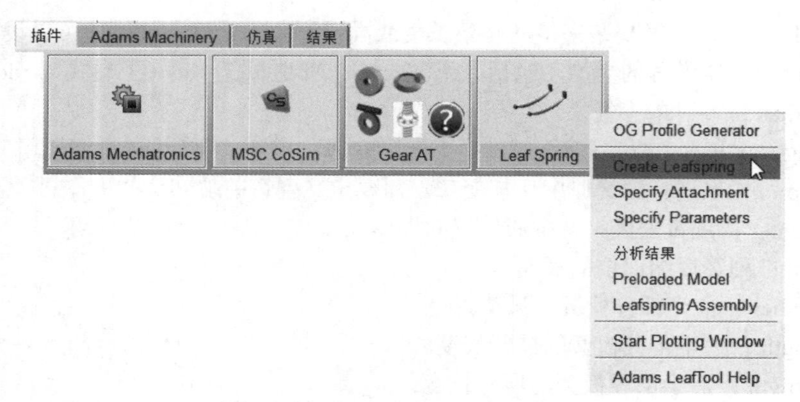

图 14-5 “Create Leafspring”命令

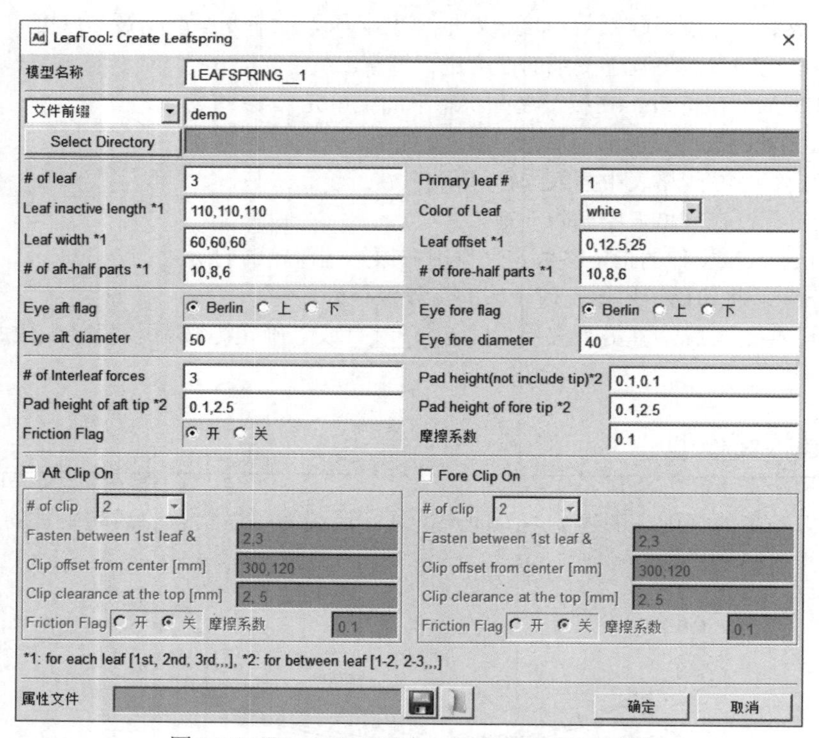

图 14-6 “LeafTool: Create Leafspring”对话框

- 文件前缀：板簧几何轮廓数据文件名。
- Select Directory：单击该按钮可以选择文件存放位置。
- # of leaf：板簧模型中板簧的片数。
- Primary leaf #：板簧模型中主簧的片数。
- Leaf inactive length：每片板簧安装长度组成的实数数组。
- Color of Leaf：设置板簧的显示颜色。
- Leaf width：每片板簧宽度组成的实数数组。
- Leaf offset：每片板簧最高点之间距离组成的实数数组。
- # of aft-half parts：前半部分每片板簧离散成构件数量的整数数组。
- # of fore-half parts：后半部分每片板簧离散成构件数量的整数数组。

- Eye aft flag：前卷耳类型的标识。
- Eye fore flag：后吊耳类型的标识。
- Eye aft diameter：前卷耳的内径。
- Eye fore diameter：后吊耳的内径。
- # of Interleaf forces：和上一片相邻板簧之间内摩擦力的数量。
- Pad height (not include tip)：和上一片相邻板簧之间的衬垫高度。
- Pad height of aft tip：板簧前端部和上一片板簧前端部衬垫高度。
- Pad height of fore tip：板簧后端部和上一片板簧后端部衬垫高度。
- Friction Flag：摩擦力标识显示或关闭。
- 摩擦系数：和上一片相邻板簧之间的摩擦系数。

勾选“Aft Clip On”和“Fore Clip On”复选框后，可以定义弹簧夹参数，如图 14-7 所示，对该对话框中的设置项说明如下。

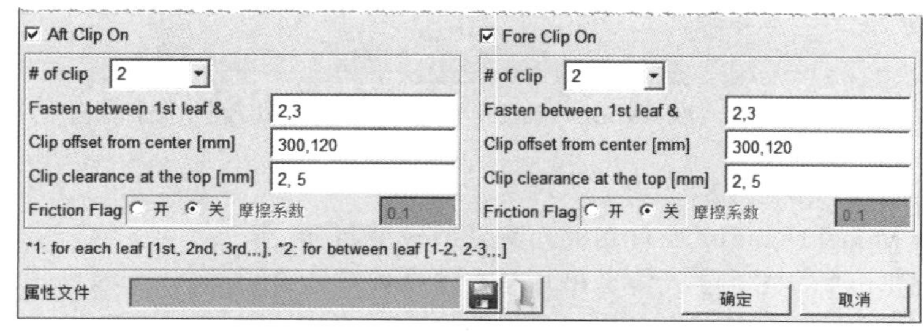

图 14-7　弹簧夹定义参数

- Fore Clip On，Aft Clip On：选择是否添加前夹或尾夹。
- # of clip：弹簧夹数量。
- Fasten between 1st leaf &：和主片簧夹紧的板簧编号。
- Clip offset from center [mm]：弹簧夹距板簧上表面中心位置的距离。
- Clip clearance at the top [mm]：弹簧夹和主片簧上表面之间的间隙。
- Friction Flag：摩擦力标识显示或关闭。
- 摩擦系数：弹簧夹和主片簧之间的摩擦系数。

（2）单击“插件”选项卡下的“Leaf Spring”面板中的“Specify Attachment”命令，如图 14-8 所示，弹出“LeafTool: Attachment Create or Modify”（创建连接定义）对话框，如图 14-9 所示。

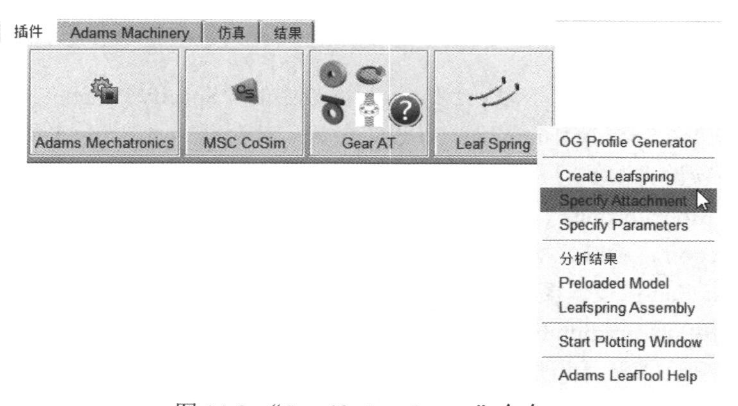

图 14-8　“Specify Attachment”命令

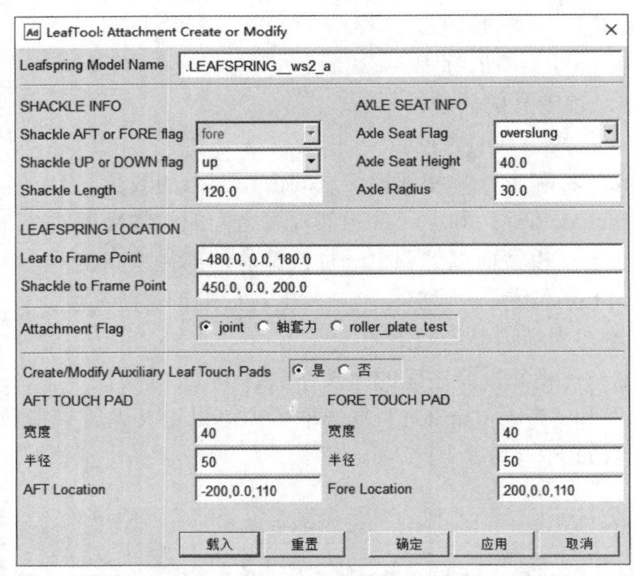

图 14-9 “LeafTool: Attachment Create of Modify”对话框

该对话框中的设置项说明如下。

- Leafspring Model Name：现有钢板弹簧悬架模型名称。
- Shackle AFT or FORE flag：定义吊耳是布置在前端还是后端。
- Shackle UP or DOWN flag：吊耳处于压缩（up）或拉伸（down）状态。
- Shackle Length：吊耳长度。
- Axle Seat Flag：板簧处于正吊或反吊状态。
- Axle Seat Height：车轴安装高度。
- Axle Radius：车轴半径。
- Attachment Flag：板簧、吊耳和车架（地面）之间的连接方式。
  - joint：板簧、吊耳和车架之间通过铰接副连接。
  - 轴套力：板簧、吊耳和车架之间通过线性的橡胶衬套连接。
  - roller_plate_test：为 roller plate 试验研究定义的一系列运动副。
- Leaf to Frame Point：板簧卷耳和车架连接位置的修改。
- Shackle to Frame Point：板簧吊耳和车架连接位置的修改。
- 载入：获取当前模型的参数值。
- 重置：设成初始模型状态。

（3）单击“插件”选项卡下的“Leaf Spring”面板中的“Specify Parameters”命令，如图 14-10 所示，弹出“LeafTool: Specify Parameters”（设定参数）对话框，如图 14-11 所示。

对话框中设置项说明如下。

- Leafspring Model Name：已有的板簧模型名称。
- Modify Friction：板簧之间摩擦力、弹簧夹和主簧间摩擦力。
  - Friction Flag：设置板簧之间摩擦力是否作用，修改摩擦系数。
  - Clip Aft/Fore Friction Flag：设置弹簧夹和主簧间摩擦力是否作用，修改摩擦系数。
  - 摩擦转变速度：是指最大摩擦系数时的速度，摩擦力根据 STEP5 函数［STEP5（slip_vel, -trans_vel, -1, trans_vel, 1)］确定。

- Modify Beam Material Properties：梁单元材料特性 E、结构阻尼 G 和 Y、Z 向剪切变形系数修改。
- Modify Bushing Parameters：衬套刚度和阻尼参数修改。

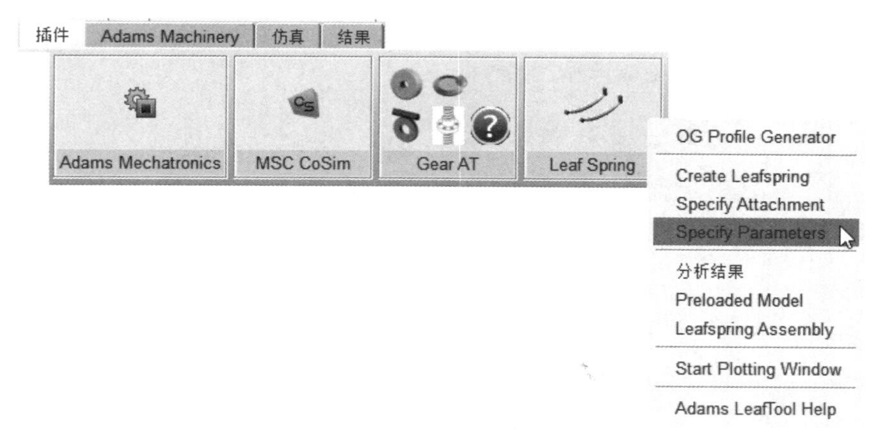

图 14-10　“Specify Parameters”命令

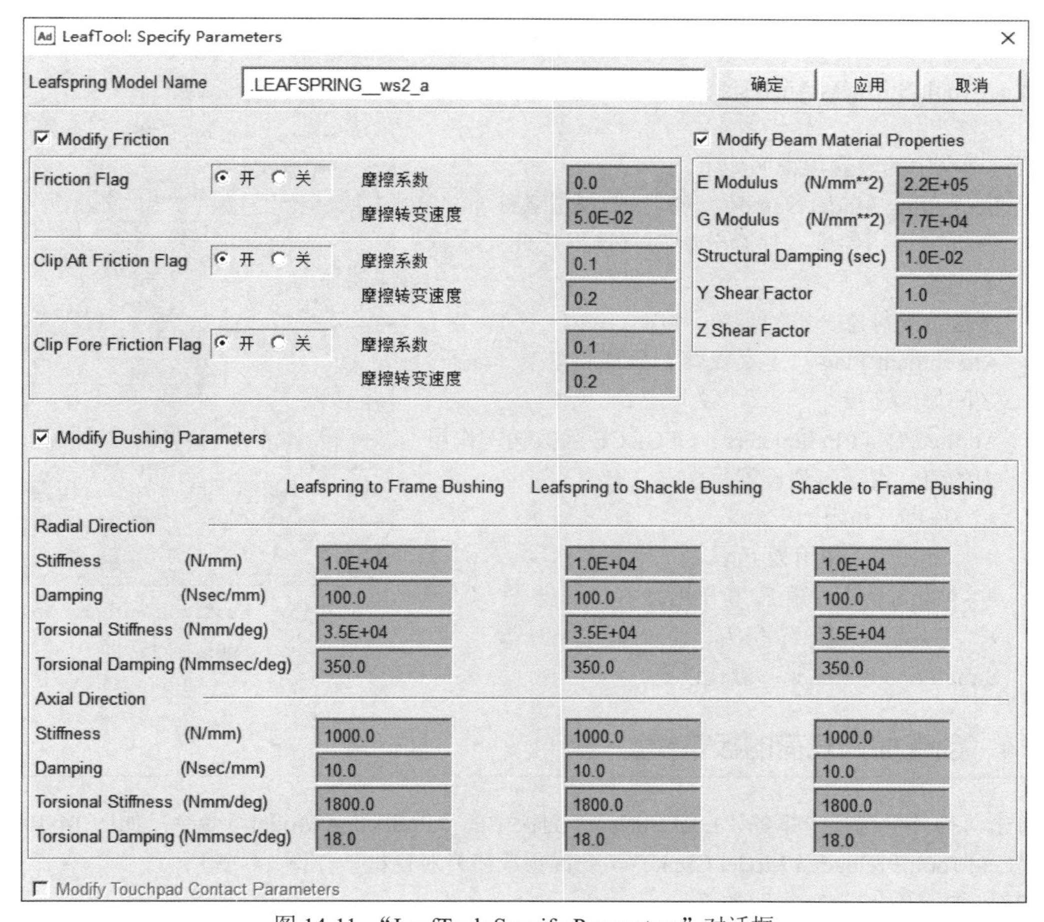

图 14-11　“LeafTool: Specify Parameters”对话框

14.2.3 运行准静态分析

单击“插件”选项卡下的“Leaf Spring”面板中的“分析结果”命令，如图 14-12 所示，弹出“LeafTool: Stiffness Analysis Setup”（准静态分析设置）对话框。

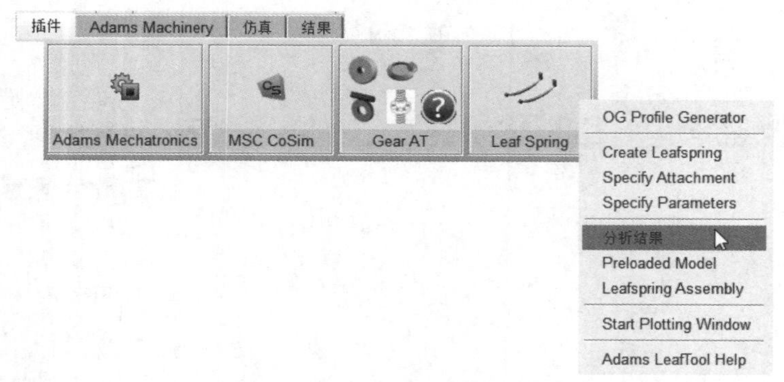

图 14-12 “分析结果”命令

载荷按如下公式定义。

```
Function=Preload+Extraload*STEP (time,0,0,1,1)
```

“LeafTool: Stiffness Analysis Setup”对话框如图 14-13 所示。

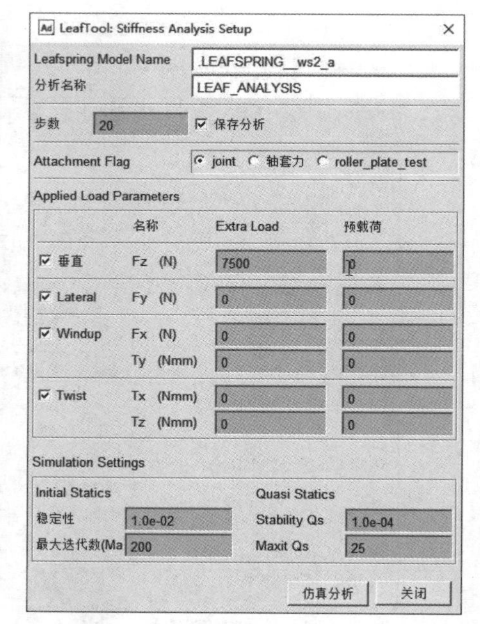

图 14-13 “LeafTool: Stiffness Analysis Setup”对话框

该对话框中的设置项说明如下。

- Leafspring Model Name：现有板簧模型名称。
- 分析名称：勾选“保存分析”复选框后此文本框才可输入。
- 步数：准静态分析的步数。
- Attachment Flag：定义板簧、吊耳和车架（地面）之间如何连接。
- Applied Load Parameters：GFORCE 函数输入作用力的值，进行下列设置。
  - 垂直：作用力 F_Z。
  - Lateral：作用力 F_Y。
  - Windup：力矩 T_Y 和作用力 F_X。
  - Twist：力矩 T_X 和 T_Z。
- Simulation Settings：仿真设置。

14.2.4 创建加预载荷的板簧模型

单击“插件”选项卡下的“Leaf Spring”面板中的“Preloaded Model”命令，如图 14-14 所示，弹出“LeafTool: Preloaded Model Create”（设置预载荷）对话框，如图 14-15 所示。

该对话框中的设置项说明如下。

- Leafspring Model Name：未加预载荷的板簧模型名称。

- 新的模型名称：创建的加预载荷的板簧模型名称。
- Attachment Flag：定义板簧、吊耳和车架（地面）之间的相互连接方式。
- Vertical Load：加垂直载荷的值。
- Axle Center Location (x, y, z)：定义车轴中心的位置。
- Axle Center Height：车轴到主片簧上表面高度方向的距离。

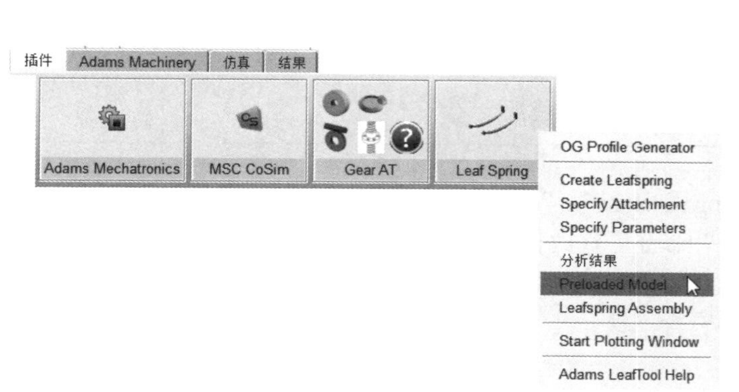

图 14-14 “Preloaded Model”命令

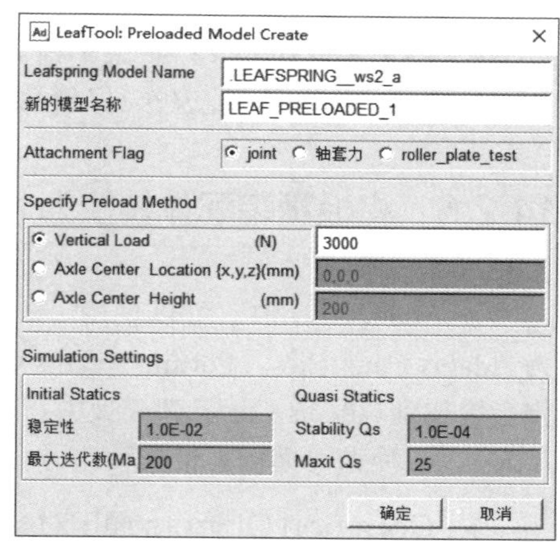

图 14-15 “LeafTool: Preloaded Model Create”对话框

14.2.5 创建一个板簧装配体模型

单击“插件”选项卡下的“Leaf Spring”面板中的“Leafspring Assembly”命令，如图 14-16 所示，弹出“LeafTool: Leafspring Assembly”（钢板弹簧装配）对话框，如图 14-17 所示。

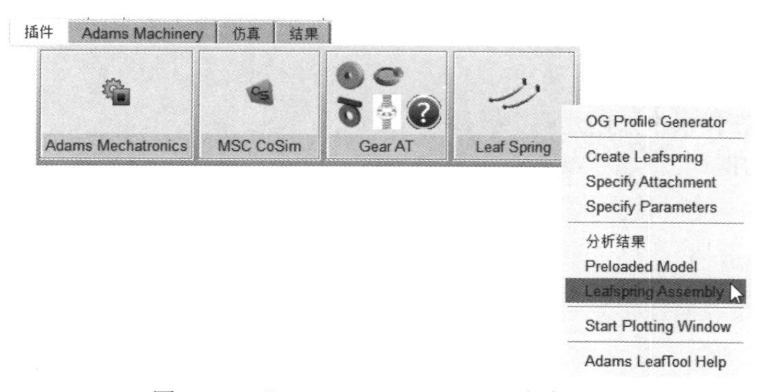

图 14-16 “Leafspring Assembly”命令

图 14-17 “LeafTool: Leafspring Assembly”对话框

该对话框中的设置项说明如下。

- 组装模型：要生成的板簧装配体名称。
- Left Model：用于装到车辆左侧的一个现有板簧模型。
- Right Model：用于装到车辆右侧的一个现有板簧模型。

- Anchor Option：固定方式。
  - axle：根据车轴中心和安装高度来定位板簧位置。
  - 坐标系：根据板簧到车架的安装点和吊耳到车架的安装点来定位板簧位置。
- Mirror to Left Flag：左、右板簧对称。
- Create Axle：在装配体中添加车轴选项。
- Axle Seat Flag：定义板簧是正吊或者反吊。
- Axle Seat Height：定义车轴安装高度。
- Axle Radius：定义车轴半径。

14.2.6 将板簧装配体转换为 Adams Car 模板

在 Adams Car 中，可以使用"Porting Adams Car"命令，将板簧工具箱中的板簧装配体转换为 Adams Car 模板。"Porting Adams Car"命令可修改板簧装配体中的一些对象，下列对象和参数将会增加到 Adams Car 悬架模板中。可以选择创建两种类型板簧悬架模板（Leaf spring only 和 Add Axle），一种悬架模板不带车轴，另一种包含车轴。

1. Common Objects 通用对象

- Modify part names：部件名称修改。
  - a left side part：gel_"part name"。
  - a right side part：ger_"part name"。
- Create hardpoints：自动创建下列硬点。
  - hp[lr]_leaf_to_frame（板簧和车架的安装点）。
  - hp[lr]_shackle_to_frame（吊耳和车架的安装点）。
- Change bushing：将 Adams View 的衬套转成 Adams Car 衬套。默认衬套是"<shared>/bushings.tbl/mdi_0001.bus"。
- Delete：Adams View 中的 GFORCE (leaf_applied_force) 函数和所有的分析请求会自动删除。

2. 选择 Leaf spring only 类型

如果选择 Leaf spring only 类型，在模板中只创建两个板簧。

- 创建 Adams Car 中使用的结构框。

cfs_axle_center（车轴对称中心）。

- 创建部件。
  - Axle: mts_housing（安装件）。
  - Body: mts_body（安装件）。
- 添加输入信息交流器。
  - body（mts_body）。
  - housing（mts_housing）。
- 指定车轴和板簧座连接方式。
  - U-bolt：将车轴用固定副安装到板簧座上。
  - Bushing：在车轴和板簧座之间创建一个固定副和衬套，由运动学分析模式决定采取何种类型连接。

完成的钢板弹簧模型如图 14-18 所示。

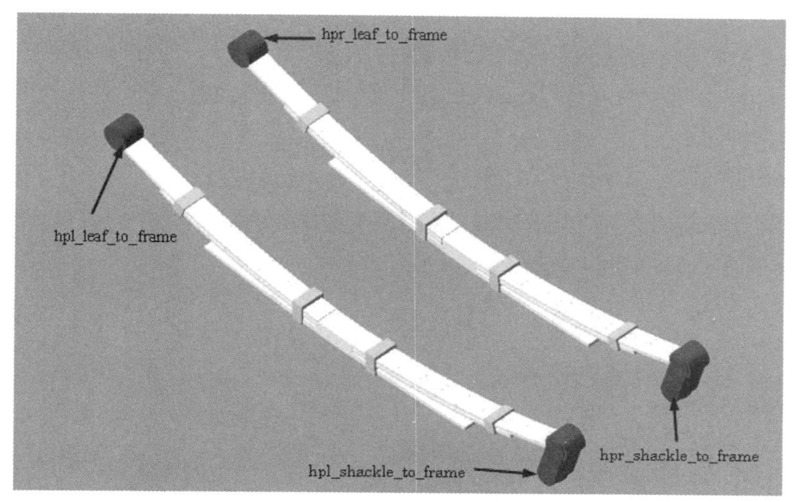

图 14-18　完成的钢板弹簧模型

3. 选择 Add Axle 类型

在模板中创建一个车轴、差速器输出轴、驱动半轴和轮毂输入轴。

- 创建 Adams Car 中使用的结构框。
  - cfl_wheel_center、clr_wheel_center（车轴的两个端点）。
  - cfs_axle_center（车轴对称中心）。
- 创建部件。
  - gel_drive_shaft、ger_drive_shaft。
  - Spindle: gel_spindle、ger_spindle。
  - gel_tripot、ger_tripot。
  - Subframe：ges_subframe。
  - Body：mts_body (mount part)。
- 添加约束。
  - jklrev_spindle_dev、jkrrev_spindle_dev (between spindle and axle)。
  - josfix_subframe_fixed (between subframe and mts_body)。
- 添加信息通信器。
  - co[lr]_wheel_center (entity=location, object=cfl_wheel_center, matching_name= wheel_center)。
  - co[lr]_suspension_mount (mount, gel_spindle, suspension_mount)。
  - co[lr]_suspension_upright (mount, ges_axle, suspension_upright)。
  - co[lr]_arb_bushing_mount (mount, ges_subframe, arb_bushing_mount)。
  - co[lr]_droplink_to_suspension (mount, ges_axle, droplink_to_suspension)。
  - cos_axle (mount, ges_axle, axle)。
  - co[lr]_diff_tripot (location, cfl_tripot_aux, tripot_to_differential)。
  - co[lr]_diff_tripot_ori (orientation, cfl_tripot_aux, diff_tripot_ori)。
  - cos_driveline_active (parameter_integer,phs_driveline_active,driveline_active)。
  - ci[lr]_tripot_to_differential。

- ➢ cis_body。
- 指定车轴和板簧座连接方式。
  - ➢ U-bolt：将车轴用固定副安装到板簧座上。
  - ➢ Bushing：在车轴和板簧座之间创建一个固定副和衬套，由运动学分析模式决定采取何种类型连接。

完成的带车轴的钢板弹簧模型如图 14-19 所示。

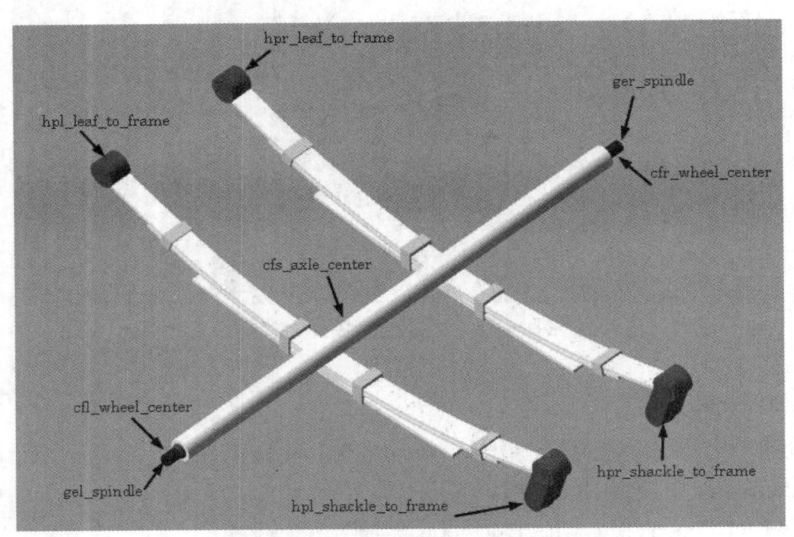

图 14-19　带车轴的钢板弹簧模型

4. 新建钢板弹簧模板

在 Adams Car 中，单击菜单栏中的“LeafTool”→“Porting to Adams Car”命令，弹出“New Leafspring Template”（新钢板弹簧模板）对话框，如图 14-20 所示。

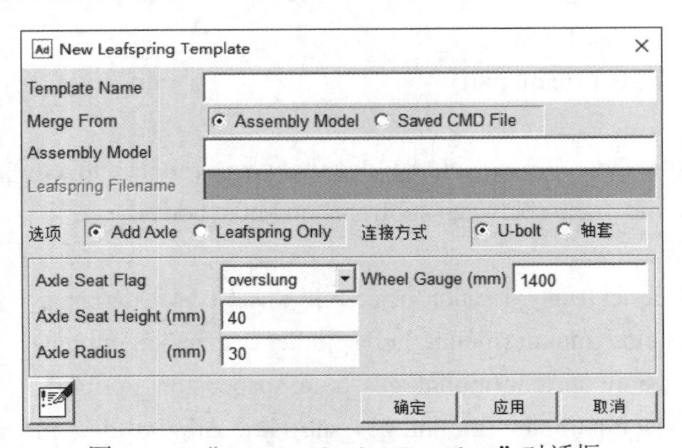

图 14-20　“New Leafspring Template”对话框

该对话框中的设置项说明如下。

- Template Name：要创建的板簧模板名称。
- Merge From：从现有板簧装配体或已保存的 *.cmd 文件创建模板。
- Assembly Model：现有板簧装配体名称。
- Leafspring Filename：已保存的 *.cmd 文件名称。

- 选项。
  - ➢ Add Axle：在模板中创建车轴、约束副、衬套、信息通信器。
  - ➢ Leafspring Only：仅创建两个板簧。
- 连接方式：指定车轴和板簧座连接方式。
- Axle Seat Flag：车轴安装方式为正吊或反吊。
- Axle Seat Height：车轴安装高度。
- Axle Radius：车轴半径。
- Wheel Gauge：轮距（cfl_wheel_center 和 cfr_wheel_center 之间的距离）。

14.3　实例

本例将使用板簧工具箱创建板簧模型，并对其中的关键参数进行说明，对不同状态下的仿真结果进行对比。

1. 加载板簧工具箱

启动 Adams View 并加载板簧工具箱。单击菜单“工具”→“插件管理器”命令，弹出“Plugin Manager”对话框，勾选“Leafspring Toolkit”后对应的复选框，单击“确定”按钮 确定 实现加载，如图 14-21 所示。这里需要注意的是，如果用户使用的是 Adams Car，那么需要设置成模板模式。

2. 创建自由状态时板簧几何轮廓文件

（1）这里为了对比一些参数特性，将建立两个文件说明问题。单击“插件”选项卡下的“Leaf Spring”面板中的“OG Profile Generator”命令，弹出“Leaftool - OG Profile Generator”对话框，按图 14-22 所示设置参数。

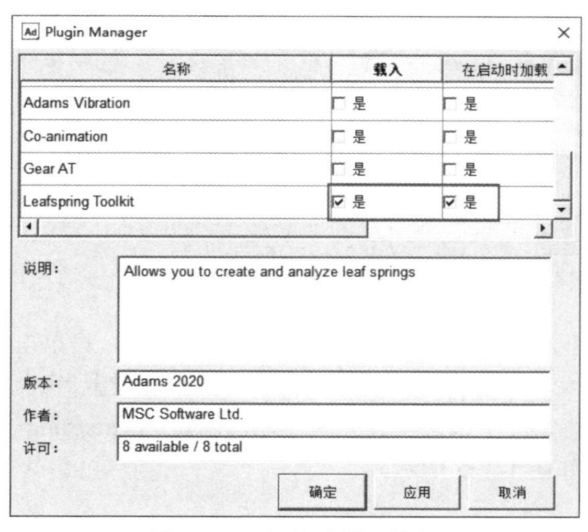

图 14-21　加载板簧工具箱

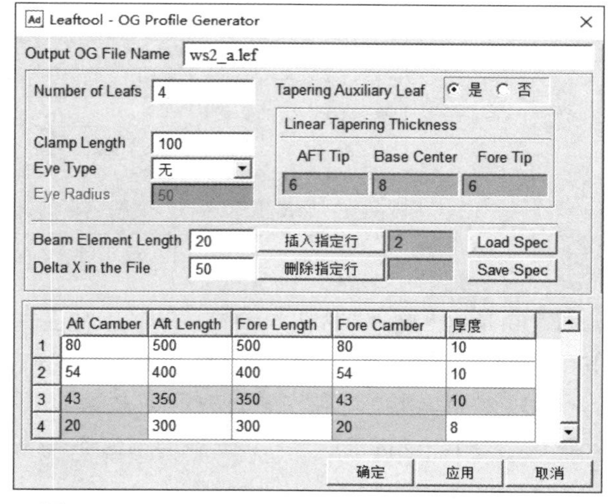

图 14-22　“Leaftool - OG Profile Generator”对话框

（2）设置“Output OG File Name”为“ws2_a.lef”。在“插入指定行”后面的文本框中输入“2”，然后单击“插入指定行”按钮 插入指定行，实现在第 2 行后面新添加 1 行描述第 3 片钢板属性。

（3）其中需要注意的是，“Aft Camber”与“Fore Camber”数值相同，“Aft Length”与“Fore Length”数值相同，第3行的“厚度”为“10”，最后将第4行的“Aft Camber”和“Fore Camber”修改为“20”，其余参数保持不变。这时可以简单地描述一下将要创建的钢板弹簧，其由4片钢板构成，每一片钢板的几何尺寸按照最下边的每一行尺寸进行描述。

（4）单击“Save Spec”按钮 Save Spec，在“文件名”文本框中输入“ws2_a”并保存，这样就可以将相关的参数保存到“ws2_a.def”文件中。

（5）单击“确定”按钮 确定，这样便可以生成该文件。

（6）用同样的操作完成“ws2_b.def”文件的保存及“ws2_b.lef”文件的生成，只不过这里需要将“Tapering Auxiliary Leaf”设置为“否”。

3. 创建板簧模型

（1）单击“插件”选项卡下的“Leaf Spring”面板中的“Create Leafspring”命令，弹出“LeafTool: Create Leafspring”对话框，按图14-23所示设置参数，这里创建的是“Leafspring_ws2_a”。

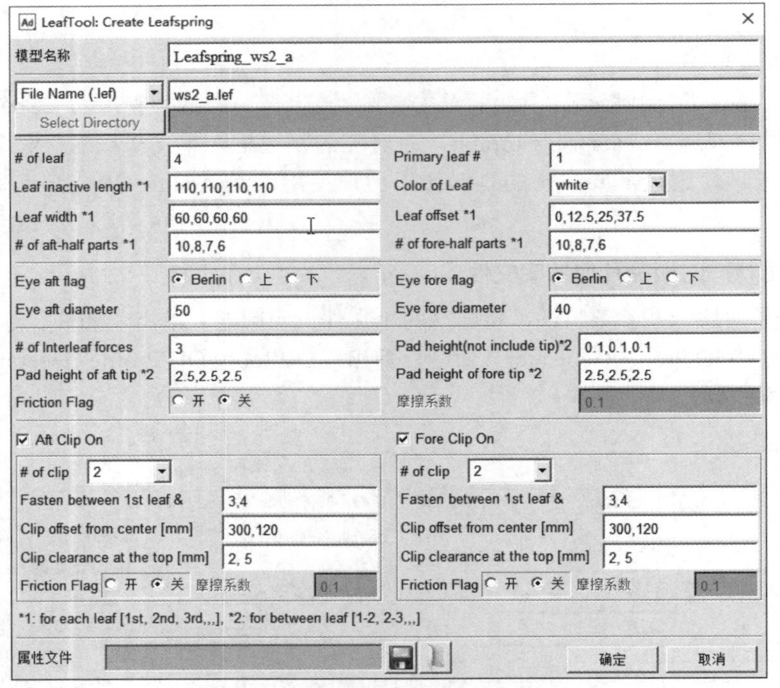

图14-23　设置创建钢板弹簧的参数

（2）单击“确定”按钮 确定，会弹出“LeafTool: Attachment Create or Modify”对话框，再单击其中的“应用”按钮 应用，“LEAFSPRING LOCATION”才变为编辑状态。按图14-24所示设置参数。

（3）然后单击“确定”按钮 确定，板簧的吊耳将定位于指定位置。同样地，创建“Leafspring_ws2_b”板簧，设置参数一致。完成的钢板弹簧模型如图14-25所示。

4. 运行板簧模型

（1）创建完板簧后，可以对其进行仿真分析，并且可以查看相关的后处理结果。单击“插件”选项卡下的“Leaf Spring”面板中的“分析结果”命令，弹出“LeafTool: Stiffness Analysis Setup”对话框，按图14-26所示设置参数。

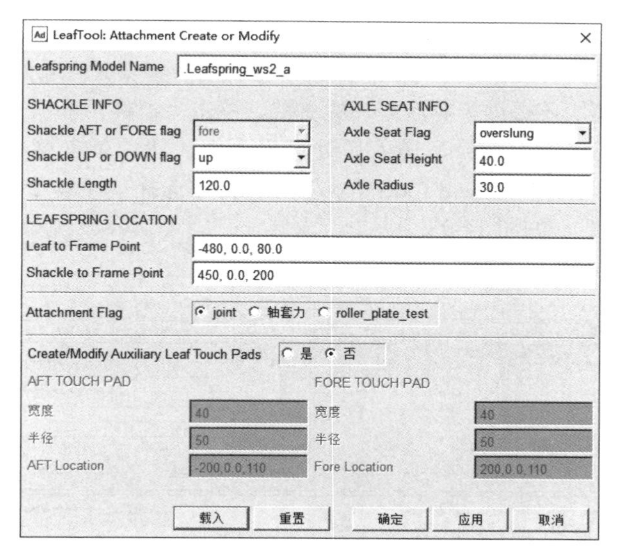

图 14-24　设置连接参数

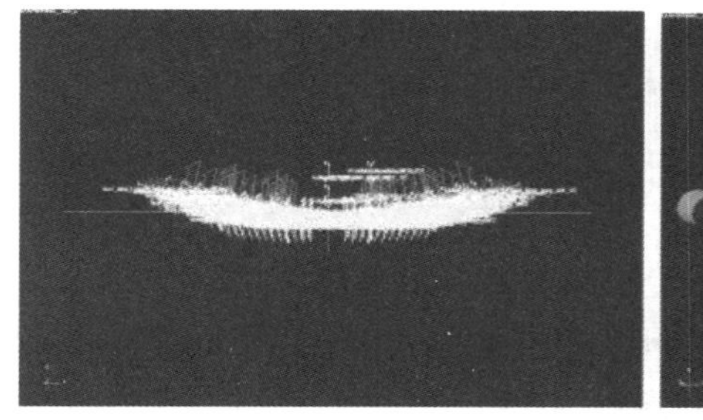

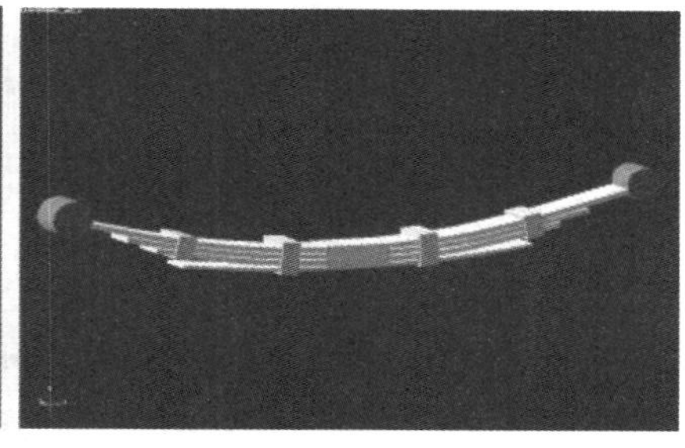

图 14-25　完成的钢板弹簧模型

LeafTool: Stiffness Analysis Setup

Leafspring Model Name　.Leafspring_ws2_a

分析名称　LEAF_ANALYSIS

步数　20　保存分析

Attachment Flag　joint　轴套力　roller_plate_test

Applied Load Parameters

	名称	Extra Load	预载荷
垂直	Fz (N)	20000	0
Lateral	Fy (N)	0	0
Windup	Fx (N)	0	0
	Ty (Nmm)	0	0
Twist	Tx (Nmm)	0	0
	Tz (Nmm)	0	0

Simulation Settings

Initial Statics		Quasi Statics	
稳定性	1.0E-02	Stability Qs	1.0E-04
最大迭代数(Ma	200	Maxit Qs	25

仿真分析　关闭

图 14-26　设置分析参数

（2）主要涉及的是针对哪个板簧模型进行的分析、载荷的施加、连接方式的选择等。然后单击“仿真分析”按钮 仿真分析，Adams 将进行相关求解，并且用户将实时查看到板簧运动的动画。

（3）后处理。板簧模块还提供了对后处理的支持，单击“插件”选项卡下的“Leaf Spring”面板中的“Start Plotting Window”命令，进入后处理界面中，然后单击菜单栏中的“LeafTool”→“Leaftool Plot”命令，弹出设置“LeafTool：Plot”对话框，选择“view_2x2”，单击“确定”按钮 确定，将会出现 4 条曲线，如图 14-27 所示。

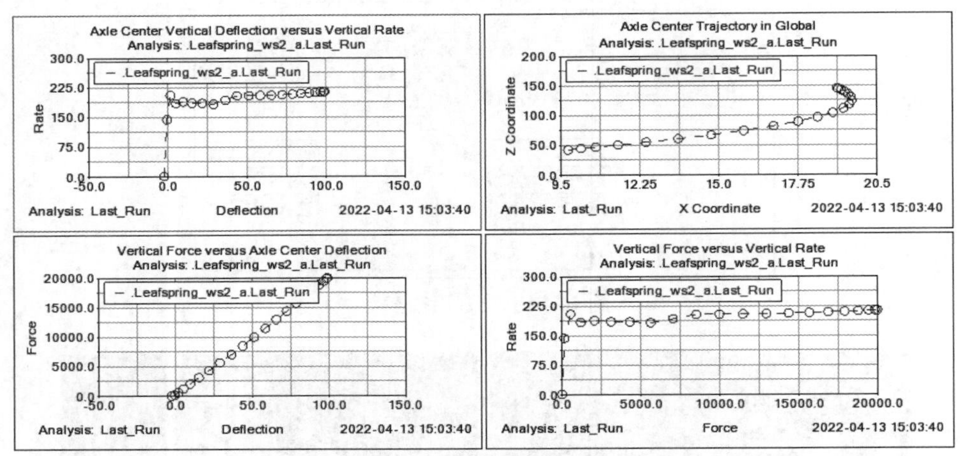

图 14-27　后处理曲线

（4）还可以针对“leafspring_ws2_b”板簧进行分析，操作同步骤（3）所述。进入后处理界面中，从“仿真”列表中选择“leafspring_ws2_a.last_Run”和“leafspring_ws2_b.last_Run”选项，然后不用横轴表示时间，而是选择“displacement”中“axle_center_location”下的“Location_z”，纵轴为“force”中“applied_force”下的“vertical_Fz”，最后添加曲线到页面中。这时将出现位移 - 载荷曲线，曲线的斜率表示板簧的刚度，如图 14-28 所示。

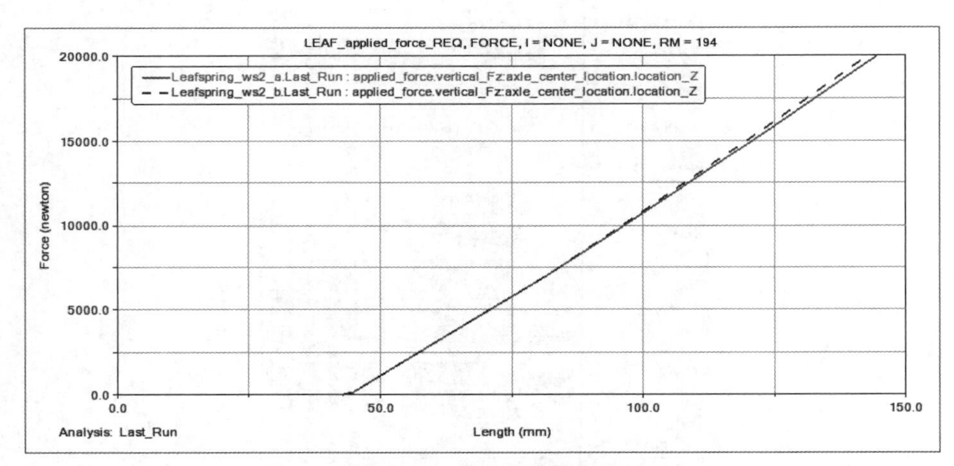

图 14-28　位移 - 载荷曲线

（5）还可以对特性参数进行修改，然后在后处理界面中查看修改前后的曲线对比。这里将“Leafspring_ws2_a”中的“E modulus”进行变换。单击“插件”选项卡下的“Leaf Spring”面板中的“Specify Parameters”命令，按图 14-29 所示设置参数。

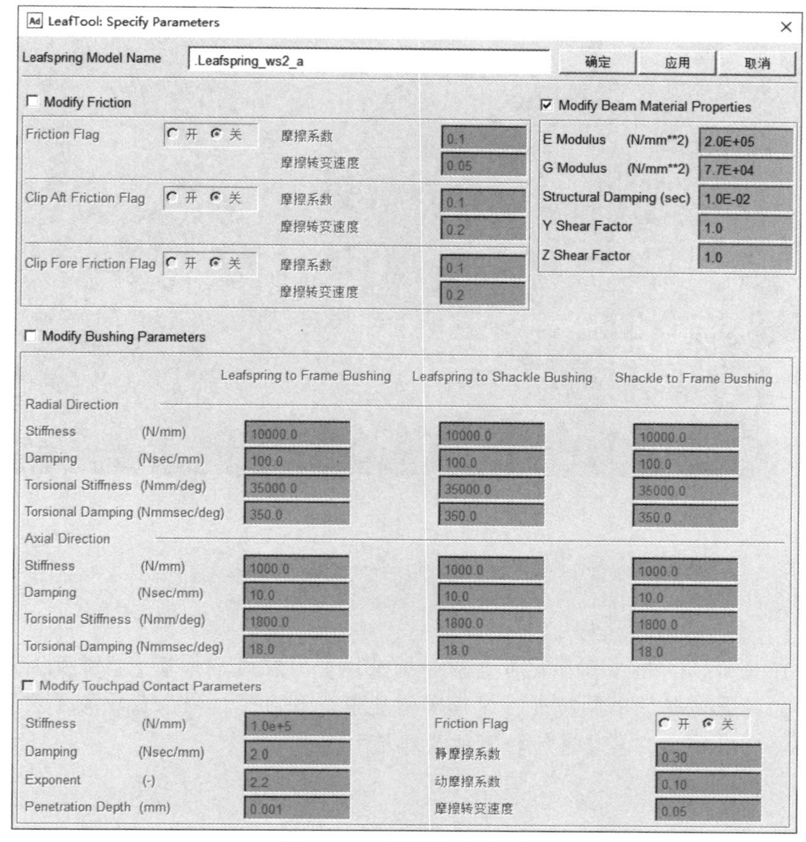

图 14-29　设置指定参数

（6）单击“确定”按钮 确定 完成设置，然后单击“插件”选项卡下的“Leaf Spring”面板中的“分析结果”命令，选择“Leafspring_ws2_a”板簧模型，将其分析名称设置为“new_e”，最后单击“仿真分析”按钮 仿真分析 完成计算。这时，在后处理界面的“仿真”列表中选择“Leafspring_ws2_a.new_e_001”选项，横轴、纵轴分别按照步骤（4）所述选择为“Location_z”和“vertical_Fz”，并将其添加到前面的页面中，如图 14-30 所示。

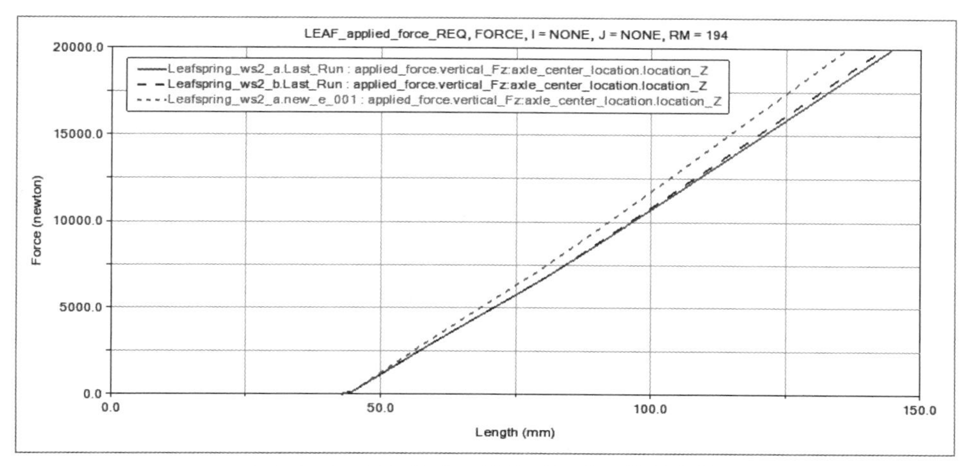

图 14-30　添加修改参数后的位移 - 载荷曲线

第 15 章 履带工具箱

【内容指南】

本章主要介绍履带工具箱（也称履带车辆分析模块）的应用。本章中，首先对履带工具箱进行介绍，然后讲解如何通过履带工具箱进行履带车辆建模，最后通过一个负重轮悬架装置仿真分析的实例帮助读者理解应用履带工具箱进行仿真的操作流程。

【知识重点】

- 履带车辆分析模块简介。
- 履带车辆分析建模。

15.1 履带车辆分析模块简介

ATV Toolkit 是 Adams 中用于履带式车辆动力学性能分析的专用工具，是分析军用或商用履带式车辆各种动力学性能的理想工具。相比轮式车辆而言，履带式车辆采用履带行走，就像铺了一个可以无限延长的轨道一样，使它能够平稳、迅速、安全地通过各种复杂路况。由于履带与地面接触面积大，因此增大了坦克等类型的履带式车辆在松软、泥泞路面上的通过能力，降低了下陷量。而且履带板上有花纹并能安装履刺，所以在雨、雪、冰或陡坡路面上能牢牢地抓住地面，不会出现打滑现象。同时由于履带接地长度达 4 ～ 6m，诱导轮中心位置较高，因此可以通过壕沟、垂壁等路障，一般坦克的越壕宽度可达 2 ～ 3m，可通过 1m 高的垂直墙。履带还有一个特殊功能，在过河时，可以采取潜渡的方式在河底行走；若是浮渡履带，还可以像螺旋桨一样产生推进力，驱使车辆前进。正是这些卓越的越野机动性能，使得履带式车辆在兵器行业和工程机械行业得到广泛应用。

通过 ATV Toolkit，利用其提供的模板化的履带、车轮及地面模型，可快速建立履带式车辆系统整机模型。工具箱中提供了多种悬挂模式和履带模式，方便用户建立各种复杂的车辆模型。通过改进的高效积分算法，可快速给出计算结果，研究车辆在各种路面、不同车速和使用条件下的动力学性能，并进行方案优化设计。同时，模型中还可加入控制系统、弹性零件、用户自定义子系统等复杂元素，以使模型更为精确。

在 ATV Toolkit 中，既可以建立完整的履带车辆模型，也可以建立简化的履带车辆模型，即 String Track Model，如图 15-1 所示。

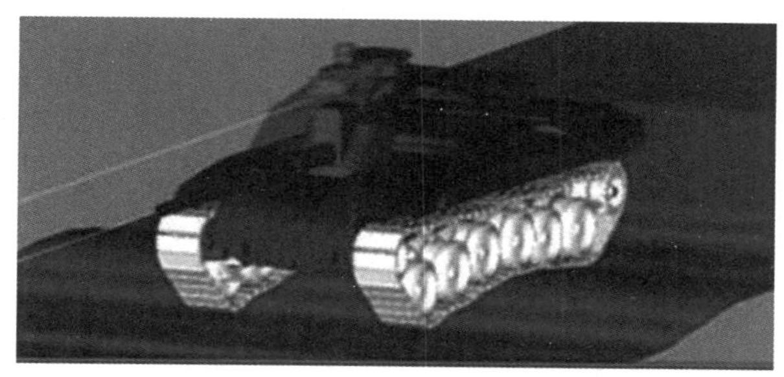

图 15-1　简化的履带车辆模型

15.2　履带车辆分析建模

ATV Toolkit 和 Adams Car 一样都是基于模板子结构方式来创建整车模型的，但其有独立的安装程序，因此需要对应的许可证管理使用权限。ATV 的安装很简单，安装后配以有效的许可证即可正常使用。

图 15-2 所示为安装好的文件目录，选中的文件夹为复制粘贴过来的文件夹。

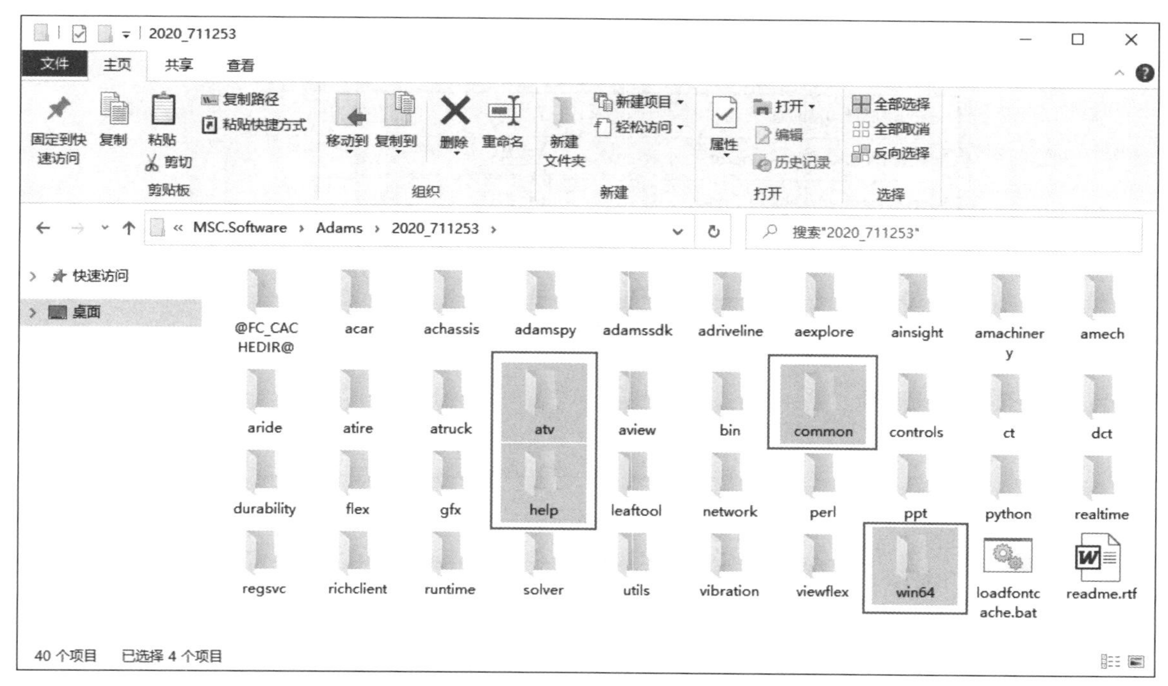

图 15-2　安装好的文件目录

ATV Toolkit 的模板数据库如图 15-3 所示。

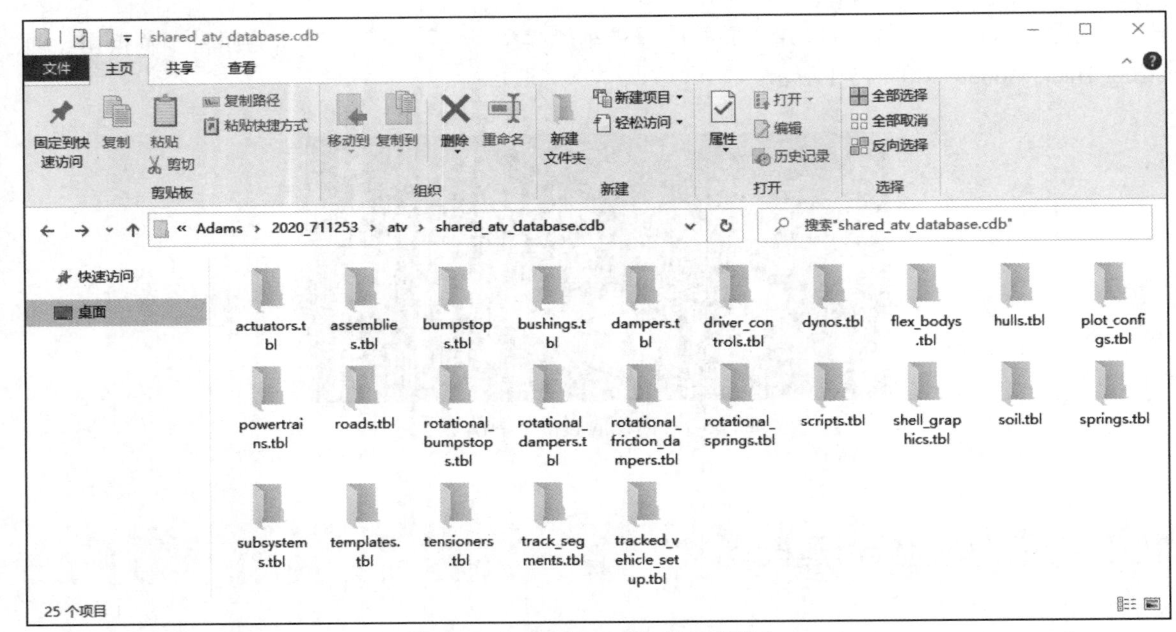

图 15-3　ATV Toolkit 的模板数据库

启动 ATV Toolkit 时，既可以在 Adams View 下进行，也可以在 Adams Car 下进行，单击菜单栏“工具”→“插件管理器”命令，按图 15-4 所示进行设置，即可加载 ATV Toolkit。

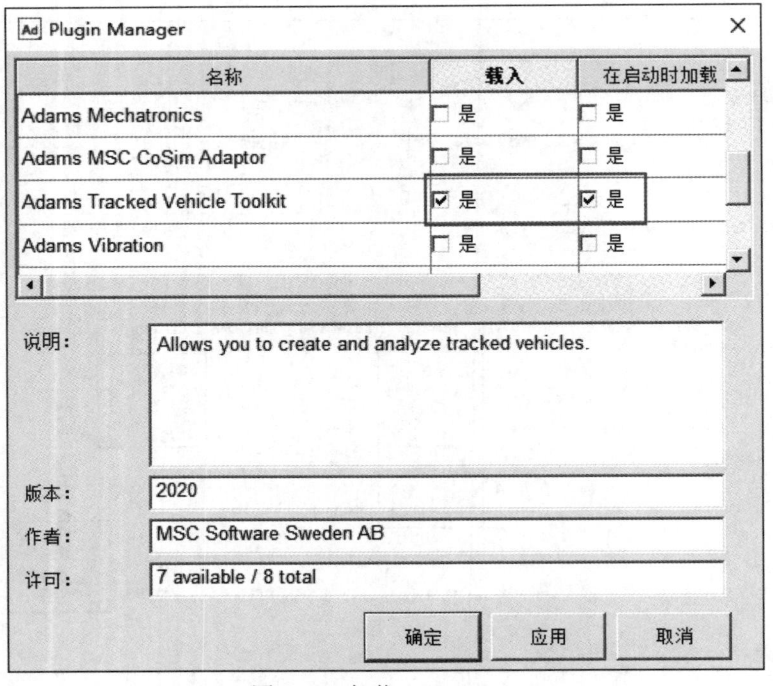

图 15-4　加载 ATV Toolkit

15.2.1　履带轮创建

启动 Adams Car，按 <F9> 键选择“Standard Interface”模式，加载 ATV Toolkit，单击菜单栏中“文件”→“打开”→“Assembly”命令，弹出“Open Assembly”（打开装配体）对话框。然后在“Assembly Name”文本框中右击，通过在快捷菜单中选择“浏览”命令，查找“<atv_shared>/assemblies.tbl”，最后选择装配文件“tank.asy”，如图 15-5 所示。然后单击“确定”按钮 确定 ，打开“tank.asy”文件。

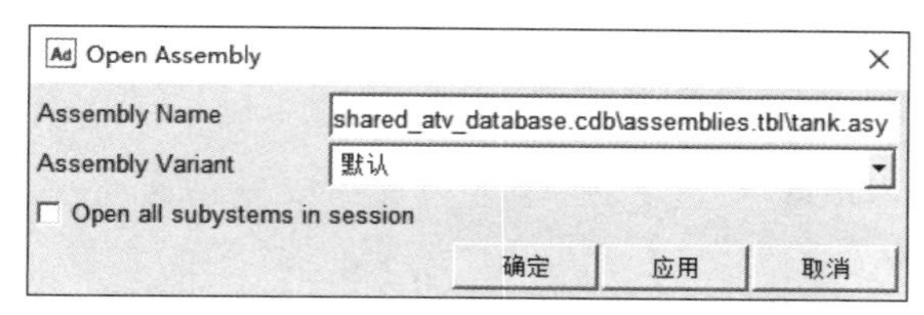

图 15-5　选择装配文件“tank.asy”

（1）单击菜单栏中的“ATV”→“单元”→“Modify Track Wheel”命令，如图 15-6 所示，弹出图 15-7 所示的“Modify a Track Wheel”（修改履带轮）对话框。

（2）在“Track Wheel Name”（履带轮名称）文本框中右击，在弹出的快捷菜单中选择“track_wheel”→“推测”→“uel_idler_wheel”命令，按图 15-7 所示设置其他参数。

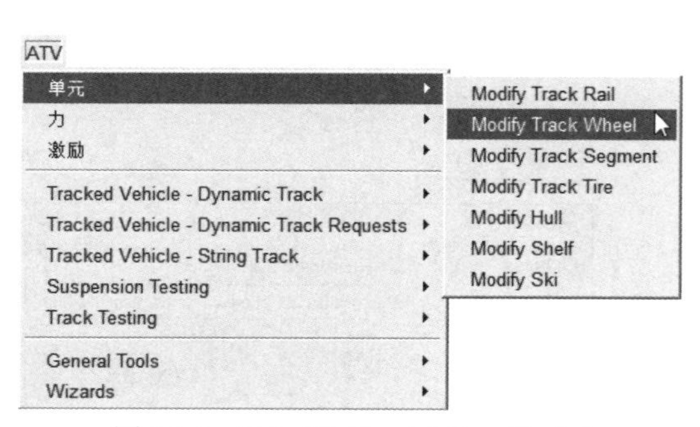

图 15-6　“Modify Track Wheel”命令

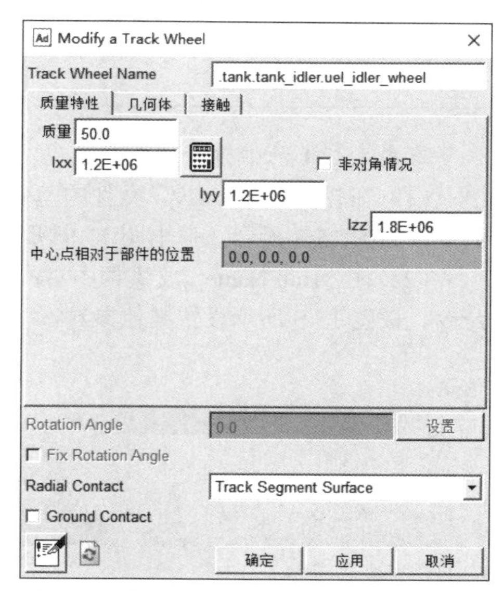

图 15-7　“Modify a Track Wheel”对话框

（3）质量特性：“质量特性”选项卡。

- 质量：质量定义。
- Ixx、Iyy、Izz：转动惯量定义。
- 中心点相对于部件的位置：部件质心位置定义。

（4）“几何体”选项卡。

- Wheel Radius：车轮半径。

- Wheel Width：车轮宽度。
- Number of Discs：车轮分盘数目，可以设置盘间距离。
- 齿数：轮齿数目。
- Tooth Width：齿宽。
- Tooth Height：齿高。
- Tooth Length：齿长。
- Flank Angle：牙侧角。

（5）“接触”选项卡。

- Stiffness：刚度。
- Damping：阻尼。
- Force Exponent：力指数。
- Penetration：渗透。
- Validated length Unit for Stiffness Coefficient：刚度系数的验证长度单位。
- Static Coefficient：静摩擦系数。
- Dynamic Coefficient：动摩擦系数。
- Stiction Transition Velocity：静摩擦移动速度。
- Friction Transition Velocity：摩擦转变速度。
- Radial Contract：径向接触。
- Ground Contact：地面接触。

15.2.2 车身创建

参考 15.2.1 节中打开文件的方式，打开“tank.asy”文件。

（1）在打开“tank.asy”文件的基础上，单击菜单栏中的“ATV”→“单元”→“Modify Hull”命令，如图 15-8 所示，弹出图 15-9 所示的“Modify Hull”（修改车身）对话框。

（2）在“Hull Name”文本框中右击，在弹出的快捷菜单中选择“Hull”→“推测”→“ues_hull”命令。按图 15-9 所示设置其他参数。

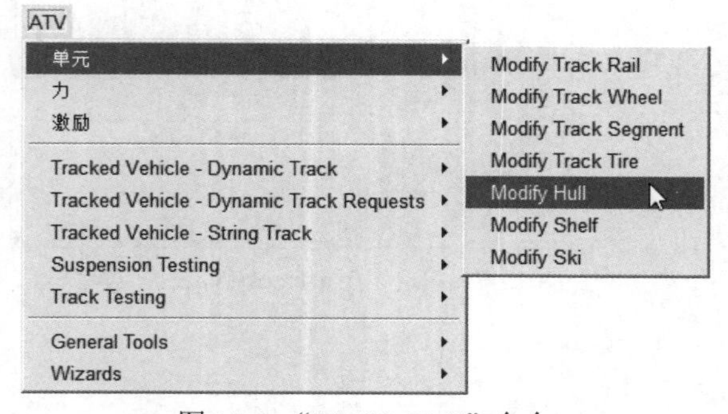

图 15-8 “Modify Hull”命令

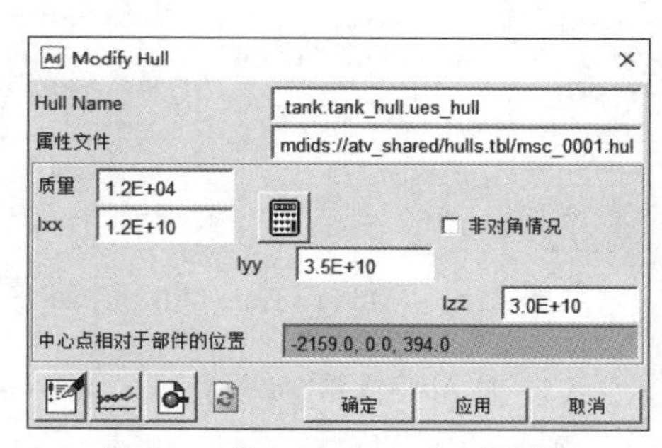

图 15-9 “Modify Hull”对话框

相关参数说明如下。

- Hull Name：车身名称。
- 属性文件：车身属性文件。

- 质量：车身质量。
- 中心点相对于部件的位置：车身质心位置。

15.2.3　履带板创建

（1）在打开“tank.asy”文件的基础上，单击菜单栏中的“ATV”→“单元”→“Modify Track Segment”命令，弹出图 15-10 所示的“Modify Track Segment: Single Pin Steel Track”（修改履带板）对话框。

（2）在“Track Segment Name”文本框中右击，在弹出的快捷菜单中选择“Track_Segment”→“推测”→“uel_track_seg”命令。按图 15-10 所示设置其他参数。

（3）相关参数说明如下。

- Track Segment Name：履带板名称。
- Track Pitch：履带板间距。
- 销的半径：履带销半径。
- Number of Track Segments：履带板段数。

（4）“质量特性”选项卡。

- 质量：履带板质量。
- Ixx、Iyy、Izz：转动惯量。
- 中心点相对于部件的位置：质心位置。

（5）“几何体”选项卡，模型尺寸说明如图 15-11 所示。

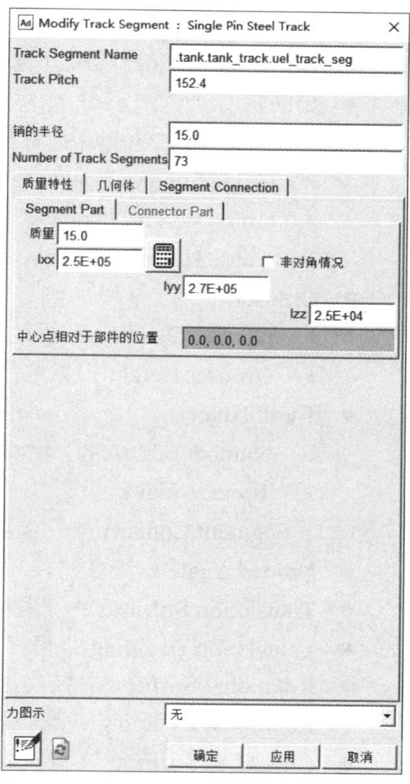

图 15-10　“Modify Track Segment: Single Pin Steel Track”对话框

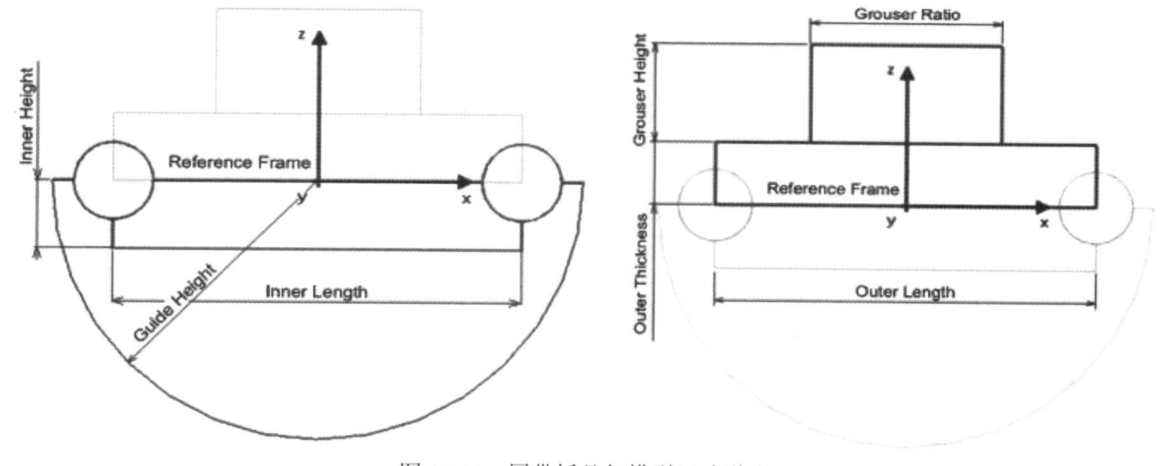

图 15-11　履带板几何模型尺寸说明

- Plates。
  - Thickness，Inner：板内厚。
  - Thickness，Outer：板外厚。
  - Length，Inner：板内长。
  - Length，Outer：板外长。

  - Width，Inner：板内宽。
  - Width，Outer：板外宽。
- 导向轮。
  - Number of Guides：导向轮数量。
  - Guide Type：导向轮类型。
  - Guide Width：导向轮宽度。
  - Guide Height：导向轮高度。
- Grouser。
  - Grouser Position：抓地齿位置。
  - Grouser Height：抓地齿高度。
- Tooth Hole。
  - Number of Discs：分盘个数。
  - Tooth Width：齿宽。

（6）“Segment Connection”选项卡。

- Unload Angle：无载角度。
- Translation Stiffness：平移刚度。
- Translation Damping：平移阻尼。
- Rotational Stiffness：旋转刚度。
- Rotational Damping：旋转阻尼。
- Crossterm Stiffness：橡胶履带界面刚度。
- Crossterm Damping：橡胶履带界面阻尼。
- Stiffness：接触力刚度。
- Damping：接触力阻尼。
- Force Exponent：接触力指数。
- Penetration：穿透量。
- Bend Angle：前弯角。
- Backbend Angle：后弯角。
- Static Coefficient：静扭转摩擦系数。
- Dynamic Coefficient：动扭转摩擦系数。
- Peak Velocity：峰值速度。
- Force Graphics：力元图标。

15.2.4 张紧轮创建

（1）启动 Adams Car，加载 ATV Toolkit，单击菜单栏中的“ATV”→“力”→“张紧轮”→“新建 ...”命令，如图 15-12 所示，弹出图 15-13 所示的“Create Tensioner”（创建张紧轮）对话框。

（2）相关参数说明如下。

- Tensioner Name：张紧轮名称。
- I 部件：部件 1。
- J 部件：部件 2。
- I Reference Coord：参考坐标系 1。

- J Reference Coord：参考坐标系 2。
- K Reference Coord：可选参考坐标系。
- 属性文件：定义属性文件。
- Tensioner Type：张紧轮类型。

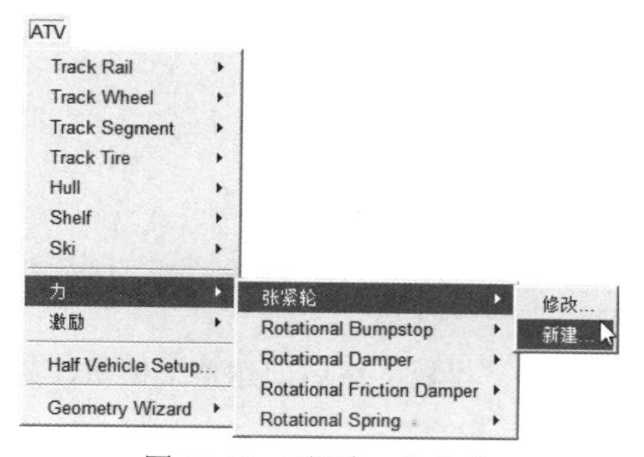

图 15-12　“新建 ...”命令

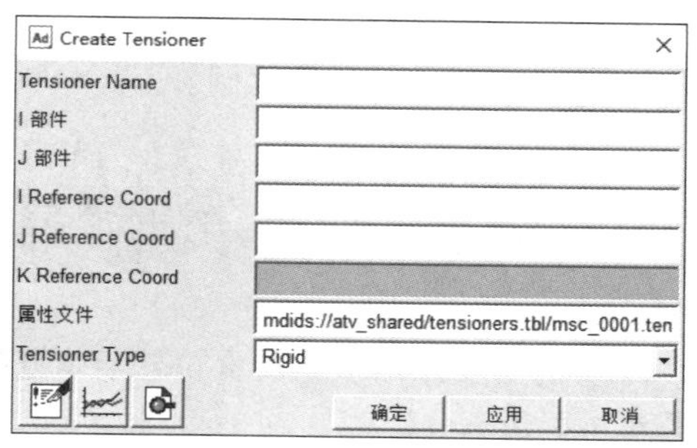

图 15-13　“Create Tensioner”对话框

15.2.5　驱动创建

（1）单击菜单栏中的“ATV”→“激励 ...”→“Dyno”→“Create...”命令，如图 15-14 所示，弹出图 15-15 所示的“Create Dyno”（创建驱动）对话框。

图 15-14　“Create...”命令

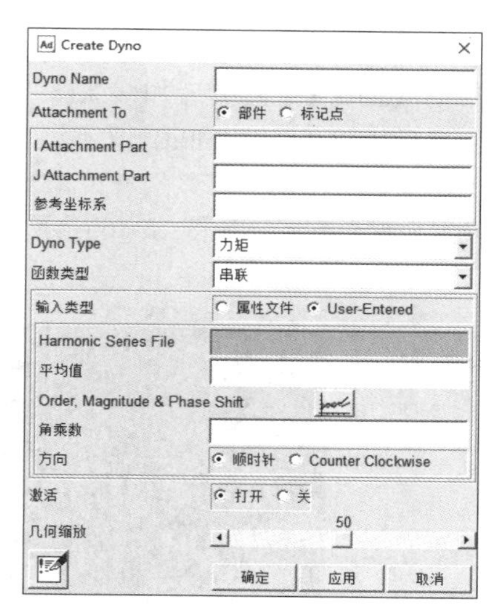

图 15-15　“Create Dyno”对话框

（2）相关参数说明如下。

- Dyno Name：驱动名称。
- Attachment To：附着方式。
- I Attachment Part：附着部件 1。
- J Attachment Part：附着部件 2。
- 参考坐标系：定义参考坐标系。
- Dyno Type：驱动类型。
- 函数类型：定义函数类型。

- 输入类型：定义输入类型。
- Harmonic Series File：简谐文件。
- 平均值：输入平均值。
- Order, Magnitude & Phase Shift 角乘数：角度因子。
- 方向：方向设置。
- 激活：激活状态。
- 几何缩放：几何体比例。

15.3 综合实例——负重轮悬架装置仿真分析

本实例主要介绍坦克负重轮悬架装置的仿真分析，首先定义模板，然后创建整车模型，最后对整车进行仿真分析。

15.3.1 定义模板

本例可帮助用户理解 ATV Toolkit 中创建模板的流程，这里创建的模型为负重轮悬架装置，创建模型的过程涉及 Adams Car 及 ATV Toolkit 的建模元素的应用，最后将建立好的模板保存到数据库中以备调用。

1. 加载 ATV Toolkit

启动 Adams Car，然后加载 ATV Toolkit，按照前述方式进行加载即可。也可以启动 Adams View，然后加载 ATV Toolkit，只不过这时需要修改配置文件“atv_aview.bat”。然后设置为模板方式，单击菜单栏中的“工具”→“ATV Template Builder”命令，当然也可以在启动 Adams Car 时直接设置为模板方式，如图 15-16 所示。

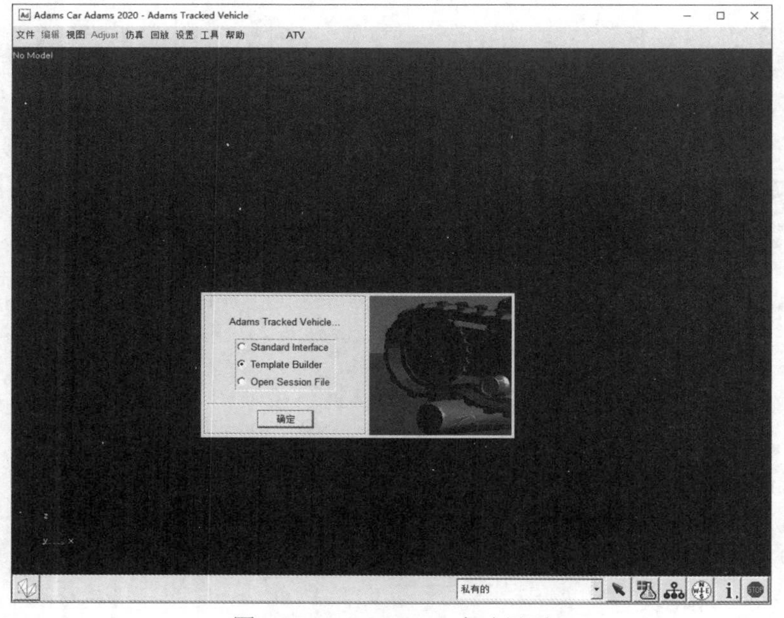

图 15-16 Adams Car 启动界面

2. 创建模板——悬架部件

（1）首先创建模板文件，基于此文件创建悬架系统。这里需要说明的是，ATV Toolkit 的模板建模特点同 Adams Car 是完全一样的，基于不同的角色完成模板建立工作。这里对悬架系统赋予的角色为“track_holder”，这样就给 ATV Toolkit 传递了如下信息。

在进行履带系统缠绕时，这个悬架部件是其中之一。

（2）单击菜单栏中的“文件”→“新建”→“Template”命令，弹出“New Template”对话框，按图 15-17 所示设置参数。

（3）单击“确定”按钮 确定 后将在工作空间出现一些标记点，如图 15-18 所示。

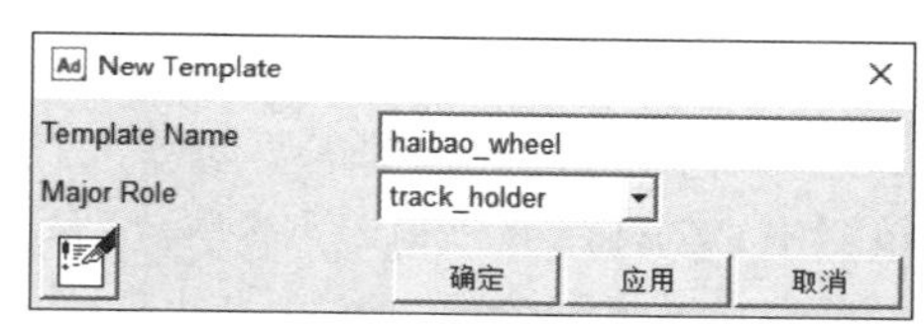

图 15-17　“New Template”对话框

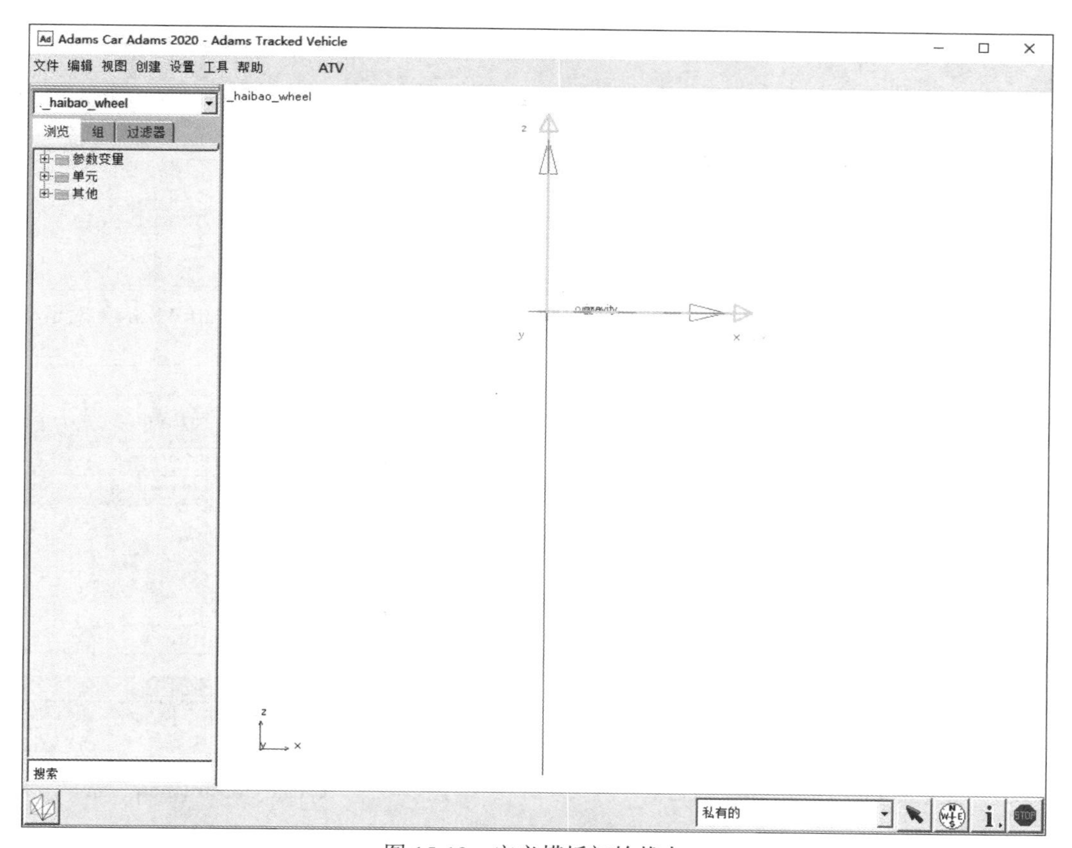

图 15-18　定义模板初始状态

3. 创建模板——部件系统

在 ATV Toolkit 中一般通过 3 个步骤完成部件系统的创建，即创建硬点、创建部件及几何体、创建约束关系及力元。

（1）创建部件系统——硬点。

硬点用来标示关键位置，本例中需要定义 3 个硬点：悬架与车体相连点、悬架臂弯折点和车轮中心点。单击菜单栏中的“创建”→“Hardpoint”→“新建”命令，按图 15-19 所示的信息完成 3 个硬点的定义。

（2）创建部件系统——悬架臂。

1）单击菜单栏中的“创建”→“部件”→“General Part”→“Wizard...”命令，在弹出的对话框中按图 15-20 所示设置参数，然后单击“确定”按钮。

2）添加车轴几何体，单击菜单栏中“创建”→“几何体”→“连杆”→“新建 ...”命令，在弹出的对话框中按图 15-21 所示设置参数，然后单击“确定”按钮。

（3）创建部件系统——车轮。

1）在创建车轮之前需要创建一个局部坐标系，在车轮中心点的位置上创建该坐标系，单击菜单栏中“创建”→“构造点”→“新建 ...”命令，在弹出的对话框中按图 15-22 所示设置参数，然后单击“确定”按钮。

Hardpoint Name	Type	Location
pivot_point	left	0.0, -700.0, 0.0
axle_to_arm	left	350.0, -700.0, -200.0
road_wheel_center	left	350.0, -1000.0, -200.0

图 15-19　创建硬点定位

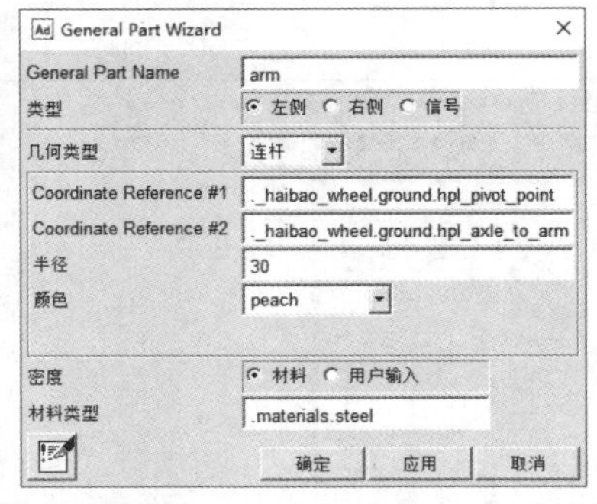

图 15-20　“General Part Wizard”对话框

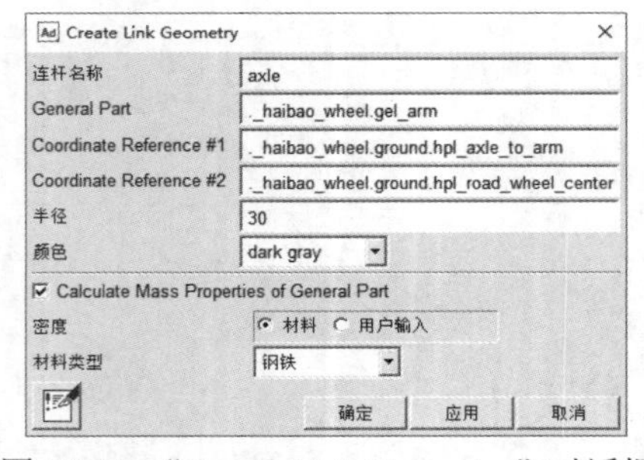

图 15-21　“Creata Link Geometry”对话框

图 15-22　“Create Construction Frame”对话框

2）这时进行车轮创建，单击菜单栏中“ATV”→“Track Wheel”→“新建 ...”命令，弹出“Create Track Wheel”对话框，按图 15-23 所示设置参数，然后单击“确定”按钮。

（4）创建部件系统——Mount 部件。

1）这里创建的悬架系统模板将来装配时需要与车体相连，因此当前需要定义一个用于替换车体的部件，以便在当前模板中将悬架与车体相连的约束关系定义好。Mount 部件的作用就在于此，将来完成替换任务时，它也将被抑制掉。为了方便找寻，需要定义一个可以匹配的名称，用来与车体模板中的 Mount 部件进行通信。

2）单击菜单栏中“创建”→“部件”→“Mount”→“新建 ...”命令，弹出“Create Mount Part”对话框，按图 15-24 所示设置参数，然后单击“确定”按钮。

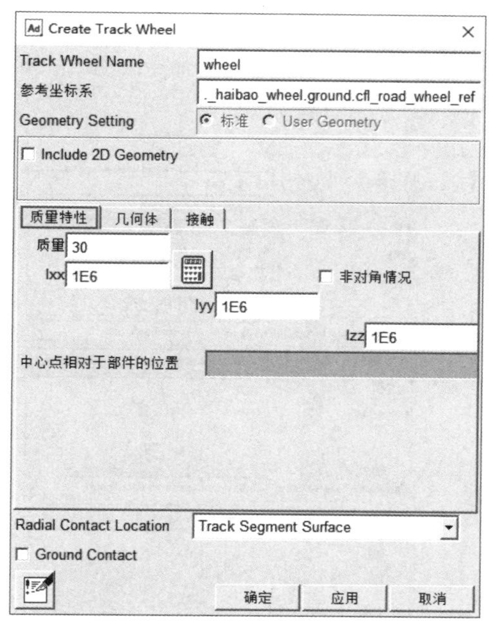

（a）“质量特性”选项卡

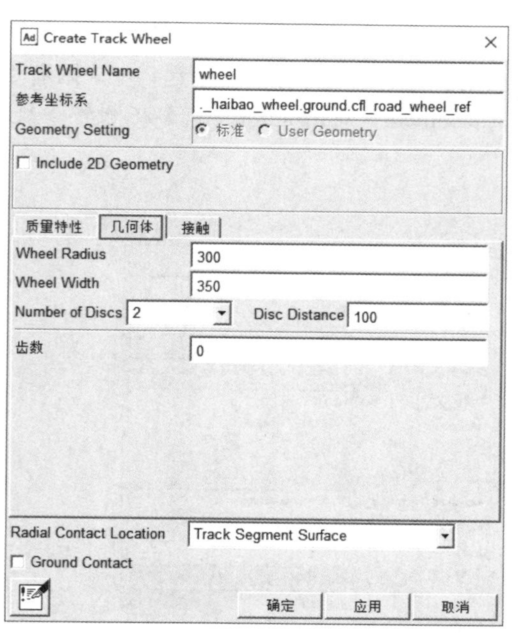

（b）“几何体”选项卡

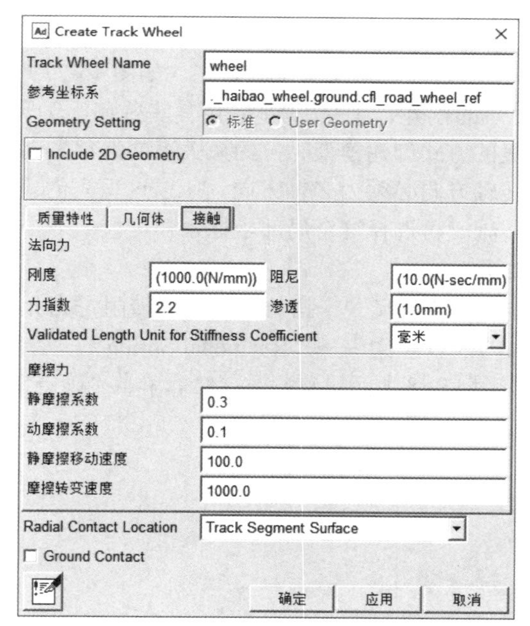

（c）“接触”选项卡

图 15-23　“Create Track Wheel”对话框

（5）创建部件系统——约束关系。

1）部件已经建立好，下面就是根据实际机械原理完成部件的拓扑关系的定义，在定义这些关系之前需要创建一个参考坐标系。单击菜单栏中“创建”→“构造点”→“新建 ...”命令，弹出“Create Construction Frame”对话框，按图 15-25 所示设置参数，单击“确定”按钮 确定 。

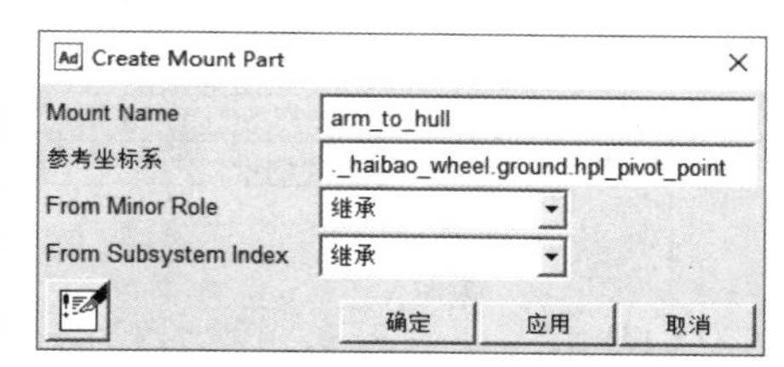

图 15-24　“Create Mount Part”对话框

2）然后定义悬架系统同车体之间的旋转副，当然，此时代表车体的部件就是前面定义的 Mount 部件，单击菜单栏中“创建”→“附着点”→“运动副”→“新建 ...”命令，弹出“Create Joint Attachment”对话框，按图 15-26 设置参数。

Create Construction Frame
构造点 clf_pivot_point
类型 左侧 右侧 信号
Location Dependency Delta location from coordinate
参考坐标系 ._haibao_wheel.ground.hpl_pivot_point
位置 0,0,0
Location in local global
Orientation Dependency User entered values
方向指定 欧拉角 方向矢量
欧拉角 0,90,0
X向里 1.0,0.0,0.0
Z向里 0.0,-1.0,0.0
确定 应用 取消

图 15-25 “Create Construction Frame”对话框

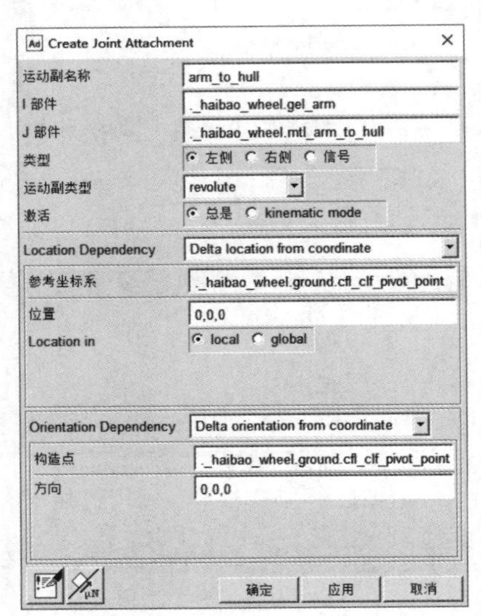

图 15-26 “Create Joint Attachment”对话框

3）同样地，在悬架臂和车轮之间也定义一个旋转副，如图 15-27 所示。

这时虽然完成了约束关系的创建，但用户肯定会有些疑问，为何必须设置那个参考坐标系呢？这是因为用这种基于模板的方式创建模型时，约束关系的滑移方向或者转轴方向都是提前规定好的，比如这里的旋转副的转轴方向必须为 Z 轴方向，所以这里先创建一个局部坐标系，然后将其旋转到需要的指向，定义旋转副时再选择这个局部坐标系即可。

（6）创建部件系统——力元。

1）在悬架臂同车体相连的位置定义一个扭簧力元、回转阻尼力元和回转止挡力元。首先创建扭簧力元，单击菜单栏中“ATV”→“力”→“Rotational Spring”→“新建 ...”命令，弹出“Create Rotational Spring”对话框，按图 15-28 所示设置参数，然后单击“确定”按钮 确定 。

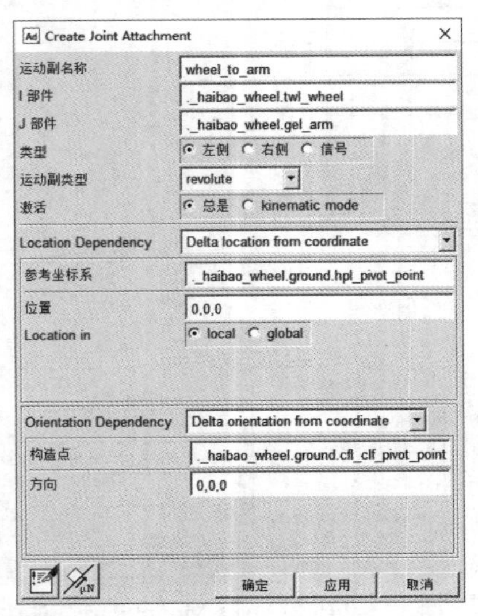

图 15-27 “Create Joint Attachment”对话框

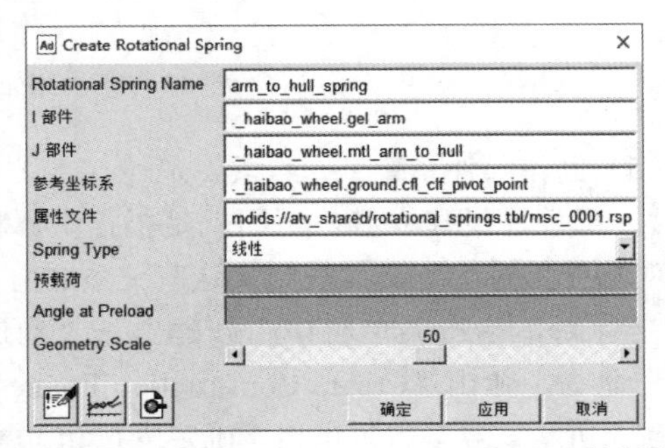

图 15-28 “Create Rotational Spring”对话框

2）其中，还可以单击左下角的“在信息窗口查看属性文件”按钮来查看属性文件的信息。

```
$---------------------------------------------------------MDI_HEADER
[MDI_HEADER]
FILE_TYPE = 'rsp'
FILE_VERSION = 1.0
FILE_FORMAT = 'ASCII'
$---------------------------------------------------------UNITS
[UNITS]
LENGTH = 'mm'
ANGLE = 'degrees'
FORCE = 'newton'
MASS = 'kg'
TIME = 'second'
$---------------------------------------------------------LINEAR
[LINEAR]
STIFFNESS = 4.30E+05
$---------------------------------------------------------NON_LINEAR
[NON_LINEAR]
{ angle torque}
-180.0 -7.20E+07
-130.0 -5.20E+07
-100.0 -4.00E+07
-60.0 -2.40E+07
-40.0 -1.60E+07
-10.0 -4.00E+06
-4.0 -1.60E+06
-1.0 -4.00E+05
0.0 0.0
1.0 4.00E+05
4.0 1.60E+06
10.0 4.00E+06
40.0 1.60E+07
60.0 2.40E+07
100.0 4.00E+07
130.0 5.20E+07
180.0 7.20E+07
```

（7）创建部件系统——回转阻尼力元。

单击菜单栏中“ATV”→“力”→“Rotational Damper”→“新建 ...”命令，弹出“Create Rotational Damper”（创建回转阻尼）对话框，按图 15-29 所示设置参数，然后单击“确定”按钮 确定 。

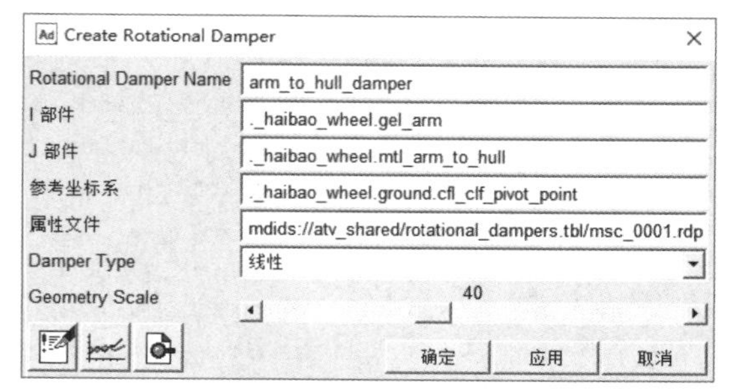

图 15-29 “Create Rotational Damper”对话框

（8）创建部件系统——回转止挡力元。

单击菜单栏中“ATV”→“力”→“Rotational Bumptop”→“新建 ...”命令，弹出“Create Rotational Bumptop”（创建回转止挡）对话框，按图 15-30 所示设置参数，然后单击“确定”按钮 确定 。

4. 存储创建的模板文件

单击菜单栏中“文件”→“另存为”→“Template”命令，弹出“Save Template”（存储模板）对话框，按图 15-31 所示设置参数，然后单击“确定”按钮 确定 。

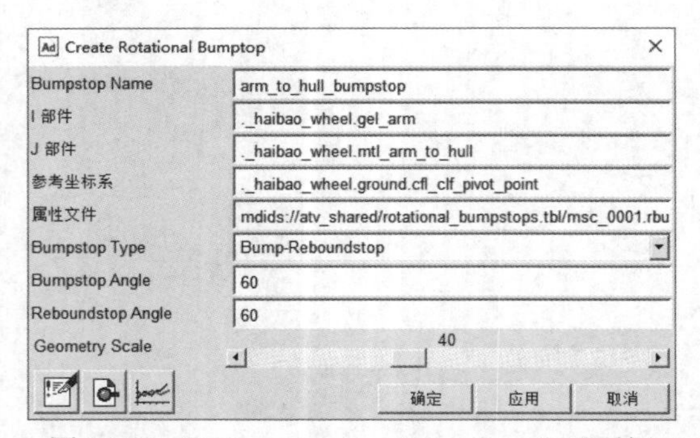

图 15-30 “Create Rotational Bumptop”对话框

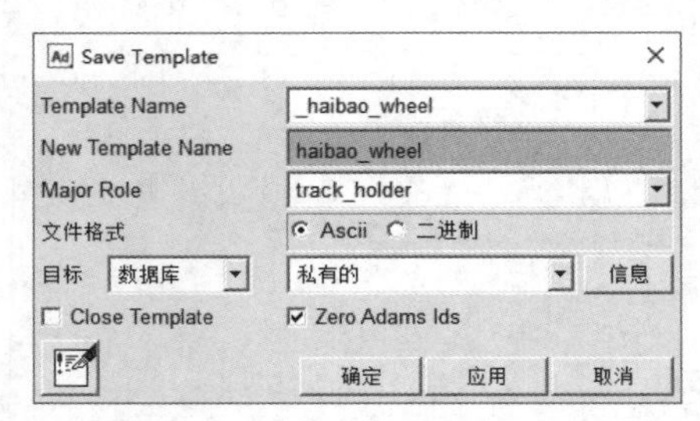

图 15-31 “Save Template”对话框

相应地，在“私有的”数据库中可以发现刚刚建立的模板文件“haibao_wheel.tpl”。

15.3.2 建立整车

建完车辆总成的各个模板后，就可以将其组装成整车，这里的操作同 Adams Car 是完全一样的，但是对于履带车，其履带系统的创建在 ATV Toolkit 中有专门的功能方便用户实现。本例将重点描述履带的缠绕、驱动力及提交计算的设置。

1. 加载模型

启动 Adams Car，按 <F9> 键，选择“Standard Interface”模式，加载 ATV Toolkit，单击菜单栏中“文件”→“打开”→“Assembly”命令，弹出“Open Assembly”对话框。然后在“Assembly Name”文本框中右击，在快捷菜单中选择“搜索”命令，查找“<atv_shared>/assemblies.tbl”，最后选择装配文件“tank.asy”，如图 15-32 所示，然后单击“确定”按钮 确定 。

图 15-32 加载坦克模型

这时在 MessageWindow（信息窗口）中会出现一系列的信息提示，表示各个总成的加载过程。

```
Opening the assembly: 'tank'...
Opening the hull subsystem: 'tank_hull'...
Opening the ts01_01 track_holder subsystem: 'tank_idler'...
Opening the ts01_02 track_holder subsystem: 'tank_road_wheel1'...
Opening the ts01_03 track_holder subsystem: 'tank_road_wheel2'...
Opening the ts01_04 track_holder subsystem: 'tank_road_wheel3'...
Opening the ts01_05 track_holder subsystem: 'tank_road_wheel4'...
Opening the ts01_06 track_holder subsystem: 'tank_road_wheel5'...
Opening the ts01_07 track_holder subsystem: 'tank_sprocket'...
Opening the ts01_08 track_holder subsystem: 'tank_support_roll'...
Opening the ts01 track_section subsystem: 'tank_track'...
Opening the ts01_07 powertrain subsystem: 'tank_powertrain'...
Assembling subsystems...
Assigning communicators...
```

```
Assignment of communicators completed.
Assembly of subsystems completed.
Tracked vehicle assembly ready.
```

单击“关闭”按钮 关闭 将信息窗口关闭，这时不包含履带系统的车辆模型将出现在 Adams Car 的工作空间中，如图 15-33 所示。

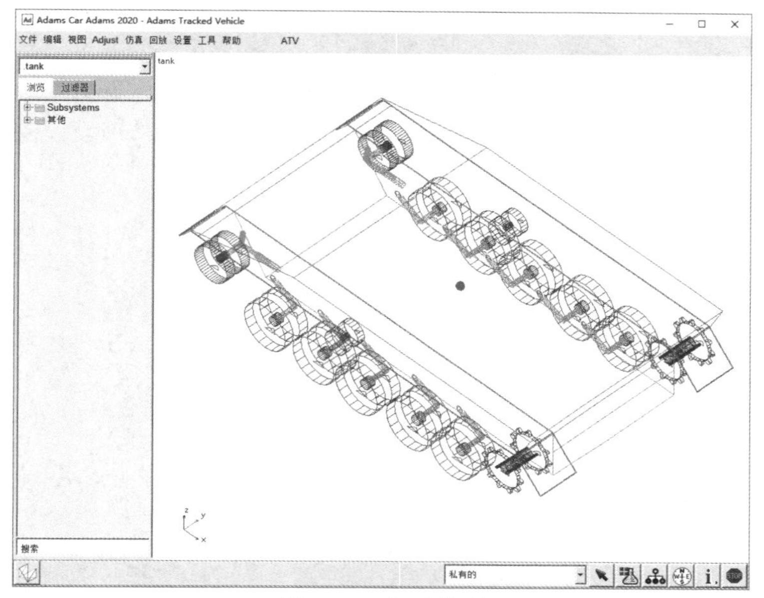

图 15-33　坦克模型

2. 履带缠绕

（1）单击菜单栏中“ATV”→“Tracked Vehicle-Dynamic Track”→“Dynamic Track Wrapping”命令，弹出“Dynamic Track Wrapping”对话框，可通过“Track Model Type”下拉列表指定履带模型类型，可选“3D Dynamic Track”或者“3D Dynamic Track - 2D Contact”选项；然后在“Track Systems”选项卡中，选择对称类型为半车或者整车，因为履带包含许多履带板，因此计算时需要较大的计算资源，为了快速计算可以选中“Half Vehicle”（半车）单选按钮。如图 15-34 所示，选中“Full Vehicle”（整车）单选按钮进行履带缠绕。

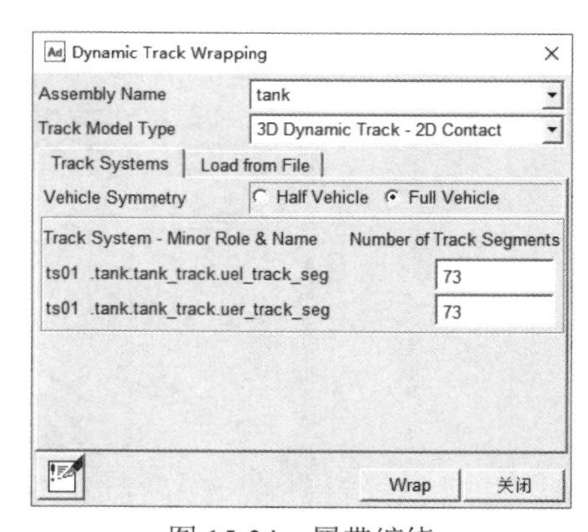

图 15-34　履带缠绕

（2）单击“Wrap”按钮 Wrap 开始缠绕工作，信息窗口中展现如下信息。

```
Starting Tracked Vehicle Setup for .tank
Start wrapping the track system defined by '.tank.tank_track.uel_track_seg'
Track Holder wrapping order:
1 : .tank.tank_sprocket.twl_sprocket (ts01_07)
2 : .tank.tank_road_wheel5.twl_wheel (ts01_06)
3 : .tank.tank_road_wheel4.twl_wheel (ts01_05)
4 : .tank.tank_road_wheel3.twl_wheel (ts01_04)
```

```
5 : .tank.tank_road_wheel2.twl_wheel (ts01_03)
6 : .tank.tank_road_wheel1.twl_wheel (ts01_02)
7 : .tank.tank_idler.twl_idler_wheel (ts01_01)
8 : .tank.tank_support_roll.twl_support_roll (ts01_08)
Wrapping track system '.tank.tank_track.uel_track_seg'...
Updating track locations
Updating track segment connections
Creating forces between segments and track holders
Removing shelf contacts (if any) ...
Done wrapping the track system defined by 'tank_track.uel_track_seg'

Start wrapping the track system defined by '.tank.tank_track.uer_track_seg'
Track Holder wrapping order:
1 : .tank.tank_sprocket.twr_sprocket (ts01_07)
2 : .tank.tank_road_wheel5.twr_wheel (ts01_06)
3 : .tank.tank_road_wheel4.twr_wheel (ts01_05)
4 : .tank.tank_road_wheel3.twr_wheel (ts01_04)
5 : .tank.tank_road_wheel2.twr_wheel (ts01_03)
6 : .tank.tank_road_wheel1.twr_wheel (ts01_02)
7 : .tank.tank_idler.twr_idler_wheel (ts01_01)
8 : .tank.tank_support_roll.twr_support_roll (ts01_08)
Wrapping track system '.tank.tank_track.uer_track_seg'...
Updating track locations
Updating track segment connections
Creating forces between segments and track holders
Removing shelf contacts (if any) ...
Done wrapping the track system defined by 'tank_track.uer_track_seg'

Wrapping time: 32 seconds
```

（3）单击“关闭”按钮 关闭 完成缠绕，工作空间中的履带车已经具有履带系统和路面了，如图 15-35 所示。

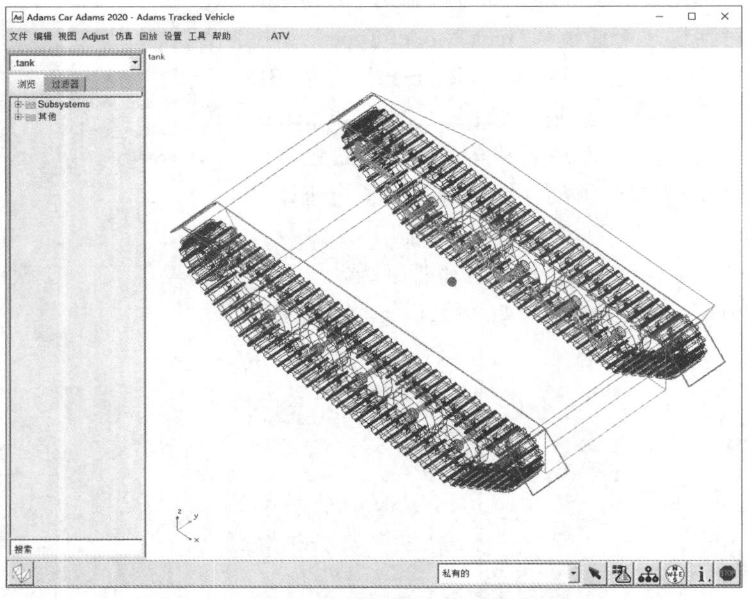

图 15-35 缠绕履带的坦克模型

3. 设置路面参数

通过定义履带车辆与地面之间的接触来设置路面信息，从而在后续可以设置驱动来运行行驶工况的仿真并得到对应的力等参数。在“Road Setup”选项卡中确定地面属性及路面几何文件，这里可以选择硬路面或软土路面，还可以设置车身与地面接触撞击时的属性文件，路面几何文件可以使用路面数据文件或者路面几何体描述，并可对其在工作空间中的位置及方位进行设置。

单击菜单栏中“ATV”→“Tracked Vehicle-Dynamic Track”→“Hard Road Setup”命令，在“Track Segments”选项卡中选择“Road Data Files”选项，设置“Number of Road Data Files”为“1”；在“路面数据文件”文本框中右击，选择“搜索”命令，查找“<atv_shared>/roads.tbl”，选择“flat.rdf”；在“Soil Property File”文本框中右击，选择“搜索”命令，查找“<atv_shared>/soil.tbl”，选择“msc_001.spf”，按图 15-36 所示设置其他参数，完成路面参数设置。

4. 定义车辆驱动

为了使车辆行驶，需要对其设置驱动，本例模型中包含简单的动力系统，并与链轮关联，在驱动轴上施加一个驱动力就可驱动车辆。这个驱动力使用一个阶跃函数定义，从 0 到 1 秒将转速值从 0 提升到用户指定的数值，而这个数值可通过调整参数化变量进行设置，单击菜单栏中“Adjust”→“Parameter Variable”→“表格”命令，弹出“Parameter Variable Modification Table”对话框，将“pvl_sprocket_angular_velocity”设置为“90”，并单击“确定”按钮 确定 完成修改，如图 15-37 所示。

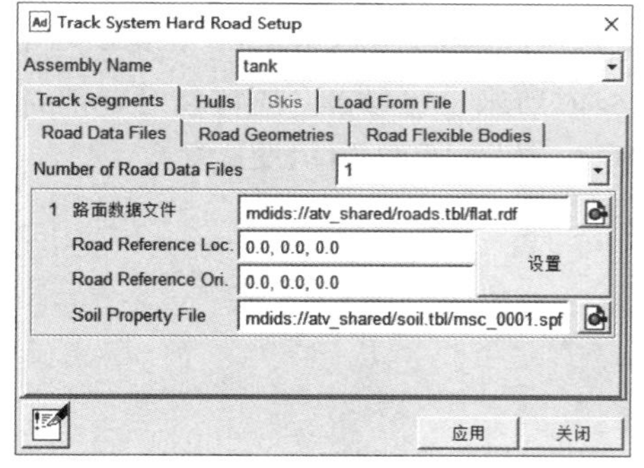

图 15-36　“Track System Hard Road Setup”对话框

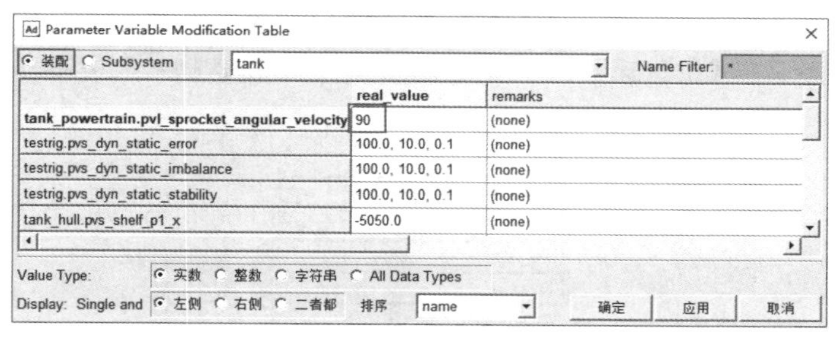

图 15-37　设置驱动参数

5. 定义输出请求

为了查看履带板及其连接处的速度、受力及位移变化，还有履带与地面和车轮间的接触力等情况，需要定义输出请求。这里定义第一节履带板的输出请求，单击菜单栏中“ATV”→“Tracked vehicle- Dynamic Track Requests”→“Track Segment Request”→“Create”命令，弹出“Create Track Segment Request(s)”（创建履带板的输出请求）对话框，然后选择 1 号履带板，其他参数保持默认设置，如图 15-38 所示。

6. 求解器设置及任务提交

（1）在开始整车计算之前，需要调整一下静态及动力学求解器，单击菜单栏中“设置”→“求解器”命令，弹出“Solver Settings”对话框，勾选左下角的“更多”复选框，按图 15-39 所示设置参数，然后单击“关闭”按钮 关闭 关闭该对话框。

图 15-38 设置输出请求

图 15-39 设置求解器参数

（2）单击菜单栏中“仿真”→“Tracked Vehicle Analysis”→“Full Vehicle Submit...”命令，弹出“Tracked Vehicle Analysis”（履带车分析）对话框，按图 15-40 所示设置参数。还可以对履带的张紧方式进行设置，单击图 15-40 中的“仿真脚本”按钮 仿真脚本，按图 15-41 所示设置参数。

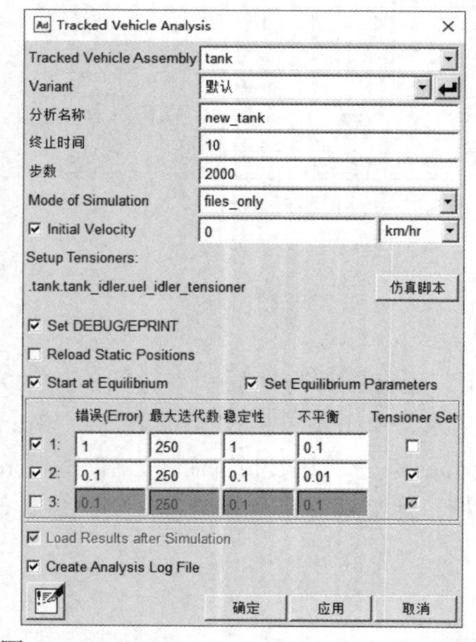

图 15-40 “Tracked Vehicle Analysis”对话框

图 15-41 “Tensioner Setup”对话框

（3）单击图 15-40 中的“确定”按钮 确定 后，信息窗口中将展现如下信息，完成计算文件的生成。

```
Setting initial velocities...
Setting initial velocities completed.
Reading in property files...
Reading of property files completed.
Reading soil property file 'mdids://atv_shared/soil.tbl/msc_0001.spf' ...
Writing tensioner array...
Writing of tensioner array completed.
Writing ACF-file 'new_tank.acf' ...
ACF-file written successfully.
Writing assembly information to Adams Solver dataset 'new_tank.adm' ...
Adams Solver files written successfully.
```

7. 利用 Adams Solver 进行求解

从命令窗口中启动 Adams Solver，注意工作路径设置到前面文件生成的位置，使用命令文件“adams2020”“ru-s”“new_tank_10.acf”开始仿真计算并产生后处理结果。这样可以在 Adams PostProcessor 中完成动画及曲线的绘制。之所以用这种方式进行计算，是因为一般履带车的计算量都很大，使用外部求解的方式可以在其处理过程中不中断对计算机的其他使用需求，当然也可以使用交互方式处理。

第 16 章 机械工具箱

【内容指南】

本章主要介绍 Adams View 中机械工具箱（Adams Machinery）的应用，Adams Machinery 是用于机械传动系统的强大仿真套件，可评估并管理与运动、结构、驱动及控制有关的复杂相互作用，以便更好地优化产品的性能、安全性和舒适度。

【知识重点】

- 齿轮传动分析工具。
- 带传动分析工具。
- 链传动分析工具。
- 轴承分析工具。
- 凸轮分析工具。
- 电机分析工具。
- 绳索分析工具。

16.1 机械分析工具模块简介

Adams Machinery 可充分整合到 Adams View 中，包含多个提高建模效率的模块，能让用户更加快速地创建通用机械部件。

Adams Machinery 具有如下功能及特色。

- 为包括齿轮、皮带、链条、轴承、缆绳、发动机和凸轮在内的常见机械部件进行高保真的仿真模拟。
- 极为快速地建模 - 解算 - 评估，提高设计效率。
- 具备一种易于使用的自动化的向导驱动型模型创建过程。
- 可在 Adams PostProcessor 中直接评估建模结果。

Adams Machinery 为设计人员和工程师提供了一套定制的机械工具模块包，从而能够快速地建模并进行预处理。其中包含的快速建模工具如下。

- 齿轮传动分析工具：对多种类型的齿轮组性能进行建模及评估，其中包括直齿轮、螺旋齿轮、锥齿轮、蜗轮蜗杆和齿轮齿条等。
- 带传动分析工具：对多种类型的皮带轮进行建模及评估，包括一般平面带、V 型带、楔形带等。
- 链传动分析工具：能够对链轮、渐开线轮及静音链条等进行动态建模和评估。
- 轴承分析工具：对各种形式的轴承进行建模及评估，包括滚珠、滚针、滚子轴承。
- 绳索分析工具：快速地建立绳索与滑轮，可精确计算绳索振动与张紧力，分析绳索滑移对系统承载能力的影响。
- 电机分析工具：可针对直流电机、步进电机和交流同步电机进行快速建模，也可与控制软件联合建立电机模型。
- 凸轮分析工具：专门针对凸轮进行快速建模的工具。

Adams Machinery 提供了一个极为易于接受、便于使用的向导程序，该向导程序能够自始至终地引导用户完成模型的建立，并提供快速编辑、修改和/或改变建模逼真程度的功能。Adams Machinery 中的构件还能够进行参数化并使用 Adams Insight 进行设计研究和优化分析。建模实例如图 16-1 所示。

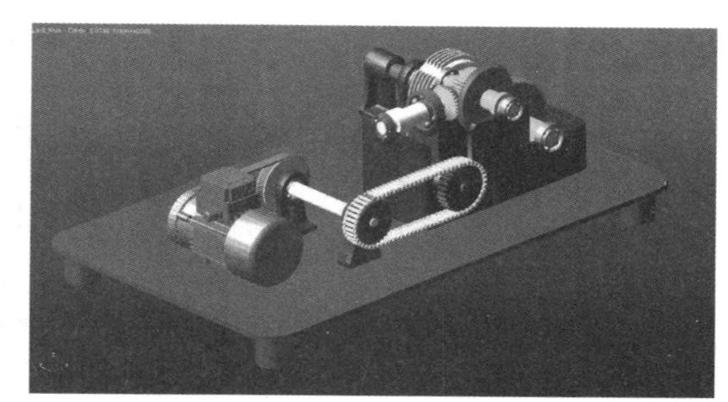

图 16-1　Adams Machinery 建模实例

进入 Adams View 界面后，单击主功能区中的“Adams Machinery”选项卡，选择相应工具，即可启动 Adams Machinery 自动化建模向导程序，如图 16-2 所示。

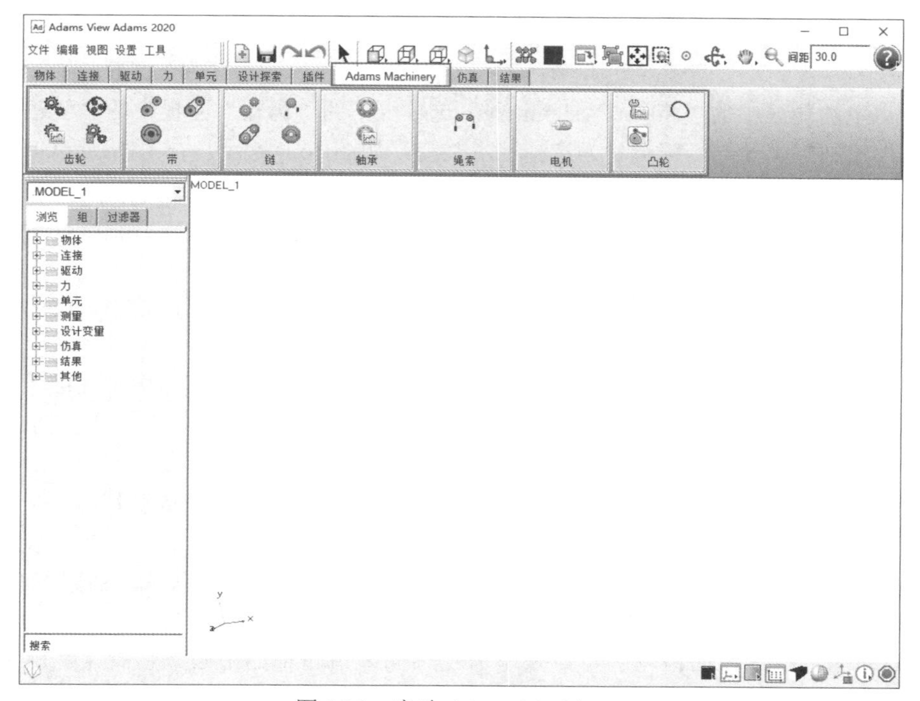

图 16-2　启动 Adams Machinery

16.2 齿轮传动分析工具

Adams Machinery 中的齿轮传动分析工具用于在 Adams View 中创建渐开线齿轮的简化或详细表示。可以通过其创建以下齿轮类型：圆柱齿轮（正齿轮 / 斜齿轮和内齿轮 / 外齿轮）、锥齿轮（直 / 螺旋）、准双曲面齿轮、蜗杆、齿条和小齿轮。

齿轮传动分析工具模块在创建齿轮时，可以自动创建齿轮力以及齿轮几何结构。齿轮力可采用简化分析法或全三维接触法建模。直齿轮也有一个详细的分析方法。

值得注意的是，目前在齿轮传动分析工具模块中，每个模型最多允许创建 200 个齿轮部件（100 个齿轮副）。

齿轮传动分析工具使用户能够更快、更智能地自动创建齿轮几何模型，并提供有效的分析接触方法和详细的三维壳与壳接触方法。它还提供一个方便的向导来自动创建行星齿轮组。

齿轮传动分析工具在主功能区中的“Adams Machinery”选项卡下的“齿轮”面板中，该面板中包括创建齿轮副、创建行星齿轮、定义齿轮副输出请求和创建预计算测试文件 4 个工具，如图 16-3 所示。

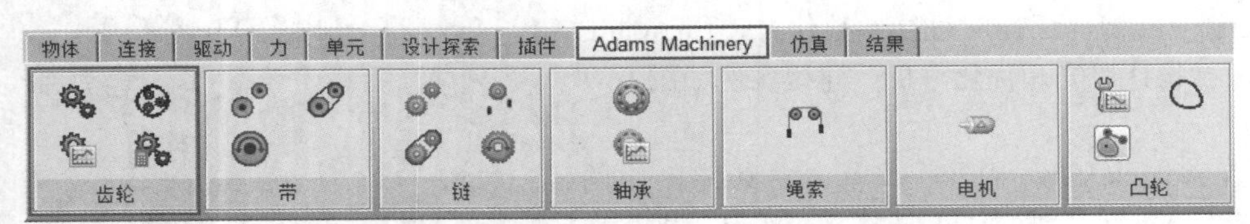

图 16-3 “齿轮”面板

本节对通过齿轮传动分析工具进行齿轮副创建和齿轮副仿真的具体操作过程进行介绍。

16.2.1 创建齿轮副

（1）单击主功能区中的“Adams Machinery”选项卡下的“齿轮”面板中的“创建齿轮副”按钮，进入齿轮副定义向导，第一步为选择齿轮类型，如图 16-4 所示。在“Create Gear Pair”（创建齿轮副）对话框中设置下列参数。

- 直齿轮：直齿轮又称直齿圆柱齿轮。在该齿轮组中，两个齿轮的中心轴平行于两个齿轮的旋转轴。
- 斜齿轮：斜齿轮主要用于载荷大、转速高或噪声低的场合。在斜齿轮中，齿的纵轴相对于齿轮的中心轴是倾斜的。
- 锥齿轮：当齿轮的中心轴相交时，通常使用锥齿轮。锥齿轮的节曲面是圆锥形的，圆锥轴与两个齿轮的旋转轴相匹配。虽然锥齿轮的轴与轴之间的夹角为 90°，但几乎可以设计成任何角度。
- 蜗杆：当不相交的交叉轴之间需要大减速比时，使用蜗杆。蜗杆传动是由一个大直径的蜗轮和一个与蜗轮圆周上的齿啮合的蜗杆组成的。
- 齿条：齿条和小齿轮组将圆柱齿轮（小齿轮）的旋转运动转换为齿块（齿条）的线性运动。齿条的齿可以是直的或是螺旋的。
- 准双曲面：准双曲面齿轮的特点是小齿轮轴偏离齿轮轴的中心。它能比螺旋锥齿轮更平稳、更安静地传递旋转。

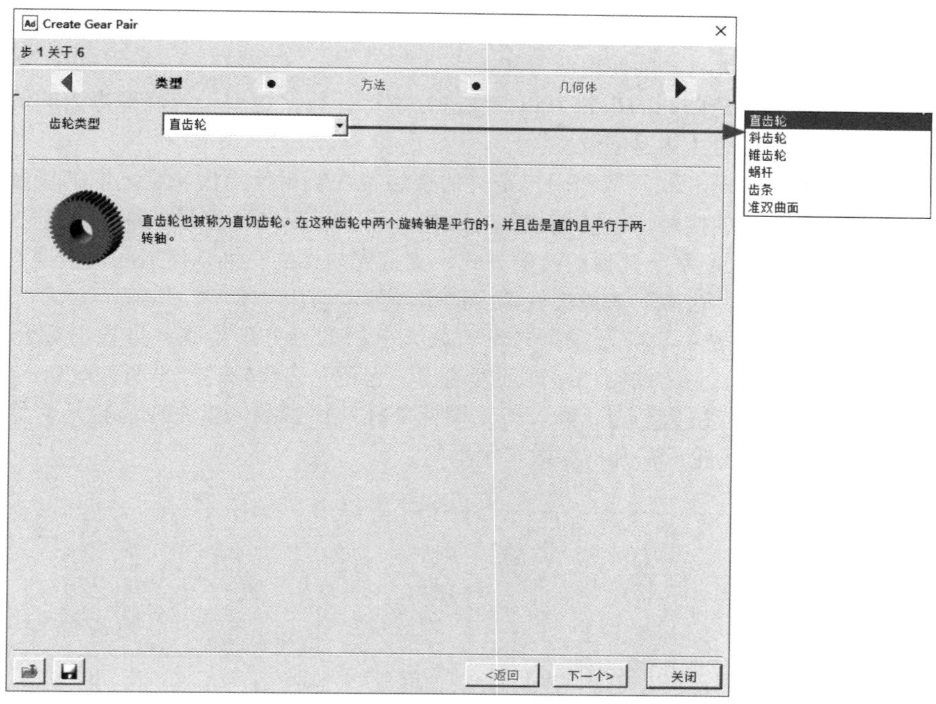

图 16-4　齿轮副向导——选择齿轮类型

（2）单击“下一个”按钮 下一个> ，选择齿轮力定义方法，如图 16-5 所示。其中齿轮力的定义方法如下。

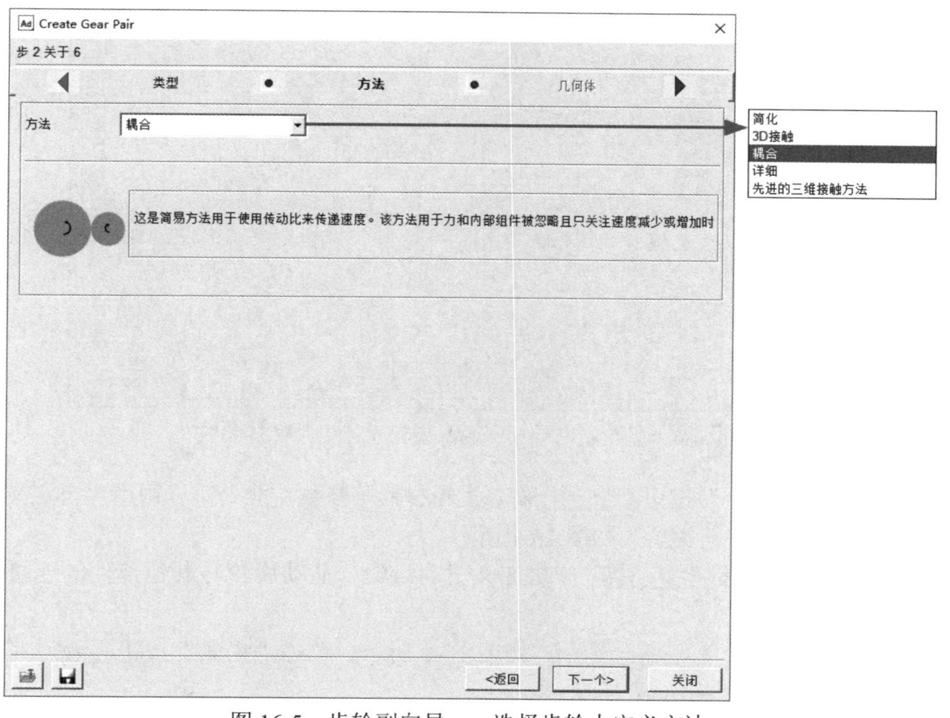

图 16-5　齿轮副向导——选择齿轮力定义方法

- 耦合：这是一种通过传动比传递速度的简单方法。如果忽略其中涉及的力和分量，并且只关注速度减小或增大时，则使用此方法。
- 简化：该方法对齿轮副间的齿轮力和齿隙进行解析计算，适用于忽略摩擦力的情况。由于采用解析法，接触力计算速度较快。
- 详细：该方法利用渐开线函数和用户定义的接触特性解析计算齿轮副之间的接触力。它可以同时计算 3 个齿的接触，以捕捉载荷的变化。该方法应用于考虑摩擦力的情况。
- 3D 接触：该方法采用基于几何的接触方式，支持壳与壳的三维几何接触，根据实际工作中心距和齿厚计算实际齿隙，考虑齿轮副内的平面外运动。
- 先进的三维接触方法：该方法采用自动有限元分析的预处理步骤，推导出适合 Adams 分析的轮齿柔度，而其他方法则严格地处理轮齿。它还允许齿轮进行平面外运动。

（3）单击“下一个”按钮 下一个>，输入齿轮设计中几何体参数，以生成齿轮几何体模型，如图 16-6 所示。不同类型的齿轮所需几何参数有所不同。

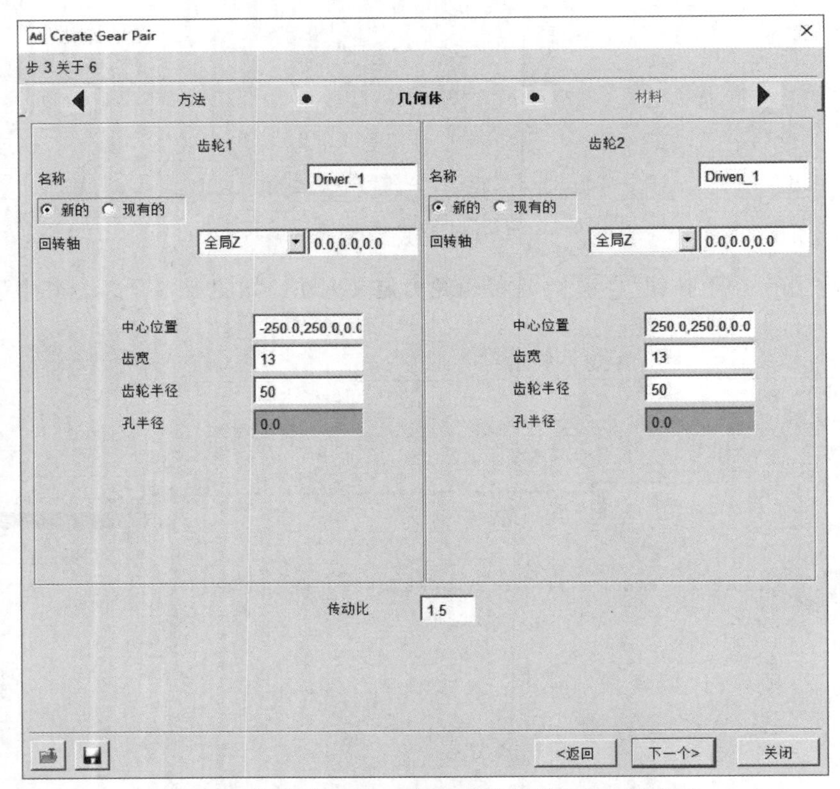

图 16-6　齿轮副向导——输入齿轮设计中几何体参数

（4）继续单击“下一个”按钮 下一个>，输入齿轮材料等参数，此处可以由用户自定义，也可以使用系统默认几何形状和材料类型，如图 16-7 所示。

（5）单击“下一个”按钮 下一个>，分别定义驱动齿轮、从动齿轮与其他部件的连接关系，如图 16-8 所示。

（6）继续单击“下一个”按钮 下一个>，如图 16-9 所示。单击“完成”按钮 完成 完成齿轮副定义。创建齿轮副的结果如图 16-10 所示。

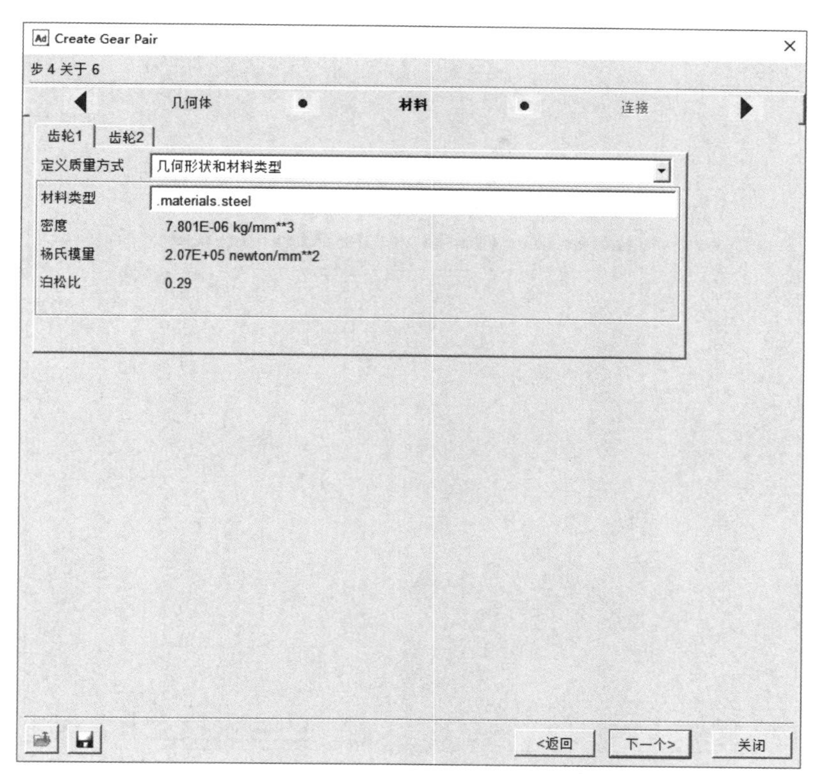

图 16-7　齿轮副向导——输入齿轮材料参数和接触参数

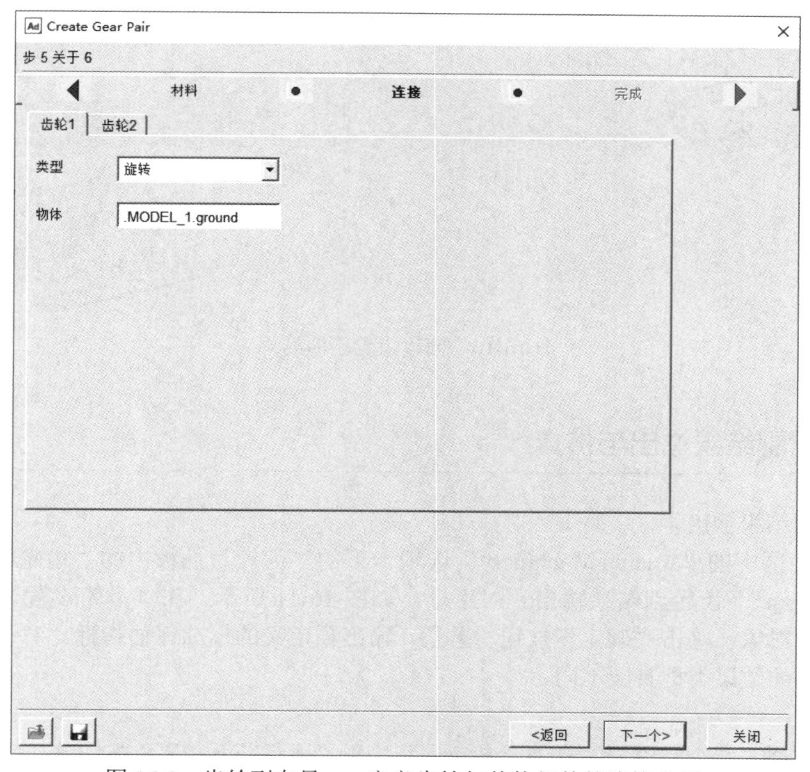

图 16-8　齿轮副向导——定义齿轮与其他部件的连接关系

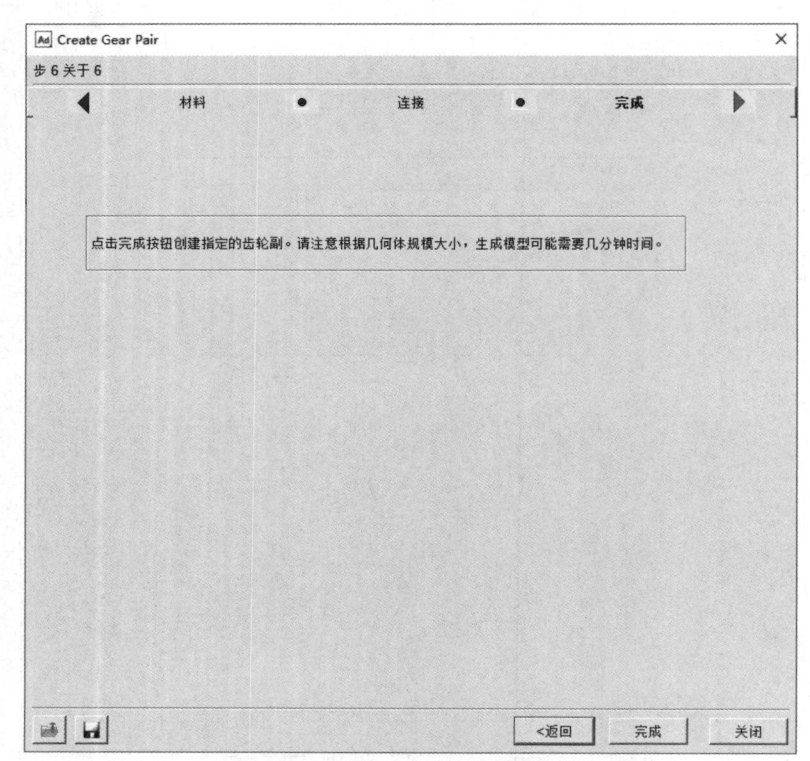

图 16-9　齿轮副向导——完成齿轮副定义

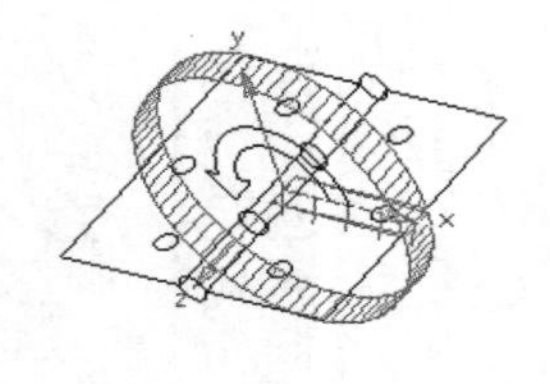

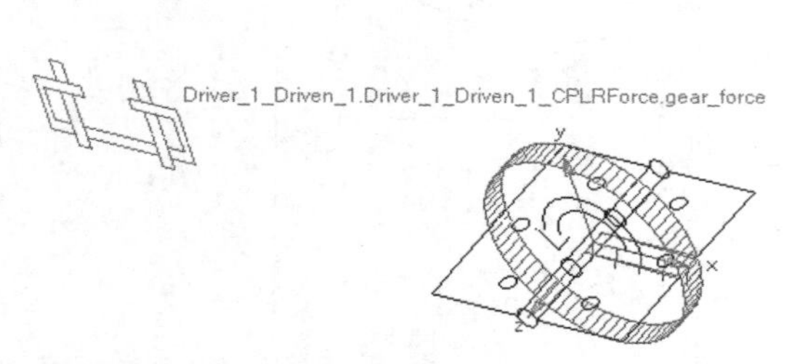

图 16-10　创建齿轮副的结果

16.2.2　齿轮副结果输出与仿真

（1）齿轮副结果输出。

单击主功能区中的“Adams Machinery”选项卡下的“齿轮”面板中的“齿轮输出”按钮，弹出“Gear Output”（齿轮副结果输出）对话框，如图 16-11 所示。在“齿轮设置名称”文本框中右击选择齿轮副对象，单击“确定”按钮 确定，输出预定义的标准评估指标。对于不同的齿轮力描述方式，输出的结果类型有所不同。

（2）仿真。

1）单击“仿真”选项卡下的“仿真分析”面板中的“运行交互仿真”按钮，弹出“Simulation

Control”对话框，按图 16-12 所示设置参数，单击“开始仿真”按钮 ▶|，在图形区可观察仿真动画。

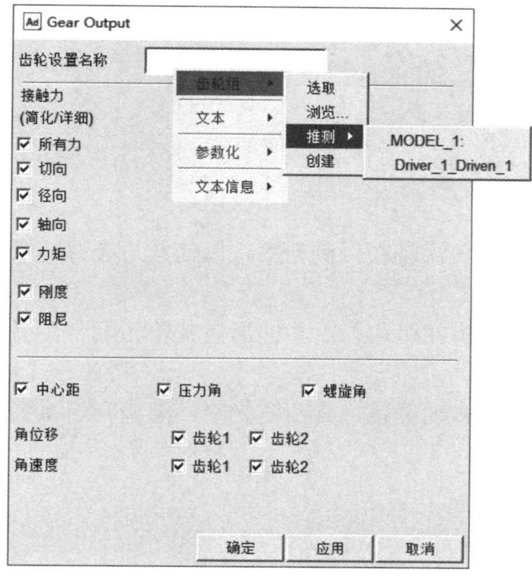

图 16-11 “Gear Output”对话框

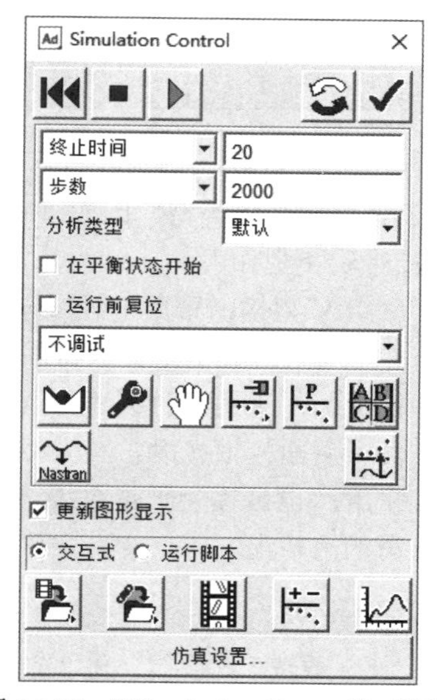

图 16-12 “Simulation Control”对话框

2）单击“将最后一次的仿真结果保存到数据库，并赋予一个新的名称”按钮，弹出“Save Run Results”对话框，设置名称为“model_1”，单击“确定”按钮 确定，如图 16-13 所示，完成仿真运行结果保存。

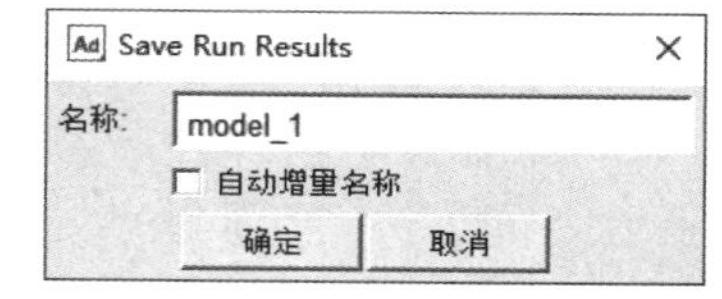

图 16-13 “Save Run Results”对话框

16.3 带传动分析工具

Adams Machinery 中的带传动分析工具是一个高效的带传动专用工具，能够对多种类型的皮带 - 皮带轮进行建模及评估，包括一般平面带、三角带、梯形带等，用于研究带传动系统传动比、张紧器变化、带的动力学行为等对系统性能的影响。

目前在任意一个单独的模型中，传送带系统不能超过 20 个。使用 Adams 机械带约束、二维连杆、三维连杆、非平面、三维建模简化方法需要“Adams_Machinery_Belt_GUI”许可证。而模拟对于带的 2D 连接、3D 连接、非平面方法需要“Adams_Machinery_Belt_Solver”许可证。

16.3.1 带传动系统建模

Adams Machinery 中的带传动分析工具提供 3 个向导工具帮助我们完成完整的带传动系统建模，分别是皮带轮定义向导、皮带定义向导和皮带驱动向导。

下面以三角带为例介绍建模过程。

1. 皮带轮定义

（1）单击主功能区中的“Adams Machinery”选项卡下的“带”（Belt）面板中的“创建带轮”按钮，如图 16-14 所示，进入皮带轮定义向导。

图 16-14 皮带轮定义向导工具

（2）选择皮带轮类型，比如“联组 V 型槽”，如图 16-15 所示。

各皮带轮类型如下。

- 联组 V 型槽：采用一种绳索加强带，该带沿着其一次轴在一侧开槽，以使其与类似的槽带轮配合，并在另一侧（背面）平滑传动。
- 梯形齿：采用一种绳索加强带，其宽度方向上的齿间距均匀，与梯形齿带轮相配合，另一侧（后面）很光滑。
- 平滑：也被称为平带系统。平带系统采用一种绳索加强带，其两侧光滑，缠绕在一系列光滑的滑轮上。

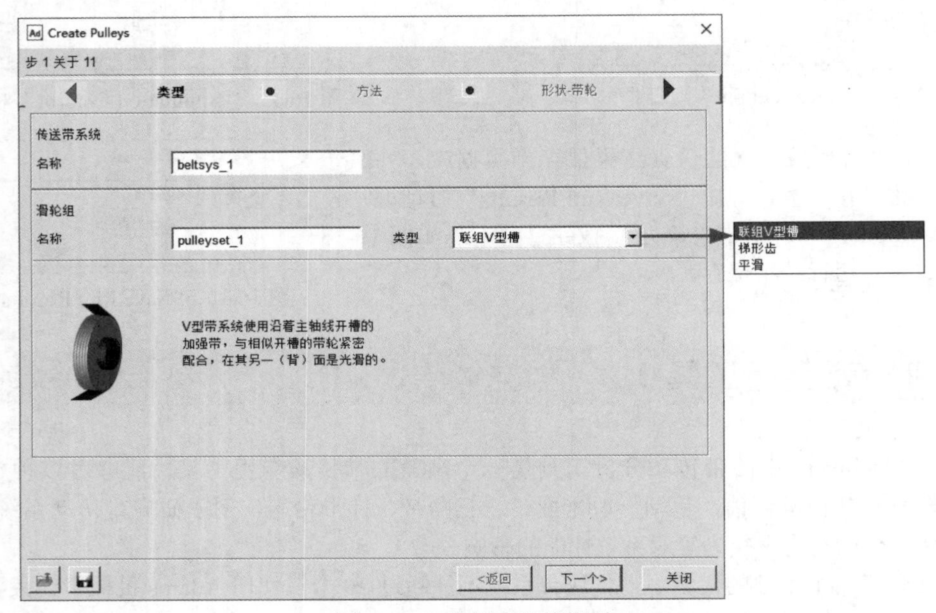

图 16-15 选择皮带轮类型

（3）单击“下一个”按钮 下一个> ，选择带传动系统模拟方式，比如“3D 链节”，如图 16-16 所示。

模拟方法如下。

- 约束：这是一种通过比率传递速度的简单方法。当忽略所涉及的力和分量并且只关心减速或乘法时使用此方法。因为这种方法使用一个理想的模型，滑轮只表示为简单的圆盘。
- 2D 链节：皮带被约束在一个平面上。皮带是由平面部分节段相互连接组成的刚性元件，以及分析计算的接触力节段和滑轮之间的模型。这种建模方法比 3D 链节更快，但旋转轴必须与全局坐标轴之一平行。
- 3D 链节：皮带被约束在一个平面上。皮带是由三维部件节段相互连接组成的刚性元件以及分析计算的接触力节段和滑轮之间的模型。当旋转轴与全局坐标轴之一不平行时，使用此方法。

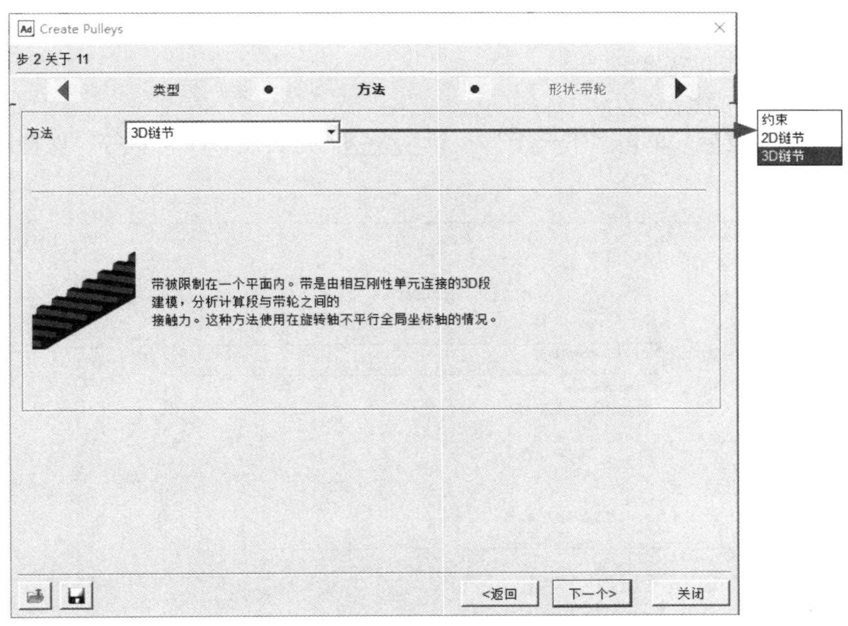

图 16-16　选择带传动系统模拟方法

（4）继续单击“下一个”按钮 下一个> ，设置皮带轮形状参数。按图 16-17 所示设置参数，定义皮带轮“Pulley_1”后，单击切换到“2”选项卡，在“名称”文本框中输入“Pulley_2”，在“中心位置”文本框中输入“–500, 0, 0”，在“带轮宽度”文本框中输入“30”，在“带轮节径”文本框中输入“150”。其他设置含义如下。

- 带轮个数：皮带轮数量。
- 回转轴：皮带轮旋转轴方向定义。
- 中心位置：皮带轮中心位置。

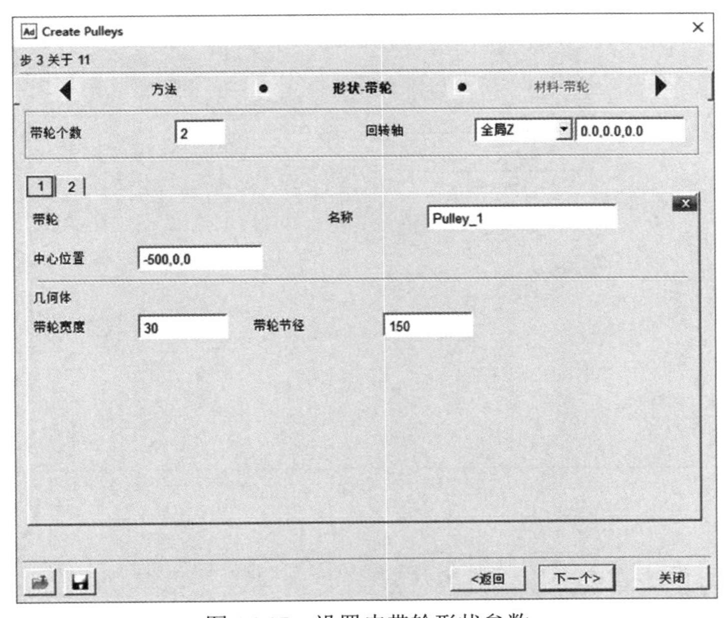

图 16-17　设置皮带轮形状参数

- 名称：皮带轮名称。
- 带轮宽度：皮带轮宽度。
- 带轮节径：皮带轮节径。

（5）参数设置完成后，单击“下一个”按钮 下一个> ，定义皮带轮材料等，保持默认设置，如图 16-18 所示。

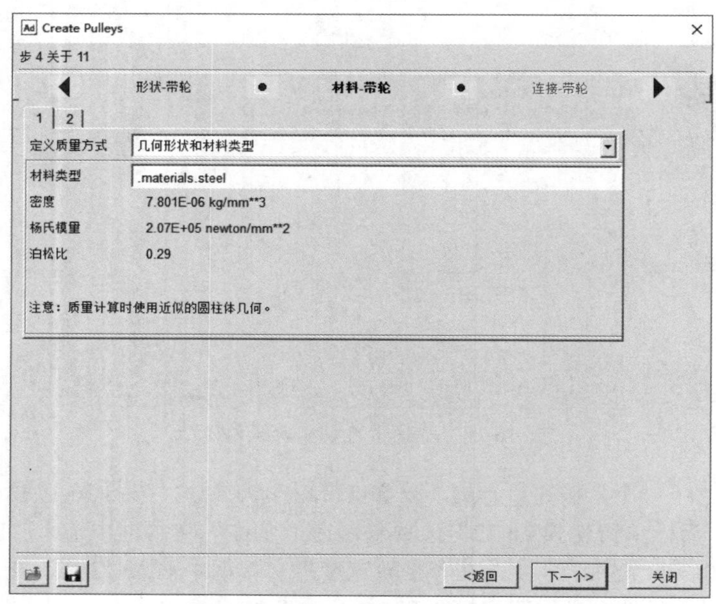

图 16-18　定义皮带轮材料

（6）然后单击“下一个”按钮 下一个> ，定义皮带轮连接关系，如图 16-19 所示。本实例中需定义两个皮带轮与大地的旋转。

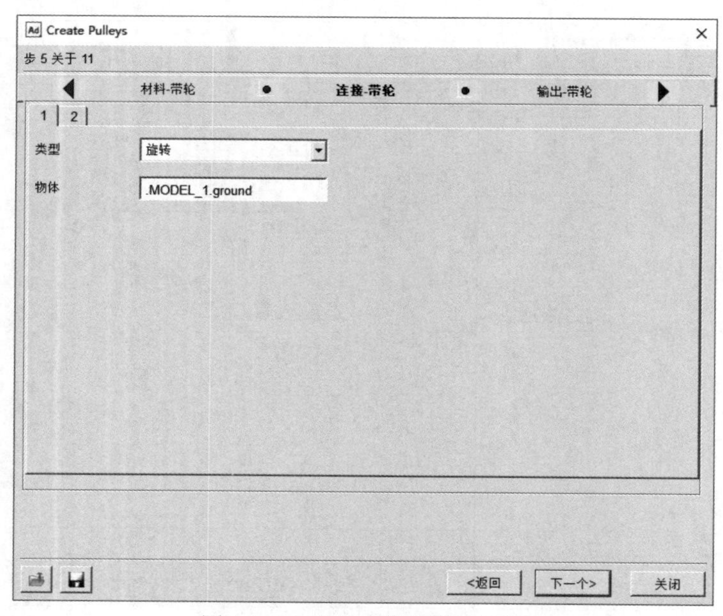

图 16-19　定义皮带轮连接关系

（7）单击“下一个”按钮 下一个> ，定义皮带轮仿真结果输出，按图 16-20 所示设置参数，包括角位移、角速度、角加速度和运动副反作用力。

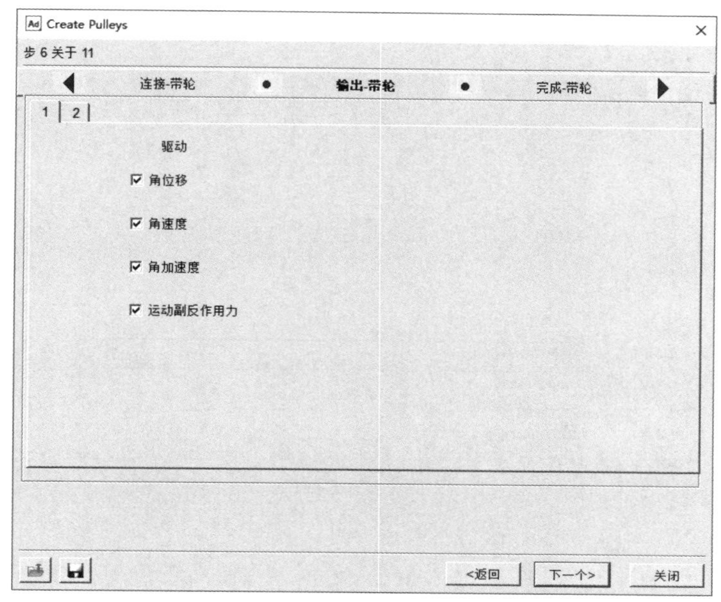

图 16-20 定义皮带轮仿真结果输出

（8）单击“下一个”按钮 下一个> ，继续定义张紧轮。如果带传动系统没有张紧轮，则一直单击“下一个”按钮 下一个> ，最后单击“完成”按钮 完成 ，完成皮带轮定义。

（9）如果需要定义张紧轮形状，则选择张紧轮型号，定义中心位置、旋转轴方向以及几何体尺寸，例如有一个张紧轮，按图 16-21 所示设置参数。

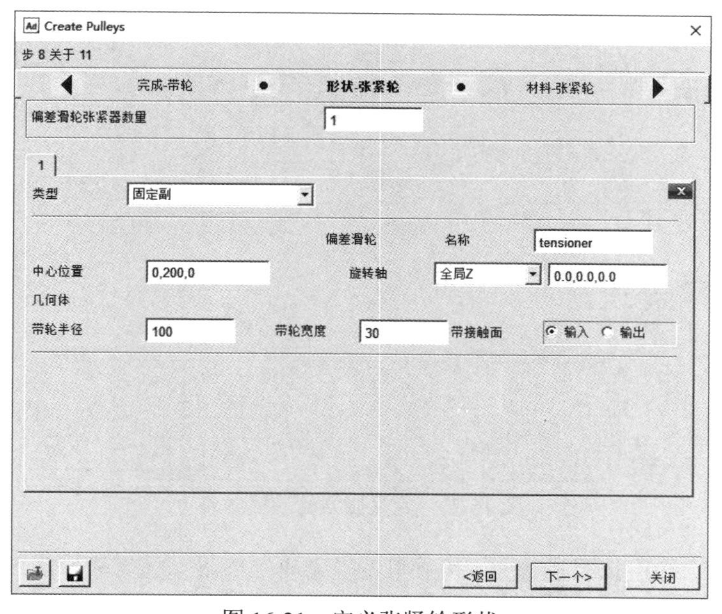

图 16-21 定义张紧轮形状

（10）设置完张紧轮参数后，单击“下一个”按钮 下一个>，定义张紧轮材料，保持默认设置，如图 16-22 所示。

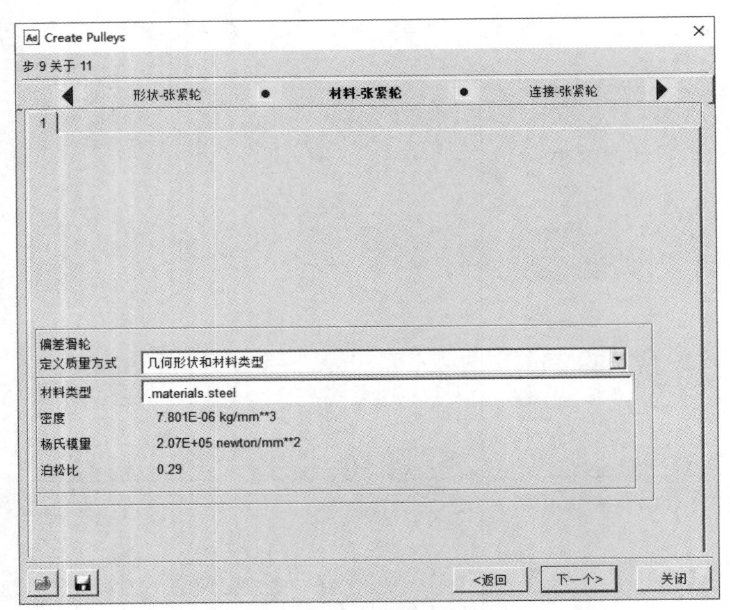

图 16-22　定义张紧轮材料

（11）单击“下一个”按钮 下一个>，定义张紧轮连接对象，如图 16-23 所示。

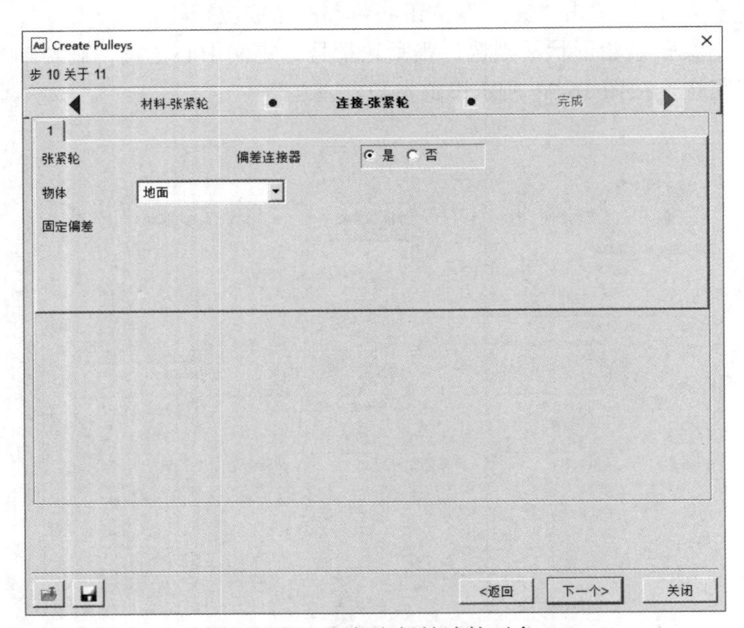

图 16-23　定义张紧轮连接对象

（12）单击“下一个”按钮 下一个>，接着单击“完成”按钮 完成 完成皮带轮的定义，建立的皮带轮如图 16-24 所示。

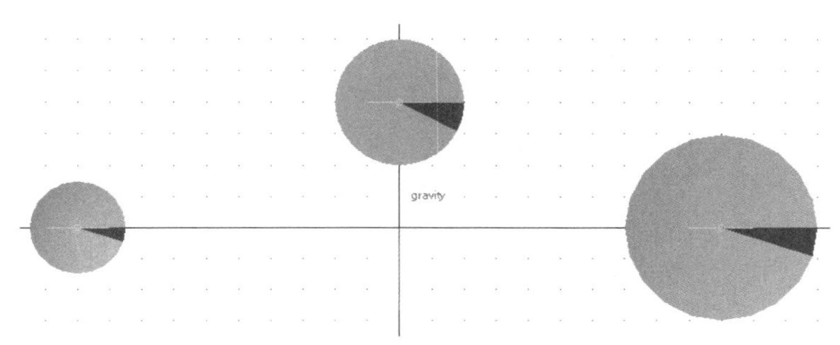

图 16-24　建立的皮带轮

2. 皮带定义

（1）单击主功能区中的“Adams Machinery”选项卡下的“带”面板中的“创建带”按钮，如图 16-25 所示，进入皮带定义向导。

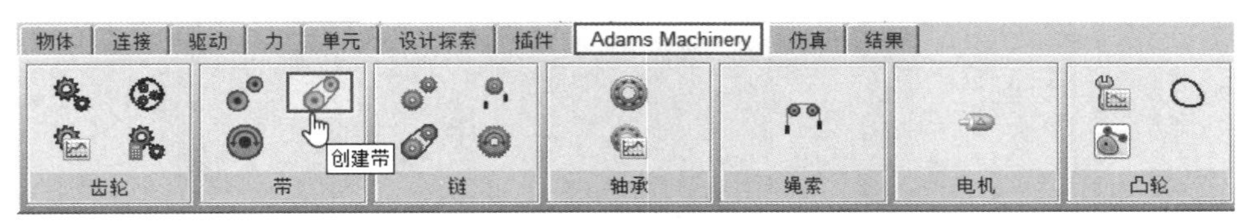

图 16-25　皮带定义向导工具

（2）选择皮带轮组类型，在“名称”文本框内右击，选择前面定义好的“beltsys_1.pulleyset_1”，如图 16-26 所示。

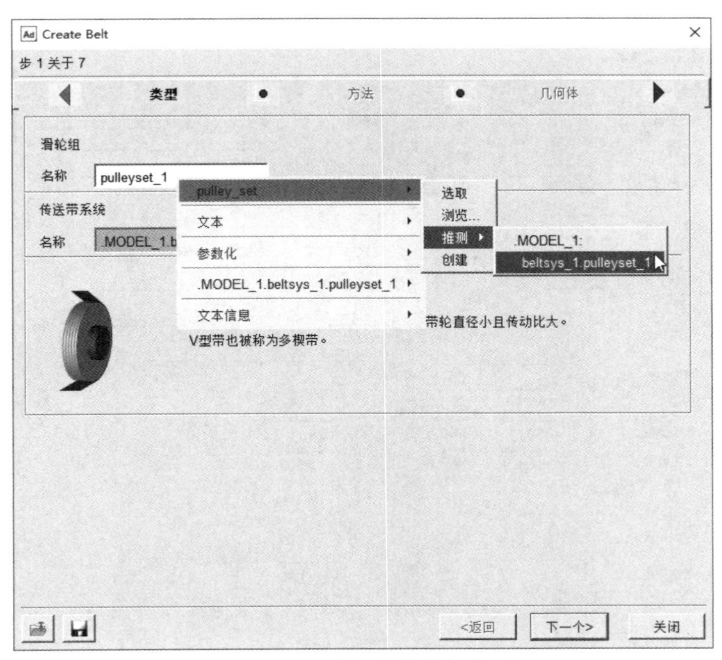

图 16-26　选择皮带轮组类型

（3）单击“下一个”按钮，选择带传动系统模拟方法，如图 16-27 所示。皮带轮定义中已经设置过，如果不作调整，则保持“3D 链节”定义不变。

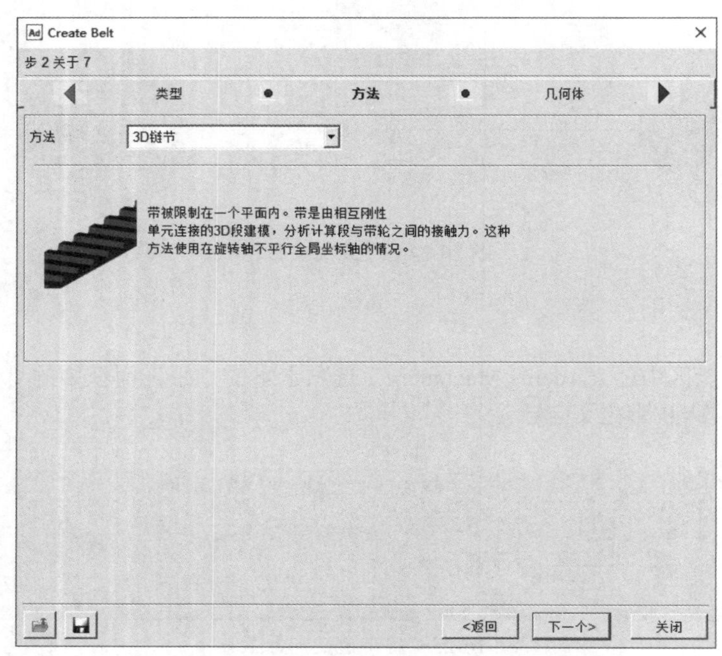

图 16-27　选择带传动模拟方法

（4）单击“下一个”按钮 下一个> ，定义皮带参数，包括带、几何体、皮带刚度、形状设置，按图 16-28 所示设置参数。

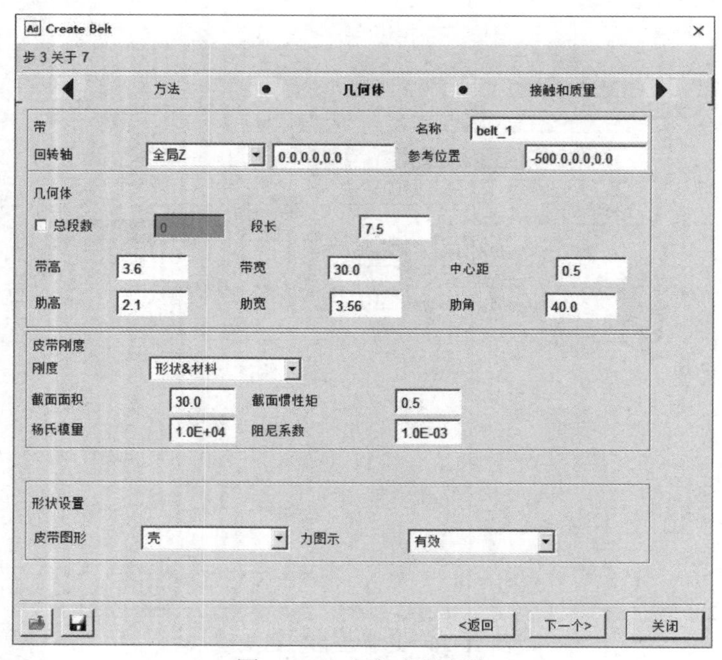

图 16-28　定义皮带参数

（5）单击“下一个”按钮 下一个> ，定义皮带分段部件质量参数和接触参数，按图 16-29 所示设置参数。

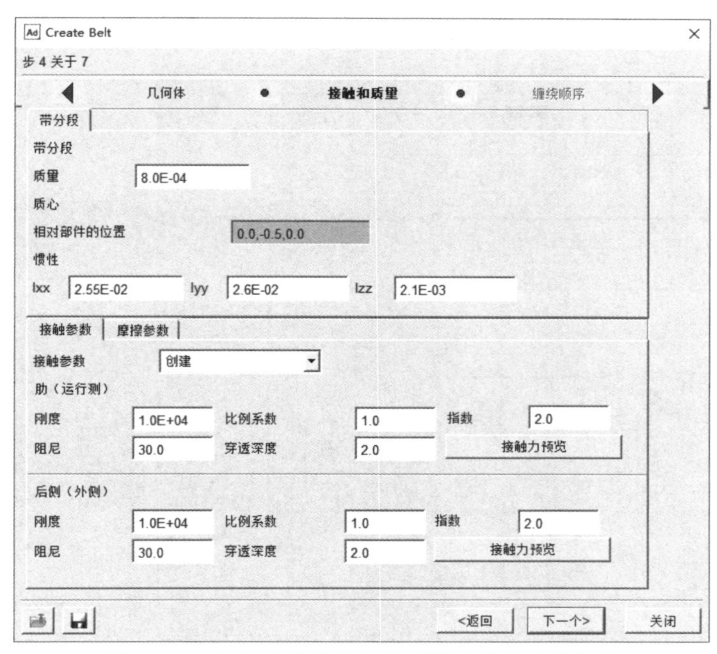

图 16-29　定义皮带分段部件质量参数和接触参数

（6）单击“下一个”按钮 下一个> ，定义皮带缠绕顺序，按图 16-30 所示设置参数。

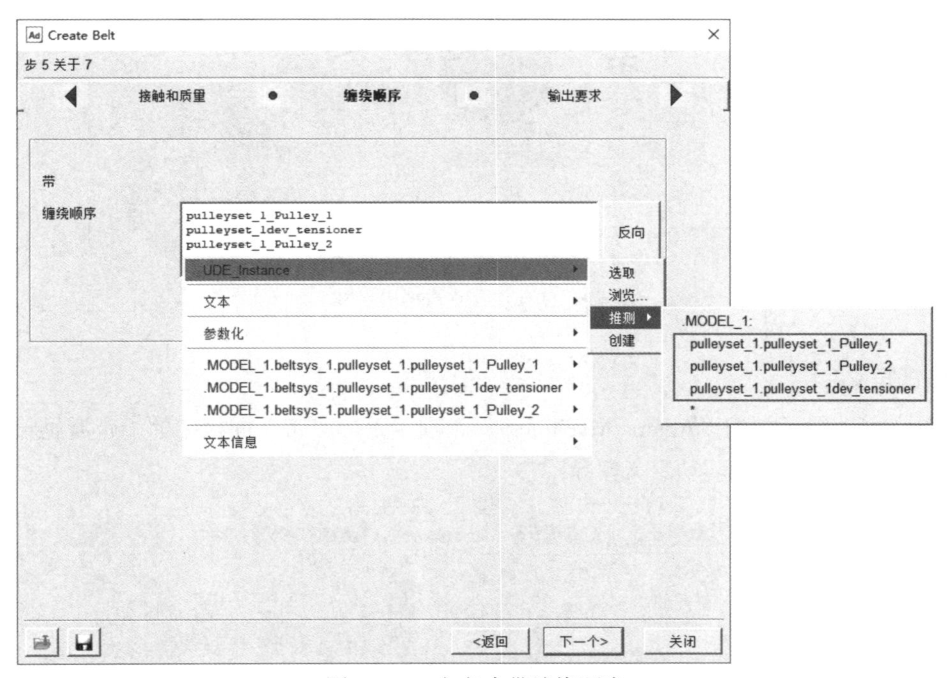

图 16-30　定义皮带缠绕顺序

（7）单击“下一个”按钮 下一个> ，定义皮带输出要求，按图 16-31 所示设置参数。

（8）单击“下一个”按钮 下一个> ，接着单击“完成”按钮 完成 完成皮带定义，建立的皮带如图 16-32 所示。

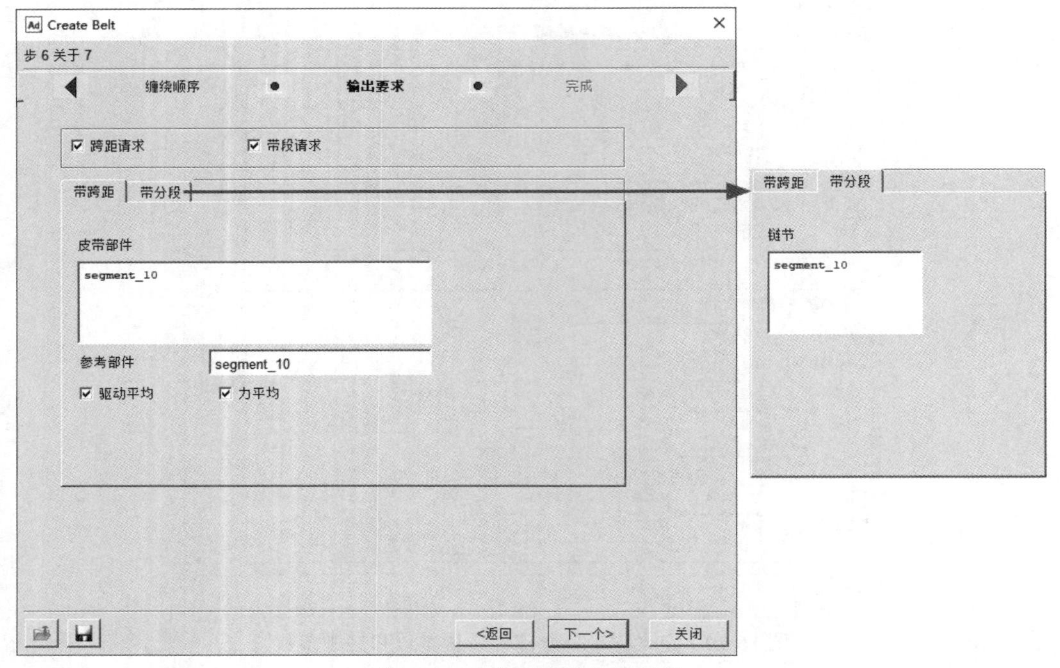

图 16-31　定义皮带输出要求

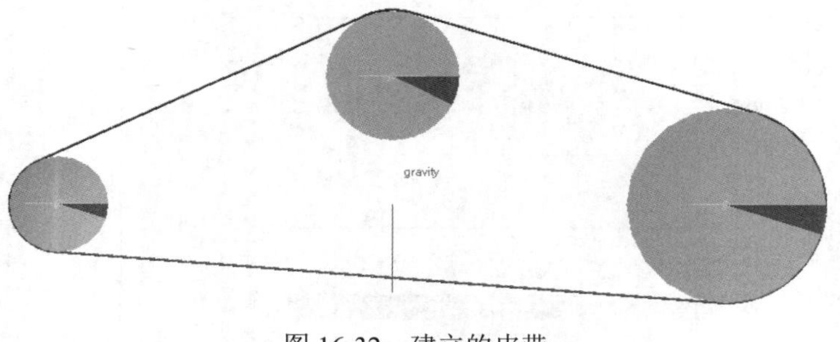

图 16-32　建立的皮带

3. 驱动定义

（1）单击主功能区中的“Adams Machinery”选项卡下的“带”面板中的“带激励输入”按钮 ，如图 16-33 所示，进入驱动定义向导。

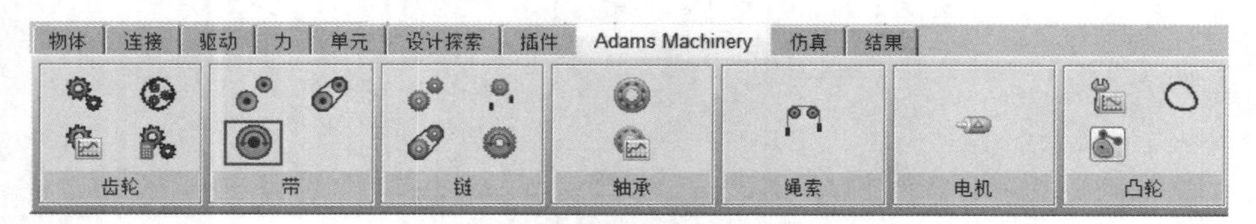

图 16-33　皮带驱动定义向导工具

（2）选择驱动轮，Adams Machinery 中的带传动工具支持一个模型中最多可以有 10 组带传动组。

分别通过右击选择带传动组和各自的驱动轮，完成驱动轮激励定义，按图 16-34 所示设置参数。本实例选择“pulleyset_1_Pulley_1”作为驱动轮。

（3）单击“下一个”按钮 下一个>，选择驱动类型，如图 16-35 所示，可以是力矩或者旋转运动驱动。本实例选择旋转运动驱动——“驱动”。

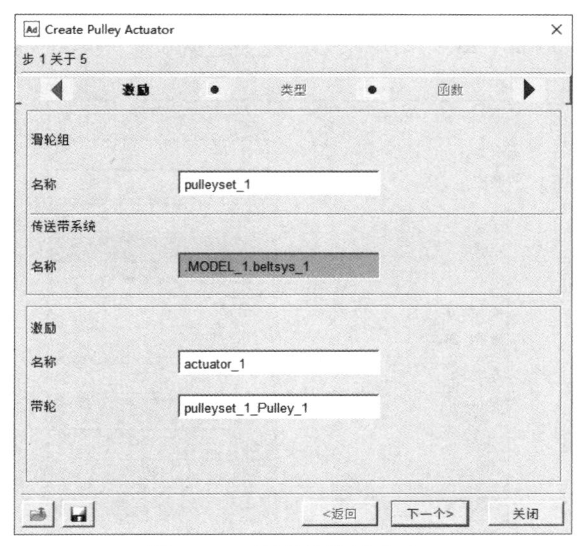

图 16-34　驱动轮激励定义

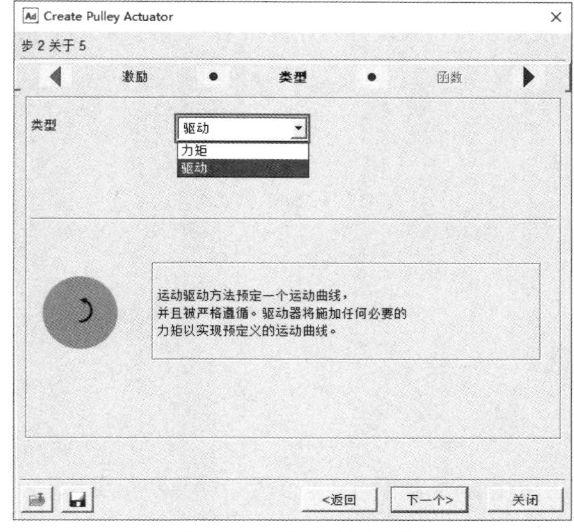

图 16-35　选择驱动类型

（4）单击“下一个”按钮 下一个>，定义驱动的函数，如果是旋转运动驱动，则定义的是角速度，而不是角位移。按图 16-36 所示设置参数，本实例定义转速为 360°/s。

（5）单击“下一个”按钮 下一个>，定义驱动输出，按图 16-37 所示设置参数，选择驱动及力矩等指标。

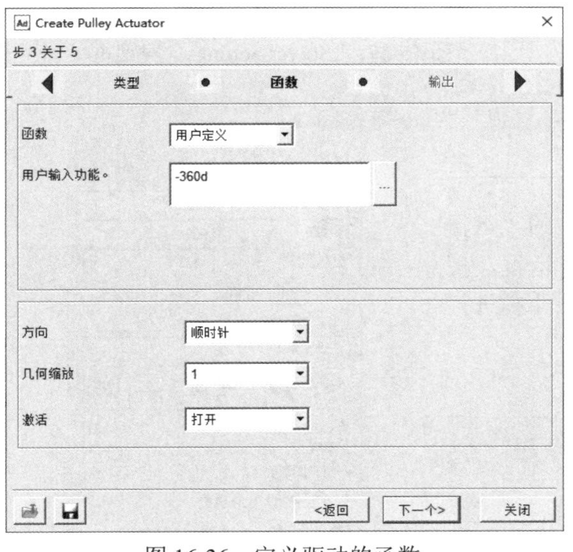

图 16-36　定义驱动的函数

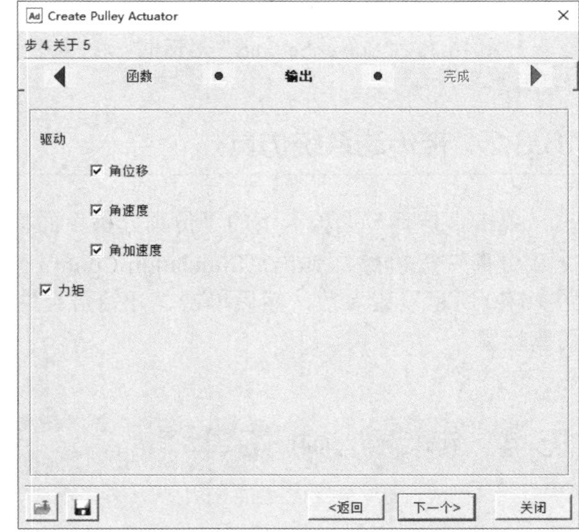

图 16-37　定义驱动输出

（6）单击“下一个”按钮 下一个>，接着单击“完成”按钮 完成 完成驱动定义。

4. 仿真运算

在对皮带进行仿真之前，需要设置 Adams Solver 参数，执行以下操作。

（1）单击菜单栏中的“设置”→“求解器”→“动力学分析”命令，弹出“Solver Settings”对话框，各参数设置如图 16-38 所示。

（2）勾选“更多”复选框，按图 16-39 所示设置参数，其中，在“线程数量”文本框中输入“8”（根据经验一般设置为计算机 CPU 内核数的 2 倍），最后单击“关闭”按钮 关闭 。

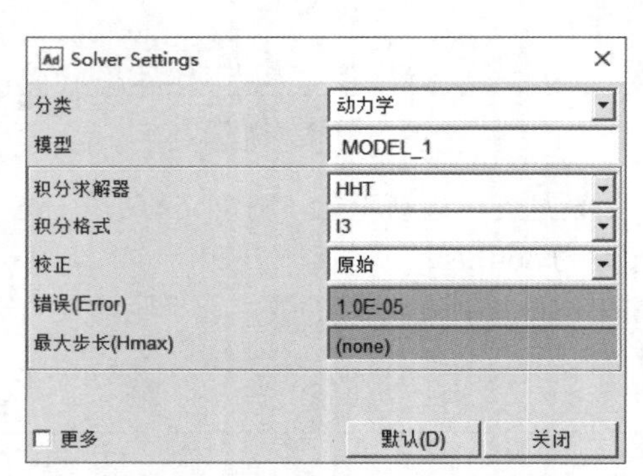

图 16-38 “Solver Settings”对话框

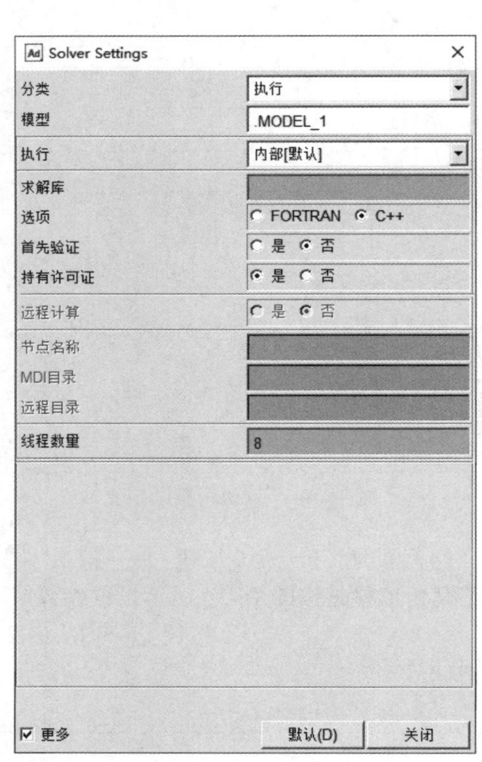

图 16-39 “Solver Settings”对话框

16.3.2 带传动系统仿真

单击“仿真”选项卡下的“仿真分析”面板中的“运行交互仿真”按钮，弹出“Simulation Control”对话框，按图 16-40 所示设置参数，然后单击“开始仿真”按钮进行仿真运算。

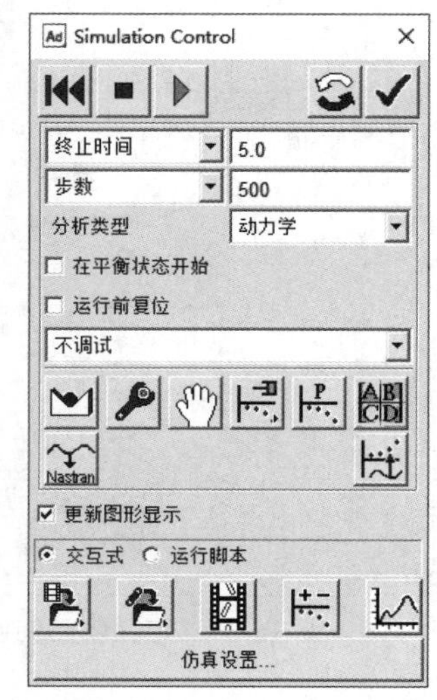

图 16-40 “Simulation Control”对话框

16.4 链传动分析工具

Adams Machinery 中的链传动分析工具是一个高效的链传动专用工具，能够对链轮和渐开线轮以及滚子链条和静音链条等进行动态建模和评估，量化连锁效应对系统行为的影响，如传动比、张紧器变化、摩擦、链条动力学行为等。

链传动系统可以通过如下方式进行模拟。

- 耦合运动副定义传动比的方式。
- 2D 链节，链条用共面链的节部件模拟，这些部件通过刚性单元相互连接，并解析计算链节部件与链轮、向导之间的接触力，链轮旋转轴须与全局坐标系坐标轴平行。
- 3D 链节，链条用共面的 3D 链节部件模拟，这些部件通过刚性单元相互连接，并解析计算链节部件与链轮、向导之间的接触力，链轮旋转轴不必与全局坐标系坐标轴平行。
- 不共面的 3D 链节，链条用 3D 链节部件模拟，这些部件通过刚性单元相互连接，并解析计算链节部件与链轮、向导之间的接触力，允许链轮有小的平面外偏移和错位。

16.4.1　链传动系统建模

链传动分析工具提供 3 个向导工具完成完整的链传动系统建模，分别是链轮定义向导（包含闭环链轮向导和开环链轮向导）、链条定义向导和链条驱动向导。

下面以滚子链轮传动为例介绍建模过程。

1. 链轮定义

（1）单击主功能区中的“Adams Machinery”选项卡下的“链”(Chain）面板中的“创建闭环链轮”按钮，如图 16-41 所示，进入闭环链轮向导。

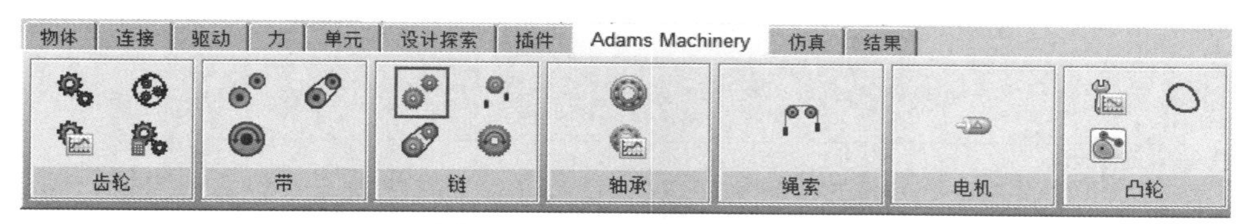

图 16-41　闭环链轮向导工具

（2）选择链轮类型，比如“滚子链轮”，如图 16-42 所示。

链轮类型如下。

- 滚子链轮：采用由圆柱滚子组成的链条，圆柱滚子通过两侧的连杆相互连接。链条与有齿链轮啮合。
- 无声链轮：也称为渐开线链，采用由圆柱滚子组成的链条，圆柱滚子通过每侧有齿形的链环相互连接。链条与有齿链轮啮合。

（3）单击“下一个”按钮，选择链传动系统模拟方法，比如“2D 链节”，如图 16-43 所示。

- 约束：这是一种简单的方法，用于通过比率传递速度。当忽略力和所涉及的因素，只考虑加速和减速情况时使用。
- 2D 链节：链条被约束在一个平面上。采用刚性单元连接的平面杆件对链条进行建模，分析计算杆件、链轮和导轨之间的接触力。这种建模方法仿真速度快于 3D 链节的仿真速度，但旋转轴必须与全局坐标系坐标轴平行。
- 3D 链节：链条被约束在一个平面上。该链条是由使用刚性单元相互连接的 3D 链节所组成，并且分析计算链节、链轮和导向轮之间的接触力。当旋转轴与全局坐标系坐标轴之一不平行时，使用此方法。

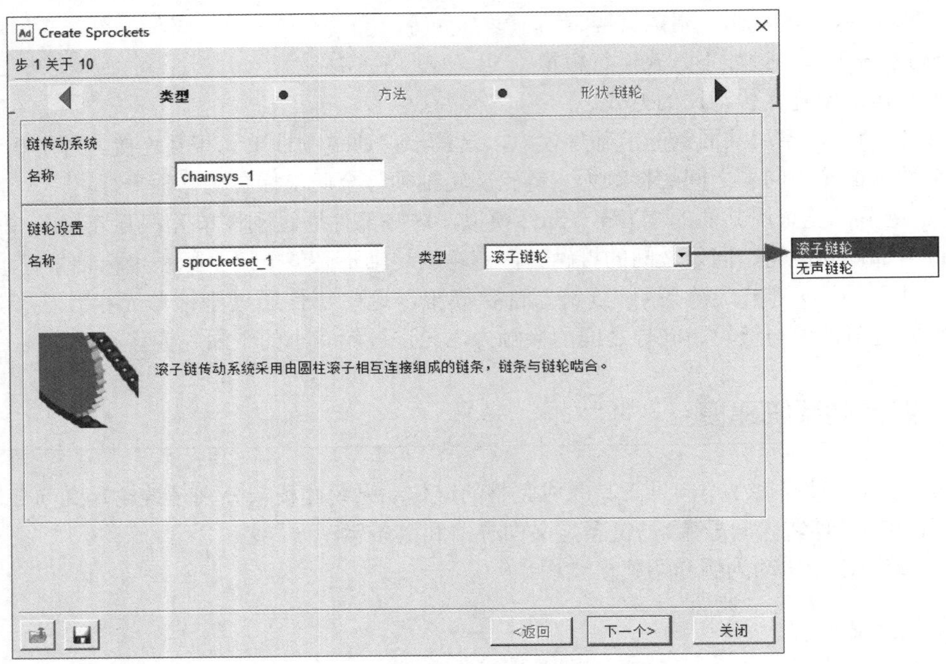

图 16-42 选择链轮类型

- 3D 非平面链节：该链条是由使用刚性单元相互连接的 3D 链节所组成，并且分析计算链节、链轮和导向轮之间的接触力。链条可以在链轮上横向移动，并适应链轮中少量的平面外偏移和错位。

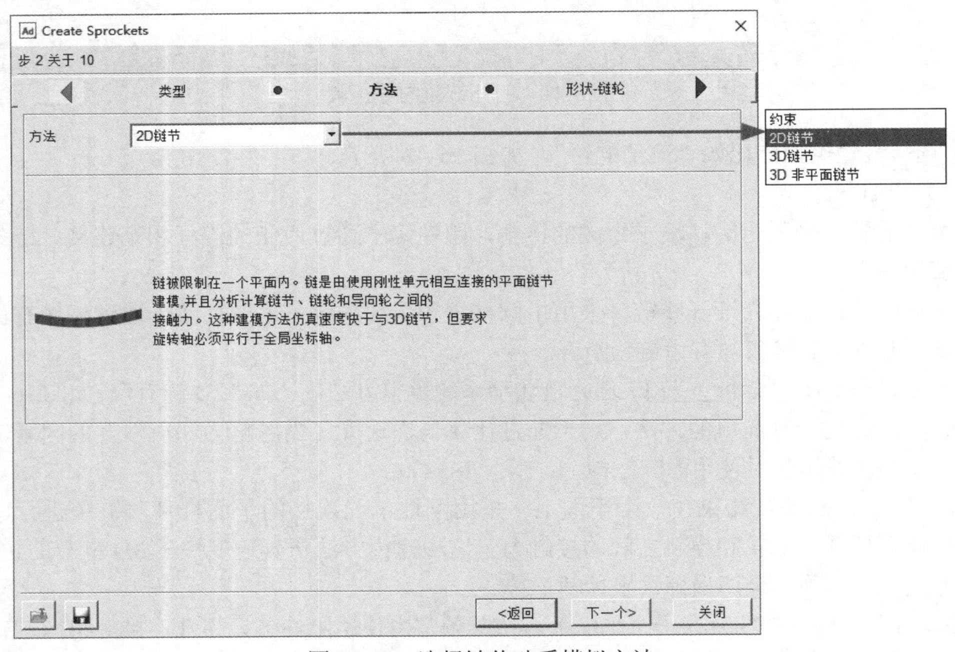

图 16-43 选择链传动系模拟方法

（4）单击“下一个”按钮 下一个>，定义链轮数量、回转轴、中心位置和几何体参数，分别在

“中心位置”文本框、“链宽”文本框和“齿数”文本框中输入中心位置、链轮宽度和齿数后，链轮的几何轮廓参数会自动生成，设置参数完毕，如图 16-44 所示。

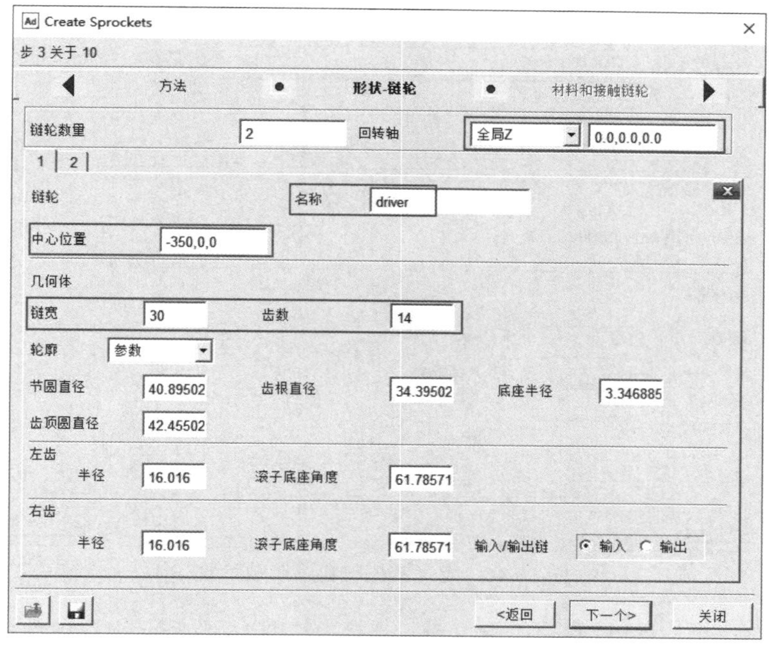

图 16-44　设置链轮形状各参数（1）

（5）单击切换到“2”选项卡，按图 16-45 所示设置参数。

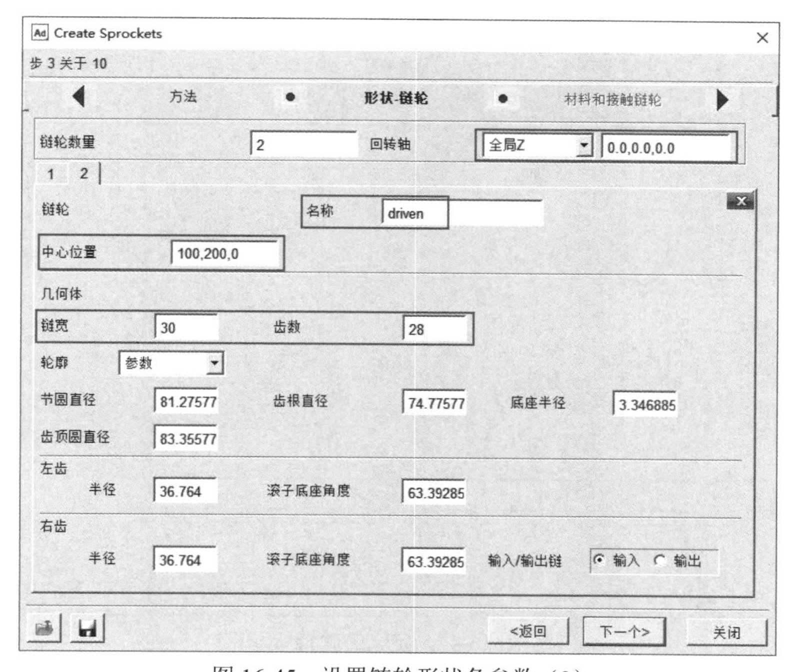

图 16-45　设置链轮形状各参数（2）

（6）单击“下一个”按钮 下一个>，定义链轮材料及接触参数，按图 16-46 所示设置参数。

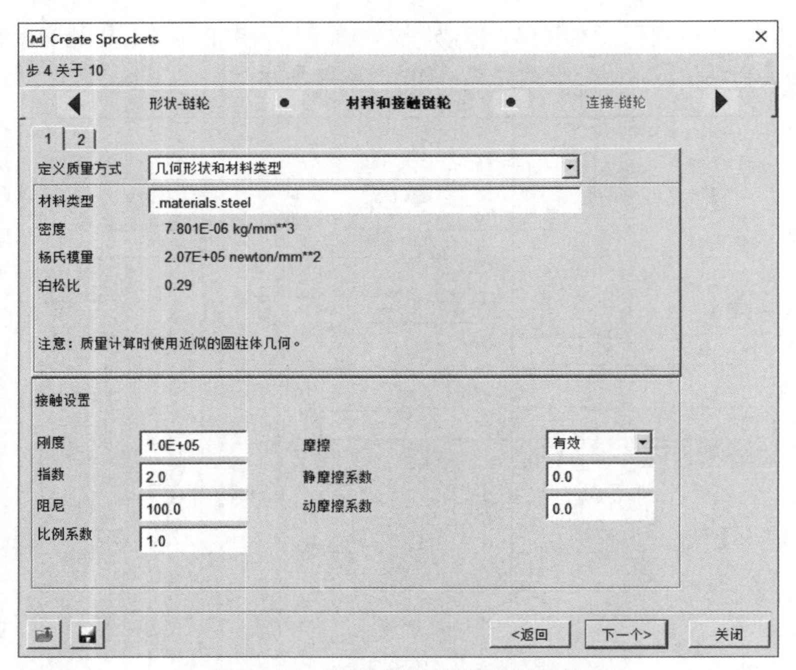

图 16-46　定义链轮材料及接触参数

（7）单击“下一个”按钮 下一个>，定义链轮连接，按图 16-47 所示设置参数。本实例中两个链轮与大地旋转连接。

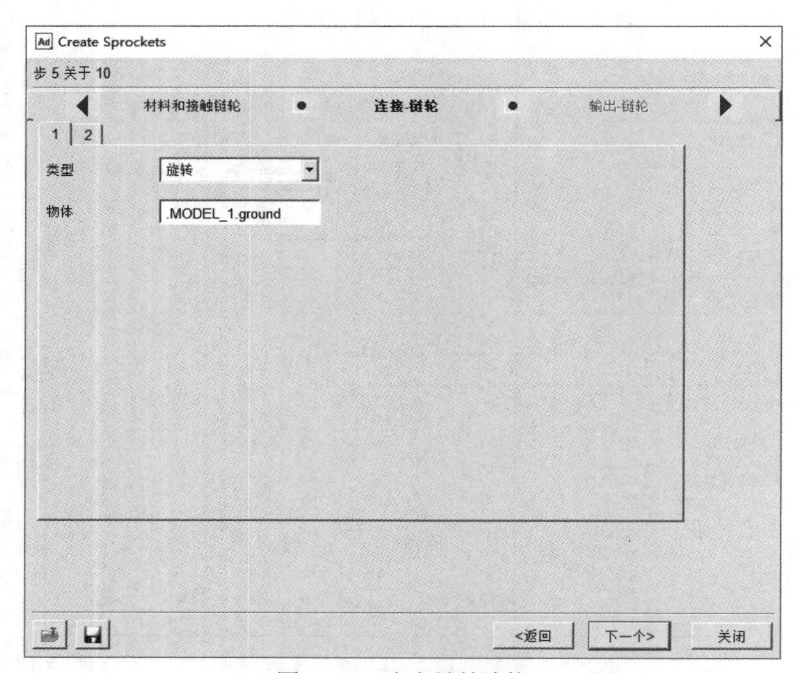

图 16-47　定义链轮连接

（8）单击“下一个”按钮 下一个>，定义链轮仿真结果输出，按图 16-48 所示设置参数。

（9）单击“下一个”按钮 下一个>，定义导向轮。如果链传动系统没有导向轮，则单击“下一个”

按钮 下一个>，最后单击“完成”按钮 完成 完成链轮定义。

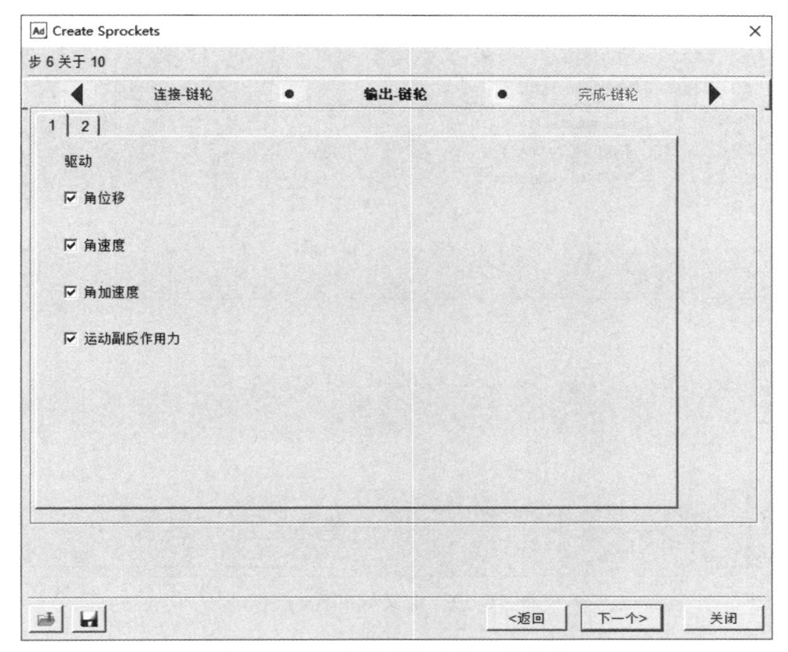

图 16-48　定义链轮仿真结果输出

（10）如果链传动系统有导向轮，单击“下一个”按钮 下一个>，定义导向轮形状，设置导向轮数量，定义中心位置、旋转轴以及几何体等，按图 16-49 所示设置参数。

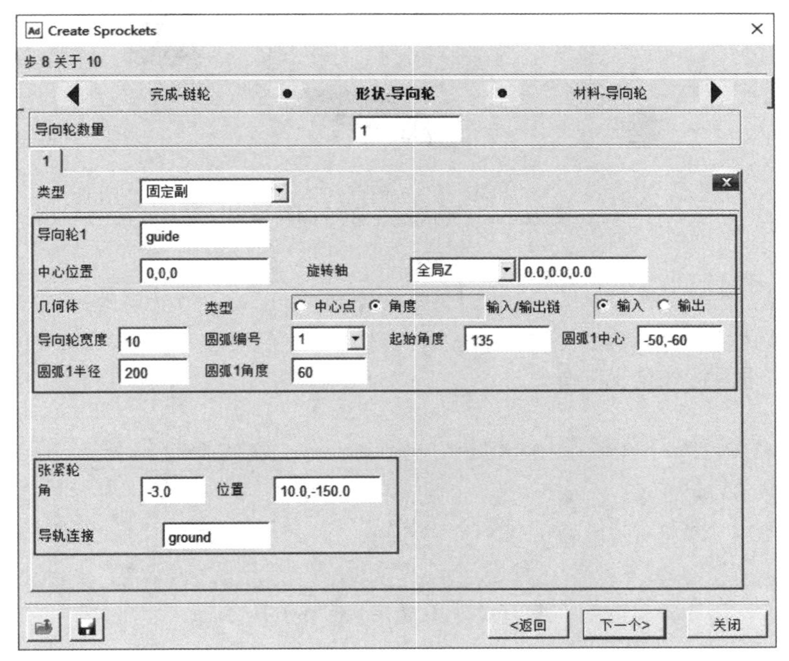

图 16-49　定义导向轮形状

（11）单击“下一个”按钮 下一个>，定义导向轮材料，如图 16-50 所示。

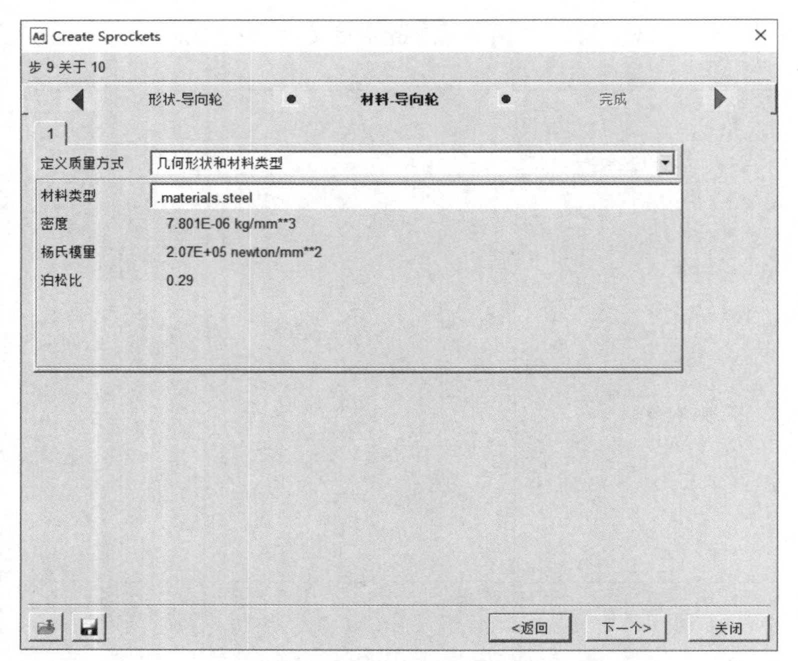

图 16-50　定义导向轮材料

（12）单击“下一个”按钮 下一个> ，然后单击“完成”按钮 完成 完成链轮及导向轮定义，如图 16-51 所示。

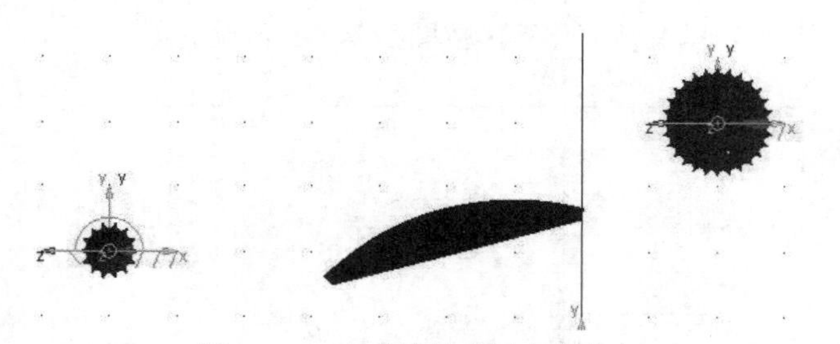

图 16-51　完成链轮和导向轮定义

2. 链条定义

（1）单击主功能区中的“Adams Machinery”选项卡下的“链”面板中的“创建链”按钮，如图 16-52 所示。进入链条定义向导。

图 16-52　链条定义向导工具

（2）选择链轮组，在“名称”文本框内右击，选择前面定义好的“chainsys_1.sprocketset_1”，如图 16-53 所示。

图 16-53　选择链轮组

（3）单击“下一个”按钮 下一个>，选择链传动系统模拟方法。因为链轮定义时已经选择过，如果不作调整，则保持“2D 链节”定义不变，如图 16-54 所示。

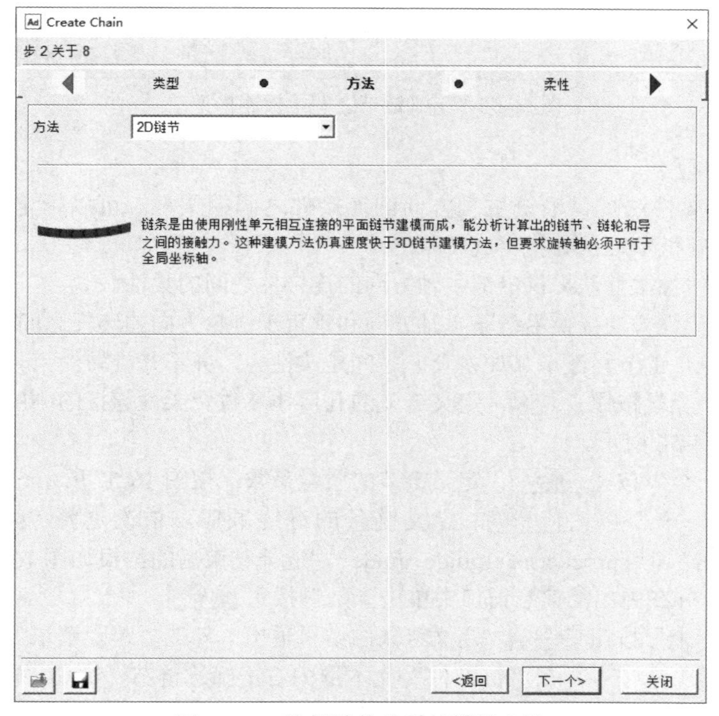

图 16-54　选择链传动系统模拟方法

（4）单击“下一个”按钮［下一个>］，定义链节之间的柔性连接方法。本实例中选择“线性”，如图 16-55 所示。

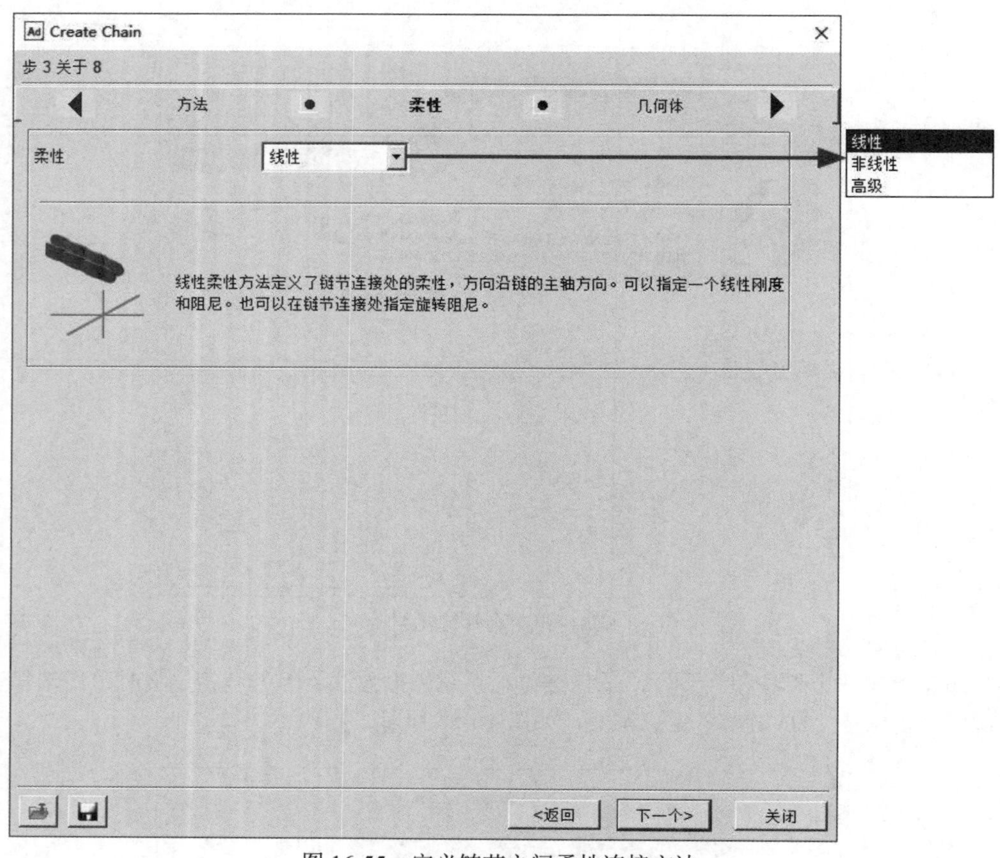

图 16-55　定义链节之间柔性连接方法

柔性连接方式如下。

- 线性：线性柔性法提供沿链主轴方向的连接件之间的柔性。可以指定一个线性刚度和阻尼，也可以在链节连接处指定旋转阻尼。
- 非线性：非线性柔性法提供沿链主轴方向的连接件之间的柔性。
- 高级：高级柔性方法提供沿链条主轴方向和垂直于链轮方向的连杆之间连接处的柔性。

其中要注意的是，链节与滚子（如衬套）之间是柔性力，并不是旋转约束。

（5）单击“下一个”按钮［下一个>］，定义链节的几何体参数及柔性连接的刚度、阻尼等参数，保持默认设置，如图 16-56 所示。

（6）单击“下一个”按钮［下一个>］，定义链节的质量参数，按图 16-57 所示设置参数。

（7）单击“下一个”按钮［下一个>］，定义链条的缠绕顺序，依次选择“sprocketset_1_driver”“sprocketset_1_driven”和“sprocketset_1guide_guide”，选择结束后的结果如图 16-58 所示。单击“下一个”按钮［下一个>］，并在弹出的信息窗口中单击“是”按钮［是］。

（8）单击“下一个”按钮［下一个>］，定义链条的结果输出。勾选“跨距请求”和“链节请求”复选框，选择“链跨度”选项卡，在“链部件”文本框中右击筛选链节，比如“link_93”，参考部件选择“ground”，勾选“驱动平均”“力平均”的复选框，如图 16-59 所示。

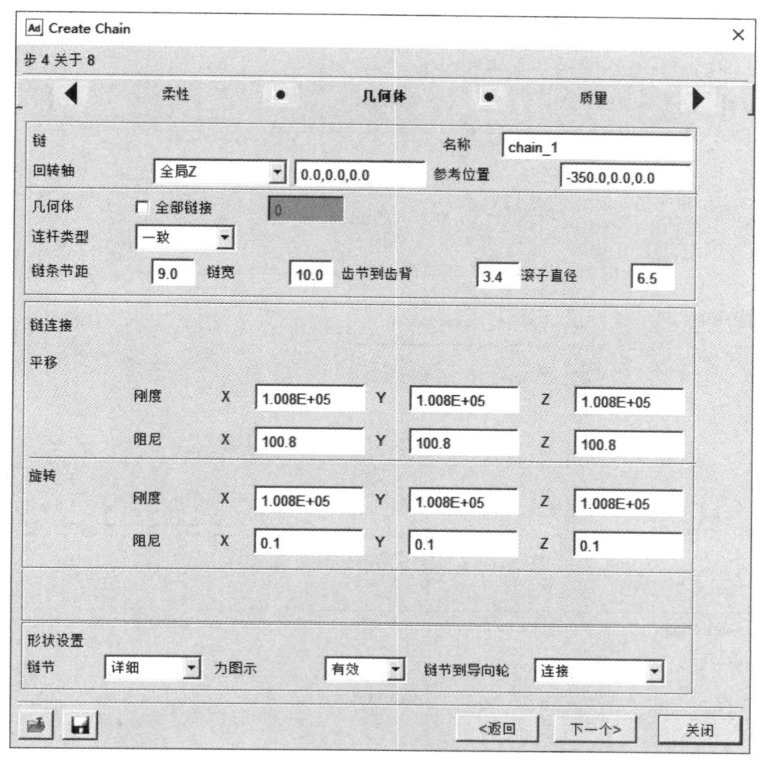

图 16-56 定义链节的几何体参数及柔性连接参数

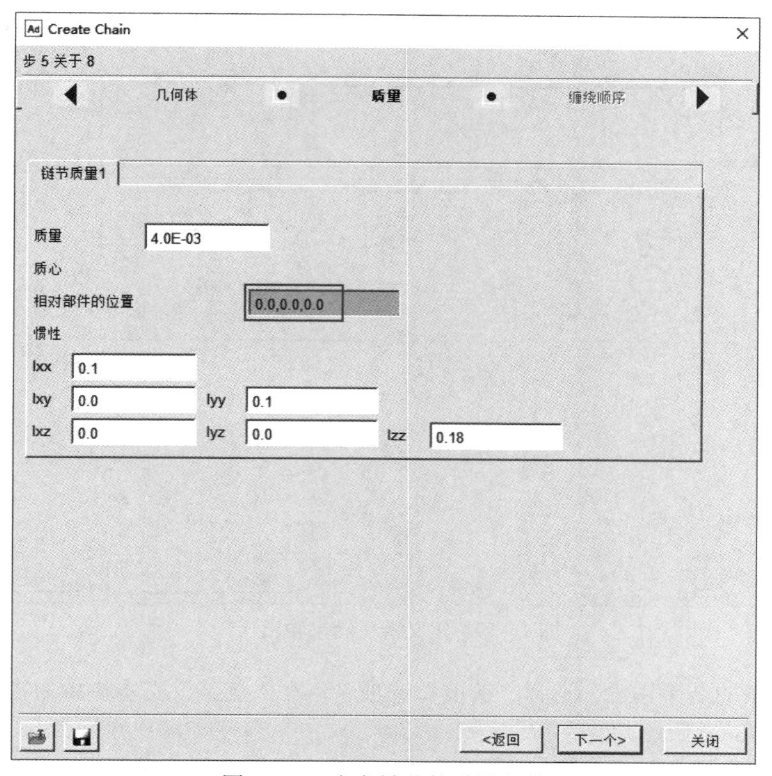

图 16-57 定义链节的质量参数

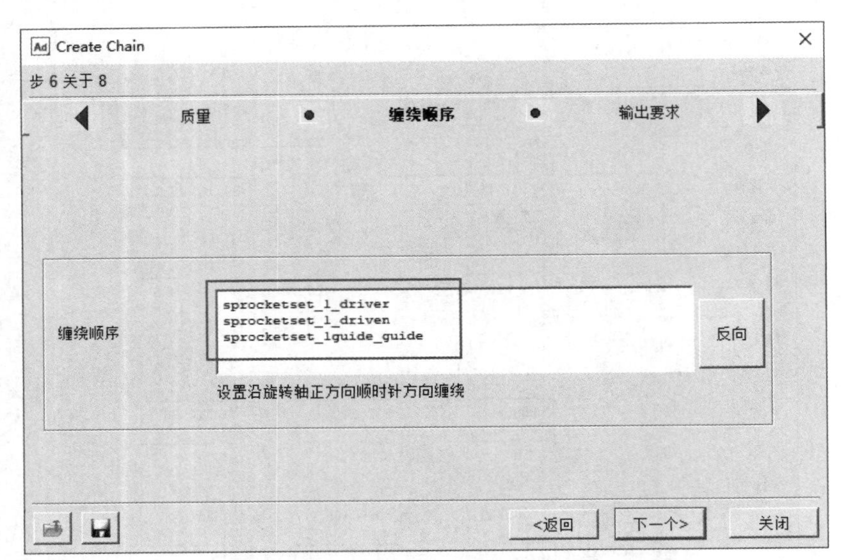

图 16-58　定义链条的缠绕顺序

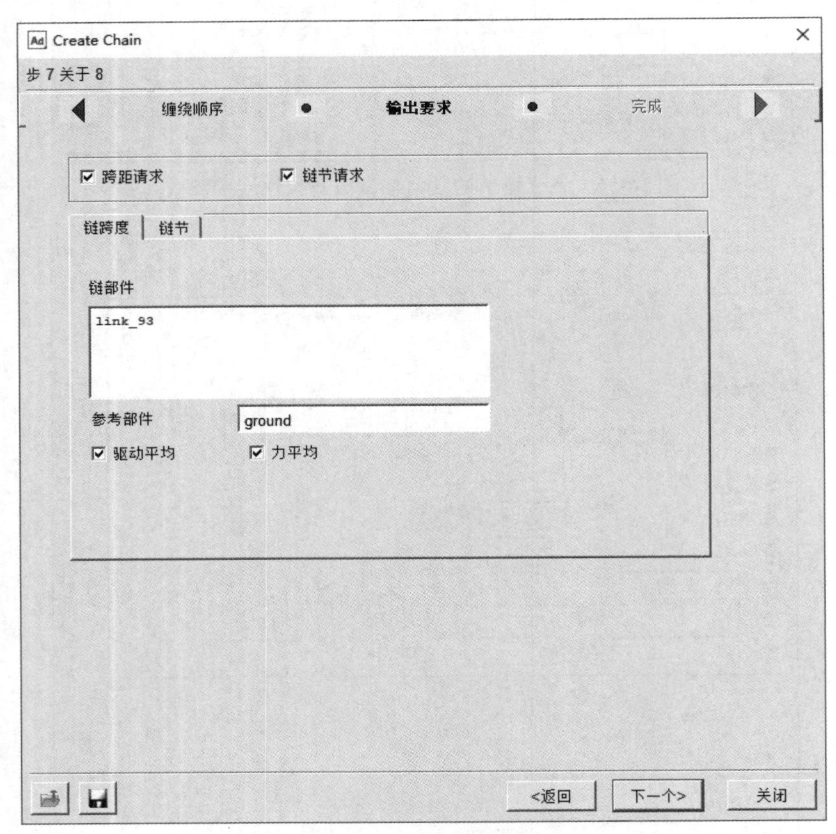

图 16-59　定义链条结果输出（1）

（9）定义链条的结果输出。选择“链节”选项卡，在“链节”文本框中右击筛选链节，比如“link_13”，如图 16-60 所示。

（10）单击“下一个”按钮 下一个> ，再单击“完成”按钮 完成 完成链条定义，如图 16-61 所示。

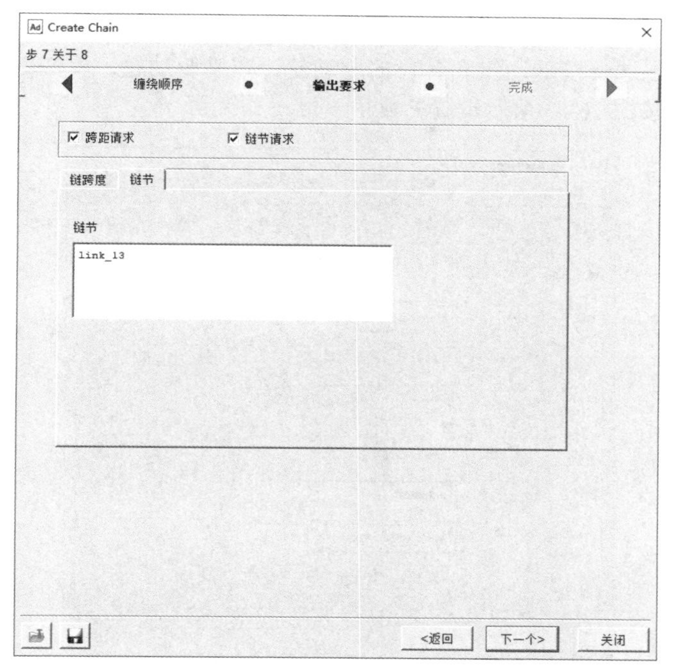

图 16-60　定义链条结果输出（2）

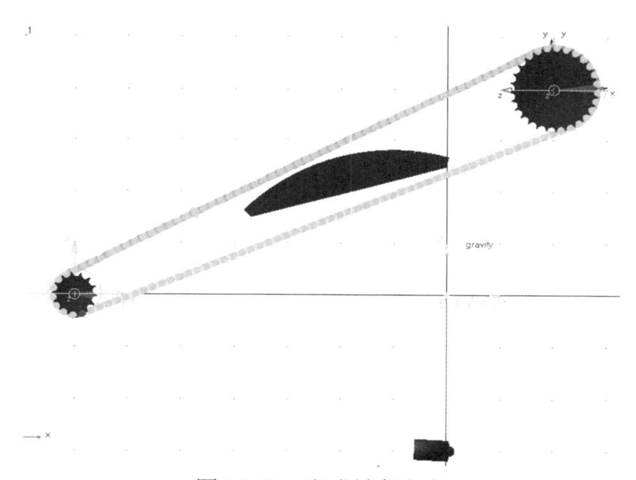

图 16-61　完成链条定义

3. 驱动定义

（1）单击主功能区中“Adams Machinery”选项卡下的“链”面板中的“链轮激励输入”按钮。图 16-62 所示为进入链传动驱动定义向导。

图 16-62　链传动驱动定义向导工具

（2）选择驱动轮，Adams Machinery 中的链传动驱动工具支持一个模型中最多可以有 10 组链传动组，分别通过右击选择链传动组和各自的驱动轮，定义驱动轮。本实例选择“sprocketset_1_driver”作为驱动轮，按图 16-63 所示设置参数。

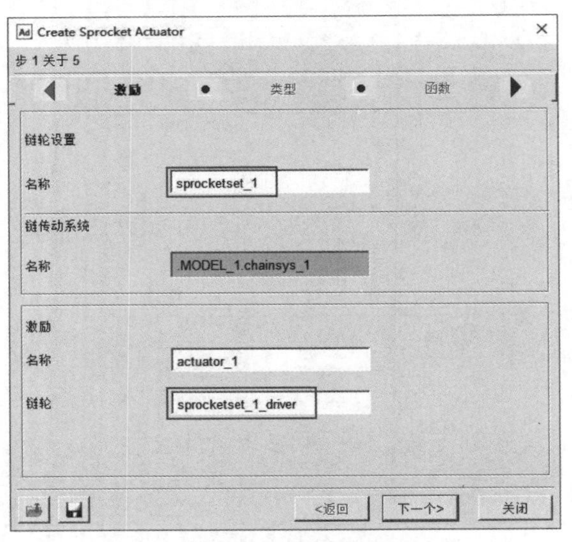

图 16-63　定义驱动轮

（3）单击“下一个”按钮 下一个> ，选择驱动类型，可以是力矩或者驱动。本实例选择旋转运动驱动——“驱动”，如图 16-64 所示。

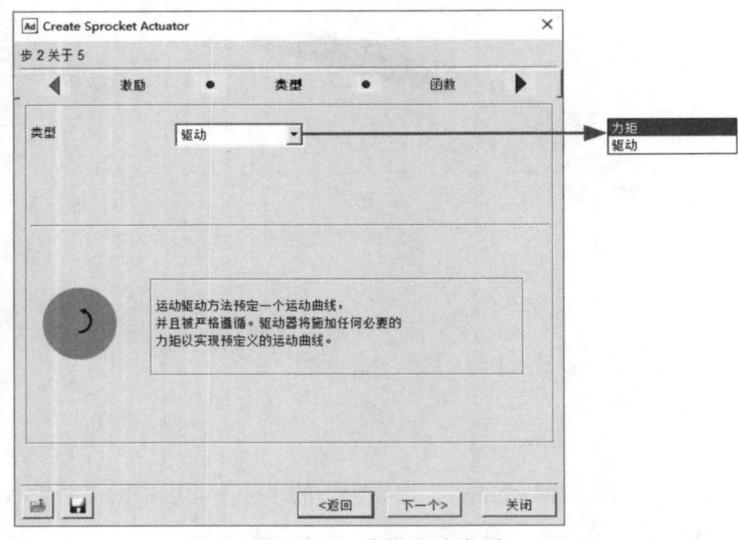

图 16-64　选择驱动类型

（4）单击“下一个”按钮 下一个> ，定义驱动的数学描述，如果是旋转运动驱动，则定义的是角速度，而不是角位移。按图 16-65 所示设置参数，本实例转速定义为 360°/s。

（5）单击“下一个”按钮 下一个> ，定义驱动输出，按图 16-66 所示设置参数，选择驱动及力矩等指标。

（6）单击“下一个”按钮 下一个> ，然后单击“完成”按钮 完成 完成驱动定义。

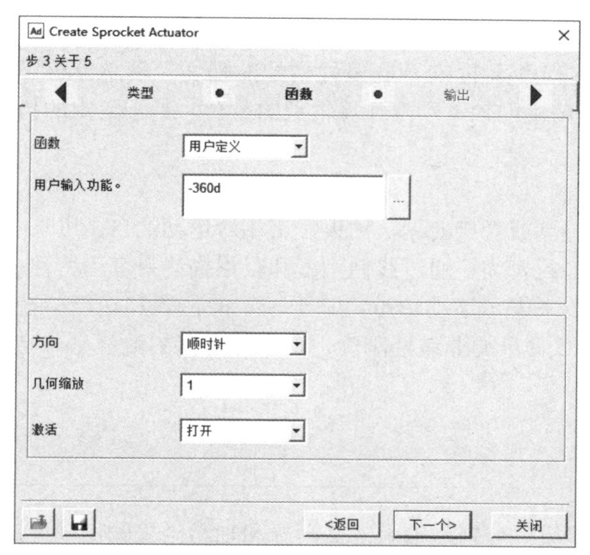

图 16-65　定义驱动的数学描述

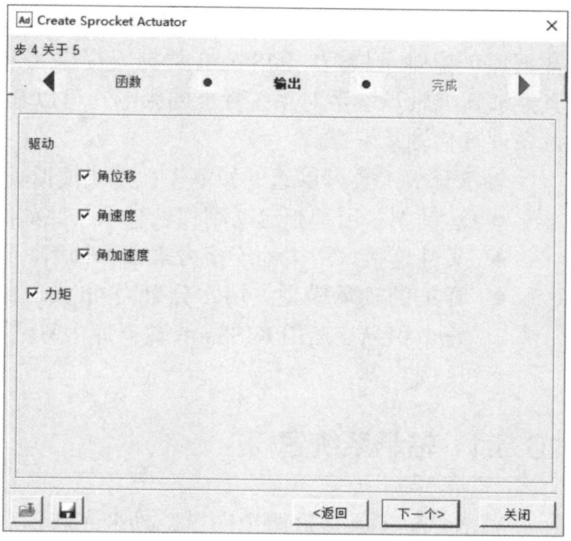

图 16-66　定义驱动输出

16.4.2　链传动系统仿真

（1）设置求解器类型，单击菜单栏中的“设置”→“求解器”→“动力学分析”命令，弹出“Solver Settings”对话框。确保在“积分求解器”列表中选择“HHT”选项，如图 16-67 所示，然后单击“关闭”按钮 关闭 。

（2）单击“仿真”选项卡下的“仿真分析”面板中的“运行交互仿真”按钮，弹出“Simulation Control”对话框，按图 16-68 所示设置参数，然后单击“开始仿真”按钮进行仿真运算，仿真运算可能需要几分钟时间，请耐心等待。

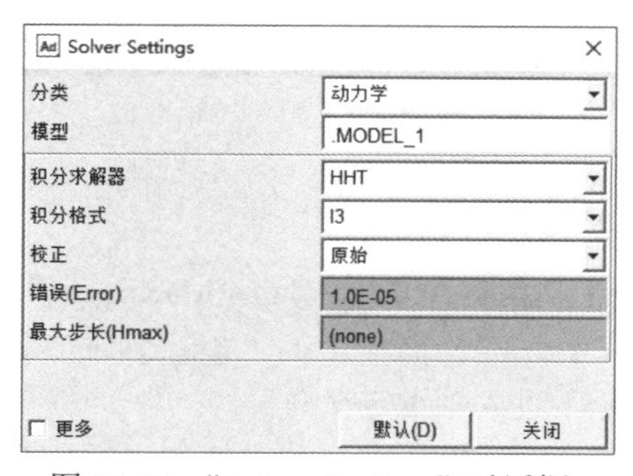

图 16-67　“Solver Settings”对话框

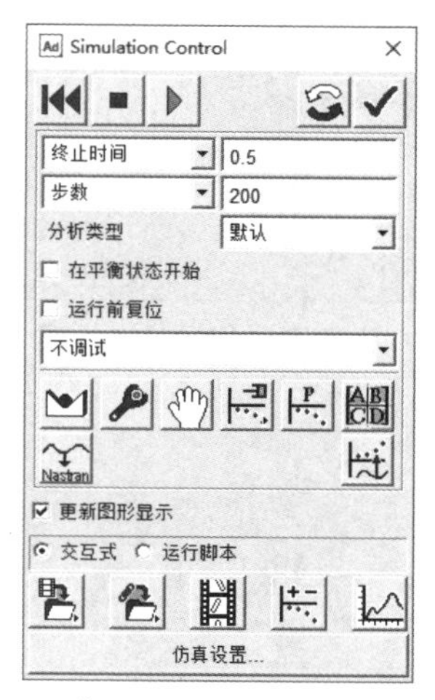

图 16-68　“Simulation Control”对话框

16.5　轴承分析工具

Adams Machinery 中的轴承分析工具是一个高效的轴承专用工具，能够对各种形式的轴承进行建模及评估，其中包括滚珠、滚针、滚子轴承，用户可以手动输入轴承参数，也可以通过 KISSsoft 数据库创建轴承模型。KISSsoft 数据库提供 8 个生产厂家的 24 000 多种型号的轴承。轴承分析工具能够研究轴承参数对系统性能的影响，可以基于精确的轴承刚度计算轴承的载荷，基于给定的仿真条件评估轴承寿命。

轴承分析工具可以通过如下 3 种方式模拟轴承。

- 运动副。用理想运动副代表轴承，比如圆柱副或者旋转副，约束没有相对运动的自由度。
- 柔性连接。用柔性连接力来表示轴承，比如衬套力，通过线性刚度和阻尼描述衬套力特性。
- 详细的轴承模型。用六分量力 GForce 函数来表示滚动轴承，基于轴承的位置和速度，在每个积分步运用 KISSsoft 数据库的算法计算轴承的非线性刚度，阻尼与刚度的数值呈一定比例。

16.5.1 轴承系统建模

轴承分析工具提供两个向导工具来完成轴承建模，分别是轴承定义向导和轴承结果输出向导。下面以滚针轴承为例介绍建模过程。

在轴承建模前导入一个转轴模型，单击菜单栏中的“文件”→“导入”命令，弹出“File Import”对话框，设置文件类型为“Adams View Command 文件 (*.cmd)”，在“读取文件”文本框中右击，选择“浏览”命令，选择 yuanwenjian/ch_16/CamBearings.cmd（读者可将本书附带电子资源中提供的源文件复制到电脑的相关文件路径中），如图 16-69 所示。单击“确定”按钮 确定 ，打开如图 16-70 所示的简单转轴。

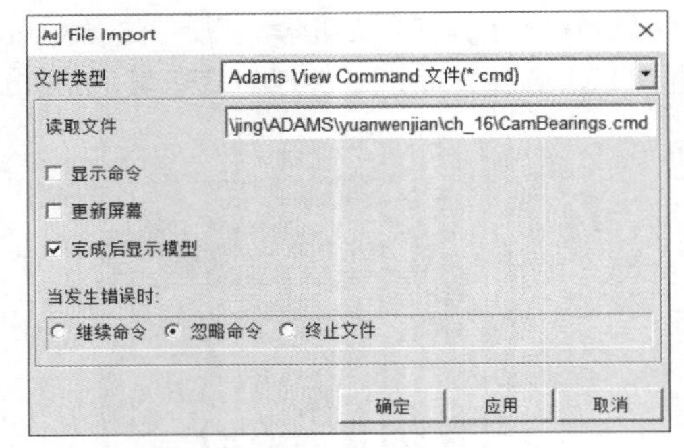

图 16-69 “File Import”对话框

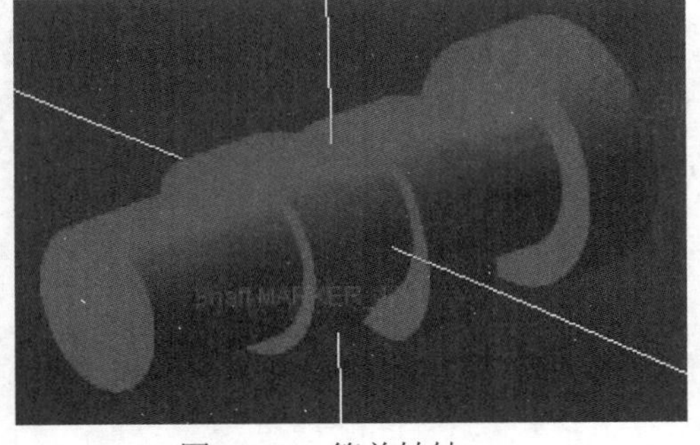

图 16-70 简单转轴

1. 轴承定义

（1）单击主功能区中的“Adams Machinery”选项卡下的“轴承”（Bearing）面板中的“创建轴承”按钮。如图 16-71 所示，进入轴承定义向导。

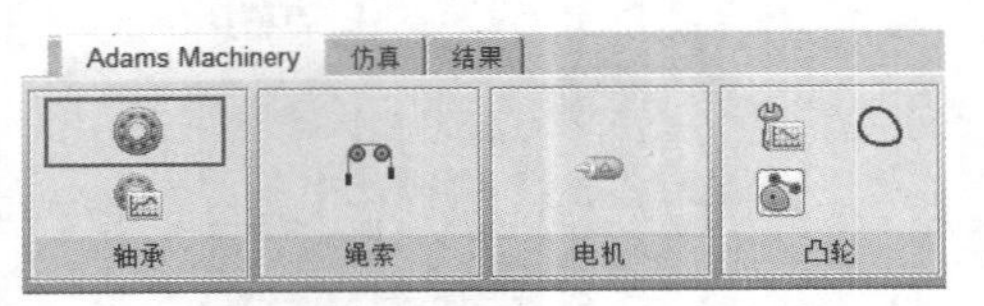

图 16-71 轴承定义向导工具

（2）选择轴承模拟方法，本实例选“详细”，如图 16-72 所示。

提示

在轴承分析工具中如果选择以“运动副”或“柔性”方法模拟轴承，就是通过运动副或衬套模拟，比较简单，直接定义即可。

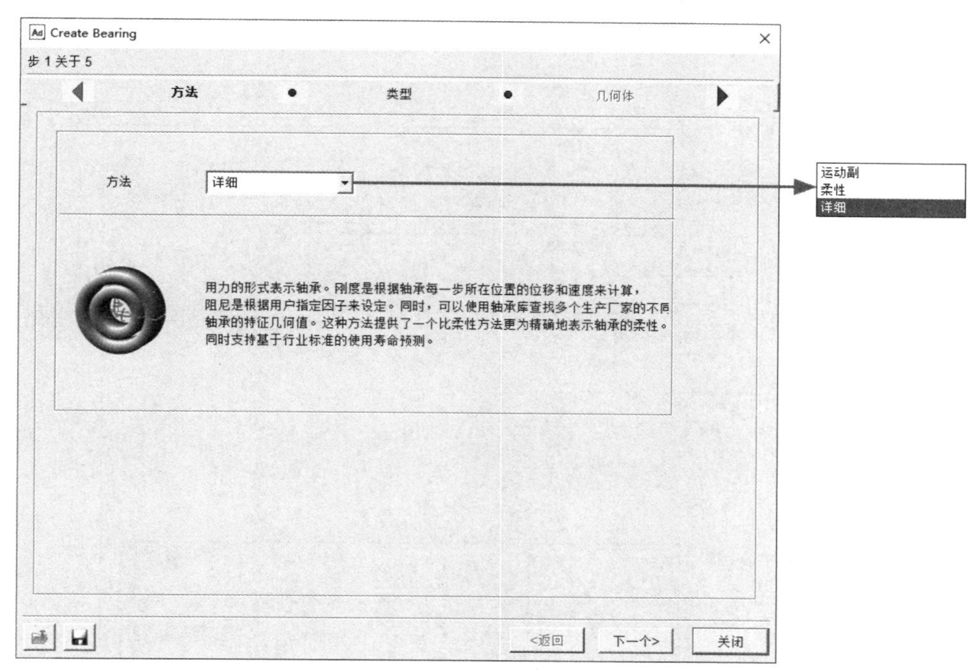

图 16-72　选择轴承模拟方法

（3）单击“下一个”按钮 下一个> ，选择轴承类型，本实例中选择“带 / 不带内部环的滚针轴承”，如图 16-73 所示。

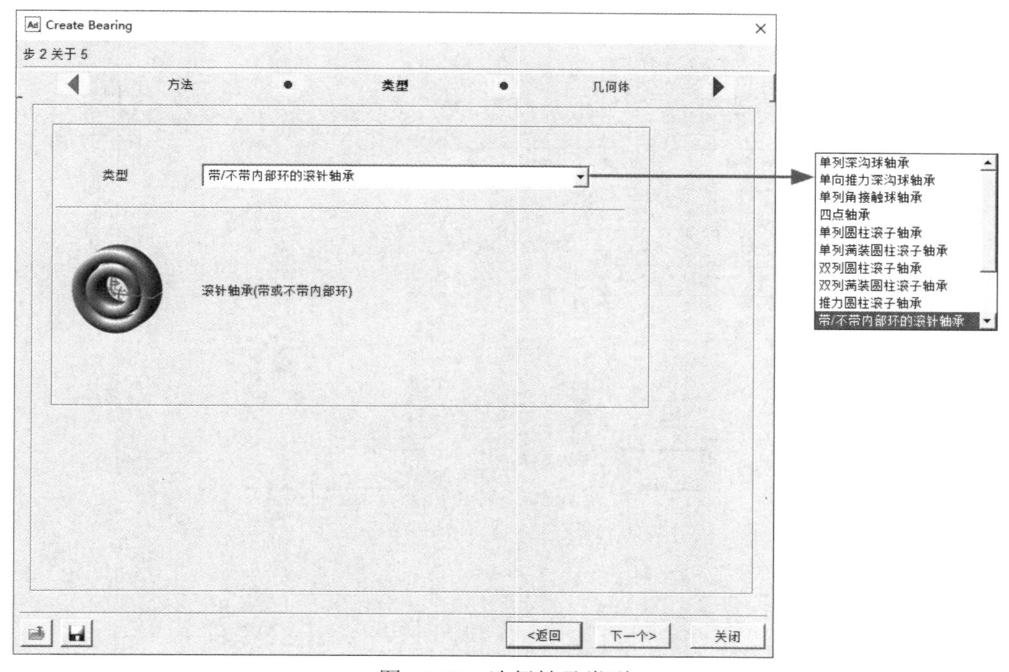

图 16-73　选择轴承类型

（4）单击“下一个”按钮 下一个> ，定义轴承位置、回转轴方向等参数，按图 16-74 所示设置参数。

（5）单击“下一个”按钮 下一个>，定义轴承的连接属性，按图 16-75 所示设置参数，连接旋转轴与大地，并施加运动驱动。

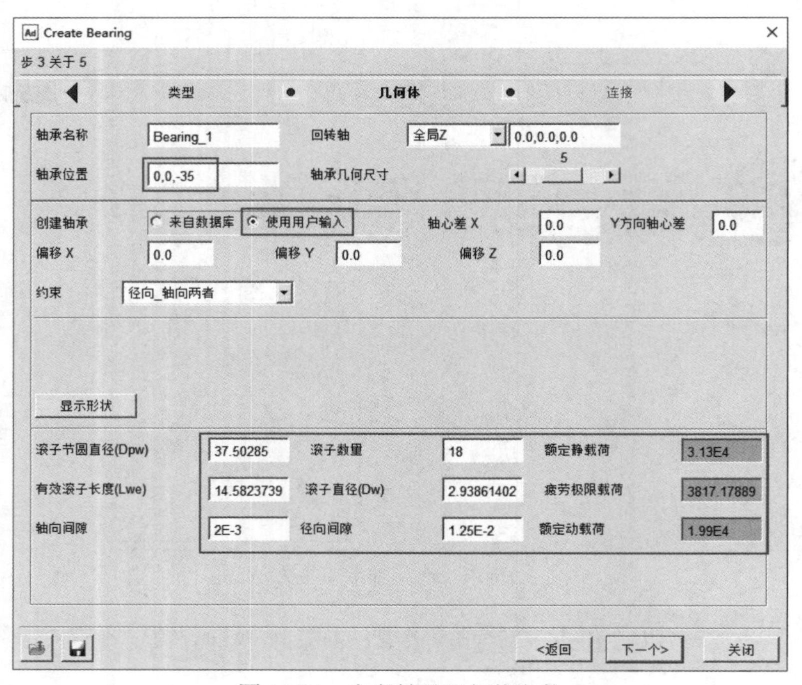

图 16-74　定义轴承几何体参数

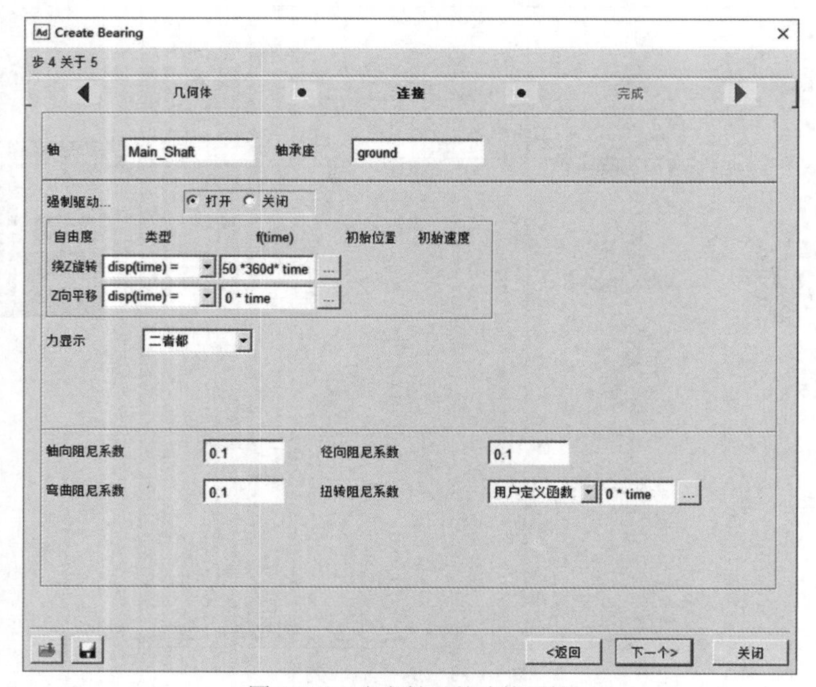

图 16-75　定义轴承的连接属性

（6）单击“下一个”按钮 下一个>，然后单击“完成”按钮 完成 完成轴承定义，如图 16-76 所示。

（7）如果要定义更多的轴承，重复上面的步骤，设置相应参数即可。

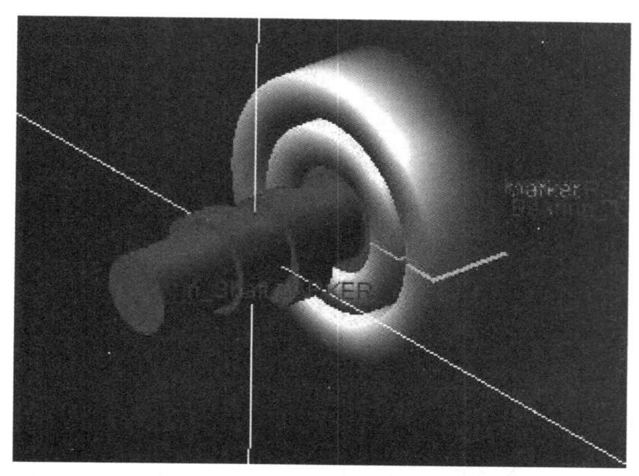

图 16-76 完成轴承定义

2. 轴承结果输出

（1）单击工具栏中的“Adams Machinery”选项卡下的“轴承”面板中的“轴承输出”按钮，如图 16-77 所示，弹出“Bearing Output”对话框。

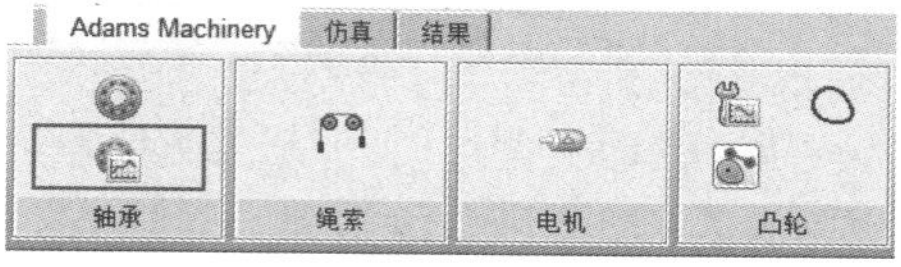

图 16-77 轴承结果输出向导工具

（2）选择要输出结果的轴承，读者可选择需要的结果输出请求，本实例中勾选所有结果输出请求的复选框，如图 16-78 所示。

16.5.2 轴承系统仿真

单击“仿真”选项卡下的“仿真分析”面板中的“运行交互仿真”按钮，弹出“Simulation Control”对话框，按图 16-79 所示设置参数，然后单击“开始仿真”按钮进行仿真运算。

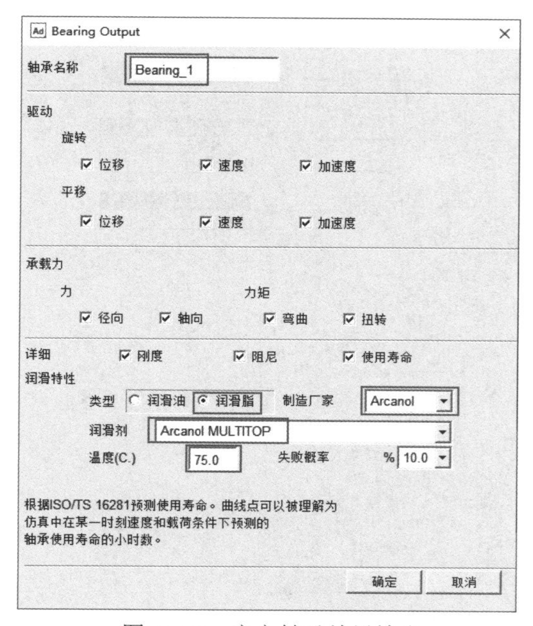

图 16-78 定义轴承结果输出

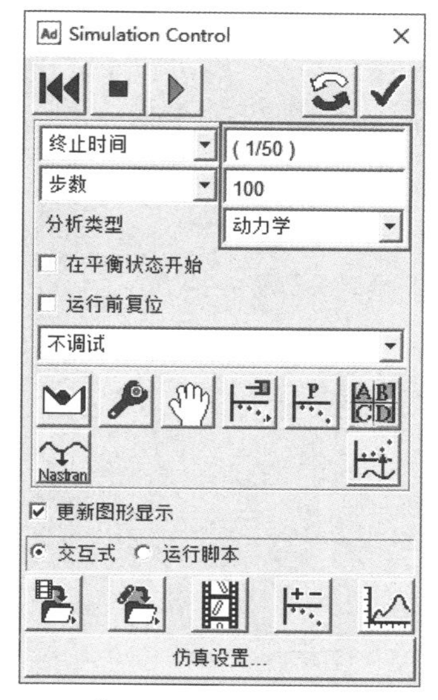

图 16-79 “Simulation Control”对话框

16.6 凸轮分析工具

Adams Machinery 中的凸轮分析工具是专门用于凸轮系统快速建模的工具，针对各种类型的凸轮有专门的建模向导帮助用户快速完成其模型建立工作。

凸轮分析工具提供 3 个工具向导完成完整的凸轮系统建模，分别是从动件运动类型定义向导、凸轮轮廓定义向导和构建凸轮系统向导。凸轮系统形式多样，本节通过尖顶直动盘形凸轮系统来说明其建模过程。

16.6.1 从动件运动类型定义

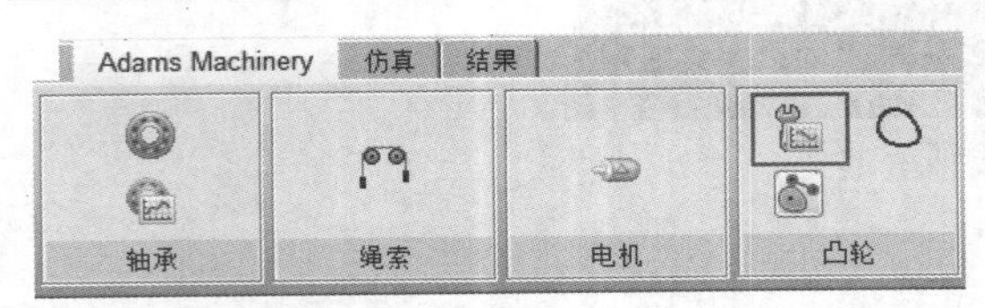

图 16-80 从动件运动类型定义向导工具

（1）单击主功能区中的“Adams Machinery”选项卡下的“凸轮”面板中的“创建从动件运动”按钮，如图 16-80 所示，进入从动件运动类型定义向导。

（2）定义从动件运动类型，如图 16-81 所示。

- 驱动类型：时间基准或者基于凸轮角度。
- 方法：函数编辑器、导入数据点或创建数据点，其中，数据点即样条数据点。
- 从动件位移：平移或枢轴。

本例中从动件运动类型基于时间基准的直动位移，用函数编辑器建立阶跃函数表达式描述。

（3）单击“下一个”按钮 下一个>，定义从动件运动的函数描述。

本例用两个阶跃函数的组合描述从动件运动，其他可用的函数表达式有简单谐函数、多项式函数和常值函数，按图 16-82 所示设置参数。

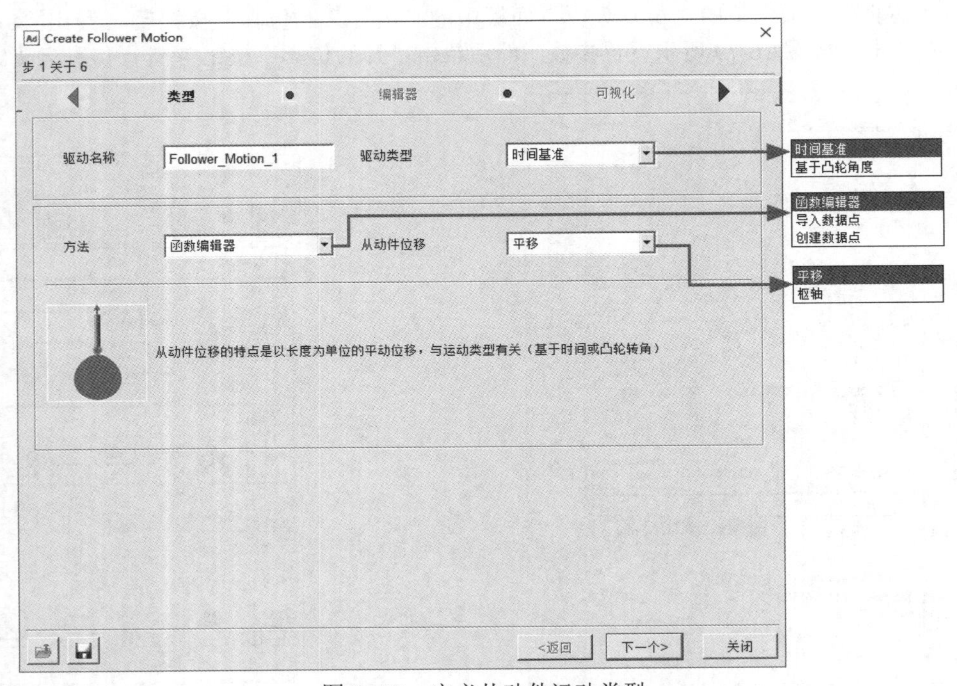

图 16-81 定义从动件运动类型

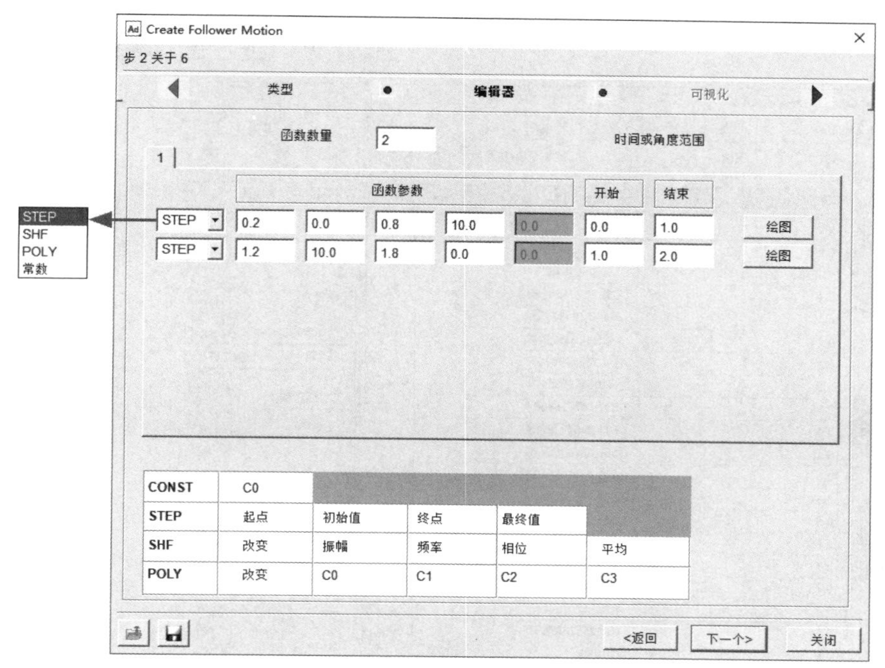

图 16-82　定义从动件运动的函数

（4）单击“下一个”按钮 下一个>，定义从动件运动描述的可视化，可使用“表格数据”或“绘图”方式显示位移的样条数据点，默认参数设置如图 16-83 所示。

图 16-83　定义从动件运动描述的可视化

（5）单击“下一个”按钮 下一个>，定义可以对从动件运动的加速度和加加速度（即加速度的一阶导数）进行可视化，同样也可以用“表格数据”或“绘图”方式显示其样条数据点，默认参数设置如图 16-84 所示。

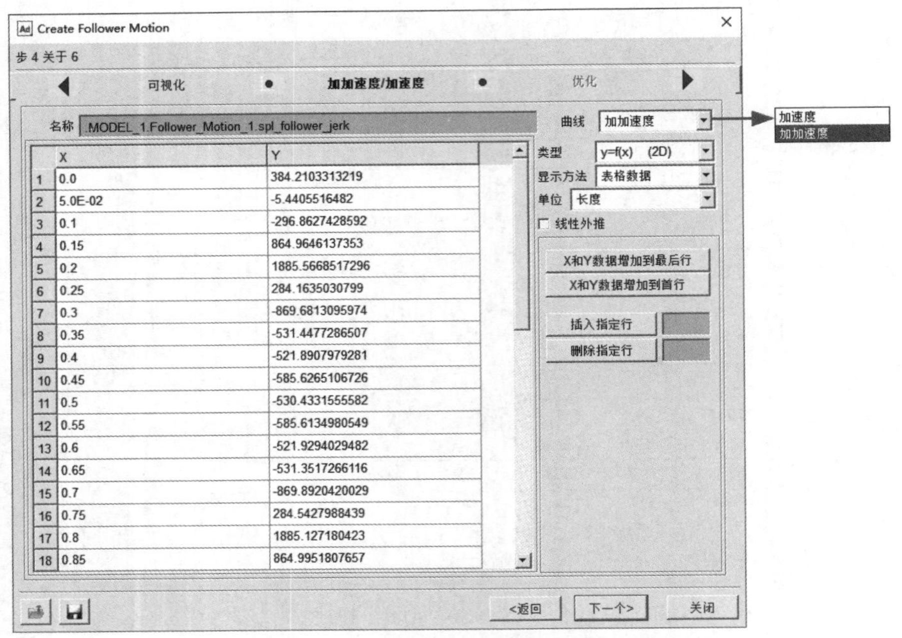

图 16-84　定义从动件运动加速度和加加速度的可视化

（6）单击“下一个”按钮 下一个>，定义从动件运动优化。

本例以两组阶跃拐点参数为设计变量，要求加速度最小化，按图 16-85 所示设置参数后，单击“运行最优化”按钮 运行最优化，运行优化计算。

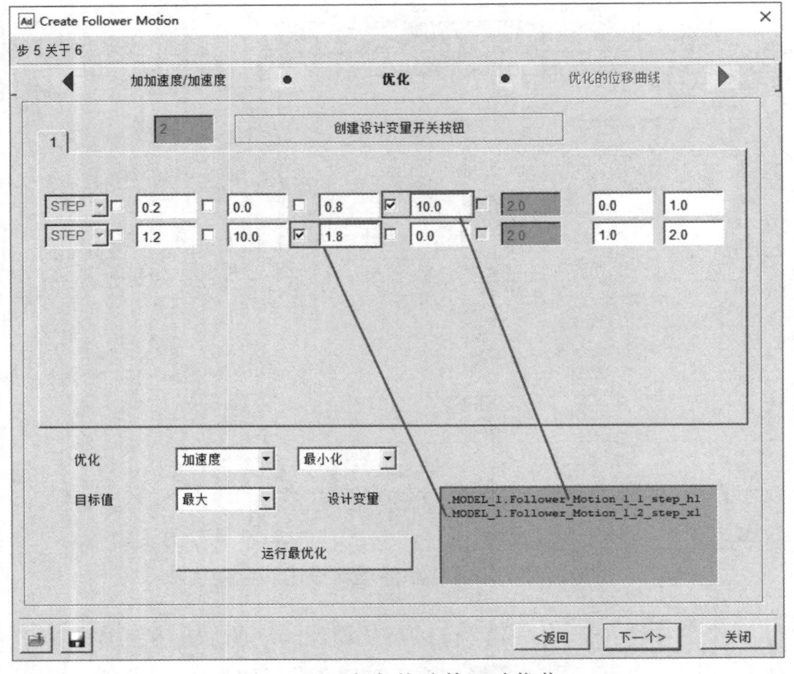

图 16-85　定义从动件运动优化

（7）单击“下一个”按钮[下一个>]，优化后的从动件运动位移曲线显示如图 16-86 所示，单击“完成”按钮[完成]完成从动件运动定义。

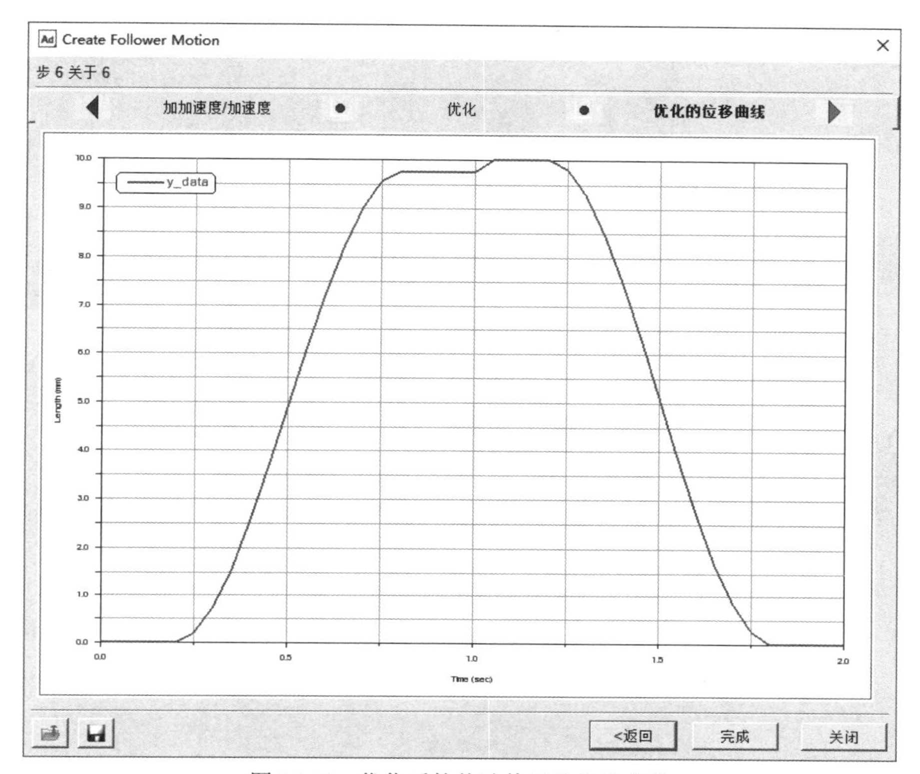

图 16-86　优化后的从动件运动位移曲线

16.6.2　凸轮轮廓定义

（1）单击主功能区中的“Adams Machinery”选项卡下的“凸轮”面板中的“创建凸轮轮廓”按钮，如图 16-87 所示，进入凸轮轮廓定义向导。

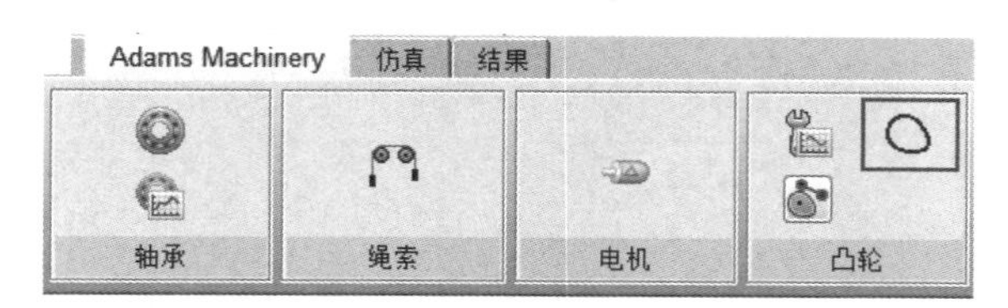

图 16-87　凸轮轮廓定义向导工具

（2）定义凸轮详情。按图 16-88 所示设置参数，“凸轮形状”设置为“磁盘”选项，即本例中选择盘形，如果选择“圆柱形（管状）”或“单侧槽”选项，则参数还包括沟槽宽度和深度。

（3）单击“下一个”按钮[下一个>]，定义从动件详情，按图 16-89 所示设置参数。其中包括定义从动件运动名称、从动件布置及从动件几何等。在“从动件运动名称”文本框中选择之前定义的运动名即可，也可以单击该文本框右边的“工具”按钮创建新的从动件运动描述，或者在“从动件驱动输入类型”下拉列表中选择“导入”选项来导入样条数据。

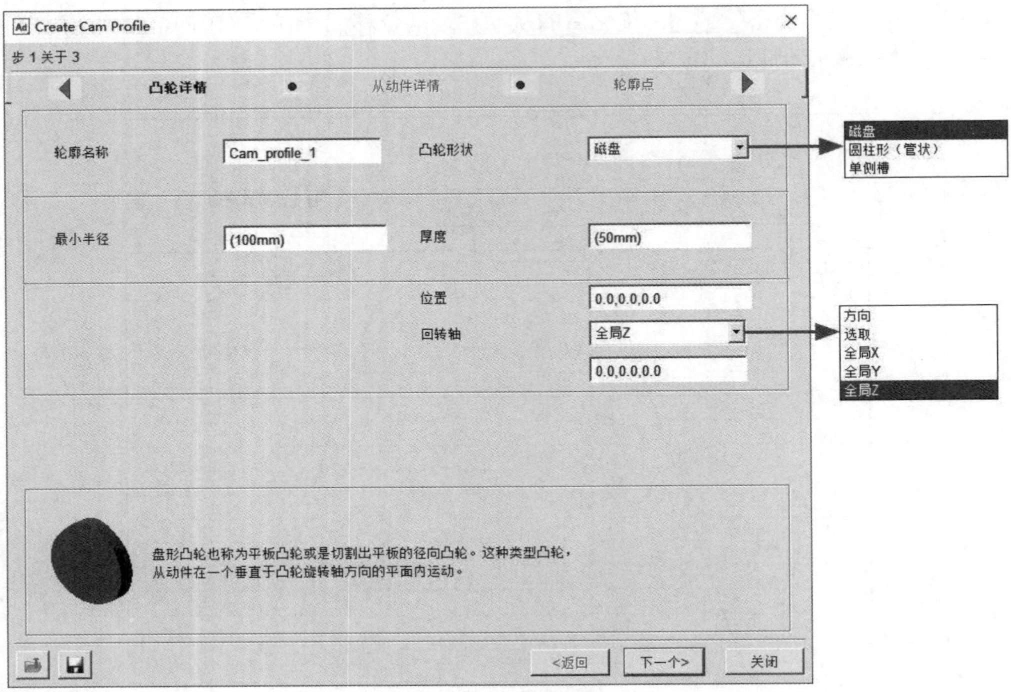

Create Cam Profile
步 1 关于 3
凸轮详情
从动件详情
轮廓点
轮廓名称
Cam_profile_1
凸轮形状
磁盘
磁盘
圆柱形（管状）
单侧槽
最小半径
(100mm)
厚度
(50mm)
位置
0.0,0.0,0.0
回转轴
全局Z
0.0,0.0,0.0
方向
选取
全局X
全局Y
全局Z
盘形凸轮也称为平板凸轮或是切割出平板的径向凸轮。这种类型凸轮，
从动件在一个垂直于凸轮旋转轴方向的平面内运动。
<返回
下一个>
关闭

图 16-88 定义凸轮详情

Create Cam Profile
步 2 关于 3
凸轮详情
从动件详情
轮廓点
从动件驱动输入类型
现有/创建
从动件运动名称
Follower_Motion
文本
参数化
文本信息
选取
浏览...
推测
创建
.MODEL_1:
Follower_Motion_1
从动件布置
共线约束
从动件运动类型
平移
从动件几何
刃形
<返回
下一个>
关闭

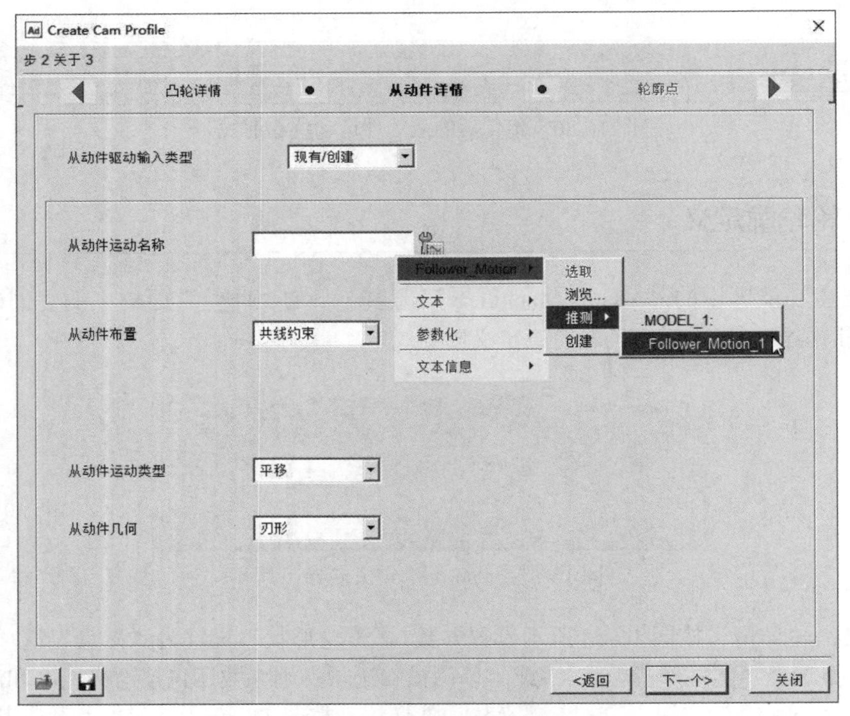

图 16-89 定义从动件详情

（4）单击“下一个”按钮 下一个> ，生成轮廓点数据，如图 16-90 所示，单击“完成”按钮 完成 完成凸轮轮廓定义。

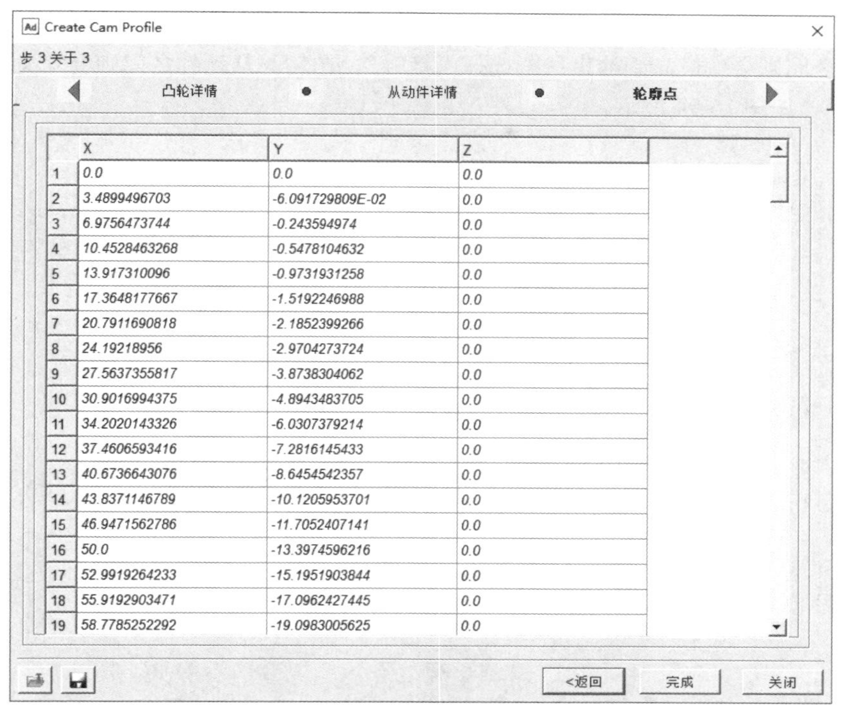

	X	Y	Z
1	0.0	0.0	0.0
2	3.4899496703	-6.091729809E-02	0.0
3	6.9756473744	-0.243594974	0.0
4	10.4528463268	-0.5478104632	0.0
5	13.917310096	-0.9731931258	0.0
6	17.3648177667	-1.5192246988	0.0
7	20.7911690818	-2.1852399266	0.0
8	24.19218956	-2.9704273724	0.0
9	27.5637355817	-3.8738304062	0.0
10	30.9016994375	-4.8943483705	0.0
11	34.2020143326	-6.0307379214	0.0
12	37.4606593416	-7.2816145433	0.0
13	40.6736643076	-8.6454542357	0.0
14	43.8371146789	-10.1205953701	0.0
15	46.9471562786	-11.7052407141	0.0
16	50.0	-13.3974596216	0.0
17	52.9919264233	-15.1951903844	0.0
18	55.9192903471	-17.0962427445	0.0
19	58.7785252292	-19.0983005625	0.0

图 16-90　生成轮廓点数据

（5）生成的凸轮如图 16-91 所示。

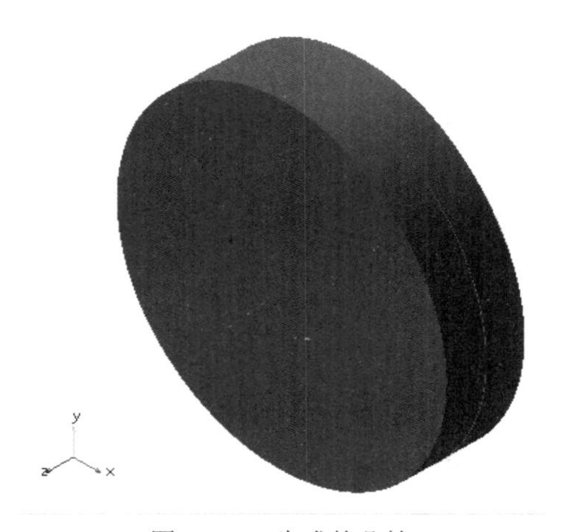

图 16-91　生成的凸轮

16.6.3　构建凸轮系统

（1）单击主功能区中的“Adams Machinery”选项卡下的“凸轮”面板中的“构建凸轮系统”按钮，如图 16-92 所示，进入构建凸轮系统向导。

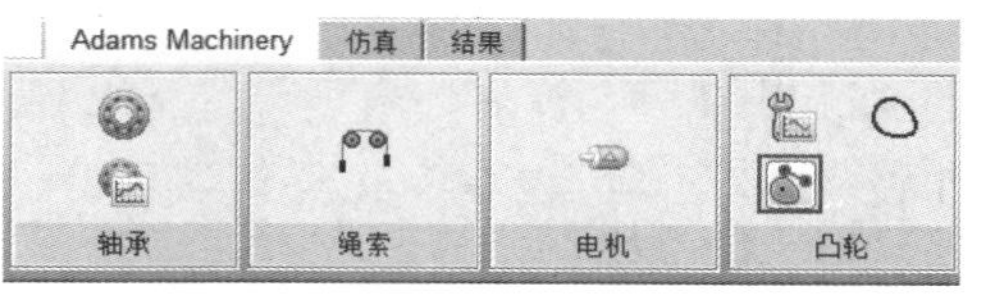

图 16-92　构建凸轮系统向导

（2）选择凸轮类型，如图 16-93 所示。

（3）单击“下一个”按钮 下一个> ，选择从动件的数量及其与凸轮的连接类型。若选择“约束”，凸轮与从动件之间则会生成高副约束；若选择“接触”，凸轮与从动件之间则会定义接触力。本例中选择“约束”，如图 16-94 所示。

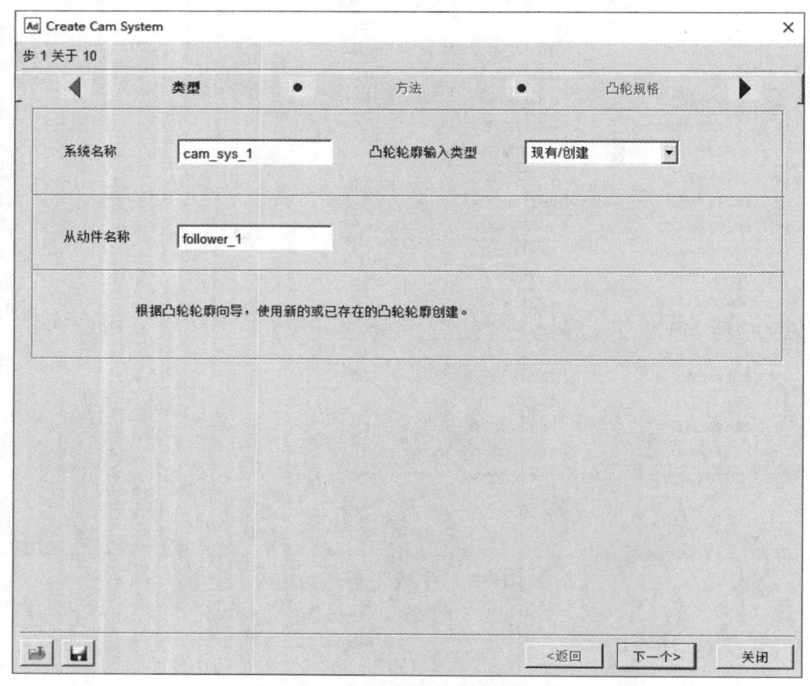

图 16-93　选择凸轮输入类型

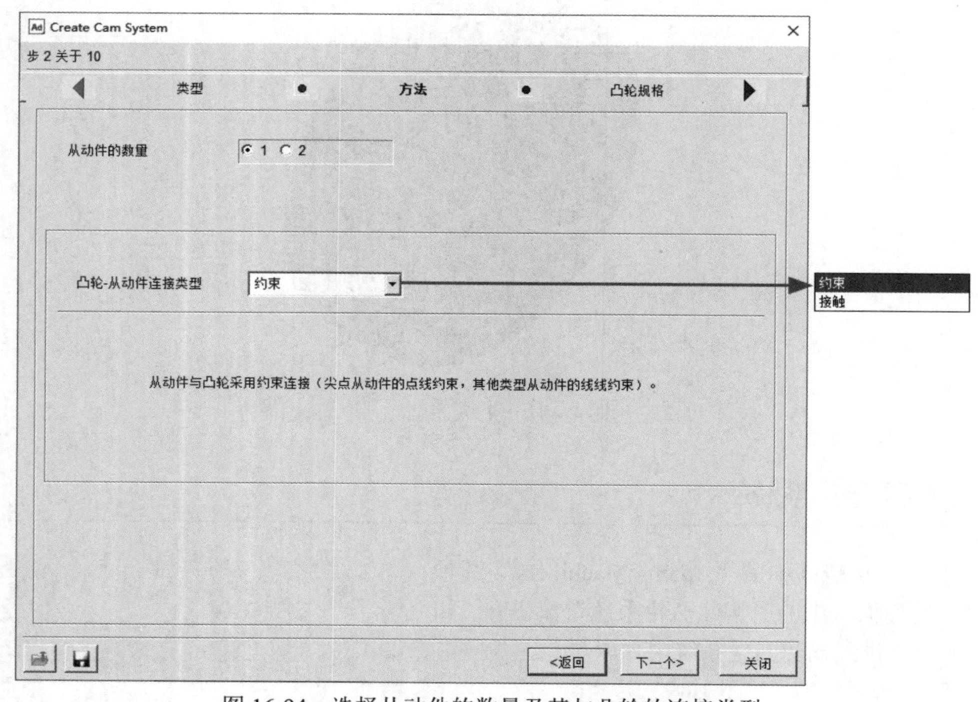

图 16-94　选择从动件的数量及其与凸轮的连接类型

（4）单击“下一个”按钮 下一个> ，指定凸轮规格，按图 16-95 所示设置参数。其中，可以在“凸轮轮廓名称”文本框内右击，选择之前定义的凸轮轮廓。或者单击该文本框右边的“创建凸轮轮廓”按钮 ，创建新的凸轮轮廓。

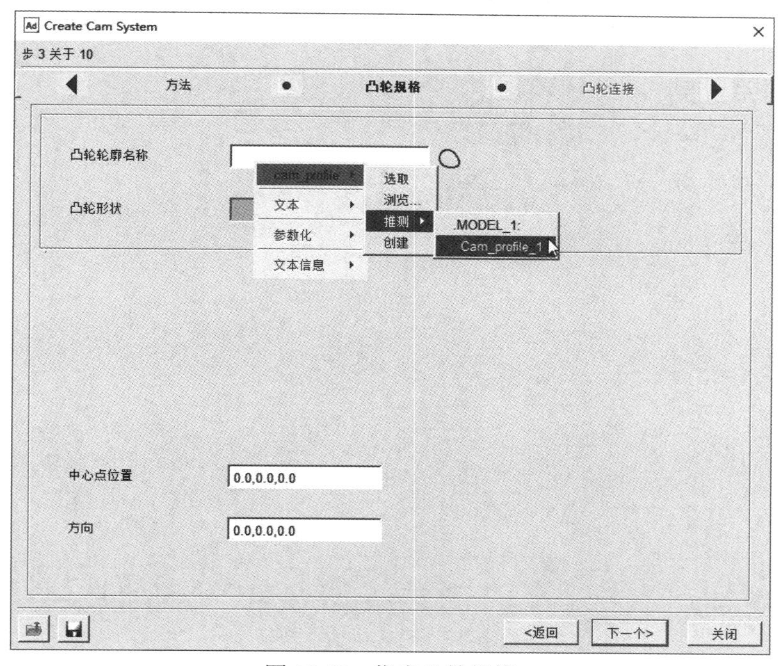

图 16-95　指定凸轮规格

（5）单击“下一个”按钮 下一个> ，定义凸轮连接，按如图 16-96 所示设置参数，本例选择通过“旋转副”将凸轮安装在“ground”部件上。

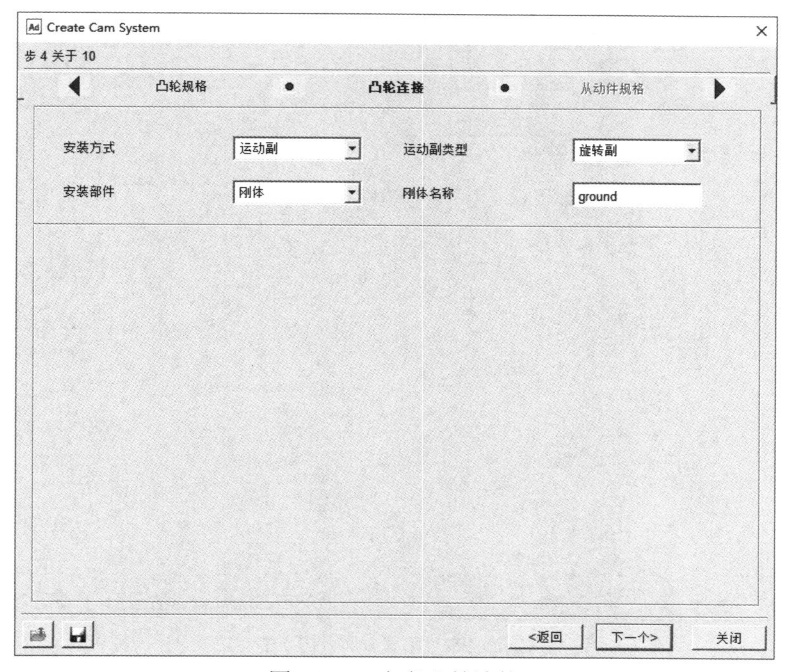

图 16-96　定义凸轮连接

（6）单击“下一个”按钮 下一个>，确认之前定义的从动件规格，如图 16-97 所示。

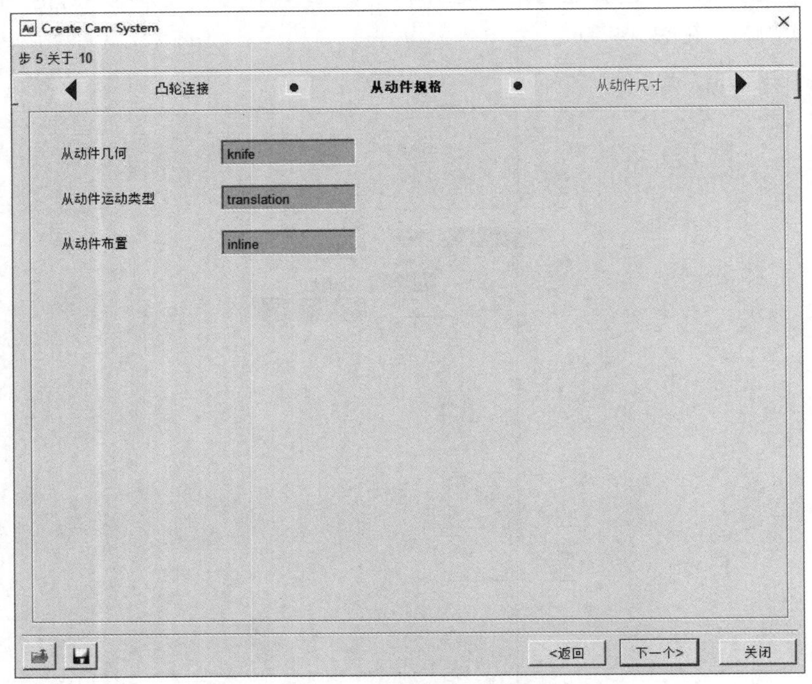

图 16-97　确认从动件规格

（7）单击“下一个”按钮 下一个>，定义从动件尺寸，如图 16-98 所示。

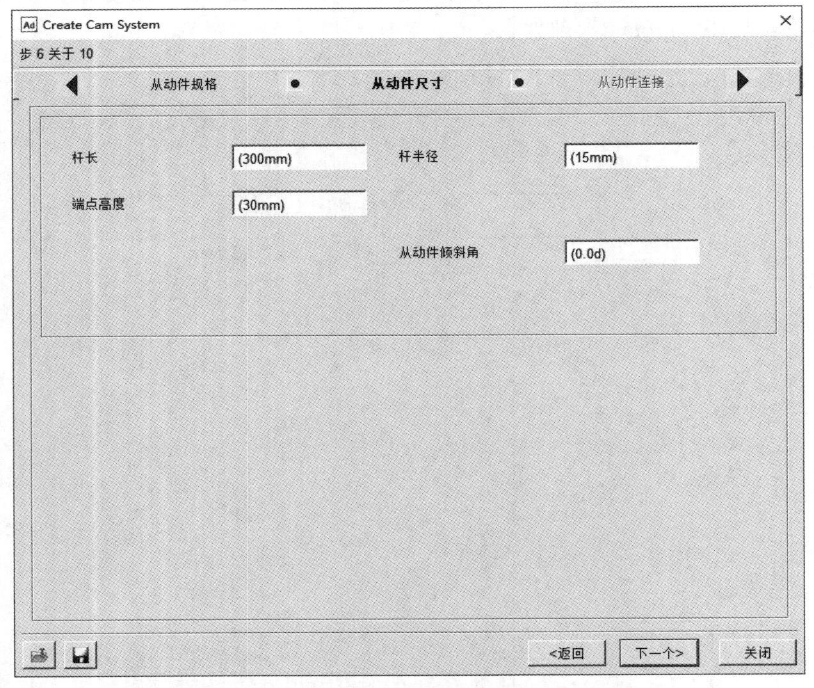

图 16-98　定义从动件尺寸

（8）单击“下一个”按钮 下一个> ，定义从动件连接，按图 16-99 所示设置参数，本例选择通过“平移”运动副将从动件安装在“ground”部件上。

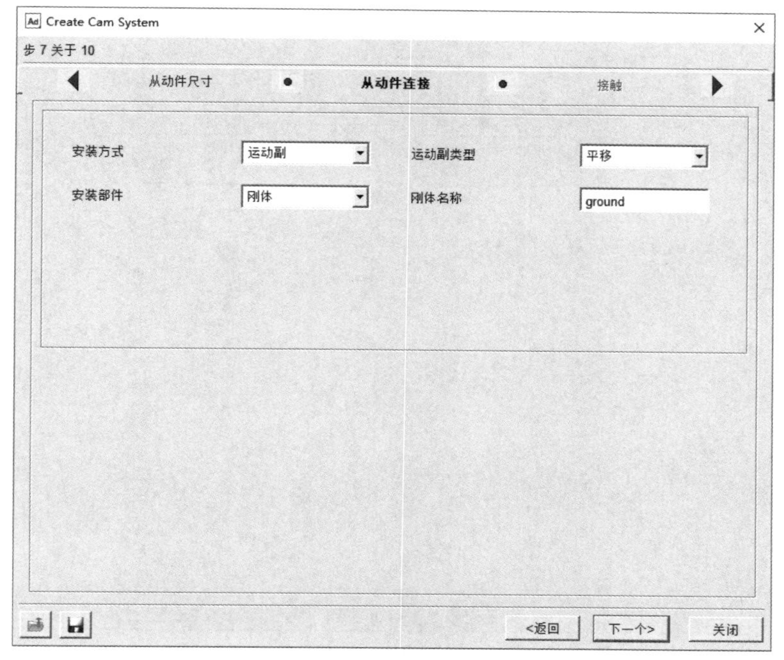

图 16-99　定义从动件连接

（9）凸轮与从动件之间的连接类型如果是“接触”，则设置接触参数；如果是“约束”，直接单击“下一个”按钮 下一个> ，如图 16-100 所示。

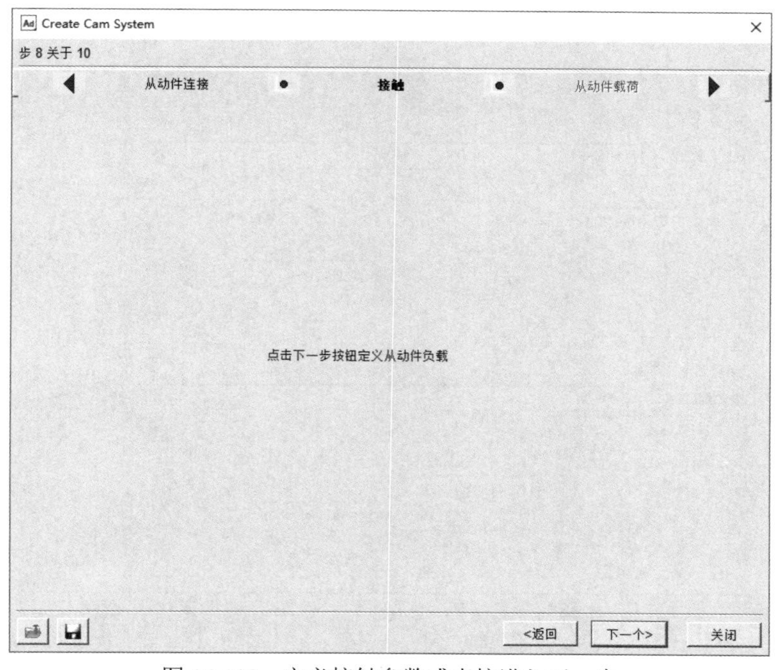

图 16-100　定义接触参数或直接进入下一步

（10）定义从动件载荷，如图 16-101 所示。如果没有弹簧，则选中“无”单选按钮。

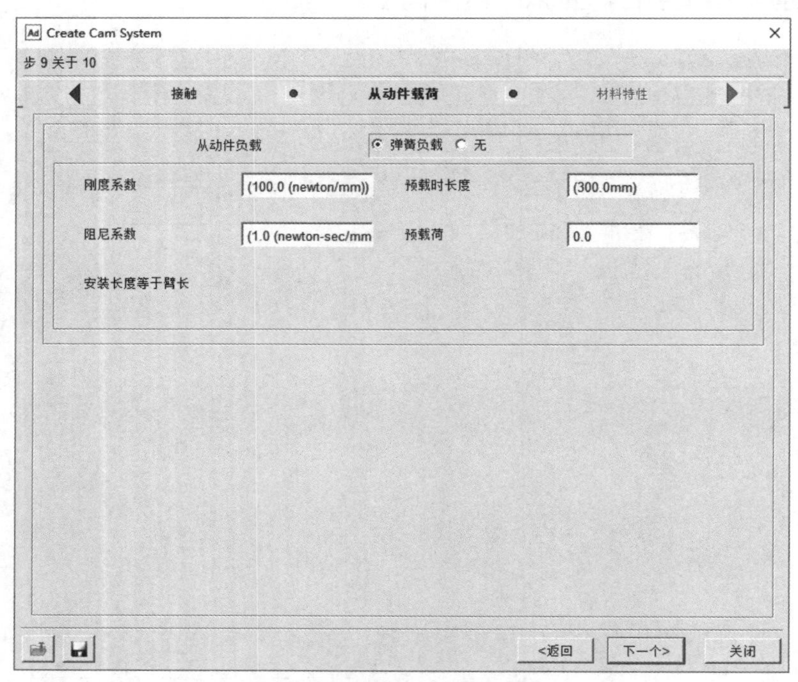

图 16-101　定义从动件载荷

（11）单击“下一个”按钮 下一个> ，定义材料特性，如图 16-102 所示。单击“完成”按钮 完成 完成凸轮系统的构建。

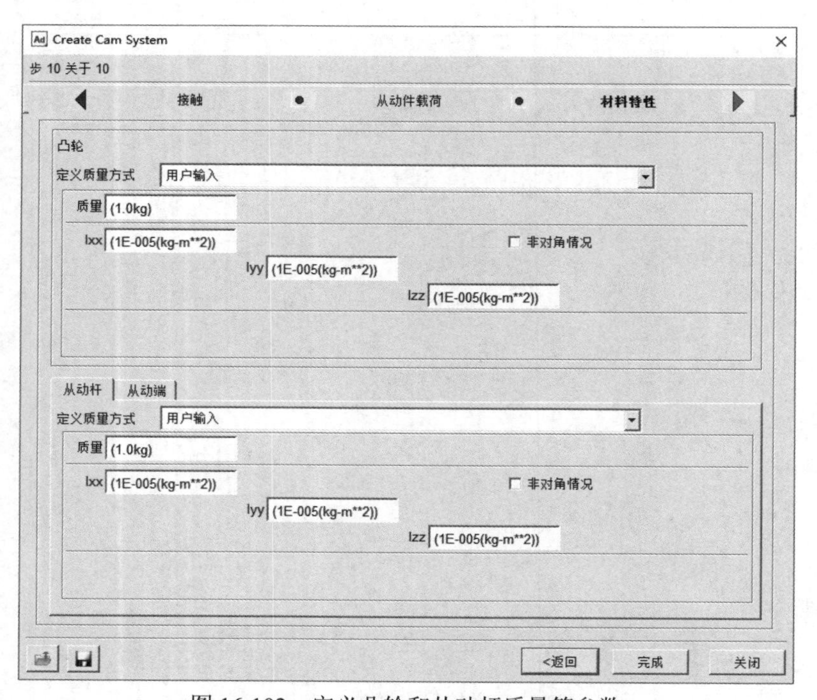

图 16-102　定义凸轮和从动杆质量等参数

（12）完成的凸轮系统如图 16-103 所示，定义驱动即可进行凸轮系统仿真。

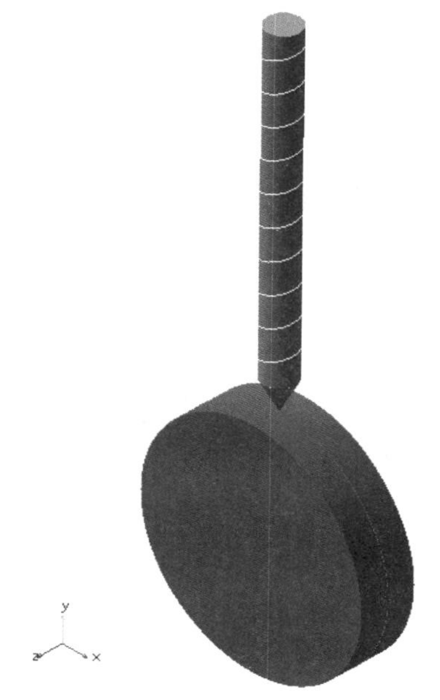

图 16-103 完成的凸轮系统

16.7 电机分析工具

Adams Machinery 中的电机分析工具是一个高效的电机专用工具，可以对直流电机、无刷直流电机、步进电机和交流同步电机进行快速建模，用户输入电机的关键参数，操作后即可输出电机转矩和转速。

电机分析工具通过如下 3 种方式模拟电机。

（1）基于曲线：电机力矩通过力矩 - 速度曲线定义。

（2）分析法：电机力矩由一个方程组定义，用户指定其中的关键参数，根据电机类型，由电机分析工具自动生成的方程组及需要指定参数而有所不同。分析法支持的电机有直流电机、无刷直流电机、步进电机和交流同步电机 4 种。

（3）外部导入：利用 Easy5 软件或 MATLAB Simulink 软件建立电机的外部模型定义电机力矩，Adams Machinery 中的电机分析工具会自动生成输入、输出状态变量，支持 ESL 控制导入和联合仿真两种模式。

电机分析工具通过一个工具向导进行电机建模，电机由转子和定子组成，其部件几何形状及转子输出力矩均通过向导工具自动创建。下面分别对 3 种模拟方法进行介绍。

16.7.1 基于曲线模拟电机

电机转子力矩最终需要施加到转动物体的转轴上，如曲柄转轴。本例通过两点和连杆建立一个简单的单摆模型。

1. 模型准备

（1）设置绘图环境：单击菜单栏中的“设置”→“单位”命令，设置单位为MMKS。

（2）单击“设置”→“工作格栅”命令，弹出“Working Grid Settings”对话框，按图16-104所示设置参数。

（3）单击主功能区中的“物体”选项卡下的“基本形状”面板中的“基本形状：设计点”按钮，设置点坐标分别为 (0, 0, 0) 和 (0, 50, 0)，创建两个点。在创建点之前，可以按 <F4> 键，打开坐标窗口，以更加快捷地创建点。

（4）单击主功能区中的“物体”选项卡下的“实体”面板中的“刚体：创建连杆”按钮，分别选择坐标为 (0, 0, 0) 和 (0, 50, 0) 的两个点为起点和终点，创建连杆。

（5）单击主功能区中的“连接”选项卡下的“运动副”面板中的“创建旋转副”按钮，模型树中弹出“旋转副”属性栏，将创建方式设置为“1个位置 - 物体暗指”“垂直格栅”，在点 (0, 0, 0) 位置添加约束，模型准备如图16-105所示。

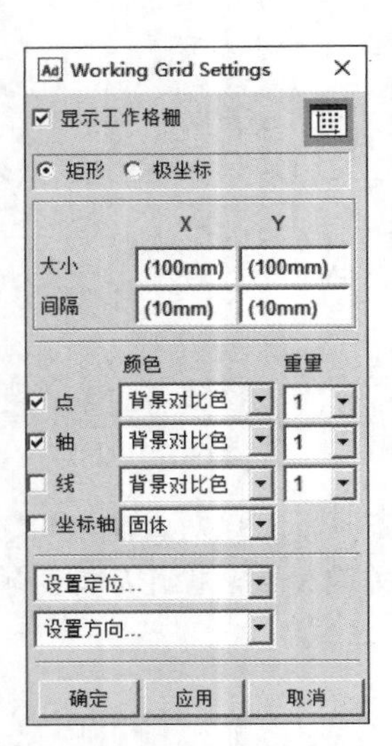

图16-104 “Working Grid Settings”对话框

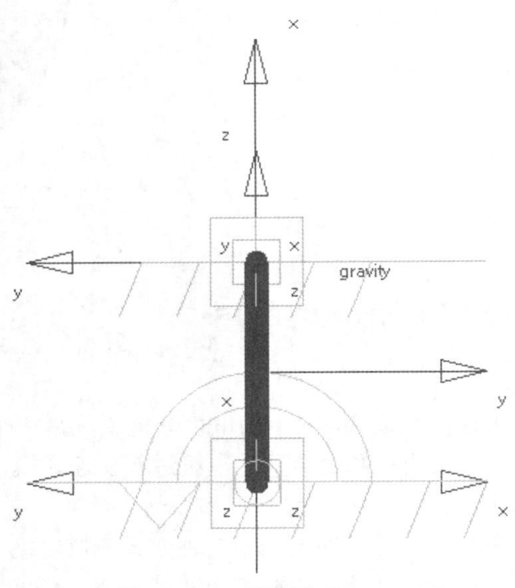

图16-105 模型准备

2. 基于曲线模拟电机向导

（1）单击主功能区中的“Adams Machinery”选项卡下的“电机”（Motor）面板中的“创建电机”按钮，如图16-106所示，进入电机定义向导。

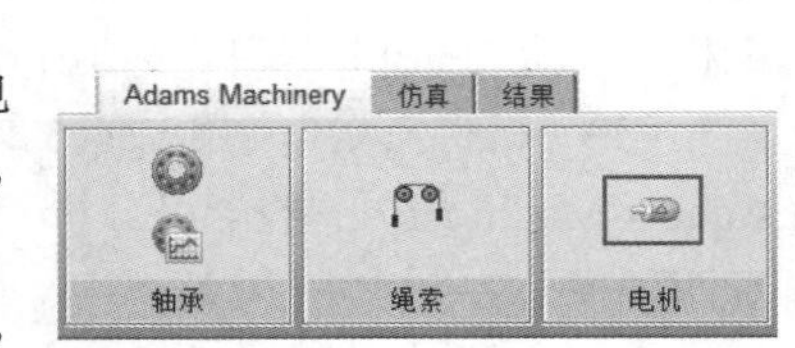

图16-106 电机定义向导工具

（2）选择“曲线基于”的电机模拟方法，如图16-107所示，单击“下一个”按钮 下一个> 。

（3）电机类型，基于曲线的电机模拟方法没有电机类型的区分，单击“下一个”按钮 下一个> 。

（4）电机连接定义，按图16-108所示设置参数。

（5）单击“下一个”按钮 下一个> ，定义电机几何体参数及质量参数，包括转子和定子，按图16-109所示设置参数。

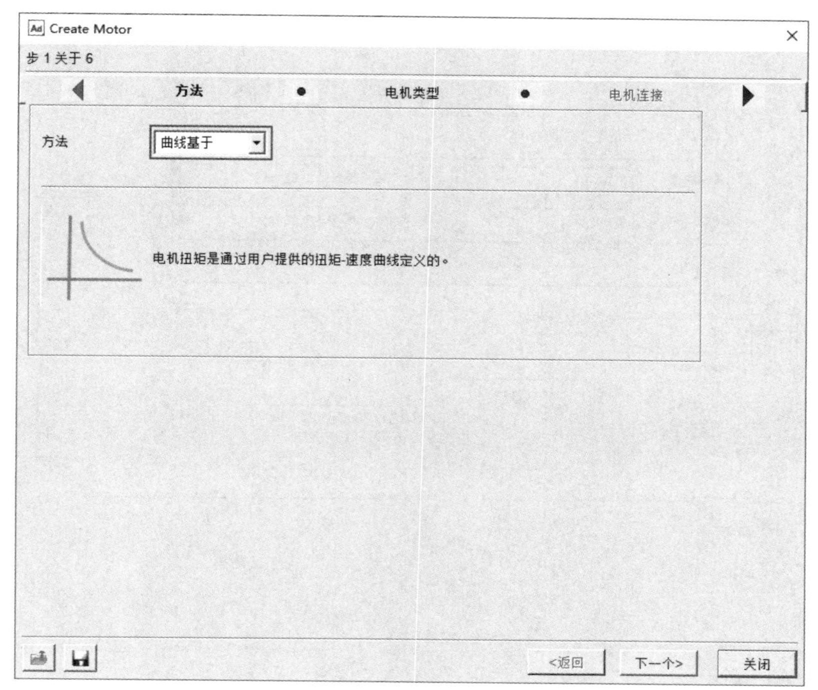

图 16-107　选择电机模拟方法（基于曲线）

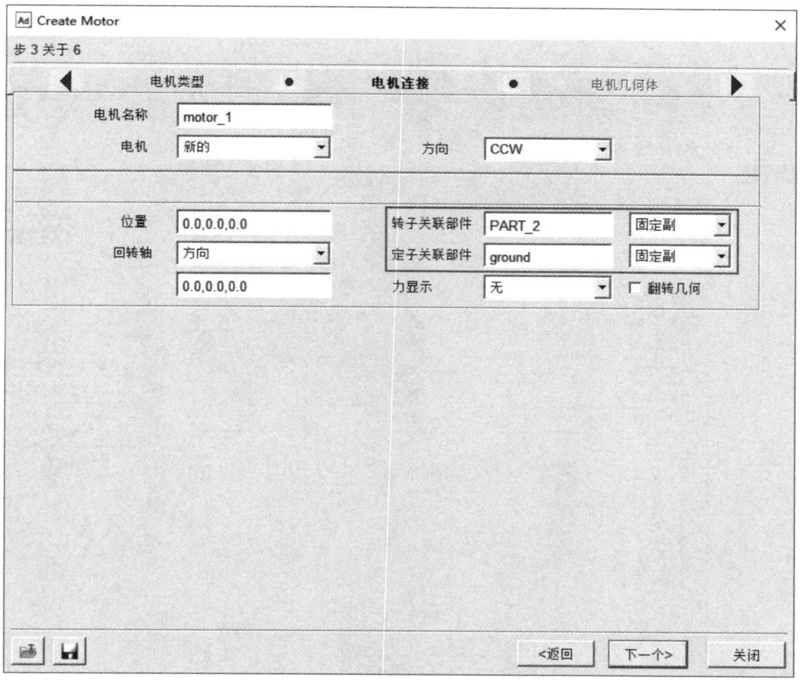

图 16-108　电机连接定义

（6）单击“下一个”按钮 下一个>，定义输入参数，按图 16-110 所示设置参数。其中，选择曲线生成方法的选项分别是“选择样条”，选择模型中已经定义好的样条数据；“输入样条文件”，导入 CSV 格式的样条数据文件；“创建数据点”，手动输入样条数据点。本例选择手动输入样条数据点。

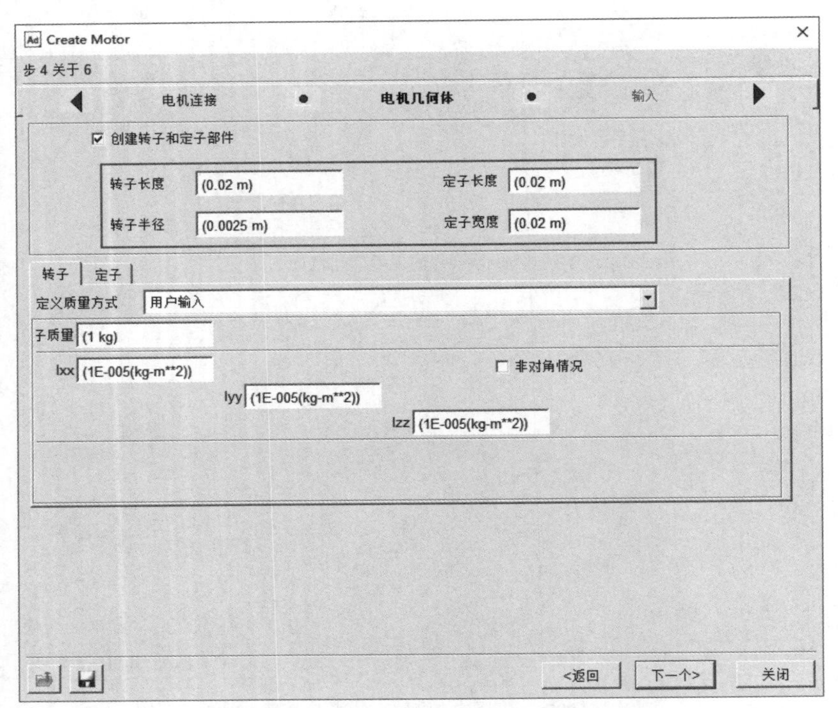

图 16-109　定义电机几何形状及质量参数

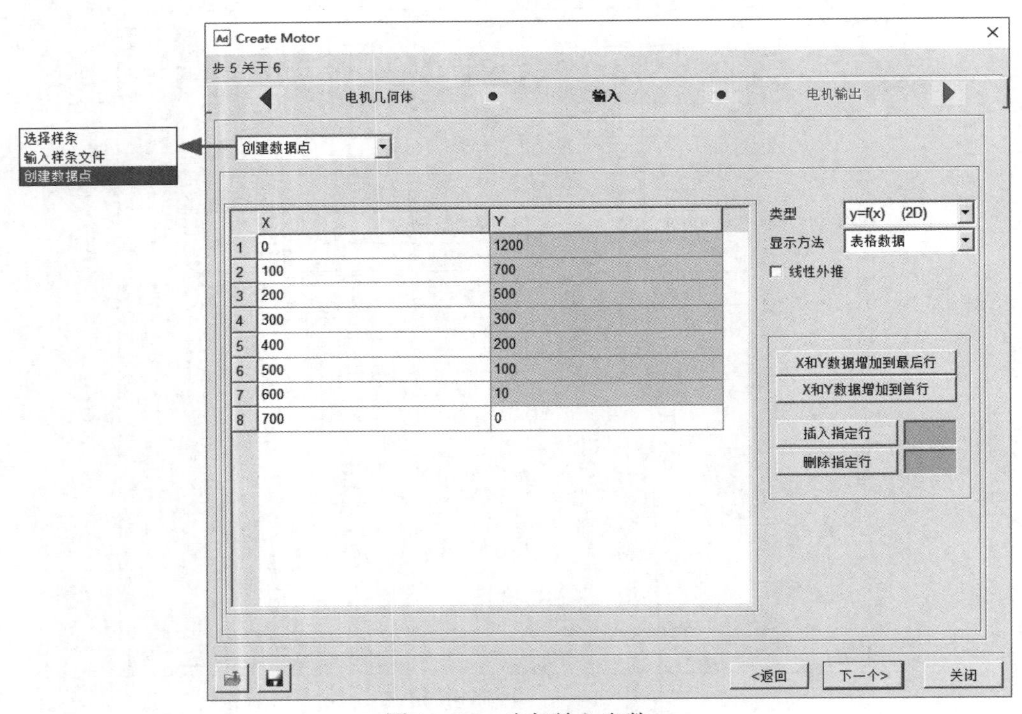

图 16-110　电机输入参数

（7）单击“下一个”按钮 下一个> ，定义放大系数，然后单击“完成”按钮 完成 完成电机定义，如图 16-111 所示。

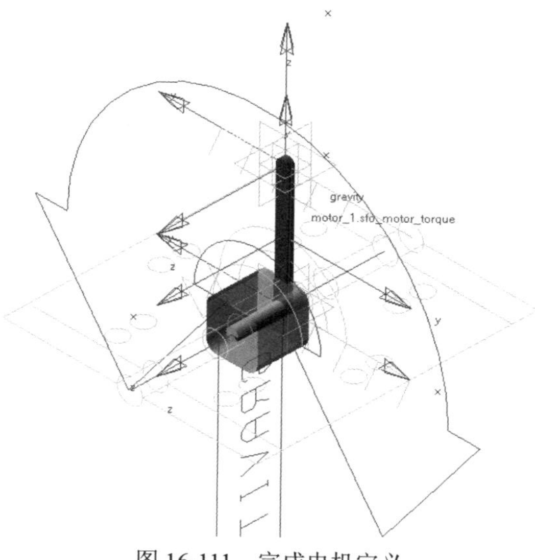

图 16-111　完成电机定义

16.7.2　分析法模拟电机

1. 模型准备

建立与 16.7.1 节中一样的单摆模型。

2. 分析法创建电机向导

（1）单击主功能区中的“Adams Machinery”选项卡下的“电机”面板中的“创建电机”按钮，进入电机定义向导。

（2）选择“分析法”模拟电机，如图 16-112 所示。

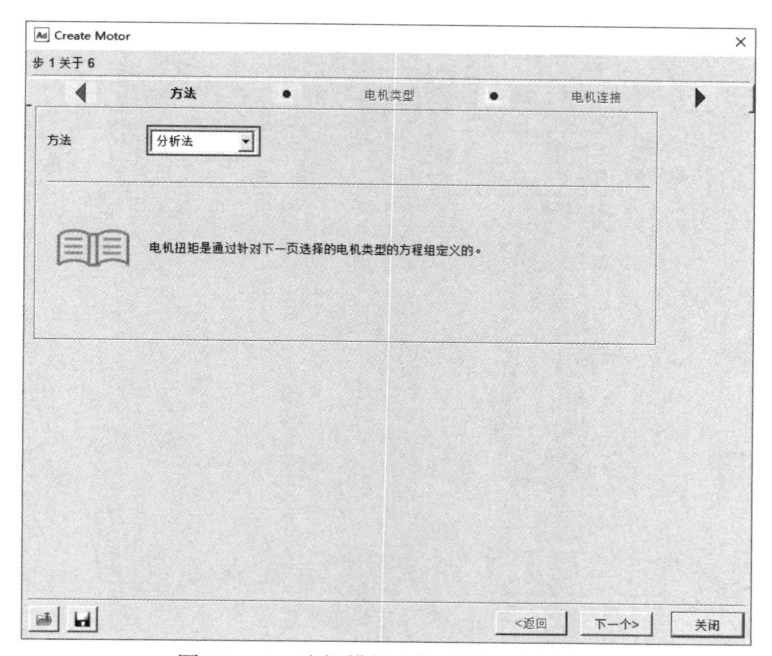

图 16-112　选择模拟电机方法（分析法）

（3）单击“下一个”按钮 下一个> ，选择电机类型，比如“直流”，如图 16-113 所示。

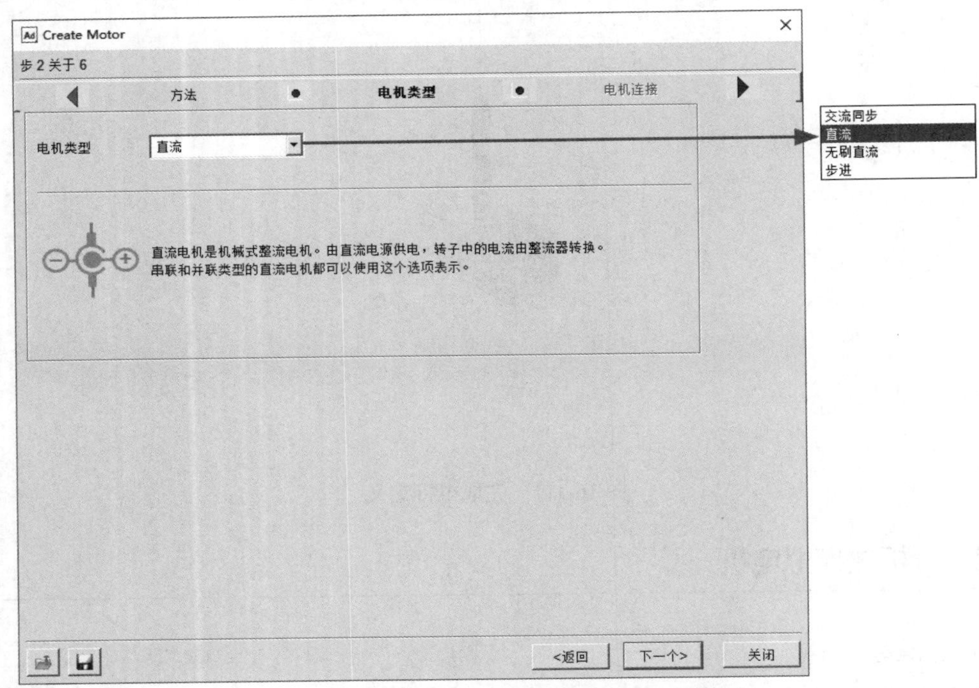

图 16-113　选择电机类型

（4）单击“下一个”按钮 下一个> ，定义电机连接，按图 16-114 所示设置参数。

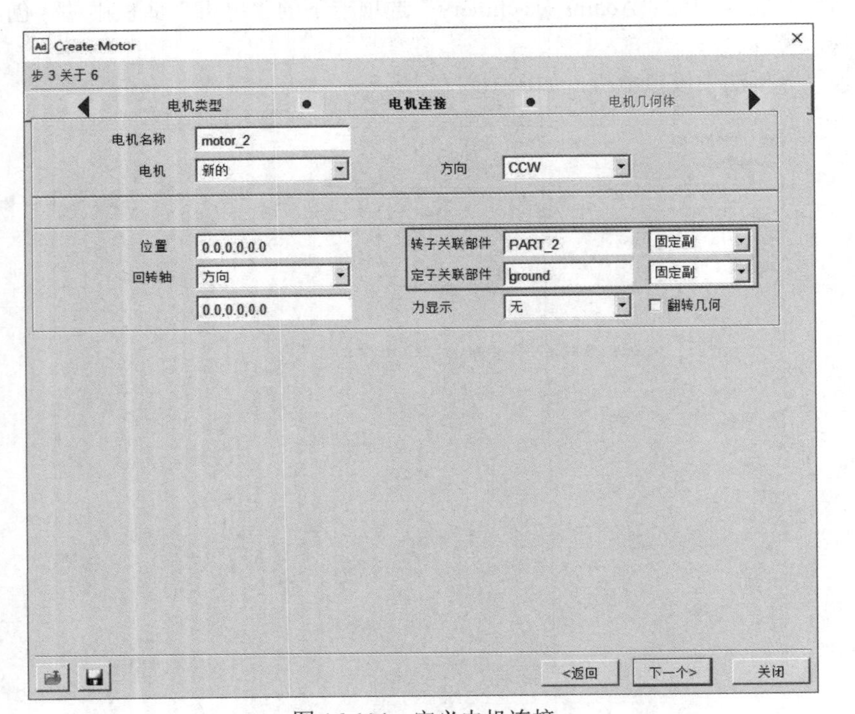

图 16-114　定义电机连接

（5）单击“下一个”按钮 下一个> ，定义电机几何体参数及质量参数，包括转子和定子，如图 16-115 所示。

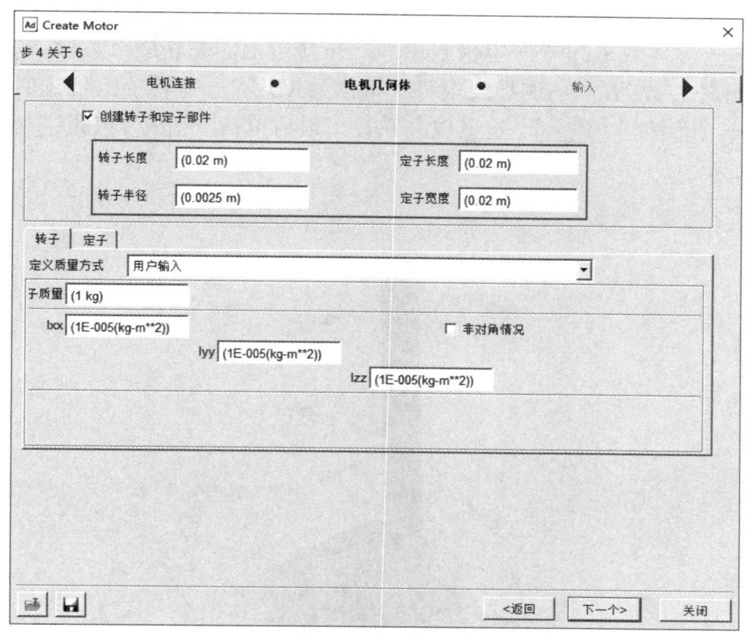

图 16-115 定义电机几何体参数及质量参数

（6）单击“下一个”按钮 下一个> ，定义电机输入参数，按图 16-116 所示设置参数。电机输入参数用于计算电机输出力矩，不同的电机有不同的力矩计算方程组和输入参数，详细说明可以参考 Adams 的帮助手册。

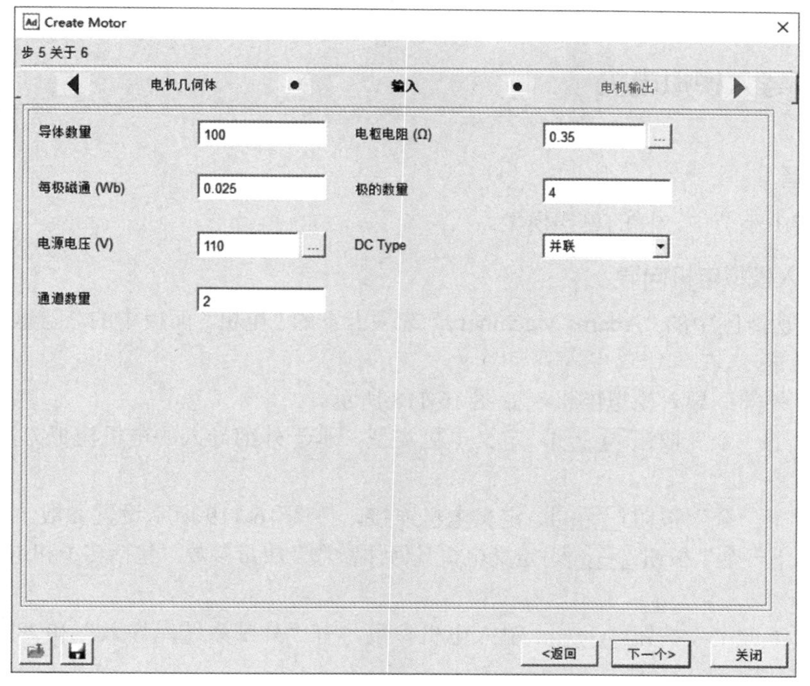

图 16-116 定义电机输入参数

以并励直流电机为例，其力矩计算方程组如下：

$T=K\Phi I_\alpha$　　$K=ZP/2\pi\alpha$　$I_\alpha=(E_s-E_b)/R_a$　　$E_b=Z\Phi NP/60\alpha$

其中，T——力矩（单位为N·m）；K——力矩常数；Φ——磁通量（单位为Wb）；I_α——转子电流（单位为A）；Z——导体数量；P——电极数量；α——转子上的并联绕组数量；E_s——电源电压（单位为V）；N——每分钟转数；E_b——诱导反电势（单位为V）；R_a——转子电阻（单位为Ω）。

（7）单击“下一个”按钮 下一个>，定义放大系数，最后单击“完成”按钮 完成 完成电机定义，结果如图16-117所示。

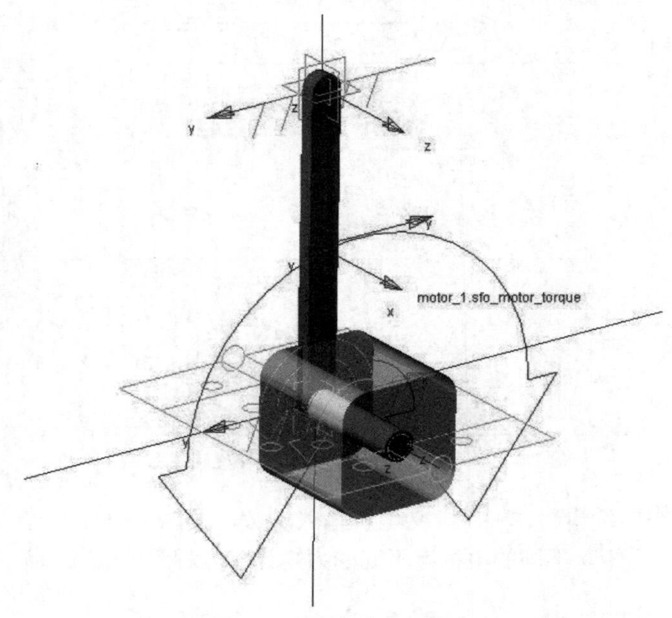

图16-117　完成电机定义

16.7.3　外部导入模拟电机

1. 模型准备

建立与16.7.1小节中一样的单摆模型。

2. 外部导入模拟电机向导

（1）单击主功能区中的“Adams Machinery”选项卡下的“电机”面板中的“创建电机”按钮，进入电机定义向导。

（2）选择“外部”导入模拟电机，如图16-118所示。

（3）单击“下一个”按钮 下一个>，定义电机类型，基于外部导入的电机模拟方法没有电机类型的区分。

（4）单击“下一个”按钮 下一个>，定义电机连接，按图16-119所示设置参数。

（5）单击“下一个”按钮 下一个>，定义电机几何体参数及质量参数，包括转子和定子，按图16-120所示设置参数。

（6）单击“下一个”按钮 下一个>，输入电机参数，有“外部系统库导入”和“协同分析”两种方法。

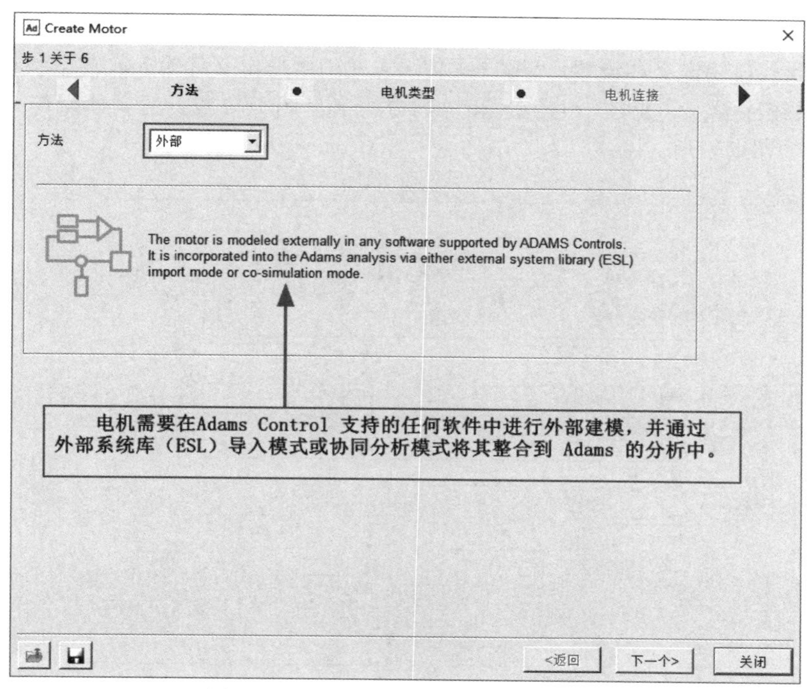

图 16-118 选择电机模拟方法（外部）

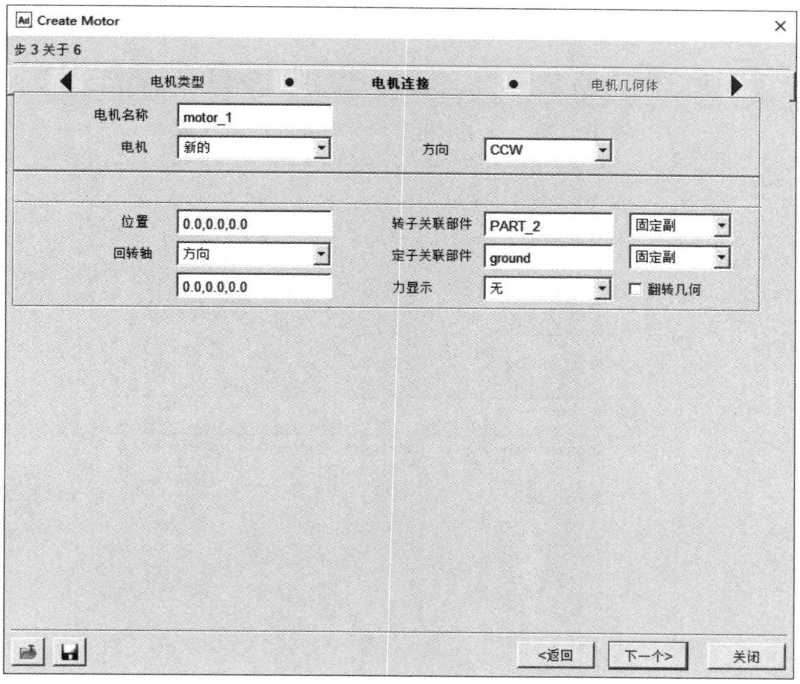

Create Motor
步 3 关于 6
电机类型 电机连接 电机几何体
电机名称 motor_1
电机 新的 方向 CCW
位置 0.0,0.0,0.0 转子关联部件 PART_2 固定副
回转轴 方向 定子关联部件 ground 固定副
0.0,0.0,0.0 力显示 无 翻转几何
<返回 下一个> 关闭

图 16-119 电机连接定义

“外部系统库导入”方法需要在 MATLAB Simulink 或者 Easy5 中先建立电机模型，然后从 MATLAB Simulink 或 Easy5 导出外部系统动态链接库。“协同分析”方法通过定义与 MATLAB Simulink 或 Easy5 的输入、输出设置，然后在 MATLAB Simulink 或 Easy5 中建立电机模型，用联合仿真模式运行模型。

不管是哪种方式，其中“机械系统输入 / 输出”设置有“标准”方式和“用户定义”方式两种。“标准”方式由软件自动定义和设置，“用户定义”方式由用户定义各输入、输出状态变量及其他变量。有关外部系统库导入（见图 16-121）和协同分析（见图 16-122）的具体操作方法，建议参考 Adams Controls 的帮助手册。

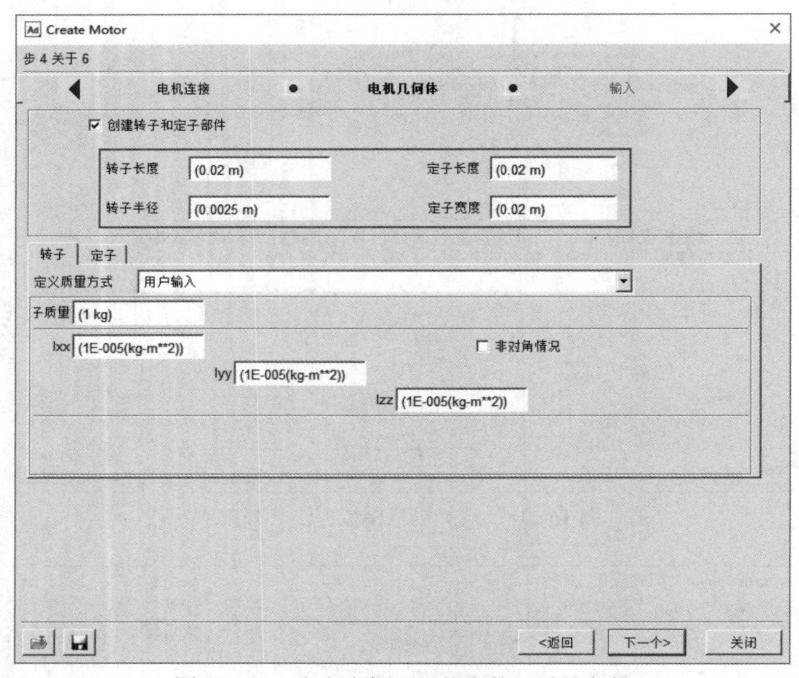

图 16-120　定义电机几何体参数及质量参数

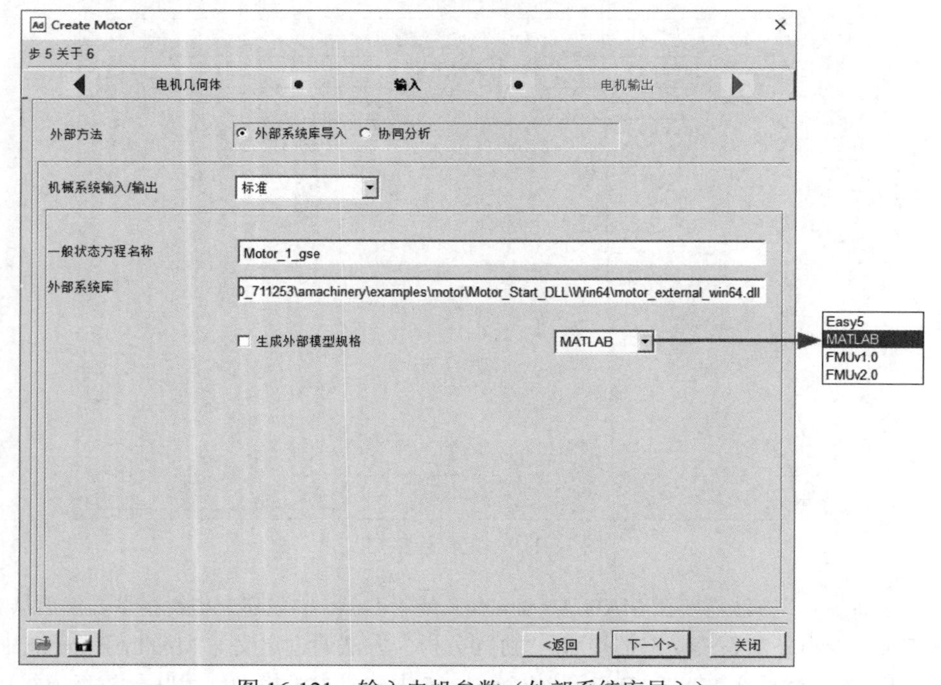

图 16-121　输入电机参数（外部系统库导入）

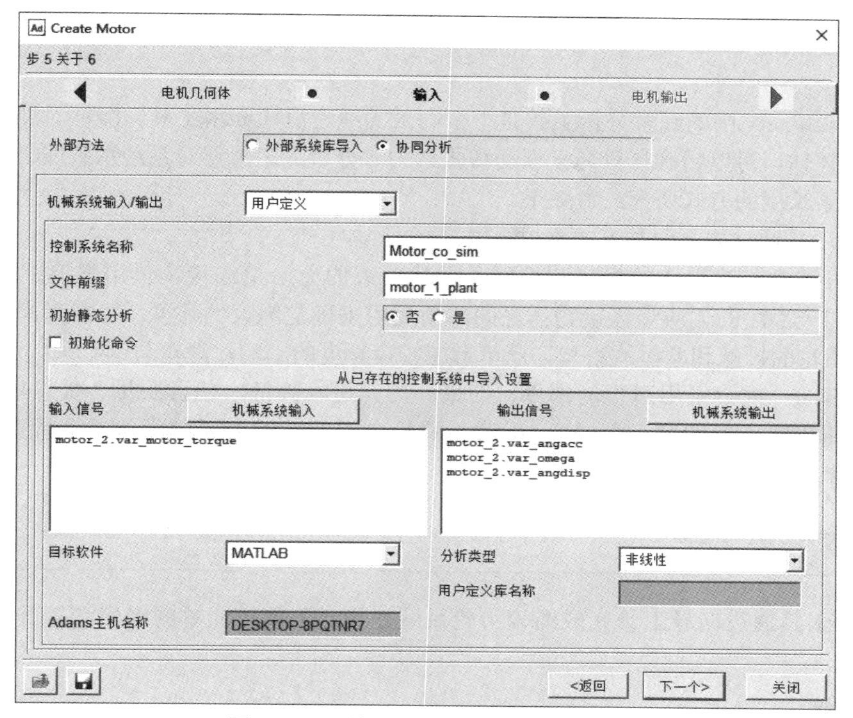

图 16-122　输入电机参数（协同分析）

（7）单击“下一个”按钮 下一个>，定义放大系数，最后单击“完成”按钮 完成 完成电机定义，如图 16-123 所示。

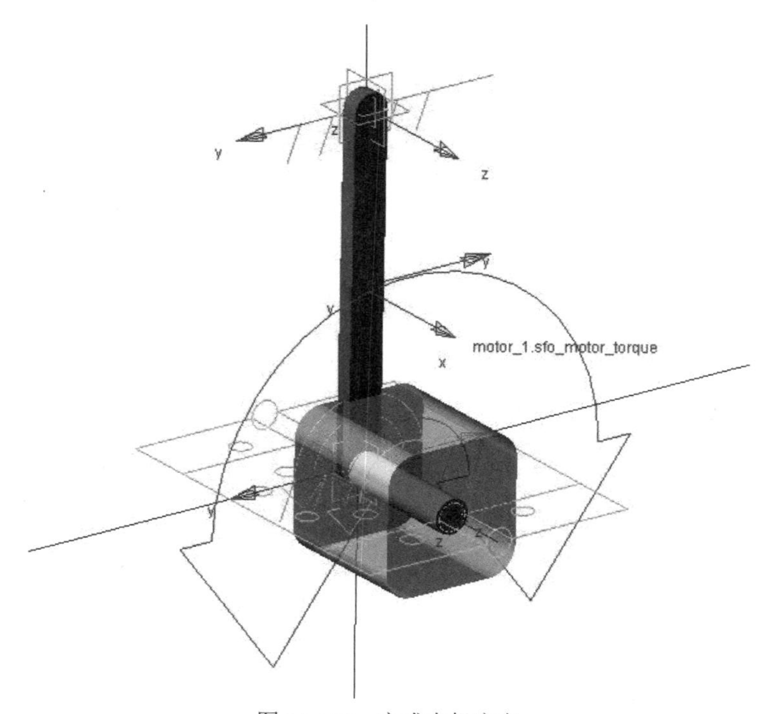

图 16-123　完成电机定义

16.8 绳索分析工具

Adams Machinery 中的绳索分析工具是一个高效的绳索滑轮专用工具，能够对绳索滑轮系统进行快速建模及评估，可以精确计算绳索振动和张紧力，分析绳索滑移对系统承载能力的影响，通过添加或去除绳索长度的方式研究绞盘效果。

绳索分析工具通过如下两种方式模拟绳索。

- 简化方法：忽略绳索的质量和惯量，运动约束的无质量连接物体用来追踪滑轮之间的切线，同一滑轮的无质量连接物体之间的角度用来确定绳索的长度，可以考虑绳索张紧、绳索与滑轮的接触和摩擦的影响，还可考虑绞盘长度的影响，滑轮与锚必须共面。
- 离散方法：绳索采用适当的部件、约束和力元进行离散（包含质量、惯量以及基于纵向、弯曲和扭转刚度的梁元公式），绳索与滑轮之间的接触力通过优化的解析算法公式计算，比如球或圆柱与面的接触。

16.8.1 绳索系统建模

绳索分析工具通过向导工具完成绳索滑轮系统建模，下面以简单的绳索滑轮升降系统介绍建模过程。

1. 模型准备。

（1）单击主功能区中的“物体”选项卡下的“基本形状”面板中的“基本形状：标记点”按钮，按 <F4> 键，打开坐标窗口。

分别建立如下 5 个标记。

```
Anc_1_mar：300.0,-500.0,0.0
Anc_2_mar：-300.0,-500.0,0.0
Pulley_1_mar：250.0,400.0,0.0
Pulley_2_mar：0.0,100.0,0.0
Pulley_3_mar：-250.0,400.0,0.0
```

（2）单击主功能区中的“物体”选项卡下的“实体”面板中的“刚体：创建锥台体”按钮，模型树中弹出“几何形状：锥台”属性栏，按图 16-124 所示设置参数。

以标记“Anc_1_mar”为底圆中心，“在地面上”建立一个锥台，“底部半径”为“10mm”，“顶部半径”为“20mm”，“长度”为“50mm”，锥台的旋转轴与大地 Y 轴平行。

（3）单击主功能区中的“物体”选项卡下的“实体”面板中的“刚体：创建立方体”按钮，模型树中弹出“几何体：立方体”属性栏，按图 16-125 所示设置参数。

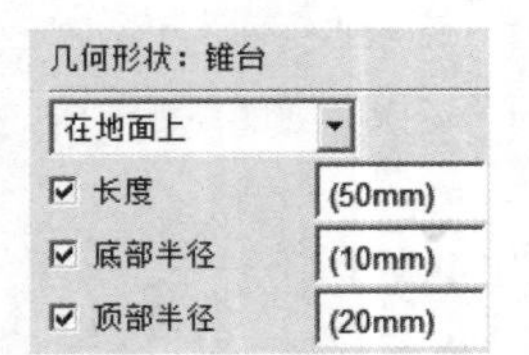

图 16-124 “几何形状：锥台”属性栏

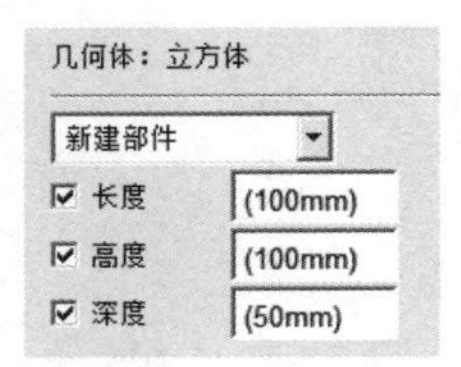

图 16-125 “几何体：立方体”属性栏

以标记“Anc_2_mar”为中心建立一个立方体，立方体的尺寸中“长度”为“100mm”，“高度”为“100mm”，“深度”为“50mm”。

（4）在立方体处右击，弹出图 16-126 所示的快捷菜单，选择“重命名”命令。弹出“Rename”对话框，按图 16-127 所示设置参数。

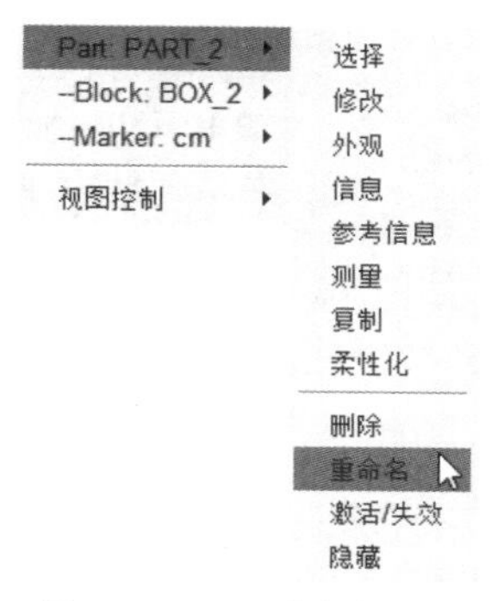

图 16-126　“重命名”命令

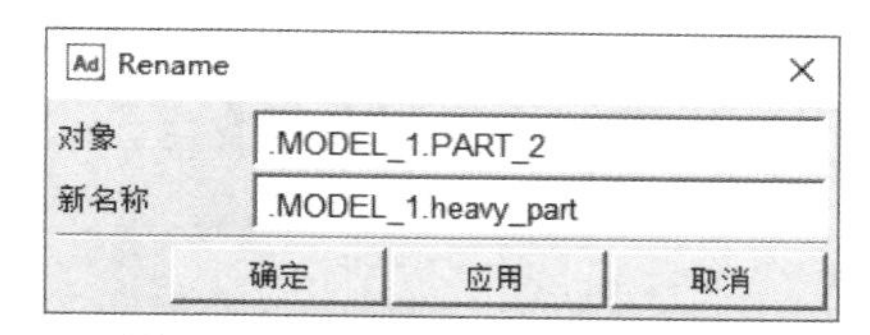

图 16-127　“Rename”对话框

（5）在立方体处右击，选择图 16-126 快捷菜单中所示的“外观”命令，弹出图 16-128 所示的“Edit Appearance”对话框。在“名称可见性”选项组选中“打开”单选按钮，部件名称便会显示在视图中。

（6）单击主功能区中的“连接”选项卡下的“运动副”面板中的“创建平移副”按钮，选择“heavy_part”中心位置，在“heavy_part”与“ground”之间添加平行于 Y 轴方向的平移副。最终的模型准备如图 16-129 所示。

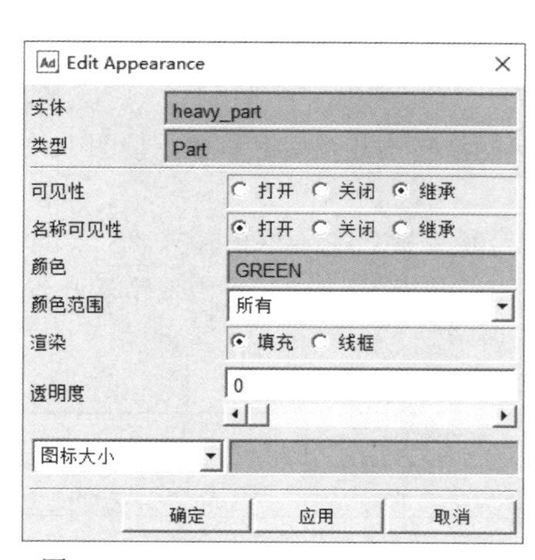

图 16-128　“Edit Appearance”对话框

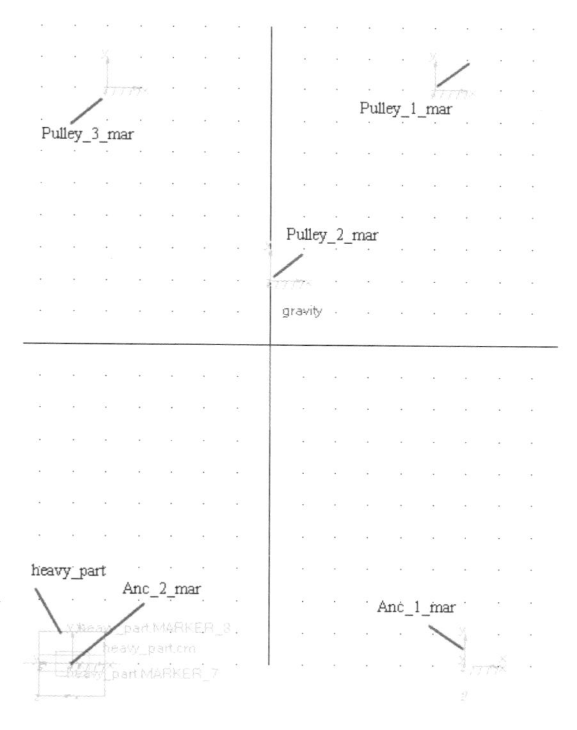

图 16-129　模型准备

2. 创建绳索滑轮系统

（1）单击主功能区中的“Adams Machinery”选项卡下的“绳索”（Cable）面板中的“创建绳索”

按钮，如图 16-130 所示，进入绳索定义向导。

Adams Machinery
轴承 绳索

图 16-130　绳索定义向导工具

（2）定义锚部件，本实例中锚点数量为 2。

1）在“1”选项卡中进行如下设置。

- 名称：Anc_1。
- 位置：在图形区选取标记 Anc_1_mar 或直接输入其坐标“300, –500, 0”。
- 连接部件：ground。
- 绞车（Winch）：右击创建一个名称为“winch”的状态变量，如图 16-131 所示。该状态变量的函数表达式描述为“STEP (time, 0, 0, 4, –400)+STEP (time, 6, 0, 10, 400)”，绞车状态变量用来定义绳索的长度变化。

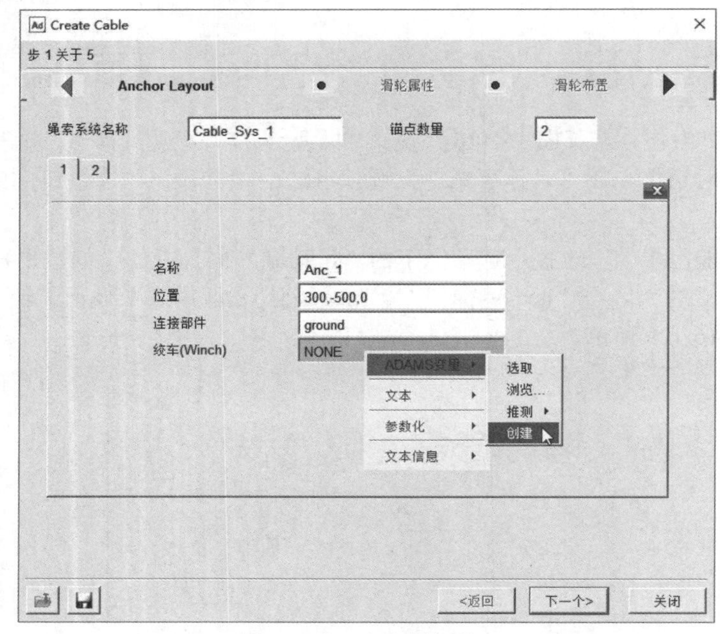

图 16-131　定义锚部件 1

2）单击切换到“2”选项卡，按图 16-132 所示设置参数。

（3）单击“下一个”按钮，定义滑轮属性参数，包括滑轮维数及接触参数，按图 16-133 所示设置参数。

（4）单击“下一个”按钮，定义滑轮布置，在“带轮个数”文本框内输入“3”，即在本例中定义 3 个滑轮。选择全局坐标系 Z 轴为滑轮中心轴方向，按表 16-1 中的参数对滑轮布置及尺寸、材料和连接等进行定义，其中“1”选项卡如图 16-134 所示。

表 16-1　滑轮布置参数及信息表

名称	P_1	P_2	P_3
位置	Pulley_1_mar	Pulley_2_mar	Pulley_3_mar
反向	关	开	关
直径	100	100	100
滑轮属性	pulley_prop_1	pulley_prop_1	pulley_prop_1
材料类型（“材料”选项卡）	steel	steel	steel

续表

名称	P_1	P_2	P_3
连接类型（“连接”选项卡）	旋转副	旋转副	旋转副
连接部件（“连接”选项卡）	ground	ground	ground

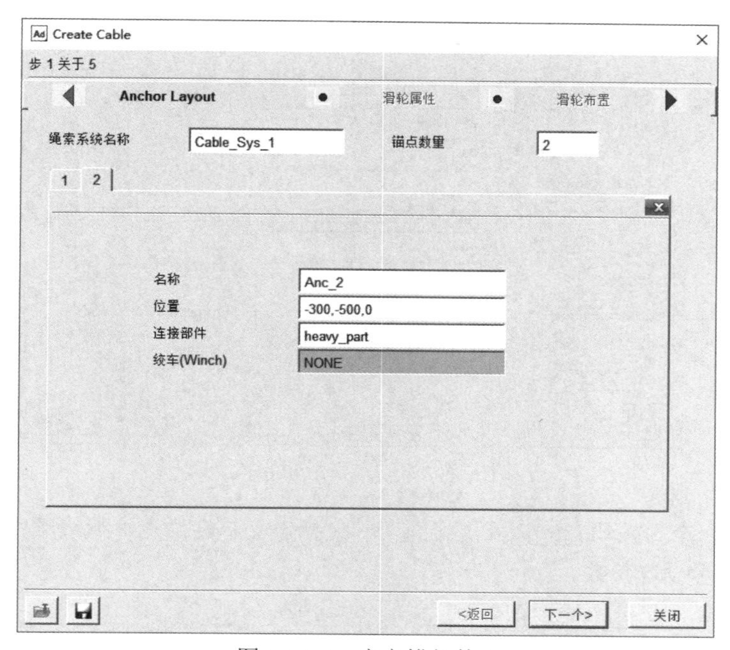

图 16-132 定义锚部件 2

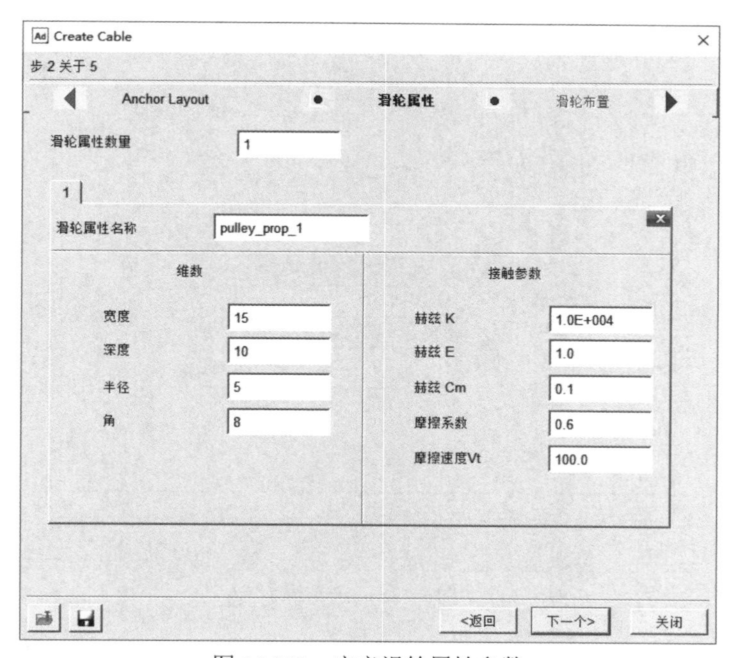

图 16-133 定义滑轮属性参数

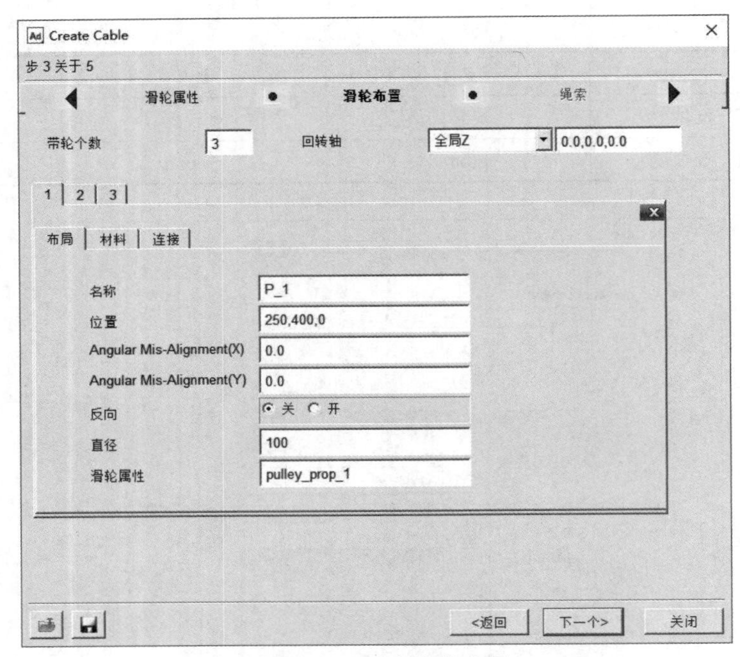

图 16-134　定义滑轮布置

（5）单击“下一个”按钮 下一个> ，定义绳索，包括定义起始锚点、缠绕顺序、终止锚点及直径等，按图 16-135 所示设置参数。

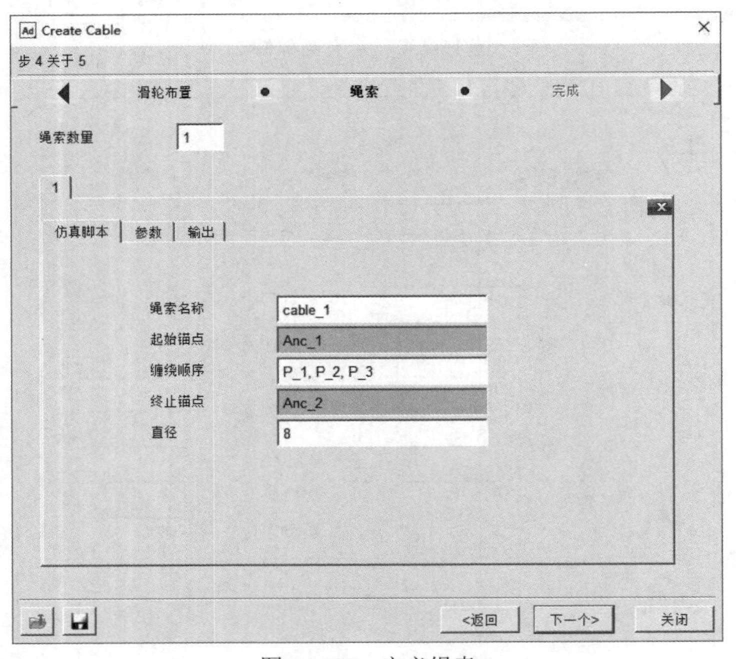

图 16-135　定义绳索

1）切换到“参数”选项卡，设置绳索参数，包括定义材料参数、刚度、阻尼系数、预载荷参数及绳索模拟方法，按图 16-136 所示设置参数。

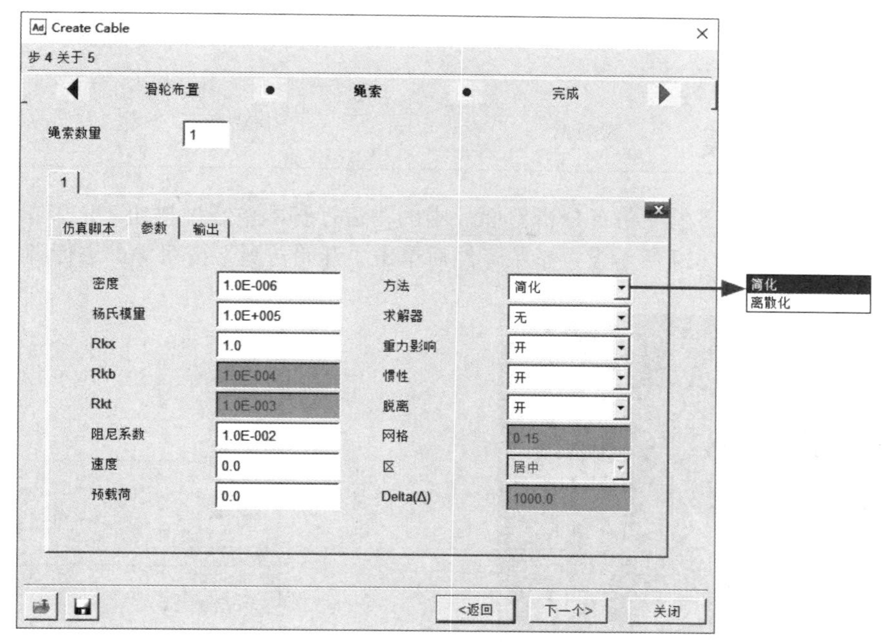

图 16-136　设置绳索参数

2）切换到“输出”选项卡，设置绳索结果输出，包括滑轮、绳索的运动和力的结果，输入滑轮、绳索段的 ID 即可。

本实例中，在“滑轮结果”文本框中输入 ID“1, 2, 3”，即输出所有 3 个滑轮的运动及受力结果；在“跨距结果”（绳索输出）文本框中输入 ID“1, 2, 3, 4”，即输出从起始锚点——滑轮——终止锚点总共 4 段绳索的运动及力的结果，如图 16-137 所示。

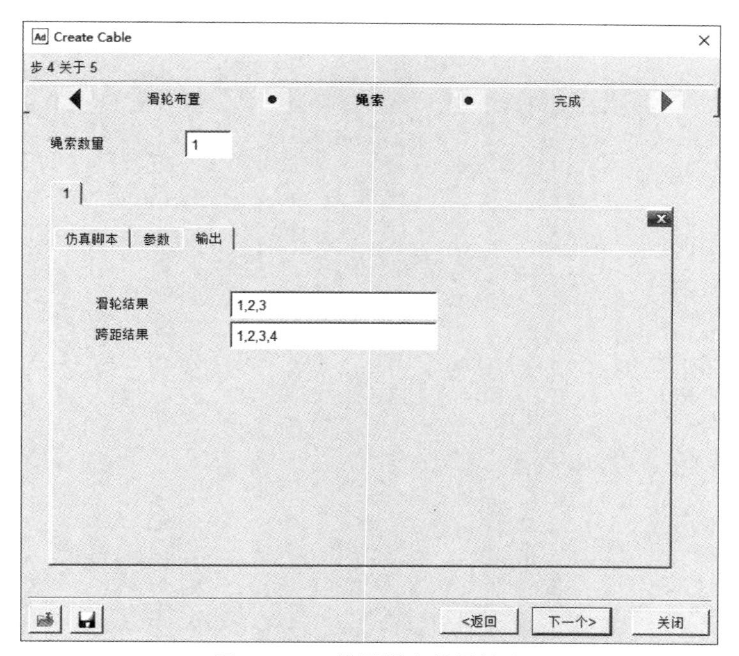

图 16-137　设置绳索结果输出

（6）单击“下一个”按钮 下一个> ，接着单击“完成”按钮 完成 完成绳索系统定义，如图 16-138 所示。

16.8.2 绳索系统仿真

单击“仿真”选项卡下的“仿真分析”面板中的“运行脚本仿真”按钮，弹出“Simulation Control”对话框，按图 16-139 所示设置参数，然后单击“开始仿真”按钮，进行脚本仿真运算。

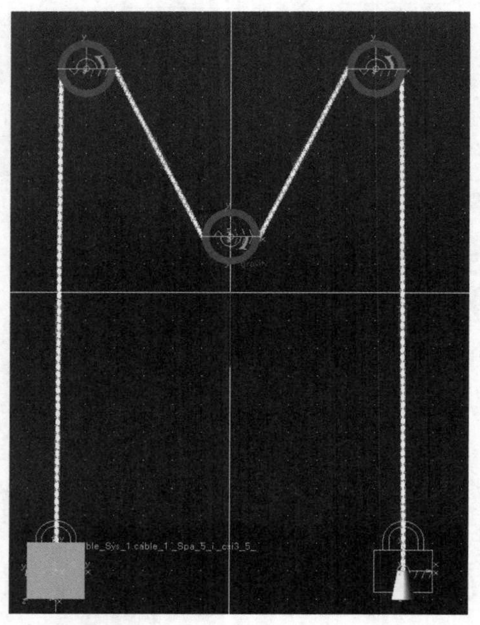

图 16-138　完成绳索系统定义

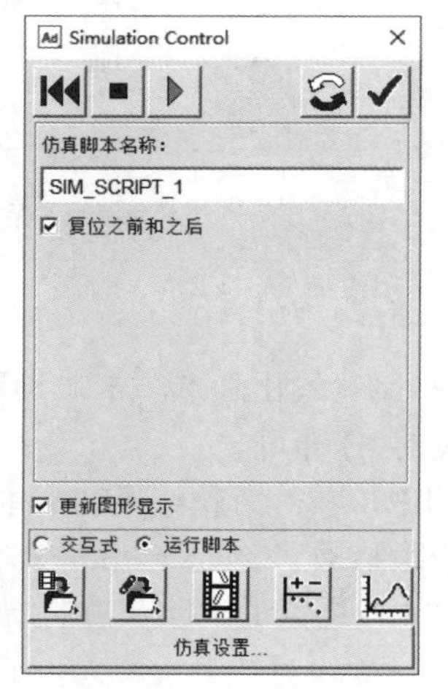

图 16-139　“Simulation Control”对话框

附录 A 设计过程函数

表 A-1 数学函数

函数	功能
ABS(x)	数字表达式x的绝对值
DIM(x_1, x_2)	$x_1>x_2$时，返回x_1与x_2的差值；$x_1<x_2$时，返回0
EXP(x)	数字表达式x的指数值
LOG(x)	数字表达式x的自然对数值
LOG10(x)	数字表达式x以10为底的对数值
MAG(x, y, z)	求向量(x, y, z)的模
MOD(x_1, x_2)	数字表达式x_1对另一个数字表达式x_2取余数
RAND()	返回0和1之间的随机数
SIGN(x_1, x_2)	符号函数，当$x_2>0$时，返回ABS(x)；当$x_2<0$时，返回-ABS(x)
SQRT(x)	数字表达式x的平方根值
SIN(x)	数字表达式x的正弦值
SINH(x)	数字表达式x的双曲正弦值
COS(x)	数字表达式x的余弦值
COSH(x)	数字表达式x的双曲余弦值
TAN(x)	数字表达式x的正切值
TANH(x)	数字表达式x的双曲正切值
ASIN(x)	数字表达式x的反正弦值
ACOS(x)	数字表达式x的反余弦值
ATAN(x)	数字表达式x的反正切值
ATAN2(x_1, x_2)	两个数字表达式x_1、x_2的四象限反正切值
INT(x)	数字表达式x取整

续表

函数	功能
AINT(X)	数字表达式x向绝对值小的方向取整
ANINT(X)	数字表达式x向绝对值大的方向取整
CEIL(X)	数字表达式x向正无穷的方向取整
FLOOR(X)	数字表达式x向负无穷的方向取整
NINT(X)	最接近数字表达式x的整数值
RTOI(X)	返回数字表达式x的整数部分

表 A-2　位置和方向函数

函数	功能
LOC_ALONG_LINE	返回两点连线上与第一点距离为指定值的点
LOC_CYLINDRICAL	将圆柱坐标系下坐标值转化为笛卡儿坐标系下坐标值
LOC_FRAME_MIRROR	返回指定点关于指定坐标系下平面的对称点
LOC_GLOBAL	返回参考坐标系下的点在全局坐标系下的坐标值
LOC_INLINE	将一个参考坐标系下的坐标值转化为另一个参考坐标系下的坐标值并归一化
LOC_LOC	将一个参考坐标系下的坐标值转化为另一个参考坐标系下的坐标值
LOC_LOCAL	返回全局坐标系下的点在参考坐标系下的坐标值
LOC_MIRROR	返回指定点关于指定坐标系下平面的对称点
LOC_ON_AXIS	沿轴线方向平移
LOC_ON_LINE	返回两点连线上与第一点距离为指定值的点
LOC_PERPENDICULAR	返回平面法线上距离指定点单位长度的点
LOC_PLANE_MIRROR	返回特定点关于指定平面的对称点
LOC_RELATIVE_TO	返回特定点在指定坐标系下的坐标值
LOC_SPHERICAL	将球面坐标系下坐标值转化为笛卡儿坐标系下坐标值
LOC_X_AXIS	坐标系X轴在全局坐标中的单位矢量
LOC_Y_AXIS	坐标系Y轴在全局坐标中的单位矢量
LOC_Z_AXIS	坐标系Z轴在全局坐标中的单位矢量
ORI_ALIGN_AXIS	返回将坐标系按指定方式旋转至与指定方向对齐所需旋转的角度
ORI_ALONG_AXIS_EUL	返回将坐标系按指定方式旋转至与全局坐标系一个轴方向对齐所需旋转的角度
ORI_ALL_AXES	返回将坐标系旋转至由平面上的点定义的特定方向（第一轴与指定平面上两点连线平行，第二轴与指定平面平行）时所需旋转的角度
ORI_ALONG_AXIS	返回将坐标系旋转至其一轴线沿指定轴线方向时所需旋转的角度
ORI_FRAME_MIRROR	返回坐标系旋转镜像到指定坐标系下所需旋转的角度
ORI_GLOBAL	返回参考坐标系在全局坐标系下的角度值
ORI_IN_PLANE	返回将坐标系旋转至特定方向（与指定两点连线平行、与指定平面平行）时所需旋转的角度
ORI_LOCAL	返回全局坐标系在参考坐标系下的角度值
ORI_MIRROR	返回坐标系旋转镜像到指定坐标系下所需旋转的角度

续表

函数	功能
ORI_ONE_AXIS	返回将坐标系旋转至其一轴线沿两点连线方向时所需旋转的角度
ORI_ORI	返回将一个参考坐标系转化为另一个参考坐标系所需旋转的角度
ORI_PLANE_MIRROR	返回坐标系旋转生成关于某平面的镜像所需旋转的角度
ORI_RELATIVE_TO	返回全局坐标系下角度值相对指定坐标系的旋转角度

表 A-3 模型函数

函数	功能
DM	返回两点之间的距离
DX	返回在指定参考坐标系中两点的x坐标值之差
DY	返回在指定参考坐标系中两点的y坐标值之差
DZ	返回在指定参考坐标系中两点的z坐标值之差
AX	返回在指定参考坐标系中两点关于X轴的角度差
AY	返回在指定参考坐标系中两点关于Y轴的角度差
AZ	返回在指定参考坐标系中两点关于Z轴的角度差
PSI	按照313旋转顺序，返回指定坐标系相对于参考坐标系的第一旋转角度
THETA	按照313旋转顺序，返回指定坐标系相对于参考坐标系的第二旋转角度
PHI	按照313旋转顺序，返回指定坐标系相对于参考坐标系的第三旋转角度
YAW	按照321旋转顺序，返回指定坐标系相对于参考坐标系的第一旋转角度
PITCH	按照321旋转顺序，返回指定坐标系相对于参考坐标系的第二旋转角度的相反数
ROLL	按照321旋转顺序，返回指定坐标系相对于参考坐标系的第三旋转角度

表 A-4 字符串函数

函数	功能
STATUS_PRINT	将文本字符串返回到状态栏
STR_CASE	将字符串按指定方式进行大小写变换
STR_CHR	返回ASCII为指定值的字符
STR_COMPARE	返回两字符在字母表上的位置差
STR_DATE	按一定格式输出当前时间和日期
STR_DELETE	从字符串中指定位置开始删除指定个数的字符
STR_FIND	返回字符串在另一个字符串中的位置索引
STR_FIND_COUNT	返回字符串在另一个字符串中出现的次数
STR_FIND_N	返回字符串在另一个字符串中重复出现指定次数时的位置索引
STR_INSERT	将字符串插入另一个字符串的指定位置
STR_IS_SPACE	判断字符串是否为空
STR_LENGTH	返回字符串长度
STR_MATCH	判断字符串中所有字符是否均可以在另一个字符串中找到

续表

函数	功能
STR_PRINT	将字符串写入“aview.log”文件
STR_REMOVE_WHITESPACE	删除字符串中所有的头尾空格
STR_SPLIT	从字符串中出现指定字符处切断字符串
STR_SPRINTF	按C语言规则定义的格式得到字符串
STR_SUBSTR	在字符串中从指定位置开始截取指定长度的子字符串
STR_TIMESTAMP	以默认格式输出当前时间及日期
STR_XLATE	将字符串中所有子字符串用指定子字符串代替

表 A-5　矩阵和数组函数

函数	功能
ALIGN	将数组转换到从特定值开始
ALLM	返回矩阵元素的逻辑值
ANGLES	将方向余弦矩阵转换为指定旋转顺序下的角度矩阵
ANYM	返回矩阵元素的逻辑和
APPEND	将一个矩阵中的行添加到另一个矩阵
CENTER	返回数值最大值和最小值的平均值
CLIP	返回矩阵的一个子矩阵
COLS	返回矩阵列数
COMPRESS	压缩数组、删除其中的空值元素（零、空字符及空格）
CONVERT_ANGLES	将313旋转顺序转化为用户自定义的旋转顺序
CROSS	返回两矩阵的向量积
DET	返回方阵的行列式值
DIFF	返回给定数据组的逼近值
DIFFERENTIATE	曲线微分
DMAT	返回对角线方阵
DOT	返回两矩阵的内积
ELEMENT	判断元素是否属于指定数组
EXCLUDE	删除数组中某元素
FIRST	返回数组的第一个元素
FIRST_N	返回数组的前N个元素
INCLUDE	向数组中添加元素
INTEGR	返回数据积分的逼近值
INTEGRATE	拟合样条曲线后再积分
INVERSE	方阵求逆
LAST	返回矩阵最后一个元素
LAST_N	返回矩阵最后N个元素

续表

函数	功能
MAX	返回矩阵元素的最大值
MAXI	返回矩阵元素最大值的位置索引
MEAN	返回矩阵元素的平均值
MIN	返回矩阵元素的最小值
MINI	返回矩阵元素最小值的位置索引
NORM2	返回矩阵元素平方和的平方根
NORMALIZE	矩阵归一化处理
RECTANGULAR	返回矩阵所有元素的值
RESAMPLE	按照指定内插算法对曲线重新采样
RESHAPE	按指定行数、列数提取矩阵元素，生成新矩阵
RMS	计算矩阵元素的均方根值
ROWS	返回矩阵行数
SERIES	按指定初值、增量和数组长度生成数组
SERIES2	按指定初值、终值和增量生成数组
SHAPE	返回矩阵行数、列数
SIM_TIME	返回仿真时间
SORT	依据指定顺序对数组元素排序
SORT_BY	依据指定的排列位置索引对数组元素排序
SORT_INDEX	返回按指定方向排序的矩阵的位置索引
SSQ	返回矩阵元素平方和
STACK	合并相同列数的矩阵成一个新矩阵
STEP	生成阶跃曲线
SUM	矩阵元素求和
TMAT	符合指定方向顺序的变换矩阵
TRANSPOSE	求转置矩阵
UNIQUE	删除矩阵中的重复元素
VAL	返回数组中与指定值最接近的元素
VALAT	返回数组中与另一个数组指定位置对应处的元素
VALI	返回数组中与指定数值最接近元素的位置索引

表 A-6　数据库函数

函数	功能
DB_CHANGED	标记数据库元素是否被修改
DN_CHILDREN	查询对象中符合指定类型的子对象
DB_COUNT	查询对象中指定域数值的个数
DB_DEFAULT	查询指定类型的默认对象

续表

函数	功能
DB_DELETE_DEPENDENTS	返回与指定对象具有相关性的对象数组
DB_DEPENDENTS	返回与指定对象具有相关性且属于指定类型的所有对象
DB_EXIT	判断指定字符串表示的对象是否存在
DB_FIELD_FILTER	将对象按指定方式过滤
DB_FIELD_TYPE	返回在指定对象域中数据类型的字符串
DB_FILTER_NAME	名称满足指定过滤参数的对象字符串
DB_FILTER_TYPE	数据类型满足指定过滤参数的对象字符串
DB_IMMEDIATE_CHILDREN	返回属于指定对象子层的所有对象数组
DB_OBJECT_COUNT	返回名称与指定值相同的对象个数
DB_OF_CLASS	判断对象是否属于指定类别

表 A-7　GUI 函数

函数	功能
ALERT	返回自定义标题的警告对话框
FILE_ALERT	返回自定义文件名的警告对话框
SELECT_FIELD	返回按指定对象类型确定的域
SELECT_FILE	返回符合指定格式选项的文件名
SELECT_MULTI_TEXT	返回多个选定字符串
SELECT_OBJECT	返回一个按指定路径、名称和类型确定的对象
SELECT_OBJECTS	返回所有按指定路径、名称和类型确定的对象
SELECT_TEXT	返回单个指定字符串
SELECT_TYPE	返回指定类型对象的列表
TABLE_COLUMN_ SELECTED_CELLS	返回指定的某单元格在表格指定列中所在行的位置
TABLE_GET_CELLS	返回在表格指定行、列范围内满足指定条件的内容
TABLE_GET_DIMENSION	返回指定表格的行数或列数

表 A-8　系统函数

函数	功能
CHDIR	判断是否成功转换到指定目录
EXECUTE_VIEW_COMMAND	判断是否成功执行，Adams View 的命令
FILE_EXISTS	判断是否存在指定文件
FILE_TEMP_NAME	返回一个临时文件名
GETCWD	返回当前工作路径
GETENV	返回表示环境变量值的字符串
MKDIR	判断是否成功创建自定义路径

续表

函数	功能
PUTENV	判断是否成功设置环境变量
REMOVE_FILE	判断是否成功删除指定文件
RENAME_FILE	判断是否成功更改文件名
SYS_INFO	返回系统信息
UNIQUE_FILE_NAME	返回文件名

附录 B 运行过程函数

表 B-1 速度函数

函数	功能
VX	返回两标架相对于指定坐标系的速度矢量差在*X*轴的分量
VY	返回两标架相对于指定坐标系的速度矢量差在*Y*轴的分量
VZ	返回两标架相对于指定坐标系的速度矢量差在*Z*轴的分量
VM	返回两标架相对于指定坐标系的速度矢量差的幅值
VR	返回两标架的径向相对速度
WX	返回两标架的角速度矢量差在*X*轴的分量
WX	返回两标架的角速度矢量差在*Y*轴的分量
WX	返回两标架的角速度矢量差在*Z*轴的分量
WM	返回两标架的角速度矢量差的幅值

表 B-2 接触函数

函数	功能
IMPACT	生成单侧碰撞力
BISTOP	生成双侧碰撞力

表 B-3 加速度函数

函数	功能
ACCX	返回两标架相对于指定坐标系的加速度矢量差在*X*轴的分量
ACCY	返回两标架相对于指定坐标系的加速度矢量差在*Y*轴的分量
ACCZ	返回两标架相对于指定坐标系的加速度矢量差在*Z*轴的分量
ACCM	返回两标架相对于指定坐标系的加速度矢量差的幅值
WDTX	返回两标架的角加速度矢量差在*X*轴的分量

续表

函数	功能
WDTY	返回两标架的角加速度矢量差在*Y*轴的分量
WDTZ	返回两标架的角加速度矢量差在*Z*轴的分量
WDTM	返回两标架的角加速度矢量差的幅值

表 B-4　样条函数

函数	功能
CUBSPL	标准三次样条函数插值
CURVE	样条拟合或用户定义拟合
AKISPL	根据Akima迭代插值法拟合方式得到的插值

表 B-5　作用力函数

函数	功能
JOINT	返回运动副上的连接力或力矩
MOTION	返回由运动约束引起的力或力矩
PTCV	返回点线接触运动副上的力或力矩
CVCV	返回线线接触运动副上的力或力矩
JPRIM	返回由基本约束引起的力或力矩
SFORCE	返回由单个作用力施加在一个或一对构件上引起的力或力矩
VFORCE	返回由3个方向组合力施加在一个或一对构件上引起的力或力矩
VTORQ	返回由3个方向组合力矩施加在一个或一对构件上引起的力或力矩
GFORCE	返回由6个方向组合力（力矩）施加在一个或一对构件上引起的力或力矩
NFORCE	返回一个由多点作用力施加在一个或一对构件上引起的力或力矩
BEAM	返回由梁连接施加在一个或一对构件上引起的力或力矩
BUSH	返回由衬套连接施加在一个或一对构件上引起的力或力矩
FIELD	返回一个由场力施加在一个或一对构件上引起的力或力矩
SPDP	返回一个由弹簧阻尼器施加在一个或一对构件上引起的力或力矩

表 B-6　合力函数

函数	功能
FX	返回两标架间作用的合力在*X*轴上的分量
FY	返回两标架间作用的合力在*Y*轴上的分量
FZ	返回两标架间作用的合力在*Z*轴上的分量
FM	返回两标架间作用的合力
TX	返回两标架间作用的合力矩在*X*轴上的分量
TY	返回两标架间作用的合力矩在*Y*轴上的分量

续表

函数	功能
TZ	返回两标架间作用的合力矩在Z轴上的分量
TM	返回两标架间作用的合力矩

表 B-7　数学函数

函数	功能
CHEBY	计算切比雪夫多项式
FORCOS	计算傅里叶余弦级数
FORSIN	计算傅里叶正弦级数
HAVSIN	定义半正矢阶跃函数
INVPSD	依据功率谱密度生成时域信号
MAX	计算最大值
MIN	计算最小值
POLY	计算标准多项式
SHF	计算简谐函数
STEP	三次多项式逼近阶跃函数
STEP5	五次多项式逼近阶跃函数
SWEEP	返回按指定格式生成的变频正弦函数

表 B-8　数据单元存取

函数	功能
VARVAL	返回状态变量的当前值
ARYVAL	返回数组中指定元素的值
DIF	返回微分方程所定义变量的积分值
DIF1	返回微分方程所定义变量的值
PINVAL	返回输入信号中指定元素的运行值
POUVAL	返回输出信号中指定元素的运行值